中国石油科技进展丛书（2006—2015年）

安全环保节能

主 编：闫伦江
副主编：邓 皓 杜卫东 段 伟

石油工业出版社

内 容 提 要

本书全面总结了2006—2015年中国石油在安全、环保、节能领域的科技进展，包括油气井井喷预防与控制技术、炼化装置风险防控技术、油气管道安全风险防控技术、油品罐区安全风险防控技术、高致灾性事故应急技术、HSE与应急管理信息化技术、污水处理与回用技术、固体废物处理与资源化技术、大气污染防控技术、场地污染调查与防治技术、环境检测与管理技术、油气田节能节水技术、炼化节能节水技术、油气管道节能技术、节能节水标准化、节能节水管理信息技术等。此外，还对中国石油在安全、环保和节能等领域的技术发展趋势进行了展望。

本书可供从事石油安全、环保、节能的技术人员和管理人员使用，也可作为高等院校相关专业师生的参考用书。

图书在版编目（CIP）数据

安全环保节能/闫伦江主编.—北京：石油工业出版社，2019.1

（中国石油科技进展丛书.2006—2015年）

ISBN 978-7-5183-3012-6

Ⅰ.①安… Ⅱ.①闫… Ⅲ.①石油工业–安全生产–研究②石油工业–环境保护–研究③石油工业–节能–研究 Ⅳ.①TE687 ②X74 ③TE08

中国版本图书馆CIP数据核字（2018）第285700号

出版发行：石油工业出版社
　　　　　（北京安定门外安华里2区1号　100011）
　　　　　网　址：www.petropub.com
　　　　　编辑部：（010）64523738　图书营销中心：（010）64523633
经　销：全国新华书店
印　刷：北京中石油彩色印刷有限责任公司

2019年1月第1版　2019年1月第1次印刷
787×1092毫米　开本：1/16　印张：29.5
字数：720千字

定价：240.00元
（如出现印装质量问题，我社图书营销中心负责调换）
版权所有，翻印必究

《中国石油科技进展丛书（2006—2015年）》
编 委 会

主　　任：王宜林

副 主 任：焦方正　喻宝才　孙龙德

主　　编：孙龙德

副 主 编：匡立春　袁士义　隋　军　何盛宝　张卫国

编　　委：（按姓氏笔画排序）

于建宁　马德胜　王　峰　王卫国　王立昕　王红庄
王雪松　王渝明　石　林　伍贤柱　刘　合　闫伦江
汤　林　汤天知　李　峰　李忠兴　李建忠　李雪辉
吴向红　邹才能　闵希华　宋少光　宋新民　张　玮
张　研　张　镇　张子鹏　张光亚　张志伟　陈和平
陈健峰　范子菲　范向红　罗　凯　金　鼎　周灿灿
周英操　周家尧　郑俊章　赵文智　钟太贤　姚根顺
贾爱林　钱锦华　徐英俊　凌心强　黄维和　章卫兵
程杰成　傅国友　温声明　谢正凯　雷　群　蔺爱国
撒利明　潘校华　穆龙新

专 家 组

成　　员：刘振武　童晓光　高瑞祺　沈平平　苏义脑　孙　宁
高德利　王贤清　傅诚德　徐春明　黄新生　陆大卫
钱荣钧　邱中建　胡见义　吴　奇　顾家裕　孟纯绪
罗治斌　钟树德　接铭训

《安全环保节能》编写组

主　　编： 闫伦江

副 主 编： 邓　皓　杜卫东　段　伟

编写人员： （按姓氏笔画排序）

于型伟　马卫峰　王广河　王弘历　王如强　王顺义
王笑静　王留洋　王毅霖　云　箭　牛　蕴　厉彦柏
石明杰　仝　坤　吕莉莉　吕亳龙　朱丽霞　朱英如
向传修　刘　博　刘文才　刘玉龙　刘光利　刘安琪
刘许民　刘富余　许　晔　许德刚　孙文勇　孙秉才
孙静文　杜云散　杜显元　李　娜　李　峰　李　鑫
李向进　李兴春　李宇龙　李佳宜　李建忠　李春晓
李智勇　杨光福　杨忠平　肖　军　吴　涛　吴百春
吴祚祥　何明俊　余绩庆　宋佳宇　张　华　张　雪
张广利　张子鹏　张荫勋　张晓飞　陈　扬　陈　雪
陈由旺　陈立荣　陈宏坤　陈昌照　陈思学　陈衍飞
邵臣良　林　冉　罗　臻　罗方伟　罗金恒　赵永涛
赵新伟　胡家顺　冒亚明　段慕白　娄仁杰　袁　波
贾选红　夏福军　顾利民　徐　源　翁艺斌　栾　辉
栾国华　高　悦　郭树君　黄明富　曹玉芝　崔翔宇
梁　爽　彭其勇　蒋学彬　储胜利　曾　铮　游晓燕
谢水祥　解红军　戴丽平　魏江东　魏振强

序

习近平总书记指出，创新是引领发展的第一动力，是建设现代化经济体系的战略支撑，要瞄准世界科技前沿，拓展实施国家重大科技项目，突出关键共性技术、前沿引领技术、现代工程技术、颠覆性技术创新，建立以企业为主体、市场为导向、产学研深度融合的技术创新体系，加快建设创新型国家。

中国石油认真学习贯彻习近平总书记关于科技创新的一系列重要论述，把创新作为高质量发展的第一驱动力，围绕建设世界一流综合性国际能源公司的战略目标，坚持国家"自主创新、重点跨越、支撑发展、引领未来"的科技工作指导方针，贯彻公司"业务主导、自主创新、强化激励、开放共享"的科技发展理念，全力实施"优势领域持续保持领先、赶超领域跨越式提升、储备领域占领技术制高点"的科技创新三大工程。

"十一五"以来，尤其是"十二五"期间，中国石油坚持"主营业务战略驱动、发展目标导向、顶层设计"的科技工作思路，以国家科技重大专项为龙头、公司重大科技专项为抓手，取得一大批标志性成果，一批新技术实现规模化应用，一批超前储备技术获重要进展，创新能力大幅提升。为了全面系统总结这一时期中国石油在国家和公司层面形成的重大科研创新成果，强化成果的传承、宣传和推广，我们组织编写了《中国石油科技进展丛书（2006—2015年）》（以下简称《丛书》）。

《丛书》是中国石油重大科技成果的集中展示。近些年来，世界能源市场特别是油气市场供需格局发生了深刻变革，企业间围绕资源、市场、技术的竞争日趋激烈。油气资源勘探开发领域不断向低渗透、深层、海洋、非常规扩展，炼油加工资源劣质化、多元化趋势明显，化工新材料、新产品需求持续增长。国际社会更加关注气候变化，各国对生态环境保护、节能减排等方面的监管日益严格，对能源生产和消费的绿色清洁要求不断提高。面对新形势新挑战，能源企业必须将科技创新作为发展战略支点，持续提升自主创新能力，加快构筑竞争新优势。"十一五"以来，中国石油突破了一批制约主营业务发展的关键技术，多项重要技术与产品填补空白，多项重大装备与软件满足国内外生产急需。截至2015年底，共获得国家科技奖励30项、获得授权专利17813项。《丛书》全面系统地梳理了中国石油"十一五""十二五"期间各专业领域基础研究、技术开发、技术应用中取得的主要创新性成果，总结了中国石油科技创新的成功经验。

《丛书》是中国石油科技发展辉煌历史的高度凝练。中国石油的发展史，就是一部创业创新的历史。建国初期，我国石油工业基础十分薄弱，20世纪50年代以来，随着陆相生油理论和勘探技术的突破，成功发现和开发建设了大庆油田，使我国一举甩掉贫油的帽子；此后随着海相碳酸盐岩、岩性地层理论的创新发展和开发技术的进步，又陆续发现和建成了一批大中型油气田。在炼油化工方面，"五朵金花"炼化技术的开发成功打破了国外技术封锁，相继建成了一个又一个炼化企业，实现了炼化业务的不断发展壮大。重组改制后特别是"十二五"以来，我们将"创新"纳入公司总体发展战略，着力强化创新引领，这是中国石油在深入贯彻落实中央精神、系统总结"十二五"发展经验基础上、根据形势变化和公司发展需要作出的重要战略决策，意义重大而深远。《丛书》从石油地质、物探、测井、钻完井、采油、油气藏工程、提高采收率、地面工程、井下作业、油气储运、石油炼制、石油化工、安全环保、海外油气勘探开发和非常规油气勘探开发等15个方面，记述了中国石油艰难曲折的理论创新、科技进步、推广应用的历史。它的出版真实反映了一个时期中国石油科技工作者百折不挠、顽强拼搏、敢于创新的科学精神，弘扬了中国石油科技人员秉承"我为祖国献石油"的核心价值观和"三老四严"的工作作风。

《丛书》是广大科技工作者的交流平台。创新驱动的实质是人才驱动，人才是创新的第一资源。中国石油拥有21名院士、3万多名科研人员和1.6万名信息技术人员，星光璀璨，人文荟萃、成果斐然。这是我们宝贵的人才资源。我们始终致力于抓好人才培养、引进、使用三个关键环节，打造一支数量充足、结构合理、素质优良的创新型人才队伍。《丛书》的出版搭建了一个展示交流的有形化平台，丰富了中国石油科技知识共享体系，对于科技管理人员系统掌握科技发展情况，做出科学规划和决策具有重要参考价值。同时，便于科研工作者全面把握本领域技术进展现状，准确了解学科前沿技术，明确学科发展方向，更好地指导生产与科研工作，对于提高中国石油科技创新的整体水平，加强科技成果宣传和推广，也具有十分重要的意义。

掩卷沉思，深感创新艰难、良作难得。《丛书》的编写出版是一项规模宏大的科技创新历史编纂工程，参与编写的单位有60多家，参加编写的科技人员有1000多人，参加审稿的专家学者有200多人次。自编写工作启动以来，中国石油党组对这项浩大的出版工程始终非常重视和关注。我高兴地看到，两年来，在各编写单位的精心组织下，在广大科研人员的辛勤付出下，《丛书》得以高质量出版。在此，我真诚地感谢所有参与《丛书》组织、研究、编写、出版工作的广大科技工作者和参编人员，真切地希望这套《丛书》能成为广大科技管理人员和科研工作者的案头必备图书，为中国石油整体科技创新水平的提升发挥应有的作用。我们要以习近平新时代中国特色社会主义思想为指引，认真贯彻落实党中央、国务院的决策部署，坚定信心、改革攻坚，以奋发有为的精神状态、卓有成效的创新成果，不断开创中国石油稳健发展新局面，高质量建设世界一流综合性国际能源公司，为国家推动能源革命和全面建成小康社会作出新贡献。

2018年12月

丛书前言

石油工业的发展史，就是一部科技创新史。"十一五"以来尤其是"十二五"期间，中国石油进一步加大理论创新和各类新技术、新材料的研发与应用，科技贡献率进一步提高，引领和推动了可持续跨越发展。

十余年来，中国石油以国家科技发展规划为统领，坚持国家"自主创新、重点跨越、支撑发展、引领未来"的科技工作指导方针，贯彻公司"主营业务战略驱动、发展目标导向、顶层设计"的科技工作思路，实施"优势领域持续保持领先、赶超领域跨越式提升、储备领域占领技术制高点"科技创新三大工程；以国家重大专项为龙头，以公司重大科技专项为核心，以重大现场试验为抓手，按照"超前储备、技术攻关、试验配套与推广"三个层次，紧紧围绕建设世界一流综合性国际能源公司目标，组织开展了50个重大科技项目，取得一批重大成果和重要突破。

形成40项标志性成果。（1）勘探开发领域：创新发展了深层古老碳酸盐岩、冲断带深层天然气、高原咸化湖盆等地质理论与勘探配套技术，特高含水油田提高采收率技术，低渗透/特低渗透油气田勘探开发理论与配套技术，稠油/超稠油蒸汽驱开采等核心技术，全球资源评价、被动裂谷盆地石油地质理论及勘探、大型碳酸盐岩油气田开发等核心技术。（2）炼油化工领域：创新发展了清洁汽柴油生产、劣质重油加工和环烷基稠油深加工、炼化主体系列催化剂、高附加值聚烯烃和橡胶新产品等技术，千万吨级炼厂、百万吨级乙烯、大氮肥等成套技术。（3）油气储运领域：研发了高钢级大口径天然气管道建设和管网集中调控运行技术、大功率电驱和燃驱压缩机组等16大类国产化管道装备，大型天然气液化工艺和20万立方米低温储罐建设技术。（4）工程技术与装备领域：研发了G3i大型地震仪等核心装备，"两宽一高"地震勘探技术，快速与成像测井装备、大型复杂储层测井处理解释一体化软件等，8000米超深井钻机及9000米四单根立柱钻机等重大装备。（5）安全环保与节能节水领域：

研发了 CO_2 驱油与埋存、钻井液不落地、炼化能量系统优化、烟气脱硫脱硝、挥发性有机物综合管控等核心技术。(6)非常规油气与新能源领域：创新发展了致密油气成藏地质理论，致密气田规模效益开发模式，中低煤阶煤层气勘探理论和开采技术，页岩气勘探开发关键工艺与工具等。

取得 15 项重要进展。(1)上游领域：连续型油气聚集理论和含油气盆地全过程模拟技术创新发展，非常规资源评价与有效动用配套技术初步成型，纳米智能驱油二氧化硅载体制备方法研发形成，稠油火驱技术攻关和试验获得重大突破，井下油水分离同井注采技术系统可靠性、稳定性进一步提高；(2)下游领域：自主研发的新一代炼化催化材料及绿色制备技术、苯甲醇烷基化和甲醇制烯烃芳烃等碳一化工新技术等。

这些创新成果，有力支撑了中国石油的生产经营和各项业务快速发展。为了全面系统反映中国石油 2006—2015 年科技发展和创新成果，总结成功经验，提高整体水平，加强科技成果宣传推广、传承和传播，中国石油决定组织编写《中国石油科技进展丛书（2006—2015 年）》（以下简称《丛书》）。

《丛书》编写工作在编委会统一组织下实施。中国石油集团董事长王宜林担任编委会主任。参与编写的单位有 60 多家，参加编写的科技人员 1000 多人，参加审稿的专家学者 200 多人次。《丛书》各分册编写由相关行政单位牵头，集合学术带头人、知名专家和有学术影响的技术人员组成编写团队。《丛书》编写始终坚持：一是突出站位高度，从石油工业战略发展出发，体现中国石油的最新成果；二是突出组织领导，各单位高度重视，每个分册成立编写组，确保组织架构落实有效；三是突出编写水平，集中一大批高水平专家，基本代表各个专业领域的最高水平；四是突出《丛书》质量，各分册完成初稿后，由编写单位和科技管理部共同推荐审稿专家对稿件审查把关，确保书稿质量。

《丛书》全面系统反映中国石油 2006—2015 年取得的标志性重大科技创新成果，重点突出"十二五"，兼顾"十一五"，以科技计划为基础，以重大研究项目和攻关项目为重点内容。丛书各分册既有重点成果，又形成相对完整的知识体系，具有以下显著特点：一是继承性。《丛书》是《中国石油"十五"科技进展丛书》的延续和发展，凸显中国石油一以贯之的科技发展脉络。二是完整性。《丛书》涵盖中国石油所有科技领域进展，全面反映科技创新成果。三是标志性。《丛书》在综合记述各领域科技发展成果基础上，突出中国石油领先、高端、前沿的标志性重大科技成果，是核心竞争力的集中展示。四是创新性。《丛书》全面梳理中国石油自主创新科技成果，总结成功经验，有助于提高科技创新整体水平。五是前瞻性。《丛书》设置专门章节对世界石油科技中长期发展做出基本预测，有助于石油工业管理者和科技工作者全面了解产业前沿、把握发展机遇。

《丛书》将中国石油技术体系按15个领域进行成果梳理、凝练提升、系统总结，以领域进展和重点专著两个层次的组合模式组织出版，形成专有技术集成和知识共享体系。其中，领域进展图书，综述各领域的科技进展与展望，对技术领域进行全覆盖，包括石油地质、物探、测井、钻完井、采油、油气藏工程、提高采收率、地面工程、井下作业、油气储运、石油炼制、石油化工、安全环保节能、海外油气勘探开发和非常规油气勘探开发等15个领域。31部重点专著图书反映了各领域的重大标志性成果，突出专业深度和学术水平。

《丛书》的组织编写和出版工作任务量浩大，自2016年启动以来，得到了中国石油天然气集团公司党组的高度重视。王宜林董事长对《丛书》出版做了重要批示。在两年多的时间里，编委会组织各分册编写人员，在科研和生产任务十分紧张的情况下，高质量高标准完成了《丛书》的编写工作。在集团公司科技管理部的统一安排下，各分册编写组在完成分册稿件的编写后，进行了多轮次的内部和外部专家审稿，最终达到出版要求。石油工业出版社组织一流的编辑出版力量，将《丛书》打造成精品图书。值此《丛书》出版之际，对所有参与这项工作的院士、专家、科研人员、科技管理人员及出版工作者的辛勤工作表示衷心感谢。

人类总是在不断地创新、总结和进步。这套丛书是对中国石油2006—2015年主要科技创新活动的集中总结和凝练。也由于时间、人力和能力等方面原因，还有许多进展和成果不可能充分全面地吸收到《丛书》中来。我们期盼有更多的科技创新成果不断地出版发行，期望《丛书》对石油行业的同行们起到借鉴学习作用，希望广大科技工作者多提宝贵意见，使中国石油今后的科技创新工作得到更好的总结提升。

孙龙德

2018年12月

前　言

"十一五""十二五"期间，中国石油加大科技投入，广大科技工作者加强科技攻关，安全、环保与节能节水科技创新力度显著增大，科技支撑能力显著增强。在安全技术方面，形成了具有中国石油特色、与国际接轨的安全管理体系，先进技术在安全监控、安全防护和事故应急领域推广应用，重大风险得到有效控制，事故率明显降低，实现油气生产安全、稳定运行。在环保技术方面，环境污染防治技术实现全面升级，低碳技术发展也得到有效推进，基本解决了污水升级达标困难、污泥资源化率有待提高、碳排放强度大等关键问题，污染排放达标处理技术和含油污泥资源化技术在技术升级和系列化方面取得了重大进展，有力支撑了公司污染减排目标的实现。在节能节水技术方面，完成了重点耗能设备节能技术改造，全面推广应用了炼化能量系统优化技术，为主营业务降本增效提供了有力的技术支持。

本书是《中国石油科技进展丛书（2006—2015年）》的一个分册，根据中国石油天然气集团公司科技管理部（以下简称科技管理部）统一安排，系统总结了"十一五""十二五"期间中国石油安全环保节能科技新进展、取得的新成效，以及为支撑中国石油主营业务发展发挥的重要作用。

本书分为绪论、安全篇、环保篇、节能篇4部分，共20章。绪论主要总结介绍了"十五"以来安全环保与节能节水科技工作回顾与趋势、"十一五"以来安全环保与节能节水科技部署及科技进展；安全篇分7章，主要总结介绍了油气井井喷预防与控制技术、炼化装置风险防控技术、油气管道安全风险防控技术、油品罐区安全风险防控技术、高致灾性事故应急技术、HSE与应急管理信息化技术6个系列技术成果并进行了技术发展展望；环保篇分6章，主要总结介绍了污水处理与回用技术、固体废物处理与资源化技术、大气污染防控技术、场地污染调查与防治技术、环境检测与管理技术5个系列技术成果并进行了技术发展展望；节能篇分6章，主要总结介绍了油气田节能节水技术、炼化节能节水技术、油气管道节能技术、节能节水标准化、节能节水管理信息技术5个系列技术成果并进行了技术发展展望。

本书由中国石油安全环保技术研究院（以下简称安全环保技术研究院）牵头负责编写。其中，安全篇由安全环保技术研究院、川庆钻探工程有限公司（以下简称川庆钻探）、兰州石化公司（以下简称兰州石化）和石油管工程技术研究院编写；环保篇由安全环保技术研究院、石油化工研究院、中国寰球工程有限公司（以下简称寰球工程）、中国昆仑工程有限公司（以下简称昆仑工程）、吉林石化公司（以下简称吉林石化）、大庆油田、大港石化公司（以下简称大港石化）、川庆钻探和长庆油田分公司（以下简称长庆油田）编写；节能篇由中国石油规划总院（以下简称规划总院）编写。本书的编写和出版得到了中国石油科技管理部领导的大力支持，同时中国石油内外许多从事安全、环保、节能节水工作的领导和专家都以不同方式为本书的编写和出版提供了帮助。在本书付梓之际，向为本书付出辛勤工作和提供支持的所有人员和单位表示衷心感谢。

由于编者水平有限，书中难免存在不当和不足之处，敬请专家和读者批评指正。

目 录

第一章 绪论 ... 1
第一节 "十五"以来安全环保与节能节水科技工作回顾与趋势 ... 1
第二节 "十一五"以来安全环保与节能节水科技部署 ... 3
第三节 "十一五"以来安全环保与节能节水科技进展 ... 5

安 全 篇

第二章 油气井井喷预防与控制技术进展 ... 11
第一节 溢流早期监测与预警技术 ... 11
第二节 "三高"油气井非常规压井技术 ... 21
第三节 油气钻采地面设备磁记忆检测技术 ... 36
第四节 展望 ... 48
参考文献 ... 49

第三章 炼化装置风险防控技术进展 ... 51
第一节 工艺安全评估技术 ... 51
第二节 关键装置腐蚀监测与防腐技术 ... 58
第三节 大型机组故障诊断与状态监测技术 ... 66
第四节 聚烯烃粉体防爆技术 ... 72
第五节 展望 ... 77
参考文献 ... 78

第四章 油气管道安全风险防控技术进展 ... 79
第一节 油气管道定量风险评估技术 ... 79
第二节 油气管道安全可靠性评估关键技术 ... 96
第三节 管道复合材料补强修复技术 ... 108
第四节 展望 ... 116
参考文献 ... 117

第五章　油品罐区安全风险防控技术进展 ········· 119
第一节　大型外浮顶油罐雷电防护技术 ········· 119
第二节　大型储罐底板腐蚀声发射检测技术 ········· 125
第三节　展望 ········· 137
参考文献 ········· 137

第六章　高致灾性事故应急技术进展 ········· 139
第一节　井喷应急救援技术 ········· 139
第二节　水域溢油应急技术 ········· 146
第三节　展望 ········· 156
参考文献 ········· 156

第七章　HSE 与应急管理信息化技术 ········· 157
第一节　中国石油 HSE 信息技术的应用与发展 ········· 157
第二节　中国石油应急管理信息技术应用与发展 ········· 166
第三节　展望 ········· 173
参考文献 ········· 175

第八章　中国石油安全生产技术发展展望 ········· 176

环　保　篇

第九章　污水处理与回用技术进展 ········· 181
第一节　油气田开发钻井污水处理技术 ········· 181
第二节　油气田储层改造作业污水处理技术 ········· 187
第三节　油气田开采污水处理技术 ········· 191
第四节　炼化点源污水处理技术 ········· 196
第五节　炼化综合污水处理与回用技术 ········· 205
第六节　展望 ········· 210
参考文献 ········· 211

第十章　固体废物处理与资源化技术进展 ········· 212
第一节　水基钻井废物处理与资源化技术 ········· 212
第二节　油基钻井废物热解析处理技术 ········· 226
第三节　油田含油污泥处理技术 ········· 230
第四节　炼化含油污泥电渗透干化 + 热解 / 碳化处理技术 ········· 239

第五节　展望 ··· 243
　　参考文献 ··· 244

第十一章　大气污染防控技术进展 ································· 245
　　第一节　FCC催化再生烟气脱硫脱硝技术 ······························· 245
　　第二节　伴生气回收利用技术 ··· 254
　　第三节　石油石化企业挥发性有机物（VOCs）排放检测技术 ······· 257
　　第四节　石油石化企业挥发性有机物（VOCs）排放控制技术 ······· 263
　　第五节　二氧化碳捕集与封存技术 ··· 278
　　第六节　展望 ··· 284
　　参考文献 ··· 285

第十二章　场地污染调查与防治技术进展 ························ 287
　　第一节　场地污染调查与评估技术 ··· 287
　　第二节　炼化装置场地防渗检测技术 ····································· 293
　　第三节　石油污染场地强制通风生物修复技术 ························· 299
　　第四节　石油污染场地两相真空抽吸修复技术 ························· 303
　　第五节　加油站成品油污染土壤气相抽提修复技术 ··················· 306
　　第六节　海岸线石油污染环境生物治理及生态修复技术 ············· 312
　　第七节　展望 ··· 317
　　参考文献 ··· 317

第十三章　环境检测与管理技术进展 ································ 319
　　第一节　污染源在线监测技术 ··· 319
　　第二节　溢油应急监测立体综合技术 ····································· 328
　　第三节　环境管理与决策支持体系建设 ··································· 337
　　第四节　展望 ··· 343
　　参考文献 ··· 344

第十四章　中国石油环保技术发展展望 ···························· 346

节 能 篇

第十五章　油气田节能节水技术进展 ································ 351
　　第一节　机采系统节能技术 ··· 351
　　第二节　注水系统节能技术 ··· 359

第三节　集输系统节能技术 ……………………………………………… 366
　　第四节　热力系统节能技术 ……………………………………………… 373
　　第五节　油气田节水技术 ………………………………………………… 379
　　第六节　展望 ……………………………………………………………… 384
　　参考文献 …………………………………………………………………… 384

第十六章　炼化节能节水技术进展 ………………………………………… 385
　　第一节　炼油能量系统优化技术 ………………………………………… 386
　　第二节　乙烯能量系统优化技术 ………………………………………… 393
　　第三节　公用工程能量系统优化技术 …………………………………… 399
　　第四节　炼化能源管理系统 ……………………………………………… 407
　　第五节　炼化节水技术 …………………………………………………… 413
　　第六节　展望 ……………………………………………………………… 424
　　参考文献 …………………………………………………………………… 425

第十七章　油气管道节能技术进展 …………………………………………… 426
　　第一节　输油管道节能技术 ……………………………………………… 426
　　第二节　输气管道节能技术 ……………………………………………… 429
　　第三节　展望 ……………………………………………………………… 433
　　参考文献 …………………………………………………………………… 434

第十八章　节能节水标准化进展 ……………………………………………… 435
　　第一节　标准体系 ………………………………………………………… 435
　　第二节　重点标准成果 …………………………………………………… 438
　　第三节　展望 ……………………………………………………………… 442

第十九章　节能节水管理信息技术进展 ……………………………………… 443
　　第一节　信息系统现状及需求 …………………………………………… 443
　　第二节　节能节水管理系统开发与建设 ………………………………… 444
　　第三节　节能节水管理系统实施与应用 ………………………………… 447
　　第四节　展望 ……………………………………………………………… 452
　　参考文献 …………………………………………………………………… 452

第二十章　中国石油节能技术发展展望 ……………………………………… 453

第一章 绪 论

"十五"以来，随着国家安全生产和环境保护法律的不断完善以及政策标准的日益严格，中国石油坚守"奉献能源、创造和谐"企业宗旨，从强化管理、隐患治理、技术改造、科技创新等方面持续提升安全生产、清洁生产、环境保护和节能节水技术与管控水平，特别是通过加大科技投入、加强科技创新、推进技术应用，在安全环保和节能节水科技方面取得重要进展。

第一节 "十五"以来安全环保与节能节水科技工作回顾与趋势

一、"十五"期间科技工作回顾

在安全方面，中国石油天然气集团公司（以下简称集团公司）在安全生产科技进步工作中大力推进"观念创新、制度创新、体制创新、技术创新"工程，在管理理论和体系建设、安全技术和装备开发、安全监测和风险评价等方面做了大量卓有成效的工作。另外，中国石油下属各企业和研究机构在"十五"期间还针对安全生产实际，组织开展了自备电厂及电网安全性、可靠性分析研究和新技术在管道安全保护中的应用研究等工作，取得了丰硕的科研成果。"十五"期间，中国石油总部用于安全方面的科技投资有较大幅度增加，提高了集团公司安全管理的科技含量，进一步完善了安全生产管理规定和标准体系，促进了设备、工艺安全水平的提升，保障了企业的安全生产。"十五"期间，安全生产形势总体稳定、趋于好转，主要安全生产指标总体呈下降趋势，每100个百万工时事故率由2000年的56%下降到2004年的13%，下降了76.8%。2001—2004年，每年分别有54家、50家、45家和54家中国石油所属地区公司实现重大事故为零的目标，对保证中国石油的安全稳定生产奠定了坚实的基础，同时创造了明显的间接经济效益和显著的社会效益。

在环保方面，2002年1月8日召开的第五次全国环境保护大会明确提出环境保护是政府的一项重要职能，要按照社会主义市场经济的要求，动员全社会的力量做好这项工作；要明确重点任务，加大工作力度，有效控制污染物排放总量，大力推进重点地区的环境综合整治。为落实国家相关政策要求，中国石油在污染物达标排放和排污总量控制上加大了隐患治理和管理力度，并积极推进科技创新，实现了满足国家法规最低限度下的污染防治目标要求。"十五"期间，针对环保业务领域突出问题，重点开展了稠油污水处理与回用技术集成、油田及炼化企业用水优化及污水深度处理回用技术、环境空气毒性污染应急决策信息支持系统、钻井及井下作业清洁生产技术、污染源在线监控技术等多项技术的攻关和技术集成。其中，科技管理部的技术攻关项目"稠油污水处理与回用技术集成研究与示范工程"，形成一整套专门用于稠油污水处理和回用注汽锅炉的技术和工艺；控制和消除硫化氢大范围空气毒性污染综合技术及应急决策信息支持系统研究等填补了国内空白。部分成果在油田及炼厂得到了应用推广，取得了显著的经济效益、环境效益和社会效益。稠油污水处理与回用技术集成、采油污水达标外排处理技术、炼化污水深度处理回用技术等已投入工业应用，对中国石油的可持续发展起到了较大的推动作用。

在节能节水方面，开展了节能发展战略、中国石油节能潜力、油气田节能示范工程应用、节能技术发展总体规划、炼油能量系统优化等科技研究，实施了"新疆油田注汽锅炉节能示范工程"和"大庆油田高含水后期系统优化节能示范工程"，集中配套应用适用的节能新技术，取得良好的节能效果。研究成果成为中国石油实施节能项目、提升整体节能技术水平的指导性文件。

二、"十一五"以来安全环保与节能节水科技发展需求概述

"十一五"以来，特别是在"十二五"期间，国家安全生产和节能减排工作得到了显著加强，相关政策标准要求快速提升，安全环保整治、监管和考核力度不断加大。

在安全方面，国家提出"科技兴安"战略，强调"以先进适用科研成果的推广应用为有效途径，大力推进安全生产科技进步"，提出抓紧建立完善企业安全保障、政府监督和社会监督、安全科技支撑、法律法规和政策标准、应急救援、宣教培训等"六大体系"；着力提升企业本质安全水平和事故防范、监察执法和群防群治、技术装备安全保障、依法依规安全生产、事故救援和应急处置、从业人员安全素质和社会公众自救互救等"六个能力"。

在环保方面，第六次全国环境保护大会提出了"三个转变"：一是从重经济增长、轻环境保护转变为保护环境与经济增长并重；二是从环境保护滞后于经济发展转变为环境保护与经济发展同步；三是从主要用行政办法保护环境转变为综合运用法律、经济、技术和必要的行政办法解决环境问题，提高环境保护工作水平。第七次全国环境保护大会强调坚持在发展中保护、在保护中发展，积极探索环境保护新道路，切实解决影响科学发展和损害群众健康的突出环境问题，全面开创环境保护工作新局面。会后，迅速发布"水十条""大气十条""土十条"等环保措施。要求企业围绕建设资源节约型、环境友好型企业建设目标，必须严格控制污染物排放及环境风险，全面持续完成主要污染物总量减排阶段目标任务，加快推进安全环保长效机制的建立。

在节能方面，2006年7月在北京召开了全国节能工作会议，发布《国务院关于加强节能工作的决定》，提出节能工作要全面落实节约资源基本国策，以转变增长方式、调整经济结构、加快技术进步为根本，加强节能管理，加快构建节约型的生产方式和消费模式，促进经济社会可持续发展。着力抓好构建节能型产业体系、重点领域节能、大力推进节能技术进步、强化节能管理、建立健全节能保障机制等方面工作。

为有效落实国家提出的安全发展、清洁发展和节约发展的要求，全面落实国家安全生产与节能减排目标任务，中国石油确立了建设综合性国际能源公司战略目标，并要求安全环保与节能节水达到国际同行业先进水平。"十一五"期间，中国石油全面开展安全隐患专项整治，大力实施节能减排"双十"工程，从隐患整改、升级改造、管理优化等方面提升安全生产和节能减排业务水平。与此同时，也对科技创新工作提出了明确要求。

一是要提升作业场所职业危害监控能力，提高职业健康监护水平，有效控制职业病的发生；大力推行清洁生产、发展循环经济，建设石化生态工业园区与绿色油田，实现炼化污水"零排放"；提高废物的资源化利用率；解决特种难处理"三废"的污染防治问题；

提高污染防治水平，适应达标升级要求，满足减排要求；提高生态保护水平；加强地下水污染防控能力；控制温室气体排放。需求的主要技术有 HSE 管理技术、石油石化安全生产及事故防范技术、石油石化高危突发性事故应急技术、石油石化污染防治及减排技术、石油石化生态保护及地下水污染防治技术、石油石化循环经济系统集成技术与石油石化低碳技术。

二是要提高油气田生产系统效率，有效控制油田采出水量，加强污水处理与利用及余热利用；进一步降低稠油热采耗能；进一步提高西部高气油比油田伴生气回收利用率；在炼化企业推广能量系统优化技术、水系统优化技术，加强燃气轮机、液力透平、螺杆动力膨胀机等高效设备技术的应用；进一步降低管道运营能耗，充分回收余热、余压等余能；进一步降低矿区供热系统能耗；加强能效管理与节能效果评价。需求的主要技术有油气田节能技术、油气长输管道节能技术、炼化能量系统优化技术、炼化水系统优化技术、矿区供热系统节能技术、能效评价与综合管理技术。

第二节 "十一五"以来安全环保与节能节水科技部署

中国石油坚持"主营业务战略驱动、生产目标导向、顶层设计"的科技理念，坚持"集成创新、重点突破、开放研究、强化应用、整体推进"的原则，通过强化关键技术攻关和先进成熟技术优选与创新集成相结合，着力突破制约主营业务发展的重大安全环保与节能节水关键技术。切实构建"一个整体、两个层次"的科技创新体系，建立完善重点实验室和技术中心等科技支撑平台，强化"产学研用"相结合的科技创新模式，全面提升安全环保与节能节水科技创新能力和科技实力，为中国石油安全发展、清洁发展、节约发展提供有力的技术支撑。

一、科技创新体系建设

中国石油安全环保科技机构主要有 13 家，节能节水科技机构主要有 9 家，基本建成中国石油统一管理、两个层次互相补充的"一个整体、两个层次"科技创新体系（第一层次科技机构分别为安全环保技术研究院和规划总院，第二层次科技机构包括专业公司直属科技机构、地区公司相关科技机构、具有相关特色技术的大学和社会科研机构）。强化直属院所建设，充分发挥其在超前、基础、共性技术研发中的核心作用，强化应用基础研究对提升核心竞争力和实验室创新水平提升的支撑；加强顶层设计、技术信息资源整合和整体优势发挥，形成与企业院所之间分工合作、有效衔接的创新链。根据业务发展需要，在充分利用内部资源的基础上，优化整合国内外工程技术优势资源，加强"政产学研用"创新机制建设，推进节能环保产业联盟的构建；依托中国石油休斯敦技术研究中心，加快推进国际合作，促进安全环保与节能节水先进技术及时转化和推广应用。各研究机构研究重点和特色突出，形成了有机整体。

二、科研平台建设

中国石油 HSE 重点实验室建成并有效发挥了科技支撑平台作用，已成为中国石油科技创新体系的重要组成部分，实验室总面积达 18000m^2，设备总值达 1.23 亿元。建成了设备安全、防火防爆和固废资源化处理三大专业实验室，并在中国石油大学（北京）、中国石油大学（华东）、西南石油大学、西安石油大学、长江大学、东北石油大学等建成6个分实验室。重点实验室建成10套特色平台，形成8项创新实验方法和15项实验成果，为核心技术开发和标准规范制定提供了有力支撑。依托中国石油HSE重点实验室，石油石化污染物控制与处理国家重点实验室获得国家科学技术部批准并运行。加大和稳定重点技术方向的科技投入，积极推进重大核心配套技术成果的开发与应用，以及重点实验方法和技术的开发应用。强化平台功能设备开发，突出功能完善和系统配套，提升研发技术手段，形成一批具有自主特色的实（试）验技术、方法、流程、标准，提升实（试）验水平和研究效率。

三、科技项目部署

按照中国石油"基础超前与颠覆性、技术攻关与试验、配套推广与产业化"三个层次，部署了"安全环保关键技术研究与推广""节能节水关键技术研究与推广"两个重大科技项目，持续开展安全环保与节能节水专业领域的超前、共性技术攻关，切实提升此领域核心竞争力和创新水平。依据支撑主营业务重大安全环保与节能节水技术需求，设立"中国石油低碳与清洁关键技术研究及应用""炼化能量系统优化技术研究与应用"两个重大科技专项，重点开展了机采集输节能提效、废物资源化及升级达标、低碳发展战略、炼化能量系统优化等成套技术工艺开发与应用示范，及时解决制约公司发展的重大安全环保与节能节水问题。

（1）"安全环保关键技术研究与推广"重大科技项目。

"十一五"期间，安全方面重点通过开展安全事故分析及模拟仿真技术研究，建立泄漏扩散模型和油气着火、爆炸模型，开发出事故分析及模拟仿真软件；环保方面通过开发经济适用的污水、废气、含油固体废物回收利用技术，达到废物的资源综合利用和循环使用。

"十二五"期间，攻关目标为满足国家有关政策法规和标准要求、控制安全与环境事故发生、提高事故应急处置能力，完成污染减排约束性指标要求。HSE管理技术总体保持国内领先水平、接近国际先进水平；安全技术总体保持国内领先水平；环保技术总体保持国内领先水平，部分达到国际先进水平。主要研究任务有HSE管理技术研究与应用、石油石化安全生产及事故防范技术研究与应用、石油石化高危突发性事故应急技术研究与应用、石油石化污染防治及减排技术研究与应用、石油石化低碳技术研究与示范、石油石化生态保护及地下水污染防治技术研究与示范、石油石化循环经济系统集成技术研究与示范。

（2）"节能节水关键技术研究与推广"重大科技项目。

"十一五"期间，节能方面研究并提出自用油节约与替代的对策与技术实施方案，实现能源优化，建设示范性工程；实现企业用能诊断分析、节能项目管理和评价的信息化管理。

"十二五"期间，项目目标为主要用能用水技术经济指标总体达到国内先进水平，重点企业达到或接近国际领先水平，满足节能约束性指标要求。油气田和管道业务领域节能节水技术水平保持国内领先地位，赶超国际先进水平；炼化业务节能节水技术水平达到国内先进水平。主要研究任务有油气田节能技术研究与示范、油气长输管道节能技术研究与示范、炼化水系统优化技术研究与应用、矿区供热系统节能技术研究与应用、能效评价及综合管理技术研究与应用。

（3）"中国石油低碳与清洁关键技术研究及应用"重大科技专项。

专项于2011年8月批准立项，为实现中国低碳技术的创新与发展，推进"绿色发展行动计划"的实施和绿色、可持续发展，重点在"节能与提效、减排与废物资源化、战略与标准"三大方面开展高含水油田节能节水关键技术研究、低渗透油气田节能节水关键技术研究、热采节能节水关键技术研究、炼油化工节能节水关键技术研究、长输管道节能关键技术研究、钻井动力节能减排与余热利用关键技术研究、含油污泥资源化利用技术集成、炼化污水高效处理及回用关键技术研究、温室气体捕集与利用关键技术研究、中国石油节能减排评价指标体系研究和低碳发展策略、标准与战略研究11个课题的技术攻关和集成示范，系统解决制约中国石油节能减排效率提升的9项技术瓶颈，形成中国石油11项低碳核心成套技术和节能减排与低碳发展三大评价指标体系及标准系列，低碳技术总体水平达到国际先进，占领低碳技术制高点，掌握低碳发展主动权。

（4）"炼化能量系统优化技术研究与应用"重大科技专项。

专项于2008年4月立项，以"开发一批技术、树立一批标杆、培养一支队伍"和支撑"十一五"节能减排为目标，以示范工程为基础平台，引进国际先进模拟优化配套软件，创新并集成开发了炼化能量系统优化全套技术体系；针对炼油、乙烯、公用工程实际用能问题，通过现场系统优化，提高能效、降低生产成本，树立了炼油、乙烯、公用工程能量系统优化的6个标杆；通过系统技术培训和实践锻炼培养了一支100人以上，具有独立模拟和独立优化能力的炼油、乙烯、公用工程能量系统优化专业技术队伍。专项填补了中国石油在该领域的技术、人才和软件工具空白，使中国石油从根本上摆脱了以往对国外咨询公司炼化能量系统优化技术和人才的依赖，整体技术水平达到国内领先、部分国际先进，持续推动中国石油能量系统优化工作全面深入开展。

第三节 "十一五"以来安全环保与节能节水科技进展

自2006年以来，围绕"安全应急、绿色发展、节能增效"三个方面生产需求，中国石油积极发挥科技创新对技术发展和管理提升的支撑作用。"十一五"期间，中国石油针对公司存在的安全环保与节能节水技术瓶颈问题，开展了油田采出水处理与回用、含油污泥资源化与无害化、炼化能量系统优化等技术攻关，取得了多项重要成果，为集团公司满足国家有关政策法规标准、控制安全与环境事故风险，以及完成节能减排约束性指标提供了技术支撑。"十二五"期间，集团公司安全管理水平持续提升，形成具有中国石油特色、与国际接轨的安全管理体系，先进技术在安全监控、安全防护和事故应急领域推广应用，重大风险得到有效控制，事故率明显减低，安全生产技术达到世界领先水平，实现油气生产安全、稳定运行。环保科技创新力度显著增大，污染防治技术实现全面升级，低碳技术发展也得到有效推进，基本解决了碳排放强度大、污水升级达标困难、污泥资源化率有待提高等关键问题，污染排放达标处理技术和含油污泥资源化技术在技术升级和系列化方面取得了重大进展，有力支撑了集团公司污染减排目标的实现。

十年间，中国石油累计完成了23项关键技术攻关，形成16套核心配套技术，开发23套装备、产品及软件，申请专利450项（其中发明专利194项），软件著作权46项，制（修）订标准49项。其中，储罐防雷防静电技术处于国际先进水平；油气田环保技术处于国内领先水平，炼化点源污染治理技术达到国际先进水平；油气田节能提效及炼化能量系统优化技术处于国内领先水平，管道降阻提效技术处于国际先进水平，有力支撑了集团公司安全环保与节能减排目标的实现。在此期间，在安全风险防范与事故应急专业领域形成了油气井井喷预防与控制技术、炼化装置风险防控技术、油气管道安全风险防控技术、油品罐区安全风险防控技术、高致灾性事故应急技术、HSE与应急管理信息化技术6项系列技术；在污染防治与生态保护技术领域形成了污水处理与回用技术、固体废物处理与资源化技术、大气污染防控技术、场地污染调查与防治技术、环境检测与管理技术5项系列技术；在节能节水专业领域形成了油气田节能节水技术、炼化节能节水技术、油气管道节能技术、节能节水标准化、节能节水信息技术5项系列技术。

一、安全风险防范与事故应急专业领域

在特殊井溢流监测与压井、工艺危害分析、防雷防静电与腐蚀监测和溢油应急等6个方面开创了技术发展的新局面，形成了基于"本质安全—监测防控—应急处置"的安全风险防控与应急技术体系，为中国石油推进安全发展奠定了基础。

（1）井喷防控在非常规压井、介电溢流监测等方面取得突破，解决了"三高"（高压、高含硫、高危）地区油气井井下溢流数据实时监测、传输及分析技术难题，为井控应急救援抢险提供了有力的技术支撑。集成了溢流监测预警和设备检测评估的井控技术，显著缩短了溢流预警时间，有效提升了溢流监测、处置、压井、救援等方面的装备能力。形成的井控装备全过程管理系统已在川庆钻探上线运行；微流量溢流监测、冷冻暂堵、带压钻孔等技术已完成现场试验验证，具备推广条件。

（2）大型储罐雷电防护与腐蚀监测技术取得重大突破，自主研发了大型外浮顶油罐雷电模拟试验系统，开发了储罐腐蚀状态声发射与漏磁相结合的监测技术，填补了该领域国内技术空白。研究建立了大型外浮顶油罐雷电分路与分流实验方法，属国内首创，应用该项技术开展了中国石油勘探与生产分公司1300余座大型油罐防雷防静电检查检测。储罐腐蚀状态声发射监测技术实现了在不开罐的情况下对底板腐蚀情况动态监测，已在大庆石化公司、大庆炼化公司等企业100多座储罐进行了应用，为企业开展设备维修和维护，减少因腐蚀泄漏而导致的火灾、爆炸事故的发生提供了有效指导。

（3）工艺安全评估技术系列初步形成并大规模应用，有力提升了中国石油本质安全水平，推动了国内功能安全评估技术的发展。建立了完善的安全评估技术体系，形成了HAZOP、LOPA、SIL的工艺安全评估技术系列，应用该技术已开展400多套石油化工装置工艺安全评估，推进了中国石油工艺安全管理和功能安全评估工作。开发了HAZOP专家系统，突破了工艺安全分析成果应用局限，将HAZOP分析成果与DCS报警结合，开发信息化预警平台，为炼化企业的工艺安全监控提供了可靠的新手段。

（4）在水域溢油与炼化火灾应急方面，形成了企业标准、试验平台、应急方案、吸附材料等系列成果，在全公司推广应用，提高了中国石油溢油应急水平。形成了4项溢油应急产品性能标准，为中国石油溢油应急产品采购和储备提供了技术规范支持；开发了近海河流溢油应急技术方案，在管道公司和海上应急中心推广应用；开发了6种新型吸油（凝油）材料，综合性能达到国内领先水平，具有较高的经济技术价值。建立了"六要素"火灾事故分类模式，开发了10种设备（罐区）火灾事故工艺消防联合应急技术方案，在地

区公司消防队伍中推广应用。

（5）开展了油气管道风险评估、安全可靠性评价和复合材料补强修复技术攻关。在风险评估技术方面，建立了系统的油气输送管道定量风险评估方法，开发了功能完备的风险管理软件；在安全可靠性评价技术方面，建立了较完善的管道安全可靠性评估技术体系，开发了相应的评价软件，可以对体积型缺陷、裂纹型缺陷、弥散损伤型缺陷、几何缺陷、机械损伤缺陷等管道可能存在的各类缺陷进行评估；补强修复技术建立了从修复材料体系改进提高、施工工艺整体优化到现场应用后修复效果评价的成套管道修复管理和维护技术。项目采用边研究、边应用的模式，将消化吸收和自主创新相结合，在国内首次建立了系统的油气管道风险定量评估、安全可靠性评价技术和复合材料补强修复技术体系。研究成果已在西气东输一线、西气东输二线、陕京管道等国内22条重要油气管道及多个油气田集输管网的风险评估、完整性评价和失效分析工作中得到成功应用，保障了油气管道的安全运营，带来了显著的经济效益和社会效益。

（6）在HSE管理和应急管理信息技术应用方面，先后完成了HSE信息系统和应急平台建设并在集团公司总部、专业公司和所属企业全面上线应用。HSE信息系统（2.0版）项目建设充分利用物联网、移动应用等新技术，建成全球一体化的HSE工作平台和风险管控平台，实现全球HSE管理业务全覆盖，成为集团公司HSE的监测预警平台、管理工作平台、实时监控平台、问题督办平台。应急平台综合应用信息系统、地理信息系统、应急通信、音视频展示等技术手段，构建了集团公司总部和企业两级应急平台体系，在集团公司所属116家企业上线应用，实现了集团公司突发事件安全保障"一张网"、辅助决策"一张图"、指挥调度"一条线"的综合应用效能。

二、污染治理与生态保护专业领域

依托"中国石油低碳与清洁关键技术研究及应用"重大科技专项，基本解决了碳排放强度大、污水升级达标困难、污泥资源化率有待提高等关键问题，污染排放达标处理技术和含油污泥资源化技术在技术升级和系列化方面取得了重大进展，有力支撑了中国石油污染减排目标的实现。

（1）污水处理与回用技术领域。钻井、压裂等作业污水的处理与回用有效促进了油气田开发清洁生产与污染减排；开发的稠油污水不除硅处理技术取消传统除硅工艺单元，实现了技术升级；形成了炼化点源污水高效处理技术系列和综合污水升级达标成套技术，为实现炼化企业污水全面升级达标改造提供了技术支撑。

（2）固体废物处理与资源化技术领域。钻井废物处理实现了从固化填埋技术到随钻不落地处理技术变革，清洁生产和污染防治水平得到了显著提升；含油污泥分类分质处理技术系列基本形成，含油污泥资源化率可达85%，有力支撑了集团公司含油污泥整体资源化率由30%提升到42%的目标。

（3）大气污染防治技术领域。油气田轻烃气逸散检测技术有力支撑了企业温室气体排放管控，伴生气回收技术已在长庆油田得到示范应用；催化剂再生烟气脱硫脱硝技术完成了引进吸收和再创新，自主承建装置20套，实现集团公司超额完成SO_2和NO_x减排目标；建立了自备电厂烟道气CO_2捕集先导试验工程。

（4）场地污染防控与修复技术领域。初步构成了以场地污染调查评估、地下防渗和污染监控、污染土壤及地下水修复为一体的场地污染防控与修复技术；超低渗透材料和组合防渗工艺渗透系数检测填补国内空白，开发了以生物修复、双相真空抽吸、生物通风为核心的场地污染修复技术，并已完成现场放大试验。

（5）环境检测与管理技术领域。首次建立了低碳技术、管理评价系列指标体系，制定了中国石油低碳发展路线；研究测算中国石油为社会提供清洁能源、对国家实现温室气体和污染减排目标的贡献率分别达到6.0%和3.6%；确定公司能源替代式发展目标，天然气与油产量比值达到6∶4，碳捕集、封存及再利用技术（CCUS）减排贡献率将达50%以上。

三、节能节水专业领域

依托"中国石油低碳与清洁关键技术研究及应用""炼化能量系统优化技术研究与应用"两个重大科技专项和"节能节水关键技术研究与推广"重大科技项目，节能节水技术得到了快速发展，技术系列化、系统化程度显著提升，有力支撑了中国石油节能目标的实现。

（1）在油气田节能节水技术方面，取得了机采系统、注水系统、集输系统等节能关键技术的突破，形成的高含水节能配套技术系列、低渗透油田节能技术系列、稠油热采节能技术系列实现了示范应用，节能效果明显。高含水油田机采系统效率达到30%以上，注水系统效率提高5%，集输系统能耗降低40%，稠油热采注汽能耗降低10%。通过"中国石油低碳与清洁关键技术研究及应用"的技术攻关和示范应用，实现年节能$32.6×10^4$t标准煤、年节水$2132×10^4$m³、年减排二氧化碳$87×10^4$t。

（2）在炼化节能节水技术方面，全面构建了中国石油炼化能量系统优化技术体系，掌握并创建具有自主知识产权的38项国际先进模拟优化技术，满足了中国石油炼化主体工艺过程能量系统优化需求，技术、人才和软件工具同步发展，实现炼化能量系统优化技术的跨越式发展。炼化能量系统优化专项建设形成了6项标杆工程，4项示范工程和2项推广工程分别实现能耗下降5.1%~15.1%和3%~6%，共实现年节能$20×10^4$t标准煤，年增效3.17亿元；全部投资优化方案实施后，能耗下降达到10%以上，实现炼油化工生产节能跨越式发展。

（3）在油气管道节能技术方面，在原油管道的输油泵高压变频、加热炉提效、原油降黏剂和减阻剂等技术上取得进展；在输气管道的压缩机提效、输气工艺节能、减少天然气放空、燃气轮机余热利用等技术上取得突破。油气管道重点耗能设备效率不断提高，输油输气能耗显著降低。

（4）在节能节水标准化技术方面，对集团公司节能节水企业标准体系进行了修订，完善了标准体系的结构和布局，组织制（修）订了国家标准GB/T 31343—2014《炼油生产过程能量系统优化实施指南》、GB/T 35578—2017《油田企业节能量计算方法》等，行业标准SY/T 6838—2011《油气田企业节能量与节水量计算方法》、SY/T 6722—2016《石油企业耗能用水统计指标与计算方法》等以及企业标准，基本覆盖集团公司生产经营全过程，对生产业务新技术的推广应用以及重要节能管理制度的实施提供有力支撑，为实现集团公司的节能减排目标提供必要的保障。

（5）在节能节水信息化技术方面，研发了包含节能统计、节能考核和能效对标等十大功能模块的集团公司节能节水管理系统，取得发明专利1项，软件著作权2项，有力推动了集团公司节能节水业务精细化管理水平，实现了信息化和业务的高度融合。

安全篇

第二章　油气井井喷预防与控制技术进展

井喷失控是油气资源勘探开发过程中损失巨大的灾难性事故，是中国石油八大安全风险之一，历来备受集团公司的重视。近年来，中国石油在井控技术领域取得了长足进步，技术水平持续提升，重大井控事故逐年减少，但是溢流险情仍时有发生，严重威胁安全生产。同时，面对勘探开发向深部复杂地层延伸的发展形势，以及油气安全和清洁生产的严格要求，井控技术仍需不断发展才能适应油气勘探开发形势的需要。截至"十一五"末，中国石油井控管理体系基本建立，人员岗位责任落实仍是重点；井控理论仍需突破，地层压力和井筒压力预测是关键；井控装备基本成熟，自动化程度及检测技术待完善；井控工艺技术尚需配套和完善，早期溢流监测、特殊压井技术等技术亟待攻关；环空带压和井口损伤等井控隐患的治理技术水平亟须提升。中国石油在"十二五"期间开展科研项目"油气井井喷预防与控制技术研究"的攻关，在溢流早期监测与预警技术、"三高"油气井非常规压井技术、油气钻采地面设备磁记忆检测技术等领域取得突出的技术成果。

第一节　溢流早期监测与预警技术

在石油天然气勘探开发过程中，钻井、试油、试气以及采油、采气过程中都有可能发生井喷事故。溢流是井喷的先兆，溢流发生时，若能及时发现并采取合理的处理措施，可以避免或控制井喷事故的发生，最次也可以为发生井喷后抢险和压井创造有利条件，降低井喷造成的危害程度。钻井关键参数的有效应用及早期溢流监测都是预防钻井事故、实现安全高效钻井的重要技术手段，中国石油在"十二五"期间进行科研项目"油气井井喷预防与控制技术研究"的技术攻关，其结果提高了监测方法的可靠性和精确度，提升了钻井关键参数的有效性，突破了溢流早期监测的技术瓶颈。

一、溢流早期监测与预警技术需求分析

钻井关键参数携带着钻井工程方面的信息，对这些信息进行有效分析，可以实时监测钻井工况，达到预防钻井异常的目的。在钻井关键参数采集及分析方面，法国的GEOSERVICE公司开发了独立的ALS-V钻具振动监测系统，把信号采集频率从1Hz提高到10Hz，实现了对钻具振动相关信号的高速采集，通过频谱分析达到尽早发现损伤钻柱潜在振动的目的。国际录井公司依托DLS综合录井系统，将数据采集频率提高到100Hz，对大钩负荷、立管压力（以下简称立压）、扭矩、转盘转速进行高速检测，通过频谱分析实现井下钻具振动监测。前期研究表明，对高频振动信号进行分析和处理需要10kHz或者更高的数据采集频率，显然国际录井公司的数据采集频率还未达到高频振动分析的要求。国内对钻井关键参数的采集速率依然保持在1Hz左右，造成大量高频信息丢失，且数据仅在时域记录，缺乏频域佐证，综合分析能力不足，异常信息捕捉不够。中国石油通过公关提出一种录

井实时数据采集及同步预警方法，针对参数异常进行了初步判别和报警，取得一定成效。

在钻井过程中，对溢流早期进行及时准确监测，能够避免由于误时造成的井喷等事故的发生，对井控安全具有重要意义。目前，国内外形成的溢流早期监测技术主要包括井口导管液面监测技术、钻井液流量监测技术、改进流量监测技术、随钻环空压力监测技术、声波气侵监测技术、贝叶斯模型预测技术及套压❶监测技术等。国内应用最多的监测方法是利用钻井液池液面监测仪，通过观察钻井液池液面的变化情况判断井下复杂事故；通常也采用钻井地质综合录井仪对井筒返出流体进行监测，分析地层流体侵入情况；控压钻井时，依靠钻井液流量计对环空返出流体进行实时测量，通过分析其流量变化对井下事故进行判断。总体上，国内主流方法都是采取地面监测方式，从井底发生溢流到地层流体运移至地面，进而发现事故，在时间上均存在一定滞后，失去了最佳控制时机。国外溢流早期检测主要采用声波气侵检测技术、贝叶斯模型预测技术和随钻井下压力测量技术，但这些技术对判断事故类型、准确率以及定量测量溢流量尚不完善。以上各种监测方法都有其独特的优势，但也存在着较多不足。

钻井关键参数的有效应用及溢流早期监测都是预防钻井事故、实现安全高效钻井的重要技术手段。在钻井关键参数的有效应用方面，目前存在由于参数采集频率低而导致的重要高频信息丢失、缺乏对参数的有效分析方法等问题，需要在参数高速采集及深化分析方面开展相应研究工作。在溢流早期监测方面，目前涌现出了多种溢流早期监测技术，有地面监测，也有井下监测，不同的监测方法采用的原理不同，各有优势，但也都存在不足，需要在监测方法的可靠性、精确度的提升及对钻井条件的适应能力等方面开展进一步的研究工作，以得出一种能够准确、快速识别微量溢流、气侵的可行方法。

二、溢流早期监测与预警技术成果介绍

1. 溢流早期监测与预警技术内涵

溢流早期监测与预警技术是中国石油"十二五"科研项目"油气井井喷预防与控制技术研究"形成的核心技术成果，技术内涵包括钻井异常识别技术、溢流监测方法优选、溢流监测方案设计与系统开发，以及基于流体介电特性分析的预警系统设计等，即通过多手段综合应用，实现溢流监测的快速性和准确性，降低后续井控工作的难度，并提供足够处置时间窗口。

2. 溢流早期监测与预警技术主要成果

（1）钻井关键参数高速采集系统。

钻井关键参数高速采集系统能够对钻井过程中的大钩负荷、立压、扭矩和转盘转速4个关键参数进行实时快速的数据采集，并将数据快速准确地存入数据库中，同时在图形化界面中实时显示。数据采集系统包括硬件系统和软件系统两部分，采集到的数据需要选择合适的数据库进行存储，并且应当支持数据查询功能。数据采集传输至计算机后需要对数据进行处理，提取出感兴趣的数据特征或故障特征。

数据快速采集硬件系统研究。对大钩负荷、立压、扭矩、转盘转速4个参数进行高速采集，其中大钩负荷、立压、扭矩信号通过现役录井仪中的变送器采集，转盘转速信号通过接近开关进行数字脉冲计数。现场传感器信号的连接采用电压并采和电流分流的方式

---

❶ 套压为套管压力的简称。

进行。针对大钩负荷、立压、扭矩3个模拟信号的采集，采用电流分配器复制原始电流信号；针对转盘转速的电压脉冲信号，采用电压并联采样方式进行数据采集。

四参数深化分析方法研究：①快速采集四参数信号不同特征与不同工况下钻井异常对应关系，四参数信号特征与钻井异常对应关系是钻井异常监测的基础，四参数信号不同特征与不同工况下的钻井异常对应关系不同。四参数信号的特征主要包括突变特征、缓变特征和波动特征，突变特征主要针对突发型钻井异常（如钻具突然断裂或刺漏、钻头牙轮突然卡死等）；缓变特征主要针对慢漂型钻井异常（如井漏、井涌、井眼状况恶化等）；波动特征可以表现为突发型波动和缓变型波动两种，伴随着不同的钻井异常出现。②快速采集四参数信号特征提取方法。四参数信号特征提取是异常识别的基础，主要针对四参数信号突变特征、波动特征以及信号缓慢变化特征进行提取。以小波变化的奇异点检测原理为基础，准确实时地提取信号的突变特征和波动特征，采用分时段直线拟合或曲线拟合的方法提取缓慢变化特征。

数据快速采集软件系统。软件模块共分为4个线程：数据采集和读取线程、数据存储线程和数据显示线程。信号的突变特征经过特征提取方法处理，可以提取到信号突变特征。图2-1为信号发生器信号小波变换波形图。

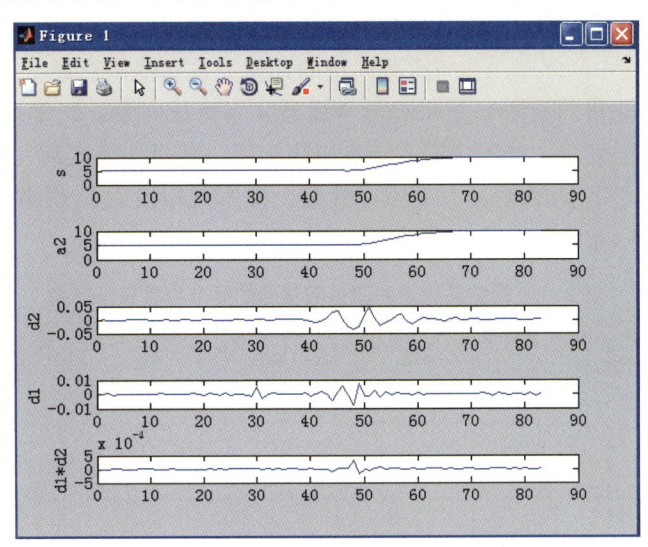

图2-1 信号发生器信号小波变换波形图

（2）基于灰色关联分析的钻井异常识别方法。

对于学习型算法（如人工神经网络、贝叶斯判别、支持向量机等），往往缺少训练数据以供算法进行学习，从而导致算法的识别结果准确性不高。而对于以专家经验为基础的算法（如专家系统、灰色关联法、模糊识别、证据理论等），可以通过修改完善专家经验实现自身的优化，因此以专家经验为基础的方法更适合缺少训练样本的钻井作业系统。这里选用了灰色关联法并加以改进来识别钻井异常。

基于改进的灰色关联法识别钻井异常研究。传统的异常识别方法需要大量训练数据，且以异常是否发生的形式给出结果，准确性较低。采用灰色关联分析法对钻井异常进行识别，将现有ABO型关联度进行改进，同时增加了标准异常特征向量的组数，从而提高了异常识别的准确性和分辨度。图2-2为改进的灰色关联法识别钻井异常流程图。

改进的ABO关联度研究。灰色关联分析法识别钻井异常的实质就是确定待检数据序列 Y_T 与标准异常特征序列 X_R 在 n 维空间的几何相似程度，曲线越接近，相应数据序列间的关联度越大。传统的ABO关联度的优势在于能通过A型关联度描述两向量曲线的"相似性"，通过B型关联度（省略一阶差商与二阶差商）描述两曲线的"相近性"。但A型关联度在表征"相似性"方面本身具有一定缺陷，容易受到分辨系数、最大绝对误差和最小绝对误差3种因素影响，且在计算关联度时还会引入人为设定的向量权重值，同样会影响关联度的准确性。而改进的ABO关联度是将ABO型关联度中的A型关联度改为灰色斜率关联度，灰色斜率关联度的物理意义与A型关联度相同，通过描述两条向量曲线的斜率变化来表征两条曲线的几何关系与变化趋势。灰色斜率关联度没有受到分辨系数、最大最小绝对差以及权重值的干扰，其只与向量自身数据有关，可以更准确地描述标准向量与待测向量的几何关系和变化趋势。

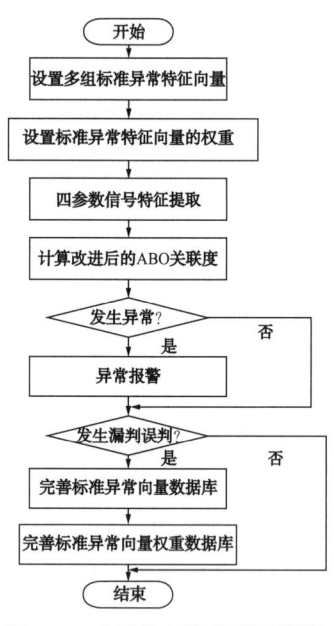

图 2-2 改进的灰色关联法识别钻井异常流程图

多组标准异常向量的设置。对每类异常设置4组特征向量，向量选择大钩负荷突变、大钩负荷缓变、立压突变、立压缓变、转盘扭矩突变、转盘扭矩波动、转盘转速波动7个不同特征；异常类型包括断钻具、溢流、井漏、掉水眼以及钻具刺漏。以断钻具异常为例，四参数信号的标准异常特征向量见表2-1。

表 2-1 断钻具异常时四参数信号的标准异常特征向量

特征类型	大钩负荷突变 kN	大钩负荷缓变 kN	立压突变 MPa	立压缓变 MPa	转盘扭矩突变 kN·m	转盘扭矩波动 kN·m	转盘转速波动 r/min
断钻具	−120	0	−8	0	−15	0	0
断钻具	−150	0	−5	0	−20	0	0
断钻具	−180	0	−7	0	−25	0	0
断钻具	−220	0	−10	0	−10	0	0

从表2-1中可以看出，当7个元素的变化趋势相同时，可以选择不同的元素变化量，这样可以更加准确地与待测向量进行计算，避免了由于变化量相差较大造成的关联度较低，进而引起的漏判误判情况发生。

对于溢流，其标准异常特征向量见表2-2。

表 2-2 溢流标准异常特征向量表

特征类型	大钩负荷突变 kN	大钩负荷缓变 kN	立压突变 MPa	立压缓变 MPa	转盘扭矩突变 kN·m	转盘扭矩波动 kN·m	转盘转速波动 r/min
溢流	0	100	0	−0.8	0	30	0
溢流	0	120	0	−1.2	0	25	0
溢流	0	110	0	1.2	0	20	0
溢流	0	130	0	0.9	0	15	0

不同情况下的特征向量全部纳入异常向量表中大大提高了异常识别的准确性，且该表在工程应用初期可以进行完善和修改，为后续的异常识别提供了保障。

（3）油气井溢流监测技术方法优选。

油气井溢流监测技术方法。钻井液参数包括钻井液体积（总池体积、分离器液面、井口导管液面、环空液面）、密度（井口、井底）、温度、流量和流速（进口、出口、井下环空）。其中，对井口导管流量及分离器液面进行监测的微流量监测技术可靠性好、监测精度高，在生产现场取得了很好的应用效果。

综合录井参数监测溢流方法。通过对综合录井仪采集的相关录井参数进行综合分析，或建立录井参数变化与地应力场、渗流场、温度场变化的对应关系，通过录井参数的变化来反证地质因素变化，以此来监测溢流，常用录井参数有钻压、大钩负荷、转盘转速、返出流量、泵压、钻井液密度以及烃类浓度等。

声波气侵监测溢流方法。声波气侵监测法是根据声波在气液两相流中传播速度明显低于在纯钻井液中的速度，在钻井泵出口安装一个声波发生器，在钻井液返出口安装一个声波接收器，通过测量声波传播时间来检测气侵情况。

基于随钻井底参数测量监测溢流方法。基于随钻测压系统（PWD）井底压力、温度监测的溢流判断方法；利用随钻测井系统（LWD）的相关参数监测溢流。

以上溢流监测方法的特点见表2-3。

表2-3 溢流监测方法特点

监测方法	优点	缺点	实时性	可靠性	备注
钻井液池液位监测	技术难度小，成本低	监测不够灵敏，不能及时发现早期微量溢流	具有明显的滞后性	低	被广泛应用
微流量监测	能够及时发现早期溢流	需要对井口导管及分离器进行改造，实施有难度，成本较高	高	高	已有现场应用，可靠性依赖流量计及液位探测装置
综合录井参数监测	技术成熟，成本低，可实现对溢流的连续监测	获取的参数精度不高	高	单个参数可靠性差，需要多个参数综合判断	已有现场应用，需要现场录井仪提供数据接口
声波气侵监测	能够发现早期气侵	声波信号易受干扰，影响检测精度；钻井液压力脉冲信号适应井深有限	较高（分钟量级）	易受干扰，可靠性不高	适用于气侵监测
基于随钻井底参数测量监测	能够及时测量井底参数，溢流监测最为直接	压力与温度传感器受井下高温、高压条件限制；在深井应用场合，钻井液脉冲信号衰减大，影响其正常使用	受传输速度及解码速度影响，分钟量级	测量可靠性高，系统可靠性受传输系统性能影响	为了提高监测的实时性，需要研究高速率的井下数据传输方式

目前，国内外对溢流监测大都仍采用监测钻井液池液位、进出口流量的方法，所用参数均为地面采集，不能判断早期溢流的发生。随着井底随钻测量技术［如随钻测量系统（MWD）、随钻测压系统（PWD）、电磁随钻测量系统（EMMWD）等］的进步，越来越多的钻井作业开始采用这些技术手段监测井底参数，从而将井喷预测深入井喷发生的源头，有效地提高了判断的实时性和准确性。控压钻井技术近年来发展迅速，能够有效地反映井下的压力和温度数据，对早期溢流和压力变化情况反映较为及时，能够作为井喷早期监测一个非常有用的数据来源。

溢流判断方法可分为阈值判别法、贝叶斯模型预测方法以及基于神经网络与专家系统的智能判断方法。不论采用哪种判别方法，都需要对溢流出现时各参数的表征进行研究。

在对国内外溢流监测及井喷预防技术进行充分调研的基础上，考虑到溢流监测的实时性及可实现性，结合综合录井参数、PWD测量的井底压力与温度数据以及微流量监测技术对溢流进行实时监测，运用贝叶斯模型对溢流的发生做出最终判别。

（4）溢流监测数据处理方法优选。

阈值法溢流监测数据处理方法。阈值法是通过将采集的相关参数与设定的阈值相比较，从而得出是否发生溢流的结果。它的特点是原理简单、容易实现，但是这种方法的功能过于单一，只能监测参数的阈值，不能综合分析多个参数的变化趋势和规律，而且若溢流监测完全依赖于参数的阈值，会产生较高的误报和严重的滞后。作为溢流监测的有效数据处理方法之一，可以将其与其他数据处理方法结合应用于溢流监测。

数学建模法溢流监测数据处理方法。数学建模法主要是针对溢流监测这个问题建立一个数学模型，通过多个相关参数的变化得出所建模型的结果。它的特点是原理简单、容易实现，比单一阈值法有所改进，但是由于溢流的复杂性以及不确定性，很难建立一个公认比较准确的、时效性比较高的数学模型用于溢流监测。

人工神经网络溢流监测数据处理方法。人工神经网络能够很好地处理工程技术中的非线性、不确定性等各种模糊关系。尤其是BP网络，其具有逼近任意非线性函数的能力，可以有效地监测溢流。但是它被用于溢流监测时也存在一定的问题。首先，需要大量的录井数据来训练BP网络；其次，由于地质环境的差异，使用当地钻井数据训练的网络模型不一定适用于其他地区的溢流监测，极大地限制了BP网络的应用。除此之外，BP网络的应用也缺少一定的理论支持，没有合理的计算和精确的推导。

专家系统溢流监测数据处理方法。专家系统是根据人们在某一领域内的知识、经验和技术而建立的解决问题和做决策的计算机软件系统，它们能对复杂问题给出专家水平的结果。专家系统和人工神经网络存在一个类似的特点，它们需要大量的专门知识与经验。溢流是一个复杂的、模糊的综合体，影响因素很多，变异性和时空差异大，在不同工况下溢流的表现形式也不是完全相同。然而，当前的专家系统在建模中多是利用简单的数学回归模型，这些模型一般只考虑了部分反映溢流的因素，如何把多因素综合考虑到建模中，仅仅依靠现在常用的方法是达不到要求的。因此，仅靠专家系统并不能完全准确地反映溢流的发生，但是可以把专家系统作为一种辅助以及验证系统加入溢流监测中，实现多种方法的有机结合，达到优势互补的效果，提高溢流监测的智能化水平和现场适应性，从而使智能系统不断丰富积累知识，完善性能，提高诊断的准确性和实时性。

贝叶斯判别分析溢流监测数据处理方法。它的基本思想是假定对所研究的对象在抽样前已有一定的认识，并用先验分布来描述这种认识，然后基于抽取的样本对先验认识做出　修正，得到后验分布，而各种统计推断均基于后验分布进行。将贝叶斯统计的思想用于判别分析，就得到贝叶斯判别分析法。贝叶斯判别分析法同样需要大量的钻井数据训练判别模型，但是相对于人工神经网络和专家系统，贝叶斯判别分析法更能充分地利用先验知识，减少误判。而且贝叶斯判别分析给出的溢流监测结果是一个概率形式，不是一个简单的是或否的结果，司钻可以通过概率值变化的趋势进一步确认是否发生溢流。

（5）溢流监测方案设计。

在分析比较现有溢流监测数据处理方法的基础上，选取专家系统与贝叶斯判别分析相结合的方法监测溢流，使贝叶斯判别分析与专家系统实现优势互补，更加充分地利用训练数据和先验知识，提高溢流监测的实时性和准确性。溢流监测方案设计的基本思路：首先利用专家规则及实测溢流等故障数据对贝叶斯判别模型进行训练。然后利用训练好的贝叶斯判别模型进行溢流等钻井故障监测，若发现异常，则给出异常事故预警；若未发现异常，则进行下一周期监测。

钻井故障及其参数变化。根据溢流监测需要，选取的监测参数为井底环空压力（PWD参数）、钻井液进出口流量（微流量参数）、立压与大钩负荷（综合录井参数）。

基于分级贝叶斯判别模型的溢流等钻井事故识别原理。根据所选取的监测参数，可通过四级贝叶斯判别识别溢流等钻井事故，第一级到第四级贝叶斯判别的属性变量分别为钻井液出口流量与入口流量之差、井底环空压力变化率、立压变化率和大钩负荷变化率。当溢流或相关事故发生后，必然引起各属性变量的异常变化，通过分级应用贝叶斯判别，逐级确认异常事故。当存在异常事故时，应用分级贝叶斯判别逐级排除未发生的异常，最终确定唯一事故类型；即使不能确定唯一事故类型，也可以将可能发生的异常事故类型降低到最少，并分别给出其发生的概率。因此，分级贝叶斯判别模型对于因属性变量间不完全独立而引起的误判具有一定的抑制作用，提高了贝叶斯判别精度。

应用分级贝叶斯模型识别溢流等钻井事故。根据溢流等相关钻井事故的监测需要，组合应用四级贝叶斯判别，得到基于分级贝叶斯判别的钻井事故监测流程图（图2-3）。

求取溢流等钻井事故发生概率。最后通过基于先验概率和基于判别函数的方法求取钻井事故概率，这两种方法的原理基本相同，求取过程和表现形式有一定的差别。

（6）溢流监测系统。

基于PWD、微流量监测与综合录井参数的溢流先兆在线监测与预警系统。在溢流监测方法方面，该系统以监测井底环空压力的变化为基础，结合钻井液进出口流量和相关综合录井参数的变化，在地层流体还没有返到地面时，提前发现溢流，提高井喷预警的时效性。在数据处理方法方面，该系统以贝叶斯判别分析为核心，以专家决策系统为辅助，并结合阈值法综合判断是否发生溢流及相关钻井事故，溢流及其他相关钻井事故的监测结果以一个概率的形式给出。

从综合录井仪服务器、钻井液进出口流量计和PWD地面解码系统分别采集相关综合录井参数、钻井液进出口流量以及井底环空压力。采集的数据送入多级贝叶斯模型进行溢流判别，通过选定属性变量的取值给出发生溢流及相关钻井事故的概率。图2-4为系统监测情况图，系统在运行过程中将采集的参数和溢流等钻井异常事故数据实时存入数据库。

（7）井筒流体介电特性检测及安全预警技术。

井筒内的钻井液作为一种电介质，其介电特性（包括介电常数和电导率）在一定的环境下是固定不变的。一般钻井时所使用的钻井液与地层流体（油、气、水）的介电常数有较大差别，即使有少量地层流体进入井筒中，也会使钻井液介电常数或电导率发生变化。因此，通过随钻测量工具分析近钻头处井筒流体的介电特性，可及时发现气侵、溢流等井下事故，为进一步采取控制措施赢得宝贵时间。

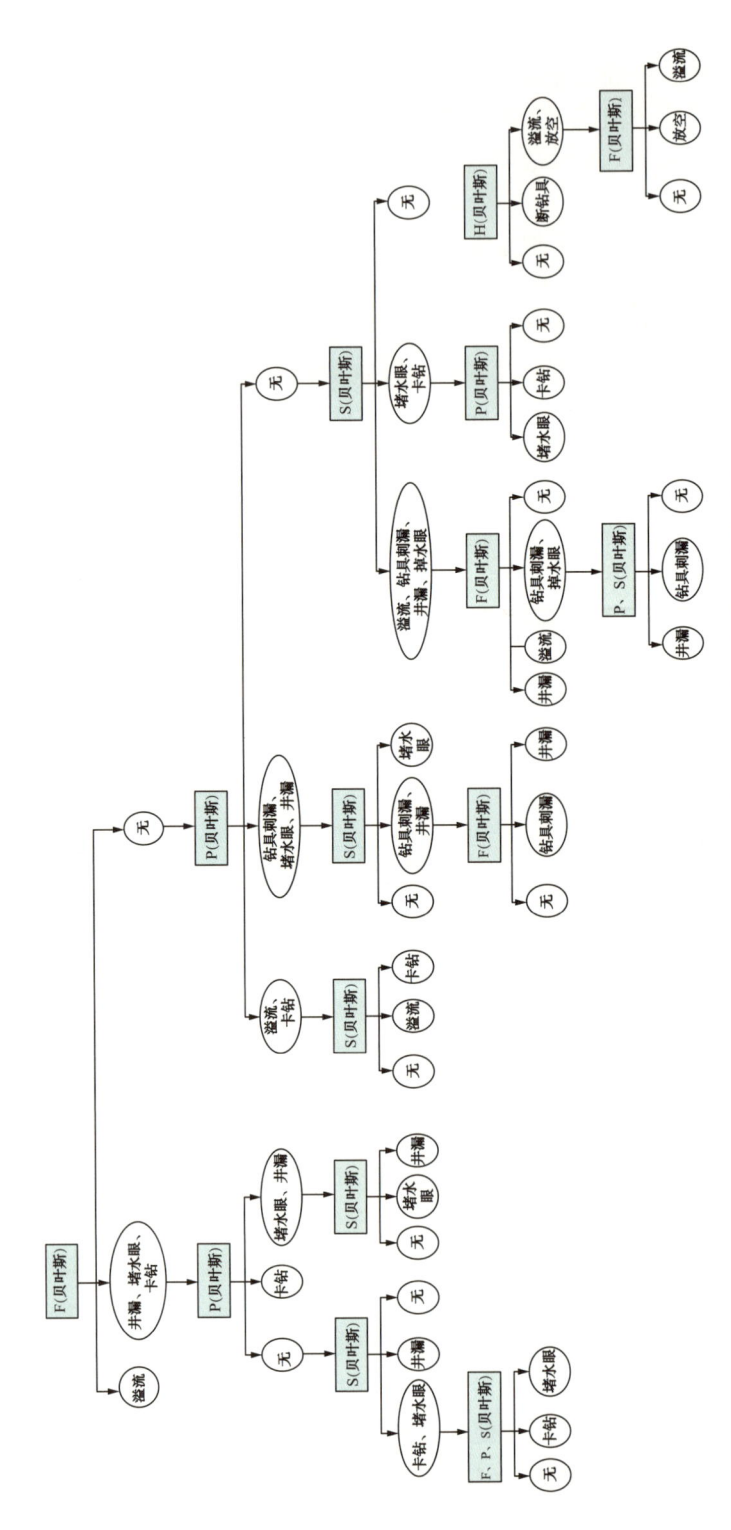

图 2-3 基于分级贝叶斯的溢流及相关钻井事故监测判别流程图

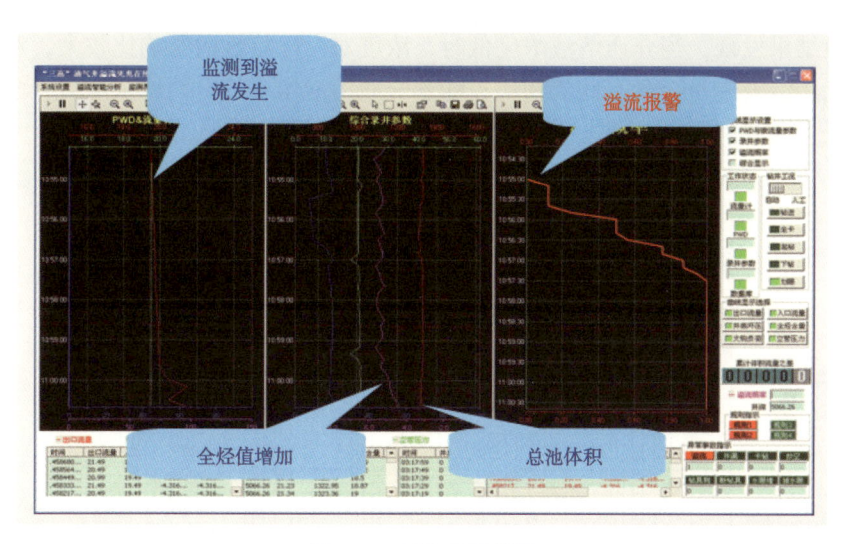

图 2-4 系统监测情况

井筒流体介电特性测量探头结构设计。井筒流体介电特性测量探头由内外两个电极构成，外电极呈圆管状，内电极呈圆柱状，内外电极中间缝隙填充硬质低介电常数绝缘材料。测量探头主要区分被测流体是否混入其他成分，测量端面未做绝缘处理，既可测量不导电流体，又可测量电解液。井筒流体介电特性测量探头如图 2-5 所示。

图 2-5 井筒流体介电特性测量探头

不同介质的测量方法研究。井涌、井漏、气侵等井下复杂工况的实质是井筒内钻井液流体与地层中的流体发生交换作用，井筒内钻井液成分发生了变化。因此，测量探头的首要目的是检测井筒中流体介质成分的变化情况。为了分析最佳激励频率，对被测介质进行扫频测量，分析在不同频率下传感器的输出响应。钻井液中几种常用物质的扫频测量结果如图 2-6 所示，单条曲线在整个频率范围内既非恒定曲线，也非单调曲线。但在一定频率范围内，其输出增益基本恒定，可作为区分介质的特征值。当井筒内的流体成分相对稳定时，传感器输出结果也相对稳定。相反，当传感器输出结果有变动时，表明井筒内流体成分发生了改变，并可借助其他测量结果判断井下复杂工况类型及形成原因。

介质浓度的测量方法研究。介电特性测量探头可测量介质的介电常数与电导率。对导电溶液而言，其所含物质浓度影响其电导率，因此介电特性测量探头同样可测量导电溶液浓度的变化。为了研究介质浓度对测量结果的影响，取两种常见介质溶液进行实验，其中一种为酸性介质溶液，另一种为中性介质溶液，记录介质浓度与测量探头输出值的关系曲线。实验结果发现，当介质溶液浓度低时，浓度对介电特性的影响比较大，利用这一特点，可以分辨溶液中是否含有此类物质；随着介质溶液浓度的升高，浓度对介电特性的影响逐渐降低，因此利用介电特性测量介质溶液的浓度不适合在高浓度区使用。

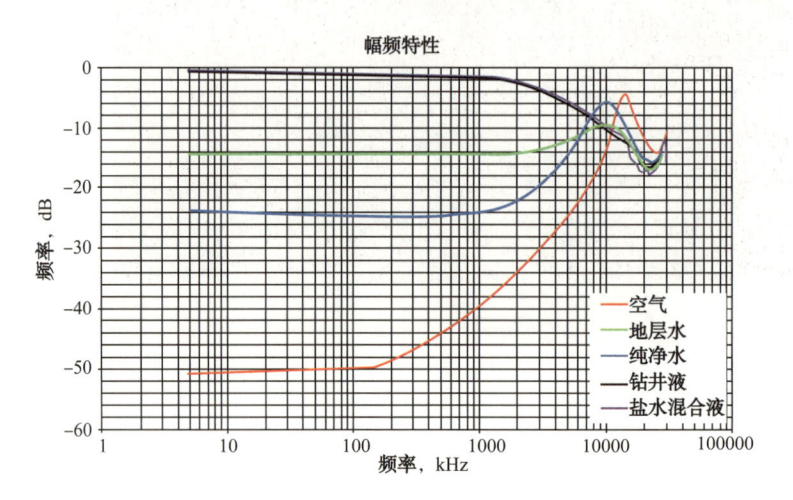

图 2-6　不同介质的扫频测量

3. 技术创新

"十二五"期间，通过科研项目"油气井井喷预防与控制技术研究"的攻关，在溢流早期监测与预警技术方面取得如下创新性技术成果：

（1）首次提出基于介电常数的井下溢流监测技术，研制了井下流体介电特性传感器，为进一步研发井下原位溢流识别技术奠定了基础。

（2）提出结合综合录井参数、PWD 测量的井底压力与温度数据以及微流量监测技术对溢流进行井口实时早期监测，并运用贝叶斯模型对溢流的发生做出最终判别，形成了溢流先兆在线监测系统。

"三高"油气井早期溢流识别准确率在 85% 以上，将常规溢流预警时间提前了 5min，有效地提升了现场井控处置能力。

三、技术应用实例

1. 溢流在线监测与预警系统在磨溪 XX 井的应用

溢流在线监测与预警系统在国内首次应用于磨溪 XX 井，图 2-7 为磨溪 XX 井应用现场图。由于井口防溢管与天槽连接没有采用紧配合，仅用铁丝固定，在应用过程中，井口有钻井液漏出。经过分析，其主要原因是流量计通径变小，钻井液通过时产生节流压力，从而导致钻井液漏出。若采用此种安装方式，需要改进井口防溢管与天槽连接方式，使其能够承受一定节流压力。试验结果显示，系统在 12：06 监测到出口流量增加，系统进行溢流报警，此时全烃含量为 33.71%。12：11 全烃含量上涨至 44.19%，总池体积上涨，上涨量为 1.11m³，预警时间提前了 5min。

2. 溢流在线监测与预警系统在 NPXX-PXX 井的应用

NPXX-PXX 井是一口控压钻井，系统硬件安装在节流管汇的后端（图 2-8）。监测数据表明，依靠常规总池体积上涨方法判别溢流发生均有明显滞后，滞后时间为 4~7min，滞后时间长短与钻井液中气侵量相关。因此，采用溢流监测系统进行溢流监测时，可平均提前 5min 对溢流进行预警。

图 2-7　磨溪 XX 井应用现场

图 2-8　NPXX-PXX 井应用现场

第二节　"三高"油气井非常规压井技术

一、"三高"油气井非常规压井技术生产需求与技术发展现状

1. "三高"油气井非常规压井技术生产需求

随着油气勘探开发领域的不断延伸和扩大，对"三高"油气井的开发力度越来越大。然而近年来发生了一系列的"三高"油气井井喷事故，如 2003 年发生的重庆开县"12·23""三高"油气井井喷、2006 年发生在四川省宣汉县的清溪 1 井井喷以及 2010 年墨西哥湾深水钻井井喷事故，都不同程度地造成了生态、生命、生产和财产损失。

常规的压井方法能够解决钻头在井底等情况下的压井，但对于钻头不在井底、井喷量大且油气含硫化氢等情况下的压井，常规的压井方法很难成功，从而造成很多钻井事故。当常规的压井方法不能满足石油钻井的要求时，必须不断发展和完善新的压井方法，国内外对非常规压井技术的研究相对较少，现场应用经验相对欠缺。

2. "三高"油气井非常规压井技术发展现状

（1）常规压井技术方法进展。

常规压井方法是指井底常压法压井，是一种保持井底压力不变而排出井内气侵钻井液的方法，包括司钻法压井、工程师法压井和循环加重法压井。目前，常规压井方法已基本成熟，能满足现场常规工况的压井需求。

①司钻法压井。

第一循环周：启动泵，调节节流阀使套压等于关井套压。增加泵速到压井泵速，并调节节流阀，直到循环一周。此时套压应等于关井立压。

第二循环周：启动泵，调节节流阀使套压等于关井立压，直到泵速达到压井泵速。压井过程中，立压是变化的，由开始循环时的 p_{Ti} 变为最终循环压力 p_{Tf}。

图 2-9 为司钻法压井成功压井曲线图。

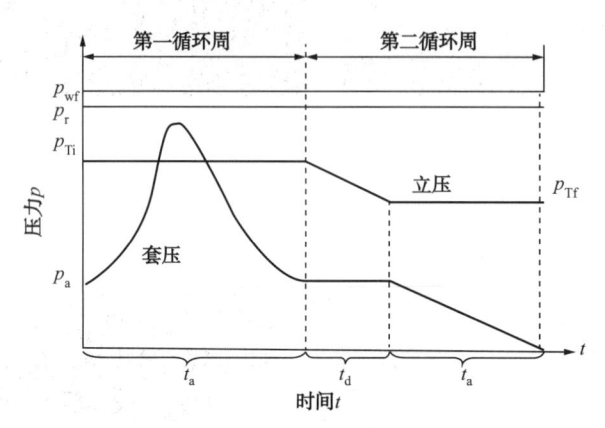

图 2-9 司钻法压井成功压井曲线

②工程师法压井。

工程师法压井又称一次循环法压井。溢流关井后，计算压井钻井液密度，然后继续关井，按所计算的压井钻井液密度配制钻井液。待配制完压井钻井液后，再进行循环压井。工程师法压井数据计算及压井步骤同司钻法压井第二循环周。

工程师法压井的优点是压井周期短；压井工程中，套压及井底压力低，适宜于井口装置承压低及套管鞋处与地层破裂压力低的情况。缺点是压井等待时间长，对于易卡钻地层，增加了卡钻的可能性。

③循环加重法压井。

关井并计算压井钻井液密度后，如果此时地面已有储备的密度较高的钻井液，且较长时间关井井下容易卡钻，则可以立即用高密度钻井液循环压井。压井期间，仍然通过调节节流阀保持井底压力略大于地层压力，并维持不变。循环加重法压井立压随高密度钻井液循环而下降的值可参照司钻法压井第二循环周原理计算。由于用于压井的重钻井液密度低于应该配制的钻井液密度，因此在压井期间，必须按要求或按阶段加重压井钻井液密度。每加重并循环一次，立压就下降一次，直至达到要求。

循环加重法压井兼有司钻法压井与工程师法压井的优点，但其压井期间立压下降值的计算复杂，实施难度较大。

（2）非常规压井技术方法进展。

①压回法压井技术进展。

压回法压井是指通过压井管汇泵入压井液，将侵入井筒中的油气压回地层的井控方法。压回法压井需要考虑地层因素、井筒因素才能保证压井的成功，压回法压井如图

2-10所示。

压回法压井大多应用于发生硫化氢溢出、压井多次难以成功情况下的压井，国内外有一些使用压回法压井控制井喷事故的成功案例。

压回法压井的计算模型主要有雷宗明的井筒单相模型和Oudeman考虑井筒两相阶段的压回法计算模型[1]。

a. 雷宗明压回法压井模型。

雷宗明建立了压回法压井模型，在压井过程中井口压力有先增大后减小的规律。雷宗明把压井过程分为两个阶段：压井初期，井内液柱压力增加速度小于地层压力恢复速度，井口套压增加；当井筒内液柱压力增加速度不小于地层压

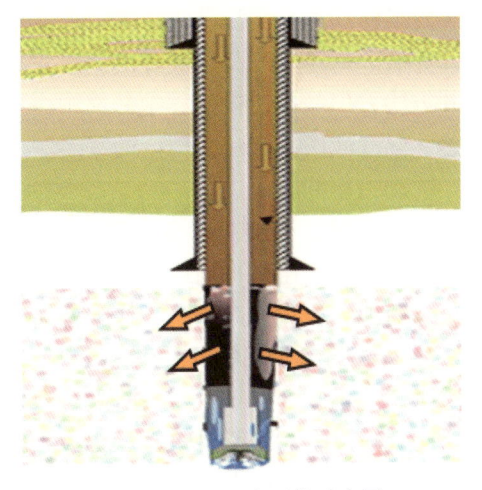

图 2-10　压回法压井示意图

力恢复速度时，井口压力逐渐减小，井口压力为0时压井成功。当井筒内液柱压力增加速度等于地层压力恢复速度时，井口套压最大。

b. Oudeman压回法压井模型。

Oudeman建立了考虑两相的压回法压井模型（图2-11）。该模型考虑3个区域：井底下部的单相气体区域，井筒上部的单相压井液区域和井筒中部的气液两相区。随着压井的进行，井筒中的单相气体逐渐压入地层，当井筒中气液两相完全压回地层后，压回法压井成功。

在压回过程中考虑井筒的逆向流动，保证压回过程井筒中压井液的速度大于气体的上升速度，这样才能保证压井的成功。在压回过程中，压井液不断压入地层，造成地层近井地带储层的渗透率变小，从而使压井需要的压差变大。另外，井筒中气体的体积减小，压井液在井筒中产生的静液柱压力变大，综合考虑，井口压力逐渐变小。

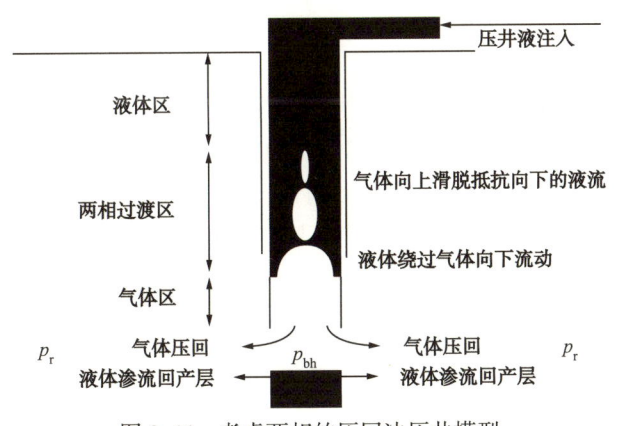

图 2-11　考虑两相的压回法压井模型

②置换法压井技术进展。

置换法压井的基本原理是依据井底压力、环空静液柱压力和井口套压之间的变换关系，控制井底压力略大于地层压力。在关井情况下和确定的套管上限与下限压力范围内，分次注入一定数量的压井液、分次放出井内气体，直至井内充满压井液，即完成压井作业。

置换法压井是解决井喷关井后，气体在靠近井口位置处且在井筒内无法循环时使用的压井方法。对于"三高"气井的一些置换法压井的案例，大多是基于连续气柱理论建立的压井方法，但气体置换过程中井筒中主要是气液两相流动，气体滑脱上升到井口，因此需要建立以气液两相流动为理论的置换法压井新模型。

③动力压井技术进展。

动力压井法是埃克森美孚公司首先提出的一种新方法。它不同于常规压井方法借助井口装置产生回压来平衡地层压力，而是借助流体循环时克服环空流动阻力所需的井底压力来平衡地层压力。该方法最初是针对利用救援井制服喷井而提出的，曾成功制服强烈井喷，如1978年7月印度尼西亚Aurn油田的C-Ⅱ-2井的井喷，大火烧了89天，烧掉井架和钻机，同年9月1日，该井使用动力压井法仅通过一口救援井就压住了井喷。

动力压井法主要应用于浅气层井喷压井和打救援井之后的控制井喷的压井方法。国内外对动力压井的研究主要集中于其在海洋钻井中的应用和井口无回压情况下的压井，对"三高"油气井动力压井方法和井口增加回压情况下的动力压井方法研究较少。

二、"三高"油气井非常规压井技术成果介绍

1. "三高"油气井非常规压井技术内涵

"三高"油气井非常规压井技术是指溢流、井喷井不具备实施常规压井方法条件（如发生溢流、井喷时，钻柱不在井底、井漏、空井、钻井液喷空、钻具堵塞、介质含有毒有害气体等）而采用的压井方法。非常规压井方法种类较多，其中最主要、最基础的压井技术为压回法、置换法和动力法。通过非常规压井技术，提升了复杂井况井井控的成功率，减少了井喷与井喷失控事故的发生。

2. "三高"油气井非常规压井技术主要成果

（1）压回法压井。

①适用压回法的储层及井筒地面特征分析。

压回法是一种非常规的井控技术，通常在常规方法循环压井不可行或者常规方法压井导致更严重的井控事故时考虑使用。可以这样描述压回法，在地表通过管汇直接向井筒内泵入加重钻井液或原钻井液将气体和已受污染的钻井液顶回地层，直到适合的钻井液密度能够重新平衡地层压力。实践过程中将压回法应用于已知含有酸性气体井的溢流显示出明显的优势，也可将其用于已知地层物性参数的油气井完井之后的修井作业。这种方法只有在地层、井筒、井口装备等条件允许时才可以考虑应用，应用条件分析如下：

a. 适用压回法的地层物性及流体特征分析。

（a）地层渗透率对压回法作业的影响。

应用压回法压井，通常需要良好的地层物性。在渗透性较好的地层，压回过程中采取相应保护措施，能够实现以较高的速度压回流体而不压裂地层，实现高效井控。未知物性参数的油气藏溢流可通过关井套压判断地层渗透率大小，发生溢流后关井，如发现套压上升很快，则表明地层渗透率很高。裂缝发育的裂缝孔隙型、孔隙裂缝型碳酸盐岩地层是应用压回法井控技术的理想地层。

（b）侵入流体性质。

侵入流体的性质直接决定了压回法是否可以实施，油水侵入不提倡应用该方法，显然在压回的过程中气体更易于被压回地层，而油水等高黏度流体压回过程阻力更大，甚至压漏地层。

（c）含硫化氢的气井溢流。

硫化氢若溢出井口，即使很小的量也很危险，因此溢流控制方案要防止这种意外事故发生。如果井口不能控制硫化氢的溢出或无法在井口消解有毒气体，那么应用压回法将含有硫化氢气体的溢流气体压回地层，硫化氢气体在井下即被处理，同时避免了井队员工和井控装备直接与硫化氢接触，再应用常规循环压井方法加重钻井液重新建立压力平衡。

（d）浅层气侵入。

浅层气溢流过程速度快，发展迅速。若浅层气压力低，地层渗透性好且质地坚硬，表套或导管下入深度大，可应用压回法直接将浅层气顶回气层，加重钻井液继续钻进。

b. 适用压回法的工况分析。

需要强调的是，对于抢险作业应用压回法，首先要考虑的问题是对井的控制，在压回过程中，造成地层破裂或地层伤害都不是需要考虑的要点，最重要的是套管鞋的位置、气体运移后井底液体滞留量和井口压力。套管鞋位置越接近溢流层位越好，需要有效地估计压回过程中的井口压力，不对井口安全造成威胁，也可从钻杆与环空两路同时压回控制溢流。适用压回法的工况如下：

（a）修井作业。

（b）中途测试（DST）。

（c）上吐下泻型喷漏同存。

（d）起钻过程中的轻微气侵。

（e）钻具不在井底。

（f）水眼及旁通阀堵塞（钻杆被堵）。

（g）节流管汇冲蚀严重。

（h）高压气井压井失效后的抢险。

c. 压回法地面装备分析。

压回法地面装备涉及高压大排量作业装备、堵漏材料、防喷器组组合方式及压力等级，远程控制单向阀。

②井筒纯气压回法压井分析。

a. 垂直向下流动气泡上升速度。

垂直向下的逆向流动井筒气液两相的分布不同于气液同向的分布，对于逆向流动的研究多基于气水实验，根据实验得到垂直逆向流动的流型分布主要有泡状流、弹状流、搅拌流、段塞流及环状流。垂直下降管气液两相数学模型有泡状流数学模型、泡状流段塞流转换模型及段塞流数学模型。

b. 压回法压井效率。

（a）压回效率实验研究。

压回气体的效率是指压井结束后气体的体积与井筒原始情况下气体体积的比值。实验过程中采用的压井液的参数见表2-4。

表 2-4　实验流体物性

流体	密度，g/cm³	塑性黏度，mPa·s
水	1.00	1
钻井液	1.06	12

压回过程中压井液绕过气体会引起压井效率低。

压井液泵入速度达到 0.1m/s、水泵入速度在 0.21m/s 时，压回效率达到 100%，井底压力的变化不影响压回效率。图 2-12 为压井液泵入速度与压井效率关系曲线。

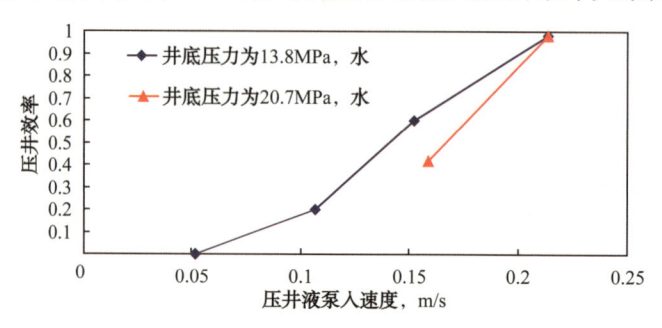

图 2-12　压井液泵入速度与压井效率关系曲线

（b）压回效率影响因素分析。

根据垂直向下流动计算过程，将向下流动定为正方向，将向上流动定为负方向，计算得到不同井底压力下气液两相的速度关系曲线（图 2-13）。

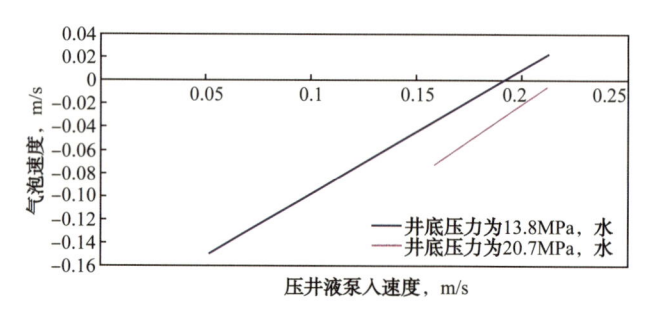

图 2-13　压井液泵入速度与气泡速度关系曲线

从图 2-13 中可以看出，压井液泵入速度增加，气泡向上的运动速度减小，井底压力越大，气泡的压力越大，气泡上升速度越快；在井底压力为 13.8MPa 下，当压井液泵入速度达到 0.18m/s 时，气泡向上的运动速度为 0；在井底压力为 20.7MPa 下，当压井液泵入速度达到 0.22m/s 时，气泡向上的运动速度为 0。

根据以上研究，可以建立气泡上升速度与压回效率关系曲线（图 2-14）。

当井底压力为 20.7MPa、气体上升速度为 0 时，压回效率达到 100%；当井底压力为 13.8MPa、气体向下的运动速度为 0.02m/s 时，压回效率达到 100%。

（2）置换法压井。

置换法压井是一个准恒定井底压力法。它通常用于侵入流体已运移到井口或井眼完全没有钻井液的情况。在钻杆位于井底、钻杆起出一半或完全起出的情况下，都可以应用置换法压井。

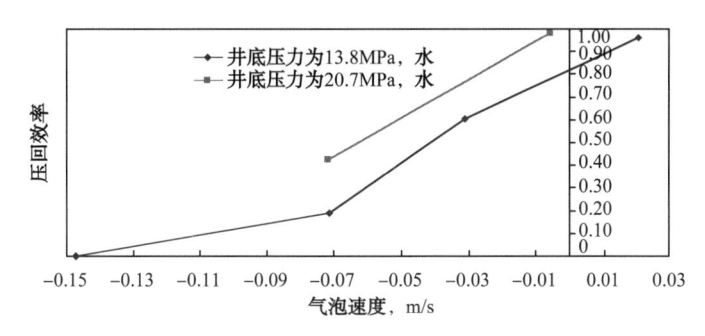

图 2-14 气泡速度与压回效率关系曲线

①置换法压井适用条件。

置换法压井主要适用于以下情况：

a. 在起钻时因发生抽汲导致浅气溢流，钻具不在井底，钻井或井下作业过程中管柱断裂且断裂位置较高，或井筒喷空无法建立有效循环，强制压回法压井井口操作压力超过套管或井口抗内压强度时，可以采用套管内置换法压井技术。

b. 发生气体溢流，气体正在上窜，钻具水眼被堵，仅能读出套压。

c. 没有钻具在井内，空井发生气体溢流或者进行测井等其他作业。

d. 采用体积控制法将溢流气体运移到井口形成纯气柱的情况。

②置换法压井基本原理。

置换法压井的原理是依据井底压力、环空静液柱压力和井口套压之间的变换关系，控制井底压力略大于地层压力。在关井情况下和确定的套压上限与下限范围内，分次注入一定数量的压井液、分次放出井内气体，直至井内充满压井液，即完成压井作业。

每次注入压井液，井内气体受到压缩，套压将升高，同时井内形成一定高度的液柱并产生一定的液柱压力；每次放出气体，套压将随之降低。再次注入压井液时，所控制的最高套压应减去该液柱压力；再次放出气体时，下限套压也应减去该液柱压力。随着一次次注入压井液和放出气体，控制套压逐次降低，直至压井液到达井口、套管压力降为 0，压井结束。

③置换法模拟计算分析。

表 2-5 为模拟基本参数表。

表 2-5 模拟基本参数表

参数	参数值
井深，m	3000
钻井液密度，g/cm³	1.5
破裂压力当量钻井液密度，g/cm³	2
关井套压，MPa	10
井底压力，MPa	48
井眼尺寸，in	8

置换法应根据裸露地层破裂压力、井口承载能力及套管抗内压强度的最小值计算泵入压井液的体积，由于地层破裂压力通常是以上限制压力中最低的，因此理论计算部分主要

考虑地层破裂压力。同时钻井液密度的选择应足以平衡关井套压，保证作业完成时套压降到 0。选择表 2-5 所列基本参数，模拟计算压井液密度对压井参数的影响，结果如图 2-15 至图 2-17 所示。

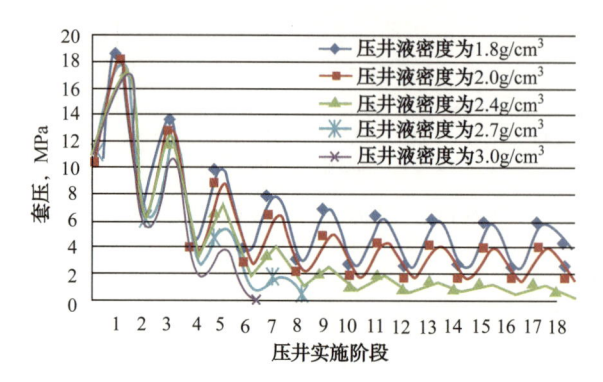

图 2-15　不同压井液密度时压井实施阶段划分

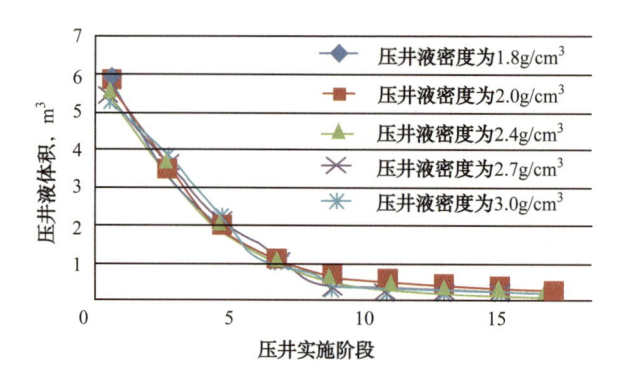

图 2-16　不同密度时各实施阶段所需压井液体积

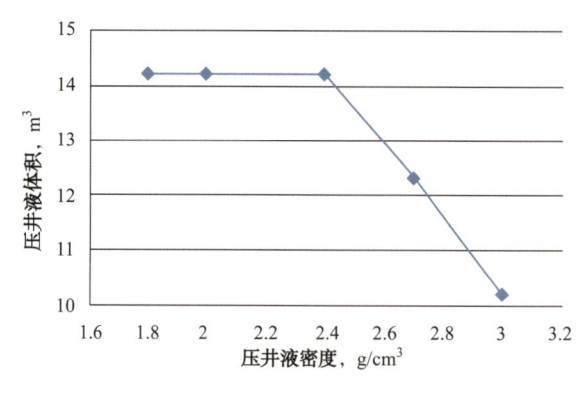

图 2-17　不同压井液密度时所需压井液体积

从图 2-15 至图 2-17 中可以看出，压井套压随压井次数增加不断减小，但压井液密度不同时，压力减小速度不同。压井液密度越大，压井施工次数越少。当压井液密度为 1.8g/cm³ 和 2.0g/cm³ 时，压井液到达井口时套压无法为 0；当压井液密度为 2.4g/cm³ 时，压井液刚好到达井口时套压为 0；当压井液密度为 2.7g/cm³ 和 3.0g/cm³ 时，套压为 0 时压井液还没到达井口。

模拟计算破裂压力对压井参数的影响，结果如图 2-18 至图 2-20 所示。

图 2-18 不同破裂压力压井施工的套压变化曲线

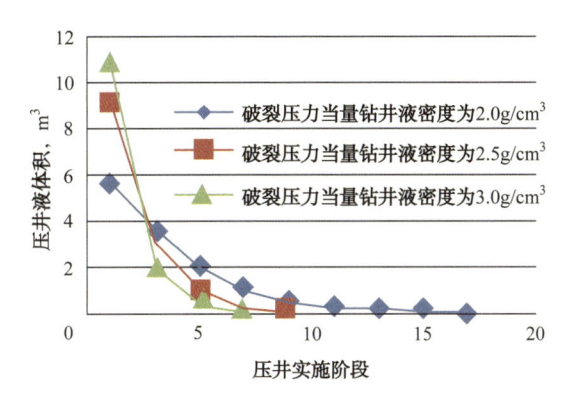

图 2-19 不同破裂压力不同施工阶段所需压井液体积

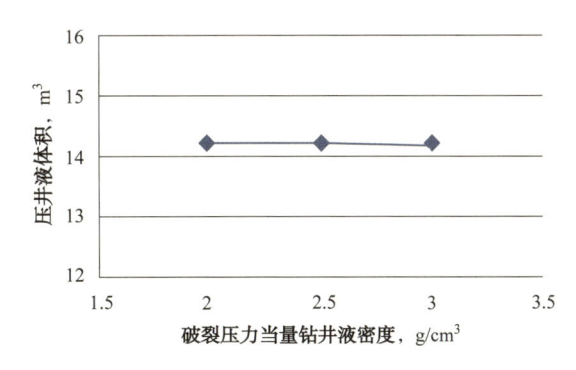

图 2-20 所需压井液体积与破裂压力当量钻井液密度的关系

从图 2-18 至图 2-20 中可以看出，当压井液密度相同时，破裂压力越大，实施阶段越短；破裂压力越大，首次注入压井液的体积越大，这是因为破裂压力越大，地层承受的压力能力越强。破裂压力对最终所需的压井液体积没有影响，只影响压井次数。

（3）动力压井法。

①动力压井法基本原理。

动力压井法是埃克森美孚公司首先提出的一种方法，其与常规压井方法的比较见表 2-6。

表 2-6 动力压井法和常规压井方法的优缺点比较

比较内容	动力压井法	常规压井方法
临时压力来源	环空流动压降	井口回压
建立临时压力方法	增大流体循环速度	调节节流器
井口状态	不关井	关井调节节流器
环空流动压降	主要因素	忽略
优点	薄弱底层受力小，操作方便及时迅速	所需压井液量小
缺点	对机泵要求高	薄弱底层受力大，操作麻烦

动力压井法作为一种新的非常规压井方法，其基本原理为以一定的流量泵入低密度压井液，使井底的流动压力不小于地层孔隙压力，从而阻止地层流体进一步侵入井内，达到"动压稳"状态；然后逐步加入加重压井液，以实现完全压井的目的，达到"静压稳"状态。动力压井法并不是通过使用高密度钻井液来达到压井的目的，而是通过增加排量，使流体循环时的摩阻增大，借助环空摩阻和静液柱压力来平衡地层压力。动力压井法的环空流动压降均匀地分布在整个井身长度上，常规压井的回压作用在整个井身的每一点上，也就是说，动力压井法将产生较小的井壁压力。套管下得越浅，使用动力压井时套管鞋处的压力就越比使用常规压井方法时小，从而更安全。

②动力压井法应用条件。

多采用压力关系决定应用条件。假定高压地层在井底，地层破裂压力小的薄弱地层不一定在井底，根据动力压井法的基本思想和压井原理有：

$$G_f H_f > p_h + p_j \geqslant G_p H \tag{2-1}$$

式中 G_f——地层破裂压力梯度，kPa/m；

H_f——薄弱地层深度，m；

p_h——钻井液柱压力，kPa；

p_j——环空循环摩阻压耗，kPa；

G_p——地层孔隙压力梯度，kPa/m；

H——地层埋深，m。

对发生溢流的井来说，大多采用原来的钻井液作为初始压井液，这样可以快速及时地实施压井；而对喷井来说，要逐步建立液柱压力，需要的压井液量较多，多采用清水或海水作为初始压井液。如采用钻井液作为初始压井液，可用宾汉流型在紊流区代替其他的流态计算摩阻；如采用清水或海水作为初始压井液，可用牛顿流型计算摩阻，以判断动力压井法是否应用。

③动力压井法压井参数计算方法。

用于分析预测压井过程中排量要求的方法主要有以下 4 种：纯摩阻计算法、稳态两相流动模型、瞬态两相流动模型和瞬态多相多组分流动模型。

a. 纯摩阻计算模型。

不考虑产出油、气、水各自相互影响，采用单一流体（压井液）计算管内和环空摩阻压降，从而得出可供实际使用的结果。

b. 稳态两相流动模型。

稳态两相流动模型使用迭代法分析稳态条件下的两相流动情况。该模型考虑到在温度、压力变化条件下两相流体的压缩性和其他相态变化。

c. 瞬态两相流动模型。

该模型能计算泵送压井液过程中相邻时段的井底压力变化。与稳态两相流动模型不同，瞬态两相流动模型考虑到由于时间变化引起的摩阻和储层参数的改变。

d. 瞬态多相多组分流动模型。

为了提高动力压井参数计算的准确性，应该考虑注入钻井液，油层产出油、气、水、钻屑等组分的流动。

（4）压井参数设计及实时监测软件开发。

①软件编制。

本软件基于气液两相流理论和气藏工程知识的关井压力恢复理论，根据关井后立压与套压曲线特征，确定选取读取最大关井压力时机，一般在压力恢复平滑段进行。同时建立了钻井压井分析方法，并研制了压井施工软件，能够为压井施工提供良好的监测功能。

②系统的工作原理。

系统由两大部分构成，即关井求取压力部分及压井施工部分。系统能够将所测得的压力数值同步显示在屏幕上，并通过人工操作，根据关井压力恢复理论准确读取最大关井压力。其中，压井施工部分包含司钻法和工程师法两种方法。

③软件操作系统。

该设计与监测系统软件主要包括两部分，即关井压力求取及压井施工操作。程序的运行流程如图 2-21 所示，软件界面如图 2-22 至图 2-28 所示。

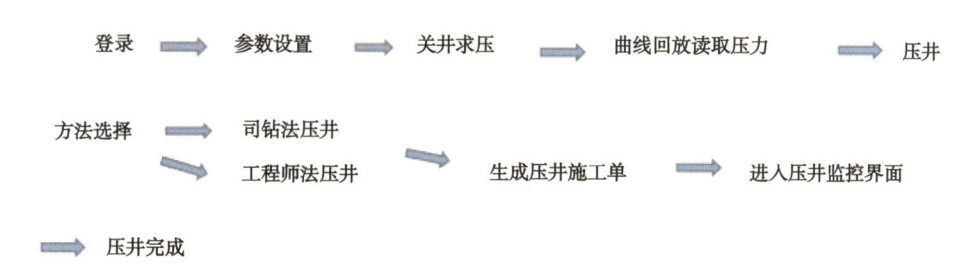

登录 ⇒ 参数设置 ⇒ 关井求压 ⇒ 曲线回放读取压力 ⇒ 压井

方法选择 ⇒ 司钻法压井
         ⇒ 工程师法压井 ⇒ 生成压井施工单 ⇒ 进入压井监控界面

⇒ 压井完成

图 2-21 程序运行流程

图 2-22 系统登录主界面

图 2-23　参数设置——井眼数据图

图 2-24　参数设置——泵数据图

图 2-25　参数设置——压井基本数据图

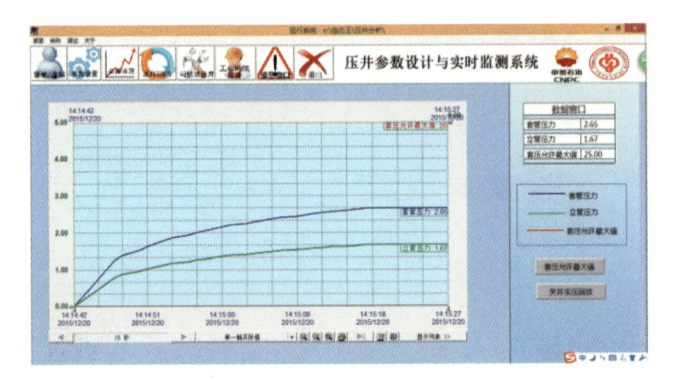

图 2-26　关井求压图

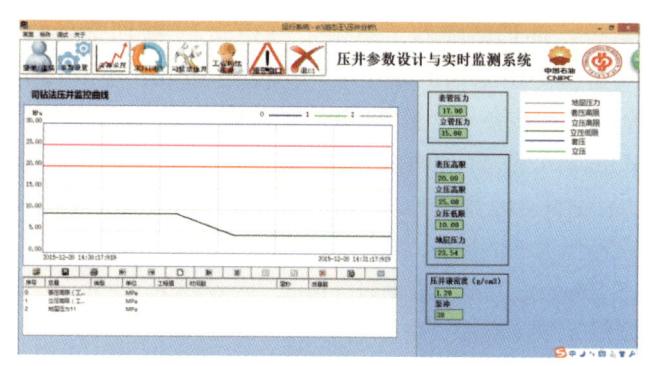

图 2-27　司钻法压井施工单图

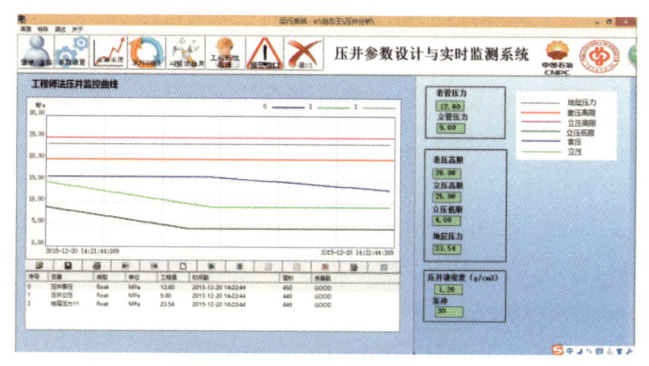

图 2-28　工程师法压井监控图

3. 技术创新

"十二五"期间，通过科研项目"油气井井喷预防与控制技术研究"的攻关，在"三高"油气井非常规压井技术方面取得如下创新性技术成果：

（1）基于非常规压井理论模型，提出了非常规压井施工参数设计方法，为现场非常规压井施工提供了技术支持。

（2）开发了常规压井方法的压井参数设计与实时监测软件，能有效指导压井作业的实施，同时为自动化常规与非常规压井技术的研发奠定技术基础。

"三高"油气井非常规压井技术为现场开展非常规压井的选择、设计、监控提供了有力支撑，压井参数设计准确率不低于85%，降低了人为计算、控制的失误率，提高了压井效率和成功率。

三、油气井非常规压井技术应用实例

1. 压回法压井技术在 XX 井的应用

XX 井是一口开发评价井，设计井深7620m，目的层为奥陶系鹰山组2段。该井于2015年8月28日钻进至鹰2段，溢流关井，立压为23MPa时关下旋塞，套压在压井前上涨至50.5MPa，采用压回法压井成功，所采用的压井液密度分别为1.80g/cm³和2.2g/cm³。

（1）基本情况。

①本井实际井身结构：

ϕ406.4mm 钻头 ×1508.09m/ϕ273.05mm 套管 ×1508.09m+ϕ241.3mm 钻头 ×7179m/ϕ200.03mm 套管 ×7177.25m+ϕ171.5mm 钻头 ×7568.99m。

②井口防喷器组合：环形防喷器（35MPa，13$^5/_8$in），剪切全封闸板防喷器（70MPa，13$^5/_8$in），双闸板防喷器（70MPa，13$^5/_8$in，上半封闸板 3$^1/_2$in，下半封闸板 4in），钻采一体化四通，套管头。全套井控装备于 7 月 27 日试压合格。

③钻具组合：6$^3/_4$in PDC 钻头，330×NC38 内螺纹，3$^1/_2$in 浮阀，5in 钻铤 12 根，3$^1/_2$in 加重钻杆 12 根，3$^1/_2$in 钻杆 419 根，NC38 外螺纹×HT40 内螺纹，4in 钻杆 345 根。

④容积：钻杆内容积为 33.91m³。其中，4in 钻杆 3278m，内容积为 17.95m³；3$^1/_2$in 钻杆 3981m，内容积为 15.50m³；3$^1/_2$in 加重钻杆 114m，内容积为 0.23m³；5in 钻铤 108m，内容积为 0.28m³。环空容积为 134.83m³，井筒总容积为 168.74m³。

（2）溢流情况。

2015 年 8 月 28 日 21：32 钻进，钻压为 5~7t，转盘转速为 60r/min，悬重为 1630kN，泵压为 19.3MPa，泵冲为 80 冲/min，入口流量为 14L/s，出口流量为 20.6L/s，有气泡，测量全烃含量为 7.5%，测量值稳定。21：35 钻进至 7568.99m，总池体积从 133.4m³ 上升到 133.9m³，增加 0.5m³，录井上罐核实，上钻台通知司钻。司钻接报后，立即停转盘停泵，上提钻具，21：39 关井完闭，钻头深度 7565.03m。

22：00 关井，立压升至 24.2MPa 时，关闭下旋塞，套压为 23MPa。22：12 套压为 35MPa，此后每 10min 上涨约 1MPa，22：40 至 23：16 套压保持 39MPa 稳定，随后压力缓慢上涨，约 90min 上涨 1MPa。8 月 29 日 13：28—17：04 套压在 47.9~47.8MPa 波动，随后又继续上涨，8 月 30 日 1：20 压井时套压为 50.5MPa。

8 月 28 日 23：12 至 8 月 29 日 13：48，套压由 39MPa 上升至 47.9MPa，气体滑脱上涨 756m，速度为 52m/h。8 月 29 日 17：04 至 8 月 30 日 1：20，套压由 47.9MPa 上升至 50.5MPa，气体滑脱上涨 221m，速度为 27m/h。

（3）压井情况。

①关井求压。

8 月 30 日 0：30 关井，套压缓慢上升至 50MPa，立压为 47.2MPa。

②正反挤钻井液压井。

8 月 30 日 1：25—3：05，压裂车同时向水眼和环空挤入密度为 1.80g/cm³ 的高密度钻井液 60m³，施工立压由 47.2MPa 升至 55.7MPa，后降到 9.3MPa，套压为 51.2~55.2MPa，排量为 0.4~1.6m³/min。

3：05—4：30 反挤密度为 1.80g/cm³ 的钻井液 88m³，其中先挤入密度为 2.20g/cm³ 的钻井液 30m³，再挤入密度为 1.80g/cm³ 的钻井液 58m³，排量为 0.4~1.9m³/min，套压由 52.8MPa 降至 19.2MPa。

4：30—4：38 正挤密度为 1.80g/cm³ 的钻井液 5m³，排量为 0.6m³/min，立压为 18.5~21.9MPa。

4：38—5：56 反挤密度为 1.80g/cm³ 的钻井液 65m³，排量为 0.6~1.9m³/min，套压由 22.5MPa 降至 5.3MPa。

5：56—6：22 正挤密度为 2.2g/cm³ 的钻井液 15m³，排量为 0.5~0.9m³/min，立压由 10.4MPa 升至 41.4MPa，停泵，立压为 0。

14：25 关井观察，套压由 2.5MPa 升至 7MPa，立压为 0。

17：16 两次分别向环空挤入密度为 2.24g/cm³ 的钻井液 41m³，排量为 27L/s，泵压先由 7 MPa 升至 13 MPa，后降至 9.5MPa，停泵，套压为 0，立压为 0。环空液面为 140m，水眼液面为 63m。

③开井，起钻至管鞋。

2. 置换法压井技术在川东北 XX 井的应用[2]

XX 井是一口重点区域探井。该井于 2004 年 11 月 12 日完钻，完钻井深 6130m。2006 年 8 月对 XX 井飞仙关组飞三段（井深 4961.5~4975.5m）进行替喷测试。采用常规压井技术进行压井但未成功，最后采用置换法压井技术成功压井，排除了险情。

（1）技术思路。

用 4 台 2000 型压裂泵车进行正循环压井，根据该井前期资料确定压井钻井液密度为 2.45g/cm³；采用置换法压井技术，在用钻井液压井前，连续向井内正循环注清水，增加井底回压；施工时控制油压小于 25MPa，套压小于 70MPa；准备压井钻井液 300m³，堵漏钻井液 50m³；先用二级管汇节流阀和油嘴配合控制井口压力，必要时采用一级管汇节流阀。

（2）施工过程。

①建立油管内液柱，缓慢控制套压升高。2006 年 8 月 7 日 13：45—13：50，正注 CMC 隔离液 2m³，排量为 0.4m³/min，立压为 26MPa，套压为 29MPa，天然气瞬时产量为 300×10^4m³/d。13：51—14：05，压井排量为 1.0m³/min，套压由 29.0MPa 升至 52.0MPa，注入钻井液 15m³。

②控制套压，建立环空液柱。8 月 7 日 14：05—14：37，压井排量为 1.0m³/min，控制套压 48.0~52.0MPa，累计注入钻井液 48m³，放喷口见雾化钻井液喷出。

③节流阀快速被刺，环空液柱建立不理想。8 月 7 日 14：37—15：04，套压从 48.0MPa 降至 37.0MPa（节流阀刺坏），累计注入钻井液 70m³。15：05—15：16，套压从 37.0MPa 降至 28.0MPa（又一支节流阀刺坏）。15：16—15：28，换用一级管汇节流阀控制套压，套压由 28.0MPa 升至 45.0MPa，放喷口见雾化钻井液返出。累计注入钻井液 85m³，考虑到井筒环空已有一定液柱，且管汇节流阀刺坏严重，决定关井，让井筒内钻井液和天然气发生置换。

④置换放气，继续建立环空液柱，降低井口套压。8 月 7 日 15：28—15：47 关井，套压由 45.0MPa 迅速上升至 63.5MPa。15：47—15：55 用节流阀泄压，套压由 63.5MPa 降至 56.5MPa，同时从油管内小排量注钻井液 4m³，喷口见钻井液时，停泵关井。15：55—19：30 每隔 30min 泄套压放气，同时从油管内正注钻井液，放喷口见钻井液返出停泵关井，分 7 次注入钻井液 18.5m³，套压逐渐降至 32.0MPa，产气 45000m³。从注入量和压力分析，井内有漏失，估算漏失当量密度为 2.55g/cm³。7 日 20：00—8 日 02：30 分 7 次注入堵漏钻井液 16.5m³，套压在 10~30MPa 波动较大，产气 12000m³。8 日 02：30—9：30 分 3 次将堵漏钻井液挤入地层，注浆压力逐渐升高，产气 5000m³。9：30—20：00 每隔 2h 间断泄套压放气，正注钻井液，套压由 16MPa 逐渐降至 4.0MPa，放出气量很少。8 日 20：00—9 日 6：00 控制套压在 5.0MPa 以内，观察，测量出口钻井液密度 2.39g/cm³，从压井开始共向井内注入钻井液 145m³。

⑤循环钻井液排气阶段。8 月 9 日 6：00—11：00，用节流阀控制套压 2~3MPa，循环排量为 0.35~0.5m³/min，通过泥气分离器，放喷口火焰高度 0.5~1m，逐渐熄灭，压井成功，排除险情。

第三节　油气钻采地面设备磁记忆检测技术

一、生产需求与技术现状

油气钻采生产中，压井、放喷、测试、压裂、采（油）气等生产过程的关键地面高压设备（如防喷器、压井管汇、节流管汇、压裂管汇及采气树等）在服役时，可能会承受高达数十甚至上百兆帕的压力、高速运动固相粒子的冲刷、流体腐蚀、温度和压力波动以及迂回管汇转折引起的巨大的拉压应力作用，工况十分恶劣，易于发生应力腐蚀、酸蚀和冲蚀等，加剧弯头、变径区域和连接部位的应力集中，在反复的动态应力作用下，诱发疲劳裂纹、应力腐蚀裂纹，一旦扩展到外表面即引发设备的刺穿和破裂，使高压流体外泄。而在这些设备的法兰连接部位，普遍采用钢圈密封结构防止流体外泄，这种结构形式的密封主要通过法兰连接螺栓预紧力，在钢圈密封面与法兰端面上密封环槽的斜面之间形成弹性接触压力实现对管内流体的严格密闭。大量生产实践表明，这种结构的密封效果易于受法兰连接螺栓的预紧力、流体温度和压力波动、密封钢圈材质和密封面质量的影响，一旦失效会直接造成易燃、易爆和有毒流体介质泄漏，引发恶劣的生产事故。

在实际生产中，为保证地面高压设备有足够的承压强度和使用寿命，设备均采用厚壁高强度材料。而现有的无损检测技术对地面钻采设备高压管汇损伤和金属密封状态在线监测存在以下明显不足：

（1）难以发现高压设备应力集中、微裂纹和应力腐蚀等早期损伤；

（2）壁厚穿透能力不足，难以检测出地面高压设备内壁的早期损伤；

（3）无法反映连接法兰内部金属密封状态的异常变化；

（4）缺乏高效的专用检测装置，现有通用检测装置难以适应各类地面高压设备复杂的结构尺寸变化，检测效率及检测准确性低下；

（5）缺乏配套的地面高压设备安全评估软件系统。

这些问题的存在，已成为实际生产中实现油气钻采地面高压设备安全状况动态监测与评估的关键技术瓶颈。

二、油气钻采地面设备磁记忆检测技术成果介绍

1. 技术内涵

金属磁记忆检测技术是由俄罗斯学者杜波夫在20世纪90年代率先提出的，利用拾取金属表面地磁场作用下的金属构件漏磁场信息，根据磁场分布情况确定金属零件的应力分布情况。该技术的突出优点是具有预报作用，可在零件失效之前采取措施，避免事故的发生，使损失降至最低程度[3]，因而受到国际学术界的普遍关注。经过十几年的发展，已经证实金属磁记忆检测技术集无损检测、力学和材料学于一体，能可靠探测出应力集中铁磁材料的危险部位，是一种对铁磁构件进行早期诊断的高效无损检测方法，在石油、化工、电力、铁路及航空等方面有广阔的应用前景[1-3]。

2. 技术研究过程

针对地面钻采设备高压管汇损伤和金属密封状态在线监测方面存在的主要技术问题，

在充分调研高压管汇损伤和金属密封状态失效机理，结合磁记忆检测技术在早期损伤检测方面优势的基础上，确定了项目研究开发的总体思路（图2-29）。

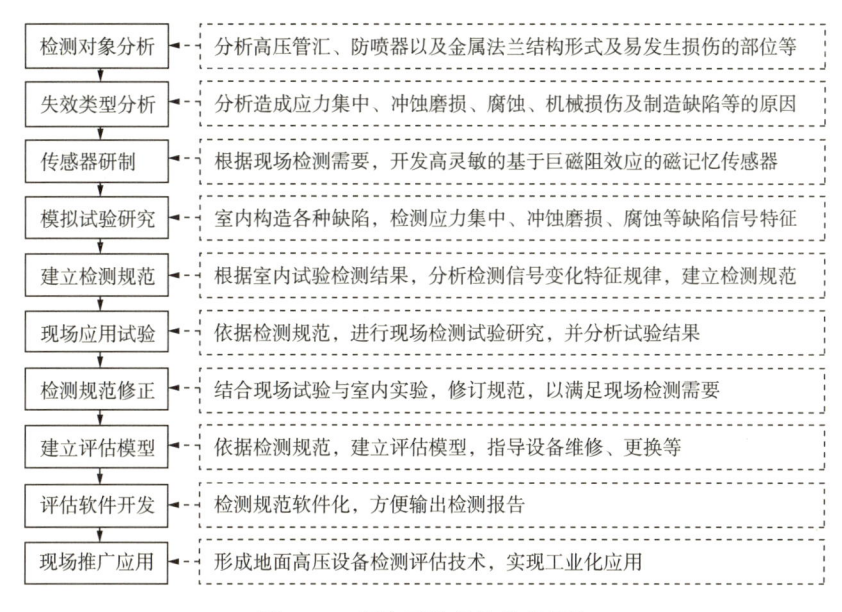

检测对象分析	分析高压管汇、防喷器以及金属法兰结构形式及易发生损伤的部位等
失效类型分析	分析造成应力集中、冲蚀磨损、腐蚀、机械损伤及制造缺陷等的原因
传感器研制	根据现场检测需要，开发高灵敏的基于巨磁阻效应的磁记忆传感器
模拟试验研究	室内构造各种缺陷，检测应力集中、冲蚀磨损、腐蚀等缺陷信号特征
建立检测规范	根据室内试验检测结果，分析检测信号变化特征规律，建立检测规范
现场应用试验	依据检测规范，进行现场检测试验研究，并分析试验结果
检测规范修正	结合现场试验与室内实验，修订规范，以满足现场检测需要
建立评估模型	依据检测规范，建立评估模型，指导设备维修、更换等
评估软件开发	检测规范软件化，方便输出检测报告
现场推广应用	形成地面高压设备检测评估技术，实现工业化应用

图 2-29　研究开发总体技术思路

（1）技术方案。

①巨磁阻效应磁记忆检测诊断方法研究。

承载状态下的铁磁性工件受地磁场的作用，在应力和变形集中区域会发生不可逆的磁畴组织重新取向，出现磁场畸变。这种磁状态在工作载荷消除后依然能够维持并与最大应力有关，其典型特征是在缺陷和应力集中区域，金属导磁率最小，表面则形成最大漏磁场，该磁场的切向分量最大；法向分量符号改变且具有零值。因此，通过扫描检测铁磁性工件表面漏磁场的变化，便可确定工件的外观缺陷或应力集中位置及特征，从而对工件的早期损伤做出明确判断[4-6]。由于尺寸突变，加工缺陷，材料内部缺陷，腐蚀、冲蚀、磨损和裂纹等表面缺陷，变形集中区域和表面机械损伤等，工件均表现出不同程度的应力集中。因此，对应力集中敏感的磁记忆检测技术在损伤检测方面具有广泛的适用性。

②巨磁阻效应磁记忆检测传感器研制。

磁记忆检测方法主要利用各种磁敏感元件实现对工件应力和变形集中区域磁场畸变的检测。表2-7列出了不同磁敏元件的主要技术指标。大量的现场测试分析表明，地面高压管汇、防喷器上的剩余磁场强度超过10Gs，磁阻元件无法满足要求，霍尔元件灵敏度太低。相对来说，巨磁阻敏感元件具有较宽的磁场检测范围、很高的灵敏度和较宽的频率响应特性，可满足地面高压设备早期损伤的高敏度、快速检测需要。

图2-30为采用巨磁阻元件的磁记忆检测传感器的电路组成原理图，该传感器主要由专用电源模块、巨磁阻元件、信号调理模块、隔离单元和标准信号输出等组成。为了消除共模信号干扰，信号调理模块采用对共模信号干扰有很强抑制作用的仪用放大器，确保传感器具有较高的信噪比，为实际应用奠定了良好的基础。根据地面高压设备不同检测对象

的需要，开发形成了多种规格尺寸的巨磁阻效应磁记忆传感器，分别适用于高压管汇直管和弯头、防喷器本体、闸板以及连接法兰螺栓应力的检测。

表2-7 不同磁敏元件的主要技术指标

特性	霍尔元件	磁阻元件	巨磁阻元件
检测原理	霍尔效应	磁电阻效应	巨磁阻效应
检测磁场范围，Gs	0.1~1000	10^{-6}~10	10^{-6}~10^6
灵敏度，μV/（V·Gs）	7	800~4000	300~18000
频率响应范围，MHz	0~100	0~5	0~1
检测线路	需温度补偿电路	需置位（复位）电路	简单

图2-30 巨磁阻效应磁记忆传感器组成原理图

图2-31显示了巨磁阻效应磁记忆检测传感器壁厚穿透能力和壁厚减薄分辨能力实测效果。图2-31（c）中曲线两端峰值为两次经过裂纹位置处磁记忆信号变化情况，距离裂纹越近，磁记忆信号强度越强，且能通过外壁检测到内壁的微裂纹，说明传感器穿透能力及灵敏度较高。

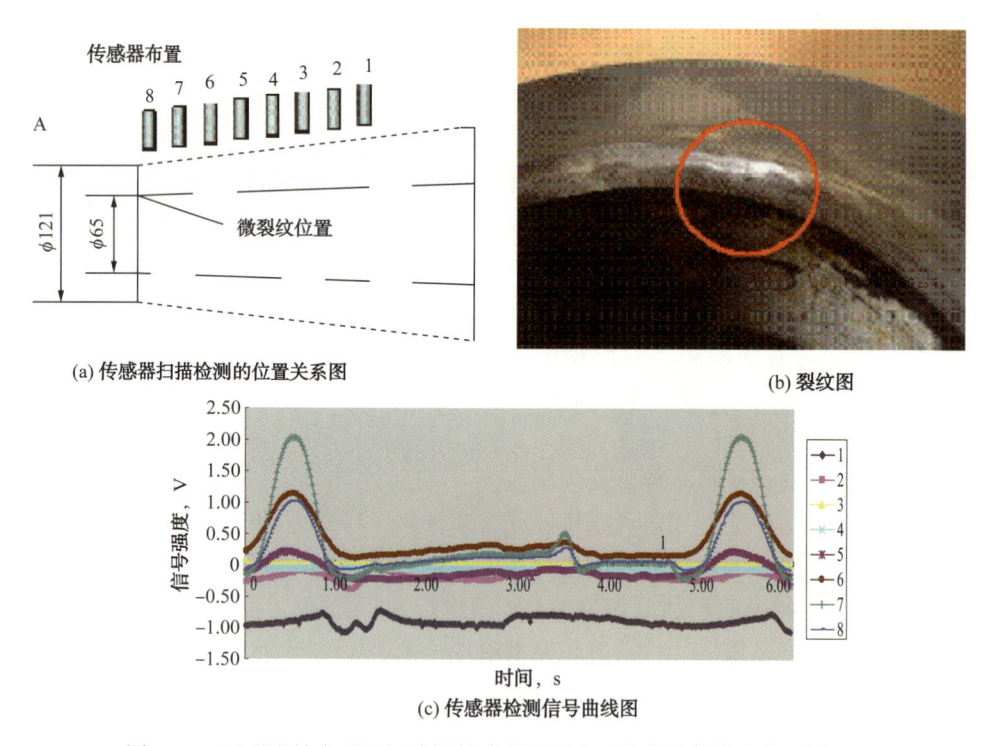

图2-31 巨磁阻效应磁记忆检测传感器壁厚穿透能力及分辨率实测效果

③巨磁阻效应磁记忆信号处理方法。

磁记忆检测得到的信号在传感器的线性范围内与工件表面的磁场强度成正比，信号波形反映了工件上的磁场分布情况。受检测周围环境电磁干扰的影响，检测信号通常存在噪声，为消除噪声影响，需对信号进行降噪处理。同时受传感器加工工艺、电路板焊接质量等的影响，每支传感器基线会有所不同，对传感器信号进行处理时，需要消除噪声信号和基线漂移。经过对传感器采集信号波形进行分析，选用滑动平均值和小波分解，可有效滤除信号中夹杂的噪声干扰，最小二乘法拟合可消除传感器之间的基线漂移现象[7,8]，利用上述方法，多采用6通道（1ch—6ch）磁记忆传感器采集信号进行处理，处理结果如图 2-32 所示。从图 2-32 中可以看出，该方法能够剔除原始信号中的干扰信号以及消除不同传感器的基线漂移现象。

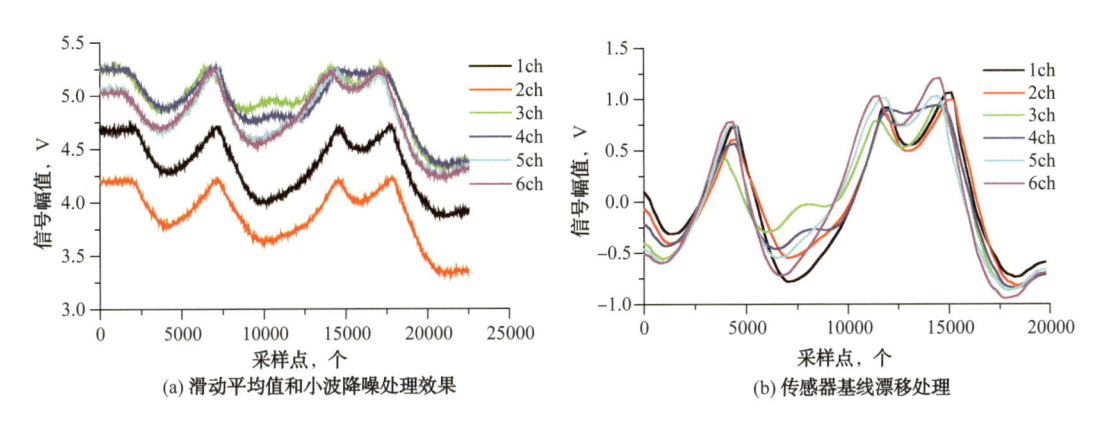

图 2-32 巨磁阻效应磁记忆检测信号处理

④巨磁阻效应磁记忆检测评价参数。

磁记忆检测原理指出，铁磁性部件缺陷或应力集中区域磁场的切向分量 $H_p(x)$ 具有最大值，法向分量 $H_p(y)$ 改变符号且具有零值。由于法向分量的零值点容易出现漂移，在实际应用中存在抗噪声能力差的问题，本技术主要根据检测切向分量 $H_p(x)$ 来完成对部件上是否存在损伤或应力集中区域的判别[9-11]，判断依据如下：

a. 峰值：磁记忆信号在领域内的最大幅值，$V_p=\max|H_p(x)|$。

b. 峰峰值：$V_{in}=\max(\Delta H)=\max|(H_{n+i}-H_n)|$。其中，$H_{n+i}$ 和 H_n 分别为相邻的第 n 点和第 $n+i$ 点上检测到的磁记忆信号。

c. 梯度值反映缺陷处应力集中程度大小，$K=\Delta H_p(x)/\Delta x=(H_{n+k}-H_n)/(x_{n+k}-x_n)$。

d. $K=\Delta x/(v\times r)$，v 为扫描速度，r 为采样频率，Δx 为步长。

e. 梯度峰峰值（领域）：在一定程度上与缺陷深度相关，$V_K=|\max(K)-\min(K)|$。

f. 梯度峰宽值（领域）：在一定程度上与缺陷宽度相关，$V_w=|W_{\max(V_p)}-W_{\min(V_p)}|$，$S=v\times V_w/r$。

（2）磁记忆信号检测基础试验研究。

为验证所开发的巨磁阻效应磁记忆检测诊断方法对油气钻采地面高压设备损伤以及法兰连接螺栓预紧力的检测效果，在高压管汇管件上人工刻伤以及开发螺栓拉伸试验装置，确定典型损伤缺陷的磁记忆信号特征，建立设备损伤与磁记忆信号之间的关系，开展相关试验研究。

①高压管汇试样人工刻伤检测试验。

为了掌握不同几何形态缺陷与磁记忆检测信号之间的关系，分析对高压管汇试样管体进行刻伤，刻伤类型包括外表面不同深度钻孔、不同长度及深度纵向刻槽、不同深度（宽度）环向刻槽、内表面不同宽度（深度）环向刻槽。通过对这些刻伤试样进行磁记忆扫描检测，得出缺陷几何形状、尺寸参数与磁记忆信号波形及参数之间的关系，图 2-33 显示了高压管汇直管刻槽试验结果。从图 2-33 中可以看出，磁记忆信号梯度峰峰值刻槽深度近似呈线性关系，同时也表明，磁记忆检测方法对纵向缺陷也具有良好的检测效果。

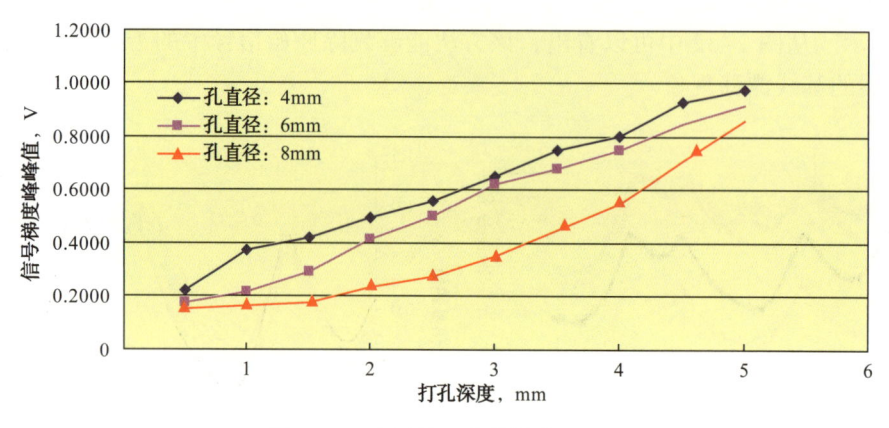

图 2-33　高压管汇直管刻槽试验结果

②法兰螺栓组应力检测室内模拟试验研究。

为掌握法兰连接螺栓预紧状态对法兰密封性能的影响，建立法兰螺栓预紧力与磁记忆信号之间关系，开发了法兰螺栓组应力检测试验装置。首先利用 Ansys 模拟螺栓正常预紧、单根螺栓未预紧以及两根螺栓未预紧状态下法兰垫片的应力云图，再利用试验装置，开展了磁记忆监测试验，试验结果如图 2-34 所示。从试验结果可以看出，利用 Ansys 仿真模拟试验结果与磁记忆监测试验结果完全吻合，即当螺栓正常预紧时，所有磁记忆传感器检测信号波形变化趋势相同，信号强度值相近；当单根螺栓未预紧时，有一条曲线波形变化与其他不同，信号强度值也比其他值小；当两根螺栓未预紧时，有两条曲线波形变化与其他不同，信号强度值也比其他值小，并且在试验中发现有液体泄漏现象。以上试验充分说明磁记忆检测技术能够通过监测螺栓应力的变化判断法兰的密封状态，填补了法兰密封状态检测领域的空白。

（3）高压管汇直/弯管巨磁阻磁记忆检测装置研制。

图 2-35 为高压管汇直/弯管巨磁阻磁记忆检测装置设计效果图和实物图，表 2-8 列出了检测装置的主要技术参数。该检测装置采用双半环、浮动传感器阵列布局结构，能够自适应管汇曲率半径的变化，可同时实现直管和弯管的一体化检测，采用沿环向均布的 14 个传感器，可对管件全周进行同时检测，检测效率高；采用可伸缩的推靠机构设计，传感器安装在可径向伸缩的推靠机构上，确保传感器始终与管壁接触，适应不同管径直管和弯管的检测；采用布线内置化设计，布线半环相当于一个接线盒，布线合理，每个传感器都有独立的插头与半环上分布的插座相连，便于传感器更换。该装置的设计实施，解决了常规检测技术无法对在役高压管汇检测以及一套检测装置不能同时对直管和弯头检测的问题，对保障压裂生产安全具有重要意义。

(a) 全部预紧

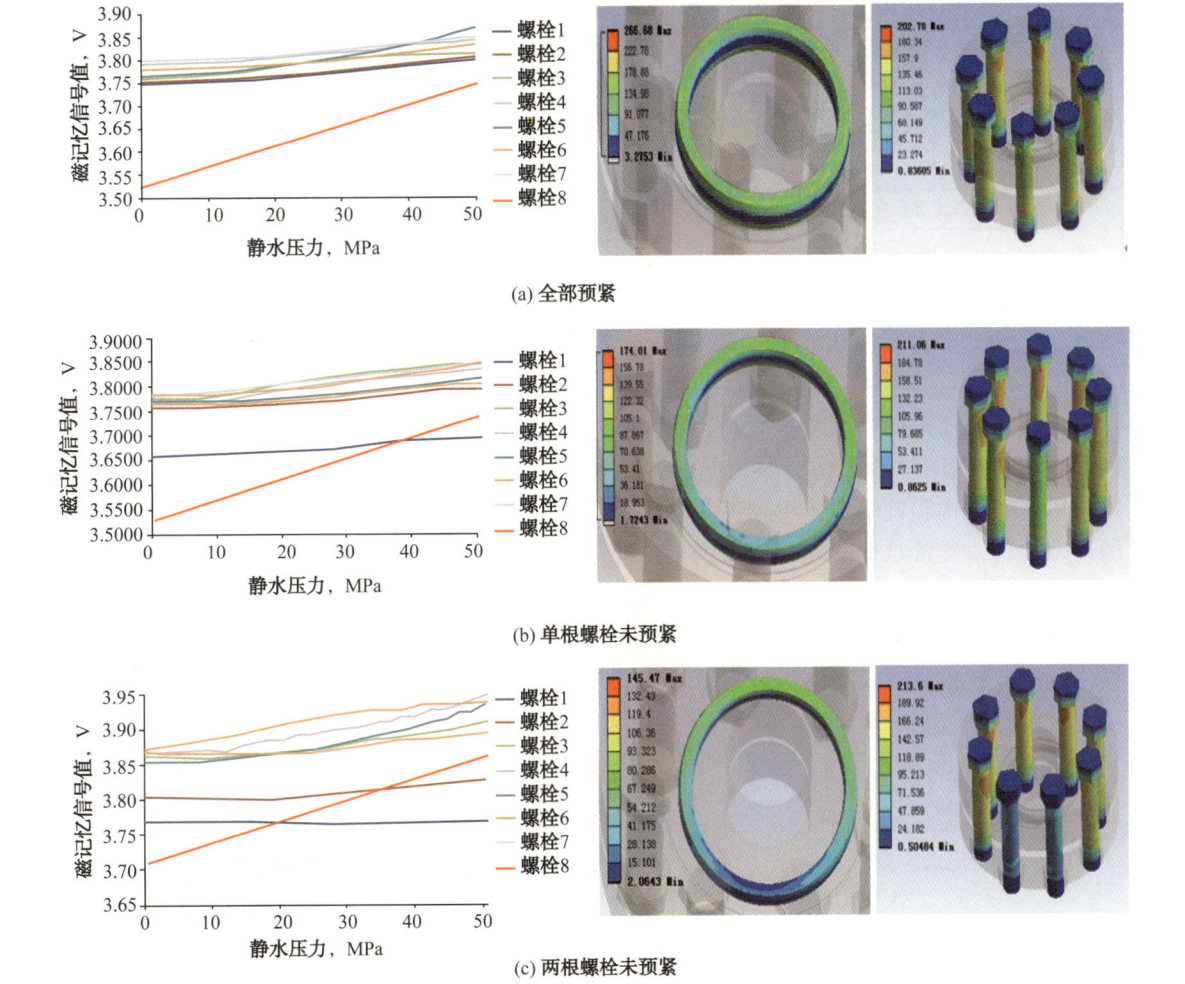

(b) 单根螺栓未预紧

(c) 两根螺栓未预紧

图 2-34 模拟仿真试验与室内试验结果对比

图 2-35 高压管汇直/弯管巨磁阻磁记忆检测装置设计效果图和实物图

表 2-8 高压管汇直/弯管巨磁阻磁记忆检测系统主要技术指标

参数类型	技术指标
检测原理	磁记忆
传感器数量，个	14
检测管径范围，mm	60~150

续表

参数类型	技术指标
检测可穿透厚度，mm	28
可检缺陷类型	应力集中、腐蚀、微裂纹、冲蚀及刮痕等
对典型缺陷检出率	100%
壁厚减薄分辨能力	5%
扫描范围	全周
扫描频率，Hz	500
检测方式	手动
可检测部位	直管、弯管

（4）防喷器损伤检测装置研制。

图2-36为防喷器损伤检测装置设计原理图，表2-9列出了装置的主要技术指标。装置采用伸缩结构和旋转式传感器探头，可伸到防喷器内部，实现防喷器的内外壁和采气树的外壁检测，装置结构紧凑，便于携带，操作简单，灵敏度高，满足现场复杂工况下的检测要求；装置具有良好适应性，探头可灵活改变角度，适用于防喷器内部结构的检测；装置具有较高的检测效率，可多通道同时检测，单次检测可获取防喷器较大范围内的缺陷及损伤状况；装置具有较高的准确性，可对防喷器（采气树）及其部件腐蚀、裂纹等缺陷进行有效检测。

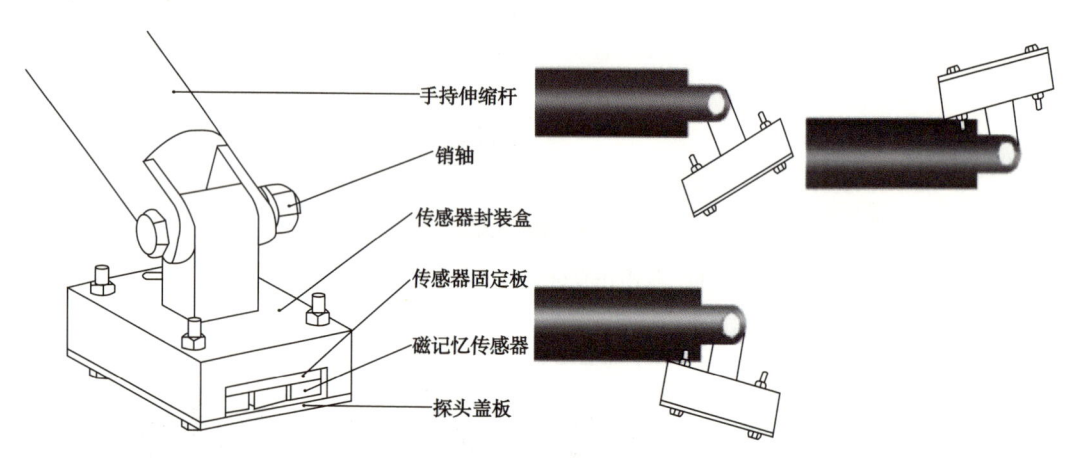

图2-36 防喷器损伤检测装置设计原理图

表2-9 防喷器损伤磁记忆检测系统实现的技术指标

项目	技术参数
探头尺寸（长×宽×高），mm×mm×mm	65×45×48
伸缩杆长度变化范围，mm	500~1450
探头转动角度范围，°	0~248
传感器数量（检测通道）	3
最大采样频率，Hz	1024
检测分辨率，bit	14
最大检测深度（穿透能力），mm	28

（5）地面高压设备法兰螺栓组应力检测系统研制。

图 2-37 为地面高压设备法兰螺栓组应力检测系统实物图，表 2-10 列出了地面高压设备法兰螺栓组应力检测系统主要技术指标。为了解决在受限空间内地面高压设备各种规格法兰连接螺栓检测的需要，研发了两种结构的螺栓组应力检测装置，一种为多规格套筒式单探头螺栓应力检测装置，可按照不同的螺母规格制造出内径恰好略大于六角螺母的套筒，套筒壁厚为 6mm，既保证强度要求，又满足现场安装要求，且安装牢固。探头与套筒呈分体设计，便于维修，容易更换。另一种为可调整卡尺式双探头螺栓应力检测装置，探头可调节，适用范围广，双传感器在数据处理时可减小误差，使检测值更加准确。

图 2-37　地面高压设备法兰螺栓组应力检测系统实物图

表 2-10　地面高压设备法兰螺栓组应力检测系统主要技术指标

参数类型	技术指标
检测原理	磁记忆
传感器数量，个	2
检测方式	手动
检测螺栓规格	M16—M52
应力分辨能力，MPa	20
功能特点	探头可调节，适用范围广

（6）油气钻采地面高压设备失效动态风险评估模型。

根据油气钻采地面高压设备（高压管汇、法兰密封、采气树、防喷器）磁记忆检测结果，通过与有限元分析、模拟试验和有关标准规范对比分析，建立了基于磁记忆检测结果的油气钻采地面高压设备安全评估模型。表 2-11 至表 2-13 分别列出了高压管汇、采油（气）树以及防喷器损伤状态磁记忆检测安全等级评判依据。根据磁记忆检测信号峰峰值的大小，均将安全等级划分为 5 级，分别为安全、可忽略、较危险、危险、致命。其中，当检测结果为安全和可忽略时，设备可以正常使用；当检测结果为较危险时，设备需要维修处理；当检测结果为危险和致命时，需要将损伤设备进行更换处理。

表 2-11　高压管汇损伤状态安全等级评判依据

分级	梯度峰峰值，V	缺陷或损伤状态	安全等级
1	0~0.01	无缺陷或损伤	安全
2	0.01~0.1	轻微缺陷或损伤	可忽略
3	0.1~0.5	中度缺陷或损伤	较危险
4	0.5~1	严重缺陷或损伤	危险
5	>1	致命缺陷或损伤	致命

表2-12 采油（气）树损伤状态安全等级评判依据

分级	梯度峰峰值，V	缺陷或损伤状态	安全等级
1	0~0.001	无缺陷或损伤	安全
2	0.001~0.008	轻微缺陷或损伤	可忽略
3	0.008~0.03	中度缺陷或损伤	较危险
4	0.03~0.08	严重缺陷或损伤	危险
5	>0.08	致命缺陷或损伤	致命

表2-13 防喷器损伤状态安全等级评判依据

分级	梯度峰峰值，V	缺陷或损伤状态	安全等级
1	0~0.001	无缺陷或损伤	安全
2	0.001~0.01	轻微缺陷或损伤	可忽略
3	0.01~0.05	中度缺陷或损伤	较危险
4	0.05~0.1	严重缺陷或损伤	危险
5	>0.1	致命缺陷或损伤	致命

（7）油气钻采地面高压设备失效动态风险评估软件。

图2-38为地面高压设备风险评估软件图，该软件主要包括高压管汇安全评估、防喷器安全评估、采气树安全评估、检测报告自动输出、维护建议自动生成、现场装置图片组态载入等6个模块，能够实现快速生成检测报告，并能自动生成维护建议，方便对设备进行维护处理。

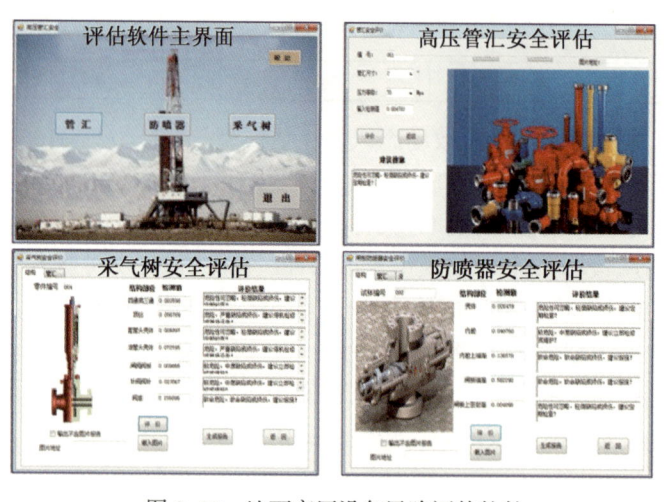

图2-38 地面高压设备风险评估软件

3. 技术创新

本创新成果以磁记忆检测技术为基础，创新性地开发完成了基于巨磁阻效应的地面高压设备损伤检测装置。表2-14至表2-16比较分析了本创新成果与国内外同类成果的主要技术参数、效益和竞争力。

表 2-14 巨磁阻效应磁记忆传感器技术与国内外同类技术对比

指标	俄罗斯和中国一般磁记忆传感器		本成果
物理效应	霍尔效应	磁阻效应	巨磁阻效应
工作磁场范围，Gs	0.1~1000	10^{-6}~10	10^{-6}~10^6
灵敏度，μV（V·Gs）	7	800~4000	300~18000
频率范围（典型），MHz	0~100	0~5	0~1
探头提离效应	显著	不显著	不显著
检测线路	需温度补偿	需置位（复位）电路	简单
成本	很低	低	低
对地面设备适应性	磁场范围适应、灵敏度低	磁场范围不适应	磁场范围适应、灵敏度高
本领域竞争力	差	一般	强

表 2-15 高压管汇直／弯管巨磁阻磁记忆检测装置与国内外同类技术对比

指标	荧光磁粉	超声波	俄罗斯动力机械	本成果
检测原理	磁粉	超声波	磁阻效应	巨磁阻效应
适用性	弱	一般	不适用	专用
成本	低	一般	高	一般
检测效率	低	低	一般	高
检测方式	人工观测	单点检测	不适应	直管、弯头一体扫描
穿透能力	弱	需校准	弱	28mm
表面清洁度	清洁	清洁	须清理	无须清理
检测通道	—	单通道	8通道	14通道
市场竞争力	一般	一般	一般	专用大批量检测，竞争力强
推广及效益	低	一般	一般	规模应用，高

表 2-16 法兰螺栓组应力检测系统与国内外同类技术对比

指标	压力传感器	声发射	本成果
依据	压电效应	声波信号	巨磁阻效应
成本	高	高	低
效率	低	低	高
方式	垫片方式	贴合，方便	套筒式和夹子式，方便
利用率	不能重复使用	可以	可以
市场竞争力	弱	一般	高
推广应用前景	一般	一般	高

三、技术应用实例

在研究开发巨磁阻效应磁记忆检测诊断方法、形成适合油气钻采地面高压设备损伤检测用系列巨磁阻效应磁记忆传感器、建立磁记忆检测信号处理方法与评价参数体系的基础上，结合基础试验研究，确定设备损伤的磁记忆信号特征提取方法，建立典型损伤与磁记忆检测参数之间的关系，并将这些成果应用于高压管汇、防喷器和高压法兰密封状态的检测技术开发，形成了相应的检测系统，并成功应用于工程实际。

1. 高压管汇直/弯管巨磁阻磁记忆检测

图 2-39 为采用高压管汇直/弯管巨磁阻磁记忆检测系统在现场对高压管汇损伤检测的典型结果。检测系统自 2012 年起在渤海钻探工程有限公司井下作业分公司酸化压裂作业部使用，已累计完成 2203 根直管（弯头）的检测，共发现缺陷 1210 处，其中有其他技术手段难以检出的管汇缺陷 179 处，基本消除了存在缺陷的直管、弯头继续使用，实现了对高压管汇损伤的有效预防，对保障压裂施工安全发挥了重要作用。

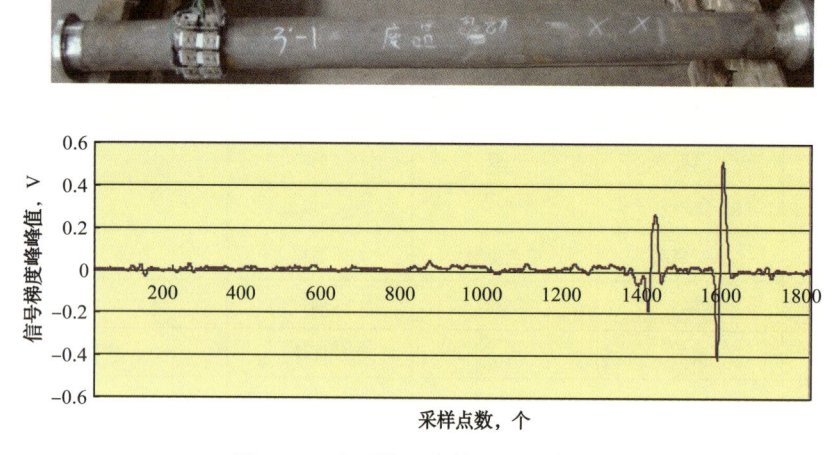

图 2-39　高压管汇直管磁记忆检测结果

2. 防喷器损伤检测

图 2-40 显示了采用防喷器损伤检测装置对防喷器损伤的典型检测结果。检测系统自 2012 年起在塔里木油田公司（以下简称塔里木油田）进行使用，已累计完成 46 台次防喷器本体及闸板的检测，共发现 73 处防喷器内壁腐蚀、外壁刮伤以及闸板的腐蚀缺陷，避免了内壁和闸板腐蚀严重的防喷器再次投入使用，有效预防了井喷事故发生而防喷器关闭不严的情况发生。

3. 地面高压设备法兰螺栓组应力检测

图 2-41 显示了采用基于力磁耦合原理的地面高压设备法兰螺栓组应力检测系统的典型检测结果。检测系统自 2012 年起在塔里木油田和华北石油荣盛机械制造有限公司投入使用，已累计完成涉及 1251 处金属密封 15008 根螺栓应力状态的监测，共发现 1154 根螺栓预紧力不足的现象，有效指导了作业人员进行螺栓预紧作业，消除了潜在安全隐患，保障了设备安全运行。

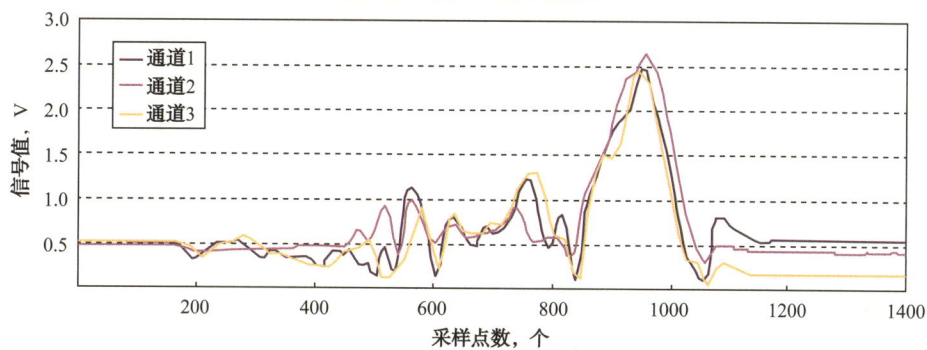

图 2-40　防喷器内腔腐蚀磁记忆检测结果

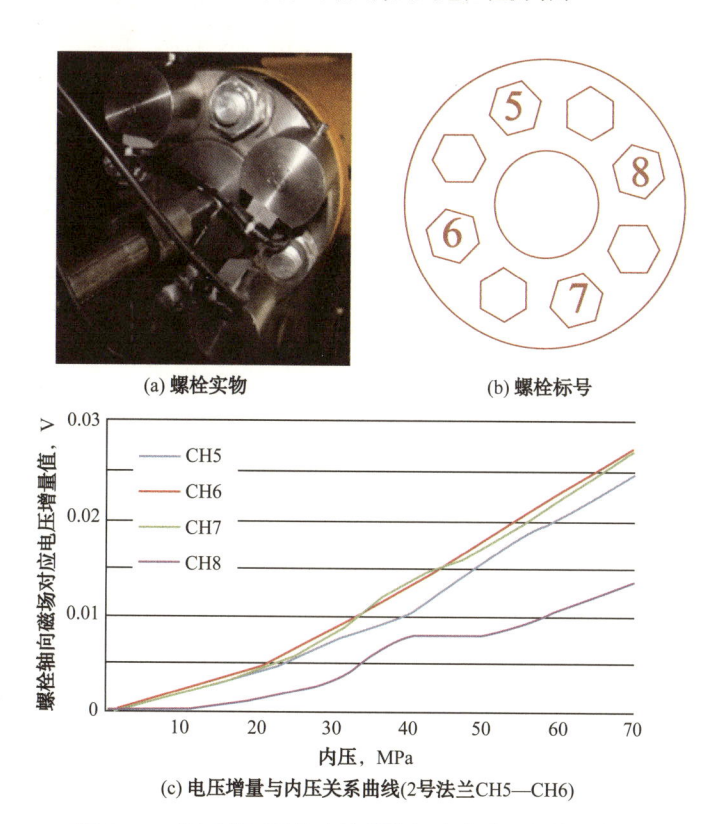

(a) 螺栓实物

(b) 螺栓标号

(c) 电压增量与内压关系曲线(2号法兰CH5—CH6)

图 2-41　地面高压设备法兰螺栓组应力磁记忆检测结果

第四节 展　　望

井控技术是一门系统科学，中国石油从现场井控实际需求出发，经过总结梳理，形成井控技术树（图2-42）。除了井控应急外，井控技术主要包括井控管理、井控理论、井控装备、井控工艺等4项主要内容。在"十二五"期间的科研工作中，油气井井喷预防与控制技术在早期溢流监测与识别、非常规压井技术、油气钻采地面设备检测技术等方面取得了突破。

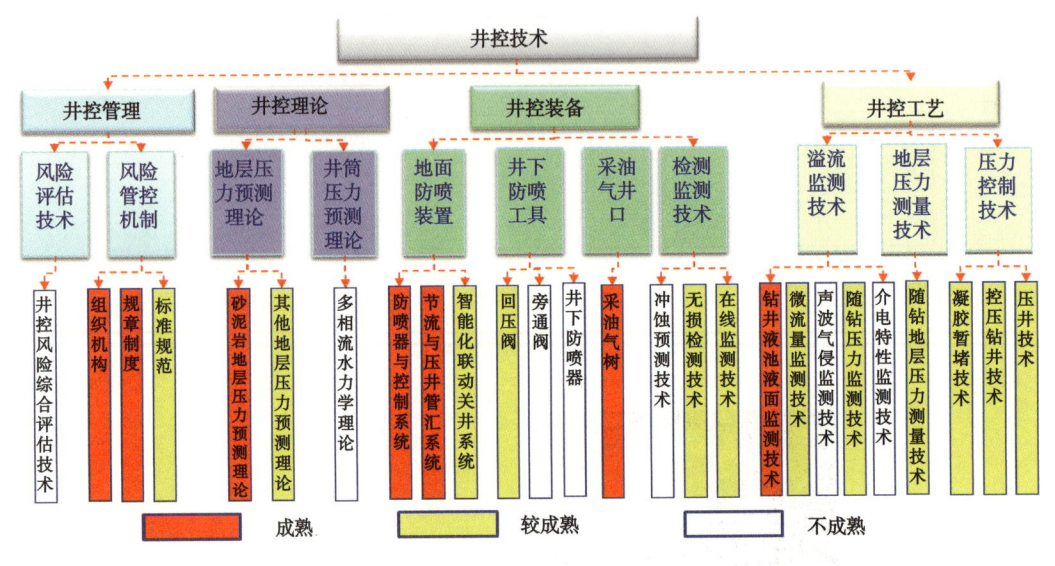

图2-42　井控技术树

下一步将针对中国石油目前面临的关井自动化程度低、可靠性和作业效率有待提高，井控工艺技术尚需配套和完善，早期溢流监测、自动化压井等技术亟待攻关，井控应急技术和装备仍需进一步完善等问题，在更加科学的井控风险评估与管控技术、更加准确的地层与井筒压力预测技术、更加可靠的井控装备与检测技术、更加及时的溢流监测技术、自动化程度更高的关井、压井技术等方面加强研发，实现中国石油井控水平的不断提升，同时将已经研发的井控技术应用于现场，最终形成可推广的井控系列技术与装备。这将对适用不断发展的钻井新工艺，有效应对井控风险，避免重特大井控事故发生产生重大意义，具体的研究工作如下：

（1）早期溢流监测技术研究与应用。

早期溢流监测是实现油气井井喷预防的主要技术手段之一。钻井过程中，溢流的及时发现能够为排除溢流、重建压力平衡赢得宝贵时间，大大降低二次井控的难度。经过多年发展，井控技术形成了多种早期溢流监测技术方法，各种早期溢流监测方法采用的技术原理不尽相同，具备的技术优势也各不一样，现场使用时都存在着一定的局限。目前的溢流监测方法大都以某种单一的手段为主，未能有效融合多种手段提供的信息对溢流发生进行综合判别。因此，为了适应复杂多变的钻井条件，早期溢流监测技术必须采用丰富的技术手段，以达到实时性与可靠性并存的目的。开展超声波多普勒气侵监测、介电常数溢流监测技术应用等研究，融合现有技术实现井下实时溢流监测，将明显缩短溢流发现时间，提升预报准确性。

（2）自动化关井控制系统研究。

溢流发生后，第一时间及时关井是预防井喷事故的重要保证。当前钻井作业队伍普遍以人工操作、传递手势信号为主开展关井控制。国外自动化钻井技术和井控应急技术较为成熟，但还没有提出将井口防喷器组及节流管汇集中控制的理念，防喷器组及节流管汇分别采用气—液控制或电—液控制，处于分开控制阶段。研制自动化关井控制系统，实现正常钻进、起下钻、空井等工况条件下的一键关井，将有效保证人员和井控安全。

（3）油气井自动化压井技术研究。

目前，现场压井通常按照计算好的压井施工单实现，在压井过程中可能会出现井漏、井下井喷、重晶石污染、钻杆穿孔、管子堵漏、排量变化等特殊情况，需要对压井参数进行修正和调整。如果现场人员经验不足，很可能做出错误的判断，导致压井失败，使井下情况更为复杂，甚至出现井喷失控、火灾、爆炸等灾难性事故。计算机程序控制闭环压井技术利用自动控制系统代替人工操纵，自动完成常规压井任务，可以弥补现场人员压井经验不足、计算费时等缺点，减少施工人员人为操纵失误。同时针对非常规井控、溢流发现晚、环空含气量大、漏喷交替情况等研究计算机开环压井系统，利用计算机压井程序计算压井参数，做出压井施工单，由人工操纵节流控制箱或节流控制阀实施优化压井，并通过计算机监控压井参数变化特点，提升现场压井方案调整的应变性和可靠性。

（4）柔性管线性能鉴定检测技术研究现状。

柔性节流压井管线用于节流和压井系统位置相对变化的连接，在使用过程中，要承受内部压力载荷的交变作用，以及高压、高温输送介质（油、水、钻井液等）的侵蚀，容易引起管线失效，造成严重后果。在 SY/T 5323—2004《节流和压井系统》及 API 16C《节流压井系统规范》中，均对柔性管线性能鉴定提出了试验要求。在实验室内模拟现场高压脉冲、弯曲、爆破、暴露在流体内等复杂工况成为检验软管质量的重要方法。研究柔性管线性能鉴定检测技术可提高柔性管线的质量，保证客户控制井喷的安全，对保障钻井的安全进行具有重要意义。

（5）可视化切割技术，远程监测和远程搜索装备与技术研究。

可视化切割技术的关键是机械视觉技术。当前机械视觉是机器视觉领域的研究热点和难点，图像滤波、边界提取、模式匹配等的图像处理基本算法以及立体视觉技术的理论基础都已经较为成熟，在航天、生物、测量、汽车等领域已成功应用，但是未见针对油气井井喷失控着火这类特殊现场环境的视觉系统的研究成果。当前高含硫气井钻井气体现场监测条件已经具备，钻井队已普遍配备了便携式硫化氢监测仪和空气呼吸器等设备，能够提供基本的人员监测和防护，但是远程监测、人员远程搜索等技术的研究仍具有重大意义。

参 考 文 献

[1] 公培斌. 非常规压井水力参数设计[D]. 青岛：中国石油大学（华东），2013.

[2] 李运辉，黄船，崔进，等. 置换法压井技术在川东北河坝1井的成功应用[J]. 油气井测试，2008，17（4）：45-46.

[3] Dubov A A. Study of metal properties using metal magnetic memory method[C]//7th European

Conference on Non-destructive Testing. Copenhagen, 1998: 920-927.

［4］Yamasaki T, Tamamoto S, Hirao M. Effect of applied stresses on magnetostriction of low carbon steel ［J］. NDT&E International, 1996, 29（5）: 263-268.

［5］易方, 李著信, 苏毅. 管道金属磁记忆检测技术现状分析及发展研究［J］. 后勤工程学院学报, 2009, 25（5）: 24-28.

［6］梁志芳, 李午申, 王迎娜. 金属磁记忆信号的零点特征［J］. 天津大学学报, 2006, 39（7）: 847-850.

［7］邱新杰, 李午申, 白世武. 焊接裂纹的金属磁记忆定量化评价研究［J］. 材料工程, 2006（7）: 56-60.

［8］寒兴亮, 周克印. 基于磁场梯度测量的磁记忆试验［J］. 机械工程学报, 2010, 46（4）: 15-21.

［9］任吉林, 王进, 范振中. 一种磁记忆检测定量分析的新方法［J］. 仪器仪表学报, 2010, 31（2）: 431-435.

［10］刘子龙, 张军, 张新. 小波分析在金属磁记忆检测套管故障中的研究［J］. 测试技术学报, 2007, 21（4）: 371-376.

［11］徐海波, 樊建春, 李彬. 金属磁记忆检测技术原理及发展概述［J］. 石油矿场机械, 2007, 36（6）: 14-18.

第三章 炼化装置风险防控技术进展

炼油化工行业是中国国民经济的重要支柱产业之一，关系到国民经济能源、材料等许多方面，也是危险性极高的行业。近年来，随着国民经济的快速发展，国家对石油的需求越来越大，炼油化工行业迎来了一个高速发展的时期，同时也对炼油化工行业的安全提出了更严格的要求。国家有关部门多次强调，安全工作要善于利用底线思维的方法，凡事要从最坏处准备，努力争取最好的结果，做到有备无患，牢牢把握安全工作主动权。

中国石油始终高度关注炼油化工生产装置及储运设施的火灾爆炸风险，并对炼油化工装置的安全风险防控提出了具体要求，要求企业将安全风险管控摆在优先考虑的位置，要建立安全风险管控、隐患排查治理、事故应急三道防线。针对炼油化工行业的风险防控工作，仍存在风险底数不清晰、辨识方法不科学等问题，需要用科学的风险防控技术开展风险管理工作，提升安全生产整体预控能力。

"十二五"期间，中国石油针对炼化装置风险防控技术开展了系统的研究攻关，重点开展了工艺安全评估、关键装置腐蚀监测、机组故障诊断、聚烯烃粉体防爆等关键技术研究，形成了工艺安全评估技术及软件、关键装置腐蚀监测与防腐技术、大型机组故障诊断与状态监测技术和聚烯烃粉体防爆技术等多项研究成果，进一步提升了中国石油炼化装置风险防控的技术水平。

第一节 工艺安全评估技术

一、工艺安全评估技术生产需求与技术现状

1. 工艺安全评估技术生产需求

炼化装置流程复杂，工艺条件苛刻，介质大都具有易燃、易爆、有毒及腐蚀等特性，炼油化工行业属于高危险行业，系统设计、建设施工和生产过程中任何一个小的失误都有可能带来严重的甚至是灾难性的后果。为了促进企业安全生产，中国石油采取多种技术和管理措施，加大安全生产投入，强化隐患排查和风险防控双重预防机制，起到了比较好的效果，事故发生率明显下降。尽管如此，事故还是时有发生，分析这些事故，可以发现以下问题：

（1）新改扩建项目在设计阶段存在隐患，未及时发现，且没有采取针对性预防和控制措施，导致装置在运行阶段出现故障，甚至发生事故。

（2）存在在役装置的工艺变更风险不能有效控制等问题，在装置运行过程中可能发生事故。

（3）安全仪表系统及其相关安全保护措施在设计、安装、操作和维护管理等生命周期各阶段，存在危险与风险分析不足、冗余容错结构不合理、缺乏明确的检验测试周期、预防性维护策略针对性不强等问题。

随着国内工业化进程的发展，工艺装置逐渐大型化，复杂技术不断被运用，中国将不

可避免地面临发达国家曾经面临的问题，因此需要掌握预防灾难性事故的管理方法并探索问题的有效解决方案，为建立本质安全提供保障。

2. 工艺安全评估技术现状

国内危险与可操作性分析（以下简称 HAZOP）技术起步较晚，保护层分析（以下简称 LOPA）技术和安全完整性等级分析（以下简称 SIL）技术鲜有报道和应用。此外，由于上述技术应用耗用时间长、经济成本高，加上没有相应的管理体系和强制制度，很少有企业主动采用。

随着日益突出的安全问题，国家在《危险化学品建设项目安全评价细则（试行）》（安监总危化〔2007〕255号）中对 HAZOP 的应用做出明确要求。在我国，对国内首次采用新技术、新工艺的危险化学品建设项目，政府也在积极倡导采用 HAZOP 进行工艺安全分析。危险化学品建设项目的验收前评价建议以安全检查表的方法为主，尽可能以 HAZOP 为辅。

中国石油、中国海洋石油集团有限公司（以下简称中海油）、中国石油化工集团有限公司（以下简称中国石化）所属的一些企业先后开展了 HAZOP，已积累一定的 HAZOP 工作经验。据了解，中海油已经建立了 HAZOP 管理制度；中国石化尚无相关 HAZOP 管理制度，但对于危险性较大的工程项目大都进行了 HAZOP；中国石油已在部分炼化建设项目、管道建设项目和油田建设项目中应用 HAZOP 方法，取得了较好的效果。特别是独山子石化公司（以下简称独山子石化）对千万吨炼油、百万吨乙烯项目中的炼油化工项目全面进行了 HAZOP，提高了装置的本质安全水平。

目前，无论是中国石化还是中海油，在一些大型关键装置的 HAZOP 上，主要依托咨询公司，这些公司主要包括挪威船级社、道达尔等。清华大学以及北京化工大学开发了 HAZOP 应用软件，并应用于 HAZOP 过程中，提高了 HAZOP 效率。

二、工艺安全评估技术成果

1. 工艺安全评估技术内涵

HAZOP 技术方法适用于采油采气、油气集输、炼化生产、油气储运等具有流程性工艺特征的新建、改建、扩建项目和在役装置。按照科学的程序和方法，由一个分析小组执行，从系统的角度出发对生产装置中潜在的危险进行预先的识别、分析和评价。该技术实现了从源头控制风险，强化过程风险控制，提升装置风险防控的能力。技术载体为 HASILT V1.0 过程风险分析软件。

LOPA 技术方法适用于石油化工行业的新建、改建、扩建项目和在役装置。该技术是一种简化的风险评估技术，是在定性危险分析的基础上，进一步评估保护层的有效性，并进行风险决策的系统方法，主要目的是确认是否有足够的保护层来防止意外事故的发生。技术载体为 HASILT V1.0 过程风险分析软件。

SIL 技术方法适用于石油化工装置的安全仪表系统，该技术是定量评估安全仪表系统的安全仪表功能（SIF）的安全完整性等级的方法，衡量安全仪表系统（如紧急停车系统等）的安全防护能力，保障安全仪表系统在生命周期内可靠运行。技术载体为 HASILT V1.0 过程风险分析软件。

HAZOP 技术主要对装置、系统等进行全面的风险辨识，属于定性评估技术。LOPA 技术主要在风险辨识的基础上，对重大的风险或复杂的场景等评估其保护措施的有效性，属于半定量评估技术。SIL技术主要针对常规保护措施不能将风险降低到可接受程度的情况，增加安全仪表系统，评估其安全仪表系统的可靠性，属于定量评估技术。上述3种技术可以单独使用，也可以综合使用形成工艺安全评估系列技术。HAZOP、LOPA和SIL工艺安全评估技术系列是从定性到定量的分析过程，是一个完整的从分析问题、发现问题到解决问题的方法序列。该技术系列对炼油化工企业的安全具有重要意义，为大力推广成熟的风险控制工具方法，系统识别风险，完善防范措施，细化完善操作规程、岗位职责、安全检查表、应急处置卡、培训矩阵，切实构建基层"五位一体"的风险防控机制提供了支持。

2. 工艺安全评估技术研究过程

通过对国内外工艺安全评估技术的调研、分析和研究，形成以HAZOP、LOPA和SIL为主体的工艺安全评估技术系列，组建分析团队及专家队伍，编制并发布了推广应用工艺安全评估技术的相关管理制度，研究开发基于HAZOP、LOPA和SIL相集成的HASILT过程风险分析软件，构建中国石油工艺安全评估技术推广应用平台，为中国石油HSE管理体系的建立与运行提供技术支撑。

（1）危险与可操作性分析技术指南[1]。

依据IEC 61882、IEC 61508和IEC 61511等技术标准，结合中国石油实际情况，编制了《危险与可操作性分析技术指南》。该指南主要阐述危害与可操作性分析的基本步骤和运用过程方法，主要包括范围、规范性引用文件、术语和定义、HAZOP分析的准备、HAZOP分析程序、沟通和交流、评审、措施建议的跟踪及附录等8个章节的内容。Q/SY 1363—2011《危险与可操作性分析技术指南》于2011年3月30日发布，2011年5月1日正式实施，填补了中国石油在工艺安全评估技术方面管理规定的空白。

（2）保护层分析技术指南[2]。

依据《保护层分析——简化的工艺风险评估》、IEC 61508和IEC 61511等技术标准和实践，结合中国石油实际情况，编制了《石油石化企业保护层分析技术指南》。该指南主要阐述保护层分析的基本步骤和运用过程方法，主要包括范围、规范性引用文件、术语定义和缩略语、保护层分析准备、保护层分析基本程序、保护层分析记录文档、保护层分析报告、审查及后续跟踪等8个章节的内容。Q/SY 08003—2016《石油石化企业保护层分析技术指南》于2016年10月27日发布，2017年1月1日正式实施。

（3）安全完整性等级分析技术指南。

依据GB/T 20438和GB/T 21109等技术标准，结合中国石油实际情况，编制了安全完整性等级分析技术指南。该指南主要阐述了中国石油安全仪表系统安全完整性等级评估工作程序，为装置项目的安全运行建立安全可靠的保证。该指南主要包括目的、适用对象、缩写及术语、安全生命周期、分析的准备、评估工作程序、评估工作说明以及文档的保存与传递等8个章节的内容。目前，该技术指南正在开展企业标准申请工作。

（4）危险与可操作性分析工作管理规定。

依据中国石油安全需求，结合实际情况，经过认真的分析和讨论，编制了《危害与可操作性分析评估工作管理办法》。该办法主要包括总则、职责分工、实施要求、人员资格、经费保障、奖惩、附件等7个章节的内容。中国石油于2010年正式下发了《中国石油天然气集团公司危险与可操作性分析工作管理规定》（安全〔2010〕765号）和《中国石油天然气股份有限公司危险与可操作性分析工作管理规定》（油安〔2010〕866号），填补了中国石油在工艺安全评估技术管理制度方面的空白。

（5）HASILT过程风险分析软件。

炼化装置在设计、运行等生命周期各个阶段的安全风险都需要满足最低合理可行（ALARP）原则。作为一种系统性完备性最好的风险辨识方法，HAZOP属定性分析，尚不能对风险进行量化分析。要确保满足ALARP原则，就需要更加科学、更加可靠的风险判断。LOPA作为一种半定量的风险评价方法，具有更加严格的程序步骤，并且利用明确的频率和后果数据，其风险评价结果更加可靠。虽然LOPA在国内的应用刚刚起步，但是在国际上的应用已经有近20年的历史。然而，对于已经设置了安全仪表系统（SIS）的在役装置，如果对于SIS的安全完整性等级没有经过验证，那么就会影响LOPA分析结果的可靠性。为此，中国石油和清华大学合作提出了炼化过程安全生命周期HAZOP、LOPA和SIL集成分析策略，并开发了基于HAZOP、LOPA和SIL相集成的HASILT过程风险分析软件（图3-1）。

HASILT软件系统建立在J2EE技术架构之上，同时使用支持标准SQL的关系型数据库进行数据存储。软件的核心模块有4个——HAZOP模块、LOPA模块、SRS模块和SIL验证模块，分别对应4项分析工作。这4个模块本身之间也是互联的，可以进行数据交换，以实现各个工作流程的集成化。4个核心模块内部实际又可分为数据记录、数据交换接口、案例生成及搜索、数据汇总等子模块。其中，数据记录部分实现接收用户输入的数据、读取已有数据、根据案例搜索结果给用户参考和提示等功能，该模块完成大部分与用户交互的任务，用户使用系统见到的大多数界面属于这一模块。软件按功能模块划分的结构如图3-1所示。

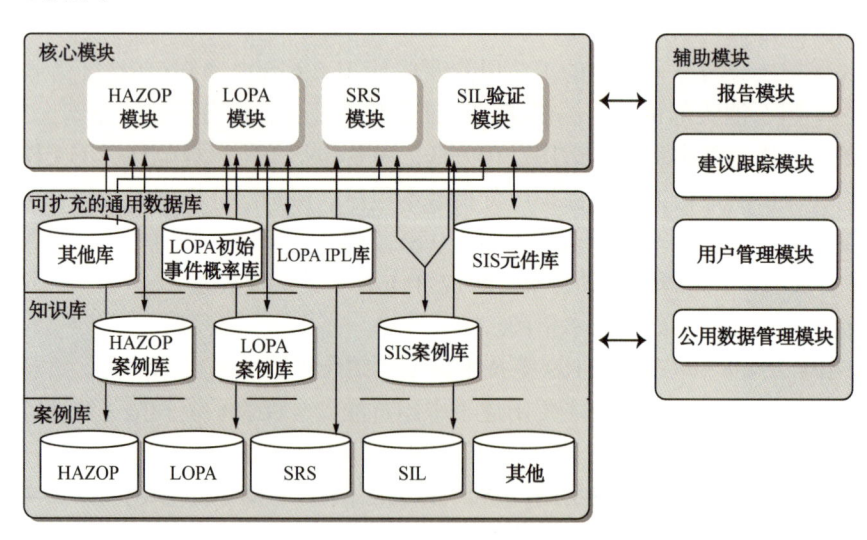

图3-1 HASILT软件功能模块图

系统中除上述4项核心功能模块以外，还含有报告模块、建议跟踪模块、用户管理模块、公用数据管理模块等辅助模块。报告模块用于接收来自核心模块的数据包，并生成对应格式的报告文件或统计图表。建议跟踪模块不是独立模块，它可以统一管理来自核心模块的建议，记录各个建议的状态、执行情况等，该功能对分析完成后的后续工作十分重要。建议跟踪模块也可以直接输出建议清单。用户管理模块是单独的功能模块，它与其他所有模块都有联系，控制整个系统的用户访问权限，深入每个模块的各个子功能。公用数据管理模块管理诸如风险矩阵、HAZOP偏差定义、LOPA独立保护层等数据，管理员可以修改这些公用数据库中的数据。

该软件系统是在线多用户系统，可部署于一台服务器上，通过网络为企业及企业集团规模的用户提供服务。多个企业的多个用户可以在线访问系统，进行HAZOP、LOPA、SRS及SIL验证计算工作，以集成化的模式实现完整的过程危害分析工作流程。软件可以集中管理数据，并进行智能的知识管理，以实现知识的积累和再利用，有效提高企业的安全管理水平。

该软件以案例库为核心，实现了知识管理，可以有效地管理已有的数据和知识，为将来的分析、管理、操作、培训等提供支持，并有助于推广工艺安全评估技术（HAZOP、LOPA和SIL等）的普遍应用。2010年10月，HASILT过程风险分析软件在集团公司HSE信息系统正式上线应用。

3. 工艺安全评估技术创新

（1）建立了HAZOP定性分析技术，形成了Q/SY 1364—2011《危险与可操作性分析技术指南》、《中国石油天然气集团公司危险与可操作性分析工作管理规定》《中国石油天然气股份有限公司危险与可操作性分析工作管理规定》《HAZOP分析方法推广应用中长期规划》等一系列科研成果，填补了集团公司HAZOP等安全分析方法制度和标准的空白。其中，Q/SY 1364—2011《危险与可操作性分析技术指南》在2015年获第二届中国石油天然气集团有限公司优秀标准奖三等奖；"应用HAZOP先进方法实现公司本质安全研究"科研课题于2012获得石油和化工自动化行业科学技术奖三等奖。

（2）建立了LOPA半定量评估技术，形成了Q/SY 00083—2016《石油石化企业保护层分析技术指南》，在HAZOP定性评估分析的基础上，有效地评估了保护措施的可靠性，解决了"保护措施是否足够，能够降低多少风险"的问题。

（3）建立了SIL定量评估技术，形成了《石油石化企业安全完整性等级评估技术指南》，为炼化装置的安全仪表系统管理工作提供了科学方法，规范了安全仪表系统的管理工作。

（4）开发了基于HAZOP、LOPA和SIL相集成的HASILT风险过程分析软件。该软件包括3500种以上危险化学品MSDS数据库，系统管理员可以根据有关协议，指定任意两个分公司之间的案例库共享，且在中国石油内网通信正常的情况下，在不少于50个用户的模式下可以同时远程在线使用平台进行HAZOP、LOPA和SIL等工艺安全评估工作[3,4]。"HAZOP、LOPA、SIL集成风险分析软件的开发与推广应用"科研课题，分别在2012年和2014年获石油和化工自动化行业科学技术奖二等奖和中国职业安全健康协会科学技术奖二等奖。另外，以HAZOP、LOPA和SIL相集成的工艺安全评估一体化技术和平台先后在2013年和2015年获得中国石油和化工工业联合会科技进步奖一等奖和国家安全生产监督管理总局第六届安全生产科技成果奖二等奖。

三、工艺安全评估技术应用实例

1. HAZOP技术在企业中的应用

为了积累HAZOP技术导则，为其在中国石油的推广提供经验和依据，在炼油装置中选择一套新建的装置进行 HAZOP 示范工作。通过对比，从装置的类型、复杂性、发展趋势及规模等方面考虑，选择中国石油某炼化企业新建 180×10^4 t/a 柴油加氢装置进行 HAZOP 示范工作。

本次 HAZOP 的目的为识别可能会导致伤害或事故（包括财产损失、人员伤亡及伤害、环境污染）的缺陷，以及由于与设计操作意图相背离可能会出现的各种后果。不仅分析了正常操作、投料试车、开停工、维修时可能出现的危害后果，还对装置的可操作性进行分析。

（1）基本情况。

①分析小组组成。

小组成员包括安全环保技术研究院的技术人员，以及炼化企业的安全工程师、设备工程师、工艺工程师、仪表工程师、操作人员和设计人员。小组主席和秘书分别由课题项目组人员担任。

设计人员由于工作原因，未能全程参加 HAZOP 会议，但在工作过程中，随时与设计人员进行了沟通。在分析工作结束后，HAZOP 小组与本项目所有设计人员就讨论的全部建议进行了确认。

②分析范围。

示范工程的分析范围为 180×10^4 t/a 柴油加氢精制装置，该装置由反应部分、分馏部分和公用工程等 3 部分组成。HAZOP 覆盖全部 P&ID 图，分析 P&ID 图 23 张，节点 31 个。

③分析方法和工作流程。

分析方法和工作流程以本章节工艺安全评估技术研究过程中《危险与可操作性分析技术指南》为主要依据和指导。

运用 HAZOP 方法，将装置的工艺流程划分为不同的节点，通过一系列的引导词系统地对每一个节点进行审核，发现导致偏差的原因和由此可能产生的后果，识别和判断现有的安全措施是否能够避免结果的产生，针对不足的措施提出相应的建议，并如实记录分析的全过程。

（2）分析结论。

180×10^4 t/a 柴油加氢精制装置 HAZOP，考虑了对人员安全、环境污染及财产损失 3 个方面的影响。共分析问题 394 项，提出建议 212 条。其中，对严重风险提出建议 48 条，对高度风险提出建议 99 条。这些建议均获得炼化企业和设计单位的认可。

分析过程中发现主要问题集中在以下 6 个方面：①部分工艺控制不合理，可操作性不强，个别甚至无法实现；②联锁保护考虑不够全面；③报警设置不足；④管道压力等级划分不够准确，未考虑异常操作时的风险；⑤个别安全阀泄放位置选择不合理；⑥对泵的保护措施不足。

（3）工作的体会及收获。

通过这次试点得出，完成高质量的 HAZOP 需要具备以下条件：①各级领导的关心和支持；②具有较强专业技术能力的分析小组主席和秘书；③业务能力较强的专业技术人员和具有丰富操作经验的一线员工的积极参与；④设计方人员的参与和配合；⑤完整、准确的分析资料；⑥拥有功能完备的分析软件。

示范工作的收获主要包括以下方面：①明确了 HAZOP 技术的工作流程；②完善了中国石油风险标准和 HAZOP 技术指南；③积累了 HAZOP 工作的经验；④为下一步推广应用 HAZOP 技术奠定了基础。

（4）应用推广情况。

选择新建柴油加氢装置开展 HAZOP 工作，主要工作内容包括分析小组的建立，分析范围的确定，节点选择，设计意图解释，危险辨识，原因、结果、建议措施的分析，报告编制等。通过 HAZOP，辨识装置在正常操作、投料试车、开停工、维修等期间可能出现的风险，以及控制风险的保护措施，将风险控制在可接受范围内，保障了装置的安全运行。通过示范工程可以看出，HAZOP 技术是一种很好的定性风险辨识工具，通过团队的协作和共同努力，有利于系统地改进工艺系统的设计和操作方法，将风险控制在可接受的范围，实现装置的安全生产。

目前，中国石油已经全面开展推广 HAZOP 等工艺安全评估技术工作，勘探与生产分公司、炼油与化工分公司、销售公司、天然气与管道分公司等专业分公司的企业已经建立了企业 HAZOP 管理制度。据统计，仅在 2012 年，中国石油就完成 304 套新建装置和 280 套在役装置的 HAZOP 工作。HAZOP 等工艺安全评估技术的开展是指导企业开展风险辨识、分析、评估和控制等工作的重要方法，可以有效地发现和解决安全隐患，提高企业的风险管控和安全水平。

2. LOPA 技术和 SIL 技术在企业中的应用

为满足炼化企业安全仪表系统工作管理提升的需要，对某炼化企业的在役催化裂化、柴油加氢和硫黄回收 3 套装置开展 SIL 评估工作，主要包括 SIL 定级和 SIL 验算。SIL 定级采用 LOPA 方法进行，SIL 验算采用国际通用的软件开展。

工作主要内容包括：(1) 完成项目的技术服务、技术培训、SIL 定级（LOPA 分析）、SIL 验算、提出整改建议、撰写评估报告和提供后期项目技术指导等；(2) 收集和整理装置的资料；(3) 确定项目或企业可接受风险标准（合理可接受的风险）；(4) 开展装置 SIL 定级评估工作，并编制 SIL 定级报告（包括 SRS）；(5) 对装置完成的 SIL 定级中 SIL 等级不小于 1 的 SIF 回路进行 SIL 验算，并编制 SIL 验算报告；(6) 通过综合考虑 SIL 等级需求以及目前实际达到的 SIL 能力等因素，提出整改建议和完善措施；(7) 安排人员全程参加，边实践边学习，全程予以指导。

工作对 3 套装置的 146 个联锁回路进行了 SIL 定级，其中 74 个 SIF 回路需要满足 SIL1 级，4 个 SIF 回路需要满足 SIL2 级，其他的 SIF 回路的 SIL 等级为保留；基于 SIL 定级分析结果，对 78 个 SIL1 以上（含 SIL1）的 SIF 回路开展了 SIL 验算工作，其中 68 个 SIF 回路的 SIL 等级满足要求，10 个 SIF 回路的 SIL 等级不满足要求；结合装置的实际情况和回路的特点，通过改变不同参数、冗余结构等方法，对不满足 SIL 等级要求的 10 个 SIF 回路进行了方案改进和改进后的验算，SIL 等级全部满足 SIL 定级要求。

通过建立的 LOPA 和 SIL 技术方法对安全仪表系统开展评估工作，为企业培养了安全仪表系统功能安全相关管理和技术人员，逐步满足了工作的需要；通过开展过程危险分析，充分辨识了装置的风险，科学确定必要的安全仪表功能，并根据国家和企业的标准规范对风险进行评估，确定了必要的风险降低要求；规范了安全仪表系统的设计，通过仪表合理选择、结构约束（冗余容错）、确定检验测试周期等手段，优化了安全仪表功能的设计和管理；为企业制订安全仪表系统管理方案和定期检验测试计划，加强了安全仪表系统的操作和维护管理，为编制维修维护计划和规程提供了科学依据，保证了安全仪表系统能够可靠运行，实现了功能的安全。

第二节　关键装置腐蚀监测与防腐技术

一、腐蚀监测与防腐生产需求与技术现状

炼化关键装置的腐蚀监测及防腐技术主要包括腐蚀监测技术、腐蚀检查技术等。近年来，随着中国石油各炼化企业加工原油的多样化、劣质化趋势增强，炼化装置的腐蚀问题日益突出，各炼化企业经过多年的探索与努力，腐蚀防护技术水平也有了较大的提高，为保障装置的安全稳定运行发挥了积极作用。

中国石油下属炼化企业已初步建立覆盖主要炼油化工生产装置的腐蚀监测体系；中国石油组织开发了多个腐蚀监测管理、数据分析及辅助类功能软件，初步实现了腐蚀监测数据的集中管理，并具备初步腐蚀监测数据分析诊断等功能。国内腐蚀监测、分析预警技术研究起步较晚，和国外炼化企业相比还存在较大的差距。

相对而言，国外炼化企业一直较为重视腐蚀监测对提升设备完整性管理及过程优化的作用，腐蚀监测体系建设与系统开发方面的研究与应用起步较早，技术较为成熟。腐蚀监测方案的设计依据 API、NACE 等国际先进技术标准，综合考虑对腐蚀的发生与发展存在影响的各类因素（包括工艺参数、工艺介质及设备本体 3 个方面），实现了全面有效的装置腐蚀监测；已开发出多种新型腐蚀监测技术，并已成功应用于许多炼化企业；已开发出多种适合于炼化企业腐蚀环境的智能化腐蚀分析软件，并广泛应用于国外大型石油公司下属炼化企业；三维模型、大数据分析等新兴技术已成为腐蚀监测技术载体的最新发展方向。

近几年，经过中国石油不断推进，各类腐蚀监测技术在下属炼化企业得到广泛应用，已初步建立了覆盖主要炼油化工生产装置的腐蚀监测体系。但腐蚀监测体系还存在不少问题，主要表现在：腐蚀监测方案的设计主要依据现场经验，缺乏合理有效的指导依据；现有腐蚀监测主要采用腐蚀探针、人工测厚、实验室化学分析等传统技术，各类新型腐蚀监测技术应用开发不足，同时腐蚀监测体系建设一般也都忽略了工艺参数（温度、压力、流速等）波动对腐蚀的影响；在腐蚀监测数据应用方面，多数开展腐蚀监测的企业缺乏监测数据结果的综合分析及防腐蚀评价，只有少数企业能够将各类腐蚀监测数据进行综合对比分析，以此掌握装置整体腐蚀状况并优化腐蚀控制措施；个别企业能够通过对监测数据的综合分析，实现设备管线腐蚀失效及时预警。

对于炼化装置的腐蚀问题，必须通过对装置进行全面、细致的分析，以及日常监控和定期的现场检查，才能了解掌握装置的腐蚀分布和真实的腐蚀情况，从而采取有针对性的措施有效、经济地解决腐蚀问题，保障装置的安全稳定运行。国内炼化企业对装置的腐蚀机理、易腐蚀部位的掌握还不够系统、全面，一般是在装置运行期间或检修期间发现腐蚀问题后，才根据具体问题进行分析，研究制定防腐措施，或者对腐蚀严重的设备、管线直接进行更换。生产过程中部分装置应用腐蚀监（检）测技术对

设备、管线的腐蚀情况进行监控，应用针对性、有效性还较差，对设备、管线的腐蚀监控还不够系统。

炼化装置设备和管线的腐蚀情况仅靠正常生产中的腐蚀监（检）测是不够的，尤其是设备、管线内部的腐蚀情况还必须依靠装置停工期间的腐蚀检查工作来完成。在炼化装置停工检修前，需要根据装置运行情况制订腐蚀检查方案，以确保检修期间腐蚀检测工作的顺利进行。在装置停工期间，要成立专业腐蚀检查队伍，对停工装置进行全面的腐蚀检查，对腐蚀严重的部位进行宏观检查、拍照、测厚，必要时需采集腐蚀产物进行分析，对于检修中发现的腐蚀问题，需及时采取防护措施。

目前，国内外炼化装置的腐蚀检查技术不断发展，主要包括以下7个方面：

（1）装置的腐蚀机理及易腐蚀部位分析。腐蚀检查前，通过分析装置的腐蚀机理，掌握装置的易腐蚀部位，制订有针对性的腐蚀检查方案。

（2）关键设备、管线的腐蚀检查方法。针对炼化装置的塔器、容器、换热器、空气冷却器、反应器、加热炉和管线等分别确定检查的重点部位和相应的检查方法。

（3）宏观检查。用肉眼或低倍放大镜对设备本体进行仔细观察、检查，初步确定设备的腐蚀形貌、类型、腐蚀程度和重点腐蚀部位。

（4）现场测厚。针对设备、管线的易腐蚀部位进行测厚，掌握壁厚的腐蚀减薄等情况。

（5）腐蚀环境调查。通过现场检查，对腐蚀部位设备、管线的真实腐蚀环境进行调查和验证。

（6）腐蚀检查新技术应用。对于部分关键设备、管线的腐蚀检查，采用内窥镜、超声导波等先进检测技术，便于充分发现腐蚀问题。

（7）制定防腐措施。对发现的腐蚀问题进行研究，制定有针对性的防腐措施。

"十一五"以来，中国石油各炼化企业逐步开展腐蚀检查工作，主要针对常减压蒸馏、催化裂化、延迟焦化、催化重整、加氢精制/加氢裂化、硫黄回收、酸性水汽提等主要炼油装置，以及乙烯、合成氨、尿素等关键化工装置，系统分析了各装置的腐蚀机理、易腐蚀部位，并逐步明确了塔器、容器、换热器、空气冷却器、反应器、加热炉和管线等各类设备的腐蚀检查方法，检查方法主要有宏观检查、测厚等。对部分关键设备和管线进行内窥镜、超声导波等检查，针对关键腐蚀问题进行必要的腐蚀失效分析。通过对装置的系统检查，提出防腐措施与建议，对装置的腐蚀状况进行评估，并对相应的腐蚀控制技术进行优化与完善。

二、炼油装置腐蚀监测与腐蚀检查技术成果

1. 腐蚀监测与腐蚀检查技术内涵

（1）炼油装置腐蚀监测技术。

炼油装置腐蚀监测技术是指以监测装置设备与管线的腐蚀状况、腐蚀过程，以及影响腐蚀发生或发展的相关参数为目的，通过不同技术手段获取材料腐蚀过程或环境对材料的腐蚀性随时间变化信息的技术。腐蚀监测技术作为掌控设备运行状态、预警设备腐蚀失效的重要手段，在各炼化企业的应用十分广泛。

目前，炼油装置常用的监测技术手段主要包括：①油品中腐蚀性介质分析监测，主要涉及炼油装置原油、馏分油、原料油等油品的酸值、盐含量、硫含量、氯含量、氮含

量分析监测。②工艺冷凝水中腐蚀介质及腐蚀产物分析监测,主要包括 pH 值、氯离子、氨氮、硫化物、铁离子(腐蚀产物)及其他特定的酸性腐蚀介质分析监测。③在线腐蚀监测探针:用于装置高风险部位腐蚀速率变化趋势的实时监测。④管线的定点测厚:通过人工或在线测厚技术,定期或实时对设备、管线壁厚减薄情况进行监测。⑤旁路试验釜:用于短期监测特定工艺介质对特定材质的腐蚀情况,并可进行不同材质耐腐蚀性能评价。

在腐蚀监测技术应用方面,炼化企业开展了大量工作并取得了一些成果,通过技术人员多年来对炼油化工生产装置的腐蚀性防护工艺、设备材质及操作工况的综合分析,确定了关键装置的易腐蚀部位及腐蚀回路,对关键装置的腐蚀回路通过有针对性地选择、应用合理有效的对腐蚀介质、腐蚀产物及腐蚀变化趋势的监测技术,完成了腐蚀监测体系构建,给装置安装了透视腐蚀的眼睛,力求通过恰当的腐蚀监测技术及手段把装置内存在的腐蚀问题以数据的形式表现出来,使技术人员通过数据能够快速掌握装置的腐蚀状况及腐蚀发展趋势,以便采取可靠的防护、削减措施。腐蚀监测系统运行至今,取得了良好的管理协助效果。

(2)炼油装置腐蚀检查技术。

腐蚀检查是做好炼化设备防腐工作的重要手段,也是设备管理的一项基础性工作。利用炼化装置大检修期间工艺设备停运的有利时机,对工艺设备及管道进行细致的腐蚀检查,可以全面掌握装置的腐蚀环境和腐蚀状况,及时发现并消除设备腐蚀隐患,同时对上一个生产周期内的重点设备腐蚀问题进行跟踪,对已经采取防腐措施的腐蚀控制效果进行验证,并根据装置的腐蚀状况对工艺防腐、腐蚀监(检)测、设备选材等腐蚀防控技术应用情况进行综合评估、调整与优化,保障装置下一个生产周期的安全运行。同时,对腐蚀检查过程中发现的一些腐蚀严重而暂时又无较好防腐对策的设备,进行重点监控并开展防腐研究,解决制约生产的瓶颈问题。另外,通过腐蚀检查还可为装置积累全面、系统的腐蚀防护基础资料,为以后的设备防腐工作打下坚实的基础。腐蚀检查是保障装置安全稳定运行、提升炼化企业经济效益和社会效益的关键技术和手段之一。开展腐蚀检查工作,必须对炼化装置的腐蚀机理进行认真分析,准确掌握装置的历史腐蚀状况,熟悉装置的生产工艺和设备运行状况,在此基础上,对装置的重点部位、关键设备和管线进行全面的检查,明确各类设备和管线腐蚀检查的技术方法,对发现的腐蚀问题进行原因分析,并制定合理有效的防腐蚀措施,控制装置的腐蚀。

国内外炼化企业一般在装置大检修期间对出现的腐蚀问题进行一定的检查,或者在装置运行期间出现了腐蚀问题,进行针对性的分析,采取一定的措施解决腐蚀,或对腐蚀严重的设备、管线进行更换。因此,对装置的腐蚀机理了解不够深入,对装置的设备腐蚀状况的掌握不够系统、全面,对装置的腐蚀防控措施是否合理缺乏准确的评估与持续改进。为了更加系统、全面地掌握装置的腐蚀机理和目前的腐蚀状况,对装置的易腐蚀部位进行分析,预测加工原料、生产工艺发生变化时可能引起的腐蚀问题,并制定有针对性的腐蚀防控措施,对装置开展认真、细致的腐蚀检查,从而更加合理地控制装置腐蚀。

2. 腐蚀监测与腐蚀检查技术研究过程

(1)炼油装置腐蚀监测技术。

"十一五""十二五"期间,通过自主研发、技术引进和交流合作等方式,腐蚀监测技术应用研究主要取得以下进展：

①腐蚀回路划分技术。在进行装置腐蚀监测方案设计前，首先根据装置腐蚀机理与损伤模式的差异，将装置划分为不同的工艺单元，每个工艺单元中包含诸多设备及工艺管线，这些设备和管线可能分属不同的工艺流程，设计条件和操作工况也不尽相同，但其腐蚀机理、损伤模式与风险等级基本相同，这个特定的单元即为腐蚀回路。通过将装置划分为不同腐蚀回路，针对每个回路腐蚀不同的特点进行腐蚀监测方案设计，可有效提高腐蚀监测技术应用效果，图3-2为典型的腐蚀回路示意图。

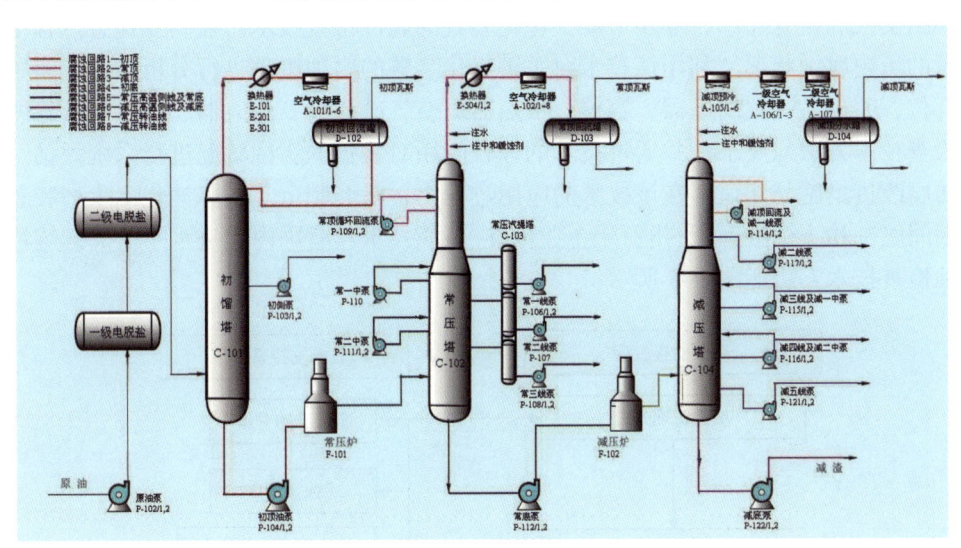

图3-2 常减压装置腐蚀回路示意图

②腐蚀监测方法选择技术。在充分掌握装置腐蚀机理、腐蚀形态以及各种腐蚀监测方法技术特点的基础上，选择并优化组合失重挂片、在线腐蚀探针、在线pH值探针、超声测厚、介质采样分析、工艺参数监测等腐蚀监测方法，建立包含长期监测、中期监测和短期监测的完整腐蚀监测体系，充分发挥不同类型的腐蚀监测方法的作用。

③腐蚀监测数据管理技术。借助先进的数据库管理软件，对与腐蚀评价相关的设备参数、工艺参数、操作工况、腐蚀案例及腐蚀监测体系获得的数据进行模块化分类管理，实现各类腐蚀监测数据的浏览、查询、趋势分析及数据导出等功能，最大限度发挥各类腐蚀监测数据的作用，以便可靠、有效、准确地对装置进行腐蚀评价。

④腐蚀监测数据分析预警技术。在腐蚀监测体系所获得数据的基础上，结合装置的生产特点、工艺特点及设备工况，借助腐蚀防护相关标准、规范及技术经验，对装置的腐蚀状况、腐蚀变化趋势、防蚀措施、效果做出科学分析评价，同时快速发现装置腐蚀隐患并预警可能出现的腐蚀变化。

（2）炼油装置腐蚀检查技术。

针对关键炼油装置，开发了系统的腐蚀检查技术。通过对炼化装置的腐蚀环境及易腐蚀部位分析，确定各炼化装置应检查的设备、管线范围，并明确各类设备及管线腐蚀检查的重点部位及技术方法；对炼化装置进行全面、系统的检查，并对装置的工艺防腐、腐蚀监测、设备选材等进行评估，制定有针对性的防腐蚀改进措施与建议，消除设备腐蚀隐患，保障装置的安全稳定运行。

根据中国石油炼油与化工分公司《腐蚀与防护管理规定》（油炼化〔2012〕43号）等的要求，结合炼化设备防腐技术需求，研究分析并建立了关键炼化装置的腐蚀回路，开发了《基于工艺流程的炼油装置腐蚀案例库系统》《耐腐蚀金属材料数据库系统》《炼油装置腐蚀机理与寿命预测系统》《炼油装置换热器腐蚀数据库系统》等软件，为腐蚀检查工作提供了有力技术支持。

结合国内外炼化装置生产过程中出现的腐蚀问题以及腐蚀检验检测技术的应用状况，通过不断实践和研究总结，逐步形成了炼化装置的腐蚀检查技术。在腐蚀检查过程中，结合装置的历史腐蚀状况，利用该技术对关键炼化装置的腐蚀机理进行分析，确定装置的易腐蚀部位，明确各装置的塔器、容器、换热器、空气冷却器、反应器、加热炉及管线等的腐蚀检查技术方法与要求，并通过技术的综合应用对装置的腐蚀状况进行系统评估，提出设备防腐改进措施与建议。在该技术的应用过程中，已经制定了《炼油化工生产装置停工检修期间腐蚀检查标准》（兰州石化企业标准），该技术具有国内先进水平。关键炼油装置的腐蚀检查技术方法如图3-3所示。

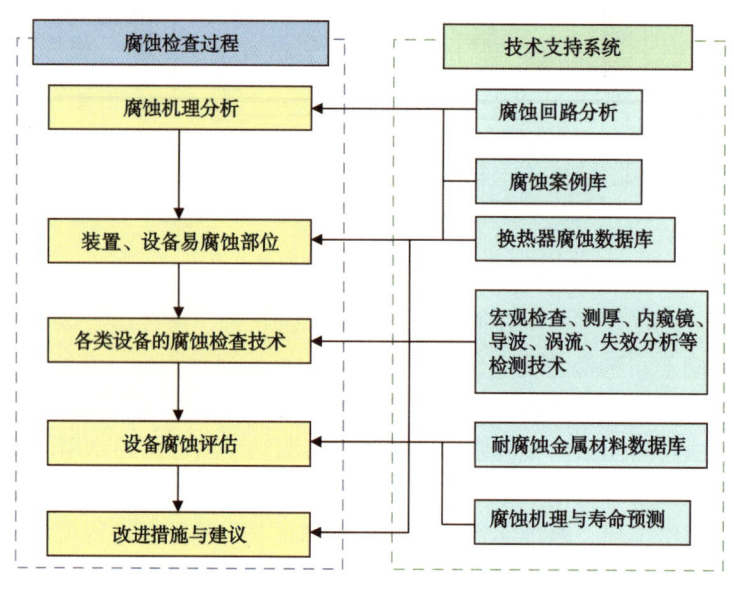

图3-3　关键炼油装置的腐蚀检查技术方法

3. 腐蚀监测与腐蚀检查技术创新[5,6]

"十一五""十二五"期间，中国石油炼化企业通过借鉴国内外先进炼化企业成功案例，引进各类先进腐蚀监测技术，不断积累技术经验，现已初步建成覆盖关键炼油装置重点腐蚀部位的腐蚀监测体系。2015年统计结果表明，中国石油炼化企业共计安装各类腐蚀监测探针700余支，部署超声测厚点15万余点，在线测厚等先进腐蚀监测技术也得到有效推广应用。

开发出的《基于三维模型的腐蚀监测系统》软件，实现了基于三维模型的装置RBI分析结果与腐蚀回路展示、腐蚀监测点展示、数据浏览分析与对比、相关工艺/设备数据关联等功能，是数字化工厂功能深化的典型应用，同时可为装置工艺防腐、材质升级、检验检测等工作开展提供有力技术支撑。图3-4为基于三维模型的常减压装置RBI风险分析结果展示图。

图3-4 基于三维模型的常减压装置RBI风险分析结果展示图

开发出的《中国石油炼化企业腐蚀在线监测数据管理系统》软件，实现了中国石油下属24家炼化企业在线腐蚀监测数据的网络传输、集中管理与安全备份，为下一步开展大数据分析研究工作奠定了数据基础。图3-5为《中国石油炼化企业腐蚀在线监测数据管理系统》功能界面。

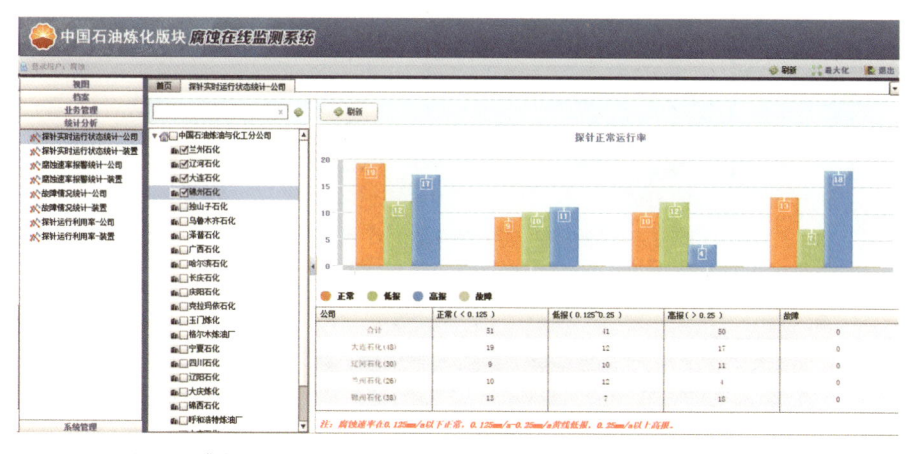

图3-5 《中国石油炼化企业腐蚀在线监测数据管理系统》功能界面

开发出的《炼油装置腐蚀机理与寿命预测系统》软件，初步实现了基于介质环烷酸与硫含量以及温度、材质等参数的高温腐蚀预测。

《基于工艺流程的炼油装置腐蚀案例库系统》（图3-6）收录国内外炼化企业各类典型腐蚀案例，可通过多种方式进行腐蚀案例查询；《耐腐蚀金属材料数据库系统》（图3-7）收集了石油化工行业常用金属材料的力学性能、化学成分、适用范围、腐蚀速率等数据，提供了一个方便快捷的材料查询和选材参考平台；《炼油装置腐蚀机理与寿命预测系统》（图3-8）包含腐蚀类型判断、腐蚀机理分析、腐蚀速率计算、剩余寿命预测及设备安全性

图 3-6 《基于工艺流程的炼油装置腐蚀案例库系统》界面图

图 3-7 《耐腐蚀金属材料数据库系统》界面图

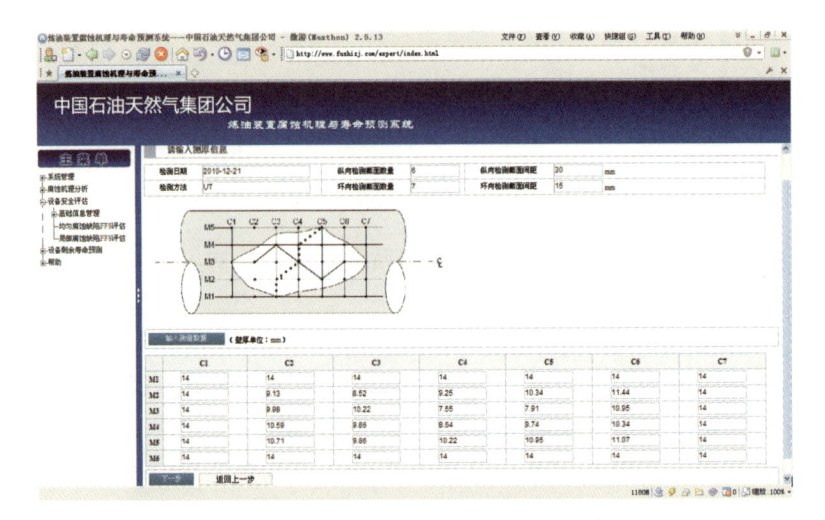

图 3-8 《炼油装置腐蚀机理与寿命预测系统》界面图

评价等功能，对分析腐蚀机理、预测腐蚀失效及腐蚀控制优化具有指导作用；《炼油装置换热器腐蚀数据库系统》（图 3-9）可基于工艺流程图提供换热器腐蚀失效案例、腐蚀机理检索查询、腐蚀数据分析，换热器标准及失效机理检索可提供换热器检测、维修、防腐等方面的标准及失效机理内容的检索。上述腐蚀管理系统为中国石油炼化企业内部首创，技术水平达到国内领先，已申报国家软件著作权并获得授权。

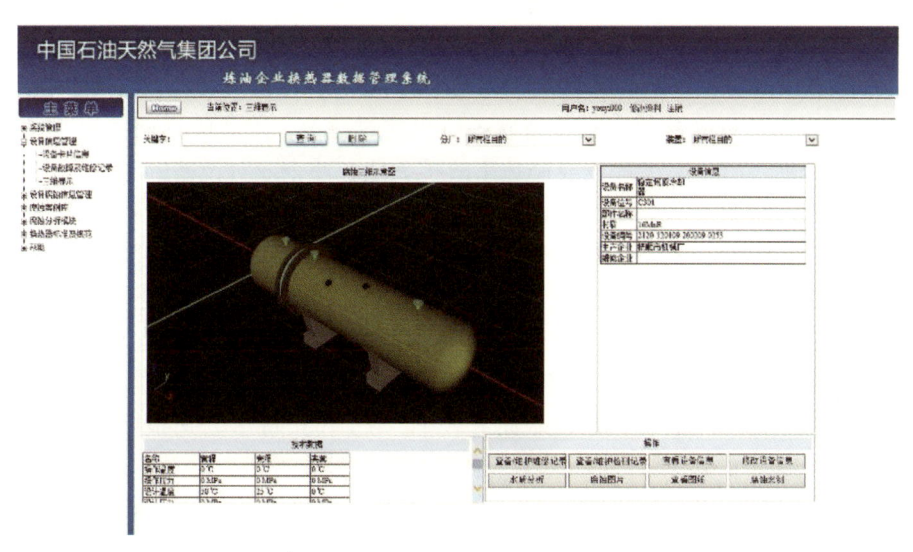

图 3-9 《炼油装置换热器腐蚀数据库系统》界面图

"十二五"期间，腐蚀检查技术已经在中国石油下属炼化企业超过 300 套（次）装置的腐蚀检查过程中广泛应用，为炼化装置发现和消除腐蚀隐患、保障安全稳定运行发挥了积极作用。

三、腐蚀监测与腐蚀检查技术应用实例[7]

在腐蚀监测技术应用方面，主要有：(1) 腐蚀介质监测。通过对原油馏分油有机氯的监测分析，指导炼油装置工艺调控，如注水、注剂、脱氯工艺等操作，控制装置关键部位腐蚀结盐。(2) 在线腐蚀监测。中国石油炼油与化工板块腐蚀在线监测系统覆盖中国石油所属 24 家炼化企业，数据主要包括腐蚀在线监测点分布图、在线测厚系统实时监测数据分析图和腐蚀监测趋势图，以及 pH 值监测等。根据在线腐蚀监测数据，经分析诊断，提出防腐和重点监测建议。(3) 测厚数据系统。该系统已在兰州石化上线运行，定点测厚管理系统搜集炼油装置现场定点测厚数据，结合在线监测和腐蚀介质分析数据进行综合分析，评价、调控腐蚀控制措施。

在腐蚀检查技术应用方面，应用宏观检查、现场测厚，对部分关键设备、管线采用内窥镜、超声导波等先进检测技术，结合腐蚀产物及材料失效分析等多种腐蚀检测技术，准确检测发现腐蚀缺陷，进行腐蚀评估预测，有针对性地制订腐蚀防护方案并采取防腐措施。

第三节 大型机组故障诊断与状态监测技术

一、故障诊断与状态监测生产需求与技术现状

状态监测与故障诊断技术就是在设备运行中或基本不拆卸设备的情况下，掌握设备的运行状况，根据对被诊断对象测试所取得的信息进行分析处理，判断被诊断对象的状态是否处于异常状态或故障状态，判断劣化状态发生的部位或零部件，并判定产生故障的原因，以及预测状态劣化的发展趋势；对设备状态做出实时评价，对故障提前预报并做出诊断，变故障停机为计划停机，减少停机或避免事故扩大化，使企业对设备的维修管理从计划性维修逐步过渡到以状态监测为基础的预防性维修。状态监测与故障诊断技术的目的是提高设备效率和运行可靠性，防患于未然，避免故障的发生，提高企业设备管理现代化水平。

随着现代工业的发展，设备的生产效率越来越高，机械结构也日趋复杂，为了掌握设备运行状态，避免设备事故的发生，国内外状态监测技术发展迅速，特别是对生产中起关键作用的大型关键机组，较好地保障了设备的安全运行并取得了显著的经济效益和社会效益。

国外开展状态监测与故障诊断技术研究较早，美国的Sohre公司根据600余次事故分析经验，归纳总结了9类37种转动设备的典型故障征兆和原因；在此基础上，Mosanto石油化工公司的Jackson编写了旋转机械振动分析征兆一般变化规律表，被国内外旋转机械状态监测和故障诊断分析和研究人员广泛引用；日本的白木万博发表了大量的故障诊断方面的文章，总结了丰富的现场故障处理经验并进行了理论分析；美国某公司的转子动力学研究所对转子和轴承系统典型故障机理进行了大量试验研究。

西方国家正投入大量人力物力进行这项技术的工业化研究以及相关基础性应用技术研究。如欧盟的英国、法国、芬兰和希腊，开始了一项利用人工智能和仿真技术提高状态监测和诊断系统功能与精度的"VISIO"大型联合项目的研究。法国实施了一项名为"利用永久性状态监测实现状态检修（PSAD）"的研究计划，已成功应用于法国4个核电厂的汽轮机组、反应堆循环泵和压力容器，计划配备法国全部核电厂。PSAD系统具有利用专家系统对故障评估、向全国性分析中心发送监测数据等功能。

在状态监测与故障诊断的具体应用技术方面，主要从油液分析、过程参数趋势分析、红外热成像技术、声发射技术、摩擦磨损微粒分析、振动分析和电气冲击波分析等多个领域进行研究，其中振动分析是最主要的研究内容。对大型旋转机械的状态监测、故障诊断不仅限于轴系部件，还扩展到通流部分、调速系统、附属电器设备等，实行全方位监测。

利用网络系统进行远程监测和诊断已经成为主流。西方国家正在研究开发新型的、开放性更高的平台，研究并力图推行状态监测数据通信标准（MIMOSA），以提高监测系统的兼容性和便利性，提高信息资源的网络利用率。

美国某公司开发了汽轮机人工智能诊断系统（Turbine AID）和发电机人工智能诊断系统（Gen AID），公司中心设在奥兰多，连接了10个电厂，已经运行20多年，有介绍称这套系统使得克萨斯州7台机组的非计划停机率从1.4%下降到0.2%，平均可用率由95.2%上升到96.1%。

2001年，美国威斯康星大学和密歇根大学在美国国家自然科学基金的资助下，联合

工业界成立了智能维护系统中心（IMS）。从中心创立至今，成员已达80多家，其中大多为世界知名企业，如通用电气、通用汽车、波普、宝洁、福特等。中心成果被广泛应用于风力发电、工业制造、电动汽车、能源化工等领域。经过10余年发展，美国国家科学基金会产业创新与合作专家通过对会员公司进行匿名访谈及详细评估汇总后的结果表明：智能维护系统中心的总投入为310万美元，而其收益现值已经达到惊人的8.467亿美元。

西方国家机组状态监测和故障诊断的商品化应用系统种类繁多。这些硬件和软件产品被有效地用于生产。它们利用高速信息传输，建立了州级和地区性的振动监测分析大型网络，实现远距离对机组的集中实时监测、分析、诊断；利用建立的机组运行状态数据库，如北美能源可靠性咨询数据系统（NERC-GADS）数据库，准确预测设备性能或潜在故障的趋势，为工厂的运行监测和状态检修提供可靠的技术依据。

中国诊断技术发展迅猛，基本跟上了国外的步伐，在某些理论研究方面已和国外不相上下。中国的一些高校、研究院所结合重大科技攻关项目"大型旋转机械状态监测、分析及故障诊断技术研究"在故障机理研究方面进行了全面、深入的研究。

中国已有许多自行研制的大型机组状态监测与故障诊断系统。与国外产品相比，软件功能相当，但装置可靠性方面有待进一步提高。国内开发产品的最大优点是，软件功能可进一步完善，采用汉字显示便于现场应用，价格较国外产品大为下降。

在工业应用方面，大型的诊断网络正在逐步建立。例如，中国航天科工集团公司测控中心研制的PHM故障预测与健康管理系统成功进入16项国家重大工程之一的商用大飞机研制服务领域；状态监测与故障诊断技术在水电、核电、风电等领域的应用也已经十分普及；油液分析、过程参数趋势分析、红外热成像技术等技术已经广泛应用。

中国石油与国内的一些高校、研究院所合作，在状态监测系统开发、故障诊断技术研究、故障机理研究方面取得了一定的进展。

目前，中国石油设备状态监测与故障诊断常用的技术手段主要包括以下4类：（1）机组振动监测，包括在线及离线手段的机组绝对振动、相对振动、轴向位移、相位等；（2）机组关键部位温度监测，指利用在线手段如红外热成像等，对机组关键部位温度进行监测；（3）机组润滑油液铁谱监测，主要是润滑油铁谱分析；（4）烟气轮机粉尘监测，指对烟气轮机入口的粉尘浓度和粒度进行监测。

在设备状态监测与故障诊断体系建设与应用方面，中国石油开展了大量工作并取得了一些成果，通过技术人员多年对生产设备的综合分析，从全公司、全系统高度确定了关键机组，并有针对性地选择设置了合理的监测手段，完成了对关键机组、一般机组、机泵群监测体系架设。目的在于通过恰当的监测体系及手段把设备运行状态通过数据的形式表现出来，使技术人员通过数据能够快速掌握设备的运行状态和故障的发展趋势，以便采取可靠的防护、削减措施。设备状态监测体系运行至今，取得了良好的管理效果，这一工作的完善与优化还在持续之中。

总体来看，中国石油的设备状态监测与故障诊断技术应用取得了一定的效果，部分企业开发了一些设备监测分析软件，如《转动设备在线监测系统》《转动设备离线监测系统》《往复式设备在线监测系统》《往复式设备离线监测系统》《泵群监测系统》《润滑油铁谱分析系统》等软件系统，这些软件功能侧重点各有不同。目前，状态监测与故障诊断系统的整合工作正在进行，初步建立了中国石油设备远程监测中心，接入远程监测中心的机组数量与种类逐年增长。

然而，对于大型机组，各系统的监测与诊断还处于相对独立状态，不能进行有效的联合诊断分析；大型数据中心以及状态监测通信标准、协议等仍然有待建立与完善；各地区公司间交流沟通欠缺，容易造成重复研究与资源浪费；状态监测与故障诊断的研究与生产实际联系有待加强，研制的系统可靠性不高、更新换代速度慢等问题有待解决；需加快引进状态监测与故障诊断新技术。

二、大型机组状态监测与故障诊断技术成果

1. 故障诊断与状态监测技术内涵

炼化企业关键设备功率大、转速高、流量大、压力高、结构复杂、监控仪表繁多，运行及检修要求高。关键设备运行环境恶劣，长期处于高温、高压、高腐蚀的生产环境中。同时，设备之间具有紧密的关联性，部件配合、功能结合程度高，在设计、制造、安装、检修和运行等环节稍有不当，都会造成设备在运行时发生种种故障，为企业、社会、国家造成巨大的经济损失，并产生重大的社会影响。近年来，因机组故障导致的装置非计划停车事件频发。

应用状态监测与故障诊断技术可以避免不必要的非正常停机，减少经济损失。据统计，应用状态监测与故障诊断技术不仅能使事故率减少75%，节约维修工时30%，节约维修成本25%~50%，还能降低生产成本、节约能源和物料消耗，减少设备损坏、有毒有害物质泄漏、人员伤亡，极大地提高产品质量和生产效率，减少企业的经济损失，为企业生产带来可观的经济效益与环保效益。

2. 故障诊断与状态监测技术研究过程

（1）往复式压缩机状态监测与故障诊断技术。

往复机械种类很多，在炼油与化工领域主要有往复式压缩机和往复泵等，其应用范围十分广泛。因此，对往复机械进行状态监测与故障诊断同样具有十分重要的意义。由于往复机械振动的复杂性，对往复机械的故障诊断不仅需要在理论上进行研究，而且需要进行大量的实验研究和经验积累。同时，在监测方法上也不能单一化和简单化，尽可能采用多种检测手段进行综合检测，并进行谨慎细致的分析，以便尽早发现故障，准确诊断故障原因，采取切实可行的处理对策。

往复式压缩机在过去一般采用定期检修，带来了"过度维修"及"欠维修"两方面的问题。"十二五"期间，国内炼化企业往复式压缩机事故频发，在此背景下，往复式压缩机的监测、诊断技术开始不断被研发并迅速投入使用。

以炼厂关键往复式压缩机组为研究对象，以保障其安全运行为研究目标，开发往复式压缩机远程在线监测系统，研制故障自动诊断系统；建立了往复式压缩机离线状态监测、可靠性评价与精密故障诊断的专家系统及相应的软硬件，完成了往复式压缩机详细失效模式影响分析和风险评估工作，制定了往复式压缩机维修策略，实现了往复式压缩机状态监测与RCM技术融合。研究成果在现场得到有效应用，提高了往复式压缩机的运行可靠性，保障了炼厂安全生产。

对于装置往复式压缩机组，以状态监测为基础、可靠性维修为中心，以多种维修方式相结合的方式，针对不同情况采取不同方式维修。对往复式压缩机易损部件，如活塞杆、

气阀、十字头、曲轴等，进行实时在线监测，有效掌握压缩机组运行情况，能够对压缩机故障进行早期预警。状态维修为 RCM 提供动态的实时数据，以提高 RCM 分析的可靠性；RCM 将设备风险分析反馈给状态监测，以决定状态监测的频度与级别。状态监测与 RCM 均作为维修策略制定的依据，为维修策略的制定提供决策支持。维修策略决定了设备的维修方式、维修时间等具体内容，从而实现以可靠性为中心的主动维修。

（2）转动设备全方位安全监测、故障诊断及预警技术。

研究转动设备全方位安全监测、故障诊断及预警系统，合理地确定设备维修策略，对于有效控制设备事故、人身伤亡事故，从而保障炼化企业转动设备的安全、稳定、长周期运行具有非常重要的意义。

"十二五"期间，开展了炼化企业主要转动设备监测诊断和预警技术研究，以某地区公司炼油厂 $300 \times 10^4 t/a$ 重油催化裂化装置汽轮机—压缩机组及电机泵组为研究对象，研究取得一系列技术进展。

①研制了全方位安全信息采集硬件系统。针对汽轮机—压缩机组和油浆泵机组现有的安全运行监测参数展开研究，对其现有数据采集、监测技术进行研究；调研振动监测、轴位移监测、热力学参数的信号来源，并开发相应的数据接口；分别开发适用于汽轮机—压缩机组和油浆泵机组的安全信息采集系统。

②开发了转动设备监测、诊断及预警系统软件，包括视频实时显示及报警模块，故障分析、诊断模块，多参数融合的安全预警模块。

③开发了基于故障诊断的以可靠性为中心的维护技术，包含数据的收集及检修方案优化，设备风险分析与风险评价，以可靠性为中心的转动设备维护系统开发。

研究开发了以故障分析（故障模式确认、故障影响与后果的分析评估）为基础的关键转动设备故障预测和决策体系，建立与故障诊断系统相连接的维护决策系统。

该系统运行能够及早发现设备的故障征兆并采取措施防止故障程度扩大，避免了设备非计划停工，保障装置安全、长周期运行，有效提升了设备管理水平。主要技术特点如下：

①将转动设备视频监测、红外热像监测、振动监测、轴位移监测、热力参数监测相结合，有针对性地设计了汽轮机—压缩机组和电机—泵组的全方位安全信息采集系统，实现了多源信息同步采集，为数据级与特征级的融合、更全面准确的故障预测奠定了基础，突破了大信息量诊断的技术瓶颈。

②针对不同设备及故障类型，选取合理的特征参数，统计出每台机组特征参数的标准值及其波动范围，建立个性化的诊断标准库；并根据设备健康状态的变化（如大修）重新计算标准库特征参数，从而实现标准的动态更新。依据动态更新的标准库进行设备的故障诊断能够得到更准确的结果，提高了故障诊断的可信度。

③利用全方位监测系统为故障诊断提供实时的设备信息，利用多源数据融合技术和预测方法，增强故障诊断和安全预警的准确性。将故障诊断结果、安全预警信息与 RCM 技术进行有机融合，提高了故障检修效率和准确度，优化了企业维修资源配置，提高了企业的经济效益。

3. 故障诊断与状态监测技术创新

（1）往复式压缩机状态监测与故障诊断技术[8]。

在国内首次将振动监测与热力学参数监测相结合，开展炼厂大型往复机组多源诊断信息融合理论研究，解决大信息量诊断技术瓶颈；综合考虑快变、缓变、趋势预测相结合的报警策略及故障早期智能预警技术的研究，实现往复式压缩机典型故障的早期快速、准确预报；融合各种现代信号分析手段和特征提取技术，建立自动匹配分类组合工具箱，避免漏报、误报，并无损保存报警前后状态和工况数据；研究了基于状态监测与性能参数相结合的可靠性评价技术，为大型机组的安全运行提供技术保障；研制了基于诊断知识库和专家知识库相结合的往复机组故障诊断专家系统，解决往复机械故障诊断的复杂性难题；将大型往复机组故障诊断和可靠性评价技术与RCM维修决策结合，开发出具备RCM维修决策能力的检维修方法。

技术形成发明专利一项和实用新型专利一项。

（2）转动设备全方位安全监测、故障诊断及预警技术[9,10]。

建立了设备的综合安全监测系统，包括视频监测、红外热像监测、振动监测和热力参数监测。开发了基于动态更新个性化诊断标准库的故障诊断方法，针对不同设备及故障类型选取合理的特征参数，统计出每台机组特征参数的标准值及其波动范围，建立个性化的诊断标准库，并根据设备健康状态的变化（如大修）重新计算标准库特征参数，从而实现标准的动态更新；依据动态更新的标准库进行设备的故障诊断能够得到更准确的结果，提高了故障诊断的可信度。利用全方位监测系统为故障诊断提供实时的设备信息，采用多源数据融合技术和预测方法，增强故障诊断和安全预警的准确性；将故障诊断结果、安全预警信息与RCM技术进行了有机融合，提高了故障检修效率和准确度，优化了企业维修资源配置，提高了企业的经济效益。

技术形成实用新型专利一项，中国石油技术秘密一项，以及软件著作权一项。

三、故障诊断与状态监测技术应用实例

1. 往复式压缩机状态监测与故障诊断技术应用实例

（1）故障诊断过程。

将往复式压缩机状态监测与故障诊断技术成功应用于某石化公司 120×10^4 t/a 柴油加氢车间往复式压缩机组 A 二级气缸活塞磨损及活塞环断裂故障的诊断中。

2008年12月17日对柴油加氢往复式压缩机 C1101A 机组做振动及热力学参数检测，对振动数据进行分析，通过与标准库的振动数据比较，发现二缸缸套振动偏大。对热力学参数进行分析，发现二缸压缩比减小。12月18日的数据显示二缸缸套振动依然偏大，压缩比较小。

由于2008年12月17日和12月18日二缸的压缩比均比标准库偏小，而二缸的进排气阀门的振动值没有较大变化，故可以判定缸套或活塞及活塞环有故障，再分析对比缸套测点振动数据，可以判定二缸出现了活塞环断裂或缸套磨损的故障。表3-1列出了振动参数和热力参数与标准库对比情况。

图3-10至图3-12显示了2008年12月17日和2008年12月18日两天二缸缸套频域图形与标准库的对比情况。对比频域图可以看出，12月17日和12月18日两天二缸缸套测点的振动信号中高频段出现了较高幅值，可以确定为由于故障而引起的频域变化，从而验证了时域分析的结果。

表 3-1 振动参数和热力参数与标准库对比情况

特征指标	压缩比	绝对振动值	峰峰值
2008-12-17	1.3723	53.874	731.05
2008-12-18	1.4084	58.053	886.69
标准库 9-22	1.4574	51.585	653.09

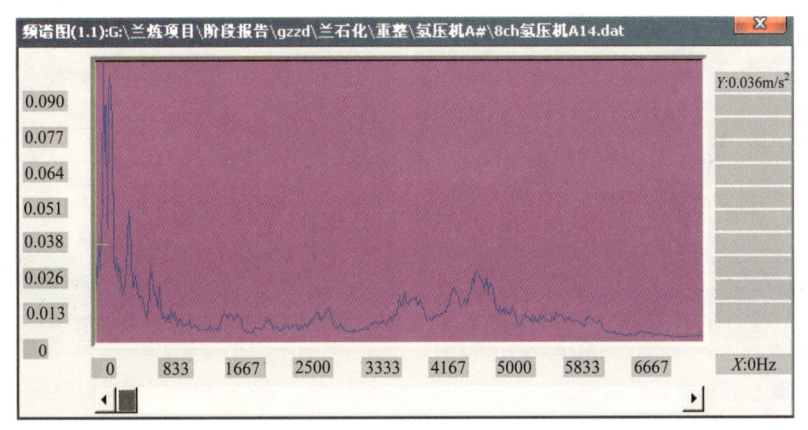

图 3-10 2008 年 12 月 17 日二缸缸套频域图形

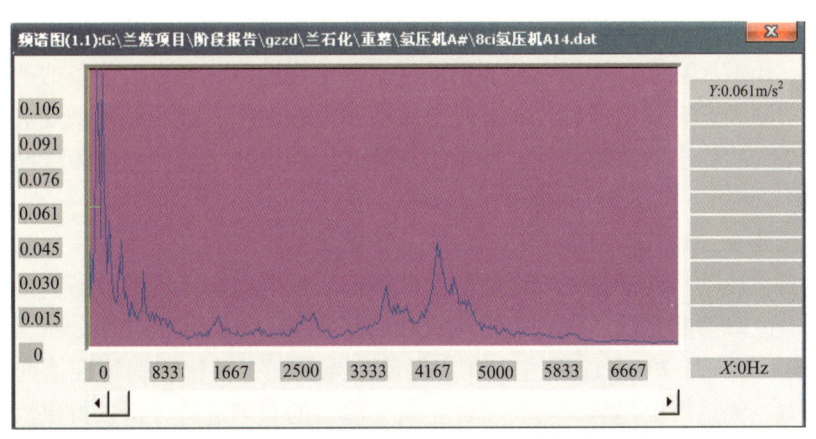

图 3-11 2008 年 12 月 18 日二缸缸套频域图形

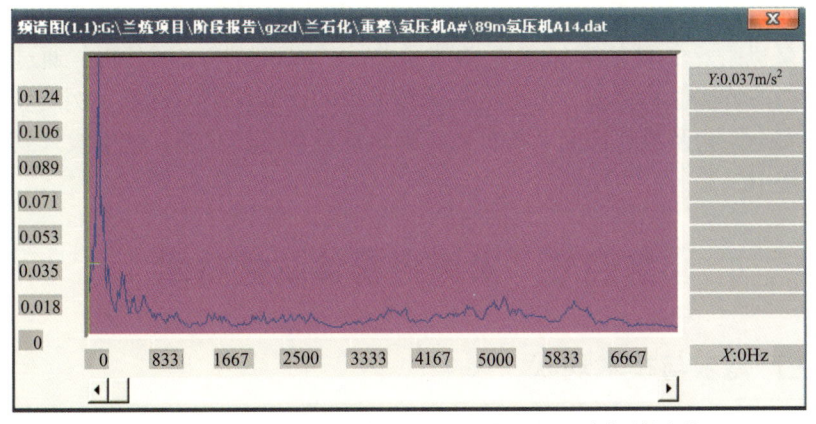

图 3-12 标准库（2008 年 9 月 22 日）二缸缸套频域图形

（2）解体检修情况。

①现场工作人员于12月22日对压缩机停机检修，发现二缸活塞环断裂（图3-13），活塞有磨损，缸套有轻微划痕（图3-14），其他缸正常。对二缸缸套进行解体发现，活塞环存在磨损，活塞上有划痕。正是活塞环断裂、碎片和缸套之间的这种刮划造成了二缸的振动偏大，同时也验证了诊断的结果准确。

②修理情况：维修活塞头和更换活塞环。

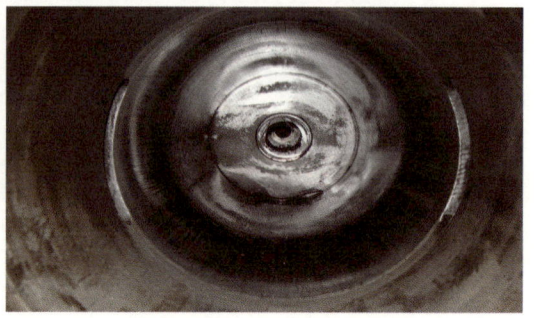

图3-13 活塞环断裂　　　　　　　　图3-14 气缸有轻微划痕

（3）结论。

根据对气缸振动数据和热力学参数分析，判断出柴油加氢往复式压缩机的二缸缸套测点振动异常、压缩比减小，初步判断活塞或活塞环出现故障。通过对设备的解体检修，发现活塞环完全断裂，有些已经破碎，并且导致活塞上有磨损，缸套有轻微划痕。由此表明监测分析结果与检修中的故障一致，验证了往复式压缩机状态监测与故障诊断技术的有效性和实用性。

2. 转动设备全方位安全监测、故障诊断及预警技术实例

在兰州石化成功将转动设备安全监测及故障诊断系统应用于现场设备，通过上线安装的安全监测及故障诊断系统对汽轮压缩机组和油浆泵机组进行实例应用分析。采集了汽轮压缩机组2014年8月29日12时左右4个振动测点及2个轴位移的特征值变化趋势，结合温度、压力、流量历史趋势，对转子产生跳变前后的数据进行分析，得出汽轮压缩机组出现了转子不平衡的情况，经确认，设备内生产介质温度提高，使得转轴发生了微量的热弯曲，轴弯曲导致了转子不平衡，验证了软件的有效性。同时对2014年10月15号采集得到的油浆泵机组6个测点各16个振动数据进行时域和频域波形分析，通过分析图谱并及时更新数据的特征值趋势图，得出电机运转平稳的诊断结果。现场实例的应用分析证明该转动设备安全监测及故障诊断系统可以正确表征设备运转状态，能够投入到转动设备的安全监测工程中。

第四节　聚烯烃粉体防爆技术

一、生产需求与技术现状

在化工粉体生产过程中，火灾爆炸事故时有发生。据资料统计，美国仅在1977年就发生了21次粉体爆炸事故，死亡65人；日本在1972—2001年发生由静电引起的粉体爆

炸事故共 735 例。另据不完全统计，1985—2004 年，中国化工粉体生产过程中仅由静电引发的粉体爆炸事故达 70 例，而企业未上报的未遂事故或小事故则无法统计。这些事故的发生，给企业和员工造成了一定的生命和财产损失，严重影响了企业的安全生产和社会形象。为解决上述静电危害问题，业内人士做了大量行之有效的工作。但是化工粉体生产过程中部分生产环节和生产部位的静电危害问题至今尚未得到有效控制，并时刻威胁企业的安全生产。因此，有必要将静电产生机理、粉料理化性质以及生产工艺实际相结合加以研究。研究制造粉体燃爆和静电参数测试装置，长期跟踪测试炼化企业不同牌号粉体的物料燃爆与静电参数，建立化工粉体燃爆与静电参数数据库，进而科学地评价化工粉体的火灾爆炸危险性，为深层次分析粉体静电事故提供技术支持。

中国石油下属炼化企业拥有近 40 套化工粉体生产装置，各类粉体化工产品年产量达 300 多万吨，一些规模化粉体生产装置在建并即将投产。粉体产品主要包括聚乙烯、聚丙烯、聚酯等近 100 个牌号。这些化工粉体物料均属高绝缘物料，在生产过程中容易发生火灾爆炸事故。化工粉体的化学组成决定了不同牌号，即使是同种牌号粉体的理化性质或燃爆参数也不尽相同。因此，为保证安全生产，应有相应的测试装备作为依托，针对不同的粉体物料，提供其特有的燃爆及静电参数，以指导生产实际，并可丰富和完善工艺操作规程和危险化学品卡片，为粉体生产过程料仓等关键生产部位的静电危害治理提供技术支撑。化工粉体生产过程生产事故造成了重大的人员伤亡及经济损失，究其原因，缺乏可靠的技术支持和有效的监控措施是症结所在。以典型化工粉体物料为研究对象，研发能够测试粉体物料静电荷质比、电荷转移量和粉体料仓静电电场场强等静电参数的测试装置，逐步建立化工粉体静电与燃爆参数数据库，为化工粉体安全生产提供保障。

在现代静电研究领域，粉体静电在起电机理、致灾条件和防范对策等方面的研究都是落后的。但自从 B.Maurer 报道了粉体大料仓堆表面的锥形放电后，以瑞士 CIBA 公司和英国南开普敦大学为中心，在国际上形成了一个以工业规模和放电研究为主的研究热点，并进而提出了一些与生产过程密切相关的防静电规范或建议。与此同时，德国、瑞士以及挪威等国相继开展了超细粉尘和非标准条件下的燃烧实验研究，这些研究极大地推进了人们对粉体大料仓静电燃爆现象的认识[11]。在化工粉体静电危险性评价方面，需要粉体静电参数作为基础条件，尤其是静电电荷转移量、粉体静电荷质比和静电电场场强等参数。但国内外欠缺在粉体静电参数方面的数据和粉体静电参数测试技术、测试装置研究的信息，而具有化工粉体工业现场指导意义的静电参数测量技术和测量装置则少之又少。目前，还没有标准的静电参数测试方法和实验装置，因此，如何确定科学的静电参数测量技术、测量方法，研制合理可行的静电参数测试装置，保证测得的粉体静电参数真实有效，是一项关键技术问题。

目前，针对炼化企业化工粉体生产装置的安全评价，只是将传统的定性与定量评价方法与生产工艺、关键生产设备相结合来开展。由于缺乏系统的化工粉料静电与燃爆参数作为技术支持，故对化工粉料自身的火灾爆炸危险性评价还远远不够，这也在一定程度上造成了安全评价的局限性和不完整性。因此，如何将化工粉料的理化特性和燃爆与静电参数相结合，系统地研究化工粉料火灾爆炸危险性也是一项关键技术问题。

二、聚烯烃粉体防爆技术成果

1. 聚烯烃粉体防爆技术内涵

针对企业化工粉体生产过程中面临的突出问题和技术需求，对于聚烯烃粉体防爆技术研究，主要设置了粉体物料燃烧、爆炸参数的测试和粉体静电参数的测试与研究两个方向。研发自有的静电参数测试装备，跟踪中国石油化工粉体生产情况，建立粉体燃爆和静电参数数据库以及进行化工粉体生产过程火灾爆炸危险性分析研究。

2. 聚烯烃粉体防爆技术研究过程

（1）粉体静电参数测试技术研究。

①研制粉体静电参数测试装置。该装置与炼化企业化工粉体生产实际相结合，同时，在一套测试装置上实现荷质比、电荷转移量和静电场强3种静电参数测试的功能。该粉体静电测试装置由风送系统、控制系统和测量系统组成。通过对粉体荷质比、电荷转移量、料仓静电场强的测量，定量分析粉体物料静电危险，为制定科学有效的防护措施提供依据。粉体静电参数测试装置的工艺技术、工艺路线和工艺参数等主要是借鉴5家企业LLDPE、HDPE、LDPE、PP装置的粉体输送工艺、料仓工艺、硫化工艺和下料包装工艺进行论证与设计。

②粉体静电参数测试方法研究。粉体静电参数主要包括粉体荷质比、电荷转移量、料仓静电场强等。进行粉体荷质比测量时，将"法拉第筒"放置在料仓内部，测量接取粉体的电荷量与粉体质量，通过计算，得出进料过程的粉体荷质比；粉体料仓内还存在不同的金属尖端突出物，如高低料位报警器、料位测试仪等，物料与这些金属突出物靠近时会产生高能的火花放电，足以点燃微细粉尘或爆炸性挥发气体，利用高频示波器可以采集金属突出物与带电料堆表面间的放电信号，计算单次放电的电荷转移量，从而分析判断引燃概率；选择适用于粉尘场所的静电场强仪进行料仓空间电场检测。

③粉体静电危险性分析。由聚烯烃粉体生产工艺流程的分析可知，在粉体干燥、自然风送之前，粉体生产的原料、半成品等均是在密闭系统中用氮气输送，不会产生静电危险。但生产装置运行不正常、氮气量不足、可燃物泄漏或检修时可燃物置换不彻底等情况依然存在静电危害。在聚烯烃粉体生产过程中，干燥或造粒后自然风送进料仓的粉体存在极大静电危害性。粉体进入料仓后，料仓内可能出现的放电方式有刷形放电、传播性刷形放电、火花放电和堆表面放电。

a. 通常当进入料仓的粉体带电量低于 0.1μC/kg 时，认为是安全状态。而实验表明进入料仓粉体带电量在 1~100μC/kg 是一种危险状态。

b. 料位计金属电极与 5kV 料堆表面电压就会产生 0.8μC 以上的电荷转移量，通常进料时料堆表面电压大于 5kV，电荷转移量更大，放电能量足以引燃杂混合物或细粉尘。

c. 实验表明料仓粉堆表面的电场强度均超过空气击穿场强（3MV/m），料仓内存在堆表面放电现象，其放电能量一般为 10mJ，而 HDPE 粉尘的最小点火能也为 10mJ，这说明该料仓的堆表面放电有很大可能引起料仓闪爆。若料仓内有少量可燃气体，则料仓内的杂混合物的最小点火能一定小于 10mJ，此时的料仓是危险的。

④粉体静电危险防护措施建议。

a. 必须保证脱气系统的脱挥率，避免料仓内出现大量可燃气脱挥现象。

b. 建议装置造粒前的粉体输送采用氮气输送。

c. 所有粉尘过滤器必须是防静电过滤器。

d. 各种临时接料口下部接料容器必须接地，不准使用不接地的金属容器或绝缘容器接料。

e. 粉体物料包装口应安装静电消电器。

f. 往不合格料仓输送物料时应采用氮气输送；不合格料仓出料口下料时，建议使用氮气保护或蒸汽保护；下料后的物料堆必须静置一定时间，确认无静电后方可装料。

（2）粉体物料燃爆参数测试技术研究。

以典型化工粉料为研究对象，开展化工粉料燃爆参数测试研究，结合粉料自身的理化性质，评价粉体火灾爆炸危险性。拟测量的燃爆参数包括最小点火能、爆炸下限、最低着火温度以及爆炸指数等。描述粉尘/空气混合物爆炸的特性参数分为两组，一组是粉尘点火特性参数，如最低着火温度（MIT）、最小点火能量（MIE）、爆炸下限（LEL）、最大允许氧含量和粉尘层比电阻等，这些参数值越小，表明粉尘爆炸越易发生；另一组是粉尘爆炸效应参数，如最大爆炸压力、最大压力上升速率和爆炸指数等，这些参数值越大，表明粉尘爆炸越猛烈。为了开展粉体物料火灾危险性研究，针对石油化工企业典型粉体物料，进行最小点火能量（MIE）、粉尘云最低着火温度（MIT-C）、爆炸下限（LEL）以及爆炸压力等燃爆参数的测试与研究。

①燃爆参数测试方法研究。

针对最小点火能参数测试，依据《粉尘云最小着火能量测定方法》，采用的试验装置是标准规定的1.2L哈特曼管测试装置。由于同一粉尘的湍流度、粉尘浓度和粉尘分散质量会随不同测试装置而有所不同，因此最小点火能量测量值的大小与测试装置密切相关。

针对粉尘云爆炸下限参数测试，依据《粉尘云爆炸下限浓度测定方法》，测定粉尘云爆炸压力参数。依据《粉尘云最大爆炸压力和最大压力上升速率测定方法》，使用容积为20L的球形装置作为参数测试装置，该装置主要由以下5部分组成：20L球形爆炸室、粉尘扩散系统、点火系统、压力测量系统、数据记录处理及控制系统。

粉尘层和粉尘云最低着火温度参数测试分别依据《粉尘层最低着火温度测定方法》和《粉尘云最低着火温度测定方法》，粉尘云最低着火温度测试装置采用加热炉加热测试结构，测试装置由加热炉、压气喷尘系统、试验温度的调控和记录系统等组成。粉尘层最低着火温度测试装置采用加热板加热测试结构。整个测试装置由加热板、3个热电偶及固定粉尘层的金属环组成。

②典型粉体物料燃爆参数测试与分析。

化工粉尘燃爆参数测试研究表明，燃爆参数与粉尘的牌号、粒径分布的范围、温湿度等环境因素有关，甚至是不同企业生产的同一牌号粉尘的燃爆参数还有较大的差距。

a. 测试研究的8种粉尘的最小点火能均大于10mJ，可归于可燃粉体；大部分粉尘的最小点火能在百位毫焦级；聚丙烯粉料、低压聚乙烯粉料和高密度抵押聚乙烯粉料的最小点火能在千位毫焦级，而精己二酸粉料的最小点火能最小，接近10mJ。鉴于粉尘粒径的影响和生产工况的复杂影响因素，在生产安全管理中应把化工粉尘纳入易燃粉尘管理。

b. 测试研究的6种化工粉尘的爆炸下限均与粮食粉尘的爆炸下限接近，尤其是聚乙烯粉料的爆炸下限甚至低于粮食粉尘，说明化工粉尘爆炸下限较低，生产过程中应严格控制粉尘的产生。

c. 测试研究的 6 种化工粉尘的最低着火温度大部分低于粮食粉尘，说明化工粉尘的着火温度比较低，因此在设计和生产过程中应格外关注，严格控制能产生高温热表面的设备、设施。

d. 测试研究的 6 种化工粉尘的爆炸压力数据表明，化工粉尘的爆炸超压较大，粉体生产过程中一旦发生粉尘爆炸，就会造成建构筑物的损坏和人员伤亡。因此，在生产过程中，在注重上述引爆源和工矿因素控制的同时，应注重料仓等密闭空间较大生产环节、部位的泄爆和抑爆措施的管理，尤其应安装相应抑爆防护装备，保障企业的安全生产。

3. 技术创新

粉体静电参数测试装置采用成熟的粉体风送工艺，能够实现模拟生产现场粉体物料风送过程的设计要求，风送管线 DN100，设备配有 DN150 接口，料仓直径为 3.1m，输送风量为 2000 m^3/h。当输送风量为 0~1000m^3/h 时，输送管线直径为 100mm，风速可达 60m/s；当风压为 0.04~0.05MPa 时，物料转移量为 0~9t/h，与粉体生产现场实际接近，能有效地模拟现场静电危险。粉体静电参数测试装置可以完成粉体静电荷质比、电荷转移量和电场强度等静电参数的测量。

三、粉体静电消除技术应用实例

JDX3C 型粉体静电消除器已在上海、新疆、辽阳等地石化公司应用，AJS-2 型粉体静电消除器也在安庆、上海等地石化公司生产现场应用。现场应用表明，粉体静电消除器消电效果良好，解决了粉体下料包装过程静电隐患问题，为聚烯烃粉体生产安全提供了有力的技术支持。

2008 年，为新疆独山子天利高新技术公司提供 AJS-2 型粉体静电消除器，在独山子石化现场使用。为上海申迪物资发展有限公司提供 JDX3C 型粉体静电消除器，在上海石化股份有限公司（以下简称上海石化）现场使用，解决了聚酯包装过程中的静电隐患问题。为金澳科技（湖北）化工提供 AJS-2 型粉体静电消除器，解决了粉体下料包装过程中的静电隐患问题。

2009 年，为上海创召工贸有限公司提供 JDX3C 型粉体静电消除器，在上海石化现场使用，解决了聚酯包装过程中的静电隐患问题。为常州纽威自动化包装机械厂的自动包装设备配套提供 AJS-2 型粉体静电消除器一套，在中国石化安庆石化公司（以下简称安庆石化）现场使用，使粉体下料包装过程料袋表面静电电压由 7~20kV 降到 5kV 以下，解决了粉体下料包装过程中的静电隐患问题。为长春北方仪器设备有限公司提供 AJS-2 型粉体静电消除器一套，在中国石油辽阳石化分公司（以下简称辽阳石化）现场使用，解决了粉体下料包装过程中的静电隐患问题。为天津市奥邦科技发展有限公司提供 AJS-2 型粉体静电消除器两套，在印度尼西亚一公司现场使用，解决了粉体下料包装过程中的静电隐患问题。为辽阳宝安仪表有限公司提供 JDX3C 型粉体静电消除器四套，在辽阳石化现场使用，解决了聚酯包装过程中的静电隐患问题。

2010 年，为常州纽威自动化包装机械厂的自动包装设备配套提供 AJS-2 型粉体静电消除器，在安庆石化现场使用。为扬州石化有限责任公司提供 AJS-2 型粉体静电消除器，解决了粉体下料包装过程的静电隐患问题。为常州纽威自动化包装机械厂的自动包装设备配套提供 AJS-2 型粉体静电消除器一套，在中国石化武汉石化公司（以下简称武汉石化）现场使用，使粉体下料包装过程料袋表面静电电压由 14~20kV 降到 5kV 以下，解决了粉体下料包装过程中的静电隐患问题。为北京航天石化技术装备工程公司提供 JDX3C 型粉体静电消除器四套，在辽阳石化现场使用，解决了聚酯包装过程中的静电隐患问题。为新疆康佳投资（集团）有限责任公司提供 AJS-2 型粉体静电消除器一套，在中石油克拉玛依石化有限责任公司（以下简称克拉玛依石化）现场使用，使粉体下料包装过程料袋表面静电电压由 14~20kV 降到 4.2kV 以下，解决了粉体下料包装过程的静电隐患问题。

第五节 展 望

经过多年的研究和发展，中国炼化企业的风险防控技术有了长足的进步，形成了 HAZOP、LOPA 和 SIL 为主体的工艺安全评估技术、关键装置腐蚀监测和防腐技术、大型机组故障诊断与状态监测技术和聚烯烃粉体防爆技术为典型代表的炼化装置关键风险防控技术和平台，安全事故数量明显降低。但是，面对炼化行业高温高压、易燃易爆、工艺复杂、原油的多样化和劣质化等特点，以及炼化企业安全水平不断提高的要求，炼化装置风险防控技术必须不断发展才能适应企业的需求，主要攻关研究内容如下：

一是工艺安全评估技术基础工作的扎实开展。在开展定量评估工作之前，必须确定企业的可接受风险。风险标准是衡量企业安全的一把尺子，它明确地告知企业什么安全，什么不安全。中国石油 2011 年在企业标准中发布了推荐使用的可接受的风险标准，部分地区公司在此基础上也建立了自己企业的风险标准，但在实际的应用过程中还存在需要完善和改进的地方；近年来安全仪表系统的管理工作已经得到了国家相关部门的高度关注，中国石油炼油与化工分公司也在 2016 年发布了"关于加强安全仪表系统管理工作的通知"，要求各企业加强安全仪表系统的评估和管理工作；此外，报警管理是风险防控的重要保护层，然而报警泛滥等问题越来越困扰企业人员，企业缺乏信息化的报警统计分析手段和可视化管理，需要建立统一的报警管理体系，实现全生命周期的实时报警管理、分析、优化、监视和评估，有效提升企业报警管理水平。

二是炼化系统工艺防腐预警技术研发。炼化装置腐蚀影响较大，目前主动防护能力不足，处于应急被动状态。开展腐蚀预警主动防腐技术研发，采用在线测厚、实时监测腐蚀速率等技术，结合生产工艺、原料性质和历史数据，对设备、管道等做出腐蚀评估。开发腐蚀与防护专家系统，建立炼化装置腐蚀案例库，分析并预测腐蚀发生的概率，明确腐蚀机理、原料腐蚀适应性设防值、寿命预测等，给出评估结果和处置方案，为装置检修提供依据，从而保障炼化装置安全运行。

三是机泵无线传输在线状态监测技术应用。关键机泵按照炼油与化工分公司要求都已实现在线监测，而一般机泵主要靠人工巡检，受人为因素影响较多，巡检质量不高，漏检、误检的情况经常发生，需要开展机泵无线传输在线状态监测技术应用，对机泵增加无线传输在线监测系统，实时发送机泵状态检测信号。通过无线路由器或移动智能终端将数据汇集到专业的管理平台或 App 中，利用大数据分析技术进行动态监测、报警、分析和预判，实现机泵预知维修，保障机泵安全运行。

四是深入开展粉体燃爆及静电参数研究。随着化工粉体生产装置数量和规模的逐渐增加，聚烯烃粉体产品种类和牌号也在增多。这些化工粉料均属高绝缘物料，在生产过程中容易发生火灾爆炸事故，化工粉体的组成决定了不同牌号，即使是同种牌号粉体的理化性质或燃爆参数也不尽相同。为保证安全生产，应针对不同品种的粉体物料，提供其特有的燃爆及静电参数，以指导生产实际，完善工艺操作规程和危险化学品卡片，为粉体生产过程的静电危害治理提供技术支撑。

风险防控工作是系统性的工作，只有在炼化装置的全生命周期扎扎实实地开展风险防控工作，才能有效防控企业的风险，不断提高中国石油的安全水平。

参 考 文 献

[1] 中国石油天然气集团公司. 危险与可操作性分析技术指南：Q/SY 1364—2011 [S]. 北京：石油工业出版社，2011.

[2] 中国石油天然气集团公司. 石油石化企业保护层分析技术指南：Q/SY 08003—2016 [S]. 北京：石油工业出版社，2016.

[3] 孙文勇. 现场设备与 HAZOP 系统基于 OPC 协议的通讯方法：中国，201310626993 [P]. 2015-06-03.

[4] Gui L, Shu Y, Wang Z, et al. HASILT：An intelligent software platform for HAZOP, LOPA, SRS and SIL verification [J]. Reliability Engineering and System Safety, 2012, 108：56-64.

[5] 赵彦龙，张建平，郭金彪，等. 基于网络的炼油装置腐蚀案例库的设计与开发 [J]. 化工自动化及仪表，2012, 39（6）：810-813.

[6] 李家民，张耀亨，程光旭，等. 一种炼油装置高温部位腐蚀剩余寿命预测方法：中国，102855368 A [P]. 2013-01-02.

[7] 郭金彪，刘晋. 催化装置分馏塔顶循换热器的防护 [J]. 腐蚀与防护，2017, 38（7）：566-567.

[8] 魏杰，段礼祥. 往复式压缩机可靠性评价技术研究 [J]. 振动与冲击，2014, 33（s）：164-170.

[9] 段礼祥，任世科. 基于 ISVD 和关联维数的机械故障特征提取 [C] //第十五届全国设备监测与诊断学术会议论文集，2012.

[10] 魏杰，张建平，段礼祥. 一起油封积碳引起的机组异常振动故障的诊断与处理 [C] //第十五届全国设备监测与诊断学术会议论文集，2012.

[11] 周本谋，刘尚合，范宝春. 粉体工业静电防护技术研究进展 [J]. 物理，2004, 30（10）：58-63.

第四章　油气管道安全风险防控技术进展

石油、天然气管道已成为中国能源供应的大动脉，其安全运行直接关系到社会稳定和国民经济的健康发展。管道服役期间可能会因腐蚀、机械损伤、地质灾害等因素产生各种损伤，还可能存在制管和施工缺陷，严重的损伤和缺陷会引起管线泄漏和开裂，造成财产损失、环境污染和人员伤亡等严重后果，同时带来恶劣的社会及政治影响[1]。如何有效地发现管道存在的缺陷和风险并进行合理分类，同时对这些缺陷进行评价，依据严格的理论分析判定缺陷对安全可靠性的影响，对缺陷的形成、扩展及管道的失效过程、后果等做出判断，得出科学合理的维修结论，对需要修复的缺陷点进行及时处理，预防事故的发生，成为管道管理者关注的焦点[2]。因此，采取先进、适用的技术方法，对管道运行安全状态、系统可靠性、含缺陷管道的安全性等进行评估，进行目前管道安全性的判断和未来状态的预测，是油气管道安全风险防控的重点和发展方向。

"十二五"期间，中国石油针对油气管道的安全风险防控技术开展了大量系统的研究攻关，重点开展了定量风险评估、安全可靠性评估、管道复合材料补强修复等关键技术研究，形成了油气管道定量风险评估技术、可靠性评估准则、断裂评估图技术、表面裂纹体的三维断裂评估准则、管道纤维复合材料补强修复技术等多项研究成果，进一步提升了中国石油油气管道安全风险防控的技术水平，对中国油气管道完整性评价的技术进步起到了重要的推动作用。

第一节　油气管道定量风险评估技术

一、油气管道定量风险评估技术需求分析

油气管道运输对国民经济起着非常重要的作用，各国管道公司投入了巨额资金用于管道的维护，以保证管道安全运行。油气管道一旦发生泄漏，往往会造成巨大的经济损失、环境污染和人员伤亡。例如，1989年苏联乌拉尔输气管道爆裂，一次伤亡1024人[3]。我国四川输气管网先后爆管120余次，最多一次伤亡24人。随着世界各国对环境安全要求的提高和市场竞争的日趋加剧，油气管道的风险评估技术孕育产生，通过识别高风险管段和合理分配维护资金，变管道的盲目、被动维修为预知、主动性维修，最大限度地减少油气管道事故发生率，提高管道的安全水平，增强管道公司的竞争力，从而达到风险最小、效益最大的目标。

油气管道风险评估主要解决两方面的问题，一是风险估算，二是风险评估（即判定风险的可接受程度）[4]。按照评估结果的量化程度，管道的风险评估技术包括定性风险评估技术、半定量风险评估技术和定量风险评估技术。定量风险评估技术是管道风险评估的高级阶段，是管道风险评估方法研究的热点领域，它需要大量管道信息和数据资料收集以及数学、力学、材料学、热力学、流体力学、计算机等多种学科的知识，其评价结果的精度

取决于数据资料的完整性和精度、数学模型和分析方法的合理性。管道的定量风险评估技术主要包括管道系统的分段、灾害的识别、失效概率和失效后果计算、风险计算、风险评估和风险决策等,其核心是管道失效概率和失效后果的计算。在计算管道失效概率时,采用基于历史数据和结构可靠性两种方法,考虑管道发生小泄漏、大泄漏和断裂3种失效模式。

英国、美国、加拿大等发达国家在油气管道风险评估技术方面开展了大量的研究工作[5,6]。英国BG天然气研究与技术中心在1998年开发出管道风险评价软件PIPESAFE,应用于评价管道改道、附近侵害和管道升级等;美国几家管道公司联合开发了IAP风险评价软件,该软件采用了半定量的风险指数风险评价方法,在美国得到了广泛的应用;加拿大TransCanada管道公司开发了TRPRAM管道管理软件,可进行失效概率分析与风险评价、应急计划执行、高风险管段识别和新建管道的线路选择等。

2000年以前,油气输送管道的风险评估在我国还是一个较新的概念,还没有建立起系统的管道风险评估方法和软件。2000年,中国石油将"管道安全评价软件集成研究"列入技术开发项目;2002年,中国石油将"油气输送管道风险评估方法及软件的研究开发"列入重点技术开发项目;2005年,中国石油又开展了国际科技合作项目。通过一系列的科技攻关,"十一五"至"十二五"期间,中国石油在国内首次建立了系统的油气输送管道定量风险评估方法,包括管道风险因素识别、管道数据收集、失效概率计算、失效后果计算、管道风险计算和评估、风险控制措施研究等内容;开发出功能完备的风险管理软件TGRC-RISK、PIRAMID,包括数据库、风险计算、管线系统、风险评估和维护操作等五大功能模块,可对油气输送管道进行定点分析、管段风险水平排序以及管道维护方案决策等。研究成果已在西气东输管道、克轮输气管道、陕京输气管道等管道上得到成功应用,累计创造经济效益过亿元,取得了显著的社会效益。

二、油气管道定量风险评估技术成果

1. 管道失效概率计算方法

(1)基于历史数据的管道失效概率计算模型[4]。

基于历史数据的管道失效概率计算模型(历史数据模型)利用管道历史记录数据和与管道属性相关的运算公式,建立在统计分析、模型简化和必要工程判断的基础之上,用于计算油气输送管道发生小泄漏、大泄漏和断裂破坏时失效概率,其优点是模型简化、高效、需要的数据量小。中国石油集团石油管工程技术研究院(以下简称管研院)通过研究,根据失效原因划分,建立的历史数据模型有外腐蚀、内腐蚀、设备撞击、地质灾害、应力腐蚀开裂、制造裂纹、地震灾害、偷油盗气以及其他原因等。

对于历史数据模型,管道的失效概率是用管道基线历史失效概率计算出来的,基线历史失效概率随后又被调整用来反映特定管线属性对失效的预期影响。基线历史失效数据是通过对管道历史记录数据统计分析得到的,其又通过使用失效概率调整因子(根据管线关键属性值决定)转化为特定管线的失效概率估计。失效方式是通过将调整后的总失效概率估计值乘以模型因子考虑进去的,模型因子代表了由小泄漏、大泄漏和断裂导致管道失效的相对可能性。这样,管道失效概率估计值 $R_{f_{ij}}$ 是失效模式 i 和失效原因 j 的函数,关系式如下:

$$R_{f_{ij}} = R_{fb_j} M_{F_{ij}} A_{F_j} \qquad (4-1)$$

式中 R_{fb_j}——失效原因 j 的基线失效概率；

$M_{F_{ij}}$——对失效原因 j、失效模式 i 的相对失效概率；

A_{F_j}——失效原因 j 的失效概率修正因子。

基线失效概率 R_{fb} 被定义为对一个特定工业部门、运营公司或管线系统的一个参比管段的平均失效概率。它用来反映与管线建造、操作和维护有关的条件，在这些条件下，相关的失效原因对管线的完整性构成了很大威胁。应当考虑到失效原因不同时，参比管段也应该不同。

由小泄漏、大泄漏和断裂造成管线失效的相对概率 $M_{F_{ij}}$ 与涉及的管道失效机制有关。例如，腐蚀失效主要由小泄漏造成，而挖掘设备造成的机械损伤失效主要是由大泄漏和断裂造成。在计算管道失效概率时，考虑了 3 种失效模式，失效模式与失效时管道泄漏孔的尺寸有关，更确切地说，与当量圆形孔的直径有关。根据有关报道，3 种失效模式可以通过当量孔尺寸的大小区分如下：小泄漏时的孔直径小于 20mm；大泄漏时的孔直径在 20~80mm（管径）；断裂时的孔直径大于 80mm 或等于管径。

失效概率修正因子 A_F 用来反映特定管线属性对基线失效概率的影响，利用具体管道属性进行计算，例如，对于外腐蚀情况，A_F 的计算公式为：

$$A_F = K_{EC} \left[\frac{\tau_{ec}^*}{t} (T + 17.8)^{2.28} \right] F_{SC} F_{CP} F_{CF} \qquad (4-2)$$

式中 K_{EC}——外腐蚀模型的标定因子，用于调整失效概率修正因子 A_F；

τ_{ec}^*——外腐蚀发生管段的有效管龄；

t——管壁厚度；

T——管道运行温度，可为输送介质温度；

F_{SC}——土壤腐蚀性因子，反映了土壤腐蚀性对管道腐蚀失效速率的影响；

F_{CP}——阴极保护因子，反映了阴极保护系统有效程度对腐蚀失效率的影响；

F_{CF}——涂层因子，反映了涂层种类和状况对腐蚀失效率的影响。

（2）基于结构可靠性的管道失效概率计算模型。

由于管道载荷的波动、管材强度变化以及缺陷的复杂性状，造成了载荷和抗力的不确定性，这时管道失效概率只有通过标准可靠性模型进行计算，图 4-1 为管道失效概率计算模型图。如果缺陷处载荷超过了抗力，则失效会在缺陷处发生（图 4-1 中两个分布的重叠区），因此，失效的概率就是载荷超过抗力的概率。对于不同的失效形式，如外腐蚀、内腐蚀、应力腐蚀开裂、裂纹、地质灾害和机械损伤缺陷等，需要建立不同的可靠性模型计算不同失效模式的管道失效概率。

在计算管道失效概率时，需要考虑两方面的因素：①时间相关性。为了和与时间无关失效概率联合，将时间相关概率转化为标准年平均概率

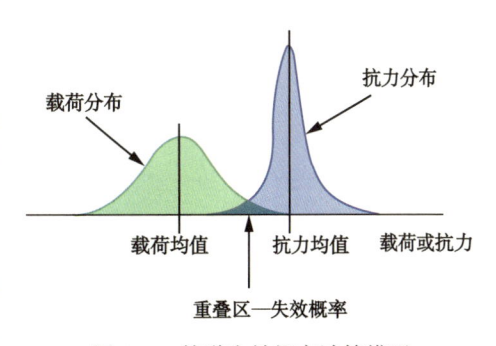

图 4-1 管道失效概率计算模型

形式。②考虑多个响应函数。对应不同失效模式，同时考虑不同失效准则，得到不同模式的失效概率。

图4-2显示了计算管道失效概率的模型，τ时刻前的失效概率等于失效时间小于τ的概率，也就等于失效时的累计概率分布，可用下式表述：

$$F_T(\tau) = p[P > R(\tau)] = p[R(\tau) - P < 0] \tag{4-3}$$

式中　P——压力载荷；

　　　$R(\tau)$——时间τ时的压力抗力。

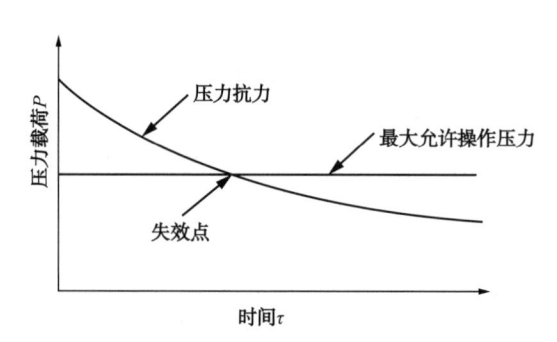

图4-2　管线逐渐降级形式的失效条件图解

这样，可以利用失效概率累计分布$F_T(\tau)$计算时间段(τ_1,τ_2)内的失效概率，关系式如下：

$$p_f(\tau_1,\tau_2) = p(\tau_1 < \tau < \tau_2) = \frac{F_T(\tau_2) - F_T(\tau_1)}{1 - F_T(\tau_1)} \tag{4-4}$$

式（4-4）表明在一定时间段内发生失效是有条件的，τ_1前没有发生失效。可以利用式（4-4）计算以下概率：

①时间τ'前的失效概率，式（4-4）变为：

$$p_f(0,\tau') = p(0 < \tau < \tau') = \frac{F_T(\tau') - F_T(0)}{1 - F_T(0)} \tag{4-5}$$

②时间段(τ_1,τ_2)内的年失效概率计算式为：

$$\bar{p}_f(\tau_1,\tau_2) = \bar{p}(\tau_1 < \tau < \tau_2) = \frac{F_T(\tau_2) - F_T(\tau_1)}{1 - F_T(0)} \tag{4-6}$$

时间τ'前发生小泄漏（sl）的概率计算式为：

$$p_{sl}(0,\tau') = p[(0 < \tau < \tau') \cap sl] = p(0 < \tau < \tau' | sl)p(sl) \tag{4-7}$$

根据式（4-5），式（4-7）变为：

$$p_{sl}(0,\tau') = \frac{F_{T|sl}(\tau') - F_{T|sl}(0)}{1 - F_{T|sl}(0)}p(sl) \tag{4-8}$$

$F_{T|sl}(\tau)$为发生小泄漏时的累计概率分布函数。同样，每年的概率可以用下式计算：

$$\bar{p}_{sl}(\tau_1,\tau_2) = \frac{F_{T|sl}(\tau_2) - F_{T|sl}(\tau_1)}{1 - F_{T|sl}(0)}p(sl) \tag{4-9}$$

与式（4-8）和式（4-9）类似的公式可以应用于大泄漏和断裂情况。

无论是哪种失效模式的失效概率，还是累计分布，都是利用输入参数（如损伤特征、材料性能、缺陷扩展速率、模型误差因子等）的概率分布计算得到的，但计算失效时间和失效模式时使用的是确定函数，其形式为：

$$\tau = \tau(a, r, e, l, \tau_i, \tau_{ini}, p) \qquad (4-10)$$

式中　　a——缺陷特征矢量；

　　　　r——管线抗力矢量；

　　　　e——模型误差矢量；

　　　　l——管线特征矢量；

　　　　τ_i——检测周期；

　　　　τ_{ini}——缺陷出现时间；

　　　　p——运行压力。

管道失效概率计算结果如图4-3所示。图4-3（a）是计算得到的某个给定时间前失效概率随时间的变化曲线，图4-3（b）是计算得到的累计失效概率随发生失效时间的变化曲线。这些结果可以用作决策工具（还没有进行后果分析），例如，管线运行者通过确定最大允许的失效概率，利用图4-3（b）确定下次检测周期。

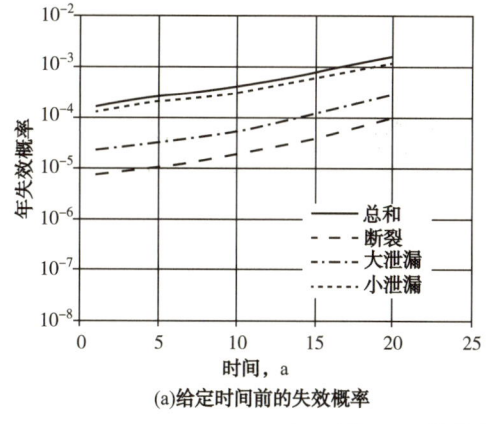

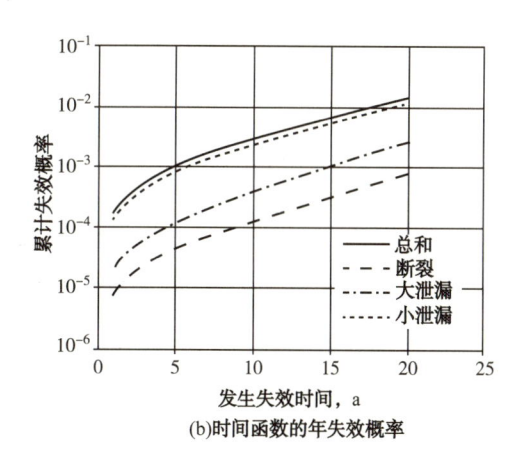

图4-3　管道失效概率计算结果实例

2. 管道失效后果评估技术

管道失效后果模型中考虑了管道失效后对人员安全、环境和财产3个方面造成的后果，因此，模型的计算结果用4个数来衡量管道失效后果：死亡人数用来衡量与人员安全相关的后果；当量剩余泄漏体积用来衡量液体管线对环境的影响；费用用来衡量经济后果；综合影响用来衡量整个失效后果。计算这些数量需要的参数有相关的管线参数、输送介质特征、假想泄漏孔的尺寸和气候条件等。失效后果的评估步骤通常如图4-4所示。总费用是商业相关费用和地点相关费用的总和，商业相关费用包括维修费用、服务中断费用和损伤介质费用，地点相关费用包括泄漏清理费用和财产损失费用。从图4-4中可以看出，财产损失费用是根据潜在灾害的强度（例如火灾的热强度）计算的，这是与失效场所财产种类的损伤容许阈值比较而言的。有效剩余泄漏体积是指由于失效而泄漏的未回收部分的输送介质，需要根据泄漏地点的环境敏感性进行调整。用来计算死亡人数的模型和计算财产损失费用的模型相同。图4-4中的虚线表示模型考虑了与人员死亡和环境污染相关的直接费用（如赔偿和罚金）。在模型中，也包括1个将3种不同后果度量方式合并成为

1个参数（综合影响）的模型。

（1）死亡人数的计算。

死亡人数是灾害种类、灾害强度以及此类灾害情况下人员允许的强度阈值的函数。图4-5显示了1个泄漏源周围典型的灾害强度轮廓，死亡概率与灾害强度的关系曲线如图4-6所示，在坐标点(x, y)处，灾害强度为$I(x, y)$，死亡概率为$p[I(x, y)]$，人口密度为$\rho(x, y)$。因此面积大小为$\Delta x \Delta y$的范围内死亡人数的计算公式为：

$$n(x,y) = p[I(x,y)] \times [\rho(x,y)\Delta x \Delta y] \quad (4-11)$$

整个区域内的死亡总人数按下式计算：

$$N = \sum_{\text{面积}} p[I(x,y)] \times [\rho(x,y)\Delta x \Delta y] \quad (4-12)$$

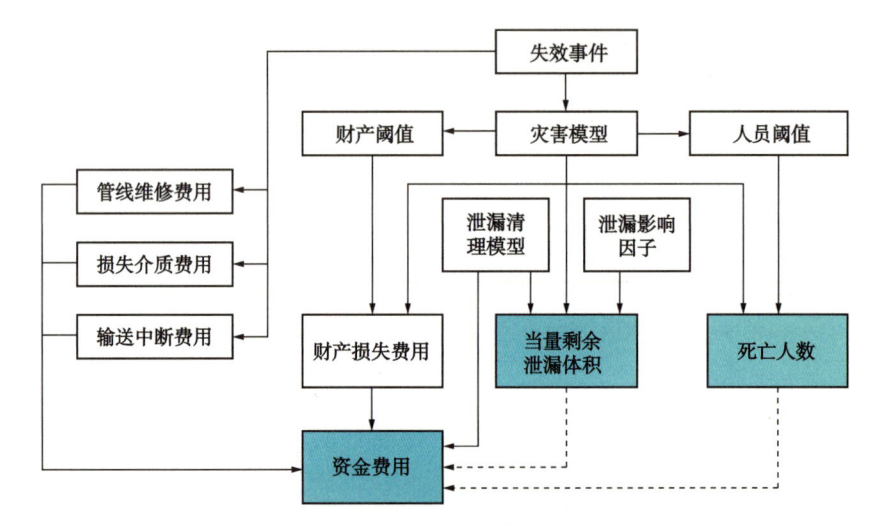

图4-4 管道失效后果分析图

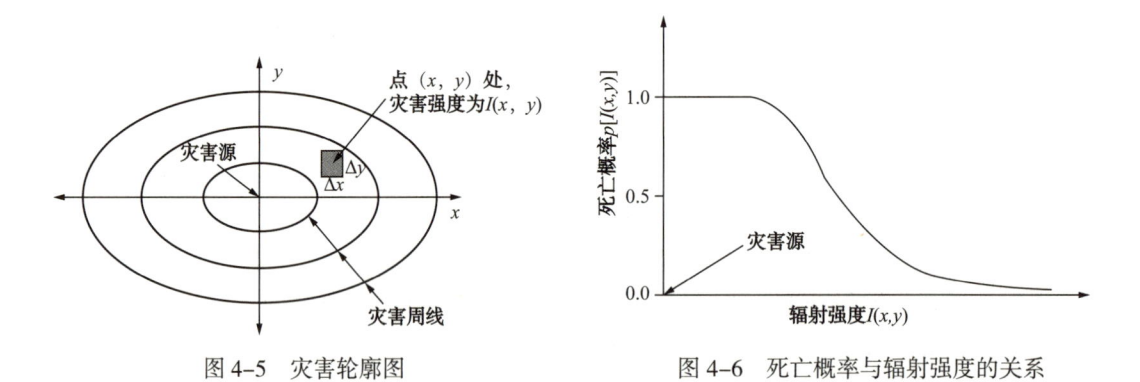

图4-5 灾害轮廓图

图4-6 死亡概率与辐射强度的关系

（2）财产损失费用的计算。

管道失效后，泄漏的介质发生火灾或爆炸事故，不仅对管道附近的人员造成伤害，建筑物、农田等也会遭到不同程度的损害。总的财产损失包括两部分：更换损伤建筑及其附属设施的费用；现场复原费用，包括现场的清理和补救，以及土地的更换。财产损失的计算公式为：

$$c_{\text{dmg}} = \sum c_{\text{u}} \times g_{\text{c}} \times A \quad (4-13)$$

式中 $\sum$——财产损失费用的总和；

c_u——单位面积复原费用；

g_c——地面的有效覆盖，定义为财产总面积和地面总面积的比率；

A——灾害发生的总面积。

（3）泄漏对环境的影响。

严格地定量评估管道泄漏后释放的介质对环境造成的损伤是不可能的，因此引入了当量泄漏体积的概念。当量泄漏体积是指在参比地点相对参比介质溢出的体积，其所造成的环境影响与给定介质在给定位置泄漏给定体积造成的环境影响相当。

对于一个给定的管道失效事故，对人身和环境造成的长期潜在影响 E 为：

$$E = f(V_{res}, T_x, P_{exp}, R_{env}) \tag{4-14}$$

式中 V_{res}——剩余泄漏体积，是指清理和回收操作后剩下的未挥发液体介质；

T_x——泄漏的输送介质有毒性测量；

P_{exp}，P_{env}——分别用来描述泄漏点附近环境暴露途径和环境损伤接受体的参量。

对于一种介质的给定泄漏体积，假设

$$E \propto f(P_{exp}, P_{env}) = g(I) \tag{4-15}$$

在式（4-15）中，I 为与位置有关的暴露途径和环境损伤接受体指数；$g(I)$ 为将 I 转化为泄漏单位体积介质对环境造成潜在损伤的定量测量。又假设潜在的环境损伤直接与剩余泄漏体积和输送介质的毒性成比例：

$$E \propto V_{res} T_x \tag{4-16}$$

则潜在的人员健康和环境影响

$$E \propto V_{res} T_x g(I) \tag{4-17}$$

如果定义当量泄漏体积 V 为参比介质的体积，毒性指数为 T_x^*，泄漏在参比位置，途径和接受体指数为 I^*，导致的环境损伤与泄漏参数为 V_{res}、T_x、I 的泄漏情形一样，则式（4-18）成立。

$$VT_x^* g(I^*) = V_{res} T_x g(I) \tag{4-18}$$

当量泄漏体积：

$$V = V_{res} \frac{g(I)}{g(I^*)} \frac{T_x}{T_x^*} \tag{4-19}$$

（4）总的经济损失。

总的经济损失包括管道检测和维护的直接费用以及与管道失效相关的风险费用，用来反映管道公司总的经济成本。计算公式如下：

$$c = c_{main} + c_{prod} + c_{rep} + c_{int} + c_{clean} + c_{dmg} + a_n n \tag{4-20}$$

式中 c_{main}——管线检测和维护的直接费用；

c_{prod}——损失介质费用；

c_{rep}——管道维修费用；

c_{int}——管道输送中断费用；

c_{clean}——现场清理费用；

c_{dmg}——财产损伤费用；

a_n——常数，将死亡人数 n 转化为经济费用的参数。

（5）综合影响。

为了更加直观地表示管道失效对公众、运营公司带来的影响，把失效事故对人员、环境以及管道公司运营成本的影响合并成一个参数来综合考虑。可以用两种方法衡量管道失效的综合影响：一种是货币当量法，另一种是严重指数法。货币当量法将死亡人数和当量剩余泄漏体积转化为当量费用，然后加到总费用中，构成一个用现金形式表示的管线失效综合测量。严重指数法将死亡人数、当量剩余泄漏体积和总费用转化为严重性分数，然后构成一个用严重性分数形式表示的管线失效综合测量。货币当量法和严重性分数法的计算公式如下：

货币当量法

$$I_{eq} = c + a_n n + a_v v \tag{4-21}$$

严重性分数法

$$I_{se} = \beta_c c + \beta_n n + \beta_v v \tag{4-22}$$

式中　c——总的经济损失；

n——死亡人数；

v——当量剩余泄漏体积；

a_n——管道公司或社会愿意支付的避免某个统计生命死亡的费用；

a_v——管道公司或社会愿意支付的避免单位体积产品泄漏的费用；

β_c、β_n、β_v——分别为将经济损失、人员死亡、当量剩余泄漏体积转化为严重性分数的转化系数。

3. 风险计算方法

管道的风险水平是失效概率（每千米每年的失效次数）与失效结果（如经济费用、死亡人数、当量剩余泄漏体积等）相乘得到的。把3种可能的失效模式（小泄漏、大泄漏及断裂）相关的风险分量加起来得到每种失效原因的风险水平，计算出的风险估计值以每千米每年为基础。在计算管道风险水平时，首先计算区段的风险水平，然后基于区段风险水平计算管段的风险水平。区段是指管道上特征参数相同的一段连续管道；管段是管道上连续的一段，在风险评估分析以及制订维护计划时作为独立的一段管道处理。

（1）区段风险水平计算。

对失效原因 l，管段 i 上每个区段 j 的失效概率 λ 和风险值 R 可用下式来计算：

$$\lambda_{ijl}(t) = \sum_{k=1}^{3} \lambda_{ijl}(t) \tag{4-23}$$

$$R_{ijlm}(t) = \sum_{k=1}^{3} \lambda_{ijkl}(t) \times C_{ijkm} \tag{4-24}$$

在式（4-24）中，$m=1$，2，3，4分别代表以总经济费用、死亡人员数量、当量剩余泄漏体积和以货币当量或严重性分数表示的风险。

对所有失效原因，失效概率和风险值计算公式为：

$$\lambda_{ij}(t) = \sum_{k=1}^{3} \sum_{l=1}^{L} \lambda_{iijkl}(t) \tag{4-25}$$

$$R_{ijm}(t) = \sum_{k=1}^{3} \left[\sum_{l=1}^{L} \lambda_{ijkl}(t) \right] \times C_{ijkm} \tag{4-26}$$

（2）管段风险水平计算。

在一个管段内，通过将每个区段的失效概率乘以相应区段长度，并将风险值在管段长度上求和，就可以得到管段上总的失效概率 λ_{tot} 和风险值 R_{tot}，公式如下：

$$\lambda_{tot} = \sum_{j=1}^{J} \lambda_{ijl}(t) \times Len_{ij} \tag{4-27}$$

$$R_{totilm}(t) = \sum_{j=1}^{J} R_{ijlm}(t) \times Len_{ij} \tag{4-28}$$

其中，Len_{ij} 是管段 i 上区段 j 的长度。

把所有单个失效原因的失效概率和风险值求和就可以得到所有失效原因的失效概率和风险数值，计算公式为：

$$\lambda_{toti}(t) = \sum_{j=1}^{J} \left[\sum_{l=1}^{L} \lambda_{ijl}(t) \right] \times Len_{ij} \tag{4-29}$$

$$R_{totim}(t) = \sum_{j=1}^{J} \left[\sum_{l=1}^{L} R_{ijlm}(t) \right] \times Len_{ij} \tag{4-30}$$

（3）单位长度上管段的平均风险值。

对单个失效原因，把式（4-27）和式（4-28）除以管段总长度可以得到单位长度的平均失效概率和风险值 λ_{ave} 和 R_{ave}，公式如下：

$$\lambda_{aveil}(t) = \left[\sum_{j=1}^{J} \lambda_{ijl}(t) \times Len_{ij} \right] / Len_i \tag{4-31}$$

$$R_{aveilm}(t) = \left[\sum_{j=1}^{J} R_{ijlm}(t) \times Len_{ij} \right] / Len_i \tag{4-32}$$

其中，Len_{ij} 是管段 i 上区段 j 的长度。对所有失效原因来说，把式（4-29）和式（4-30）得出的数值除以管段长度就可以得出单位长度的平均值，公式如下：

$$\lambda_{avei}(t) = \left[\sum_{j=1}^{J} \left(\sum_{l=1}^{L} \lambda_{ijl}(t) \right) \times Len_{ij} \right] / Len_i \tag{4-33}$$

$$R_{aveim}(t) = \left[\sum_{j=1}^{J} \left(\sum_{l=1}^{L} R_{ijlm}(t) \right) \times Len_{ij} \right] / Len_i \tag{4-34}$$

4. 可接受风险准则

风险的可接受判据既是风险评估的关键技术问题，也是油气管道风险评估技术亟待研究解决的难点问题[7,8]。风险的可接受性也称为风险门槛，是指社会公众和管道运行商对风险水平的可接受程度，是风险评估的评判依据。风险评估中所确定的可接受风险值一旦超过了实际可接受风险值，将会导致管理者决策错误，并引发一系列严重后果。因此，合理的风险可接受准则对保证风险评估的科学性和适用性具有非常关键的作用。

我国的油气管道风险可接受判据的建立，必须结合我国的国情和油气管道的行业特点。管研院在分析油气管道可接受风险的影响因素和确定原则以及国际上已有可接受风险的确定方法基础上，利用我国目前的事故统计数据，研究提出了油气管道可接受风险准则，包括个体风险可接受判据和社会风险可接受判据。

（1）可接受风险的影响因素和确定原则。

①可接受风险的影响因素。

风险的可接受性涉及人们的价值观念和判断，它不仅仅是一个自然科学或纯技术的问题，也是一个社会科学问题。同时，公众对风险的可接受程度不仅受到事故本身的影响，还受到事件受媒体关注程度的影响。可见，风险的可接受性的影响因素诸多，重要因素有事件后果特征、风险的可控性、个人风险与集体风险、不确定性、知识的可获得性。

②确定可接受风险的原则。

进行风险分析和风险评估的目的是采取合理的风险控制措施，将风险控制在可接受的水平。降低风险是要付出成本的，无论是减少事故发生概率还是采取防范措施使事故发生造成的损失减小，都要投入资金、技术和劳务。确定可接受风险水平的目的是将风险限定在一个合理的、可接受的水平上，经过优化风险控制措施的级别（如检测手段选择、检测周期的长短等），寻找最佳的投资方案。

可接受风险水平的确定，可遵循如下基本原则：

a. 不要接受不必要的风险，接受合理的风险，只要合理可行，任何重大危害的风险都应努力降低。

b. 若一个事故可能造成较严重的后果，应努力降低此事故发生的概率。

c. 比较原则。该原则是指与已经接受的现存系统的风险相比，新系统的风险水平至少应大体相当。

d. 内生源性死亡率最低（MEM）原则。该原则是指新活动带来的危险不应比人们在日常生活中接触到的其他活动的风险有明显的增加。

（2）我国油气管道个体风险的可接受准则建立。

个体风险IR（Individual Risk，IR）是指在某一特定位置长期生活或工作的人员，在未采取任何防护措施的条件下遭受特定危害而死亡的概率。目前国际上个体风险的可接受准则为最低合理可行原则（as low as reasonable practicable，ALARP），将风险分为3个区域，即不可接受区、合理可行的最低限度区和广泛接受区。对于我国油气管道的个体风险的可接受准则建立，建议也采用该框架，基于我国目前人员死亡的统计数据提出推荐的个体风险临界值。

根据原国家安全生产监督管理总局的统计数据，2001年至2006年我国事故死亡人数统计结果见表4-1。从表中数据可以看出，2001年以来，我国的年事故死亡人数变化不大，通过与当年的全国总人口相比较，可以得出，事故死亡率为$1 \times 10^{-4} a^{-1}$。

表4-1 中国总人口数和人员伤亡事故统计

年份	事故死亡人数，人	总人口	死亡率，a^{-1}
2001	130491	1295万	1.01×10^{-4}
2002	139393	1284万	1.09×10^{-4}
2003	136340	1292万	1.06×10^{-4}
2004	136755	1299万	1.05×10^{-4}
2005	127089	1376万	9.24×10^{-4}
2006	112822	1314万	8.58×10^{-5}

根据国家统计局数据，我国 1978—2007 年的平均人口死亡率为 $6.576\times 10^{-3}a^{-1}$。从 1978 年至 2007 年人口死亡率统计图（图 4-7）中可以看出，近 30 年来，年平均人口死亡率的变化均在 $6.5\times 10^{-3}a^{-1}$，近似取值 $1\times 10^{-2}a^{-1}$。在上述人口死亡率中，包括了事故死亡的人数，但事故死亡人数所占比例较小，如 2001 年和 2002 年事故死亡人数只占该年度总人口死亡人数的 1.56% 和 1.69%。因此，年平均人口死亡率受事故死亡人数影响很小，可以看作我国人口的正常死亡率。

因此，在推荐我国油气管道的个体风险可接受准则时，分别参照我国的事故伤亡情况和年平均人口死亡率。根据上述分析，可将我国的年平均人口死亡率作为不可接受区与可容忍区的界限依据，将年事故死亡率作为可容忍区与可接受区的界限依据。在界限设定的同时，按照尽可能合理可行的低风险原则，鼓励和要求采取适当措施降低个体风险，将可接受的风险水平降低到现有死亡概率的 1%。因此，分别将两界限值设定为 $10^{-4}a^{-1}$ 和 $10^{-6}a^{-1}$。若个体风险落入可容忍区，应该根据 ALARP 原则采取措施，在合理可行的范围内将风险降低到尽可能的最低水平。图 4-8 为建议的个体风险准则图。

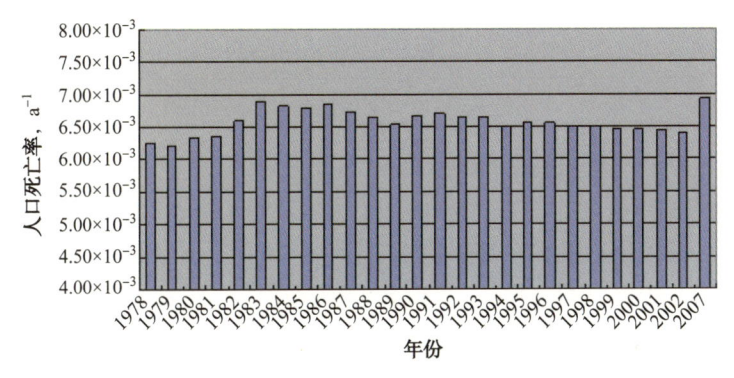

图 4-7 中国 1978—2007 年的人口死亡率统计图

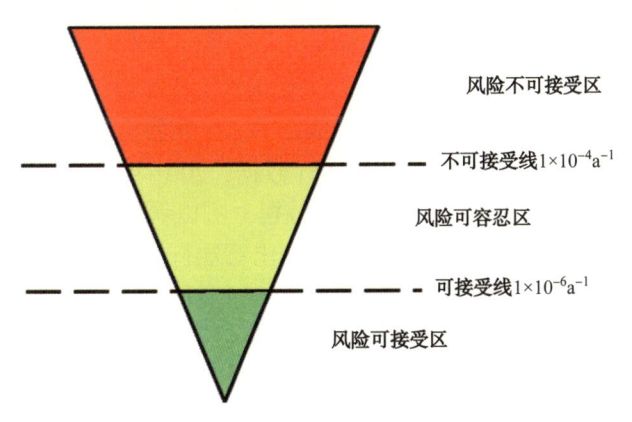

图 4-8 建议的个体风险准则

（3）我国油气管道的社会风险可接受准则的建立。

社会风险用于描述特定事故的发生概率与事故造成的人员受伤或者死亡人数的相互关系，它侧重反映在整个地区范围内事故发生导致的死亡或者受伤人数。应该从国家的可接受社会风险准则出发，推导地区或者项目的社会可接受风险准则。

①国际上可接受社会风险的取值。

FN 曲线最早在核工业领域应用,现在已经作为风险的表述形式在国际上许多行业普遍采用。FN 曲线可以采用以下形式表达:

$$1 - F_N(x) < \frac{C}{x^n} \quad (4-35)$$

其中,n 反映临界曲线的斜率;C 为常数,决定临界曲线的位置。如果 $n=1$,可称作中性风险指标;如果 $n=2$,则可称作规避风险指标。在这种情况下,后果严重的事故只有在相对较低的概率下才能接受。

表 4-2 给出了部分区域的 C 和 n 取值。

表 4-2　FN 曲线参数在部分区域的取值[9]

区域	n	C	适用
英国(HSE)	1	10^{-2}	危险设施
香港	1	10^{-3}	危险设施
荷兰(VROM)	2	10^{-3}	危险设施
丹麦	2	10^{-2}	危险设施

②国家层面的社会风险可接受准则。

我国目前平均的事故死亡率在 $1 \times 10^{-4} a^{-1}$,考虑到非主观自愿的情况,在制定可接受风险指标时,对上述的事故死亡率加以修正,以 $1 \times 10^{-3} a^{-1}$ 作为工伤事故死亡的统计指标。参考荷兰 TAW 给出的风险指标体系,可接受的国家层面的社会可接受风险判据为:

$$\frac{\sum (N_{pi} P_{dfi} P_{fi}) \times 100}{1.3 \times 10^9} < 10^{-3} \beta_i \quad (4-36)$$

在式(4-36)中,N_{pi} 为活动 i 涉及的人员总数,P_{fi} 为活动 i 发生事故的概率,P_{dfi} 为发生事故后人员的死亡概率,1.3×10^9 为目前人口总数,100 为假设每个个体平均熟知的范围。通常,公众对于风险的认识是建立在其熟知的生活和人员范围内的。换句话说,公众对于熟悉的人的死亡非常敏感,而对于不熟悉的人,则没有较高的风险意识。因此,在建立社会可接受风险准则时,应对此加以考虑[10]。

根据我国 2002 年对各个行业的事故统计数据,可以看出,石油行业年事故死亡人数约占全国事故死亡人数的 0.0366%,由此可以得出石油行业在国家层面上的可接受社会风险判据:

$$N_{pi} P_{dfi} P_{fi} < 4.76 \beta \quad (4-37)$$

式(4-37)只考虑了估计死亡人数,而预计的死亡人数是以概率的形式给出的,存在一定的偏差,而且如果标准偏差较大,会引起公众的风险规避心理,故标准偏差的大小会影响公众对风险的可接受性。根据文献[9]给出的采用死亡人数的期望值和标准偏差以及风险规避系数 k 来表述社会总风险(Total Risk,TR)的衡量方法,进一步得出石油行业在国家层面上的可接受社会风险判据:

$$E(N) + 3\sigma(N) < 4.76 \beta \quad (4-38)$$

其中,$E(N)$ 为每年潜在的死亡人数;$\sigma(N)$ 为标准偏差,β 为调整因子,取 $\beta=1$ 时,则有：
$$E(N) + 3\sigma(N) < 4.76 \quad (4-39)$$

③管道的社会风险可接受准则。

我国目前油气长输管道总里程接近 8×10^4 km，预计"十三五"末将达到 10×10^4 km。经过搜集和统计我国油气管道历史失效事故数据，我国油气管道失效事故发生概率在 10^{-3} 左右，东北和华北的老输油管线事故率超过 2×10^{-3}，以下计算中事故率取 3×10^{-3}。另外，根据历史数据统计，每次事故的平均死亡 0.0164 人。按照式（4-35）社会风险 FN 曲线方程，C 取 10^{-4}，n 取 2，计算 $E(N)$ 和 $\sigma(N)$，则有：

$$E(N) = N_{Ai}PN = 100000 \times 3 \times 10^{-3} \times 0.0164 = 4.93 \quad (4-40)$$

$$\sigma(N) = \sqrt{N_{Ai}PN} = \sqrt{100000 \times 3 \times 10^{-3} \times 0.0164} = 0.28 \quad (4-41)$$

$$E(N) + 3\sigma(N) = 5.78 > 4.76\beta_i \quad (4-42)$$

式中 N_{Ai}——油气管道的总长度；

P——油气管道失效事故概率；

N——每次事故平均死亡人数。

从式（4-42）的计算结果可见，总风险超过临界值，需要进一步调整 C 的取值。经过计算，C 取 10^{-3} 也不满足式（4-38），进一步将其调整为 10^{-4}，满足式（4-39）判据，即：

$$E(N) + 3\sigma(N) = 0.046 \quad (4-43)$$

按照式（4-35）社会风险 FN 曲线方程，C 取 10^{-4}，n 取 2，得到我国油气管线的社会风险可接受判据的 FN 曲线（图4-9），曲线方程[7]如下：

$$1 - F_{N_{di}}(x) < \frac{10^{-4}}{x^2} \quad (4-44)$$

其中，$F_{N_{di}}(x)$ 为以函数形式表示的风险临界曲线。

需要说明的是，以上提供的是油气管道社会风险可接受准则的确定方法，其中管道总长度、历史事故率和每次事故的死亡人数等重要参数发生变化，社会风险的可接受判据就要做出相应的调整和改变。随着国民经济发展对能源需求量的增长，管线总长度不断增加。失效事故率和每次事故平均死亡人数是基于历史失效事故统计获得的，由于能获取的公开发布的数据有限，因此会影响社会风险判据的可靠性。风险可接受判据要随着事故数据的积累不断改进和完善，管道失效数据库对做好管道的风险评估具有重要意义。

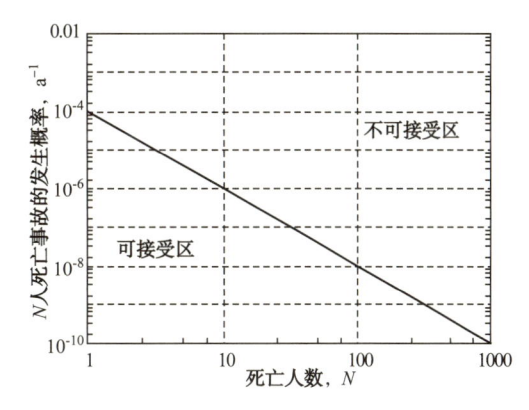

图 4-9 油气管道的社会风险可接受判据的 FN 曲线

三、油气管道定量风险评估技术应用实例

1. 克拉2—轮南输气管道定量风险评估

塔里木油田克拉2—轮南输气管道（克轮输气管道）全长 168km，管道管径为

1016mm，设计压力为10MPa，钢级为X70，于2004年建成投产，是连接克拉2气田和西气东输管道的重要通道，担负着西气东输管道80%以上的供气任务。为了制订科学合理的检测和维修方案，将检测维护重点放在高风险区段，塔里木油田于2006年委托管研院对克轮输气管道全线开展定量风险评估工作。

通过对克轮输气管道的各类数据资料收集整理和分析、现场检测评价以及室内模拟试验，识别出克轮输气管道潜在的风险因素，包括外部金属腐蚀、内部金属腐蚀、地震灾害、地质灾害、制造裂纹、现场焊接缺陷、设备撞击以及其他原因等，并采用加拿大C-FER、管研院等国际上十多家研究机构和石油公司共同开发的定量风险评估方法和软件（PIRAMID）对克轮输气管道进行了定量风险评估。

为了估算管道失效概率、失效后果、风险水平以及制订管道维护方案，根据克轮输气管道特征属性及沿线情况，将整条管道划分为112个风险评估单元，分别计算了112个评估单元当前情况（第一年）和10年后单种风险因素全线平均失效概率和沿线总失效概率（图4-10和图4-11），以及112个评估单元当前情况（第一年）和10年后单种风险因素的风险水平、总经济损失风险水平、人员死亡风险水平、综合风险水平（图4-12至图4-15）。

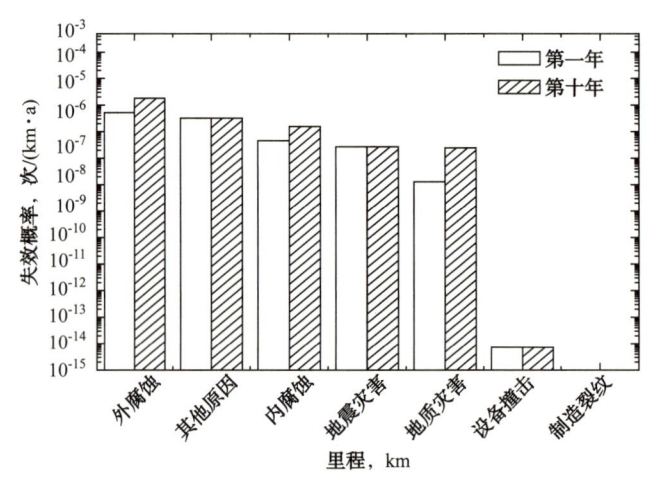

图4-10 克轮输气管道单种风险因素全线平均失效概率对比

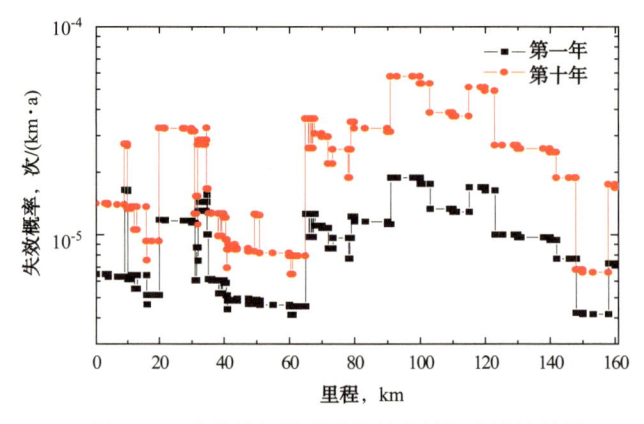

图4-11 克轮输气管道沿线总失效概率计算结果

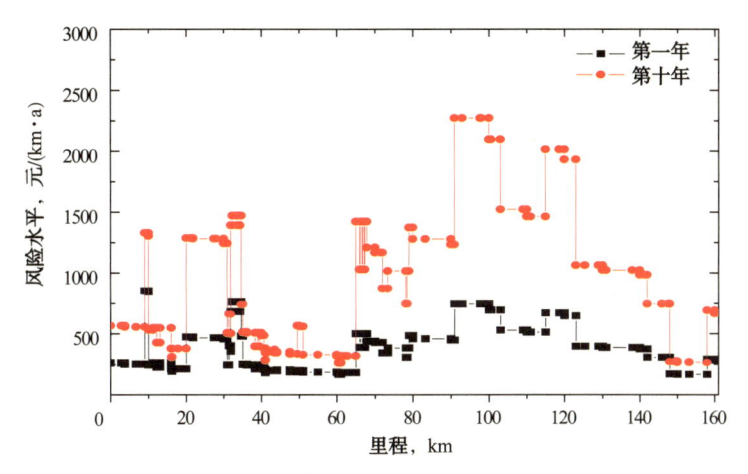

图 4-12 克轮输气管道沿线经济损失风险水平计算结果

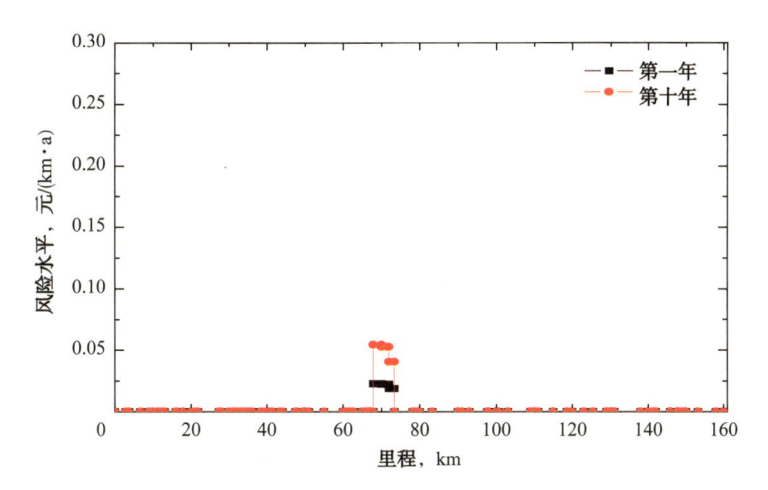

图 4-13 克轮输气管道沿线人员死亡风险水平计算结果

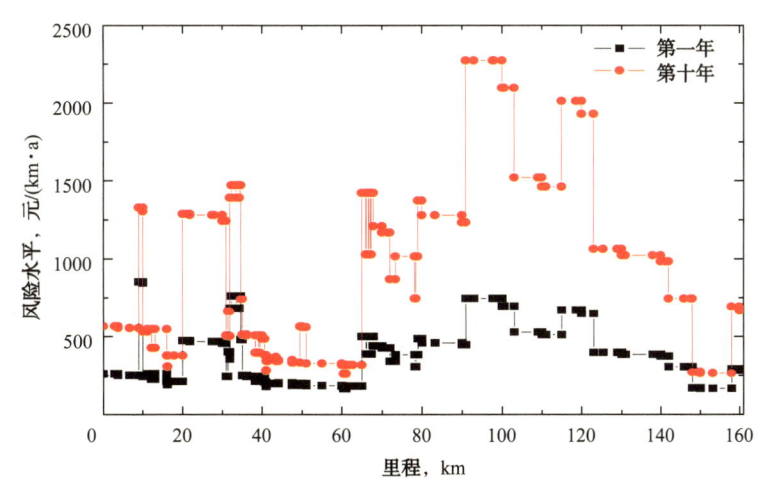

图 4-14 克轮输气管道沿线综合风险水平计算结果

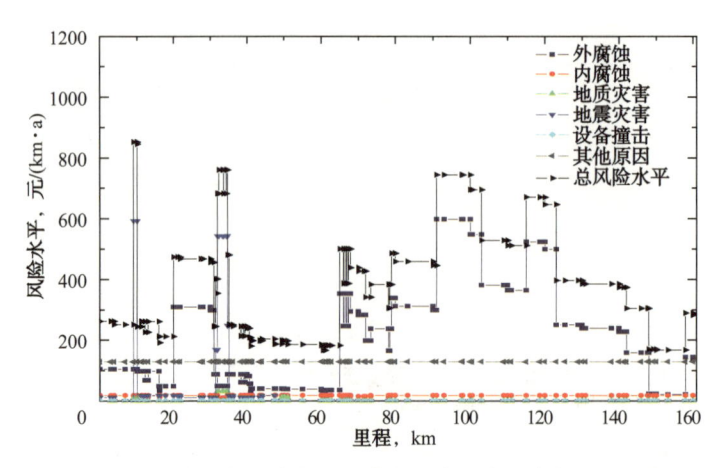

图4-15 沿线综合风险水平与单个风险因素风险水平对比情况

综合以上结果可以得出：

（1）克轮输气管道总体失效概率和风险水平较低。管道沿线平均失效概率为 9.54×10^{-6} 次/（km·a），即管道全线每年发生事故的概率约为0.0016次；管道沿线平均综合风险水平为383元/（km·a）。

（2）管道最主要的风险因素为外部金属腐蚀，地震和地质灾害仅在特定地段影响管道失效概率和风险水平的高低；单个风险因素全线平均失效概率以外腐蚀最高，然后依次是其他原因、内腐蚀、地震灾害、地质灾害、设备撞击和制造裂纹。

（3）管道在不同地段的总失效概率和风险水平的风险控制因素不同。在0~9.04km段、10.04~31.9km段和34.68~161km段，管道总失效概率和风险水平主要由外腐蚀控制；在9.04~10.04km段和31.9~34.65km段，管道总失效概率和风险水平主要由地震灾害控制。

（4）管道总失效概率在91.0~103.0km段最高，为 1.88×10^{-5} 次/（km·a），然后依次是115.0~120.0km段，为 1.698×10^{-5} 次/（km·a），9.04~10km段为 1.647×10^{-5} 次/（km·a），前两段为外腐蚀控制，后一段为地震灾害控制；最低处为60.50~61.104km段，失效概率为 4.1328×10^{-6} 次/（km·a）。

（5）克轮输气管道总风险水平在9.04~10.04km段最高，然后依次是31.9~36.45km段、91.0~103.0km段和115.0~123.0km段。但10年后，总风险水平分布发生了变化，总风险水平在91.0~103.0km段和115.0~123.0km段最高。

通过克轮输气管道定量风险评估，提出一种完整性评价方案和一种预防控制措施：对克轮输气管道全线开展外防腐层检测，对防腐层破损点进行修复，避免管道外部金属腐蚀发生；对地震地质灾害影响区段进行监测，预测地层移动情况。另外，尽可能消除这些地段管道本身缺陷，保持管道自身抵抗地震地质灾害的能力，同时对地震地质灾害风险较高的区段建立相应的应急管理程序，降低管道失效的后果。此次定量风险评估促进了塔里木油田对克轮输气管道安全管理的科学化和规范化，确保了管道供气安全，并且避免了不必要和无计划的维修和更换，直接节约管道维护成本6000万元。

2. 西气东输二线管道定量风险评估

西气东输二线是我国重要的天然气能源动脉，穿越地貌单元复杂，线路长、管径大、压力高，管道一旦发生破裂或泄漏，很容易造成爆炸和大范围的火灾，特别是在人口稠密地区，极易造成灾难性后果。因此，管研院将建立的油气管道定量风险评估方法和软件（TGRC-RISK）应用于西气东输二线的风险评估，为管道优化设计方案提出相应的意见，并对管道建成后的安全管理提出依据和建议。TGRC-RISK 软件基于外腐蚀、内腐蚀、设备撞击、地质灾害、应力腐蚀开裂、制造裂纹、地震灾害、偷油盗气以及其他原因等历史数据模型建立，其中地质灾害涵盖了地层沉降、泥石流、塌方塌陷、滑坡和洪水等因素。图 4-16 至图 4-19 显示了该软件应用于西气东输管线风险定量评价的部分结果。

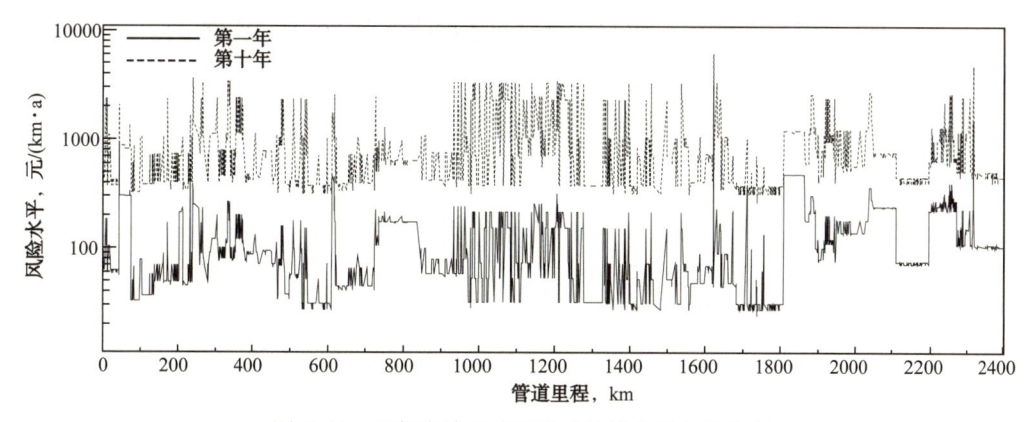

图 4-16 西气东输二线西段总风险水平全线分布

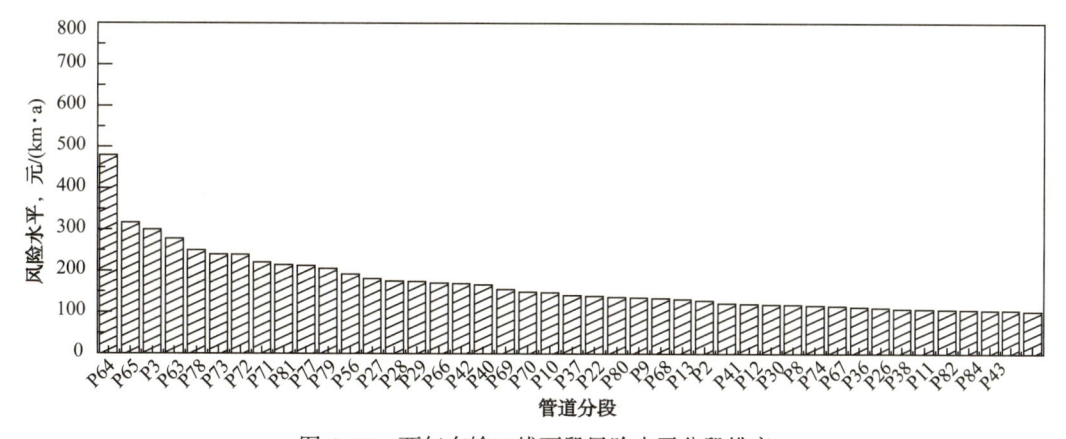

图 4-17 西气东输二线西段风险水平分段排序

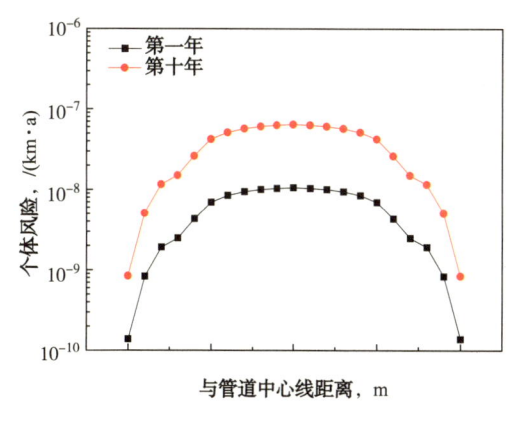

图 4-18 西气东输二线西段 80km 处风险轮廓　　图 4-19 西气东输二线西段 80km 处风险水平发展趋势

定量风险评估技术成果在西气东输二线风险评估中的应用,实现了从管道设计、施工到投产各阶段都考虑管道的安全问题,将西气东输二线管道系统的风险水平控制在可接受的范围内,真正做到管道本质安全。此外,将管道安全运行管理措施前移,在管道的设计和建设阶段就对管道所面临的风险因素进行识别和评价,将有效降低管道的风险水平,为西气东输二线建成后的安全运行奠定基础。

第二节 油气管道安全可靠性评估关键技术

一、油气管道安全可靠性评估关键技术需求分析

自2006年以来,我国管道输送得到巨大发展,油气管道建设突飞猛进,陕京管线、西气东输管线、川气东送管线、兰成渝管线、中哈管线以及西气东输二线等十几条重要油气管线相继建成,中缅管线、陕京三线正在建设之中。截至2010年,我国已建成的石油、天然气管道总长度达到7.5×10^4km。预计未来10年,我国还将新建油气管道5×10^4km。石油、天然气管道已构成我国能源供应的大动脉,战略地位举足轻重,它的安全运行直接关系到国民经济发展和社会稳定。我国目前在役油气管道中60%已运行20年以上[11],进入事故多发期,对老管线的检测和安全评价迫在眉睫。另外,大量新建的油气管道也必须采取科学的管理措施,保证其长期服役的安全性。国际上普遍认为管道完整性管理是管道安全运行的有效模式,也是保障管道安全运行的重要措施,其关键技术和核心内容是管道安全可靠性评估。管道安全可靠性评估又称为结构完整性评价,它是对在役管道能否安全运行的定量工程评价。通过安全可靠性评估,不仅可以大大减小管线事故发生率,而且可以避免不必要和无计划的管道更换和维修,从而获得巨大的经济效益和社会效益。

从20世纪60年代管道安全可靠性评估技术的提出至今,国内外在该领域已开展了大量研究工作,并颁布了不少标准和规范,实际应用后也取得了很好的经济效益和社会效益。但随着管道工程安全性和经济性兼顾的要求越来越高,管道安全可靠性评估中有许多技术和方法问题还需要不断完善和发展,尤其是大量X70、X80高强度管道的建设,对安全评估理论和技术提出了新的要求和挑战。

中国石油开展了3个重点应用基础研究课题和技术开发课题,研究X70/X80高钢级管道断裂评估图技术、表面裂纹体的三维断裂准则、基于可靠性的管道失效评估、弥散损伤型缺陷评价、基于应变的管道失效评估准则、在役老管线焊缝复合缺陷评估等管道安全可靠性评估中的多项关键技术,在国内首次建立了较完善的管道安全可靠性评估技术体系,开发了相应的AFSP 3.0管道完整性评价软件,可以对体积型缺陷、裂纹型缺陷、弥散损伤型缺陷、几何缺陷以及机械损伤缺陷等管道可能存在的各类缺陷进行安全评定与可靠性评估,并在20余条重要油气管线和多个油田的集输管网上推广应用,加速了油气管道完整性评价技术的推广应用,取得了显著的经济效益和社会效益。

二、油气管道安全可靠性评估关键技术成果

1. 基于可靠性的管道失效评估准则

(1)失效概率计算方法研究。

管道设计方法都是以静强度理论为基础的确定性方法，即设计计算时材料性能取最小规定值、载荷取最大值。而实际上由于制管质量不均一、实际运行压力波动以及焊缝缺陷无损检测存在一定的漏检概率等不确定性因素，实际在役管道总存在一定的失效概率。

在研究完整管道、含缺陷管道极限状态函数的基础上，基于可靠性理论，建立了完整管道、含裂纹型缺陷管道、含局部腐蚀缺陷管道以及含点腐蚀缺陷管道的失效概率计算方法。

完整管道：
$$P_\mathrm{f} = p(2ctF\sigma_\mathrm{f} - pD < 0) \tag{4-45}$$

含裂纹管道：
$$P_\mathrm{f} = p\{(1 - 0.14L_\mathrm{r}^2)[0.3 + 0.7\exp(-0.65L_\mathrm{r}^6)] - K_\mathrm{r} < 0\} \tag{4-46}$$

含局部腐蚀缺陷管道：
$$P_\mathrm{f} = p\left\{\frac{2m_\mathrm{f}\sigma_\mathrm{s}t}{D}\left[\frac{1-d/t}{1-d/(tM_\mathrm{t})}\right] - p < 0\right\} \tag{4-47}$$

含点腐蚀缺陷管道：
$$P_\mathrm{f} = p\left\{\frac{2m_\mathrm{f}\sigma_\mathrm{s}t}{D}\left[\frac{1-d/t}{1-d/(tM_\mathrm{t})}\right] + \frac{m_\mathrm{f}\sigma_\mathrm{s}d}{D} - p < 0\right\} \tag{4-48}$$

失效概率计算模型见式（4-49）和式（4-50）。

$$P_\mathrm{f} = \int_{Z<0}\ldots\int f(d,L,t,D,m_\mathrm{f},\sigma_\mathrm{S},p)\mathrm{d}d\mathrm{d}L\mathrm{d}D\mathrm{d}m_\mathrm{f}\mathrm{d}\sigma_\mathrm{S}\mathrm{d}p \tag{4-49}$$

$$P_\mathrm{f} = \int_{G>0}\ldots\int f(a,c,t,R,\sigma_\mathrm{m},\sigma_\mathrm{ys},K_\mathrm{mat})\mathrm{d}a\mathrm{d}l\mathrm{d}t\mathrm{d}R\mathrm{d}\sigma_\mathrm{m}\mathrm{d}\sigma_\mathrm{ys}\mathrm{d}K_\mathrm{IC} \tag{4-50}$$

式中 P_f——管道的失效概率；

p——管道内压；

σ——管道流动应力；

D——管道内径；

t——管道壁厚；

c——模型的误差因子；

m——管道的安全裕度；

F——管道强度设计系数；

d——缺陷深度；

L_r——载荷比；

K_r——韧性比。

在工程实际中，通过求解上述积分来获得管道的失效概率是非常困难的，采用蒙特卡罗（Monte-Carlo）模拟方法可以有效地解决这个复杂的概率问题。蒙特卡罗模拟方法是通过随机变量的统计试验或随机模拟，求解数学、物理和工程技术问题的近似解的数值方法，因此也被称为统计试验法或随机模拟法。蒙特卡罗法计算失效概率的方法和步骤如下：

①构造含裂纹管道的状态函数。根据 CEGB R6 选择 1 和 BS 7910 选择 3 的通用失效

评估曲线，含缺陷管道失效的极限状态函数可以用下式表示：

$$g(L_r, K_r) = (1-0.14L_r^2)[0.3+0.7\exp(-0.65L_r^6)] - K_r \qquad (4-51)$$

② 确定缺陷尺寸、材料性能、压力等随机变量的概率密度函数 $f(x_i)$ 和概率分布函数 $F(x_i)$。

③ 对每一个随机变量，在［0，1］生成许多均匀分布的随机数 $F(x_{ij})$。

$$F(x_{ij}) = \int_0^{x_{ij}} f(x_i) \mathrm{d}x_i$$

其中，i 表示变量个数，$i=1，2，3，\cdots，n$；j 表示模拟次数，$j=1，2，3，\cdots，N$。

对于给定的 $F(x_{ij})$，可由上式解出相应的 x_{ij}。所以，对于每个变量 x_i，每模拟一次可得到一组随机数（x_{1j}，x_{2j}，$\cdots$，x_{nj}）。

④ 将每次模拟得到的随机数代入式（4-51）中，计算 $g(L_r, K_r)$。

⑤ 若值 $g(L_r, K_r)$ 小于0，计失效1次。

⑥ 重复步骤③、步骤④和步骤⑤，进行 N 次模拟，共计大于 M 次，则失效概率 $R=M/N$。

（2）评价参数敏感性分析。

在失效概率计算的基础上，建立了评价参数敏感性分析方法，敏感性系数计算公式见式（4-52）。通过敏感性分析，可找出影响结构安全可靠性的关键变量，并在工程实践中尽可能减小关键变量的分散性和随机性，即降低关键变量的变异系数，以提高结构的安全可靠性。

$$\alpha_i \approx \frac{P(C_{x1}, C_{x2}, \cdots, C_{xi}+\Delta C_{xi}, \cdots, C_{xn}) - P(C_{x1}, C_{x2}, \cdots, C_{xi}, \cdots, C_{xn})}{\Delta C_{xi}} \qquad (4-52)$$

（3）可靠度评估。

基于模糊数学理论，考虑管道输送压力、管径、地区级别等影响失效后果的主要因素，建立了管道目标可靠和可接受失效概率的确定方法，解决了一个困扰管道可靠度分析的关键技术难题。目标可靠度确定方程见式（4-53）。

$$\mu_D^-(w_i) = \frac{1}{2} - \frac{1}{2}\sin\frac{\pi}{10^{-3}-10^{-6}}(w_i - \frac{10^{-3}+10^{-6}}{2}), 10^{-6} \leq w_i \leq 10^{-3} \qquad (4-53)$$

$\mu_D^-(w_i)$ 为可接受失效概率隶属函数。随着失效后果严重程度系数的增加，被评管道的可接受失效概率应该降低，因此，当 $w_i=10^{-6}$（失效后果最严重管道的可接受失效概率）时，$\mu_D^-(w_i)$ 应该等于1；当 $w_i=10^{-3}$（失效后果最不严重管道的可接受失效概率）时，$\mu_D^-(w_i)$ 应该等于0。

2. 基于应变的管道失效评估准则

传统的管道设计是基于应力的方法，即保证正常工作条件下材料在弹性范围内，从而确保管道的安全。然而由于管道运行环境复杂多变，在地震和地质灾害多发区，管道将承受较大的位移及应变，管道的变形不再由应力控制，而是由全部或者部分应变控制或者位移控制。因此，管道设计的依据还要考虑应变或者位移，这就是基于应变的设计方法。管道基于应变设计要解决两方面问题，一是管道设计应变，即地震和地质灾害可能给管道造成的最大应变，这由地震和地质灾害勘察数据来分析确定；二是管道的许用应变，即管道能承受的最大允许应变，它由管道的极限应变和安全系数来确定。管道的应变极限主要考虑两种极限状态——拉伸断裂和压缩屈曲，它们分别属于最终极限状态和服役极限状态。其中，拉伸断裂更危险，它会导致管道彻底破坏，失效后果严重；而压缩屈曲一般不会引起管道直接破坏，但是会引起结构抗力下降，属于一种结构失效形式。压缩屈曲会加速材料向失效状态发展，并且随屈曲点起皱程度的加重，有可能会进一步导致拉伸断裂，其后果取决于后屈曲阶段的变形程度。一般的局部屈曲至少会引起清管器通过困难，以及防腐层失效。由于局部屈曲后钢管变形往往集中于屈曲发生的位置附近，所以临界屈曲应变往往被看作钢管的压缩应变极限，确定钢管的许用应变也是基于这一前提[12]。

20 世纪 70 年代以来，国际上研究建立了一些钢管临界屈曲应变预测模型，部分已纳入基于应变的管道设计标准，但由于考虑的影响因素不足，预测精度偏低，可靠性不够，不能满足基于应变的管道设计需要。管研院在大口径钢管全尺寸屈曲试验的基础上进行管线钢管屈曲应变的参数研究、数值分析等工作，提出了新的屈曲应变预测公式。根据该研究成果，形成了针对西气东输二线用 X80 大变形管线钢管的屈曲应变极限预测模型，据此发布了 X80 大变形钢管及制管用热轧钢板技术条件、中缅油气管线用大变形钢管技术条件，并以此技术条件为指导开展大变形钢管的国产化及采购工作。

（1）钢管临界屈曲应变预测模型建立。

在给定载荷条件下，钢管的屈曲应变行为会受到钢管的几何参数、材料力学性能、内压等因素的影响。例如，钢管几何尺寸 D/t 越大，钢管越容易发生屈曲；内压可以抑制钢管产生除外凸以外的其他屈曲形式，且会引起附加环向应力的升高，通常会提高临界屈曲应变；屈服强度和弹性模量则代表了材料的基本性能。管段屈曲后起皱点应变水平 5.0% 所对应的应力值与管段开始变形时的应变水平 1.0% 对应的应力值之比 $R_{t5.0}/R_{t1.0}$ 表达了在与屈曲相关的应变范围内材料的形变强化能力。参考已有的屈曲理论和试验研究成果，影响钢管临界屈曲应变主要参量有钢管直径 D、壁厚 t、工作内压 p、屈服强度 σ_y、应力比 $R_{t5.0}/R_{t1.0}$、材料弹性模量 E 以及几何缺陷等。基于上述临界屈曲应变的影响参量分析，采用量纲分析和有限元分析方法，构建钢管临界屈曲应变的预测模型。

量纲分析法确定临界应变公式的基本形式：

$$\varepsilon = a \left(\frac{D}{t}\right)^b \left(\frac{p}{p_y}\right)^c \left(\frac{\sigma_y}{E}\right)^d \left(\frac{R_{t5.0}}{R_{t1.0}}\right)^e \tag{4-54}$$

基于有限元算例的计算数据，并使用 FORTRAN 进行多元线性回归运算，从而得到钢管临界屈曲应变预测公式（TGRC 新公式）：

$$\varepsilon = 0.07055 \left(\frac{D}{t}\right)^{-0.8451} \left(\frac{p}{p_y}\right)^{-0.02233} \left(\frac{\sigma_y}{E}\right)^{-0.1388} \left(\frac{R_{t5.0}}{R_{t1.0}}\right)^{6.1505} \tag{4-55}$$

（2）钢管全尺寸弯曲试验验证。

全尺寸弯曲试验是评价钢管屈曲应变极限的最有效、最直接的手段，但由于其试验成本高，往往作为有限元结果和公式预测结果的验证性试验。管研院自主开发了钢管全尺寸弯曲试验装置，研究钢管在弯矩和内压联合作用下的变形行为。

以 ϕ 1016mm × 17.5mm 钢管为例，将管研院建立的 TGRC 新公式、Stephens 弹性理论公式、DNV-OS-F101 公式和 CSA Z662 公式的预测结果与实物评价试验结果进行了对比（图 4-20）。

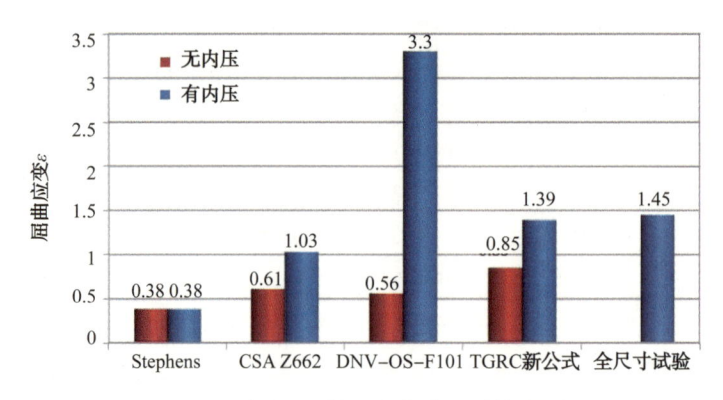

图4-20 公式预测结果与实物试验结果的对比

对比分析可见，DNV-OS-F101公式预测结果过高估计钢管变形能力，工程应用偏于危险；Stephens弹性理论公式预测结果（0.38%）过分保守，远远低于实测值1.45%；CSA Z662公式预测结果与实测值相比误差为29%；运用本研究建立的公式（TGRC新公式）预测钢管屈曲应变极限为1.39%，很接近实测值1.45%，误差仅为4%，可以满足工程应用需要。

3.高钢级管线钢断裂评定和安全可靠性评估方法

（1）高钢级管线钢断裂评估图技术[13,14]。

断裂力学的发展为材料的断裂控制提供了定量判据。目前，断裂韧度参数K_{IC}在材料的断裂控制方面已得到广泛应用，但K_{IC}测试要求试样尺寸满足平面应变或小应变条件。对于延性金属，要达到这些条件就需要大尺寸试样和高吨位的试验机，耗费很大。J积分作为弹塑性断裂力学参量被提出之后，被广泛研究和用于解决有关问题。通过J积分测试不仅可以进行材料韧度观测和选择，还可以为以后评定结构的安全可靠性提供试验依据。

材料断裂韧性测试标准采用单试样法测得材料载荷—施力点位移$P—\Delta$曲线，从而计算J积分。然而，在现有标准中，对裂纹的起裂点的判定是由左界限来判定的。左界限主要依赖钝化线的斜率，并按照标准规定的距离偏置。在GB 2038—1991《金属材料延性断裂韧度JIC试验方法》中，左界限为钝化线向右偏置0.15mm的平行线；而在GB 2038—1980《利用JR阻力曲线确定金属材料延性断裂韧度的试验方法》中，则规定偏移距离为0.03mm。钝化线实际上是一种形式上的线，其斜率在一定范围内变化，取决于材料的强度、塑性和形变强化能力，因此不能用一条特定的钝化线表达所有材料的钝化行为。也就是说，现行标准中的钝化线方程并不能准确地描述不同材料的钝化行为，因而用钝化线的平行线定义的最小裂纹扩展线也就不可能准确地排除裂纹未真实扩展的数据点。这也造成了在J积分测试时，不同的研究者给出的结果相差较大，从而给工程应用造成不便[15]。

在高钢级管线钢的断裂评估图技术[13]研究中，对于裂纹稳定扩展的起裂点，采用声发射的方法加以确定，避免用钝化线来确定起裂点造成的误差，并在试验中采用高K值比法预制疲劳裂纹，简化了断裂韧度试验方法，提高了裂纹前端的平直度，所得到的断裂韧性指标更可靠，同时可在单试样试验的基础上建立材料的失效评估曲线。

以X80管线钢为例，在$P—\Delta$曲线上选取若干点，确定P、U_e和U_p，计算J和J_e，从而得到 X80 管线钢失效评估图，然后运用软件对选择曲线进行拟合，得到母材、焊缝的失效评估曲线（图 4-21 和图 4-22）。

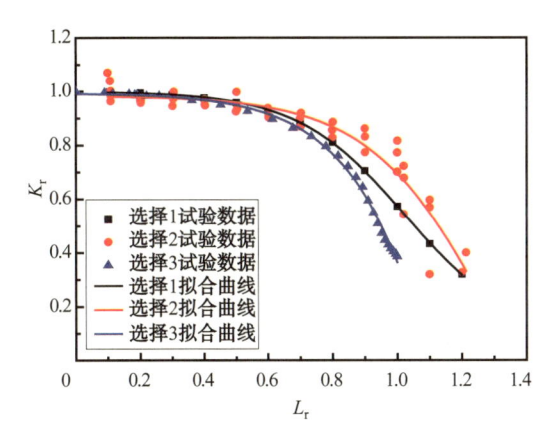

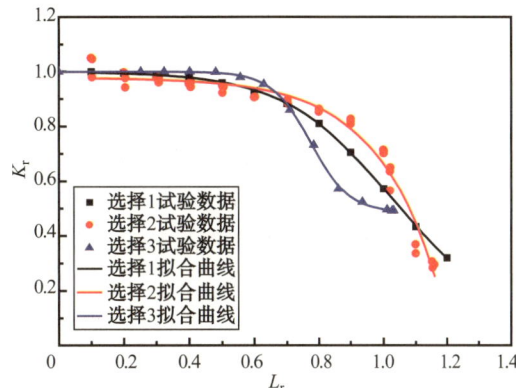

图 4-21　X80 管线钢母材失效评估曲线对比　　　图 4-22　X80 管线钢焊缝失效评估曲线对比

选择 1 拟合曲线。通用失效评定曲线：

$$f_1(L_r) = (1-0.14L_r^2)[0.3+0.7\exp(-0.65L_r^6)]$$

选择 2 拟合曲线。材料特征选择曲线，基于材料真实应力应变曲线：

$$K_r = \left(\frac{E\varepsilon_{ref}}{L_r\sigma_y} + \frac{L_r^3\sigma_y}{2E\varepsilon_{ref}}\right)^{-0.5}$$

选择 3 拟合曲线。基于材料特性和裂纹体几何形状计算弹塑性 J 积分值及其弹性 J_e 分量值，得到精确的失效评定曲线。

$$K_r = \left(\frac{J_e}{J}\right)^{1/2}$$

式中　E——弹性模量，取 2.1×10^5MPa；

　　　σ_y——屈服强度；

　　　ε_{ref}——参考应变，是在单轴拉伸应力应变曲线上真实应力等于 $L_r\sigma_y$ 时的真实应变；

　　　L_r——P/P_0，P_0 为材料塑性失稳极限载荷。

从图 4-21 和图 4-22 中可以看出，当 L_r 小于 0.6 时，三种评估曲线基本吻合；当 L_r 大于 0.6 时，保守度顺序为选择 3 > 选择 1 > 选择 2。从不同选择评估曲线对比的结果来看，选择 1 拟合曲线并不总比选择 2 拟合曲线、选择 3 拟合曲线更加安全。因此，要达到精确的失效评定，不同裂纹尺寸和材料参数应建立不同的失效评定曲线。

（2）断裂韧性和冲击韧性关系模型[16,17]。

金属管材的断裂韧性是管道断裂评估中必须要获得的材料性能参量，断裂韧性的数据可以通过断裂力学试验测得，也可以采用冲击韧性和屈服强度与断裂韧性的经验关系式换算得到。由于冲击韧性和屈服强度数据容易获得，而且测试简单，管道安全评价中多采用冲击韧性和屈服强度与断裂韧性的经验关系式换算得到材料断裂韧性数据。

裂纹尖端张开位移（CTOD）法是测试金属材料断裂韧性的主要方法之一。在平面应变状态下，根据线弹性断裂力学，金属材料的断裂韧性可以依据式（4-56）计算。

$$K_{IC} = \sqrt{\frac{m_{CTOD}\sigma_f \delta_{crit} E_y}{1-v^2}} \quad (4-56)$$

式中 m_{CTOD}——转换常数，取值1.4；

σ_f——流变应力，$\sigma_f = \frac{1}{2}(\sigma_y + \sigma_\mu)$，MPa；

σ_y——材料屈服强度，MPa；

σ_μ——材料抗拉强度，MPa；

δ_{crit}——极限CTOD值，m；

E_y——弹性模量，取值2.06×10^7MPa；

v——泊松比，取值0.3。

API 579—2007推荐采用式（4-57）计算材料断裂韧性数据。

$$K_{IC} = 8.47 \times (CVN)^{0.63} \quad (4-57)$$

其中，CVN为夏比冲击功，单位为J。

然而，目前在管道的安全评估中广泛采用的几个夏比冲击功和屈服强度与断裂韧性的经验关系式都不是专门针对管线钢提出的，采用这些经验公式估算管线钢的断裂韧性偏差较大，尤其是对于高强度、高韧性的管线钢，这个偏差会显著影响断裂评估结果的可靠性。因此，针对高强度管线钢，按以下步骤研究并建立夏比冲击功和屈服强度与断裂韧性的经验公式。

①裂纹尖端张开位移测试。

裂纹尖端张开位移（CTOD）试验通常采用三点弯曲加载的带裂纹试样。在试验过程中，采用载荷传感器和位移传感器（夹形引伸计）记录载荷P和裂纹尖端张开位移V数据。根据数据绘制相应的$P—V$曲线，然后对曲线进行分析，以求出CTOD。

②夏比冲击功测定。

③经验关系建立。

建立经验关系时，把材料的夏比冲击功作为随机变量处理，而相应的断裂韧性作为因变量处理。它们的关系是非确定性的，所以不能简单地用一个函数表达式来描述。根据断裂韧性与夏比冲击功的数据建立散点图（图4-23），横坐标为夏比冲击功的对数值，纵坐标为断裂韧性K_{IC}的对数值，并据此进行建立回归方程的有关计算。

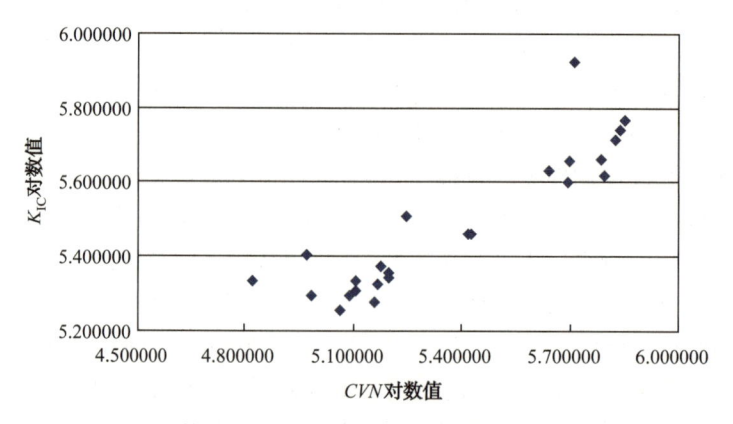

图4-23 X80管道钢夏比冲击功对数值与断裂韧性对数值散点图

从图4-23中可以看出，夏比冲击功的值增加，断裂韧性也随之增加，并且这些点大致分布在某一直线的附近。由此认为变量断裂韧性的对数值与夏比冲击功的对数值存在某种线性关系。

$$\ln K_{IC} = \ln\alpha + \beta_1 \ln(CVN) + e \tag{4-58}$$

令 $y = \ln K_{IC}$，$\beta_0 = \ln\alpha$，$x = \ln(CVN)$，可得：

$$y = \beta_0 + \beta_1 x + e \tag{4-59}$$

如果不考虑式（4-59）中的误差项 e，则得到简单的 y 对 x 的回归方程：

$$\hat{y} = \beta_0 + \beta_1 x \tag{4-60}$$

④回归参数的估计。

在一元线性回归模型 $y_i = \beta_0 + \beta_1 x_i + e_i$ 中，β_0 和 β_1 均未知，需要根据样本数据对它们进行估计。确定参数 β_0 和 β_1 的原则是使样本的回归直线同观察值的拟合状态最好，即使偏差最小。因此，采用"最小二乘法"。

⑤回归模型的检验。

建立回归方程后，还需要检验变量之间是否确实存在线性相关关系。线性回归方程的显著性检验是一元线性回归模型的统计检验的主要内容之一。

⑥统计分析结果。

对试验测得的CTOD值及冲击功数值进行统计分析，估计回归参数 β_0 和 β_1。结果为 $\beta_0 = 2.7680$，$\beta_1 = 0.5039$，得到回归方程：

$$y = 2.7860 + 0.5039x \tag{4-61}$$

表4-3为显著性检验表，由表可得，y 与 x 的相关关系对于 $\alpha=0.05$ 是显著的，此类显著属于高度显著。

表4-3 显著性检验表（$\alpha=0.05$，$n=24$）

检验类型 \ 统计参数	统计量	统计值	临界值	结论
r 检验	$r = \sqrt{R^2}$	$r = 0.9356$	$r_{(22, 0.05)} = 0.4921$	$\lvert r \rvert > r_{(22, 0.05)}$
F 检验	$F = \dfrac{(n-2)R^2}{1-R^2}$	$F = 154.3527$	$F_{(1, 22, 0.05)} = 4.30$	$F > F_{(1, 22, 0.05)}$
t 检验	$t = \dfrac{r\sqrt{n-2}}{\sqrt{1-R^2}}$	$t = 11.6231$	$t_{(22, 0.05)} = 1.717$	$t > t_{(22, 0.05)}$

综上所述，按此方法建立的回归模型与样本数据高度相关。因此，X80管线钢夏比冲击功与断裂韧性之间的经验公式可如下表示：

$$K_{IC} = 15.9267 \times (CVN)^{0.5039} \tag{4-62}$$

⑦新旧公式对比。

分别采用式（4-57）与式（4-62），依据冲击功的值换算材料的断裂韧性值，并进行比较（图4-24）。从图4-24中可以看出，新公式换算值均匀分布在实验测试值两侧，而采用API 579—2007推荐的公式换算出来的值全部小于实验测试值。

为了对新旧公式的换算值与实验测试值之间的偏差进行对比，采用 M_0 与 M_n 作为比对参数，如下：

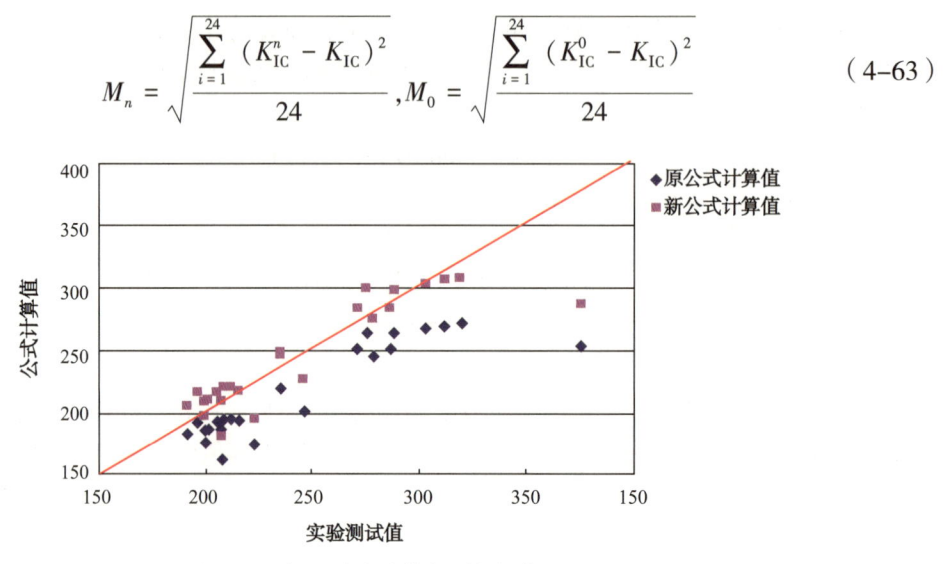

$$M_n=\sqrt{\frac{\sum_{i=1}^{24}(K_{\text{IC}}^n-K_{\text{IC}})^2}{24}},M_0=\sqrt{\frac{\sum_{i=1}^{24}(K_{\text{IC}}^0-K_{\text{IC}})^2}{24}} \quad (4-63)$$

图 4-24 新旧公式计算断裂韧性值对比图

其中，K_{IC} 为断裂韧性实验测量值，K_{IC}^0 与 K_{IC}^n 分别为使用式（4-63）与式（4-58）计算得到的断裂韧性值。计算可得，$M_0=30$，$M_n=15$。式（4-63）计算值与实验测量值之间的偏差小于式（4-58）计算值与实验测量值之间的偏差。

（3）表面裂纹体的三维断裂评估准则[18]。

断裂是油气管道最重要的失效形式之一。在实际管道中，管子制造、焊接、施工、应力腐蚀、疲劳等引发的裂纹大多是非穿透裂纹。管道破裂前以表面裂纹扩展，而一旦破裂，就可能以穿透裂纹高速扩展。工程结构的安全评定都是依据现有材料试验标准，利用标准穿透裂纹试样获得的断裂韧性数据[19,20]，但是实际结构的断裂强度随裂纹几何形态和壁厚的变化而变化。因此，如何将标准穿透裂纹试验数据用于非穿透裂纹的断裂评定是具有重要工程意义的研究课题，也是目前断裂力学领域的前沿技术问题。

对三维弹塑性裂纹尖端应力场的研究表明，裂纹端部应力场不仅与应力强度因子 K 和面内约束有关，还与三维应力约束密切相关。在三维裂纹体中，单一 K 参数的表征方法无论是对裂尖应力场还是对损伤过程都已失效，必须建立新的、更有效的断裂控制参量和断裂准则。

通过 X70 管线钢中心表面裂纹体的三点弯曲试验，研究表面裂纹体的断裂韧性。结果表明，二维断裂力学参量 K_{IC} 已不能客观描述和表征表面裂纹体断裂现象和裂端应力场强度。提出了穿透裂纹和表面裂纹的统一断裂准则，即三维断裂力学准则，表达式如下：

$$K_Z=K\sqrt{F(T_Z)}\leqslant K_{ZC} \quad (4-64)$$

工程中，三维断裂韧性 K_{ZC} 按以下步骤和方法测试：

①预制表面裂纹的三点弯曲试样；

②采用"加载—疲劳—再加载—疲劳断裂"的加载过程，用位移控制加载方式，绘制 P—COD 曲线，用柔度法确定起裂荷载；

③计算裂纹前沿应力强度因子 K 及其分布；

④根据公式 $K_Z=K\sqrt{F(T_Z)}$ 计算裂纹前沿应力强度因子 K_Z 及其分布；

⑤确定起裂位置的 K_Z 值,即为表面裂纹体的三维断裂韧性 K_{ZC}。

研究表明,采用三维断裂力学参量 K_Z 能够很好地描述和表征表面裂纹体的试验现象和裂纹尖端应力场强度,三维断裂韧性 K_{ZC} 与表面裂纹的几何尺寸和裂纹形态无关,是管线钢表面裂纹体的客观韧性指标。在对含表面裂纹的管道进行安全评定时,采用三维断裂准则($K_Z \leqslant K_{ZC}$)比采用二维断裂力学准则更为可靠和准确。

三、油气管道安全可靠性评估关键技术应用实例

1. 西气东输二线安全可靠性评估

西气东输二线干线全长 4895km,西起新疆霍尔果斯口岸,南至广州,东达上海。该项目以宁夏中卫为界东西两段分步实施。西段管道设计压力为 12MPa,东段管道设计压力为 10MPa。管道可靠度计算相关参数见表 4–4。

表 4–4 西气东输二线管道可靠度计算相关参数

项 目	均值	标准偏差	最小值	最大值
屈服强度,MPa	684.9	43.5	555	813
抗拉强度,MPa	726.9	35.1	625	808
夏比冲击功,J	312.7	35.6	220	411
断裂韧性,MPa·m$^{0.5}$	316.1	80.4	253.3	375.5
工作压力,MPa	9.2	0.92	—	—
管径	1219	—	—	—
壁厚(一级地区),mm	18.4	—	—	—
壁厚(二级地区),mm	22.0	—	—	—
壁厚(三级地区),mm	26.4	—	—	—
壁厚(四级地区),mm	33.0	—	—	—

(1)完整管道的可靠性评估。

根据 Barlow 公式,完整管道承受的载荷为管道的输送压力与管道外径的乘积,即 $l=pD$,而管道本身所具有的抗力为管道的壁厚与屈服强度乘积的 2 倍,即 $r=2t\sigma_y$。根据应力强度干涉理论,管道的可靠度即为管道本身的抗力大于管道承受荷的概率,即

$$R = P(r \geqslant l) = P(2t\sigma_y - pD) \tag{4-65}$$

式中 R——管道的可靠度;

P——管道的概率;

r——管道本身所具有的抗力;

t——壁厚;

σ_y——屈服强度;

l——完整管道承受的载荷;

D——管道外径;

p——管道的输送压力。

表 4–5 列出了西气东输二线一级地区管道可靠度计算结果。

表 4-5 西气东输二线一级地区管道可靠度计算

项 目	设计系数	可靠度
西气东输二线	0.72	>（1–10^{-11}）

（2）含腐蚀缺陷管道的可靠度评估。

缺陷长度与深度均采用正态分布函数进行表征。结合 B31G 评价规范和超声波漏检概率模型，将漏检缺陷的最大深度确定为 2.5mm，最大长度确定为 25mm，缺陷尺寸变异系数为 0.1，则缺陷深度与长度的标准差分别为 0.25mm 和 2.5mm。可靠度计算参数具体情况见表 4-6。表 4-7 列出了含腐蚀缺陷管道可靠度计算结果，从表中可以看出，在不同的模拟次数下，管道的可靠度均为 1。说明对于腐蚀缺陷而言，检测精度造成的漏检缺陷不会对管道的可靠度产生影响。

表 4-6 含腐蚀缺陷管道可靠度计算参数

项 目	分布形式	均值	标准差
缺陷深度 d，mm	正态分布	2.5	0.25
缺陷长度 L，mm	正态分布	25	2.5

表 4-7 含腐蚀缺陷管道可靠度计算结果

模拟次数	100	1000	10000	100000
可靠度	1	1	1	1

（3）含裂纹缺陷管道的可靠度评估。

按照本节建立的可靠性计算方法，计算和评估了西气东输二线含裂纹管道的可靠度（表 4-8 和表 4-9）。计算结果表明，对于裂纹型缺陷，管道在一级地区、二级地区、三级地区和四级地区管道运行期间由漏检缺陷造成的失效概率分别为 10^{-5}、5×10^{-6}、小于 5×10^{-6}、小于 5×10^{-6}，均低于 DNVRP F101 推荐的最大允许失效概率（一级地区为 10^{-3}、二级地区为 10^{-4}、三级地区和四级地区为 10^{-5}）。

表 4-8 含裂纹缺陷可靠度计算参数

项 目	均值	标准偏差
缺陷深度，mm	1	0.1
缺陷长度，mm	4	0.4

表 4-9 西气东输二线可靠度计算结果

项 目	一级地区	二级地区	三级地区	四级地区
模拟次数	2×10^5	2×10^5	2×10^5	2×10^5
失效次数	8	7	4	3
失效概率	0.00004	0.000035	0.00002	0.000015
可靠度	0.99996	0.999965	0.99998	0.999985
DNVRP F101 推荐的管道目标可靠度	10^{-3}	10^{-4}	10^{-5}	10^{-5}

2. 三维断裂准则评价输气管道的安全性

某输气管道外径 D 为 1016mm，内压 p 为 10MPa，壁厚 t 为 21mm，其外表面存在一轴向表面裂纹，其中裂纹深度 a 为 4mm，裂纹长度 $2c$ 为 50mm，利用三维断裂准则，并结合失效评估图技术，评价该管道的安全性。

（1）应力强度因子 K_Z 和韧性比 K_{Zr} 计算。

对于管子上的轴向表面裂纹，其应力强度因子计算如下：

$$K_\mathrm{I}=\frac{pR\sqrt{\pi a}}{tE(k)}F_\mathrm{I}\left(\frac{a}{c},\frac{a}{t},\frac{t}{R}\right) \quad (4-66)$$

$$F_\mathrm{I}=\frac{t}{R_\mathrm{i}}\left(\frac{R_\mathrm{i}^2}{R_\mathrm{o}^2-R_\mathrm{i}^2}\right)\left[2G_0+2\left(\frac{a}{R_\mathrm{o}}\right)G_1+3\left(\frac{a}{R_\mathrm{o}}\right)^2G_2+4\left(\frac{a}{R_\mathrm{o}}\right)^3G_3\right] \quad (4-67)$$

$$E(k)=\left[1+1.464\left(\frac{a}{c}\right)^{1.65}\right]^{1/2} \quad (4-68)$$

其中，R 为管道半径，R_i 代表内径，R_o 代表外径，G 代表经验公式系数。查应力强度因子手册，可知 $F_\mathrm{I}=0.549394$，$E(k)=1.034977$，代入式（4-66），得出 $K_\mathrm{I}=13.79965\mathrm{MPa}\cdot\mathrm{m}^{0.5}$。

$$K_Z=K\sqrt{F(T_Z)} \quad (4-69)$$

$$F(T_Z)=\frac{2}{3}(1+\upsilon)+\frac{4}{3}(1-\upsilon)(1+T_Z)^2/(1-2T_Z)^2 \quad (4-70)$$

$$T_Z=\frac{\upsilon}{1+r_\mathrm{p}/B_\mathrm{eq}} \quad (4-71)$$

其中，υ 为材料的泊松比，r_p 为塑性区尺寸，T_Z 为表面裂纹的离面约束因子，B_eq 为等效厚度。由上述公式可计算得到 $K_Z=45.19\mathrm{MPa}\cdot\mathrm{m}^{0.5}$。

在前述内容中，试验测得 $K_{ZC}=141.7\mathrm{MPa}\cdot\mathrm{m}^{0.5}$，则韧性比 $K_{Zr}=\dfrac{K_Z}{K_{ZC}}=0.32$。

（2）载荷比 L_r 计算。

载荷比 L_r 计算如下：

$$L_r=\frac{\sigma_\mathrm{ref}}{\sigma_\mathrm{ys}} \quad (4-72)$$

其中，L_r 为载荷比，σ_ys 为屈服强度，σ_ref 为参考应力。σ_ref 使用下式[13]计算：

$$\sigma_\mathrm{ref}=\frac{gp_\mathrm{b}+[(gp_\mathrm{b})^2+9(M_\mathrm{s}P_\mathrm{m})^2(1-\alpha)^2]^{0.5}}{3(1-\alpha)^2} \quad (4-73)$$

$$p_\mathrm{m}=\frac{pR_\mathrm{i}}{t}+p \quad (4-74)$$

$$p_\mathrm{b}=\frac{pR_0^2}{R_0^2-R_\mathrm{i}^2}\left[\frac{t}{R_\mathrm{i}}-\frac{3}{2}\left(\frac{t}{R_\mathrm{i}}\right)^2+\frac{9}{5}\left(\frac{t}{R_\mathrm{i}}\right)^3\right] \quad (4-75)$$

α、g 和 M_s 是与裂纹尺寸相关的系数。将已知的有关参数代入式（4-73），得到 $\sigma_\mathrm{ref}=280\mathrm{MPa}$，屈服强度 σ_ys 取 X70 管线钢最小规定值 480MPa，则由式（4-72）得到 $L_r=0.58$。

（3）评价结果。

图4-25为失效评估图，图中的失效评估曲线方程[11]如下：

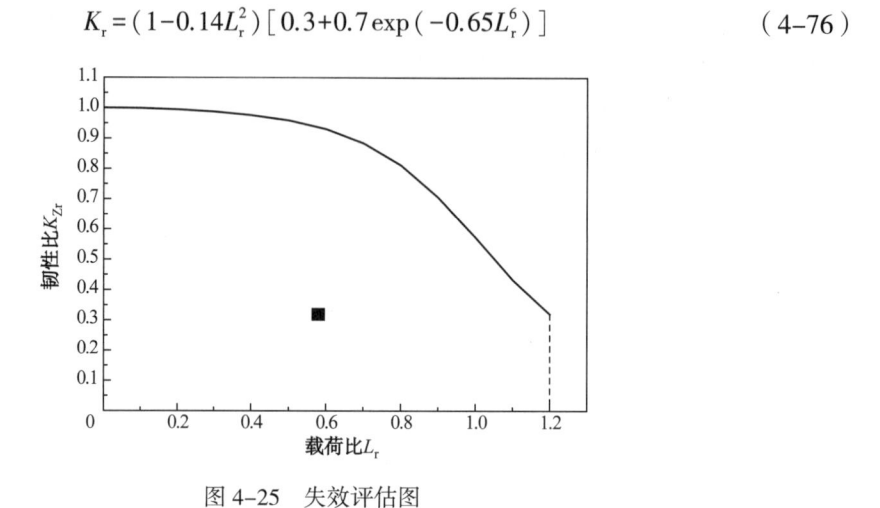

$$K_r = (1-0.14L_r^2)[0.3+0.7\exp(-0.65L_r^6)] \tag{4-76}$$

图 4-25 失效评估图

从失效评估图中可以看出，评估点落在评估曲线下方，表明该轴向表面裂纹是可以接受的，则管道安全。

第三节　管道复合材料补强修复技术

一、管道复合材料补强修复技术需求分析

油气输送管道在服役过程中往往因腐蚀、机械损伤等原因而产生许多缺陷，这些缺陷的存在及发展将会降低管道运行的安全性，如何对这类腐蚀缺陷进行有效的修复补强是确保管线安全运行和提高油气集输效益的关键。美国运输部（DOT）专门在其安全条例中规定，在管线运行压力超过其指定最小屈服强度（SMYS）的40%时，必须对管道缺陷及各类损伤采用合适的方法进行修复。管道修复技术在国外一般被称为"3R技术"，即Repair, Rehabilitation, Replace（修补、修复及更换管段）。据统计，我国早期投入使用的管线的爆裂事故高达7~10次/（1000km·a），每年用于旧管道维修、更新的费用约占新建管道工程建设投资的10%~20%。因此管道的修复工作已经成为油气集输过程中一项必不可少而又经常性的工作，每年均需投入大量费用，当因腐蚀、开裂或管体其他缺陷而导致非计划停运时更是如此。

纤维复合材料修复补强技术是20世纪90年代发展起来的一种结构补强技术。随着科技发展和技术进步，运用玻璃纤维、碳纤维等复合材料的补强修复技术由于具有无须动火、不用停输、安全快捷、实用经济等特点，在管道缺陷修复中得到广泛应用[21, 22]。该技术可进行现场缠绕施工和就地环境固化，施工过程无须明火，安全、方便；增强材料[玻璃纤维（织物）、碳纤维等]的比强度远远超过钢材，使得复合材料修复和补强的效率很高；复合材料有很好的可设计性，可根据缺陷严重程度和受力情况进行厚度、层数、纤维分布等多方面有针对性的设计，修补可靠性很强；玻璃纤维（碳纤维）增强的树脂基复

合材料，具有良好的密封性和优异的耐腐蚀性，很少出现二次腐蚀破坏现象。目前，纤维复合修复补强技术使用的产品主要有三部分，分别为玻璃纤维或碳纤维复合材料套件、层间胶黏剂及缺陷填充材料。补强修复施工工艺有预成型法和湿缠绕法两种。

管研院于 2000 年在国内首次开发出"环氧树脂玻璃钢和碳纤维增强树脂复合材料片材 + 改性胶黏结剂 + 缺陷填充材料"三组分体系的含缺陷管道外补强修复技术和产品。随着胶黏剂及化工产品的快速发展，原补强修复复合材料基体树脂及填料组分在配方和性能上趋于落后。同时，根据现场施工经验及对多种修复产品开挖验证其修复效果的检测研究发现，修复点在补强修复并回填一段时间后，出现修复材料与管体脱黏、分层、空鼓、压边搭边和边界无封口或封口不完整等问题，说明目前市场上的国内外补强修复产品存在修复材料自身问题和施工工艺问题。

二、管道复合材料补强修复技术成果

1. 复合材料补强修复产品

复合材料补强修复产品以环氧树脂和玻璃纤维、碳纤维及层间胶黏剂、固化剂、触变剂等及其他辅助材料为原料，通过一定的配比及合成工艺，得到具有较高强度的环氧树脂和玻璃纤维复合材料片材或碳纤维复合片材，玻璃纤维复合材料片材最高拉伸强度可达 903MPa，碳纤维复合片材最高抗拉强度可达 1480MPa。

（1）补强修复基体片材。

环氧树脂和玻璃纤维复合材料片材或碳纤维复合材料片材由下列原材料和配比构成：环氧树脂 +593# 固化剂或三乙醇胺固化剂。固化剂用量：

$$A=（分子量/活泼氢数）\times 环氧值$$

其中，A 为每 100 份环氧树脂中 593# 固化剂的用量。"环氧树脂 +593# 固化剂"和"环氧树脂 + 三乙醇胺固化剂"的冲击强度、断裂延伸率等韧性指标较低，而基体材料的韧性正是决定树脂基复合材料拉伸强度的关键因素。研究表明，丙烯酸酯液体橡胶对环氧树脂有很好的增韧作用，因此在两体系中加入量为 5~15phr（phr 为每百克含量）的液体橡胶进行增韧改性，使树脂的冲击强度提高了 20% 左右。环氧树脂 +593# 碳纤维复合材料性能参数见表 4–10。图 4–26 为碳纤维单向复合材料的弯曲拉伸强度与树脂基体体系关系图。

表 4–10　环氧树脂 +593# 碳纤维复合材料性能参数

项　　目	环氧树脂 +593# 碳纤维复合材料	
	碳纤维（T-300）	碳纤维（T-700S）单向布
拉伸强度，MPa	623.0	1480.0
弯曲强度，MPa	1063.0	930.0
层剪强度，MPa	39.8	44.1
层间剪切强度 V_f，%	40	51.1

复合材料片材制备工艺一般为增强材料裁剪和树脂胶液配制，上模铺层（控制长度、厚度和宽度），涂胶（环氧树脂基体），用模具收卷，按照设定固化工艺温度在工装加热设备中固化，后处理，卸模，修理边角，封装等。

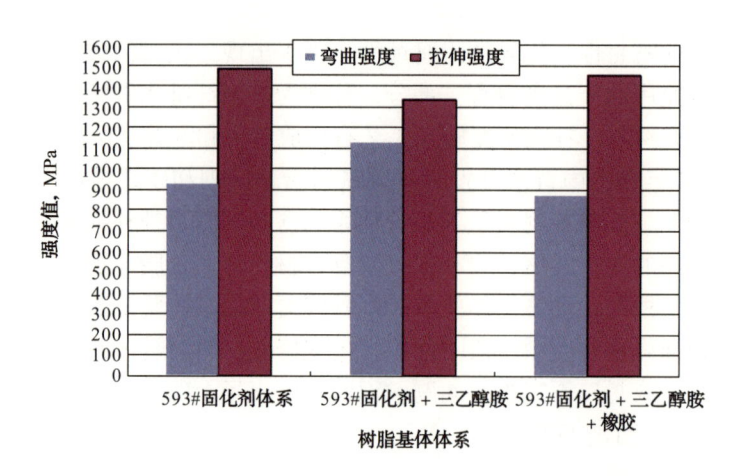

图4-26 碳纤维单向复合材料的弯曲拉伸强度与树脂基体体系关系图

材料制备中树脂基体的种类和固化剂的种类对复合材料的性能影响很大,相较于不饱和聚酯树脂作为复合材料基体,环氧树脂作为复合材料基体的效果更好,可使复合材料的弯曲强度和拉伸强度相应提高22.5%和25.7%;593#固化剂的性能比651#固化剂好,复合材料的弯曲强度和拉伸强度提高了32.4%和84.6%;环氧树脂/玻璃纤维单向布复合材料综合性能最佳,室温拉伸强度为903MPa、弯曲强度为810MPa、层剪强度为51.5MPa,低温拉伸强度有所升高,在温度为0~5℃时,拉伸强度达到1029MPa,拉伸模量达到39.3GPa。补强后补强层与钢管的匹配性能:温度为5~95℃下热胀冷缩性能测试表明,管道的弹性变形不会影响补强层与基体的结合力。碳纤维单向布增强复合材料的拉伸强度较玻璃纤维单向布增强复合材料大,对于环氧树脂/碳纤维单向布复合材料,其拉伸强度为1480MPa,弯曲强度为930MPa,层间剪切强度为51MPa。

(2)复合材料层间胶黏剂。

片材层与层间胶黏剂的基料种类为环氧树脂,固化剂为593#。这种两组分室温固化层间胶黏剂的配比一般为:A组分为环氧树脂(30phr)、丙烯酸酯液体橡胶(10phr)、触变剂气相二氧化硅(0.62phr);B组分为593#固化剂(30phr)、促进剂为2,4,6-三[(二甲氨基)甲基]苯酚(15phr);按A组分:B组分=100:26(质量比)混合。固化工艺:固化温度为18℃,固化时间为12h。胶黏剂固化温度为60℃时,凝胶时间为30min;室温为30℃时,凝胶时间为66min;室温为15℃时,凝胶时间为240min。通过调节促进剂2,4,6-三[(二甲氨基)甲基]苯酚(DMP-30)用量,可以调节室温固化胶黏剂的凝胶固化时间。层间胶黏剂的主要性能指标见表4-11和表4-12。

表4-11 胶黏剂拉伸剪切性能

性　　能	环氧树脂+593#固化剂+触变剂					
	0phr	5phr	10phr	15phr	20phr	25phr
拉剪强度[铝—铝]30℃/36h,MPa	12	20	28	26	22	20
拉剪强度[玻璃钢—玻璃钢]35℃/30h,MPa	7.2	12	16	14	12	—(试件破坏)
拉剪强度[玻璃钢]18℃/36h,MPa	6.0	9.5	11.0			—(试件破坏)

表 4-12 胶黏剂的抗阴极剥离性能

测试项目	试验条件	规范要求	测试结果	参照标准
阴极剥离	试验温度为65℃，阴极极化电位为 3.5V，试验溶液为 3.5% 的 NaCl 溶液，试验时间为 48h	≤ 10mm	平均为 2mm	CAN/CSA—Z245.21-M92

（3）缺陷填充材料。

缺陷填充材料采用 593# 固化剂和乙醇胺类环氧树脂，此外，添加二氧化硅、石英粉、钛白粉等作为辅助填料，同时采用双酚 A 改性。这种载荷传递材料为两组分体系，A 组分为环氧树脂（100 份）、填料石英粉闪烁石（200 份）、触变剂气相二氧化硅（5 份）；B 组分为 593# 固化剂（100 份）、促进剂 DMP-30（40 份）。全尺寸水压爆破试验结果表明，管道在屈服及破裂后，载荷传递材料的变化很小，表现出良好的韧性和强度。载荷传递材料性能参数见表 4-13。

表 4-13 载荷传递材料性能指标

测试项目	性能	测试方法
固体含量，%	96.3	GB/T 1725—2007
初步硬化（10℃），min	160	实测
完全硬化（10℃），min	220	实测
初步硬化（25℃），min	100	实测
完全硬化（25℃），min	150	实测
弯曲强度，MPa	41.0	GB/T 2570—1995
冲击强度，kJ/m²	6.2	GB/T 2571—1995
拉剪强度［钢—钢］，MPa	7.9	GB/T 7124—1986
耐热性（100℃，24h）	无变化	GB/T 1725—2007

采用复合材料修复补强产品和工艺对含不同缺陷的管道进行修复，可使管道承压能力得到增强，达到无缺陷状态下的承压能力；对深度大于管壁厚度一半的缺陷，通过采用专用填充材料填充和复合材料补强片材修复后，管道全尺寸水压爆破时缺陷部位不发生渗漏和开裂，爆口出现在管道无缺陷部位，说明缺陷处管道所受应力低于管道无缺陷处应力值，即缺陷处承压能力大于无缺陷管道承压能力。

采用复合材料卷片对含缺陷管道进行修复和补强，补强主要材料可以在室内加工完成。补强时只需对缺陷部位进行适当的表面处理，再将缺陷部位用补强填充材料填平，然后将补强卷片包裹在管道上，片材层间采用专用胶黏剂和固化剂，无须焊接及专用机具。

2. 复合材料补强修复施工工艺技术

（1）施工准备。

施工准备工作主要包括准备补强修复工作所需的各类补强材料及施工辅助设备，开挖清理含缺陷管段，测量与记录缺陷等。各施工阶段所需材料、工具见表 4-14。除了材料的类型外，还应确定所用材料的规格尺寸和数量（必要时还可拍照记录），并依据供货证明和产品质量证明书确认产品的质量。

表4-14　各施工阶段所需材料、工具一览表

工序	材料	工具及其他辅助设施
钢管表面清理	汽油、专用除锈清洗液、丙酮等	喷砂工具、橡胶手套、保护眼镜等
补强区域标识	自黏性胶带	划线工具如铅锤、记号笔等
缺陷填充	专用填充腻子	橡胶抹刀、计量器具、橡胶手套、保护眼镜
底胶涂刷	专用胶黏剂	胶黏剂涂刷滚轮、盛胶容器、计量器具、温湿度计、手动搅拌机、橡胶手套、保护眼镜等
不平整面修复	专用填充腻子	橡胶抹刀、橡胶手套、保护眼镜等
玻璃钢卷片卷贴包覆	玻璃钢卷片、专用胶黏剂	玻璃钢卷片支架、胶黏剂涂刷滚轮、盛胶容器、计量器具、温湿度计、手动搅拌机、橡胶手套、保护眼镜、玻璃钢卷片切断工具等
补强层固化前的紧固	自黏性胶带	紧固工具
补强层端面填平包覆	胶黏剂、热缩带	胶黏剂涂刷滚轮、盛胶容器、计量器具、加热工具、橡胶手套、保护眼镜等

（2）钢管表面清理。

在风沙较大和空气湿度大于75%时，如没有可靠的防护措施，不宜涂刷底胶。为了保证最佳的黏结效果，钢管的表面清理工序是补强修复的关键一步。被修复表面应确保无油、无水，要完全去掉缺陷部位的污物和氧化皮等杂质，露出钢管本体。

（3）补强区域划线标识。

为保证后续缺陷填充、底胶涂刷及玻璃钢卷片包覆在正确位置，需要根据缺陷部位、缺陷影响区大小确定补强修复区域，并采用划线或自黏性胶带将补强区域标示出来。应采用醒目的颜色进行标示。

（4）采用专用缺陷填充材料填充缺陷。

钢管表面的缺陷如果不进行填充，在玻璃钢卷片包覆到钢管上后，缺陷部位不能与补强层接触，载荷不能均匀传递到补强层上，则缺陷部位依然会存在应力集中，达不到补强效果。

（5）涂刷底胶。

在缺陷处填充腻子以达到表面干燥，确认钢管表面干燥、无污染后，可以开始涂刷底胶。

（6）不平整面修复。

在底胶和填充腻子凝胶后，对流挂或其他凹陷、空洞等缺陷部位进行修补。

（7）玻璃钢卷片卷贴包覆。

在底胶表面凝胶后（用手指接触已硬化），确认没有水分和尘土附着，将玻璃钢卷片卷贴到已经标记好的管道缺陷部位，在卷贴包覆过程中，用滚轮在玻璃钢卷片层与层之间涂刷专用胶黏剂。当待修复缺陷尺寸超过玻璃钢卷片材料的极限修复尺寸时，可进行连续缠绕补强修复，相邻卷片间的间距以不发生搭接为限，卷片间的空隙用层间胶黏剂填充。

（8）补强层端面填平包覆和搭接部位的补口。

胶抹刀抹成斜坡，待胶黏剂表面固化后，用热缩型胶带对端头部位进行补口。

（9）管沟回填。

待补强层基本固化后，可以对管沟进行回填处理。

（10）施工记录。

现场施工记录包括补强修复工作的主要内容、施工方法、天气情况（温度和湿度）、实施的检验和其他一些必要事项等。

（11）安全管理。

在施工过程中的任何一个环节，都需要遵守一些必要的安全条款。采用玻璃钢卷片修复含缺陷管道，所用材料包括专用的表面清洗剂、缺陷填充腻子、专用胶黏剂、玻璃钢补强片材等多种材料。因此为了施工安全，需要操作者熟悉所用各种材料的特征，要注意施工条件和作业环境。

3. 复合材料补强可靠性的实验室验证

含不同尺寸缺陷的管道补强层厚度和修复后的承压能力需得到实物爆破试验的验证。这里举例介绍部分实验验证的方法及结果。

试验采用从美国引进的静水压试验系统，系统最高压力达210MPa，增压速度可自动控制，控制精度为1%。对于无缺陷管段，采用直接加压打爆方式；对于含有缺陷的补强修复管段，在水压试验过程中，均采用阶梯式加载方式，即分段稳压。试验温度为室温。

试验管段规格为 $\phi 273mm \times 7mm$，缺陷尺寸为 $150mm \times 75mm \times 3mm$，补强层数为6层。图4-27是水压试验过程中无缺陷管段和含缺陷管段内压随时间变化曲线，从图中可以看出，试验明显经过了从屈服到断裂的全过程。图4-28是试验管段爆破后的宏观照片。管道补强部位没有发生渗漏和开裂，爆破口在无缺陷部位，可见缺陷部位经复合材料补强修复后，强度得到恢复甚至超过了完整管道。表4-15中列出对3根管子屈服压力和爆破压力的试验值和理论值，结果表明，屈服压力和爆破压力的试验值和理论计算值基本吻合。

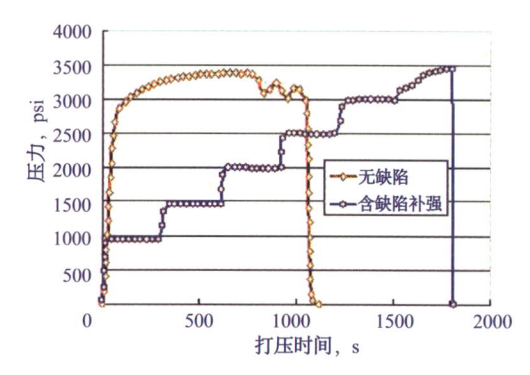

图4-27 水压爆破试验压力与时间曲线　　图4-28 含缺陷管段经补强修复爆破后的宏观照片

表4-15 钢管屈服压力和爆破压力试验值和理论值　　单位：MPa

管　号	屈服压力		爆破压力	
	理论值	实测值	理论值	实测值
无缺陷管	18.4	19.7	19.9	23.3
含缺陷管段1号	18.4	20.0	19.9	23.2
含缺陷管段2号	18.4	20.6	19.9	23.7

三、管道复合材料补强修复技术应用实例

"十二五"期间，管研院针对近年来复合材料修复补强技术现场施工和开挖验证发现的问题，结合最新的材料及施工工艺，建立了修复材料体系改进提高、施工工艺整体优化、现场应用后修复效果和施工质量检测评价指标体系建立、操作实施成套的管道修复管

理和维护技术等新技术。技术成果已在中国石油西南油气田公司（以下简称西南油气田）、青海油田公司（以下简称青海油田）、西部管道公司（以下简称西部管道）、陕西省天然气股份有限公司等公司的管线和站场中得到成功应用，为油气管线和场站管道的安全管理提供了有力的技术支持和科学依据。依据本技术成果现场修复补强管体缺陷30多处，现场检测评价修复点42处。三年来预防油气泄漏等安全事故7起，节约停输维抢修直接和间接经济损失约7000万元，保障了油气管道及站场安全平稳运行。

1. "柴北缘"输气管线碳纤维补强修复

青海油田"柴北缘"输气管线于2013年11月投产，管线输送介质为天然气，设计压力为6.3MPa，管线排量为90000~95000m³/h。管道规格为$\phi 660mm \times 7.1mm$，材质为L415钢，弯头最小曲率半径6D。"柴北缘"输气管线全线设截断阀室4座，阴极保护站3座，沿线穿越等级公路2次、废弃老G315国道1次、油田沥青主干道1次、简易通车道路28次，穿越地下管道12次，穿越地下光（电）缆9次。

2015年10月17日至2015年11月18日，中国特种设备检测研究院压力管道事业部对"柴北缘"输气管线进行了内检测，漏磁检测管体金属损失1168处，最严重金属损失程度达到管道公称壁厚的23.3%。2016年，青海油田"柴北缘"输气管线内检测验证外腐蚀缺陷10处，为保证冬季保供要求，急需在冬季保供前对缺陷进行修补补强作业。在制订了详细补强修复方案的基础上，2016年11月，采用单向碳纤维布（进口T-300型），其宽度为300mm，修复层数计算结果为4层。为确保安全，修复层数确定为6层，其余缺陷点补强宽度为300mm，10#缺陷点补强宽度为600mm，确保消除缺陷造成的应力集中影响区。表面处理采用电动除锈St3以上，采用抗阴极剥离绝缘底胶，可避免修复后点偶腐蚀的发生，环焊缝余高采用缺陷填充材料将其涂抹成斜坡，保证过渡圆滑流畅，避免焊缝余高造成的空鼓。为解决现场温度较低问题，现场对胶黏剂进行加热处理，保证胶黏剂甲乙组分混合均匀，同时施工完成后进行加热固化处理。

修复补强完成后，在碳纤维补强施工完成后，依据SY/T 5918—2011《埋地钢质管道外防腐层修复技术规范》使用目前防腐效果最好的黏弹体+冷缠带在补强层外进行防腐处理。

图4-29和图4-30分别为缺陷验证图和现场修复作业图。

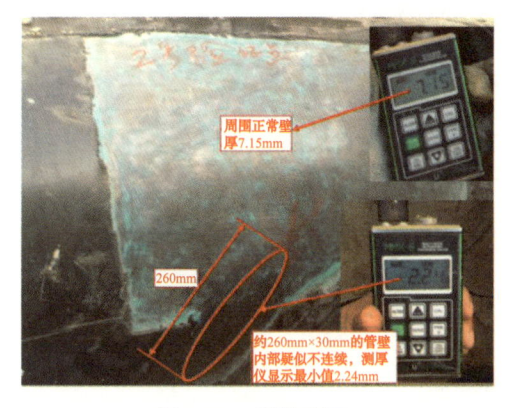

图4-29　缺陷验证　　　　　　　图4-30　现场修复作业

2. 咸宝线管道碳纤维补强修复

陕西省天然气股份有限公司杨凌分公司对咸宝线完成了内检测，内检测发现咸阳分输站至杨凌分输站管段存在两处外腐蚀严重缺陷，地点为 26+13# 桩下游 178.52m 处和 66+2# 桩下游 13.2m 处。咸宝线管道规格为 $\phi 426mm \times 6mm$，钢级为 L360，设计压力为 4.0MPa，运行压力为 3.6MPa。缺陷 1（图 4-31）为局部腐蚀，腐蚀区域尺寸为 230mm×50mm，最深腐蚀坑深 2.62mm（长度为 13mm，宽度为 23mm），为壁厚的 43.6%，带压运行。缺陷 2（图 4-32）外腐蚀群缺陷的长度为 23mm，宽度为 48mm，其中最大外腐蚀坑深度 1.22mm，腐蚀深度 20.3%，该腐蚀群内超过 10% 的腐蚀共 3 处。除此区域明显腐蚀外，附近存在微小的腐蚀，深度小于 0.5mm，长度约为 20mm，宽度约为 35mm。

图 4-31　缺陷 1 形貌 　　　　　　　　图 4-32　缺陷 2 形貌

　　采用单向碳纤维布（进口 T-300 型），其宽度为 300mm。根据计算，缺陷 1 修复层数为 4 层，为确保安全，修复层数确定为 6 层。缺陷 2 修复层数为 3 层，为确保安全，修复层数确定为 6 层。缺陷 1 的修复宽度为 600mm（2 个修复环套），由于腐蚀区域轴向宽度为 230mm，1 个修复环套（300mm）无法完全消除缺陷造成的应力集中影响区，因此方案调整为使用 2 个环套，以确保修复可靠性。缺陷 2 的修复宽度为 300mm（1 个修复环套），由于腐蚀区域轴向宽度为 100mm 左右，1 个修复环套（300mm）可完全消除缺陷造成的应力集中影响区。表面处理为电动除锈 St3 以上，采用抗阴极剥离绝缘底胶，可避免修复后点偶腐蚀的发生。

　　修复补强完成，在碳纤维补强施工完成后，依据 SY/T 5918—2011《埋地钢质管道外防腐层修复技术规范》使用目前防腐效果最好的黏弹体 + 冷缠带在补强层外进行防腐处理。图 4-33 和图 4-34 分别为缺陷 1 现场修复作业图和缺陷 2 现场修复作业图。

图 4-33　缺陷 1 现场修复作业 　　　　　　　　图 4-34　缺陷 2 现场修复作业

第四节 展 望

随着我国油气消费量和进口量的增长，管网建设蓬勃发展，陆续建成了西气东输、陕京管道、川气东送、甬沪宁、兰郑长等一批长距离、大输量主干管道，2016年油气主干管道总里程达到11×10^4km。西气东输二线、西气东输三线的建成投产标志着我国管道总体技术水平达到了国际先进水平。原油、成品油、天然气三大管网初具规模，形成了"北油南运""西油东运""西气东输""海气登陆"的供应格局。今后10~15年仍将是油气管道建设的高峰期。2020年，我国油气管网规模将达到16.9×10^4km，其中，原油、成品油、天然气管道里程分别达到3.2×10^4km、3.3×10^4km、10.4×10^4km。预计到2030年，我国油气管道总里程将达到$(25\sim30) \times 10^4$km，基本建成现代油气管网体系。

但是，近几年来发生的一系列油气管道灾难性事故，如青岛"11·22"事故、中缅管道"7·2"事故和中缅管道"6·10"事故等，使保障油气管道安全运行面临前所未有的挑战。为保证能源安全稳定供应，积极防控管道运行风险，提升管道本质安全，急需全面排查油气管道安全隐患，积极开展油气管道安全风险防控技术攻关研究，主要攻关研究内容如下：

（1）地质灾害区油气管道变形在线监测及预警技术。开展基于卫星遥感技术及伴行光缆的管道地质灾害实时监测及预警技术研究，以卫星遥感数据、不同分辨率的地理和地质数据等为数据源，进行管道变形高精度监测技术研究及系统开发，开展不同地质灾害类型油气管道变形远程监测方案研究、油气管道变形高精度远程监控软硬件系统研发、典型地质灾害区油气管道变形高精度监测物联网系统搭建等。

（2）基于大数据的在役管道失效行为智能评估技术。在实现管道属性相关数据对齐并纳入数据库的条件下，形成管道/管道损伤大数据，开展管道失效智能预测技术研究，突破管道材料数据库及大数据挖掘技术、管道服役状态智能评估技术，建立基于大数据的管道神经网络失效智能预测模型，通过具体的失效案例进行学习训练，不断提高管道失效行为智能预测准确率。

（3）高钢级管道完整性评价技术。针对高强度/超高强度钢，研究管道复合缺陷的失效模式与失效机理，建立管道复合缺陷下的极限状态方程以求解其失效概率的模型；研究含缺陷管道流变应力状态下的极限载荷；研究不同变形量对管材强韧性和残余应力影响的变化规律，掌握实物管道在反复超高强度试压过程中的性能变化以及应力分布；研究高钢级管道环焊缝的断裂临界工程评定方法；在已有全尺寸爆破试验技术基础上，开展不同气质组分条件下高钢级管道失效行为的全尺寸试验研究、压力波动及腐蚀条件共同作用下高钢级管道失效行为的全尺寸试验研究，形成针对变形、表面损伤、腐蚀等失效模式的全尺寸试验方法体系。

（4）管道修复技术。细化管道本体缺陷修复技术，研究复合型修复方法，提高本体修复工作的针对性和适用性；在管道防腐层修复技术方面，结合阴极保护及杂散电流干扰等数据，综合分析可能存在的腐蚀风险，重点攻关防腐层剥离、异形管件、固定支墩等位置防腐技术。

参 考 文 献

[1] 赵新伟,罗金恒.油气管道完整性[M].西安:陕西科学技术出版社,2010.

[2] 董绍华,韩忠晨,刘刚.管道系统完整性评估技术进展及应用对策[J].油气储运,2014,33(2):121-128.

[3] 田瑛,焦中良,杜艳.国外天然气管道建设现状、发展趋势及启示[J].石油规划设计,2015,26(6):5-10.

[4] 罗金恒,赵新伟,张华,等.油气管道风险评估与完整性评价技术研究及应用[C]//中国职业安全健康协会2013年学术年会论文集,2013.

[5] 陈利琼.在役油气长输管线定量风险技术研究[D].成都:西南石油大学,2004.

[6] 闫凤霞,高惠临.风险评估及其在油气管道方面的应用[J].石油工业技术监督,2003,19(2):1-6.

[7] Zhang G L, Zhao X W, Luo J H, et al. Application of fuzzy mathematics theory in determination of acceptable failure probability [C]. Proceedings of 2007 ASME Pressure Vessels and Piping Division Conference, 2007.

[8] 赵新伟,张华,罗金恒.油气管道可接受风险准则研究[J].油气储运,2016,35(1):1-6.

[9] Vrijling J K, Van Hengel W, Houben R J. A framework for risk evaluation [J]. Journal Hazard Mater, 1995(43):245-261.

[10] The Dutch Technical Advisory Committee on Water Defences (TAW). Some considerations of an acceptable level of risk in The Netherland [R]. Amsterdam: TAW, 1985.

[11] 张良,赵新伟,罗金恒,等.含体积型缺陷钢管的剩余强度计算与水压爆破试验验证[J].焊管,2013,36(5):29-33.

[12] 赵新伟,陈宏远,吉玲康,等.管线钢管的临界屈曲应变研究[C]//中国机械工程学会压力容器学术分会议论文集,2013.

[13] 张华,赵新伟,罗金恒.X80管线钢断裂韧性及失效评估图研究[J].压力容器,2009,26(12):1-4.

[14] 罗金恒,赵新伟,李新华,等.X80管线钢断裂韧性研究[J].压力容器,2007,24(8):6-9.

[15] 王俊,刘瑞堂,杨卓青,等.对J积分测试方法中几个问题的探讨[J].机械强度,2004,26(6):696-700.

[16] 张广利,赵新伟,罗金恒,等.X80管线钢断裂韧性与夏比冲击功经验关系研究[C]//中国机械工程学会压力容器学术分会议论文集,2009.

[17] Zhang G L, Zhao X W, Luo J, et al. The analysis for relation of fracture toughness and charpy impact energy of high strength pipeline steel [C]//2008 ASME International Mechanical Engineering Congress and Exposition, 2008.

[18] 赵新伟,罗金恒,杨政,等.管线钢表面裂纹体的三维断裂特性和断裂判据研究[J].机械强度,2009,31(4):654-660.

[19] 暑恒木,李继志.含裂纹管道剩余强度的评价方法[J].石油机械,2000,28(7):51-54.

[20] Zhang G L, Zhao X W, Luo J, et al. Research on probabilistic assessment method based on the corroded pipeline assessment criteria [J]. International Journal of Pressure Vessels and Piping, 2012(95):1-6.

[21] 罗金恒，马卫锋，蔡克，等. 含缺陷钢质管道复合修复技术改进研究［C］// 第四届中国管道完整性管理技术大会，2014.

[22] 马卫锋，蔡克，杨东平，等. 钢质管道复合修复补强技术存在的问题及对策［J］. 管道技术与设备，2011（1）：38-43.

第五章　油品罐区安全风险防控技术进展

中国石油油品罐区有储罐一万多具，总库容约为 $1.9×10^8 m^3$。特别是近几年，中国石油接连发生多起油品罐区火灾爆炸事故，如大连地区发生"7·16"事故、"8·29"事故、"6·2"事故等，造成了严重的负面影响。在国家层面，相继发布了系列重要文件和通知要求加强油品罐区的安全风险管控工作。例如，国务院安全生产委员会办公室《关于组织开展石油化工企业石油库和油气装卸码头安全专项检查的通知》（安委办明电〔2013〕20号）；国家安全生产监督管理总局《关于进一步加强化学品罐区安全管理的通知》（安监总管三〔2014〕68号）；国家安全生产监督管理总局《关于加强化工企业泄漏管理的指导意见》（安监总管三〔2014〕94号）；国家安全生产监督管理总局令第84号《油气罐区防火防爆十条规定》（2015年8月4日实施）；国务院安全生产委员会办公室《关于开展油气等油品罐区专项安全大检查的通知》（安委办函〔2015〕89号）；国家安全生产监督管理总局《关于开展石油化工企业安全隐患专项排查整治工作的通知》（安监总管三〔2015〕43号）。为落实国家有关加强油品罐区安全管理的要求，中国石油下发了《关于开展储库罐区基本信息调查的通知》，开展了油品储库罐区基本信息调查，摸底中国石油油品罐区安全现状，进行罐区隐患治理工作，逐步重视储罐完整性管理工作。在生产运行过程中，油品罐区存在储罐地基沉降、罐底板腐蚀、罐壁板变形及罐浮顶异常、雷电、风暴等储罐本身及外界环境风险。开展储罐在线监（检）测，可及时发现储罐的不安全状态，提前预防，避免事故的发生。

第一节　大型外浮顶油罐雷电防护技术

一、大型外浮顶油罐雷电防护技术需求分析

近年来，国内出现多起 $10×10^4 m^3$ 原油罐和 $15×10^4 m^3$ 原油罐雷击着火事故，如2006年8月7日，某输油站 $15×10^4 m^3$ 储油罐遭遇雷击，造成浮顶与罐壁间的二次密封局部起火；2007年5月24日，某油库 $10×10^4 m^3$ 储油罐遭遇雷击，造成浮顶与罐壁间的二次密封局部起火；2007年6月24日，某油库 $10×10^4 m^3$ 储油罐遭遇雷击，造成浮顶与罐壁间的二次密封局部起火；2007年7月7日，某输油站 $10×10^4 m^3$ 储油罐一次密封空间、二次密封空间被雷击爆炸着火；2009年3月5日，某油库 $10×10^4 m^3$ 储油罐遭遇雷击，造成浮顶与罐壁间的二次密封局部起火；2011年11月22日，某油库两座 $10×10^4 m^3$ 储油罐一次密封空间、二次密封空间被雷击爆炸着火。外浮顶油罐雷击着火因素有以下几个方面。

（1）一次密封空间、二次密封空间存在危险的"打火间隙"。

①外浮顶油罐一次机械密封"打火间隙"。机械密封中一次密封金属滑板与罐壁间存

在很大间隙，这是油罐壁变形、滑板变形等造成的，当有雷电流通过时，就会产生间隙放电火花。

②浮顶二次密封挡板上的"导电片"存在"打火间隙"。"导电片"有两种形式，一种是包覆式，另一种是上翘式。包覆式导电片其中一面在二次密封胶板内，当雷电流通过时，微小的间隙就会发生火花放电，如果二次密封内部空腔可燃气体浓度达到爆炸极限范围，就会出现闪爆；上翘式导电片在运行一段时间后，由于弹性不够，就会与罐壁脱离，形成间隙，当雷电流通过时，就会出现"打火"现象。此外，大部分油罐的罐壁上存在油渍或锈蚀，导致导电片与罐壁间的接触电阻很大。经检测，4000余个导电片与罐壁间的电阻的最小值为9Ω，最大值为∞，超过标准要求的0.03Ω。接触电阻越大，形成的电位差越大，放电能量就越高。

（2）部分外浮顶油罐一次密封空间、二次密封空间可燃气体浓度达到爆炸极限范围。

①机械密封中一次密封空腔内可燃气体分析。机械密封的一次密封空腔与油品液面直接接触，空腔内部存在大量可燃气体，通过装有阻火器的呼吸阀与大气连通，在部分区域会形成达到爆炸极限的混合气体。

②二次密封空腔内的可燃气体分析。在设计时允许一次密封金属密封板与罐壁之间存在间隙，油气会通过间隙进入二次密封空间。大型油罐运行一段时间后油罐壁会出现变形，致使一次密封板与罐壁间的间隙变大，进而使二次空腔内局部区域可燃气体达到爆炸极限。经测试，在100余座外浮顶油罐中，二次密封空腔内的可燃气体浓度达到爆炸极限范围的约占25%，一旦落雷极易出现闪爆。

（3）周围高大构筑物对外浮顶油罐的影响分析。

外浮顶油罐周围设立塔式避雷针、高架灯。高大构筑物易遭受雷击，当落雷时，周围的金属导体会瞬间产生感应电流，油罐内部的金属滑板、剪刀叉、导电片等有间隙的金属构件由于放电产生打火，引起闪爆。

外浮顶油罐雷击着火因素较多，且一旦着火，后果严重，大型外浮顶油罐雷电防护技术的研发迫在眉睫。

二、大型外浮顶油罐雷电防护技术成果

1. 技术内涵

（1）针对外浮顶油罐雷击事故，中国石油在"十一五""十二五"期间开展了外浮顶油罐雷击着火成因研究，外浮顶油罐高中频雷电分路技术、中低频雷电流监控技术研究，外浮顶油罐防雷技术标准研究等工作，研发了高中频雷点流分路器、中低频雷电流分流器及监控系统。

（2）理论上把雷电流基本波形分为 $8/20\mu S$ 和 $10/350\mu S$ 两种，$10/350\mu S$ 一般反映中低频直击雷波形，呈大电流状态。若直击雷直接落到浮盘上，应该在最短时间内将中低频大电流泄放到大地中，避免雷电流在浮盘上"运动"而产生间隙性的火花放电。中低频雷电流分流器是浮中低频盘雷电流泄流装置，可确保浮盘上的雷电流得到及时释放，避免浮盘由于雷电流通过出现间隙打火现象；高中频雷电流分路器是浮盘高中频雷电流泄流装置，通过可调节装置解决罐体微变形和浮盘位移造成的分路器与罐壁间隙差异，确保浮盘上的高中频雷电流得到及时释放，避免了雷电流在释放过程中产生火花。

2. 技术主要成果

（1）高中频雷电流分路器。

高中频雷电流分路器是外浮顶油罐浮盘高中频雷电流泄流装置，通过可调节装置解决罐体微变形和浮盘位移造成的分路器与罐壁间隙差异，确保浮盘上的高中频雷电流得到及时释放，避免了雷电流释放过程产生的火花。

雷电流分路器由4部分组成，即分流板、固定板、调节器和拉力计量孔。图 5-1 为雷电流分路器图。

图 5-1 雷电流分路器

（2）外浮顶油罐中低频雷电流分流器及监控系统。

中低频雷电流分流器是外浮顶油罐浮盘中低频雷电流泄流装置，通过分流装置连接浮盘与罐壁，实现分流器与罐壁低阻抗的电气连接，确保浮盘上的中低频雷电流得到及时释放。在雷电电流通过时具有低感抗优势，使浮盘电位大大降低，从而避免浮盘由于雷电流通过而出现的间隙打火现象。增加雷电流检测装置，可实时将雷电流数据上传至监控中心，实现雷击数据的监测与统计，可与其他系统实现联动控制。中低频雷电流分流器由雷电分流装置、雷电流传感器、雷电流记录发射器和监控管理平台组成。雷电分流装置由分流线、伸缩器、防护罩和安装支架组成。雷电流传感器由雷电流分流线、等电流分流环和磁敏传感器组成。雷电流记录发射器由记录仪（雷电流前置信号处理单元、管理单元、时钟单元、存储记录单元）、无线自组网通信器和太阳能供电装置组成。图 5-2 为分流装置图，图 5-3 为监控平台图。监控管理平台由无线自组网通信器、工控机等组成。

图 5-2 分流装置

图 5-3 监控平台

（3）外浮顶油罐防雷技术标准。

"十二五"期间，研究编制了三项外浮顶油罐企业标准，即 Q/SY 1718.1—2014《外浮顶油罐防雷技术规范 第1部分：导则》、Q/SY 1718.2—2014《外浮顶油罐防雷技术规范 第2部分：高中频雷电流分路器》、Q/SY 1718.3—2015《外浮顶油罐防雷技术规范 第3部分：中低频雷电流分流及监控系统》。三项标准主要体现了以下几个方面的技术要求。

（1）防雷接地技术要求。

大型油罐接地点分布仍按目前国内外标准要求，即"接地点沿罐壁周长的间距不得大于 30m"。

关于引下线设置断接卡以及断接卡连接螺栓问题，各企业目前对这一概念还比较模糊，所以标准着重提出了"引下线在距离地面 0.3m 至 1.0m 之间装设断接卡，断接卡与引下线的连接应可靠，断接卡用 2 个 M12 不锈钢螺栓加放松垫片连接，接触电阻值不得大于 0.03Ω"。

（2）高中频雷电流分路技术要求。

大型外浮顶油罐为了泄放浮盘落雷的雷电流，一般采用的是包覆式"导电片"，这种"导电片"存在以下问题：一是没有弹性，当运行出现变形时无法恢复到原状态，由此造成导电片与罐壁间存在间隙，有雷电流时会发生间隙性火花放电；二是导电片与罐壁间的接触电阻值过大，主要是二者之间油层绝缘厚度大于 2mm，当有雷电流时，绝缘层无法击穿，会出现旁路"跳火"，进而发生雷电流的火花放电；三是目前所有的导电片没有任何技术数据提供技术支撑，由普通铜或白钢片制成，没有进行实验验证该导电片能够达到泄放雷电流的要求，并且不产生雷电火花。上述三个方面的原因造成了二次密封空间导电片部分火花放电，致使二次密封空腔内的可燃气体发生闪爆着火。

为了减少和消除大型外浮顶油罐一次密封空腔、二次密封空腔雷击着火事故，编制组参考 API RP 2003：2008《防止静电、雷电和杂散电流引燃技术导则》、NFPA 780—2011《雷电保护系统的安装标准》、API 545—2009《地上易燃液体储罐的雷电防护工业标准》、2012年中国石油《轻质油品储罐技术导则》，在标准中规定了"大型外浮顶油罐二次密封上部应安装高中频雷电流分路器"。

（3）中低频雷电流分流技术要求。

雷电是一种能量极高并且发生极其频繁的大气自然现象，直击雷、感应雷产生的破坏对大型外浮顶油罐的损害非常大。为了确保浮盘上的中低频雷电流得到及时释放，NFPA 780—2011《雷电保护系统的安装标准》、API 545—2009《地上易燃液体储罐的雷电防护工业标准》、2012年中国石油《轻质油品储罐技术导则》等标准已规定浮盘上应安装旁路导体，即中低频雷电流分流设施。因此，标准明确规定了"大型外浮顶油罐的浮顶泡沫堰板处与罐壁间每隔 30m 应安装一个有效可靠的雷电分流及监控器，其分流线截面积不小于 50mm²"。

（4）跨接接地技术要求。

标准编制组通过对 200 余座大型外浮顶油罐检查评估发现，大部分油罐跨接接地存在严重问题。例如，油罐转动扶梯与罐体及浮顶没有跨接，二次密封挡板没有跨接，浮顶自动通气阀、强制呼吸阀、量油孔没有跨接，一次机械密封内的钢滑板没有跨接，浮顶排水管线对罐体与浮顶没有跨接。这会造成在雷电流通过时，出现"打火"现象，造成油罐闪爆。因此，外浮顶油罐防雷技术标准也明确规定了"跨接接地"具体要求。

（5）一次密封、二次密封技术要求。

①密封形式要求。依据大型外浮顶油罐雷击着火案例，一次密封均为机械密封，所以目前中国石化要求一次密封宜采用软密封（囊式密封）。2012 年，中国石油《轻质油品储罐技术导则》中也规定了一次密封宜采用软密封（囊式密封）。因此，外浮顶油罐防雷技术标准明确规定了"在雷雨多发区域，一次密封宜采用软密封"。

②一次密封、二次密封问题。从现场检查评估来看，有些外浮顶油罐没有二次密封，只有挡雨板。GB 50737—2011《石油储备库设计规范》中规定"密封装置应由一次密封和二次密封组成"。因此，外浮顶油罐防雷技术标准也规定了"大型外浮顶油罐应设置一次密封和二次密封"。

③按照 HG/T 2809—2009《浮顶油罐软密封装置橡胶密封带》、SY/T 0511.4—2010《石油储罐附件　第 4 部分：泡沫塑料一次密封装置》、SY/T 0511.5—2010《石油储罐附件　第 5 部分：二次密封装置》要求，一次密封带、二次密封刮板表面电阻值不得大于 $3 \times 10^8 \Omega$。

（6）油罐仪器仪表防雷要求。

一些企业罐区仪器仪表在雷雨天经常出现损坏，主要原因是雷电感应形成的雷电过电流或过电压侵入仪器仪表，造成微电子芯片损坏。而在实际现场，仪器仪表没有任何防止雷电过电流过电压侵入措施，所以外浮顶油罐防雷技术标准规定了仪器仪表在相应的被保护设备处，应安装与设备耐压水平相适应的浪涌保护器。

（7）电视监控系统。

大型储罐区设置电视监视系统可以发现初级火灾。从雷击油罐着火事故来看，液位高度一般都在 70%~80%，所以外浮顶油罐防雷技术标准规定了"电视监视要监视到处于最高罐位一半位置的浮顶"。

（8）二次密封可燃气体检测。

外浮顶油罐防雷技术标准规定了二次密封可燃气体检测频次与方法。

3. 技术创新及先进性分析

（1）高中频雷电流分路器是外浮顶油罐浮盘高中频雷电流泄流装置，通过可调节装置解决罐体微变形和浮盘位移造成的分路器与罐壁间隙差异，确保浮盘上的高中频雷电流得到及时释放，避免雷电流释放过程产生的火花。

（2）中低频雷电流分流器是外浮顶油罐浮盘中低频雷电流泄流装置，通过分流装置连接浮盘与罐壁，实现分流器与罐壁低阻抗的电气连接，确保浮盘上的中低频雷电流得到及时释放，在雷电流通过时具有低感抗优势，使浮盘电位大大降低，从而避免浮盘由于雷电流通过而出现的间隙打火现象。增加雷电流检测装置，可实时将雷电流数据上传至监控中心，实现雷击数据的监测与统计，可与其他系统实现联动控制。

三、大型外浮顶油罐雷电防护技术应用实例

1. 外浮顶油罐雷电流分路分流技术应用

外浮顶油罐雷电流分路分流技术已在中国石油吐哈油田公司（以下简称吐哈油田）、南方石油勘探开发有限责任公司（以下简称南方勘探）、辽河油田公司（以下简称辽河油田）、吉林石化、辽阳石化、中石油云南石化有限公司（以下简称云南石化）、中石油燃料油有限责任公司（以下简称燃料油公司）等公司应用，主要用于 $3\times10^4m^3$、$5\times10^4m^3$、$10\times10^4m^3$、$15\times10^4m^3$ 等大型外浮顶油罐的雷击着火防护，对于提高大型外浮顶油罐安全可靠性和防护技术水平具有重要意义。

（1）高中频雷电流分路器。

雷电流分路器安装在二次密封胶板上部，分路器与罐壁的接触面距二次密封胶板上沿距离不小于51mm；沿着浮盘圆周不大于2.5m处设置1个分路器；分路器安装采用二次密封上部原有的导电片螺栓孔，不用重新打孔；分路器安装后，要进行张力检测，将张力计放入拉力测量孔内进行检测，张力不小于10N时为合格。

使用维护：在雷雨季节每周检查分路器与罐壁的压接情况，确保分路器与罐壁接触紧密；当罐壁积油厚度大于2mm时，使用单位应及时处理；如果发现分路器有损坏现象，应立即进行更换。

（2）中低频雷电流分流及监控系统。

采用M12不锈钢螺栓加放松垫片将分流装置固定在罐壁上沿，将分流线接在浮盘泡沫挡板上，接触面涂导电膏，沿着浮盘圆周每小于30m设一个分流装置；分流装置上端与罐壁间接触电阻值不大于0.03Ω；分流装置下端与泡沫挡板间接触电阻值不大于0.03Ω；安装时分流线应横向垂直；安装螺栓孔采用液压开孔，不用动火开孔，不采用电钻打孔。

使用维护：每季度检查分流器与罐壁的压接情况，确保分流器与罐壁、泡沫挡板接触良好。如果发现接触不良，应立即紧固，使分流器与罐壁、泡沫挡板接触良好。每季度检查分流线伸缩状态和分流装置防护罩螺栓的紧固状态。

2. 外浮顶油罐检测评估

依据三项外浮顶油罐防雷技术标准，对大庆油田、辽河油田、新疆油田公司（以下简称新疆油田）、独山子石化、吉林石化、抚顺石化公司（以下简称抚顺石化）等30余家油气田企业和炼化企业进行外浮顶油罐防雷检测评估。检测评估主要内容如下：

（1）大型储罐接地点沿罐壁周长的间距不得大于30m，罐体周边的接地点分布应均匀，冲击接地电阻不应大于10Ω；大型储罐与罐区接地装置连接的接地线采用热镀锌扁钢时，规格应不小于40mm×4mm。

（2）引下线在距离地面0.3~1.0m处装设断接卡，断接卡与引下线的连接应可靠，断接卡用两个M12螺栓连接，接触电阻值不得大于0.03Ω。

（3）大型储罐不应装设避雷针，应对浮顶与罐体用两根导线做电气连接。浮顶与罐体连接导线应采用横截面积不小于 $50mm^2$ 的扁平镀锡软铜复绞线或绝缘阻燃护套软铜复绞线，连接点用铜接线端子及两个M12不锈钢螺栓加防松垫片连接。

（4）大型储罐转动扶梯与罐体及浮顶各两处应做电气连接，连接导线应采用横截面积不小于 50mm² 的扁平镀锡软铜复绞线或绝缘阻燃护套软铜复绞线，连接点用铜接线端子及两个 M12 不锈钢螺栓加防松垫片连接。

（5）大型储罐应利用浮顶排水管线对罐体与浮顶做电气连接，每条排水管线的跨接导线应采用 1 根横截面积不小于 50mm² 的镀锡软铜复绞线。

（6）与罐体相接的电气、仪表配线应采用金属管屏蔽保护。配线金属管上下两端与罐壁应做电气连接。在相应的被保护设备处，应安装与设备耐压水平相适应的浪涌保护器。

（7）大型外浮顶油罐的浮顶泡沫堰板处与罐壁间每隔 18m 宜安装一个有效可靠的雷电分流及监控器，其连接线横截面积不小于 50mm²。

（8）大型外浮顶油罐一次机械密封内的钢滑板等金属构件应做等电位连接，等电位连接线应采用横截面积不小于 10mm² 的软铜电缆线进行连接，沿圆周导线的间距不宜大于 3m。

（9）大型外浮顶油罐二次密封上的导电片（分路器）沿周长间距不大于 3m 均匀分布，导电片（分路器）应安装在二次密封上部，且保持与罐壁间电气接触良好。雷电流分路器要考虑结构形式、材质、张力、倾斜角、磨损度、最大通流量、打火电流、接触面积和电气连接性等技术参数。

（10）大型外浮顶油罐的自动通气阀、强制呼吸阀、量油孔应与浮顶做电气连接。

（11）大型外浮顶油罐二次密封挡板、挡雨板应采用横截面积为 6~10mm² 的铜芯软绞线与顶板连接。

（12）外浮顶储罐应设置一次密封和二次密封。在雷雨多发区域，一次密封应采用软密封（囊式密封）。

（13）二次密封可燃气体浓度检测。容积不小于 $10 \times 10^4 m^3$ 油罐的检测点不少于 8 个（周向均布），小于 $10 \times 10^4 m^3$ 的油罐检测点不少于 4 个（周向均布）。对可燃气体检测浓度超过爆炸下限 25% 的储罐应及时查找原因，具备条件的应立即采取整改措施；不能立即整改的，应在雷雨天重点加强消防监护。

第二节　大型储罐底板腐蚀声发射检测技术

一、大型储罐底板腐蚀声发射检测技术需求分析

1. 生产需求

储罐作为石化原料和产品存储的主要设备，在石油石化企业广泛使用。目前，我国有各种类型的储罐数万台，还有数个大型战略储油罐群正在建设中，储罐的安全性和经济性越来越受到国家和企业的关注。装有油品的大型储罐长年在自然环境和液位变化条件下运行，受到多种不利因素的影响，不可避免地产生各种损伤，特别是环境中的化学腐蚀和电化学腐蚀引发的罐底腐蚀穿孔、地基局部塌陷引起的裂纹扩展以及破裂等，使储存的油品泄漏，引起严重灾害和环境污染，给国家和人民的生命财产造成巨大损失[1]。

我国储罐底板的检验一般采用定期开罐检查和声发射在线检测相结合的方法。储罐底板的定期开罐检验主要采用漏磁扫描、超声测厚、磁粉探伤和抽真空检漏等方法。开罐检

验结果直观、准确。但这种方法存在三个主要问题：一是由于各种原因，许多储罐不能按期停工进行常规开罐检查，致使存在不同程度的安全隐患。二是开罐检测的经济性一直是人们关注的问题。立式储罐的检测及维修费用非常昂贵，而且检测时间很长。这主要是因为目前常用的检测方法需要停产和清罐、除锈，甚至需保温等工序。一台大型常压立式储罐的检修工期一般可达几十天甚至数月。这不仅造成了检测费用高，还不可能对所有到期待检立式储罐同时进行检测。三是确定检修对象缺乏科学依据。哪些立式储罐作为重点检测，哪些立式储罐无须检测，哪些才是危险性大而急需检测的立式储罐，判断起来往往缺乏科学依据，而根据储罐的运行时间和经验判断则有可能使真正危险的立式储罐得不到及时检测，影响安全生产。储罐底板声发射在线检测技术弥补了上述缺点，主要表现如下：

（1）对储罐的完整性不会有任何影响。不用开罐，只需通过按圆周布置在罐外的声学换能器接收的信号判定罐底是否有声源及确定声源位置。

（2）实现实时和在线检测。可以根据需要安排声学检测，不影响正常的生产，只需在检测前的一小段时间内保持储罐较高液位或液位的变化，同时关闭一切噪声源。

（3）在不开罐的条件下，可检测出罐底是否存在腐蚀损伤或泄漏，并给出严重性级别。

（4）非常经济。国外2000多台开罐检查的立式储罐的资料统计表明，54%的储罐为"好罐"，不需要停产清罐检测；只有9%的储罐为"坏罐"，需要及时检测与修复；其他的罐有一定的损伤，需要制订合理的维修计划。因此，采用该技术如能确定54%状况良好的储罐不用开罐或延期检验，所节约的费用是巨大的。如果被检储罐的状况很差，可及时对情况最差的储罐的破坏区域进行重点维修，从而有效地防止设备失效。

2. 技术现状

当罐底存在泄漏时，介质流过泄漏孔会产生湍流流动声源；当介质夹带颗粒状杂质时，会使声源更丰富；若泄漏通道暂时受到碎渣限制，"水击"效应也会产生很强的声源。当罐底腐蚀较为严重或存在腐蚀薄弱区时，腐蚀过程会断续产生众多强度不等的声源。这些声源的产生机理已被国内外的研究人员所证实。能否通过检测仪器接收和分析这些声信号，并在不开罐的条件下确定罐底腐蚀和泄漏状态，是声发射技术研究领域的前沿研究课题。

声发射检测技术在常压立式储罐的应用最早开始于20世纪90年代，当时美国物理声学公司（以下简称PAC公司）接受用户的委托，进行不开罐条件下罐底腐蚀状况的声发射检测技术研究，并与BP、ICI、KPE、Esso等公司共同合作开展项目开发、现场检测和结果论证工作。1993年，Cole发表了声学方法应用于储罐完整性评价的报告，文章对声学方法检测储罐罐底进行了理论分析，指出了声学方法的巨大研究价值和潜力。2001年，Jeong.Rock Kwon等[1]通过对维修后的立式储罐罐底采用声发射方法进行复检，发现了储罐底板焊缝中所包含的活性缺陷，表明了声发射方法是常规无损检测方法的有效补充以及声发射方法可以获得材料动载荷状态下疲劳裂纹扩展信息。2002年，Sokolkin等[2]对声发射技术在钢制立式储罐底板在线检测方面的前景进行了展望，并分析了罐底声发射检测过程中可能遇到的噪声干扰问题。2003年，Nedzvetskaya等[3]通过实验对大型立式储罐底板泄漏产生的主要声源进行研究，得到大型立式储罐底板声发射检测通道数量的计算公式。

近年来，经过大量的实验室研究与现场推广应用，美国 PAC 公司已经建立储罐声发射检测、分析和评价的数据库，但这些数据和评价方法对外是保密的，只对用户开展技术服务。PAC 公司陆续对数千台常压储罐和承压储罐进行了声发射在线检测，根据声发射检测结果与开罐检测结果，形成了数据库，开发了 TANKPAC 大型常压金属储罐底板检测专家系统，用于对储罐底板的腐蚀和泄漏状况进行评价，并根据检测结果推荐清罐检查的优先顺序或下一次进行声发射技术检测的周期。目前，壳牌、埃克森美孚、Dow 等多家国际石油公司均采用 PAC 公司技术对各自所拥有的储罐进行在线检测。国外一些发达国家（如美国、日本、英国、德国等）的大型石油和石化企业开始接受这项新技术。

日本是最早开展基于声发射在线检测结果进行储罐底板腐蚀速率定量化评价研究的国家。2005 年，日本的技术人员将声发射实验数据与罐底板腐蚀量和腐蚀速率的数据进行比较，确定两者之间有良好的相关性。利用检测出的声发射信号等参数，得到腐蚀量与腐蚀活性度之间的定量关系曲线，利用该曲线可实现对腐蚀量和腐蚀速率的量化评价。

我国大型储罐声发射在线检测技术的研究工作开始于 20 世纪 90 年代末，东北石油大学声发射检测与结构完整性评价实验室率先开始实验研究与现场试验工作。经过多年的研究和发展，在储罐底板声信号发生机理、不同腐蚀损伤程度声发射实验研究、储罐声发射在线检测及分析方法等方面取得了进展，积累了一些现场储罐声发射在线检测及评价的经验。2003 年，东北石油大学和浙江大学化工机械研究所通过模拟实验对地上立式金属储罐底板腐蚀状态进行了研究，分析了声发射检测信号与模拟罐底腐蚀状况之间的关系以及各个模拟罐底之间的比较，提出了储罐完整性检测与评价方法[4]。近年来，国内一些检测单位也开展了相应的现场应用工作。2004 年，国家压力容器与管道安全工程技术研究中心与福建炼油化工有限公司（以下简称福建炼化公司）合作，对 30 余台大型立式储罐在线声发射检测以及部分储罐的开罐检测进行对比，讨论了声发射检测中需要注意的声速设定和检测时机的选择等问题。2006 年，浙江省特种设备检验中心和中国石化镇海炼化分公司（以下简称镇海炼化）合作，对两台已经发生泄漏的常压立式储罐进行了声发射监测，确定了储罐底板的泄漏位置，对储罐罐底的检修提供了有价值的指导。中国石化安全工程研究院韩磊等[5]、南京工业大学刘涛等[6]、中国人民解放军海军后勤技术装备研究所倪余伟等[7]均从不同的角度进一步论证了声发射检测技术应用于储罐底板腐蚀状态检测的优势和前景。国内声发射检测技术在储罐在线检测中的应用，从此面临着更高层次的全新发展[8]。张涛[9]通过对一天之内声发射数据量的变化趋势的分析，明确了检测结果与昼夜变化间的联系，同时研究传感器布置间距和布置高度与声发射检测结果的关系，总结了检测过程中储罐的静置与加载带来的影响。中国石油管道科技研究中心的林明春[10]介绍了护卫传感器在拱顶储罐底板声发射检测中的应用，可有效地滤除拱顶滴液产生的干扰声信号。中国石油管道公司与东北石油大学合作，针对大型立式原油储罐，结合管道公司储罐维修计划，进行储罐不停产检测技术研究，选择最优检测方案，在此基础上建立储罐在线检测及评价技术，使声发射在线检测评价结果开罐准确率达到 90%。但是，由于缺乏先进的信号处理手段，直接根据现场采集的声发射信号对罐底腐蚀状况进行评定，会使检测结果与罐底的实际情况之间存在一定的偏差，使罐底结构完整性分级评价的准确性受到一定影响[6]。同时，东北石油大学和中国石油安全环保技术研究院相关人员也在此方面进行了深入研究[7]。中国石油管道沈阳龙昌管道检测中心朱建伟，镇海炼化邬康迪等将储罐底板腐蚀声发射检测结果与开罐漏磁检测结果进行对比分析，发现二者虽然在局部存在偏差，但总体上有很好的一致性。为了减少偏差，提高声发射对储罐底板腐蚀检测的可靠性，国内外学者在储罐底板腐蚀声发射源分析、识别及评估方法上进行了广泛的研究。

对于储罐底板声发射检测技术，主要通过对底板声发射源的分析来进行完整性评价。由于在检测过程中不可避免地存在大量的噪声信号，为了对储罐底板声发射源进行更加准确的识别与定位，主要的研究工作方向是对声发射信号进行降噪处理，例如采用频谱分析、小波变换、人工神经网络和相关分析等方法对其进行处理，进而对声发射源进行分析，从而获得准确的评价结果。但是，常压储罐声发射在线检测技术仍存在许多难点：

（1）定位精度的不确定性问题。由于现场检测中所采集的信号是多种多样的，除有效的声发射信号外，还有很多噪声信号，各种信号的频率是不同的。而不同频率的声发射信号的波速也存在较大差异，由此造成声发射源定位的误差。

（2）信号处理技术问题。在声发射检测中，对AE源的识别直接影响评价的结果。目前采用了多种方法对其进行处理，但实际效果仍不理想。

（3）合理性评价问题。储罐声发射检测技术的最终目的是对储罐结构的完整性进行评价，而这也是使用单位最关心的问题。对一个储罐做出合理的评价，要建立在对所采集的数据信息的分析结果基础之上。目前主要采用分级评价的方法，就是将储罐的罐底严重性分为几个等级，进而制订针对储罐的检修计划。这种评定方法要求检测分析人员具备丰富的经验，这样才能保证评价结果的准确性与经济性。

二、储罐底板腐蚀声发射检测技术成果

1. 技术内涵

（1）大型油品储罐声发射在线检测智能评价方法研究。

针对储罐腐蚀声发射在线检测评价结果准确性不高的问题，开展声发射检测信号分析识别技术研究，提高信号分析的准确性，同时采用人工智能的方法，结合领域专家经验，建立储罐腐蚀声发射在线检测智能评价方法，降低检验人员经验的影响，提高储罐底板腐蚀状态声发射评价结果的准确性。

（2）大型油品储罐腐蚀损伤预测维修及综合管理系统。

根据上述研究结果，编制大型储罐腐蚀损伤预测维修及综合管理软件，根据声发射在线检测结果，实现对大型储罐腐蚀损伤的智能评价，以指导大型储罐的预测维修。同时集成大型储罐的日常管理、信息统计、报表输出、安全管理、检测报告管理等功能，实现储罐的综合信息管理。

2. 技术研究过程

（1）综合运用金属腐蚀理论、现代信号分析技术和声信号传播理论，对不同油品介质腐蚀过程进行声发射监测，研究腐蚀过程声发射信号特性，提取储罐底板腐蚀过程声信号，建立腐蚀速率与声发射特征参量间关系的估算模型。

①低碳钢点蚀声发射信号的小波特征提取。

对于采集到的低碳钢点蚀声发射信号，首先按照降噪算法，对信号进行降噪处理，然后对特定频带范围内的信号进行重构。

对4种信号类型进行能量系数特征提取，结果如图5-4所示。

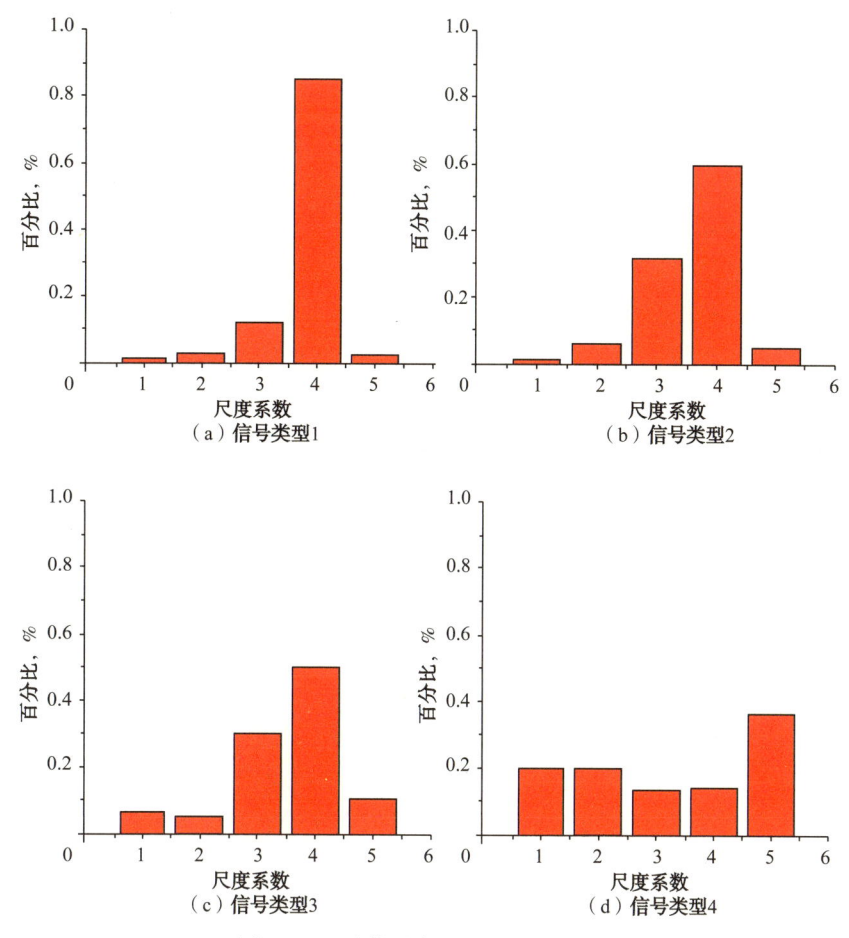

图5-4　4种信号类型的能量分布系数

从图5-4中可以看出，低碳钢点蚀产生的主要4种类型声发射信号的小波能量分布系数有明显的差异。信号类型2和信号类型1两种模式的声发射信号的能量分布范围与腐蚀信号类似，但是相对分散一些，主要集中在尺度3和尺度4频带范围内，在这个范围内连续型信号偏低频率信号的能量所占的比重相对较大，而信号类型1的偏低频率信号的能量所占的比重较小。而信号类型3则相反，以高频信号为主，80%以上的能量存在尺度3和尺度4的细节信号处，62.5~250kHz频率范围内的声发射信号占绝对优势，这是此类模式的典型特征。噪声信号的能量主要集中在细节1、细节2和细节3的低频信号段，频率125kHz以下的信号能量占整个信号能量的50%，但是在频率为［250kHz，500kHz］的高频段仍然有大量的声发射信号。

从上面的分析可以看出，通过能量系数提取声发射信号特征的方法很直观。为达到更好的识别效果，可以采用以下步骤获取更详细的特征：

a. 对原始信号进行小波降噪处理。

b. 对点蚀声发射信号按计算的最大尺度进行 Db16 小波分解并计算各细节信号的能量分布系数。

c. 对信号的关键频带内的信号进行重构,同时设置重构的门槛值,即能量分布系数小于5%所在尺度的信号将被略去。它的主要目的还是降低噪声,这些低能量组分的信号很有可能是由各种噪声引起的。即使是有用信号,由于其含量较低,也不会对整个特征域带来很大影响。

d. 由这些保留了的各尺度上的信号重构原信号。将这些信号进行频谱分析。对占90%以上能量的频带[60kHz,500kHz]每隔5kHz进行分割,一共分成38块,并计算每一个小区域的能量分布系数。

e. 利用能量系数特征提取,提取低碳钢点蚀声发射信号的能量系数特征,可以有效地对腐蚀声发射信号进行模式识别。

分析低碳钢点蚀声发射信号特征及声发射信号中常见的噪声特征,在此基础上,分析目前小波分析中常用的小波基的特点,研究低碳钢点蚀声发射信号小波分析的小波基选取规则方法。从众多常用的小波基中选取适合于低碳钢点蚀声发射信号小波分析的小波基;对小波分析在实际的低碳钢点蚀声发射信号处理中的几个关键问题进行研究,重点研究利用小波分析对低碳钢点蚀声发射信号的特征进行分析和处理的问题。通过分析研究,得出如下结论:

a. 对目前工程上常用的小波基特点进行了全面的分析,并结合腐蚀声发射信号的特点及工程中对声发射源识别的需要,确定出 Daubechies 小波族的 Db16 和 Db18 小波是最适合低碳钢点蚀声发射信号分析的小波基。

b. 给出低碳钢点蚀声发射信号的小波降噪(白噪声)算法。通过对信号的小波分解,提取每层的分解系数,再对其进行阈值量化处理,最后重构出波形,从而达到消噪的目的;通过仿真实验验证了该算法的可靠性,实验结果证明它对声发射信号具有良好的去噪效果,小波分析含有传统傅里叶分析不可比拟的优点。

c. 利用小波变换对信号中非白噪声进行抑制,通过小波的多分辨率分析将含噪腐蚀声发射信号展开在不同的尺度上,在确定有效信号的主频带和噪声信号的主频带基础上,将小波分解后噪声所在频带的系数置零,然后重构信号,从而达到对非白噪声消噪的目的。

d. 小波技术用于低碳钢点蚀声发射信号处理,结果可靠。可用来去除背景干扰,小波强大分解(细化)能力可用来从高噪声中找出有效记录,分解合成时可以去掉不理想的通道,使声发射数据达到"规则化"要求,实现自动判读。同时在减少实验对环境的依赖上将会发挥重要作用。对相互叠加的事件进行有效分离,结合全波形记录,可使事件尽可能少地丢失,提高声发射数量统计及 b 值计算等的精度。可把成分复杂的声发射波形数据分解成具有单一特征的波。

②罐底声发射监测。

对模拟储罐进行数月的声发射监测,根据采集到的3号模拟储罐和4号模拟储罐的腐蚀声发射数据可得到这一期间的腐蚀规律。图5-5为大庆原油和俄罗斯原油腐蚀强度历程图,其中,横坐标是时间,纵坐标是每天信号撞击的总数。

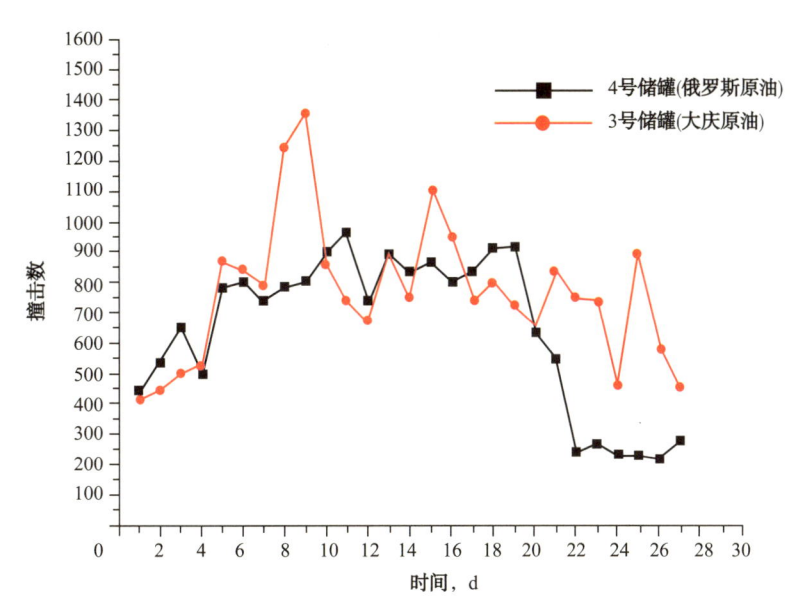

图 5-5 大庆原油和俄罗斯原油腐蚀强度历程图

a. 腐蚀强度历程分析。

从图 5-5 中可以看出，两种品质原油整体历程图走势相似，在腐蚀前期撞击数较少，后期撞击数逐渐增多，最后撞击数趋于平缓，整个过程可以用曲线描述为从低点逐渐上升到高点后缓慢降低趋于稳定。此外，虽然两种原油的腐蚀历程图相似，但大庆原油的整体曲线要略高于俄罗斯原油，说明大庆原油对储罐底板的腐蚀强度要强于俄罗斯原油。这是因为大庆原油中的含水量和酸值都要高于俄罗斯原油，原油中的水含有多种离子，如 Cl^-、S^{2-}、CO_3^{2-} 等，离子具有很强的腐蚀性，会对底板造成腐蚀；而原油中酸性较强且具有较强侵蚀性的 Cl^- 含量较多，Cl^- 会第一时间吸附到金属的钝化膜上，而把 O^{2-} 排挤掉，随后结合钝化膜中的阳离子形成可溶物对底板造成腐蚀。

b. 幅值分析。

对两个储罐进行为期 27d 每天 5h 的声发射监测。稳定腐蚀信号可以分为两部分：一个区域为 40~60dB 区域，该区域信号幅值较低，信号连续产生，为腐蚀的基础信号；另一区域为 60~85dB，该区域信号幅值较高，分布相对较为离散，表示腐蚀层的松动、破裂、剥离等过程。

图 5-6 为两种油品对底板腐蚀初期的幅值历程图。从图中可以看出，在腐蚀初期，3 号储罐和 4 号储罐的幅值都较低，信号主要存在 40~60dB 区域，但盛装大庆原油的 3 号储罐的声发射信号明显强于盛装俄罗斯原油的 4 号储罐。

图 5-7 为两种油品对底板腐蚀加速期的幅值历程图。从图中可以看出，随着时间推进，两种油品的储罐底板声发射信号大量增多，说明对储罐底板的腐蚀加剧，信号分布在 40~60dB 基础信号区域及 60~85dB 高幅值区域。3 号储罐的声发射信号较 4 号储罐多且密集，幅值也略高于 4 号储罐，说明大庆原油对储罐底板的腐蚀强度高于俄罗斯原油对储罐底板的腐蚀。

图 5-8 为两种油品对储罐底板腐蚀处于稳定阶段的幅值历程图。从图中可以看出，腐

蚀进入尾声阶段，两种油品的声发射信号较腐蚀初期和腐蚀稳定期明显减少，信号主要集中在幅值较低的 40~60dB 基础信号区域。

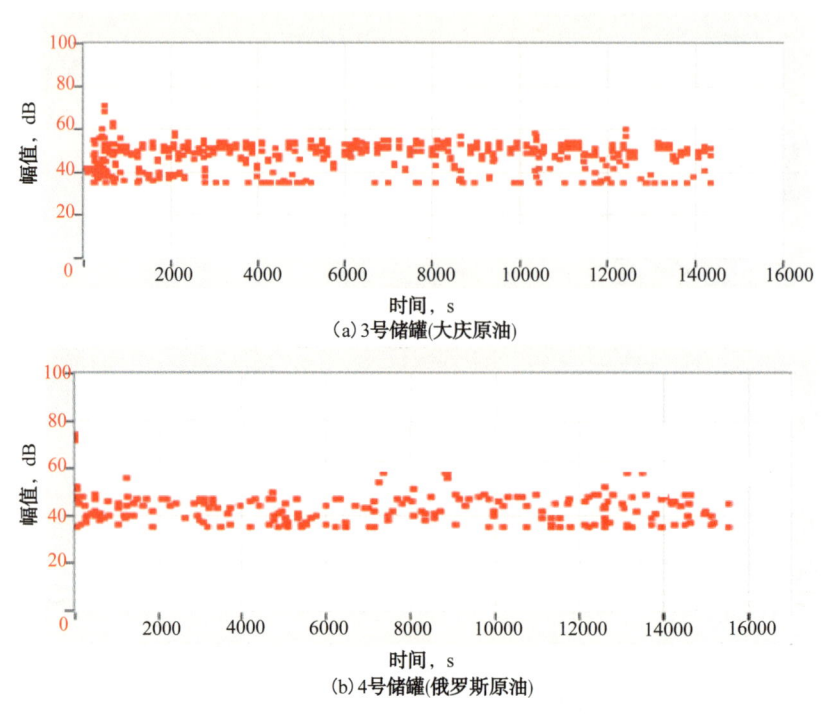

图 5-6　3 号储罐和 4 号储罐腐蚀初期的幅值关联图

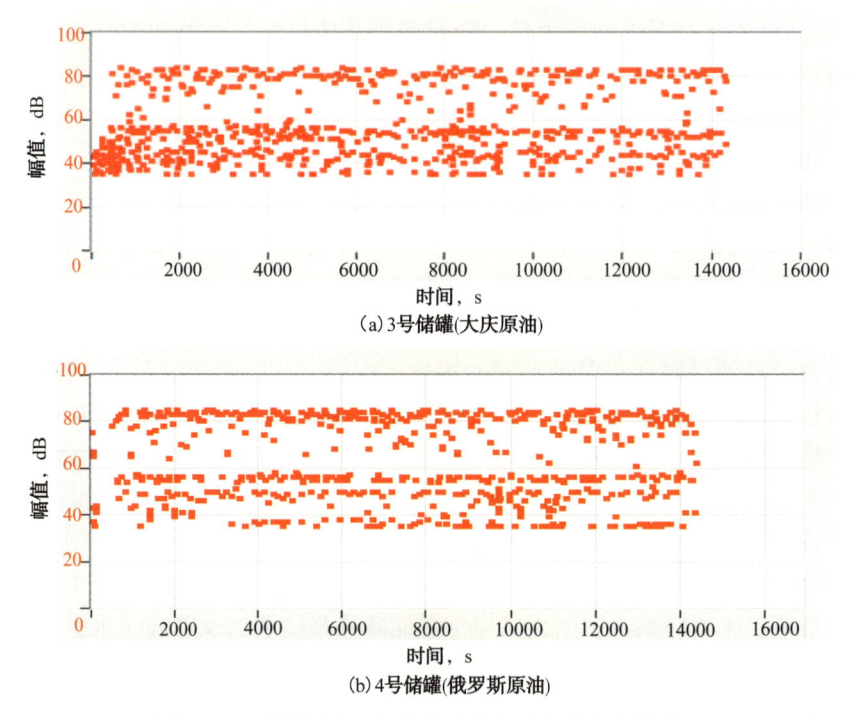

图 5-7　3 号储罐和 4 号储罐腐蚀加速期的幅值关联图

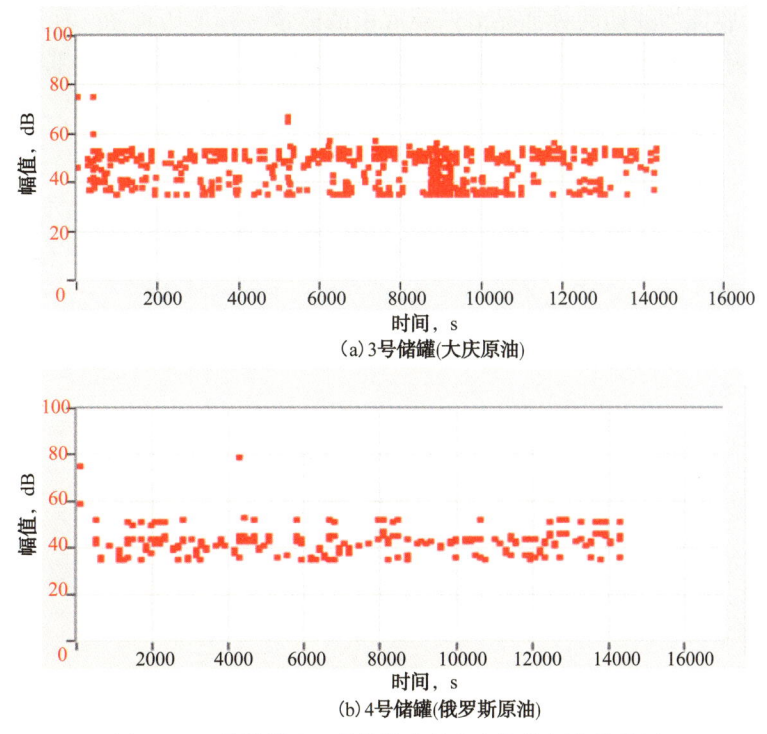

图 5-8　3 号储罐和 4 号储罐腐蚀稳定期的幅值关联图

c. 关联分析。

从信号—能量关联图中得出稳定腐蚀信号明显分为两类，以幅值进行划分，A 类为 35~45dB，B 类为 45~60dB。图 5-9 为两种油品对储罐底板腐蚀初期的能量—幅值关联图。从图中可以看出，在腐蚀初期，两种油品的能量幅值都较低，主要为 A 类信号，3 号储罐的能量及幅值略高于 4 号储罐。

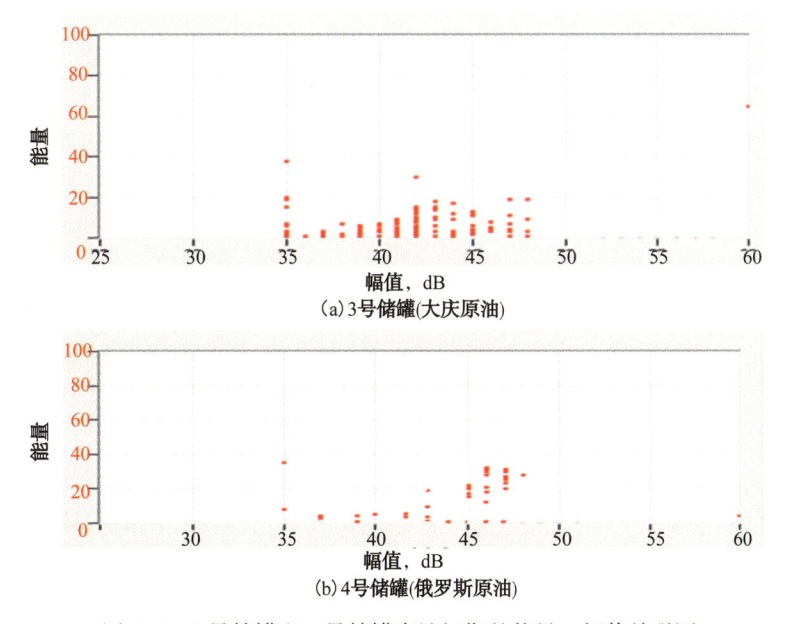

图 5-9　3 号储罐和 4 号储罐腐蚀初期的能量—幅值关联图

图 5-10 为腐蚀加速期两种油品对储罐底板的能量—幅值历程图。在腐蚀加速期，两种油品的声发射信号量大幅增加，能量和幅值明显增高，都存在 A 类基础腐蚀信号和 B 类高幅值高能量信号，但 3 号储罐的腐蚀信号能量及幅值都明显高于 4 号储罐。

(a) 3 号储罐(大庆原油)

(b) 4 号储罐(俄罗斯原油)

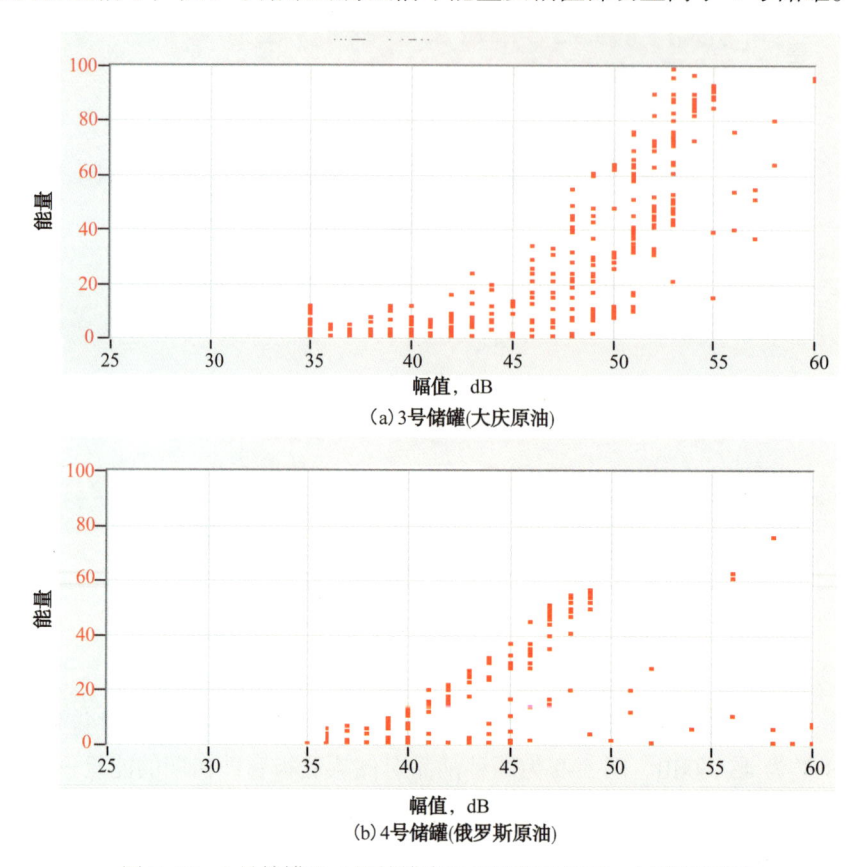

图 5-10　3 号储罐和 4 号储罐腐蚀加速期的能量—幅值关联图

图 5-11 为腐蚀稳定期两种油品对储罐底板的能量—幅值历程图。在腐蚀稳定阶段，两种油品的声发射信号减少，能量和幅值降低，信号主要为 A 类基础腐蚀信号，存在少量 B 类高腐蚀类信号。但 3 号储罐的声发射信号量要大于 4 号储罐，能量及幅值也高于 4 号储罐。

③不同品质原油模拟储罐底板腐蚀声发射监测。

通过对比实验可以发现，两种原油对储罐底板的腐蚀有许多不同之处，也有许多相同之处。

a. 相同点：

（a）两种原油腐蚀历程相同，都经过初始腐蚀期、快速腐蚀期和稳定腐蚀期。

（b）在每一个腐蚀阶段，声发射信号波形特征相同，即在初始腐蚀期，声发射信号以突发型信号为主；在快速腐蚀期，声发射信号既有突发型信号也有连续型信号，属于混合型信号；在稳定腐蚀期，声发射信号以连续型信号为主。

b. 不同点：

（a）实验的腐蚀介质不同，导致腐蚀产生的声发射信号强度不同。从以上的腐蚀历程图和原始数据中可以看出，在腐蚀过程中，介质为水的储罐底板腐蚀产生的声发射信号比介质为盐酸的储罐底板产生的腐蚀声发射信号要少很多。由于介质不同，酸在储罐中既能与储罐底板发生化学反应生成氢气气泡，也可以与底板发生电化学反应，所以产生的信号比较多，包括氢气气泡的破裂、氢气气泡脱离金属表面、腐蚀物的脱落、钝化膜的破裂等。

(a) 3号储罐(大庆原油)

(b) 4号储罐(俄罗斯原油)

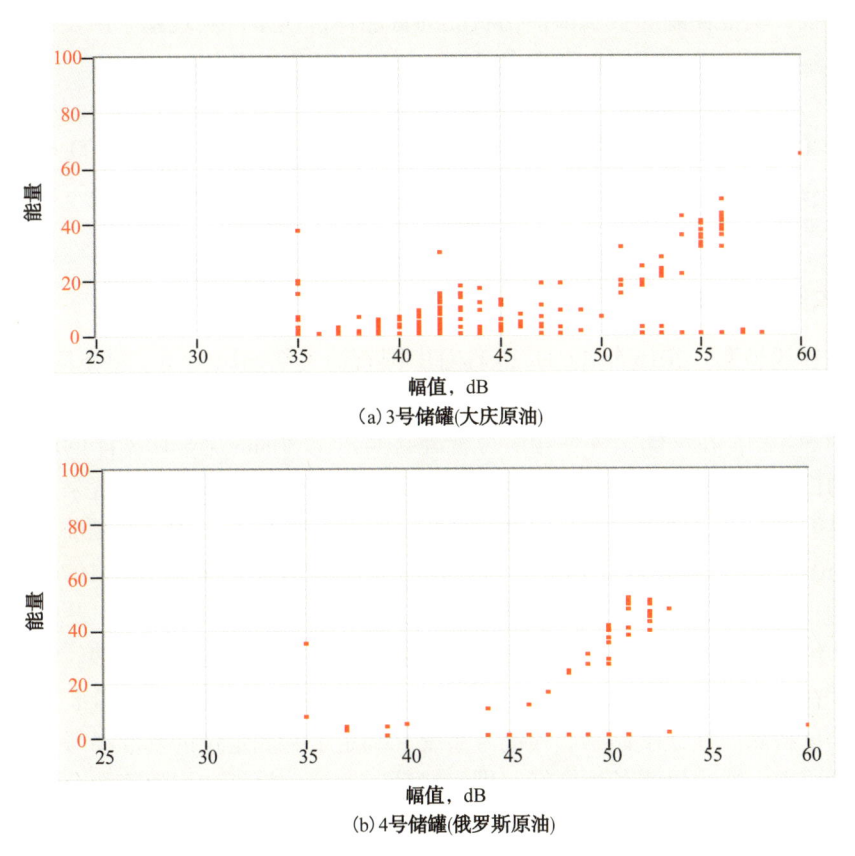

图 5-11　3号储罐和4号储罐腐蚀稳定期的能量—幅值关联图

（b）实验的声发射信号的特征参数不同。从以上能量—幅值关联图中可以看出，对于介质为水的储罐底板声发射实验信号的特征参数，幅值一般为 35~70dB，上升时间为 1~3500 μs，能量为 0~100；而对于介质为酸的储罐底板声发射实验信号的特征参数，幅值一般为 40~60dB，上升时间为 1~1500 μs，能量为 0~50。

（c）腐蚀初期的现象不同。介质为水的储罐腐蚀初期产生的气泡并不是很多，而且腐蚀产物为褐色，说明腐蚀产物中 Fe^{3+} 居多；而介质为盐酸的储罐腐蚀初期产生的气泡非常多，并且腐蚀产物为黑色，说明两个实验的腐蚀产物不同。

（2）运用统计分析理论，根据已有的大型储罐声发射在线检测数据，对影响储罐底板腐蚀的各种因素进行统计分析，确定主要影响因素。

（3）采用智能决策理论，建立基于声发射在线检测信息和储罐底板主要影响因素的智能评价模型，实现对大型储罐底板腐蚀损伤状况的智能评价。

（4）应用声发射在线检测技术对现场大型储罐进行检测，利用储罐底板漏磁检测仪进行开罐检验，获取部分样本储罐底板腐蚀损伤状况的直观数据。

（5）根据前期积累的储罐声发射在线检测与漏磁开罐扫描检测数据，结合实验室实验数据，建立声发射信号活动度和风险腐蚀速率的关系。同时构建声发射在线检测数据和板厚漏磁扫描数据对应的数据库，以用于罐底部腐蚀损伤状态的评估。

（6）根据部分样本储罐声发射在线检测与漏磁开罐扫描检测数据，修正腐蚀速率的声发射评价曲线，验证储罐底板腐蚀损伤状况的智能评价模型，实现基于声发射在线检测技术的大型储罐底板腐蚀损伤评价和寿命预测。

3. 技术创新及先进性分析

2006—2015年，使用储罐底板腐蚀声发射检测技术在企业开展了200多具储罐的检测工作，并对其中的20具储罐进行开罐检测对照，对照结果准确度在95%以上，这一结果与国际水平趋于一致。

三、大型储罐底板腐蚀声发射检测技术应用实例

声发射在线检测。2015年11月25日对中国石油大港油田公司（以下简称大港油田）采油六厂输注一队5000m³原油储罐（3#）进行了罐底声发射检测。按检测方案及传感器布点图（图5-12），在该储罐外壁相应位置处打磨出ϕ30mm见金属光泽的区域，作为安装传感器的位置。传感器沿圆周方向均匀排布。各通道连接完成后，设置采集程序，对各通道进行灵敏度标定，使各通道灵敏度与平均灵敏度之差小于3 dB。检测前，使储罐液位保持在8.5m，并稳定3h以上，然后进行2h以上的连续检测。根据JB/T 10764—2007《无损检测　常压金属储罐声发射检测及评价方法》，得出如下结论：罐底声发射信号区域分析等级为Ⅴ级；罐底声发射信号时差定位结果表明，储罐底板定位点较多。综合认为，该储罐底板存在中等程度腐蚀，声发射检测评价结果为Ⅴ级，建议尽快开罐维修。

开罐验证检测。建立了储罐底板编号系统，确定了罐底定位的基准参考点和每块板的方向和坐标原点。罐内检测条件良好，进出料管、支柱、补板和焊疤等的存在使储罐底板磁检测仪检测不到部分位置，采用测厚和缺陷深度测量方法作为辅助检测手段对这些部位进行检验。对大于预先设定阈值的缺陷进行复验。通过采用漏磁检测及评价技术，对该立式油罐底板进行全面的检测和评定，认为5000m³原油储罐（3#）底板上表面整体腐蚀严重，局部有下表面腐蚀，有1处腐蚀穿孔，详细对比情况如图5-13所示。

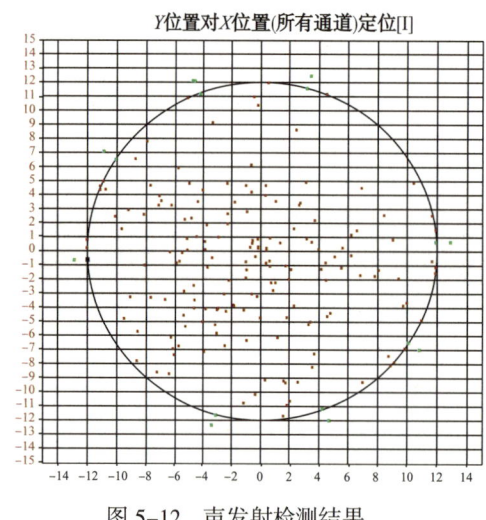

图5-12　声发射检测结果　　　　图5-13　开罐检测结果

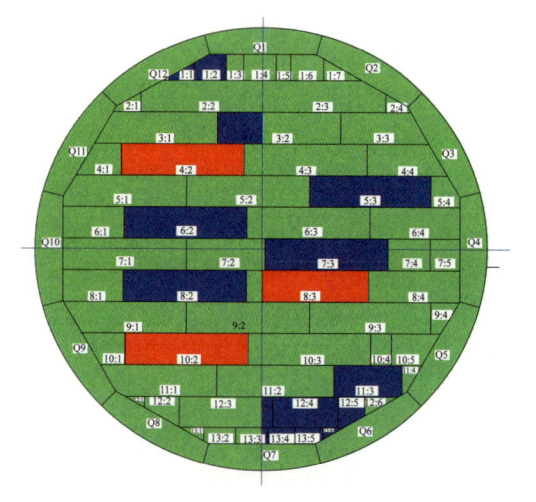

第三节 展　　望

我国的各类储罐（包括正在建设的国家战备储油罐）众多，仅中国石油就有数万台盛装各类油品的常压立式储罐，每年的检修和维护费用巨大。有许多20世纪60年代至70年代建造的储罐，由于各种原因，现仍在超期使用。开展储罐的一体化在线检测技术研究及应用，可提高储罐的本质安全程度。储罐安全也是中国石油关注的八大风险之一，储罐雷电防护及安全状态的检测在石油石化领域具有广阔的应用前景和显著的经济价值、社会价值。为保证储罐安全稳定供应，积极防控储罐运行风险，提升本质安全，主要攻关研究内容如下：

（1）储罐一次密封、二次密封新技术研究。目前一次密封、二次密封的工作补偿范围有限，当密封补偿能力不足以弥补以上情况造成的油罐变形和浮盘偏移时，会使密封脱离罐壁，易造成一次密封、二次密封之间存在大量的有机挥发气体，当有机挥发气体处于爆炸极限范围内时，遇到雷击等意外火源时则会发生着火、爆炸事故。因此开展储罐一次密封、二次密封新技术研究，可有效避免储罐密封处因明火引起的着火事故。

（2）储罐浮盘安全运行状态进行监测技术。开发光纤光栅传感技术（自身不带电）对储罐基础沉降（浮盘卡阻或罐体失效）、浮盘倾角（浮盘卡阻）、浮盘表面积液（浮盘沉没）、浮盘表面温度（着火）进行在线监测，避免浮盘沉船事故发生。

（3）快速点蚀测厚技术。点蚀是储罐使用过程中对罐体危害最大且又不易被检测到的缺陷，目前检测设备体积笨重，不能做到对储罐的全面检测，有必要开发适应储罐全方位点蚀检测的设备，做到可以检测所有腐蚀缺陷，进而提高储罐本质安全运行程度。

（4）基于检测的罐区安全管理决策系统。综合储罐多元（罐顶漏磁、罐壁油水界面处的针孔腐蚀漏磁检测、罐底板声发射检测）检测结果，结合储罐使用过程中的维修经验，给出详细的检验计划（包括使用的检测方法、检测位置、范围、检测时间安排等），确保储罐的长周期平稳运行。

参 考 文 献

[1] Kwon J R, Lyu G J, Lee T H, et al. Acoustic emission testing of repaired storage tank [J]. International journal of pressure vessels and piping, 2001, 78（5）: 373-378.

[2] Sokolkin A V, Ievlev I Y, Cholakh S O. Prospects of applications of acoustic emission methods to testing bottoms of tanks for oil and oil derivatives [J]. Russian Journal of Nondestructive Testing, 2002, 38（2）: 113-115.

[3] Nedzvetskaya O V, Budenkov G A, Sokolkin A V, et al. Calculation of the acoustic channel in acoustic emission testing of bottoms of vertical steel tanks [J]. Russian Journal of Nondestructive Testing, 2003, 39（10）: 772-781.

[4] 徐彦廷, 王亚东, 刘富君, 等. 声发射技术在探测储罐底板泄漏位置中的应用 [J]. 无损检测, 2007, 29（9）: 17-19.

[5] 韩磊, 刘小辉. 原油储罐底板的检测技术及阴极保护 [J]. 石油化工腐蚀与防护, 2009, 26（B05）: 138-142.

[6] 刘涛, 沈士明. 大型储罐的应力腐蚀开裂[J]. 施工技术, 2009 (s1): 543-546.

[7] 倪余伟, 王建宇, 李永, 等. 金属油罐的腐蚀检测与监测技术[J]. 油气储运, 2009, 28 (3): 4-6.

[8] 王琳. 油田联合站储罐健康状态评价技术研究及系统实现[D]. 哈尔滨: 哈尔滨工业大学, 2010.

[9] 张涛, 李一博, 王伟魁, 等. 声发射技术在罐底腐蚀检测中的应用与研究[J]. 传感技术学报, 2010, 23 (7): 1049-1052.

[10] 林明春, 康叶伟, 王维斌, 等. 护卫传感器在拱顶储罐罐底声发射检测中的应用[J]. 无损检测, 2010, 32 (8): 620-622.

第六章　高致灾性事故应急技术进展

"居安思危、思则有备、有备无患",应急管理工作始终是安全管理工作的重要组成部分,是保障中国石油安全生产运行的最后一道班、最后一道岗。石油石化企业在生产经营活动中,面临井喷失控、危险化学品泄漏火灾、爆炸和环境污染等安全生产事故风险,并且事故一旦发生,很容易产生连锁反应而进一步引发次生环境与社会影响,进而导致事故(事件)的规模、破坏程度与影响等不断扩大,增加事故应急的难度。"十一五"期间,我国石油石化行业相继发生了多起井喷失控、水体溢油污染等突发事件,存在由于应急处置工作不利、应急技术匮乏,进而在突发事件发生后使事故事态迅速扩大升级,从而造成重大的人员伤亡与经济财产损失的问题[1]。在总结安全生产领域应急工作经验的基础上,中国石油组织有关科研生产单位,针对油气井井喷失控、水域溢油应急等高致灾性事故开展了专项研究工作,相关领域技术取得了突破性进展,获得技术专利4项,形成企业标准6项、软件著作权1项,高致灾性事故应急技术研究水平有较大提升。

第一节　井喷应急救援技术

随着石油行业的快速发展,油气井开发过程中的环境污染事故时有发生。井喷发生后,井口装置失去了对地层油气的控制能力,井口形成敞喷的态势,对现场的井架、钻机、钻具、井口装置均会造成不同程度的损坏。井喷失控着火还会烧坏柴油机、钻井泵、固控设备、各种管汇,以及井口周围的设备、仪器和物资器材等。由于敞喷无控制措施,每天大量的油气被烧掉,造成巨大的资源损失。针对上述问题,中国石油在"十二五"期间开展科研项目"'三高'油气井井喷预防与应急救援技术研究及应用",提高了抢险救援效率,提升了作业人员的安全性,实现了全过程带火抢险作业。

一、井喷应急救援技术需求分析

油气井井喷失控是钻井工程损失巨大的事故。井喷失控后造成环境污染,严重威胁人民的生命财产安全;造成油气层伤害,严重破坏油气资源。因此,在井喷失控事件发生后,应采用强有力的手段尽快阻止事故的蔓延和扩大,减少人员伤亡、财产损失和环境污染。当前,国内从事油气井井喷应急救援技术研究和服务的专业化队伍十分稀少,其中中国石油井控应急救援响应中心在该领域的技术处于领先地位。

井控应急救援响应中心通过多年的技术研究和井喷实战经验积累,逐渐形成了一套针对陆上油气井井喷失控的抢险工艺技术流程,主要包括掩护冷却、抢险清障和井口重置等关键环节。但是,由于"三高"油气井井喷失控事故危害性更大,作业难度更高,对现有井喷应急救援技术提出了严峻挑战,主要表现在"三高"油气井井喷失控抢险需全过程带火作业。究其原因,一方面是"三高"油气井压力高,产量大,井喷失控着火后火势猛,井架、钻机、钻具等被烧坏,一般难以做到迅速扑灭;另一方面是剧毒硫化氢气体的存在，为了降低人员伤害，必须进行点火。因此，必须对现有技术环节进行进一步升级和完善，才能适应"三高"油气井井喷失控抢险进行全过程带火作业的需要，提升井控应急保障能力。

二、井喷应急救援技术成果

1. 井喷应急救援技术内涵

油气井井喷应急救援技术是中国石油"十二五"科研项目"'三高'油气井井喷预防与应急救援技术研究及应用"形成的核心技术成果，其内涵包括满足油气井井喷失控抢险全过程带火作业的掩护冷却工艺技术、带火清障工艺技术、带火拆卸旧井口工艺技术、带火抢装新井口工艺技术、带火作业人员防护技术和应急抢险通信技术等技术系列。

2. 井喷应急救援技术主要成果

（1）掩护冷却工艺技术。

"三高"油气井井喷失控着火，火势凶猛，热辐射强，井口温度非常高。一方面要冷却保护井口，尽量使井口至少保留一个法兰，有利于抢险后期安装新井控装置。另一方面抢险设备虽然有抗高温防辐射功能，但也需要掩护冷却。更重要的是保护抢险人员完成抢险作业。因此，"三高"油气井井喷失控井口附近降温、人工改变风向、抗高温、防辐射、远程操控等是掩护冷却工艺需要解决的问题。

"三高"油气井井喷失控着火热辐射较强，在很多情况下，即使在距离喷燃井口100m处也不能长时间停留，因此水炮操作人员作业时必须有掩体。

在抢险过程中自然风往往多变，开始选择在上风方向安装抢险设备，也许设备还没安装完毕，风向就已经改变，使抢险人员和设备均处于不安全的位置。有的地方在一天时间内风向会变化无数次。特别是对于高含硫化氢天然气井，风向的多变将造成更多的安全隐患和更大的作业风险。因此，需要使用消防雪炮和大风量机动排烟机。消防雪炮在抢险中常常放置于上风位置，喷射的强大水雾形成的水雾墙可降低温度、稀释空气中硫化氢含量，同时形成人为风，使有毒气体吹到抢险人员作业的反方向。消防雪炮可实现远距离遥控操作，根据抢险需要在抢险中灵活变换位置。大风量机动排烟机形成人为风，使抢险人员始终处于上风方向作业。

在安装第一台水炮掩体时，使用水枪或消防雪炮掩护。安装完第一台水炮掩体后，采用水炮掩护安装剩余水炮掩体。根据抢险现场情况，水炮掩体一般配备3~5台。采用一台水炮冷却井口，一台水炮掩护抢险人员作业，其余水炮用于冷却设备。如果有多个作业点，则增加水炮掩护抢险人员作业。水炮操作人员应随时注意火势、风向等的变化，针对现场变化情况改变水炮射流方向，有效地冷却井口和设备，保护抢险作业人员安全。图6-1显示了水炮掩体、消防雪炮等在抢险中的使用状态。掩护冷却是

图6-1 水炮掩体、消防雪炮等在抢险中的使用状态

"三高"油气井抢险救援的基础,在保护设备的同时,掩护抢险人员进行清障、切割、拆除旧井口装置、抢装新井口装置等抢险作业。

油气井井喷失控抢险救援情况复杂多变,抢险方案随着抢险情况的变化需不断进行修改,水炮掩体需要调整安装位置;通常夜间不进行抢险作业,下午抢险作业结束后,为了保护水炮掩体及供水管汇系统,必须将其撤出远离井口,因此往往一天得安装和撤出水炮掩体各一次。为减小水炮掩体安装的难度和作业风险,提高安装撤出水炮掩体的效率,采用遥控挖掘机与掩体配套(图6-2),实现远距离遥控安装撤出水炮掩体。

图6-2 挖掘机与掩体配套

(2)带火清障工艺技术。

"三高"油气井井喷失控着火后,抢险作业的第一步是清障,无论失控井着火与否,都要清除井口装置周围可能妨碍抢险作业的障碍物,如转盘、倒塌的井架、钻具等。保护好井口装置,将井口敞亮暴露出来,使喷流集中向上,为抢装新井口装置创造有利条件。

"三高"油气井井喷失控着火必须带火清障。原因如下:带火清障有利于采用高效、灵活、快速、轻便的氧乙炔或纯氧气切割工具,各油气田容易准备,携带方便,操作简单,使用安全;全体抢险作业人员处于明火状态下工作,没有突然起火爆炸的危险;高含硫化氢天然气井井喷失控喷出的大量高含硫化氢天然气不燃烧,将会造成大范围人员伤亡,带火清障可防止作业人员硫化氢和其他有毒物质中毒。

(3)带火拆卸旧井口工艺技术。

"三高"油气井发生井喷失控着火后,带火切割旧井口步骤如下:外围清障;安装抢险清障远程液控切割装置;安装喷嘴、切割管及控制管线;连接混砂车、压裂车;将装置送至切割点并粗调装置;启动压裂车;精确调整切割点;启动混砂车,缓慢提高压裂车转速;启动装置动力系统;开始切割。

在进行带火拆卸旧井口作业时,常采用水力喷砂切割方式。自行研制抢险清障远程液控切割装置(图6-3),其动力采用柴油机带动液压泵提供,通过远程液压管线向液压马达提供动力,采用减速器带动连接机构经过转向器转向驱动喷嘴移动而实现切割。该装置采用双喷头结构,解决了单喷头结构存在的二次切割新切口无法与旧切口对齐的难题,提高了切割精度和切割效率;采用可互换行星减速机构,实现了多种切割速度变换,速度可调范围为1.5~226mm/min,满足了快速切割套管和慢速切割四通的作业需求;采用远程遥控旋挖机作为行走主机,实现了远程无线遥控,使操作人员能在任意位置进行准确对准和切割,便于对井口、井架等切割障碍物进行观察,并使人员远离井口,保障了抢险人员人身安全。

远距离水力喷砂带火单管切割装置(自主研发)设计有两个切割喷头,解决了作业时不易更换喷头、新切口无法与旧切口对齐居中等难题,提高了切割精度和切割效率。设计了可互换多种减速机构，实现多种切割速度切换。远距离带火单管切割装置的行程为800mm，切割工作压力为65MPa，切割范围为（9 $\frac{5}{8}$~20）in（244.5~508mm）套管、13 $\frac{5}{8}$in（346.1mm）通径70MPa套管头、井口四通等井口装置。与美国CUDD水力喷砂切割装置相比，切割效率提高30%以上。

图6-3 抢险清障远程液控切割装置

（4）带火抢装新井口工艺技术。

在套管头（底法兰）完好的情况下，可直接在套管头上安装新井口装置。若套管头全部被烧坏，切割后井口为光套管，则先在套管上安装抢险套管头，再安装新井口装置。

抢险套管头针对油气井井喷失控着火后，井口的底法兰被烧坏，只剩下光套管，需重建底法兰的情况。抢险套管头主要由套管头本体、防顶卡瓦、密封圈座、密封圈、工形连接块、压块和托盘组成。本体设计为带T形槽两半式，用工形连接块将两半抢险套管头本体连接成一整圆，中心形成一锥形孔，四片防顶卡瓦牙形成圆锥体组装于本体锥形孔内，目前有7in、9 $\frac{5}{8}$in和13 $\frac{3}{8}$in等规格。图6-4为抢险套管头图。

图6-4 抢险套管头

原有的抢装设备必须要求作业人员近距离操作，然而"三高"油气井井喷失控抢险作业必须在带火的情况下进行，往往由于火势凶猛，热辐射强，抢险人员根本不能靠近井口作业，近距离抢险作业风险巨大。因此，研制了两套"三高"油气井远程带火抢装井口的专用设备。一种是自行式远控带火抢装井口作业机[图6-5（a）]，主要由机架、行走底盘、加压机构、紧固系统、控制系统和调整对中机构等组成。另一种是在旋挖机基础上研制的远程遥控带火抢装井口作业机[图6-5（b）]。该装置采取重力加压方式，强制加压重置井口，并对装置进行有效防火、防热辐射处理，实现有线和无线两种远程控制，机动性和灵活性较第一代作业机有了很大提高。

(a)自行式远控带火抢装井口作业机　　(b)远程遥控带火抢装井口作业机

图 6-5　带火抢装井口专用设备

（5）带火作业人员防护技术。

由于井喷喷势较大，往往很多地方刺漏，因此存在很多不完全燃烧的有毒有害气体。为了保护抢险人员生命安全，保证抢险工作安全高效进行，抢险过程必须设置专人对抢险现场不同位置进行监测。根据抢险需要配置有毒有害气体监测设备、防毒和防高温保护设备。图 6-6 为防高温保护设备图。

（6）应急抢险通信技术。

为了及时了解抢险现场情况，同时把上级决策和方案传回现场，配套通信指挥车（图 6-7），可以进行视频、音频信息实时传递。

图 6-6　防高温保护设备

图 6-7　抢险通信指挥车

实施抢险现场实时监控，发现异常情况立即发出声光报警，并用对讲机和高音喇叭通知抢险人员撤离，迅速实施应急救援预案，杜绝抢险过程中发生二次事故。

- 143 -

3. 技术创新及先进性分析

"十二五"期间，中国石油通过开展"'三高'油气井井喷预防与应急救援技术研究及应用"项目研究工作，创新研制了井控应急救援装备，形成了特色救援技术，实现了抢险核心风险区域无人化。研制了远距离带火重置井口装置、远距离水力喷砂带火切割装置和失控井一体化井口重建装置等抢险装备，形成了"三高"油气井井喷失控全过程带火应急救援技术，能够满足国内油气井井喷失控抢险需求，保证了险情安全、高效处置，减少了井喷对资源、环境和社会的影响。

三、井喷应急救援技术应用实例

1. 抢险套管头模拟试验

（1）抢险套管头强度试验。

7in 和 $9^5/_8$in 抢险套管头强度试压，试验压力分别为 14MPa、21MPa、35MPa、50MPa 和 70MPa，每个压力级别稳压 10min，观察卡瓦牙是否滑动。$13^3/_8$in 抢险套管头强度试压 30MPa，试验压力分别为 7MPa、14MPa、21MPa 和 30MPa，每个压力级别稳压 10min，观察卡瓦牙是否滑动。经过试验，抢险套管头卡瓦牙未见滑动，抢险套管头及密封圈强度达到设计要求。

（2）抢险套管头密封性能试验。

对抢险套管头的密封性能进行试验。试验记录列于表 6-1 至表 6-3。

试验证明，7in 抢险套管头试验密封压力达到 61MPa，使用时按 80% 试验密封压力工作，工作密封压力达 48.8MPa，达到设计的 40MPa 工作密封压力要求；$9^5/_8$in 抢险套管头最高密封压力为 47MPa，可以实现良好的密封，为了保证安全，使用时按 80% 试验密封压力工作，工作密封压力为 37.6MPa，达到设计的 35MPa 工作密封压力要求。$13^3/_8$in 抢险套管头试验密封压力达到 35MPa，使用时按 80% 试验密封压力工作，工作密封压力为 28MPa，达到设计的 25MPa 密封压力要求。

表 6-1 7in 抢险套管头密封性能试验

序号	压力，MPa	稳压时间，min	密封圈密封情况	备注
1	10	30	无渗漏	
2	20	30	无渗漏	
3	30	30	无渗漏	
4	40	30	无渗漏	
5	50	30	无渗漏	
6	60	30	无渗漏	
7	65		刺漏	

表 6-2 $9^5/_8$in 抢险套管头密封性能试验

序号	压力，MPa	稳压时间，min	密封圈密封情况	备注
1	10	30	无渗漏	
2	20	30	无渗漏	

续表

序号	压力，MPa	稳压时间，min	密封圈密封情况	备注
3	30	30	无渗漏	
4	40	30	无渗漏	
5	42	30	无渗漏	
6	43	30	无渗漏	
7	44	30	无渗漏	
8	45	30	无渗漏	
9	46	30	无渗漏	
10	47	30	无渗漏	
11	48		刺漏	

表 6-3 $13\frac{3}{8}$in 抢险套管头密封性能试验

序号	压力，MPa	稳压时间，min	密封圈密封情况	备注
1	10	30	无渗漏	
2	15	30	无渗漏	
3	20	30	无渗漏	
4	25	30	无渗漏	
5	30	30	无渗漏	
6	35	30	无渗漏	
7	40		刺漏	

2. 中国石油井控试验基地训练场全过程带火模拟演练

2016年6月，在中国石油井控试验基地训练场开展了全过程带火抢险救援作业模拟演练，演练内容包括水利掩护、清障切割、拆除旧井口以及重置新井口作业，整个过程均在带火状态下完成。全过程带火作业提高了抢险救援效率，缩短了抢险时间，减少了环境污染和经济损失，对保护人民生命财产安全具有重要作用，拥有较大的社会价值和经济价值。图6-8为全过程带水模拟演练图。

图 6-8 全过程带火模拟演练

第二节　水域溢油应急技术

水域溢油是最具破坏性的生态事故之一，会导致严重的生态灾难和经济损失，是石油行业事故防范和应急工作的重点。随着石油企业国际化进程推进、深海深井等高难度油气井深入开发、生产与储运规模扩大、敏感区域作业增多，石油行业发生水域溢油事故频率不断增大、事故规模不断提高，给石油企业安全运营带来巨大挑战。"十二五"期间，针对上述严峻形势，中国石油陆续开展了"河流水域炼化典型危险化学品泄漏应急技术研究""河流溢油应急技术与装备研究"和"水域溢油应急处置关键技术研究"等课题的研究，在危险化学品泄漏模拟、高性能成品油溢油吸附材料、溢油应急产品性能指标与评估技术和河流溢油平流控油等技术方面取得了突破性进展。

一、水域溢油应急技术需求分析

（1）随着经济发展，全球危险化学品突发事故呈现多发态势，中国石油炼化水域危险化学品泄漏风险高。基于上述形势，当复杂多变的水体环境中发生危险化学品泄漏事故时，无法准确掌握危险化学品在特定地点的泄漏状况与特点给应急工作带来巨大挑战。目前，针对海上与陆地危险化学品泄漏漂移扩散规律的研究取得了较好的成果，而针对河流水体中危险化学品泄漏后漂移扩散规律的研究处在初级阶段，有很大的发展空间。针对河流危险化学品泄漏环境复杂、应急处置工作难度大等问题，中国石油需要开展炼化企业典型危险化学品河流水体泄漏漂移扩散规律研究，分析掌握典型危险化学品在不同水域条件下的漂移扩散规律，为应急工作提供良好的技术支持[1,2]。

（2）经过多年研究，国内吸油树脂实验室制备技术取得了很多研究成果，但技术水平与国外差距较大。主要表现为成果转化方面进展缓慢；大部分溢油吸附材料保形能力很差，在水中浸泡后易分散变形，吸油分离的碎片随波浪海流进入收油机械管道，造成大量吸油机械故障，大大影响工作能力。目前国内缺乏专用的溢油吸附材料布放和回收装备，吸附材料布放回收都是采用人工方式，受船舶高度影响，布放回收不方便；吸油材料设计对实际布放工作考虑不足，吸油毡体上没有设计辅助布放和回收的部件，造成应用极其不便。当前国产的溢油吸附材料存在吸油量偏小、油水选择性差、保油能力不强、回收利用困难等问题，亟须开展新型高性能溢油吸附材料的开发与应用探索[3,4]。

（3）"十二五"期间，国内外石油公司发生了多起水域溢油事故，在应急实战过程中暴露出溢油产品性能参差不齐、应急产品与事故匹配不好、类型数量失衡问题，主要原因是应急产品生产厂家众多，产品种类繁杂，国内缺乏科学系统的溢油应急产品应用性能评估技术标准和规范，溢油应急产品储备工作缺少关键的评估数据支持，储备的应急产品类型和数量难以与溢油事故风险匹配，导致溢油事故发生时事发企业及周边没有科学充足的应急产品支持[3,5,6]。

（4）随着我国长输管道建设的快速发展，现役输油管道总里程大幅增长，管线与河道、沟渠交叉情况十分普遍，给河流溢油防控带来极大困难。在河流溢油应急处置方面，虽然国内外对水上拦油、收油技术做了大量研究，但是这些研究主要针对海洋、水流平稳的大中型河流溢油的围控及回收，而对于河道狭窄、水量较小、无法布控围油栏的小型河流,如何控制溢油扩散缺少相应的研究和实用的设备。因此,需要在截流筑坝技术基础理论方面开展系统深入的研究,同时研究设计开发截流筑坝配套设备,确保搭建的截流坝在制造有效平水头的基础上,与水体流速、流量相匹配,为平流控油技术提供理论支撑,完善截流坝搭建工艺,提高截流坝工作效率,确保截流坝安全可靠,为溢油应急工作提供有力保障[2]。

二、危险化学品泄漏模拟技术

1. 危险化学品泄漏模拟技术内涵

危险化学品泄漏模拟技术是一项综合性技术,通过考虑不同泄漏点位置、水期、风期测量参数的变化,设计多个危险化学品泄漏事件情景。利用 MIKE 21 FM HD 模块建立了炼化水域高风险河段的水动力模型,考虑河流水期、泄漏位置等因素;利用 CHEMMAP 粒子追踪技术建立高风险河段二维粒子追踪模型,从扩散范围、物质浓度、漂移路径等角度分析危险化学品泄漏漂移扩散规律,并以危险化学品泄漏漂移扩散规律为基础,确定了不同危险化学品应急处置关键点以及对应急时间窗进行了模拟研究。

2. 危险化学品泄漏模拟技术的主要成果

"十二五"期间,中国石油"安全环保关键技术研究与推广项目"中"河流水域炼化典型危险化学品泄漏应急技术研究"子课题,设立了危险化学品泄漏模拟研究内容,研究确定了典型危险化学品基本物化参数及其在水中扩散、漂移的基本规律。使用计算机模拟软件,通过建立重点河流高风险河段环境模型,开展不同气象水文条件下典型危险化学品运移演化规律模拟研究,确定典型危险化学品水中扩散漂移动态过程和归宿,求解各河段危险化学品浓度分布曲线。

危险化学品泄漏模拟的主要研究内容分为炼化企业临近河流高风险河段分析、高风险河段水动力模拟研究、危险化学品突发事件模拟研究以及危险化学品泄漏应急对策研究 4 部分。

(1)炼化企业高风险河段分析。选取重点临河炼化企业,分析该企业周边的水域环境和工业环境,分析每个研究水域具有较大危险化学品泄漏风险的泄漏源及可能发生泄漏的危险化学品种类,从而确定风险源以及高风险河段。

(2)使用 MIKE 21 软件中的水动力模块建立高风险河段的水动力模型。根据高风险河段的边界、水深等相关水文数据,生成数值地形,作为建立水动力模型的基础数据;充分考虑水文参数和环境因素,建立高风险河段的二维水动力模拟模型,根据每个河段的实际情况进行最大流量、最小流量、区间河道形状、区间河底高程、密度、溶解性、表面张力、黏度、风向以及风速等参数的设置,利用水文站提供的实测数据对模型进行率定和验证。

(3)危险化学品突发事件模拟研究。危险化学品泄漏后的扩散运移规律将会受到水动力条件、污染物的理化性质、泄漏模式、风场情况等多种因素影响。充分考虑以上因素,设计多种危险化学品泄漏情景,利用 CHEMMAP 软件对危化品泄漏模拟进行研究,建立相应的危险化学品泄漏预测模型,获得典型危险化学品在不同泄漏情景下的漂移扩散模拟结果,分析其漂移扩散规律,确定危险化学品的扩散面积、物质浓度以及漂移路径。

(4)危险化学品泄漏应急对策研究。以高风险河段危险化学品在水中的漂移扩散基本规律为基础，利用 CHEMMAP 计算关键断面处危险化学品浓度分布曲线，将关键断面处的高浓度点作为"应急关键点"，将"应急关键点"处危险化学品经过的起止时间段作为"应急时间窗"。充分考虑"应急关键点""应急时间窗"和应急处置相关技术，制定科学合理的危险化学品泄漏应急对策。

3. 危险化学品泄漏模拟技术创新及先进性分析

首次建立了油品风化规律修正计算模型，利用油品风化规律实验数据对现有油品风化计算模型的多个参变量进行修正，并基于此开发了溢油风化预测软件，实现预测时间不超过 15s。将油品风化规律修正计算模型引入溢油漂移扩散模拟技术，考虑以水文、风场、泄漏持续时间、泄漏位置、泄漏流速等影响要素为核心的 25 类典型突发事件情景，计算不同突发事件情景下的溢油前缘位置到达应急处置关键断面的"窗口时间"，实现预报误差不高于 10%。

4. 危险化学品泄漏漂移扩散模拟技术应用实例

2016 年 1—12 月，应用危险化学品泄漏模拟技术在某石化公司进行了现场应用，为该公司所属"300m 跨江管廊"泄漏水域污染重特大突发事件应急准备工作提供了技术支持与指导。

根据分析，跨河管道危险化学品泄漏后的扩散运移规律将会受到水动力条件、污染物的理化性质、泄漏模式、风场情况等多种因素影响。模拟跨河管道发生危险化学品水体泄漏需要考虑 4 个方面的因素，具体涉及 14 种参数。危险化学品泄漏模拟输入参数见表 6–4。

表 6–4 危险化学品泄漏模拟输入参数

序号	设计因素	设计参数	单位	求取情况
1	水动力条件	最大流量（丰水期）	m^3/s	测量
2		最小流量（枯水期）	m^3/s	测量
3		模拟区间	[N, S]	测量
4		区间河道形状	[N, S]	测量
5		区间河底高程	[N, S, m]	测量
6	污染物的理化性质	密度（非直接输入值）	kg/m^3	测量
7		溶解性（非直接输入值）	kg/kg	测量
8		表面张力（非直接输入值）	N/m	测量
9		黏度（非直接输入值）	Pa/s	测量
10	泄漏模式	连续泄漏（强度、泄漏时间）	m^3/s, s	假设
11		瞬时泄漏（泄漏量）	m^3	假设
12		泄漏点坐标位置	m^2	假设
13	风场情况	风向	N	测量
14		风速（强风期、静风期）	m/s	测量

根据水文观测数据，模拟河段丰水期和枯水期的最大水流量、最小水流量分别为 3500m^3/s、300m^3/s。根据气象部门的观测数据，该地区常年地表风场以北风为主，受周边山脉影响，风向和风速区域性变化趋势较为明显。根据统计结果，该地区每年 3 月到 6 月

地面风速度最大，为强风期，平均风速为 2.29m/s，其他月份地表风逐渐减缓为静风期，平均风速为 1.82m/s。

根据调研可知，为及时发现跨河管道发生的危险化学品泄漏突发事件，企业在管道上安装了泄漏监测系统，并在管道穿越段内两侧安装了远控截止阀。根据目前的运行管理情况，一旦发生泄漏，值班人员可以在 5~10min 内启动停输操作，所以设定最不利条件下的泄漏关断停输时间为 10min。跨河管道临河段长度为 200m，管径为 300mm，设计压力为 2.5MPa，设计输送量为 1000m³/d（11.57L/s）。以最不利条件为基准，设定单根跨河管道发生断裂泄漏，危险化学品物料以 10L/s 的泄漏强度向外泄漏。根据实际情况，设计跨河管道的泄漏点位置为北侧、中间、南侧。通过断面勘测，获得水下地形高程数据，建立危险化学品泄漏模拟河段的水动力学模拟。

在建立的水动力模型的基础上，应用 MIKE 21 软件 Oil Spill 模块对前文分析的 12 种危险化学品泄漏事件情景进行仿真计算，分析风期、水期、泄漏位置对危险化学品漂移扩散形态的影响程度。模拟计算泄漏危险化学品污染物到达各关键断面的时间，即应急窗口时间（表 6-5），应急队伍需要在窗口时间内到达关键断面，部署应急处置工作。

表 6-5 应急处置关键点应急窗口时间

关键断面	窗口时间，min	面积，m²	厚度，mm
1 号	40	4983.59	0.0733
2 号	60	3692.99	0.0936
3 号	85	3919.94	0.0500
4 号	145	4634.93	0.0541
5 号	200	6656.35	0.0682
6 号	255	3138.26	0.0365
7 号	315	10132.65	0.0375
8 号	340	8074.00	0.0930
9 号	350	12530.27	0.0290

三、高性能溢油吸附材料开发技术

1. 吸附材料开发技术内涵

高性能溢油吸附材料是水域溢油应急技术的核心内容之一，涉及中国石油所属 2 项发明专利、1 项实用新型专利，其技术内涵是根据吸附材料"亲油疏水、吸藏保油"原理，利用高能电子/紫外接枝改性技术、复合造粒与熔喷技术、蒸汽爆破与疏水改性技术，通过系列化的基材优选、室内合成实验研究形成了系列化的高性能溢油吸附材料（包含 3 种溢油吸附材料和 1 种凝油材料）。高性能溢油吸附材料的特点是吸油倍率高，吸水率低，保油性好，解决了当前水域溢油吸附材料的"适应性差、保油效果不佳"等突出问题，综合性能达到国内先进水平。

2. 高性能溢油吸附材料研究过程

针对当前水域溢油吸附材料存在的"适应性差、保油效果不佳"等突出问题，

"十二五"期间,中国石油"安全环保关键技术研究与推广项目"的"水域溢油应急处置关键技术研究"子课题,设立了高性能溢油吸附材料研究内容,通过文献查询、市场调研和实验分析等方法,研究适合成品油回收应用的吸油基质材料的性能,掌握吸附基质材料对成品油的吸油规律,选择出4~8种适合成品油吸附材料开发的基质材料,结合各种成品油吸油基质材料的特点,研究其改性技术和复合技术,制备出特定功能要求的系列化的高性能溢油吸附材料。

高性能溢油吸附材料研究主要分为高能电子辐射/紫外辐照引发改性吸附材料、聚丙烯/丙烯酸酯复合熔喷吸附材料、改性天然有机纤维制备高性能凝油材料3部分内容。

(1)高能电子辐射/紫外辐照引发改性吸附材料。研究探索采用高能辐照和紫外辐照接枝改性的方法,在聚丙烯无纺布基体上引入丙烯酸酯单体得到获得改性的高亲油聚丙烯基溢油吸附材料。通过设计130余组正交试验,研究辐照(射)能量、单体浓度、溶剂种类以及转移引发终止剂等反应条件对无纺布纤维接枝率的影响,通过红外(IR)、扫描电镜(SEM)、接触角(CA)、元素分析、XPS等结构表征分析了功能化无纺布材料的表面化学性能及结构特点,探索高能电子辐射/紫外辐照引发改性吸附材料的优化配方和制备技术。图6-9为高能电子辐射/紫外辐照接枝改性示意图。

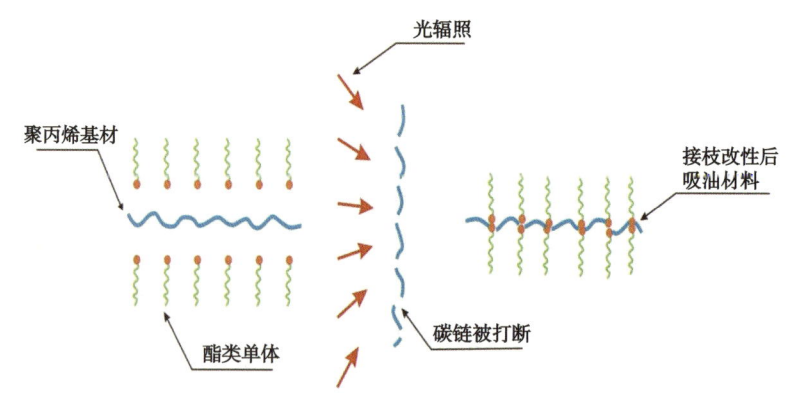

图6-9 高能电子辐射/紫外辐照接枝改性示意图

(2)聚丙烯/丙烯酸酯复合熔喷吸附材料。从大分子设计角度出发,选择对成品油具有良好亲和性的甲基丙烯酸酯类单体及可控制合成树脂交联结构的共聚单体,设计600余组正交合成试验,研究甲基丙烯酸丁酯(亲油单体)、甲基丙烯酸羟乙酯(交联剂)和苯乙烯(共聚单体)的不同比例,以改善共聚甲基丙烯酸酯聚合物的可加工性及对油品的吸附性能。在实验室中使用悬浮聚合技术合成一系列共聚甲基丙烯酸酯聚合物;将合成的共聚甲基丙烯酸酯聚合物与聚丙烯以适当的比例进行复合造粒,制备功能性聚丙烯母粒,采用熔喷工艺制备共聚甲基丙烯酸酯聚合物/聚丙烯无纺布。

(3)改性天然有机纤维制备高性能凝油材料。研究探索热解处理、微波改造、浸渍负载、碱处理、蒸汽爆破、酯化改性以及醚化改性等7种方法对水稻秸秆、棕纤维、木屑、落地棉等多种天然有机纤维的结构单元打开、吸水基团的改性等方面的影响。设计材料遴选、吸油规律、物理改性、化学改性、吸附性能评估等10个方面1004组试验,通过SEM、FT-IR等表征方法,研究探索最优化的天然有机溢油吸附材料制备技术。图6-10显示了蒸汽爆破过程中纤维素的变化情况。

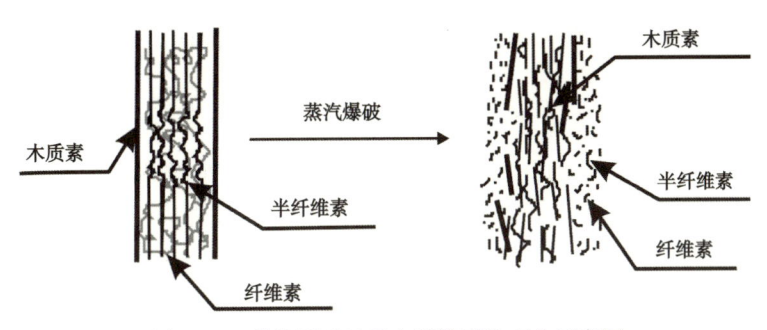

图 6-10 蒸汽爆破过程中纤维素的变化示意图

3. 高性能溢油吸附材料技术创新及先进性分析

（1）基于高能电子辐射/紫外辐照的高性能吸附材料。采用高能电子辐射、紫外辐照接枝改性的方法，在聚丙烯无纺布基体上引入了丙烯酸酯单体，得到获得改性的聚丙烯基溢油吸附材料，实验研究优化配方和改性工艺。改性的吸附材料吸油倍率达到 15 倍以上，吸水性降至 13.4% 以下，持油性提高到 90% 以上，吸油材料综合吸油性能指标处于国内先进水平。

（2）聚丙烯/丙烯酸酯复合熔喷成型的吸附材料。研究采用人工合成易成丝性的共聚甲基丙烯酸长链酯聚合物与聚丙烯共同熔喷，制备溢油吸附材料。获得共聚甲基丙烯酸酯/聚丙烯熔喷最佳配比与熔喷工艺，制备出吸附材料，吸油倍率大于 10g/g，吸水率为 9.0%，油保持率为 90.2%，吸油材料综合吸油性能指标处于国内先进水平。

（3）基于水稻秸秆的高性能天然有机凝油材料。首次提出采用"蒸汽爆破+酯化改性"制备水稻秸秆天然有机凝油材料的研究方法，改性后吸油倍率增加 23.5%，吸水性降低 94.6%，持油率增加 1.3%，对 0.3mm 以下厚度油膜的除油率可达 85%，吸油材料使用后可生物降解，兼具性能与环保优势，凝油材料产品与工艺技术弥补国内相关技术研究领域空白。

四、溢油吸附材料评估技术

1. 生产需求与技术背景

针对在应急实战过程中暴露出的溢油产品性能参差不齐、应急产品与事故匹配不好、类型数量失衡等问题，中国石油迫切需要研究溢油应急产品评估技术，通过研究溢油应急产品评估指标体系，开发科学系统的试验评估方法，建立科学实用的溢油应急产品评估标准，为溢油应急工作提供关键技术支撑。

2. 溢油吸附材料评估技术内涵

吸附材料评估技术是水域溢油应急技术重要技术支撑内容。针对现有溢油应急物资与装备行业标准评估指标体系内容不全面、评估试验方法不科学以及试验可操作性较差等问题，研究新增评估指标 24 项、新增试验方法 36 项，建立了涵盖围油栏、吸油毡、吸油拖栏、凝油剂和溢油分散剂等 5 种溢油应急产品的 47 项评估指标、52 项试验方法；发布 Q/SY 1712.1—2014《溢油应急用产品性能技术要求 第 1 部分：围油栏》、Q/SY 1712.2—2014《溢油应急用产品性能技术要求 第 2 部分：吸油毡》、Q/SY 1712.3—2014《溢油应急用产品性能技术要求 第 3 部分：吸油拖栏》、Q/SY 1715—2014《溢油应急用化学剂技术规范》等4项企业标准,形成"溢油吸附材料评估与综合试验平台关键技术"成果。

3. 溢油吸附材料评估技术研究过程

中国石油"安全环保关键技术研究与推广项目"的"水域溢油应急处置关键技术研究"子课题,设立了溢油吸附材料评估技术研究内容,通过国内外标准规范梳理分析、案例研究和专家咨询研讨等,分析现有标准存在的问题和缺陷,研究建立产品评估的指标体系和产品评估试验方法,研究建立溢油应急产品评估标准,在现有中国石油HSE重点实验室的基础上,搭建溢油应急产品综合实验平台,开展中国石油溢油应急产品试验评估。

溢油吸附材料评估技术的研究内容主要分为溢油应急产品评估指标体系、溢油应急产品评估试验方法与综合实验平台、水域溢油应急产品评估标准3部分。

(1)溢油应急产品评估指标体系。

通过系统调研国内外技术标准规范,结合理论分析、实战经验总结和专家咨询,研究建立涵盖围油栏、吸油毡、吸油拖栏、溢油分散剂和凝油剂等5种溢油应急产品的性能质量、处置效果、环境适应性以及环境影响等4方面的评估指标体系。

(2)溢油应急产品评估试验方法与综合实验平台。

研究围油栏、吸附材料和化学药剂3类溢油应急产品评估指标的试验评估方法,一是评估现有标准规范中已有指标试验方法的适用性;二是针对现有标准规范未涵盖的新增种类产品、新增指标以及不完善的指标,研究开发新的试验评估方法;三是在前两项研究的基础上,研究搭建水域溢油应急产品评估指标试验平台。

(3)水域溢油应急产品评估标准。

以水域溢油应急产品试验评估指标体系为主线,以试验评估数据为依据,开发科学、系统、易用的水域溢油应急产品评估标准,开展4项企业标准研究编制工作,适用于石油石化企业溢油应急产品的质量检验与验收。

4. 溢油吸附材料评估技术创新及先进性分析

溢油吸附材料评估技术新增评估指标24项、新增试验方法36项,建立了涵盖围油栏、吸油毡、吸油拖栏、凝油剂、溢油分散剂等5种溢油应急产品的47项评估指标、52项试验方法,研究搭建室内外综合试验平台,形成4项企业标准。与现有JT/T 465—2001《围油栏》、JT/T 560—2004《船用吸油毡》、GB/T 18188.1—2000《溢油分散剂 技术条件》等标准存在的指标设计具有局限性、标准内容不全面、标准存在错误与矛盾、标准试验方法不科学以及吸油拖栏、凝油剂等在国内无标准等问题,课题研究的适用于围油栏、吸油毡、吸油拖栏、溢油分散剂与凝油剂等5种应急产品的4项企业标准具有很多指标体系完善、试验方法齐全、可操作性强,技术要求科学合理等优势和特点。

针对现有溢油应急用产品行业标准评估指标体系内容不全面、评估试验方法不科学以及试验可操作性较差等问题,研究建立溢油应急产品评估指标体系,研究溢油应急产品评估试验方法,搭建溢油应急产品综合实验平台,研究水域溢油应急产品评估标准,形成"溢油应急用产品性能评估与综合试验平台关键技术"成果。该成果包含两大突出特点:(1)完整的溢油应急用产品性能评估指标体系与试验方法,以及室内外综合试验平台,可用于多用溢油应急产品的试验评估;(2)科学、可操作的溢油应急产品性能企业标准体系,为溢油应急物资的储备选用、物资配备提供有效的技术支撑,大大节约了企业物资采

第六章 高致灾性事故应急技术进展

购配备成本，提高了工作效率。

5. 溢油吸附材料评估技术的应用情况

（1）在突发事件吸附材料后评估的应用。

2012年11月，针对某公司"11·11"溢油事故现场存在溢油吸附材料产品性能好坏不一、参差不齐，现场应用效果相差较大等问题，应用本技术成果对现场使用的吸油毡、吸油拖栏、溢油分散剂和凝油剂等23种溢油应急产品开展了性能指标测试分析，形成测试分析报告，认为现场使用的2#吸油毡、3#吸油毡、1#吸油拖栏、1#凝油剂、2#凝油剂等5种产品的吸附效果较好，其他产品应用效果一般，少量产品不适用于此次溢油油品回收工作。

（2）在企业应急物资储备过程中的应用。

2014年1月，应用该技术成果对某油田海上应急救援响应中心储备的23种溢油应急产品（包括围油栏、吸油毡、吸油拖栏、溢油分散剂、凝油剂等）进行评估试验分析，给出了各类溢油应急产品的适用油品、适用水体条件、温度条件等技术指南，为溢油应急物资的储备选用、物资配备提供有效的技术支撑。表6-6为吸油毡使用性能指标评分对照表。表6-7列出了毡类吸附材料初次筛选吸附材料性能综合评价结果。

表6-6 吸油毡使用性能指标评分对照表

评估指标	评分等级				
	5分（优秀）	4分（良好）	3分（一般）	2分（及格）	1分（较差）
吸油倍率	≥15	≥10且<15	≥8且<10	≥6且<8	<6
吸水率	≤5%	>5%且≤10%	>10%且≤15%	—	>15%
持油率	≥90%	≥80%且<90%	≥70%且<80%	≥60%且<70%	<60%
破损性	振荡12h，保持原形	—	—	—	将振荡12h，不保持原形
沉降性	振荡12h，浮于水面	—	—	—	将振荡12h，不浮于水面
溶解性	在油中无溶解和变形	—	—	—	在油中有溶解和变形
强度性	重锤试验3min不撕裂	—	—	—	重锤试验3min撕裂
使用性	可反复使用10次以上	—	—	—	可反复使用5次以下
燃烧性	燃烧处理无污染	—	—	—	燃烧处理有污染

表6-7 毡类吸附材料初次筛选吸附材料性能综合评价结果

种类	吸油倍率		吸油速度		吸水倍率		综合得分
	质量倍率 g/g	体积倍率 g/cm³	质量速率 g/(g·s)	体积速率 g/(cm³·s)	质量倍率 g/g	体积倍率 g/cm³	
PP-1	13.87	0.92	6.76	0.60	0.09	0.01	66.13
PP-2	10.95	0.78	2.83	0.28	0.02	0.00	52.11
白色吸油棉	10.89	0.78	5.72	0.58	0.06	0.01	58.63
黄色吸液棉	9.62	0.76	5.05	0.37	0.28	0.02	53.41
灰色吸液棉	10.12	0.73	2.25	0.16	0.20	0.01	47.71
羽丝绒+聚丙烯	13.31	0.78	12.42	0.79	0.13	0.01	69.37

五、河流溢油平流控油技术

1. 河流溢油平流控油技术内涵

河流溢油平流控油技术作为水域溢油的重要研究内容，其技术内涵主要为调研河流种类，对河流进行分类并研究影响河流溢油回收的 7 个主要因素；总结归纳了 3 种不同的河流平流控油筑坝技术，分析不同筑坝方法的特点及适用范围；从理论角度研究确定油水分离控制器各主要参数，开展油水分离控制器的设计与加工制作；根据力学模拟分析，利用软件对拦油效果进行模拟与评价；对设计及改进的样机进行组合布放在河流中，开展现场模拟拦油效果试验。

2. 河流溢油平流控油技术研究过程

中国石油"安全环保关键技术研究与推广项目"的"水域溢油应急处置关键技术研究"子课题，设立了河流溢油平流控油技术研究内容，调研河流分类，根据河流溢油应急需求确定河流主要特征参数，提出河流分类方案。研究确定适合河流平流控油技术的河流类型。研究河流临时筑坝方法，研究不同坝体力学模型，对比优化平流控油方案。研究导流设备入口扰流控制技术与方法，研究开发可灵活控制流量油水分离控制坝导流设备。制造控制坝导流设备，选择合适河流开展河流平流控油现场试验。

河流溢油平流控油的研究内容主要分为河流分类与技术适用性研究、河流平流控油筑坝技术和河流平流控油油水分离设备研究 3 部分。

（1）河流分类与技术适用性研究。通过对影响河流溢油回收的溢油回收设备物资、道路交通条件、作业场地、河流信息、环境信息、油层厚度和油品物性等 7 个因素进行分析和对河流主要特征参数与分类进行研究，确定油水分离控制器应适用于流量小、流速低型以及流量小、流速高型的季节性溪流、沟渠、小型河流（图 6-11），和河流宽度在 20m 以下、河流深度在 1m 以下的流量中等、流速低型河流。

图 6-11 季节性溪流、沟渠、小型河流示意图

（2）河流平流控油筑坝技术研究。泄漏油品进入沟渠、小溪、河流等水域后，应采取筑坝方式进行拦截。筑坝的方法主要有实体坝、控制坝和油水分离器 3 种。以上各种筑坝方法除油水分离器外，坝体材料绝大部分是草木、活性炭以及泥土等，实际抢险过程中获取这些材料较不方便，而且筑坝操作复杂、构筑时间较长。溢油围控结束后使用过的材料不能重复使用，每次溢油围控都需要补充新材料。油水分离器装车方便，到达现场选择恰

当位置即可构筑,钢管进水口处安装的闸门开关方便,闸门开度可以有效控制,确保河水不会漫坝。围控结束后油水分离器可以在下次溢油围控过程中继续使用,利用率较高,适用于流量小、流速低型以及流量小、流速高型的季节性溪流、沟渠、小型河流,以及河流宽度在20m以下、河流深度在1m以下的流量中等、流速低型河流。此外,还可以并行构筑两个甚至多个油水分离控制坝以应对河道较宽、流量较大的河流溢油围控。

(3)河流平流控油油水分离设备研究。油水分离设备的设计主要从结构、防冲刷和密封3个方面考虑。设计并研制的油水分离设备主要适用于小型河流、沟渠溢油拦截,该设备可使污油在水面漂浮,水从油面下流淌,制造静水面拦截并回收水面污油,从而提高抢险效率,降低环境污染。

3. 河流溢油平流控油技术创新及先进性分析

(1)河流平流控油技术能达到实战水平,实现截流坝体快速搭建、快速拆除、坝前水面无强扰流、过坝流量0~100%可调,完成现场试验验证。

(2)设计出的油水分离控制器对于溢油的围控拦截非常有效,提高了溢油应急处置效率,提高了中国石油溢油应急能力和水平,具有广阔的应用前景和经济价值。

4. 河流溢油平流控油技术的应用情况

(1)在应急演练中的应用。

2013年5月,在铁岭市凡河流域举行的泄漏油品溢入凡河应急演练中,结合凡河及上游支流河道宽度及河水流量情况,共设置油品拦截点5处,在距漏油点3.9km上台河处,水流速约为0.2m/s,流量为1m³/s,河床宽度约为6m,结合现场河流情况,采取设置油水分离器与土坝结合的措施实施油品拦截及回收。图6-12为铁岭凡河溢油应急演练图。

此外,2014年4月15日,在大连金州新区溢油应急演练中,同样对油水分离控制器进行了水上溢油拦截应急演练与评价。

图6-12 铁岭凡河溢油应急演练

(2)在应急实战中的应用。

2014年6月30日,大连新港—大连石化公司(以下简称大连石化)输油管道14#桩+800m处因第三方违法违规施工,造成管道破损,致使原油泄漏,一部分原油进入市政雨水管网流向寨子河,在一废置公路桥下水面上聚集并着火;另一部分原油沿污水管网进入金州区第二污水处理厂,通过明渠进入寨子河,危及下游2km处的黄海。

为了防止污油进一步扩散进入黄海,在雨水暗渠出口处采用油水分离控制器对排水暗涵中流出的污油进行拦截,经现场实际应用证明,该设备对水上溢油围控拦截较为有效,可提高水上油品泄漏应急处置水平,具有重要的应用价值和推广价值。图6-13为大连新港—大连石化输油管道溢油处置实战现场图。

图6-13 大连新港—大连石化输油管道溢油处置实战现场

第三节 展 望

结合中国石油面临的重特大事故风险，在"十二五"应急技术研究的基础上，展望"十三五"相关应急技术领域的发展如下：

（1）在井喷应急救援技术研究方面，为了从根本上降低作业人员风险，实现抢险近井口危险区域作业无人化，提高抢险装备的信息化、自动化和智能化水平，满足现代抢险救援的安全和环保节能要求，开展基于大数据的井控压井救援专家决策支持系统和井口抢险机器人的研究，将成为下一步井喷应急救援技术领域的研究热点。

（2）在水域溢油应急技术研究方面，为提高水域溢油应急响应效率，辅助相关管理者做出科学有效的溢油应急决策，将3S、数据库、专家系统等先进信息技术引入溢油应急决策支持模型和系统的研究，包括利用地理信息技术识别和图示溢油信息、溢油数值模拟、溢油风化过程模拟和溢油应急物资调度优化模型等，将成为下一步水域溢油领域的研究热点。

参 考 文 献

[1] 栾国华，高青军，李昊阳，等.内陆河流水体跨越管道溢油模拟及应急对策[J].油气田环境保护，2018，28（1）：10-13+60.

[2] 裴玉起，储胜利，杜民，等.溢油污染处置技术现状分析[J].油气田环境保护，2011，21（1）：49-52+62.

[3] 李峰，张超，栾国华，等.一种基于高吸油树脂与聚丙烯复合吸油材料[J].河北工业大学学报，2015，44（1）：45-49.

[4] 彭丽，刘昌见，刘百军，等.水稻秸秆蒸汽爆破－酯化改性制备吸油材料[J].化工学报，2015，66（5）：1854-1860.

[5] 彭丽，刘昌见，刘百军，等.天然有机纤维吸油材料的研究进展[J].化工进展，2014，33（2）：405-411.

[6] 裴玉起，储胜利，齐智，等.紫外辐照法制备聚丙烯－丙烯酸酯接枝共聚吸油材料[J].天津工业大学学报，2012，31（6）：10-13.

第七章 HSE 与应急管理信息化技术

随着信息技术的迅猛发展，我国信息化有了显著的发展和进步，已经走过了电子数据处理（EDP）阶段、事务处理（TPS）阶段，正在向管理信息系统（MIS）阶段和决策支持（DSS）阶段迈进。石油石化行业 HSE 和应急管理的信息化开始于 21 世纪初，信息技术已经成为各大石油石化企业安全风险管控、环境保护、职业健康防护和应急管理科学技术研究、技术成果转化和业务管理提升不可缺少的技术手段。中国石油始终高度重视安全环保健康和应急管理信息化工作，将其视为基础性工程和推动提高 HSE 和应急业务管理水平、过程监控水平和科学决策水平的重要抓手，将 HSE 信息系统和应急平台列入集团公司信息技术总体规划并启动了相关信息系统建设项目。"十一五"以来，中国石油建成了包括安全、环境和职业健康管理的 HSE 信息系统，在所属企业全面上线应用，相关功能模块已经逐步贯穿了安全、环保和职业健康管理的各个业务环节，成为规范 HSE 基础资料管理、提升 HSE 管理水平和加强安全环保监督管理工作的重要举措。在应急管理方面，以构建集团公司应急平台为抓手，建成了集团公司总部和企业两级应急平台，初步建成了集团公司应急支撑体系，全面覆盖了应急事前、事中和事后全过程，直接推动了集团公司突发事件应对模式的根本转变。

"十一五""十二五"期间，随着物联网、大数据、云计算和移动应用等信息技术的快速发展，中国石油按照信息技术总体规划，持续推进 HSE 信息系统 2.0、应急平台 2.0 升级研究和项目建设，实现 HSE 和应急管理业务的集约化、专业化管理，进一步优化、简化业务流程，有效实现资源共享，持续提升集团公司 HSE 管控水平和决策支撑能力；持续提高集团公司应对各类突发事件的响应能力和处置效率，有效减少各类突发事件造成的损失，为中国石油实现稳健发展、建设世界一流综合性国际能源公司保驾护航。

第一节 中国石油 HSE 信息技术的应用与发展

健康、安全和环保管理能力的高低直接影响企业的社会形象、员工满意度和企业的可持续发展能力，因此，HSE 管理越来越受到国内外各公司的重视。近年来安全环保的法规标准要求越来越严、企业违法违规的风险越来越大，国家和政府对事故事件的关注度越来越高、社会大众对事故事件的容忍度越来越低、事故事件的问责力度越来越强，安全环保严监管、狠问责、动真格已成为新常态。中国石油始终全面贯彻落实党中央、国务院关于安全环保管理工作的要求，建立健全 HSE 制度要求，积极推进 HSE 管理体系建设，全面强化依法治企，持续加大 HSE 监督检查、量化审核和绩效考核力度，HSE 管理体系运行科学高效，管理基础进一步夯实，工作业绩实现了新提升。中国石油 HSE 信息系统以接害人员、岗位为基础，实现体检和检测计划提报、结果记录、异常跟踪及国家要求档案生成；以事故预防为主线，以危害辨识和风险管理为核心，追踪安全管理制度的落实；以污染排放管理为主线，通过排放信息、自动核算，完成排放监测与统计。

一、中国石油 HSE 信息系统建设历程

"十一五"期间,《中国石油天然气集团公司"十一五"信息技术总体规划》(2007版)将 HSE 信息系统(1.0 版)列为信息化建设的一个重要内容,通过 HSE 系统的建设优化管理体系和业务流程,推动中国石油实现 HSE 业务管理模式的转变,促进中国石油可持续发展战略的实施。"十二五"期间,随着移动互联网、物联网和大数据等新技术在 HSE 信息化方面的深入应用,加强对现场管控的支持,并与统建生产经营管理系统集成,使得系统更好地服务于安全受控管理。经过技术研究与可行性分析,明确了 HSE 信息系统(2.0 版)建设方案,并于 2012 年启动 HSE 信息系统(2.0 版)建设工作。HSE 信息系统建设整体分为 3 个阶段(图 7–1)。

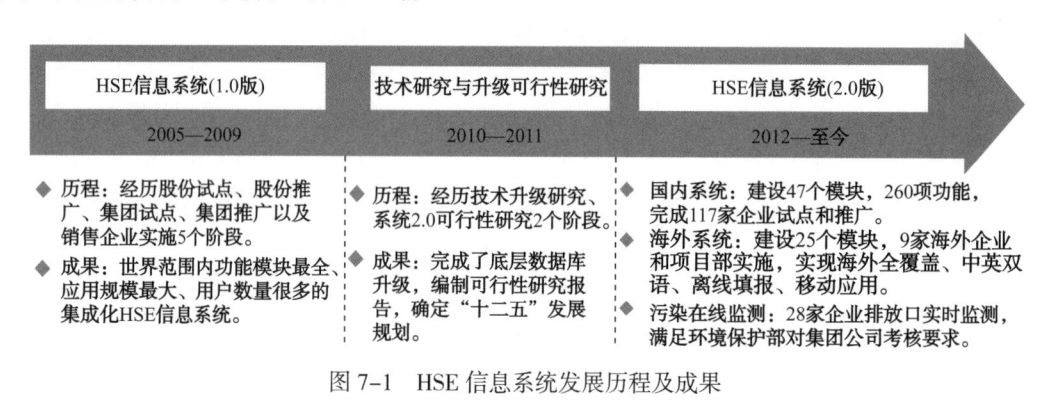

HSE信息系统(1.0版)	技术研究与升级可行性研究	HSE信息系统(2.0版)
2005—2009	2010—2011	2012—至今
◆ 历程:经历股份试点、股份推广、集团试点、集团推广以及销售企业实施5个阶段。 ◆ 成果:世界范围内功能模块最全、应用规模最大、用户数量很多的集成化HSE信息系统。	◆ 历程:经历技术升级研究、系统2.0可行性研究2个阶段。 ◆ 成果:完成了底层数据库升级,编制可行性研究报告,确定"十二五"发展规划。	◆ 国内系统:建设47个模块,260项功能,完成117家企业试点和推广。 ◆ 海外系统:建设25个模块,9家海外企业和项目部实施,实现海外全覆盖、中英双语、离线填报、移动应用。 ◆ 污染在线监测:28家企业排放口实时监测,满足环境保护部对集团公司考核要求。

图 7–1 HSE 信息系统发展历程及成果

1. 第一阶段——HSE 信息系统(1.0 版)建设

2005 年 3 月,安全环保技术研究院作为项目承担单位,开始 HSE 信息系统(1.0 版)的建设。在《中国石油天然气集团公司"十一五"信息技术总体规划》《中国石油 QHSE 信息系统可行性研究报告》《中国石油天然气集团公司 HSE 信息系统》《中国石油 HSE 信息系统(销售企业)可行性研究报告》等文件的指导之下,采用"先试点,后推广"的策略,历经 3 年 9 个月,经历了股份试点、股份推广、集团试点、集团推广以及销售企业推广实施 5 个实施阶段,搭建了中国石油集中、统一的 HSE 业务管理平台。HSE 业务管理平台包括 64 个功能模块,提供 4 项分析决策工具、5 种信息展现手段和 8 类应用管理工具,可自动生成涵盖集团公司 HSE 管理各项业务需求的 175 种报表,实现了 HSE 业务信息从基层到总部的集成和共享,借助灵活、方便的数据分析模型进行趋势预测,为 HSE 管理决策提供了支持。2009 年初,HSE 信息系统(1.0 版)在集团公司正式全面上线运行。

2. 第二阶段——HSE 信息系统技术研究与升级可行性研究

"十二五"期间,集团公司信息化建设进入了"以用为主,建用结合"的新阶段。集团公司制定了"十二五"信息建设总体规划,包括 7 大类 76 个信息系统,涵盖了各业务领域,是未来五年信息化建设的总纲。HSE 信息系统属于总体规划中综合管理类(E 类)提升完善类项目。集团公司信息建设"十二五"规划中提出要对 E1 系统进行升级,主要目标是全面提升系统现有功能,进一步完善健康、安全、环保系统体系架构,提升系统的易用性和灵活性,在集中、统一的框架上适应各专业分公司的管理需求。2010 年 11 月,中国石油信息管理部委托安全环保技术研究院开展技术研究,编制 HSE 信息系统(2.0 版)可行

性研究报告。

3. 第三阶段——HSE 信息系统（2.0 版）建设

HSE 信息系统（2.0 版）于 2012 年启动建设，包括 HSE 信息系统（1.0 版）功能提升、污染源在线监测和海外 HSE 子系统，实现了集团公司 HSE 信息化国内外全覆盖。其中，HSE 信息系统（1.0 版）功能提升包括 47 个功能模块，成为集团公司 HSE 管理的集中、统一信息平台，是集团公司 HSE 风险管控的重要抓手。污染源在线监测子系统包括 34 项功能，具备了在线监测数据实时传输，超标异常预报警和问题整改追踪，实时数据及历史数据的统计查询，以及基于 GIS 可视化查询展示等功能。海外 HSE 子系统包括 34 个功能模块，覆盖海外 HSE 管理业务，解决了海外板块外籍员工应用系统、部分地区网络条件差等问题，建立了信息交流及数据上报渠道。

二、中国石油 HSE 信息系统设计

HSE 信息系统（2.0 版）的系统架构（图 7-2）主要包括数据层、服务层、业务层、展示层共 4 层。除此之外，还包括 1 个污染源在线监测子系统、1 个海外防恐安全和 HSE 管理子系统。

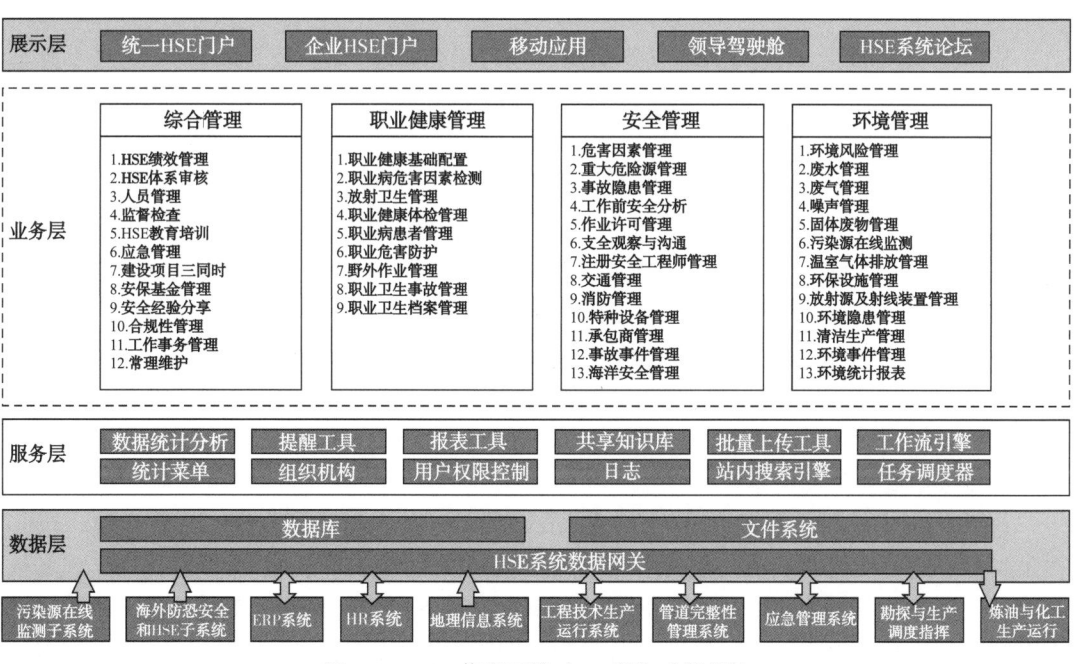

图 7-2　HSE 信息系统（2.0 版）功能架构

1. 数据层

数据层包括数据库、文件系统和 HSE 系统数据网关 3 个模块。其中，数据库和文件系统存储系统的业务数据以及相关系统配置，HSE 系统数据网关实现和子系统、其他信息系统的数据集成。

2. 服务层

服务层的模块不直接对用户提供业务功能，但它们对其上的业务层各模块提供公用的、统一的工具支持，包括：

（1）统计菜单：提供系统功能菜单的统一读写接口。

（2）组织机构：提供中国石油 HSE 组织机构的统一读写接口。

（3）用户权限控制：提供针对用户权限控制信息的统一读写接口。

（4）日志：提供日志记录和日志检索功能。

（5）站内搜索引擎：提供索引建立、检索等功能，支持遵从性搜索、日志检索和门户信息检索等。

（6）工作流引擎：提供工作流程配置和执行功能，满足各企业业务开展差异需求。

（7）任务调度器：提供任务跟踪和管理功能，直观显示各项业务流程的工作进度，支持工作事务管理和业务管理。

（8）数据统计分析：提供数据统计分析功能，支持领导驾驶舱、环境报表等模块统计分析需求。

（9）提醒工具：提供短信、站内信息、邮件等方式的提醒功能。

（10）报表工具：提供内容和格式可以灵活定义的报表生成功能。

（11）共享知识库：提供知识的分类、索引建立、检索功能。

（12）批量上传工具：支持从 Excel 表中批量导入指定格式的业务数据。

3. 业务层

业务层提供 HSE 系统的主体业务功能，分为综合管理、健康管理、安全管理和环境管理 4 部分，包括 47 个功能模块。

4. 展示层

展示层对用户提供系统的用户界面，包括：

（1）统一 HSE 系统门户：系统的开放式门户，显示集团公司 HSE 通知、公告、HSE 业务统计数据等信息，为集团公司提供系统数据的集成展示平台。

（2）系统功能界面：提供系统的主体功能操作界面。

（3）领导驾驶舱：以表格、曲线、仪表盘等形式为公司及企业领导展示 HSE 业务的统计数据。

（4）HSE 系统论坛：提供系统用户交流平台。

5. 污染源在线监测子系统

污染源在线监测子系统（图 7-3）采用 3S 技术，结合物联网应用，实现废水、废气污染物排放的在线监测。系统包括基础信息管理、监测数据管理、监测报警管理、现场核查管理、监测业务管理和可视化查询等 6 个模块，具备在线监测数据实时传输，超标异常预报警和问题整改追踪，实时数据及历史数据的统计查询，以及基于 GIS 可视化查询展示等功能。

6. 海外防恐安全和 HSE 管理子系统

海外防恐安全和 HSE 管理子系统按照主系统的构架进行部署并对海外用户提供服务，它除了提供国内企业需要的系统相似功能之外，还提供安保日报、防恐安全培训等企业特有功能。系统总体功能分为 5 个部分——综合管理、健康管理、安全管理、环境管理和安保管理，共 33 个功能模块和 6 项辅助功能（图 7-4）。同时为用户提供统一 HSE 系统开放式门户，显示 HSE 通知、公告、HSE 相关法律法规、安全经验分享等信息，为海外企业提供系统数据的集成展示平台。

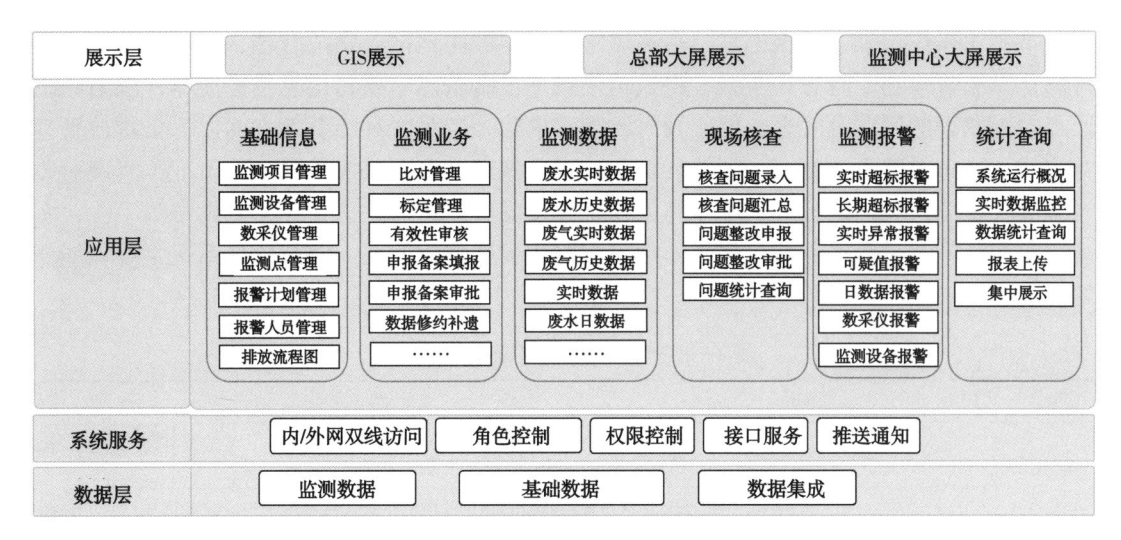

图 7-3　污染源在线监测子系统功能架构

图 7-4　海外防恐安全和 HSE 管理子系统功能架构

三、中国石油 HSE 信息系统主要功能

中国石油 HSE 信息系统包括职业健康管理、环境管理和安全管理三方面业务。一是在职业健康管理方面，以接触有毒有害人员和有毒有害场所（检测点）为主线。以接触有毒有害人员信息为基础，开展年度体检工作，实现体检计划提报和体检结果记录，并实现体检结果异常人员后续处理情况跟踪；以有毒有害场所（检测点）信息为基础，开展年度检测工作，实现检测计划提报和检测结果记录，并实现检测结果超标场所跟踪评价；可以自动生成国家和集团公司两种形式的职业卫生档案。二是在安全管理方面以 HSE 目标为总纲，将日常的管理业务信息汇集到一起，形成集中的信息管理；以安全生产作业为目

- 161 -

的，将作业操作步骤、危害因素、存在风险及需要的防范措施集成管理，形成作业风险指导库；以监督检查、隐患为主线，将人员信息、设备信息、项目信息贯穿成体，及时跟踪监督检查发现的问题及隐患，便于及时治理和消除。三是在环境管理方面以污染排放管理为主线，通过对废水、废气、固体废物、噪声监测情况以及排放情况统一管理，实现对废水、废气排放量和达标排放情况、污染物排放量的统计汇总；以在线监测设备为手段，实现废水和废气实时数据传输，超标异常预报警和问题整改追踪。HSE信息系统主要功能介绍见表7-1。

表7-1 HSE信息系统主要功能介绍

分类	序号	功能模块	功能概述
综合管理	1	HSE绩效管理	实现HSE绩效管理全流程管控，完善绩效指标制订；考核结果统计与指标预警信息的图表显示；记录绩效考核结果
	2	HSE体系审核管理	HSE体系审核功能以管理企业内部审核（包括对承包商的审核）为主，记录企业审核信息，并对审核发现问题进行整改、验证等跟踪管理；管理认证审核为本模块辅助功能，主要记录认证审核的过程和结果信息；HSE体系审核员功能覆盖集团HSE体系审核员管理和企业内部审核员备案管理功能，包括体系审核员的培训和内部审核活动记录等
	3	人员管理	在管理HSE相关人员基本信息的基础上，建立人员三违记录，根据人员从事的安全活动汇总员工安全记录；建立员工安全档案的综合查询；特种作业人员证件管理；自动提醒证书失效、审核
	4	监督检查管理	实现监督检查工作全流程管理，包括原因分析配置，检查计划，现场检查记录，监督检查表，监督检查记录，隐患整改通知单签发、隐患整改反馈、隐患整改验证，监督检查统计
	5	HSE教育培训管理	建立HSE教育培训矩阵；HSE教育培训计划制订、审批；HSE教育培训记录和评估，教育培训课件管理和在线学习功能；HSE培训讲师管理；HSE教育培训情况综合查询
	6	应急管理	应急人员和应急组织分类管理，应急组织和成员职责管理；应急物资配备、消耗和统计功能；应急预案信息、修订、备案演练管理，应急预案共享；应急演练计划、计划审批和演练记录，演练方案共享；专业应急救援队伍管理（人员、设备、分布、抢险记录）；应急救援管理，对运作、通信、物质装备、人员和财务行政等各要素管理，实现按SOPs（标准操作程序）应急处置并生成综合评估报告
	7	建设项目三同时管理	简化建设项目和项目阶段信息的系统录入操作，使用选项卡的方式代替弹出窗口，实现单页面信息的全部录入，减少点击菜单页面切换次数，提高数据录入效率
	8	安保基金管理	安保基金的设备投保；安保基金的事故理赔；日常使用情况的上报审核与记录
	9	安全经验分享	强化安全经验分享视频材料、图片等在线观看和显示功能；以知识库的方式加强用户经验分享，用户可将业务开展的内容以模板或者其他形式分享到知识库，供其他用户检索参考
	10	合规性管理	国际、国内、行业和企业标准，国家法律法规，企业规章制度查询，高级、普通和个性化定制等搜索查询功能，并实现对各管理功能点相应业务的智能提示与查询
	11	工作事务管理	系统用户工作日程管理；工作任务的责任人和时间点落实；系统工作提醒定制；信息发布和内部通知管理
	12	管理维护	优化系统管理配置功能，提供门户内容和样式配置、日志检索、用户管理、组织机构迁移、菜单管理等功能
职业健康管理	13	职业健康基础配置	管理接害人员、接害岗位、监测点、防护用品和设备的类型等职业健康基础数据
	14	职业病危害因素检测管理	检测计划制订；检测结果录入；检测超标结果向有关单位和用户上报或下发，对检测点所对应的接害岗位提出警示提示
	15	放射卫生管理	记录涉及放射业务的人员；个人放射计量管理

续表

分类	序号	功能模块	功能概述
职业健康管理	16	职业健康体检管理	体检项目及周期管理；体检计划制订；体检计划审批变更；体检结果录入；体检异常跟踪管理；员工体检结果和单位职业健康体检报告进行归档
	17	职业病患者管理	记录职业病患者的治疗、归转等管理信息
	18	职业危害防护	记录个人防护用品、防护设施、采样检测设备和应急救护设备的配置、发放和使用、维护情况，并针对企业提供个人防护用品类型的配置功能
	19	野外作业管理	记录野外作业饮食卫生和地方病、传染病等员工个人卫生健康管理
	20	职业卫生事故管理	职业健康事故报告管理
	21	职业卫生档案	基层单位职业卫生管理档案生成；单位职业卫生管理档案制订；单位职业卫生管理档案审批；企业职业卫生管理档案制订、审批；中国石油职业卫生统计数据。将接害人员和职业健康体检两个模块数据进行汇总后自动生成员工监护档案
安全管理	22	危害因素管理	定义危害因素识别作业场所、作业活动和岗位；按作业单元或作业活动记录危害因素及危害风险；记录评价危害风险等级；记录危害因素控制措施和方法；建立危害因素与监督检查、操作规程等其他相关业务管理模块，辅助管理；依据岗位、作业活动、作业场所配置危害因素分类汇总和显示；危害因素辅助评价工具（LEC，风险矩阵）信息化支持
	23	重大危险源管理	记录企业重大危险源信息、危险源备案登记、安全运行等信息，实现重大危险源分级评估模型，并提供重大危险源分布、周边环境、影响半径等信息的可视化查询
	24	事故隐患管理	隐患登记报告；隐患调查评估；隐患立项申请；隐患治理项目；隐患治理验证；隐患管理查询
	25	工作前安全分析	实现工作前安全分析的信息记录，形成集团公司工作安全分析库，并按级别实现共享
	26	作业许可管理	作业许可申请的预约、作业前风险识别、作业许可申请提交等信息记录和工作流程管理功能；作业许可证书面审核；作业许可证现场审核；作业许可审批及作业票输出
	27	安全观察与沟通管理	定义安全观察与沟通类型和项目，形成企业安全观察与沟通模板；安全观察与沟通计划制订、变更管理；安全观察与沟通结果记录和统计功能
	28	注册安全工程师管理	注册安全工程师在线注册申请、审批，以及变更、延续管理
	29	交通管理	记录企业驾驶员信息，并实现内部准驾证的申报、审核、复证换证的流程管理；记录企业车辆信息及车辆管理记录（年检、事故、三交一封、保险理赔）；实现与危险品车辆运行情况监控的接口；提供车辆年检、驾驶员证件到期等自动提醒
	30	消防管理	以生产单元记录消防设备和物资的配备；记录消防设备和物资的使用、消耗；统计消防设备的实际可用量；评估消防设备运行状态、维修维护记录。增加专职消防队管理，记录专职消防队分布、专职消防人员、消防车辆、装备情况、重点防护目标以及出警、执勤记录和救援情况；统计并提供固定消防设备分布情况，以及以上地理属性的电子地图展示和查询，提供联防联动支持
	31	设备安全管理	设备基本信息管理与备案；新增设备工艺安全信息管理、故障模式库和诊断库建立、设备重要度评价、故障模式和原因分析、故障模式风险评价、基于风险的检修策略建议、根治检修建议等功能
	32	承包商管理	承包商准入管理；承包商人员管理，包括人员执业证书、持证上岗管理，员工HSE培训、承包商入场工作人员的职业健康体检管理；承包商合同和结算管理，包括建立承包商HSE绩效合同
	33	事故事件管理	事件致因配置；事件报告；事件风险评估，并根据评估结果确定是否需要进行根本原因分析；事件调查，为事件调查人员提供调查结果的记录和根本原因分析工具；调查结果确认与共享；问题整改与跟踪；提供对事件类型、直接原因、间接原因和根本原因的各种统计分析，并支持报表输出
	34	海洋安全管理	石油作业管理、作业设施管理、生产设施管理、风暴潮预警及海周报月报管理，新增出海作业人员定位功能

续表

分类	序号	功能模块	功能概述
环境管理	35	环境因素管理	记录各级别环境因素信息，根据环境因素风险评价等级实现分级管理和控制
	36	废水管理	废水监测数据和排放数据的记录，废水检测项目和排放口基础配置管理
	37	废气管理	废气监测数据和排放数据的记录，废气检测项目和排放口基础配置管理
	38	噪声管理	噪声监测数据记录和噪声监测点基础配置管理
	39	固体废物管理	从固体废物存储容器和废物处理系统出发记录废物产生、存储和处置信息，并支持依据容器和废物处理系统处置情况明细查询
	40	温室气体排放管理	数据填报、核算、审核和统计分析等功能，实现集团公司碳数据全面摸排
	41	环保设施管理	建立环保设施台账，记录环保设施的基本信息；跟踪环保设施运行情况
	42	放射源及射线装置管理	记录放射源和放射装置基本信息、安防监控系统接口、放射源静态监控、放射源使用调度、放射源出入库管理、放射源动态跟踪、辐射剂量监控、放射源异常情况报警
	43	环境隐患管理	记录环境隐患的登记报告信息；记录环境隐患的调查评估信息；记录环境隐患的立项申请信息；记录环境隐患的项目管理信息；记录环境隐患的治理验证信息；环境隐患管理综合查询
	44	清洁生产管理	记录企业清洁生产审核和评估信息，清洁生产指标管理和维护
	45	环境事件管理	包括突发环境事件和违规环境事故的快报、续报和记录管理
	46	环境统计报表	水、气、固体废物的流量和排放数据录入；月度排放计算；环境报表分级在线上报、审批（电子签章）和汇总；环境数据异常提醒
子系统	1	污染源在线监测子系统	排放口监测点的基础信息配置；排放口实时排放监测数据查询；排放口排放监测数据按小时、日、周、月、季度、年进行统计以及统计数据查询；排放口监测数据超标的报警与污染源风险评估；排放口视频和应急监测车视频数据接入；排放口排放量的预测。具体包括： 基础信息管理，包括监测项目管理、监测设备管理、数采仪管理、监测点管理等。 监测业务管理，包括比对管理、标定管理、有效性审核和审报备案等。 监测数据管理，包括废水实时数据、废水历史数据、废气实时数据和废气历史数据等。 现场核查，包括核查问题录入、核查问题汇总和问题整改申报等。 监测报警，包括实时超标报警、长期超标报警、实时异常报警和可疑值报警等。 统计查询包括系统运行情况、实时数据监控和集中展示等
	2	海外防恐安全和HSE管理子系统	综合管理功能包括绩效管理、体系审核、监督检查、教育培训、合规性管理、HSE报表、信息上报、HSE体系文件、人员管理、人员构成情况、管理维护和工作事务。 安全管理功能包括海外风险预警、交通管理、消防管理、事故事件、安全经验分享、应急管理、危害因素、重大危险源、事故隐患和安全管理机构。 环境管理功能包括环境基础配置、环境影响评价、环境敏感区、环境隐患、固体废物管理、放射源管理和环保设施。 健康管理功能包括体检管理、健康咨询、健康资料库和诊所管理。 安保管理功能包括社会安全事件、安保日报和动态新闻管理

四、HSE信息系统应用实例

HSE信息系统经过1.0版和2.0版建设，充分利用物联网、移动应用等新技术，取得了一系列技术成果，打造了集团公司HSE业务管理技术利器。

HSE信息系统（2.0版）在集团公司各企业上线应用，覆盖集团公司总部、专业公司、企业、二级单位和基层单位5个层级，具有用户7万余名。系统上线以来，成为集团公司HSE管理的集中、统一信息平台，是集团公司HSE风险管控的重要抓手。集团公司29项HSE业务分析报告由系统出具，逐步实现了HSE管理用数据说话。

1. 污染源在线监测子系统

污染源在线监测子系统成为中国石油绿色发展重要展示窗口，被评为集团公司十大技术利器。系统的运行管理成效获得国家生态环境部、人力资源和社会保障部的高度肯定与认可。2014年上线以来，所有国控排放口纳入系统监控，通过系统的深化应用，一是促进了中国石油企业污染物全面达标排放，二是为中国石油环保管理提供大数据支持。

系统成功应用于集团公司油气田企业、炼化企业、销售企业和装备企业等企业所有国控排放口，在污染源达标管控、环境管理决策支持、国家重大活动期间空气质量保障等方面发挥了重要作用。

2. 移动放射源智能监控

系统采用软硬件相结合的方式，通过"辐射剂量检测、实时定位跟踪、远程视频监控、异常微波寻源"四位一体的物联网技术，实现放射源状态和过程数据的自动检测、采集和上传，覆盖了放射源实时监管、状态确认和分级报警等控制环节的全流程有效监管。通过研发，形成具有自主知识产权的辐射剂量探测、北斗和GPS定位、无线数据通信、身份识别、非接触式无线充电以及视频监控等7个小型化硬件设备，获得5项专利。

系统成功应用于中国石油测井有限公司天津分公司和新疆分公司，实现"12个管控点"实时监控、动态跟踪、异常报警，有效防范散失与泄漏风险。

3. 出海作业人员动态监控

出海作业人员动态监控子系统由物联网感知层、功能应用层和监控展示层组成，应用物联网、移动应用和视频监控计划，通过"证、照、卡"合一，线上线下合规和严格的出海卡、出海作业计划管理，控制规范出海人员有效持证，实时监控人员出海、乘船和岛上动态，对出海作业人员进行合规监管和定位，强化进出人员的现场管理，实现了按计划出海、人车通道分离，提升了应急情况精准施救能力；业务数据统计从以周为单位提高到分钟级，是加强海上作业重大风险监控的具体手段。

系统成功应用于冀东油田公司（以下简称冀东油田），为全面提升应对海上作业风险的能力提供有力保障。

4. 海外风险预警平台

海外风险预警平台于2018年全面上线，系统包括风险预警、员工定位、一键呼救、信息收集等3大类10项功能。海外员工可通过手机应用及时上报突发事件、获取预警信息，有效打通总部与海外员工信息双向沟通的"最后一公里"。平台成为出国团组必备App，有效辅助海外高风险国家项目开展社会安全管理，提供了海外社会安全管理工作新抓手，创新了总部与海外员工双向互通的高效模式，形成了及时有效的海外应急指挥决策新机制，建立了海外社会安全风险信息共享新平台。

平台成功应用于7个业务板块42家涉外企业，实现了预警信息推送、突发事件上报、风险动态查询、一键呼救和境外员工实时定位等。

5. 现场安全管理"一站式"App

紧跟信息化技术潮流，聚焦企业HSE管理难点、痛点，打造符合石油化工行业现场安全管理的移动应用平台。"一站式"App系统以作业许可、监督检查、隐患排查、承包商管理、体系审核管理5项业务为主要功能，有效解决现场安全管理漏洞，提升工作效率，增强员工管理意识，是企业现场安全管理的有效支撑。

系统在中国石油勘探与生产分公司及其所属16家企业、锦州石化公司（以下简称锦州石化）、广西销售公司和四川销售公司得到推广，开启了企业现场安全管理互联网＋的新篇章。

第二节　中国石油应急管理信息技术应用与发展

近年来，国家各部门陆续出台加强应急管理、推进应急信息化建设的办法和意见，进一步明确了以应急管理信息化建设为抓手，持续提升突发事件响应能力和处置效率，使应急平台建设成为大型企业应急管理的一项基础性信息化工程。中国石油始终全面贯彻落实党中央、国务院关于加强应急管理工作的要求，认真总结各类突发事件的经验教训，积极推进预案体系建设，理顺应急管理机制，完善应急管理法制，着力提高预防和应对突发事件的能力，初步形成了"统一领导、分工负责、部门联动"的应急管理工作格局，进一步明确了应急工作任务和相关政策措施。中国石油应急平台建设主要以集团公司总部、所属企业、基层单位三个层次为主线，各层级应急平台之间互联互通、资源共享、协同处置，服务于中国石油统一指挥、功能完善、反应灵敏、协调有序、运转高效的应急机制，有利于深化信息资源整合，实现各类资源共享，统一科学调配和优化配置，充分实现最大化效能，进一步提升中国石油应对各类突发事件的能力，有效降低和化解突发事件造成的危害和影响，全面提升应急工作效率。

一、中国石油应急平台建设历程

中国石油应急平台始建于2009年，初期完成了对总部应急平台的建设，实现了应急信息接报、试点企业视频监控、应急会商三大功能，使应急现场可视化、会商异地化、信息接报迅速快捷、应急指挥畅通等工作需求得以满足，有效提升了中国石油对突发事件的应急处置能力。为进一步实现"上下贯通、信息共享、互有侧重、互为支撑、安全畅通"的平台建设理念，中国石油于2013年初对应急平台进行了升级，主要完成了分公司应急平台的建设工作，全面提升了应急平台的应急管理能力，实现了中国石油总部和各地区分公司监测监控、预测预警、综合研判、辅助决策、指挥调度等应用功能。

中国石油应急平台以应急指挥中心、监测预警中心、信息发布中心和综合办公平台为建设定位，与勘探与生产、炼油与化工、销售、天然气与管道、工程技术服务等生产运行系统、HSE信息系统等多个系统进行了数据共享和应用对接，具有"互相补充、互相依靠、上下贯通、左右衔接、分工协作、松散耦合"的特点，是中国石油远程联动、区域协同应对重大突发事件的重要支撑手段。战时可作为领导同志和相关部门联合办公会商、协同应对指挥的重要场所，通过应急通信车传回的现场音视频，可以实时掌握现场事态发展，实现远程指挥调度、科学辅助决策和快速应急保障等功能。平时可对重要风险因素和风险源、重大施工作业场所进行视频监控，满足对专业机构预警信息的监测响应，以及对生产运行数据的汇聚展示；能对各类敏感信息、预警信息、突发事件信息进行汇总、核查，同时开展跟踪研判，并及时向领导同志和相关单位报告、发布；满足24小时应急值班值守、内外联系，以及综合协调、办公运行等业务管理需要，同时实现日常综合信息门户展示与基础数据管理等功能。

"十一五"以来，按照"可通、可用、可靠"的发展思路，经过"十一五""十二五"持续建设，构建了以中国石油总部和所属企业两级应急平台为核心，以应急数据、专题图层和系统功能为基础，以应急通信车、BGAN 通信设备、工业视频、视频会议等为接入手段的集团公司应急支撑体系，使突发事件响应效率和应急指挥处置效率得到明显提升。应急平台的主要建设历程可以划分为三个阶段。

第一阶段，2010 年，建成了中国石油总部应急平台，构建了总部"综合一体、集中办公"的应急指挥场所，总部应急指挥场所由 6 个区域 8 个子系统组成，具备信息展示、指挥调度、值班值守、会议会商等多种功能，综合接入了车载应急通信系统、应急管理系统、地图系统、业务系统等多种应急信息资源。实现了总部应急指挥中心、监测预警中心、信息发布中心的功能定位。在中国石油总部层面，为领导同志、应急处置部门、相关专家提供集中办公场所，实现快速响应、集中会商、联合研判、协同处置，解决总部信息共享、协调衔接的"最后一公里"。

第二阶段，2012 年，开展了应急通信系统的整体部署建设，初步构建完成集团公司应急通信网络，实现对 59 辆应急通信车和 63 套 BGAN 通信设备的集中调度管理。应急通信系统的建成投用，作为总部应急指挥的"千里眼""顺风耳"，打通了从现场到总部两个"最后一公里"的技术瓶颈，使总部应急平台向现场有效延伸，应急指挥处置效率得到明显提升，直接推动了集团公司突发事件应急处置模式的根本性转变。截至目前，集团公司应急平台有效支持应对各类重大突发事件 30 余起，为集团公司突发事件应急处置工作提供了重要保障。

第三阶段，2012 年，基于总部应急平台，开展应急管理系统试点、推广，项目着力开展系统应用功能拓展和提升、应急资源信息汇聚和共享、应急通信接入和互联互通、运行机制保障和上下贯通、企业试点和全面推广等 5 项任务，在集团公司 7 家专业公司、116 家企业及所属二级单位上线应用。通过应急管理系统建设实施入库数据 17 万余条，数字化集团和企业总体及专项预案共计 1300 余个；接入 8 个统建、5 家企业自建生产系统的相关生产静态、动态数据；构建专题图层 14 个，并形成了规范的应急专题图层标识系统。整合接入试点企业工业视频信号共 8000 余路，编制了集团公司工业视频监控联网系统技术规范；对企业应急平台信息化建设成果进行整合，完成 79 家企业应急场所的系统部署应用，实现与总部指挥大厅互联互通。纵向上下贯通、横向联动响应，有效增强了集团公司应急平台体系一体化处置功能，实现从总部平台向总部—企业两级平台的推广，从单系统应用到多系统集成的发展，从单点应急处置到区域联动响应的跨越。信息汇聚、监测预警、快速响应、辅助决策、协同应对等 5 种支撑能力得到进一步提升，满足了应急管理的分级分类、上下贯通、区域联动，以及辅助决策的需要，服务集团公司"统一指挥、反应灵敏、协调有序、运转高效"的应急工作机制，提高公司应对突发事件的响应能力和处置效率。实现了应急保障"一张网"、应急作战"一张图"、应急指挥"一条线"的应急平台应用效能。

二、中国石油应急平台设计

中国石油应急平台由应急管理系统、应急接入系统和应急指挥场所 3 部分构成。集团公司总部与所属企业应急管理系统之间建立应用级和数据级接口协议，应急接入系统之间可随时连通和相互调看，应急指挥场所之间搭建网络和通信链路。图7-5为中国石油应急平台体系内部结构图。

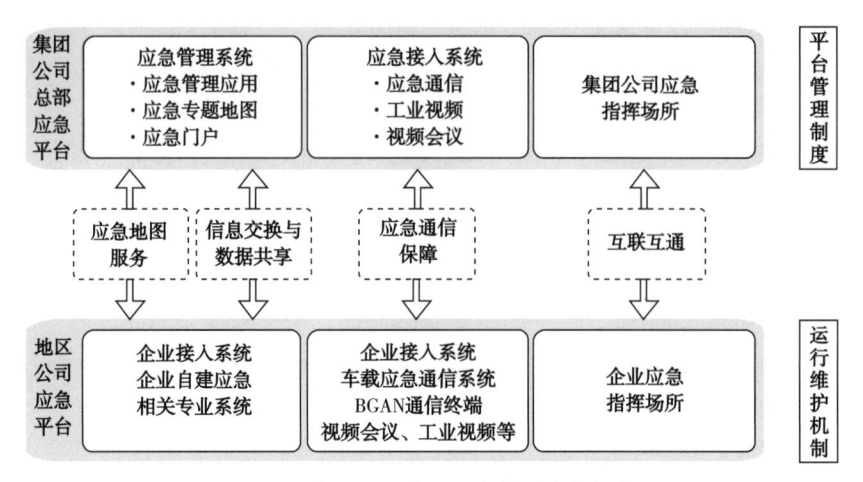

图 7-5 中国石油应急平台体系内部结构

中国石油应急平台总体结构主要由"两个体系"和"五个层次"构成，两个体系包括法规与标准规范和安全保障体系；五个层次包括基础支撑层、数据层、服务层、业务层和展示层。

（1）应急指挥场所。

应急指挥场所是指应急平台部署与运行过程中所处的物理区域，为综合展示、全面控制和通信联络等功能提供基础环境。应急指挥场所以场所控制子系统为中心，通过综合布线子系统将场所中各个系统有机联合在一起，对各种音视频信号、计算机信号及多媒体信号进行控制，实现智能化、一体化管理。

（2）应急接入系统。

应急接入系统将各种移动应急指挥工具、应急通信设备、工业视频监控终端和视频会议终端等技术手段接入应急指挥场所。应急接入系统是应急平台向现场延伸的触角，是应急平台的"眼睛"和"耳朵"，让总部和分公司能够看到和听到现场，紧急情况下可保持应急通信联络畅通，保证音视频图像有效传输，为应急处置决策提供依据。

（3）基础支撑系统。

基础支撑系统在物理层面上属于应急指挥场所的一部分，包括支撑应急管理应用系统运行的计算机网络、服务器、存储、操作系统、数据库软件、应用服务器软件、地理信息中间件、数据集成和通用组件等。

（4）数据库系统。

数据库系统在物理层面上属于应急管理系统的一部分，包括应急法律法规库、应急预案库、应急案例库、应急物资库、应急队伍与专家库、应急科普知识库以及企业风险源分布数据库等数据库，为战时应急决策分析和平时应急预案编制、应急培训演练等提供数据支撑。

（5）应急管理系统。

应急管理系统是以信息集成、流程分析和综合研判等功能为核心的一体化应用系统，是应急平台的中枢神经系统,是应急处置决策分析结果的主要输出系统,包括基础管理应用和业务管理应用两个部分,具备值班管理、信息接报、监测防控、预测预警、指挥调度和辅助决策等重要功能。

(6)展示系统。

展示系统在物理层面上属于应急指挥场所的一部分,由大屏幕、液晶电视、液晶屏等组成,可同时处理多路 RGB 视频信号和复合视频信号,提供应急门户、大屏幕显示、终端显示等展示手段,主要用于显示应急指挥系统的各种信息,包括突发事件现场视频、多方视频会议画面以及应急系统中的数据等。

(7)标准规范系统。

应急平台的架构应符合国家相关法律法规的规定,要符合实际的工作生产需求,具体包括法律法规、标准规范和技术要求三大部分。

(8)安全保障系统。

安全保障系统包括信息安全、容灾备份、物理场所安全等,用以保障在特殊情况发生时,整个应急平台能够发挥应有的作用。

中国石油应急平台逻辑架构如图 7-6 所示。

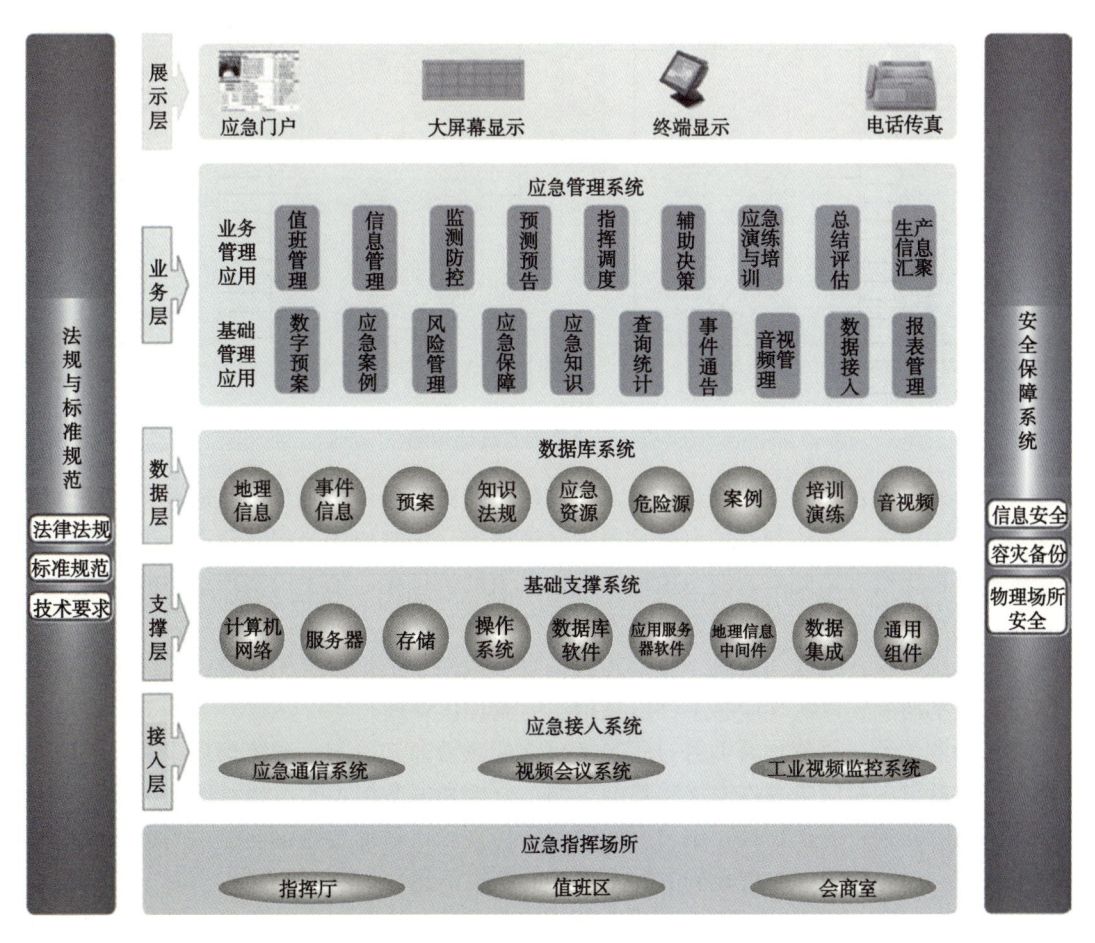

图 7-6　中国石油应急平台逻辑架构

三、中国石油应急平台主要功能及应用模式

应急管理系统是应急平台的主要业务功能系统之一。应急管理系统的应用功能以应急业务流程为主线，强调各个功能模块之间的集成应用，兼顾平时、战时业务，覆盖应急日常管理、突发事件的事前预防和监控、应急响应与处置、事后总结评估等各个业务流程和管理需要，主要功能模块包括值班管理、信息接报、预测预警、应急保障、监测防控、辅助决策、指挥调度、总结评估、演练与培训、信息汇聚和基础管理。应急管理系统架构如图7-7所示。

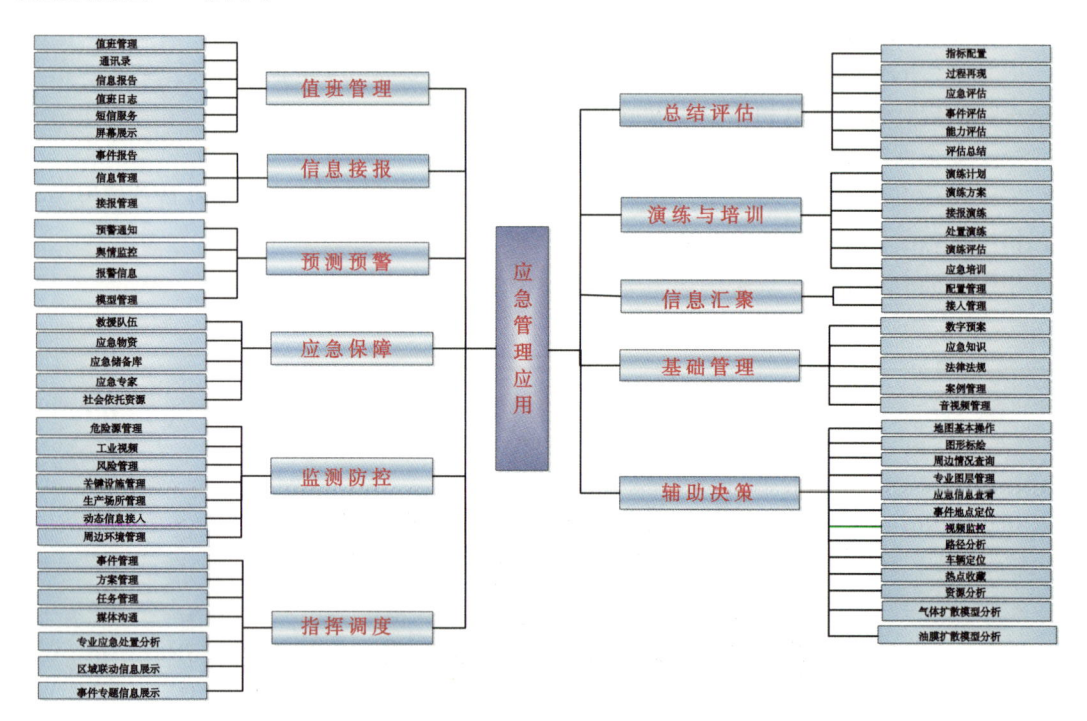

图7-7 应急管理系统架构图

（1）值班管理：应急值班管理业务需覆盖值班安排、通讯录管理、值班日志记录、信息报告等基本业务，并能利用信息化手段编制值班表，编制集团公司应急通讯录，实现信息报告的流程化管理。此外，应急值班管理还要借助信息化通信手段实现信息的群发和定向送达，并对应急值班场所的屏幕显示内容。

（2）信息接报：接收与管理上报的事件信息，以便于依据接报的信息，辅助信息手段进行事件级别研判，以实现应急事件信息报送的流程化管理。

（3）预测预警：预测预警业务过程包括事前的预警通知发布、预警信息跟踪、采集和分析，还包括事中对应急事件发展趋势的预测、分析和事态扩大的预测和预警。

（4）监测防控：企业需要了解自身的监测防控现状，就需要查询与显示与企业相关的重大危险源、风险隐患、关键设施和施工现场的监控信息。

（5）应急保障：实现实时查询救援队伍、应急物资、应急专家等信息，满足应急救援工作的需要。在突发事件发生时，也可以通过信息查询来辅助应急指挥调度，应用地图信息技术辅助应急决策，通过空间查询获得地图上应急物资、队伍、人员的分布、数量、状

态等信息。

（6）辅助决策：基于 GIS 技术，实现应急基础地图和专题图层管理，发生应急事件时，可以在基础操作、空间查询分析、专题图应用、标绘等功能的帮助下，及时、迅速、准确地了解事件发生状况，找到事件的解决方法、可调用的专家和负责处理的企业，并对处置事件中出现的问题和各企业的工作情况进行实时反馈，实现基于"一张图"辅助决策。

（7）指挥调度：应急管理工作中最为核心的业务需求。通过围绕突发事件的应急指挥调度，提升应急指挥效率及其准确性。在指挥调度中，企业需要对企业上报或续报的信息进行合成，下发应急处置任务并进行跟踪，进行事件相关媒体报道、监控，并与媒体沟通，同时展示事件专题信息与区域联动信息。

（8）总结评估：实现对突发事件的应急处置过程进行记录，以便日后能利用记录信息，再现突发事件的应急过程。同时，企业也需依据应急预案、知识与法规等信息建立相应评价体系，对自身的突发事件应急处置能力进行评估，从而形成相应的评估报告。

（9）演练培训：实现对演练计划、演练方案进行管理，查询下属单位的培训计划与培训记录，并下发总部应急演练方案、应急处置演练，联动配合演练等演练指令。

（10）信息汇聚：通过数据集成手段，实现生产运行系统、重点场所和设施监控、安全环保和应急救援相关数据集成管理，形成各专业专题展示信息并支持大屏幕的汇聚展示。

（11）基础管理：以数字化预案为核心，实现对应急预案的结构化管理并与基础数据关联，实现战时启动预案后，快速调取相关流程、基础数据和专题图层，形成应急处置方案。同时，还包括应急案例、法律法规、应急知识等信息管理和发布功能。

应急管理系统基于"平战结合"的应用理念，分为平时和战时两种应用模式。平时应用主要包括日常值守、危险源和风险因素的监测防控、预案管理等，针对应急人员的演练和培训记录，基础数据维护管理等。突发事件发生时，系统转入战时应用模式，利用平时积累的数据提供各类辅助决策信息。处置结束后，经过总结评估得出结果，反馈到预案管理、演练培训和基础数据收集环节。

四、中国石油应急平台应用实例[1]

中国石油应急平台于 2010 年首先在中国石油总部上线应用，2014 年在集团公司所属 116 家生产经营单位全面上线应用。上线以来，累计为几十起突发事件处置提供有力支撑。以四川省雅安市芦山地震为例，介绍应急平台在整个事件处置过程中的应用及发挥的作用。

2013 年 4 月 20 日四川省雅安市芦山县发生 7.0 级地震，震源深度 13km。中国石油驻川公司较多，此次地震发生突然，影响范围巨大，对生产安全和人员财产安全带来了严重损害。根据灾区反馈情况，中国石油下属 A 公司在雅安片区的多处基层单位场站失联，另一家下属 B 公司的一处生产场站也暂停营运。

1. 应急响应

地震发生后，A、B 两公司第一时间启动公司应急预案，并立刻上报至总公司。总公司高度重视，第一时间在应急大厅召开会议，了解在川企业受灾情况，并启动了总公司 I 级应急响应，总公司应急人员到达大厅后立即开启应急平台设备，并启动视频会议实现双边对话，登录应用系统实现信息接报，与此同时总部领导对抗震救灾工作做出重要部署：首先，中国石油成立抗震救灾领导小组，要求把确保员工生命安全放在首位，在确保安全的前提下，应急通信车尽快赶赴一线，保证总部与一线的通信畅通；在做好自救的同时，企业要主动联系四川省相关部门，了解救灾物资需求，配合地方做好抢险救灾物资保供工作，全力支持地方抗震救灾工作。

此外，中国石油总部要求加强值班工作，充实值班力量，及时了解和掌握前方情况，特别是摸清人员伤亡、财产损失等情况，要求在川公司第一时间上报信息，同时及时向国家有关部委报告信息。

2. 应急处置

根据处置要求，在指挥中心大屏幕上投放显示应急管理系统、现场实时视频、视频会议以及辅助决策系统。应急管理系统主要展示舆情信息、处置流程等，使得公司领导整体把控应急事件处置工作；现场救援视频展示现场受灾画面和救援画面，使得领导更准确地了解现场情况，有助于领导进一步安排救援工作；视频会议为总部与现场提供"面对面"沟通渠道，达到事件信息、处置决策快速共享；辅助决策系统地图展示整个应急处置态势以及事发地点周边各类物资信息等，为领导提供全面、可靠的决策依据。

3. 舆情监测

应急平台的舆情监控功能实时抓取各大重要网站相关灾区信息，通过信息筛选和研判，直接将有用信息展示在大屏幕上供领导查看，为现场领导及应急专家提供第一手资料。经筛选发现，通往救援灾区的最佳通道国道108线和省道211线这两条道路多处受阻，且路基损坏严重。因此，需要根据此情况对救援路线进行调整，为救援工作争取更多时间。在天气情况方面，四川芦山阴，气温为17.4℃，有偏西风，预计会有降雨，因降雨会增加救援难度，所以提醒救援人员提前做好防雨准备。

此外，据最新舆情信息，李克强总理、汪洋副总理专机已抵达四川灾区，解放军和武警部队已投入雅安灾区震区第一线救援兵力超过6000人，空军出动了两架侦察机，海军出动了遥感飞机。四川省内应急救援车辆数目惊人，物资保供显得尤为重要。

4. 应急通信

严重的自然灾害对通信、电力的破坏是最严重的，救援工作最需要的也是通信和电力，而应急平台的应急通信功能刚好能解决通信中断问题。地震发生后，中国石油总部通过系统地图定位功能迅速查询出离灾区最近的若干辆应急通信车辆的位置，通过路径分析功能结合路况计算出这些应急通信车距离事发地点的准确距离，并根据应急通信车的配备情况调派最适宜的车辆赶往前线。车辆在地震发生日下午到达现场，同时将灾区情况通过视频方式回传到总公司应急指挥大厅。两辆应急通信车分属不同分公司，由于地震造成的灾害是普遍性的，两车分片区对两家企业的业务点进行巡查，协同为总部提供现场信息。

此外，应四川省委办公厅协同处置的要求，两辆应急通信车还为政府和媒体提供通信链路，在公共通信中断的情况下，将灾区的第一手资料和信息传送到四川省委指挥中心和新闻中心，第一时间将灾区信息发布出去，为政府组织救援提供决策依据。

5. 区域联动

处置过程中总部与A、B两公司一直保持互动，确保处置方案的一致性、准确性显得尤为重要。A、B两公司现场救援人员通过应急平台辅助决策系统协同标绘功能将现场制订的应急处置方案上传至企业，企业接手处置方案后，经过进一步的补充完善，再通过协同标绘功能上传至总公司，总公司则根据整体应急事件的掌控情况并结合企业上传的完善图，进行最终的方案制订，再通过此功能下发至企业和现场，所有的操作都在一张图上进行，达到了方案一致性的目的，实现了各方联动的效果。

6. 资源调度

地区企业在此次应急抢险救援工作中，在保障自有企业人员、财产安全的同时，也为社会救援贡献积极的力量。按照总公司领导的指示，物资保供工作成为灾区救援工作中重中之重。地震发生后，立即启动物资供应应急预案，成立物资保供工作小组。在社会救援调度方案制订过程中，运用应急平台的辅助决策系统周边分析功能以事故地点为圆心，半径分别为 5km、10km 和 25km 进行分析，率先筛选出近距离、可用的社会依托资源，搜索结果共有 5 条，根据队伍分配情况以及道路情况筛选出 3 家队伍，并安排专人与队伍取得联系，商定物资调配方案；利用路径分析功能锁定最佳救援路线，安排路线沿途场站开辟救灾专用通道，优先保障部队、医疗以及政府救灾车辆物资供应。同时又通过系统物资分析功能找出灾区附近可用的发电机调往场站，确保震中场站供电供物。整个过程物资调配情况根据实际反馈信息标注在地图上，实现物资的调配跟踪。

救灾期间，物资不断消耗，四川省震区附近物资存储量逐渐减少，为确保救援通道沿线场站物资供应不断档，应急人员再次通过周边分析、车辆定位、路径分析等功能，查出四川省内的乐山、眉山、成都等市的分公司有相应资源，4 家单位共调配 20 台物资车辆前往灾区支援，同时又紧急调配小型配送车 10 台用于现场救急。

7. 总结回顾

在此次地震灾害中，两家分公司部分生产设施轻度损伤，无人员伤亡上报，在保障安全的前提下，全力做好生产恢复工作。在应急处置过程中，应急平台发挥了重要作用，在应急通信车调派方面更加准确、灵活，通过启动视频会议实现了总公司与分公司间信息的快速共享，应用应急管理系统统一管理突发事件信息，运用辅助决策系统提供的基础数据和分析功能制订更为合理的救援方案。整个处置过程体现了由总公司到分公司的指令上下贯通以及地区企业与企业之间的区域联动。在功能应用上，信息接报、续报电子文档 30 余份，应急通信车调派 5 次，视频会议启动 3 次，救援方案编制 5 次，路径分析 30 余次，周边分析、叠加分析 30 余次，专题图层使用 20 余次，天气、气象分析 2 次，热点收藏 6 次，车辆定位功能 10 次，整体平台使用率 100%。通过应急平台，充分调用了企业的救援力量和社会救援力量，肩负起社会救援责任。

第三节 展　　望

随着社会科技和管理的快速发展，HSE 和应急管理的专业化水平也不断提高。根据目前可以预见的可应用技术的发展趋势和前景，HSE 和应急信息化应进一步深化大数据分析技术、移动应用技术、物联网技术、智能视频分析技术和三维可视化技术等。

（1）大数据分析技术。大数据泛指巨量的数据集，所涉及的资料量规模巨大、关系混杂、动态持续、变化不定，需要用先进的技术和工具，在合理时间内实现数据的撷取、存储、分配、提炼、处理、集成和分析，并从中挖掘出有价值的资讯和信息。基于大数据技术的数据分析平台，可以充分整合集团公司各企业安全、环保、职业健康和应急方面的大量关键管理数据，以及在线监控数据，扩展目前的数据层级和范围，将这些海量数据进行分析、存储、建模、应用和转化，从中提取有意义、有价值的信息，为HSE管理和应急状态决策提供最有利的依据和参考。

（2）移动应用技术。随着3G/4G互联网技术和移动终端技术的飞速发展，人们获取信息和服务的手段发生了巨大变化。针对石油石化行业突发事件类型多、影响范围广的特点，移动应用为企业突破时间和地域限制提供了可能，根据用户使用特点进行使用流程的优化，随时随地处理工作、上报突发事件信息、开展现场安全检查等。另外，移动应用可作为应急移动通信车的有力补充，为总部领导指挥调度、辅助决策及时提供第一手宝贵资料，提高办公效率和辅助决策支持能力。

（3）物联网技术。物联网是在互联网、移动通信网等通信网络的基础上，通过智能传感器、射频识别（RFID）、红外感应器、全球定位系统（GPS）、激光扫描器、遥感等信息传感设备及系统，按照约定的协议，针对不同应用领域的需求，将所有能独立寻址的物理对象互联起来，实现全面感知、可靠传输以及智能处理，构建人与物、物与物互联的智能信息服务系统。目前，中国石油已建有油气生产物联网、炼化物联网等系统，下一步需要将物联网数据接入HSE信息系统和应急管理系统，实现重大危险源、重点关键设施、关键场所、应急资源等全面监控，一方面实现便利、快速、及时和全面地掌握集团公司安全管理风险，为HSE风险监控提供强有力的手段，为隐患排查、HSE管理分析提供决策支持；另一方面对突发事件的时空发展、救援物资需求等进行快速预测预警，实现各部门的协同应对、联动指挥，也有利于实现日常安全监控与应急的智能化管理，还可实现物资与应急救援装备的有机管理与调度，更好地体现"感、传、知、用"的有机结合。

（4）智能视频分析技术。智能视频分析技术采用高效的智能视频分析算法，并借助相关硬件强大的处理能力，通过分析和预设各种行为模式对视频采集前端实时采集的视频流进行特定分析和提取，当发现与预设规则相一致的行为或情况发生时，自动向监控系统提示分析结果，并根据不同情况采取相应处理措施，联动报警或人工干预。智能视频分析技术主要可实现单拌线检测、区域检测、物品遗留检测、丢失检测、逆行检测、人员聚集检测、双拌线检测、人员徘徊检测、人脸检测、人数统计检测、违停车辆检测和烟火识别检测等分析功能，将极大地提高人们对危险情况的掌控能力。HSE和应急领域的智能视频分析应用，一方面主要体现在突发事件或预警前期检测，包括烟雾、油品泄漏、区域入侵等异常事件，以视频监控的方式通过智能化图像识别处理技术对突发事件进行主动监控报警，通过实时分析，将预警信息转发至HSE或应急管理系统；另一方面则集中在系统后期运营管理，通过视频分析技术检测前端摄像头常见故障与视频图像质量问题，实现监控系统的有效维护，结合物联网及云计算技术，构建海量视频存储与分析检索系统。

（5）三维可视化技术。三维可视化技术是20世纪80年代中期诞生的一门集计算机数据处理、图像显示的综合性前缘技术，将各种数据资料（包括地震解释资料、测井解释资料或钻探资料及其他勘探测试数据在内的综合空间线型数据库，地震剖面资料、单井测井资料、钻井资料及其他勘探测试资料与平面地理、地质资料）有机地结合起来，实现对地质地层、区域构造及油藏储层进行三维空间的模拟，使地下地质环境与开采环境虚拟可视，方便决策人员直观地进行各类浏览、查询、统计和分析。通过该类技术，可使各层级应急信息得以有效共享并可视化展现，直观地展示设施和周边环境的情况，推演事故发展态势，模拟应急救援方案实施，为应急响应决策提供最直接的支持。

从HSE信息系统应用和未来发展趋势上看，HSE信息系统技术未来的发展方向是生产过程监控与HSE结果管理越来越紧密，尤其是物联网和大数据技术应用水平的提升，HSE信息系统通过接入应用物联网技术对高风险场所监控，与各专业公司生产运行系统有机结合，实现生产安全一体化管理，通过专业软件和大数据分析，提供风险预警和决策支持。通过接入前端分析仪器、治理设施、生产装置等运行状态数据，结合末端实时监测数据，挖掘内在联系和深层次规律，预测超标并及时处理，实现从末端监控、过程监管向超前预警转变。从HSE和生产充分融合角度，在总部层面以HSE信息系统（2.0版）为基础，重点实现HSE业务数据上报与大数据分析预警。在勘探生产企业层面，建立以油气井管道站库生产运行与安全环保预警、污染源在线监测、出海作业人员监控为核心的生产安全运行监控子系统。在炼化企业层面，以MES集成为中心，建立与生产运行结合的污染源在线监测、重大危险源运行监控、VOCs在线监测管理、工艺安全信息管理为核心的生产安全运行监控子系统。在管道企业层面，建立以油气管网安全预警可视化、作业许可管理为中心的管道生产安全运行监控子系统。在销售企业层面，依托油库管理系统和加管系统，建立以库站风险防控、重大危险源运行监控、远程视频监控为中心的生产安全运行监控子系统。在海外企业层面，重点实现风险管理移动化应用，持续提升海外防恐及HSE子系统。

从应急平台技术应用和未来发展趋势上看，应急管理信息技术未来的发展方向是将应急平台关键技术的理论攻关成果转化成信息技术、通信技术、软件产品和硬件装备及设备产品，在各级平台的应用建设项目中得到应用，以广泛的数据集成共享、互联互通作为发挥作用的有效保障，以移动应用、三维可视、物联网、大数据和智能视频分析技术作为未来技术发展方向的建设趋势。中国石油应急管理信息化技术发展大致可划分为三个阶段：第一个阶段是平台体系构建阶段，形成中国石油总部—企业两级平台，实现互联互通、信息汇聚和上下贯通的统一指挥；第二阶段是深化集成应用，中国石油应急平台体系完善为总部、企业、移动和应急救援队伍平台体系，通过移动互联、数据融合应用等实现高效指挥；第三个阶段基于中国石油整体信息技术的高度发展和充分应用，实现主动预防、智能研判和科学指挥。中国石油应急管理信息化技术正处于由平台体系建设向深化集成应用跨越阶段发展。

参 考 文 献

[1] 中国石油天然气集团公司办公厅. 大型企业应急平台体系建设与管理 [M]. 北京：石油工业出版社，2006.

第八章　中国石油安全生产技术发展展望

　　石油石化行业广泛存在易燃易爆、有毒有害、高温高压等安全风险因素，安全生产工作面临诸多挑战。虽然对安全风险防控和事故应急技术的研究一直在进步，但距离安全生产本质安全目标还有较大差距。"十八大"以来，党和国家对企业安全生产的要求不断提高，法律法规对企业安全生产的管理更加严格，人民群众对美好生活的诉求不断上升，这些都对石油石化企业的安全生产工作提出了很高要求。与此同时，随着网络化、信息化和智能化等先进技术的发展，世界工业生产模式和安全管理技术正在发生巨大变革，如何利用信息化和智能化技术提升石油石化生产风险防控能力、提升本质化安全水平，紧跟新时代的发展步伐，也是石油工业需要关注和探索的重大问题。因此，作为国有骨干企业的中国石油，仍然需要紧密围绕国家政策法规要求、人民群众期望和安全生产存在的突出问题，不断加深安全技术研究，推进安全生产技术升级，不断提高安全风险防控能力，以实现更高水平的安全绩效。

　　从发展思路上看，中国石油的安全技术研究需要按照"集成创新、重点突破、开放研究、强化应用、整体推进"的发展思路，以现有风险防控和事故应急技术为基础，以油气井井控、炼油化工装置、大型储罐、油气管道等重点风险领域安全防控和应急技术为研究对象，聚焦主营业务领域的重大风险防控与事故应急技术集成、主营业务发展安全核心关键技术研发攻关、网络化智能化先进技术融汇应用三个着力点，充分利用信息化、自动化、人工智能等先进手段，系统开展风险辨识、防范、监测、预警、情景构建、事故处置和人员能力提升等技术的攻关、集成与示范应用，全面提升完善罐区及装置安全风险防控与应急核心配套技术，加快油气井井喷事故防范、管道安全防护与事故应急等关键技术攻关与集成应用，形成先进、高效、实用的安全标准体系，推动石油石化行业安全和应急技术高质量发展，为中国石油安全生产提供有力的技术支撑。

　　在油气井井喷风险防控与应急技术方面，重点攻关井筒气侵与溢流随钻监测预警技术、自动井控装备与智能循环压井系统、高含硫区域硫化氢捕集洗消技术和井喷事故应急处置救援新技术，突破油气勘探开发安全风险防控与应急技术难点，解决关键问题；重点集成"三高"油气田井筒完整性信息化技术、非常规油气安全风险防控技术和高含硫油气田硫化氢泄漏事故防控技术，推进示范和推广应用，全面提升整体风险防控能力；积极探索危险区无人机监测预警技术、自动化智能化钻井系统、油气场站智能机器人等先进技术的应用，为油气勘探开发生产模式升级、本质安全发展提供新的发展路径。

　　在炼油化工泄漏爆炸火灾风险防控与应急技术方面，重点攻关动设备状态监测与故障预警、管线腐蚀防护与监测预警、高含硫化氢区域气体泄漏监测、装置泄漏火灾事故情景构建演练等新技术，突破炼油化工安全风险防控与应急技术的难点，解决关键问题；重点集成多源数据融合异常工况智能预警技术、关键设备全生命周期完整性管理系统和全过程可视化作业安全风险防控系统，推进示范和推广应用，全面提升整体风险防控能力；积极探索装置自动智能安全生产技术、大数据挖掘安全风险分析预警、装置泄漏着火事故自动应急技术等先进技术，为炼油化工生产模式升级、本质安全提升提供新的发展路径。

在危险化学品储罐泄漏火灾风险防控与应急技术方面，重点攻关储罐泄漏着火监测预警、大型火灾应急救援装备、储罐（库）防雷防静电技术、LNG与储气库安全风险防控等新技术，突破储罐安全风险防控与应急技术的难点，解决关键问题；重点集成各类危险化学品储罐完整性管理技术、应急处置救援技术、大型储库企地联动应急体系，推进示范和推广应用，系统提升整体风险防控能力；积极探索大型储罐主动防护、自动应急处置和智能化安全巡检技术，为储罐运行模式升级、本质安全提升提供新的发展路径。

在长输管道泄漏风险防控与应急技术方面，重点攻关腐蚀监测与缺陷检测技术、泄漏监测预警技术、特殊环境管道泄漏应急抢修技术，突破管道安全风险防控与应急技术的难点，解决关键问题；重点集成"智慧管道"技术、无人机管道巡检技术、河流溢油应急处置技术，推进示范和推广应用，系统提升整体风险防控能力；积极探索油气场站智能机器人技术，为管道生产运行模式升级、本质安全提升提供新的发展路径。

在信息化智能化安全生产技术方面，重点开展石油石化高危风险作业机器人技术和基于大数据和物联网的石油石化生产安全风险监测预警与完整性管理技术的研究和应用，为公司持续发展、重大战略布局和安全生产模式升级奠定技术基础。

环保篇

第九章　污水处理与回用技术进展

  石油石化行业是用排水大户，一方面企业规模的不断扩大与水资源短缺之间的矛盾日益加剧，企业用水成本不断提高，制约着石油石化行业的持续健康发展；另一方面，随着国家、地方环保管理的日益严格和污水排放标准的升级，各石油石化企业都面临着巨大的污染减排压力。因此，深入推进节水减排工作，不仅是石油石化企业健康发展的可靠保障，也是实现生态环境与经济和谐发展的重要技术支撑。

  "十一五"以来，中国石油各上、下游企业大力实施节水减排工程，在水资源管理方面，积极探索工业节水、水资源梯级利用和污水综合利用新途径，通过强化节水管理、加强节水技术改造等措施，实现污水处理低成本升级达标。在油气田污水处理方面，着力解决钻井污水、作业废液、稠油污水等高污染负荷污水的处理问题。川庆钻探、大港油田等单位研发的钻井污水回用、回注处理集成化装置，实现了污水稳定达标处理；长庆油田、辽河油田等单位在作业废液处理集成化装备研发、稠油污水不除硅回用蒸汽锅炉方面取得了长足进步；新疆油田、冀东油田等单位利用生物强化、电化学氧化等新型技术处理聚驱污水和采油污水，取得了良好效果，联合站综合污水处理负荷逐步降低，污水处理厂稳定达标率显著提升。在炼化污水处理方面，兰州石化、四川石化有限责任公司（以下简称四川石化）等单位以强化高浓度难降解点源污水预处理为主要手段，辅以臭氧催化氧化、内循环曝气生物滤池等末端升级处理技术，推进污水处理系统优化工作不断深入，各炼化企业升级达标后均满足新标准排放要求。

第一节　油气田开发钻井污水处理技术

一、油气田开发钻井污水处理技术需求分析

  由于石油、天然气钻井的特殊性，为了保障钻井作业的正常进行和为后期作业提供高质量稳定的井壁，需要使用含有大量处理剂的钻井液。特别是川渝地区，由于地层构造异常复杂，钻井较深，为实现快速钻井和满足后续作业及开采的需要，常使用具有较好性能的磺化钻井液体系，保障钻井的性能稳定和可靠，保证作业的正常进行。钻井作业中大量使用具有高色度、高污染、难降解的磺化聚合物钻井液体系，导致钻井液使用的处理剂品种多、加量大，同时大量的钻井液在使用中进入钻井污水，致使后期钻井污水成为具有高固相含量、高色度（10000倍以上）、高有机物含量（CODcr为2000~10000mg/L）、高矿物油含量（100mg/L以上）等特点的高浓度、高污染和难处理的工业污水（表9–1）。后期阶段排出的钻井污水经常规的化学混凝法处理后，无法达到GB 8978—1996《污水综合排放标准》一级标准要求。

表 9-1 部分井队污水处理前水质情况

井号	采样日期	井深 m	处理前水质污染物指标							
			pH值	化学需氧量 mg/L	悬浮物 mg/L	石油类 mg/L	挥发酚 mg/L	S^{2-} mg/L	Cr^{6+} mg/L	Cl^- mg/L	色度
某1井	2009-07-29	6400	9.25	1.63×10^4	1110	11.2	0.325	0.04	0.007	1700	黑褐色
某2井	2009-10-02	5640	12.00	6.32×10^3	726	306	0.133	0.48	0.023	2850	深褐色
某3井	2008-11-19	3271	10.40	4.99×10^3	3540	21.5	0.261	0.06	0.016	980	黑褐色
某4井	2008-11-19	2008	9.30	8.72×10^3	3530	24.3	0.360	0.06	0.010	128	深褐色
某5井	2009-02-25	4650	11.90	2.64×10^4	10800	1.8	2.440	0.99	0.133	5110	黑褐色
某6井	2008-11-02	1320	12.10	1.17×10^4	727	190	0.603	0.72	0.036	1410	深褐色
某7井	2008-12-09	2311	13.80	678	423	1.91	0.060	0.02	0.010	454	浅褐色
某8井	2008-11-25	2350	8.80	1.57×10^4	2440	212	0.311	3.58	0.043	1300	深褐色

石油钻井污水一般采用化学混凝沉降处理工艺，例如，江苏和南油田采用化学脱稳—强化固液分离，新疆油田采用酸碱絮凝沉降法，冀东油田采用破乳—混凝—气浮—过滤—吸附工艺[1]。化学混凝沉降处理工艺以其工艺简单，可以去除大部分固相物质及吸附于固体表面和分布于污水中的胶态污染物质，能在一定程度上降低污水色度和其他污染物质的浓度而被广泛应用，但该工艺不能去除可溶于水的污染物，对于浓度较高或者使用磺化钻井液体系后的钻井污水，很难做到达标排放。由于现有废水处理工艺技术及装备的缺陷，基本上不能有效处理四川油气田普遍存在的浓度较高或者使用磺化钻井液体系后而产生的钻井污水，此类钻井污水难以实现达标排放。同时，由于四川油气田地理环境特点，每米钻井进尺产废水量约为0.5m³，即1口深度为4500m的井，废水产生量达2250m³左右，以平均年钻150口井计算，每年废水总量将达337500m³。这种情况凸现环境污染隐患，若排放，势必造成严重的环境污染和工农纠纷；若储存，则废水池容积有限，必须实施转运回注。但回注井投资大，同时回注存在如下问题和风险：转移回注处理量大，平均每口井（不含试修井）转运废水量达300~500m³；转运成本费用高（运费加回注处理费），达到150~300元/m³，平均转运成本为200元/m³；转运回注井数量较少，一些已影响钻井作业的正常进行；转运占用回注井空间，并且《中华人民共和国水污染防治法》中对防止地下水污染明确规定"禁止企业事业单位利用渗井、渗坑、裂隙和溶洞排放、倾倒含有毒污染物的废水、含病原体的废水和其他废弃物"，回注水如不处理或处理不符合回注要求，将存在污染地下水质的风险等问题。由此可见，转运和回注极大地增加了企业的成本和潜在的污染风险成本。

川庆钻探为解决钻井污水达标处理问题，20世纪90年代末，从美国引进了气浮处理工艺装置。但对于钻井污水中的主要污染物，如加重材料、岩屑及各种化学处理药剂，气浮法对污染物的去除效率比沉淀法还小。此外，气浮装置混凝沉降处理工艺对重质污泥的分离不如沉淀法彻底有效，使得水中携带部分污泥，从而造成处理水的有机物含量和色度偏高，无法实现高浓度钻井污水的达标处理。

二、钻井污水深度处理工艺技术及装备研究应用成果

1. 技术内涵

钻井污水深度连续处理技术主要适用于油气田钻井作业过程中产生的钻井污水的处理，通过开展以下4个方面的研究，较好地解决了四川油气田高固相含量、高色度和高有机物含量钻井污水处理回用及处理达不到标准、水资源有效利用率低的问题，适合钻井作业流动性强的特点，有广泛的市场空间。

（1）不同钻井液体系的后期钻井污水的成分及污染物特性分析及研究；

（2）代表性的钻井污水处理工艺技术研究，确定主要的处理工艺、技术和方法；

（3）适合钻井过程的成套移动式钻井污水处理设备研发；

（4）钻井污水再循环技术及设备研发。

经研究确定的主要工艺技术路线如下：采用物理—化学处理工艺，通过处理工艺集成及与装置的有效集合，开发一套移动式钻井污水深度处理装置，达到钻井污水处理后的循环使用要求。采用快速沉淀与常温常压催化氧化双级处理工艺技术，利用高效混凝脱色沉淀与快速分离技术，使钻井污水、完井废水中的大量有色物质、各种高分子聚合物与处理剂在特殊水力条件下发生反应，在较短时间内生成在一定条件下不溶于水的物质，实现与水的分离。再在常温常压下进行催化氧化反应，氧化剂和有机物大量富集在催化剂表面，发生快速高效的氧化反应，使有机物被氧化成 CO_2、水、无害的无机盐而被去除，重金属等有害的无机物则被吸附去除，从而实现有机物、无机污染物在低浓度氧化剂和催化剂作用下的快速高效氧化和彻底去除。当遇到钻井污水水质恶劣时，通过膜技术，使得钻井污水达到循环使用的要求，并彻底实现钻井污水处理的无害化和达标排放。

2. 技术研究过程

（1）钻井污水成分及污染物特性分析。

目前，川渝地区钻井所使用的介质主要有气体（空气、氮气）、清水钻井液、聚合物钻井液、低固相聚合物钻井液以及磺化钻井液等。钻井一开时多以清水为主，较少使用钻井液材料；钻井二开时以聚合物和低固相聚合物钻井液为主，钻井液材料使用品种和数量开始增多，但现在多数井队在钻井二开、三开时采用空气及氮气钻井；在钻井三开、四开时以聚合物固相钻井液和磺化钻井液为主，大量的抗高温、防垮塌、防膏盐、防黏卡、堵漏和保持钻井液性能的处理剂被使用。

由于近年来钻井作业环境管理措施的加强及清洁生产措施的推进，钻井污水产生量得到了一定程度控制，正常情况下，一般钻井作业每米钻井进尺废水产生量为 $0.4~0.8m^3$。钻井一开、二开废水污染物含量低，成分单一，废水经简单的沉砂后一般用于调配钻井液，污水一般不需要处理，即使处理也较容易实现达标排放。钻井三开后，由于大多数井队采用聚合物钻井液钻井，或钻井时空气造成井中钻井液循环系统无法容纳钻井液而使其部分进入废水池中，导致钻井污水中污染物浓度开始升高、成分逐渐变复杂，同时污染物在水中较稳定，处理难度增大，部分污染物含盐量也较高，此类废水使用现行钻井污水处理工艺及装备难以实现达标处理。

一般情况下，川渝两地钻井施工作业的钻井污水经现有的一步混凝法工艺处理后，钻井一开、二开（一般井深在2500m以内）对应的钻井污水经处理后可实现达标处理排放，

但二开固井进入三开后，往往由于在固井施工过程中清理钻井液循环系统时渣泥流入废水池、固井施工作业多余钻井液添加剂的流入，加之一些井队受地面钻井液储备能力的限制，导致固井施工井眼钻井液返出而造成多余钻井液被放入废水池等原因，造成钻井污水浓度马上升高。特别是原处理工艺的缺陷，废水处理渣泥（更多的污染物质聚集）放入废水池，随着井深的加深，废水处理渣泥不断反复参与废水的循环，废水浓度不断增高，而现有废水处理剂的去除率基本上是一定的（一般只有60%~80%）。因此，后期钻井污水处理后化学需氧量一般在400~1000mg/L，有的高达2000~3000mg/L，处理水的颜色也为浅棕褐色至棕褐色（表9-2）。

表9-2 川渝地区钻井污水成分及常规混凝法处理后的主要指标情况

钻井作业情况	井深 m	污水处理前				污水处理后			
		化学需氧量 mg/L	石油类 mg/L	悬浮物 mg/L	色度	化学需氧量 mg/L	石油类 mg/L	悬浮物 mg/L	色度
一开、二开	<2500	400~2000	20~50	200~1000	棕褐色	80~150	≤10	30~80	无色至微褐色
三开	2500~4000	3000~5000	30~80	1000~3000	黑褐色	200~600	≤10	60~150	浅棕褐色
四开	>4000	4000~8000	40~150	3000~10000	黑褐色	400~1000	≤10	100~200	棕褐色

（2）钻井污水处理工艺技术路线的确定。

2006年5月，在邛西16井现场试验的基础上，以邛西16井、莲花101井、龙17井、角45-1B井等井的污水为试验样本进行了大量室内试验研究。考虑到现场钻井污水成分特别复杂，不同井队的钻井污水组成不同，同一井队各不同井深对应的钻井污水成分也不同（往往随井深增加，废水组分变复杂），为确保处理工艺和装置的适应性，确保达到目标，形成了将二次化学混凝、斜板沉淀、快速过滤、吸附氧化及反渗透等工艺技术有效集成的技术路线（图9-1）。

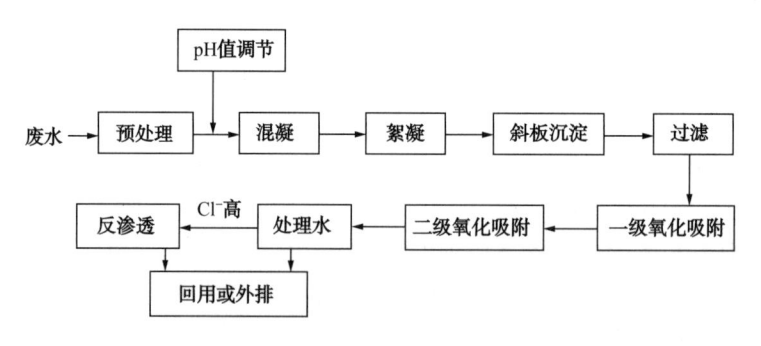

图9-1 钻井污水处理工艺流程

（3）钻井污水处理装置特点。

①装置特点。

a. 针对处理污水水质情况，不同处理工艺可单独使用，又可有效结合使用。

b. 各种处理剂泵前加入，能确保实现废水处理的连续性。

c. 氧化工艺设计采用了常压常温条件反应，确保现场实用性。

d. 吸附与氧化同步可提高氧化效率，是此工艺的关键技术之一。

e. 沉淀区排泥系统设计为钟罩式快速排泥，可保证渣泥容易排尽，不易积累而影响处理效果。

f. 单件组装式，节约设备动迁费（不使用吊车）。

g. 设计处理能力为 5~8m³/h，适应和满足钻井污水的产生和处理量要求。

②处理工艺原理。

在废水中先加入混凝药剂，充分混合后，加入 pH 值调节剂调节废水 pH 值，使其达到高效混凝剂的最佳反应条件，使废水中有害物质与高效混凝剂充分结合反应。在混凝反应后加入高效助凝剂，通过电中和、桥接等作用，使废水中的黏土颗粒、有机高分子材料等形成胶体微粒，在助凝剂的交连和桥接作用下使微粒聚集成较大的胶团或胶束，加速沉淀，提高沉降分离的处理效果。经沉淀后的水进入过滤系统，使处理水中的悬浮颗粒被充分去除，过滤水中加入强氧化剂，使处理水中未被除去的部分溶解性的大分子有机物的分子链氧化断链为小分子有机物，在吸附氧化器中与氧化剂一同被高度富集，快速反应。水中溶解的部分未被氧化的小分子有机物进一步被吸附，使有机物被彻底去除，达到降低有机物含量（反映指标为 COD）和除色的目的。

③装置主要技术参数。

质量：水处理系统为 6t；加药控制系统为 4t；反渗透系统为 3t。

电功率：30kW。

尺寸：水处理系统为 7.2m×2.6m×2.4m；加药控制系统为 7.2m×2.6m×2.4m；反渗透系统为 6.0m×2.6m×2.4m。

处理能力：5~8m³/h。

3. 技术创新及先进性分析

将先进的斜板快速分离、吸附氧化、超滤、反渗透与传统的化学混凝技术工艺集成，形成了一套适应油气田作业分散特点的集成橇装设备，便于运输、安装和操作，解决了油气田作业过程中高固相含量、高色度和高有机物含量钻井污水处理达标难的问题。在钻井污水的处理技术方面取得了突破性进展，在国内陆上油气田钻井污水处理方面处于领先水平，提高了油气田开发作业清洁生产的水平。

（1）创新点。

①创新整合了化学混凝、沉淀、快速过滤、氧化吸附和反渗透等废水处理工艺单元应用于钻井污水处理，实现了钻井污水的达标处理回用，解决了高浓度钻井污水难以实现达标处理外排的难题。形成了适合高浓度钻井污水的处理工艺与装置，在石油行业废水处理领域具有先进性。

②独创了二氧化氯发生装置和混合装置，实现了常温常压氧化、吸附氧化双级氧化集合处理，改善了氧化条件，提高了氧化效率，确保了最难达标的 COD 的降解达标。

③独创形成了一套适合不同浓度钻井污水连续达标处理回用或外排的柔型橇装装置，达到了国内陆上油气田钻井污水处理的领先水平，具有创新性和推广应用价值。

（2）技术先进性。

形成的移动式钻井污水连续深度处理装置处理能力为 5~8m³/h，可将复杂地层石油天然气钻井废液中固相物质基本去除，色度降至 50 倍，有机物含量从 2000~10000mg/L 降至 100mg/L，矿物油含量从 20mg/L 降至 5mg/L 以下。经装置处理后，水中常规污染物监测指标达到 GB 8978—1996《污水综合排放标准》一级标准要求。成果采用快速沉淀与常温常压催化氧化双级处理工艺技术，利用高效混凝脱色沉淀与快速过滤技术连续一体化技术，彻底实现钻井污水处理的无害化和达标排放。在此基础上改进各处理单元，做到处理的连续作业，加入计算机控制系统，做到操作单元的自动控制。经查新对比，该成果具有国内创新性和先进性。

该成果通过成果鉴定评审，鉴定专家认为技术提高了氧化效率，独创了二氧化氯发生装置和混合装置，保证了氧化效果，实现了钻井污水连续处理，技术达到了国内陆上油气田钻井污水处理的领先水平，具有创新性和推广应用价值。该技术成果共申请授权12项国家专利，其中，发明专利2项，实用新型专利10项；发表论文4篇；获得中国石油自主创新重要产品奖1项，中国石油和化工自动化应用协会科技进步奖二等奖1项，以及中国石油集团川庆钻探工程有限公司科技进步奖2项。

4. 技术应用实例

（1）某A井的应用情况。

2007年4月底在某A井进行技术应用，该井开钻不久即实施空气钻井，废物产生量很大，钻井较深，地下复杂，造成污染处理剂用量大，产生的废水浓度高。该井于2008年2月完钻，共处理废水3800m³。在处理前，废水水质较浓，外观为黑褐色，COD达4540mg/L，石油类含量达218mg/L；经该装置处理后，处理水COD小于100mg/L，未检出石油类，氯化物含量远小于300mg/L（GB 5084—2005《农田灌溉水质标准》一级标准值），处理水颜色清澈透明。图9-2为处理装置水处理系统外形图。

（2）某B井的应用情况。

2008年3月在某B井进行技术应用，同时对装置加药系统进行改进。由于前期实施空气钻井及废水回用，该装置于5月22日对废水进行处理，至2009年2月27日完钻，累计处理废水4300m³，各项主要指标均达到了GB 8978—1996《污水综合排放标准》一级标准要求。处理后COD为28~39mg/L，石油类含量小于5mg/L，硫离子含量小于0.055mg/L，Cr^{6+}含量为0.004mg/L，悬浮物含量为20~64mg/L，色度为2倍。

（3）某C井的应用情况。

2010年在某C井进行了工程应用，对结构和内形、外形进行了优化设计（第3次改进），形成了第二代成套钻井废水处理装置（图9-3），处理装置共处理钻井污水2850m³。表9-3为某C井处理后钻井污水监测结果表，从表中可以看出，处理后水的常规指标均达到GB 8978—1996《污水综合排放标准》一级标准。

图9-2 处理装置水处理系统外形　　图9-3 第二代成套钻井污水处理装置

表 9-3　某 C 井处理后钻井污水监测结果

项目	2010 年 6 月 28 日某 C 井处理后钻井污水	GB 8978—1996《污水综合排放标准》一级标准
pH 值	7.12	6~9
悬浮物，mg/L	18	≤ 70
COD，mg/L	47.9	≤ 100
挥发酚，mg/L	未检出	≤ 0.5
Cr^{6+}，mg/L	未检出	≤ 0.5

（4）龙 117 井的应用情况

处理装置在 2010 年 3 月 18 日至 2011 年 5 月 30 日于龙 117 井服务，井深 3600m，采用聚磺体系钻井液，处理装置共处理钻井污水 3320m³。处理水质监测结果见表 9-4。

表 9-4　龙 117 井水质监测结果

分析项目	分析结果	GB 8978—1996《污水综合排放标准》一级标准
pH 值	7.00	6~9
COD，mg/L	76.7	100
石油类，mg/L	0.12	10
Cr^{6+}，mg/L	0.004	0.5
Cl^-，mg/L	160	300

第二节　油气田储层改造作业污水处理技术

一、油气田储层改造作业污水处理技术需求分析

储层改造是中国石油低渗、致密油气开发和增产的主要措施，年产生废液量 $1000×10^4 m^3$ 以上，占作业废液总量的 63%，包括压裂返排液（35%）、洗修井废液（23%）和酸压废液（5%）。储层改造主要应用于长庆油田、大庆油田和西南油气田等油气田。长庆油田矿区为典型的黄土塬地貌，属干旱—半干旱地区，区内水资源匮乏，生态环境脆弱。随着勘探开发的深入，新、老油区各类储层改造废液产生量不断增加，废水污染物成分复杂，含有瓜尔胶及其他各种添加剂，具有乳化油含量高、小颗粒悬浮物含量高、黏度高等处理难点，一旦进入生态循环就会污染土壤和水资源环境，具有极大的安全环保隐患。当地环保部门提出"压裂返排液入罐率 100%、钻井液不落地、加强地下水监测和风险控制"等要求。中国石油明确要求"长庆油气田全面推广实施钻试废物不落地处理"。储层改造废液减量化处理和资源化利用对降低井场生态环保风险、减少清水资源使用量、减少备水时间、提高施工效率具有积极意义。

油气田开发过程中会产生大量废液，废液主要来源于钻井、压裂、试油和修井等过

程，含有大量石油类、固体悬浮物、无机物以及措施作业化学添加剂等，组分复杂、难以处理，对环境和生态安全具有极大的威胁。通过对现场废液产生情况进行分析得出，新建井单段产生压裂废液约 300~1000m³，老井措施废液 60~300m³，具有单点液量少、总体液量大，时间、空间分布不均的特点，增大了处理难度。长庆油田以低渗、致密油气为主，产量递减快，要保持 5000×10^4t 稳产，需不断扩大新建产能、加大老井措施作业频次，废液量持续上升。对压裂、酸化、洗修井等井下措施废液进行水质分析，发现其存在含油乳化程度高、小粒径悬浮物含量高、矿化度高、细菌含量高、聚合物含量高、腐蚀速率高、酸化液 pH 值低、油水密度差低的"六高、两低"水质特点，处理难度大。根据现场需求，探索了站点集中处理与井场原位处理两种模式，针对钻井污水、压裂废水以及老井井下措施改造废水，分别建立了以"混相收集—破胶脱稳—板框压滤""多级除砂—混凝沉淀—离子控制—过滤杀菌""微电解高级氧化—高密度斜板沉降—板框压滤—化学杀菌"为主体以及水质检测、污泥脱水等为配套的返排液处理与再利用工艺技术。但技术仍存在处理规模小、设备拉运成本费用占比高等问题，因此，迫切需要围绕储层改造返排液无害化处理及资源化利用开展专项攻关，提升技术装备水平，扩大其应用规模。

二、致密气田压裂返排液和措施作业混合废液处理技术成果

1. 技术内涵

致密气压裂返排液具有 EM50 和瓜尔胶多体系性质，针对产生的返排液井场回用处理存在的脱稳耗时长、杂质含量高、配液交联性差、利用率低等问题，开展井场回用处理技术研究。瓜尔胶压裂返排液主要攻关解决体系快速降黏、脱稳，添加剂和有害离子的去除，水质稳定与悬浮物强化絮凝去除，井场橇装式处理装备优化集成等技术问题；新型可回收压裂返排液主要攻关解决旋流除油除砂、高黏液体过滤除杂、重复利用等技术问题，以提高开发井压裂废液循环利用率。研究形成的技术可将絮凝沉降时间缩短 50% 以上，处理后水质达到压裂液配液用水要求，运行费用降至 60 元 /m³ 以下，循环利用率由 70% 提高至 90%，储层伤害率不大于 30%。

致密油措施作业混合废液具有体系复杂、水质差异大的特点，现场处理技术在工艺设备配套性和固体残渣处理等方面尚存在一定问题。开展回注处理技术研究，主要攻关解决微细颗粒物、含油量、持久性高分子有机物去除，废液短流程集中处理工艺技术和设备，固体残渣处理工艺与设备等技术问题，以提高生产井重复改造压裂、酸化、洗修井等井下措施废液的处理水平和处理能力。研究形成的集成技术可使处理后的液相达到"悬浮物含量不大于 20mg/L、石油类含量不大于 10mg/L"指标，满足长庆油田回注水水质要求；处理费用可降至 60 元 /m³ 以下；残渣含水率由 85% 降至 70% 以下。

2. 技术研究过程

（1）新型压裂液体系返排液处理回用处理关键技术研究。

①调研长庆油田苏里格气田压裂返排液产生现状及国内外处理技术现状，开展压裂返排液水质特征分析。

②开展新型压裂液体系返排液体系破胶降黏、絮凝沉降、过滤除杂和污泥脱水等处理工艺试验。

③开展新型压裂液体系返排液处理重复利用试验。

④开展致密气新型体系压裂返排液现场中试处理。

⑤跟踪苏里格气田压裂返排液处理与再利用试验效果，分析存在的问题，优化工艺和技术。

（2）瓜尔胶压裂液体系返排液定向除杂回用处理关键技术研究。

①调研长庆油田苏里格气田压裂返排液产生现状及国内外处理技术现状，开展压裂返排液水质特征分析。

②开展致密气瓜尔胶体系压裂返排液回用处理试验。

③开展致密气瓜尔胶体系压裂返排液 B 元素、Fe^{2+}、总铁含量、Ca^{2+} 及 Mg^{2+} 总含量和 Al^{3+} 总含量对压裂返排液回用影响试验。

④开展致密气瓜尔胶体系压裂返排强制降解技术、除硼技术研究。

⑤开展致密气瓜尔胶体系压裂返排液处理重复利用试验。

⑥开展致密气瓜尔胶体系压裂返排液现场中试处理。

⑦跟踪苏里格气田压裂返排液处理与再利用试验效果，分析存在的问题，优化工艺和技术。

（3）致密油开发措施废液回注处理一体化技术研究。

①开发措施废液集中回注处理工艺研究。开展致密油措施废液回注处理微电解破胶降黏、化学降黏室内实验，开展现场破胶试验处理，开展絮凝沉降、固液分离、离子稳定等处理工艺室内实验，形成有机物高级氧化处理技术。

②残渣处置及资源化利用技术研究。对处理残渣成分进行分析和无害化评价，开展残渣处理工艺研究，进行复合破胶剂复配试验和资源化利用工艺设计。

③开展致密油开发措施废液回注处理工艺设计。

3. 技术创新及先进性分析

致密气压裂返排液处理技术集成旋流除油除砂、高黏液体过滤除杂等技术，絮凝沉降时间可缩短 50% 以上，循环利用率由 70% 提高至 90%，储层伤害率不大于 30%。

致密油措施废液处理技术可实现微细颗粒物、石油类、持久性高分子有机物的同步去除，处理出水满足长庆油田回注水水质要求，处理费用可降至 60 元 /m³ 以下；残渣含水率由 85% 降低到 70% 以下。

4. 技术应用实例

2014 年 6—11 月，油气田储层改造作业污水处理技术在长庆油田第六采油厂和第一采油厂措施废液处理中得到应用，液相处理能力为 20m³/h，处理后的废水达到悬浮物含量不大于 20mg/L、含油量不大于 10mg/L 回注水质指标，进入长庆油田注水系统注入油层。

三、油田混合作业废液处理技术成果

1. 技术内涵

针对作业废液的破胶脱稳、除浊除硬等目标，形成的"曝气预处理—电化学破胶脱稳/深度破乳除油—过滤"破胶脱稳技术已通过现场试验验证，达到了高效降黏、除浊、除硬的目标，为作业废液的减量化、资源化、无害化处理提供了一套快速、高效、经济的工艺方法。该套工艺可应用于石油石化行业难降解污水的处理，最大限度地实现达标回注与回用，为满足企业生产需求、完成工程应用提供技术支撑。特别针对钻修井废水提出了"曝气—微絮凝—两级三合一净化"技术路线,并完成了工程应用。曝气预处理有效提高了废水破胶效率;微絮凝工艺通过药剂与设备的配合作用,凸显了高效破胶脱稳和除浊除硬效果;两级三合一净化通过浮选、聚结和过滤技术的有机结合保证了出水水质的稳定性。该套工艺流程短、效率高、成本低,能够满足钻修井废水的稳定达标回注处理,可推广至油气田的钻修井废水处理,为实现生产全过程的生态保护提供技术支持。

2. 技术研究过程

(1) 开展作业废液破胶脱稳关键技术研发。

针对作业废液组成与水质特性,开展破胶脱稳关键技术攻关。分析废液脱稳及工艺影响机理,并以此为依据,开发了以电化学与微絮凝为核心的关键技术,实现作业废液低成本高效回注与回用处理工艺的突破,为作业废液的减量化、资源化、无害化处理提供了一套快速、高效、经济的工艺方法。

(2) 搭建作业废液处理成套装置。

一是以电化学和化学法多功能作用机理为依据,开展多工艺流程及参数设计,开发出多功能的作业废液处理工艺及装备,有效提高了工艺装置的耐冲击能力;二是开展工艺放大过程中关键设备结构优化设计,并通过装置橇装化、模块化,有效提高了装置单元处理效率;三是开展工艺配套设备及自控系统开发,提高技术工业化水平,解决处理工艺二次污染等配套处理系统问题,如配套废气处理系统等;四是集成预处理系统、化学混絮凝处理系统、电化学处理系统和沉淀过滤系统为一体,搭建电化学和化学法组合的作业废液处理系统。

(3) 开展典型油田混合作业废液的现场试验验证。

利用该试验装置开展了典型油田混合作业废液的现场试验验证,装置表现出优良的污染物去除效果,达到了降黏、除浊、除硬的目标。出水可生化性(BOD_5/COD_{Cr})由 0.2 提高至 0.3 左右,提高 50% 左右,有利于后续生化处理或者深度回注处理;成套工艺的直接经济成本(包括水耗、电耗和药剂)可控制在 10 元/t 以下,远远低于作业废液达不到回注、回用需求而运输出场外进行处理的费用。

(4) 开展钻修井废液处理工程应用。

针对大港油田的钻修井废水,开展以回注为目标的现场试验验证。在处理效果和成本控制方面,优选出"曝气预处理—微絮凝"的核心工艺,结合两级三合一净化技术可实现钻修井废水的达标回注。处理后的污水控制类指标(石油类、悬浮物、粒径中值)全部达标,辅助类指标 SRB 达标率为 67%,TGB 和 IB 的达标率均为 100%。

3. 技术创新及先进性分析

(1) 以预处理系统、化学混絮凝处理系统、电化学处理系统和沉淀过滤系统为一体的作业废液处理成套装置,工艺组合灵活,适应性强,自动化程度高。

(2) 电化学核心单元可以实现电催化、电絮凝、电芬顿工艺单独运行或串联运行,极板与装置设计更加优化,耐腐蚀、耐垢,处理效率高,极板使用寿命长。

(3) 微絮凝处理工艺和两级三合一净化,充分发挥设备结构和药剂的合力,可实现作业废液的破胶、除杂,有利于保持水质稳定达标。

4. 技术应用实例

大港油田钻修井废水具有有机物含量高、悬浮物含量高的特点,且属于稳定的胶体,采用常规的油田采出污水处理工艺很难实现污水的破胶处理，该部分废水掺入港东联合站采出污水处理系统后，经常导致处理后污水悬浮物超标，加之港东联合站还配套有外排污水生化处理系统，高有机物含量污水的进入又严重干扰了外排污水处理系统的运行，影响外排水质。围绕大港油田钻修井废水回注处理目标要求，研究曝气预处理与微絮凝、沉淀过滤的核心工艺，提出了"曝气—微絮凝—两级三合一净化"的废水处理技术路线。

基于该技术路线，建设了大港油田钻修井废液处理工程。工程自投产以来，严格按照操作规程进行生产运行，设备技术性能完好，运行工况稳定。试运行期间废液日处理量最高达714m³，日平均处理量为684m³，达到设计处理能力的85.5%。处理后的出水水质可以达到SY/T 5329—2012《碎屑岩油藏注水水质推荐指标及分析方法》标准要求。工程投产运行后，废液处理用电为2.8kW·h/m³，复合药剂用量为0.54kg/m³，絮凝剂用量为0.01kg/m³，折合费用为5.43元/m³［其中电价为0.818元/（kW·h）］。

第三节　油气田开采污水处理技术

一、油气田开采污水处理技术需求分析

由于油田地区的地质条件、油品、注水性质、开采方式及原油集输和初加工工艺等的不同，采油废水的性质千差万别。"十一五"期间，国内对于含油污水的处理主要还是采用"隔油—混凝—过滤"或"隔油—气浮—过滤"等传统的"老三套"工艺。从"十一五"后期开始，辽宁省、天津市等地外排废水COD控制指标由原来的100mg/L调整到50~60mg/L。随着排放标准日益严格，常规采油废水处理工艺难以满足采出水达标排放的处理需求，亟待开发新型采油废水外排达标处理技术。此外，以辽河油田、新疆油田为代表的稠油开发区块的稠油污水处理问题仍长期困扰油田开发企业，迫切需要实现技术突破[2]。

传统的采油废水处理方法主要是采用厌氧—好氧结合的方法，由于采油废水的可生化性较差，传统生化处理方式虽然比较经济，但难以满足新的排放标准的要求（传统工艺出水一般难以保证COD降至100mg/L以下，距离新的外排标准还有一段差距）。吸附、高级氧化等工艺的使用可以在一定程度上提高生化处理效率，在深度处理中使用预计可以取得较好的效果，但针对其作为采油废水深度处理工艺的适用性和工艺条件研究却不多见。依托国家科技支撑计划"采油废水与油泥污染处理及资源化利用关键技术研究"课题和中国石油"冀东油田污水处理及资源化技术研究"等课题，以大港油田和冀东油田为示范，针对常规采油废水处理技术的缺陷，开展石油烃优势降解菌的筛选、分离、鉴定及降解特性研究、高效吸附/生化处理集成技术研究和采出水膜生物反应器处理技术等研究工作，开发适用采油废水深度处理的新型组合工艺，为采油废水处理水质升级提供新的技术选择。

以辽河油田为例，该油田每年产生的采油污水近7800×10⁴m³，其中污水深度处理后注汽锅炉回用污水约1700×10⁴m³，每年向辽河水系排放经处理过的污水约1400×10⁴m³，其中绝大部分是稠油污水。稠油污水回用锅炉的突出优点就是充分利用稠油污水的水源和水温，防止对水体的污染，实现污水的资源化，达到可持续发展的目的，符合国家发展循环经济，推行低碳、节能、减排的核心理念，具有显著的经济效益、环境效益和社会效

益。从辽河油田污水回用锅炉处理的经验来看，稠油污水回用锅炉是成功的，但还是存在药剂除硅运行成本较高、药剂除硅导致后续工艺结垢、锅炉结垢严重等问题。"十二五"期间，以"中国石油低碳关键技术研究"重大专项为依托，集中力量开展稠油污水深度处理和资源化技术研究，力求在稠油废水回用热采锅炉的结垢与防垢机理、稠油污水树脂除硬软化技术、稠油污水不除硅污水回用锅炉工艺等方面实现突破，从而实现稠油污水的妥善处置和高效资源化。

二、不除硅污水回用热采锅炉技术成果

1. 技术内涵

稠油废水进行适当处理回用热采锅炉是稠油开采油田的一种必要的污水回用手段，对其进行深度处理使之达到高压蒸汽锅炉给水标准，作为供给热采锅炉用水。此方法充分利用稠油废水水源和水温，具有巨大的经济效益，并且可有效防止对水体的污染。

对于热采锅炉回用，稠油废水主要面对油、悬浮物、硅酸盐和硬度问题。因此，稠油废水的主要处理流程为除油、除悬浮物、除硅和软化四部分。油和悬浮物的处理为常规处理，处理工艺较成熟，工程一次投资和处理成本也较低。各种除硅工艺，如混凝强化除硅、吸附剂除硅以及离子交换除硅等技术，都不能显著地降低硅的含量，并且成本较高，影响因素很多。此外，辽河油田稠油污水在深度处理中虽经大孔弱酸树脂处理，但残留金属离子仍会与硅结合，最终造成热采锅炉结垢。

不除硅污水回用锅炉技术采用深度软化方法将稠油污水中的2价、3价结垢型阳离子浓度控制在 $\mu g/L$ 级，从而实现防止锅炉结垢，在保障锅炉安全运行的同时，大幅度降低污水处理运行成本和维护费用。

2. 技术研究过程

（1）不除硅污水回用热采锅炉防垢机理研究。

结垢诱导期是影响结垢的一个重要因素。结垢诱导期不仅包含晶核的形成，还包括晶核在表面的完整覆盖。诱导期实质是溶液中的结垢物质向表面沉积这一过程的潜在孕育阶段，是结垢过程的诱发和起始阶段。溶解态硅酸盐以多硅酸盐难溶盐 $M_1M_2(SiO_3)_2$ 和 $M_1SiO_3O_7$ 的方式存在。在同时沉淀过程中，钙、镁为二氧化硅提供了可捕获的晶体基质，二氧化硅的溶解度范围取决于水中其他组分的含量。结垢诱导期对结垢过程具有特别重要的意义，如能将结垢过程控制在诱导期内，实际上也就达到了抗垢目的。

对辽河油田欢喜岭采油厂欢四联污水处理站原有的除硅加软化出水进锅炉的垢样进行元素分析，发现垢样中的阴离子除了硅离子外还有氧离子，而阳离子主要是钙离子、镁离子、铁离子以及钠离子。油田原有工艺从阴离子、阳离子两方面去除结垢离子，仅仅去除了水中的硅离子，而氧离子也是重要的结垢因素，且除硅工艺仅能将水中的含硅量降低至 50~100mg/L。因此，研究一方面考察在低含硅量的水质条件下阳离子的浓度限值，另一方面考察在高含硅量的水质条件下仅去除阳离子对于结垢量、结垢性状的影响。

通过考察不同含硅量污水结垢条件及分析垢质趋势，确定在高含硅（250~300mg/L）条件下，锅炉防垢的钙离子、镁离子限值控制在 $20\mu g/L$ 以下，可使结垢速率降低到传统工艺的 50% 左右，明显延长锅炉运行时间；在高含硅量的水质条件下，油田原有的两级软化出水钙离子、镁离子浓度过高，应选用新的软化工艺达到所需的钙离子、镁离子浓度。

第九章 污水处理与回用技术进展

（2）针对油田稠油污水水质的特效深度吸附树脂的研究。

研究通过选择亲水性更好的合成材料来改善树脂的亲水疏油性，再通过改变合成参数来提高树脂的反应速率和工作交换容量，进一步使树脂在油类物质的影响下具有抗油污染性能。

根据大量实验结果，将大孔弱酸树脂与大孔螯合树脂组合工艺应用于现场中试试验研究：一级弱酸树脂出水波动大于二级螯合树脂，表明螯合树脂的反应速率和抗干扰性能均优于一级弱酸树脂；针对树脂的抗油污染性能，以丙烯腈为单体、甲基丙烯酸烯丙酯为交联剂、异丁醇为致孔剂合成新型弱酸树脂，与传统弱酸树脂相比，其工作交换容量提高了4%，吸附周期提高了36%，并且具有更好的物理性能、化学性能和水力性能。

（3）集成工艺现场试验验证。

现场试验依托辽河油田欢喜岭采油厂欢四联污水处理站，分别采用原有树脂和新研发树脂两套流程处理稠油污水（污水处理量为15m³/h），回用两台注汽锅炉（锅炉规模为11.2m³/h），在累计注汽5.3048×10⁴m³时，对两台注汽锅炉炉管进行割管处理，对炉管垢质进行分析。稠油污水回用中试流程如图9-4所示。

通过中试试验，新型大孔弱酸树脂和螯合树脂工艺出水中钙离子、镁离子、铁离子含量稳定在20μg/L以下。对垢样进行宏观微观分析，中试试验完成后停运树脂罐和锅炉并进行炉管切割，发现使用不除硅水的锅炉炉管与使用除硅水的锅炉炉管均轻微结垢，但使用不除硅水的锅炉炉管结垢略轻。对垢样的微观形貌进行分析，发现不除硅工艺出水所进锅炉炉管的腐蚀产物多于水垢，存在微量或痕量水垢；而除硅工艺出水所进锅炉炉管的腐蚀产物和水垢都大量存在。对不除硅工艺出水所进锅炉炉管和除硅工艺出水所进锅炉炉管进行金相分析发现，使用不除硅水与除硅水的锅炉炉管的组织均出现轻度球化现象，但并未对炉管材料的性能造成影响，不会引起炉管强度的失效，可以保证锅炉安全平稳运行。

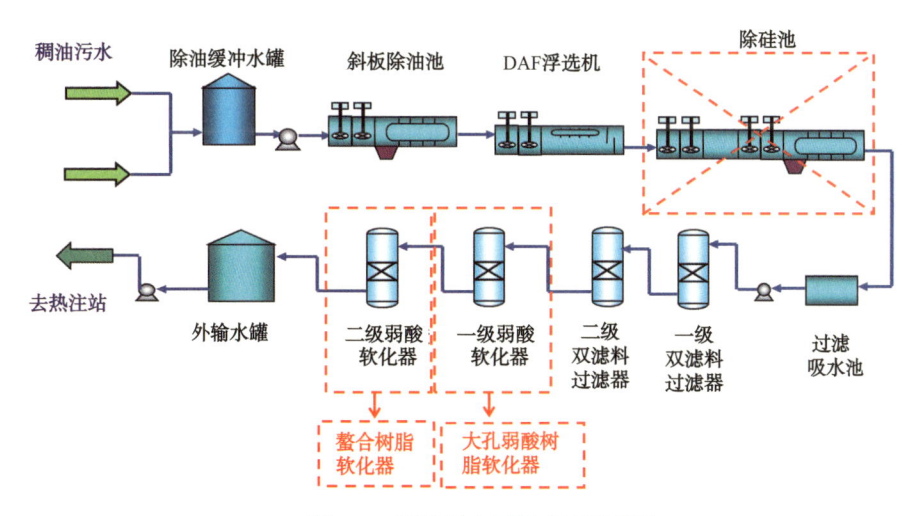

图9-4 稠油污水回用中试流程图

3. 技术创新及先进性分析

（1）提出稠油废水回用热采锅炉的结垢与防垢机理。与传统除硅二级软化工艺相比，深度去除结垢阳离子更有利于降低结垢速率；在高含硅（250~300mg/L）条件下，锅炉防垢的钙离子、镁离子限值控制在 20μg/L 以下，可使结垢速率降低到传统工艺的 50% 左右，明显延长锅炉运行时间。

（2）开发针对油田稠油废水水质的新型大孔弱酸树脂和新型螯合树脂，突破了污水软化技术。

（3）在原有工艺基础上，取消除硅池，将原有两级大孔弱酸软化树脂更换为新型大孔弱酸树脂和新型螯合树脂，构建了不除硅污水回用锅炉工艺。

4. 技术应用实例

自 2011 年 8 月起，不除硅污水回用热采锅炉技术首先在辽河油田欢喜岭采油厂欢四联推广应用，处理规模为 $1.6 \times 10^4 m^3/d$。运行期间锅炉压差变化不大，锅炉实现安全平稳运行。

现场应用表明，采用不除硅污水回用热采锅炉技术，取消除硅药剂使用，停止除硅池的运行，节约吨水处理成本 4.76 元；不除硅污水回用热采锅炉技术实施后，与除硅污水回用热采锅炉相比，结垢速率进一步减缓，不会对炉管材质性能造成影响，可实现锅炉安全、平稳运行，欢四联应用不除硅污水回用热采锅炉技术，累计处理污水约 $584 \times 10^4 m^3$，年节约树脂投入和运行成本 271.3 万元，年节约污水运行总成本 2779.3 万元。

三、采油废水外排达标处理技术成果

1. 技术内涵

研究针对采油废水污水处理工艺进行调整优化，包括采用新工艺、新技术、新材料、新设备对污水处理设施进行升级改造，根据水质特点，针对常规采油废水处理技术的缺陷，重点进行关键技术突破如下：

（1）筛选出高效石油烃优势降解菌，强化生化处理单元效果。

（2）通过对比各种吸附材料的理化特性及吸附特性，筛选出适用于采油废水的高效吸附材料。

（3）调整优化现有工艺流程及参数，研发能达到新排水水质标准的高效吸附/生化处理集成技术。

（4）开展膜生物反应器工艺在采出水深度处理的应用研究，缩短采出水处理工艺流程，提高单元处理效率。

2. 技术研究过程

（1）高效吸附/生化处理工艺。

研究提出了采油废水石油烃优势降解菌的筛选方法，建立了石油烃高效降解菌资源库；从大港油田港东污水处理站 6 个典型处理单元中，筛选出的 5 株菌株可耐受高浓度的无机盐环境，对原油有较好的降解性能，石油类降解能力可达 70%~85%，完成了优势菌种的鉴定。

完成了吸附材料的形态表征，提出了油泥热解残渣制备采油废水吸附材料的方法。搭建了处理量为 $1m^3/d$ 的可移动试验平台，并在大港油田港东污水外排站开展了现场试验研究。

在港东污水处理站搭建了处理能力为 $5m^3/d$ 的曝气生物滤池（BAF）—活性炭吸附试验装置，对装置的抗冲击能力和稳定性进行了考察。在兼性塘进水处安装试验装置，以兼性塘进水为试验进水水源，采用BAF—活性炭吸附的处理工艺流程（图9-5），进行污水深度处理试验研究。

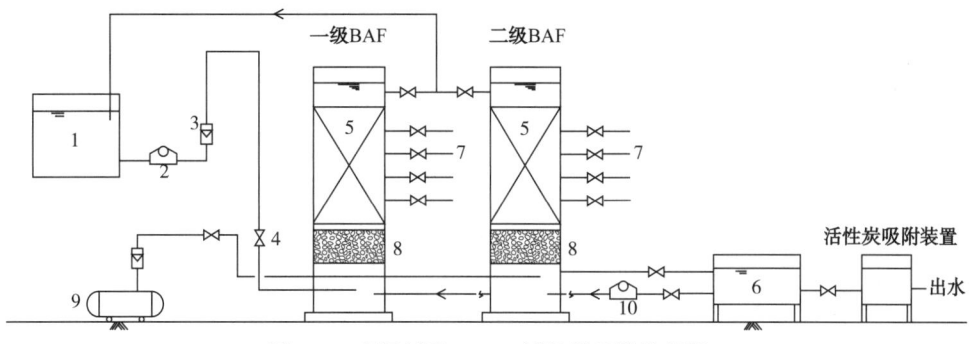

图9-5 现场试验BAF—活性炭吸附流程图
1—配水箱；2—提升泵；3—转子流量计；4—截止阀；5—滤料；6—清水箱；7—取样口；8—承托层；9—空气压缩机；10—反冲洗泵

所采用的BAF—活性炭吸附工艺，在维持合适的溶解氧范围（气水比）下，根据水质情况及时补加微生物生长繁殖所需营养物质，在反冲洗周期及强度控制合理的情况下，采用港东联合站兼性塘进水为水源，出水COD完全符合DB 12/356—2008《天津市污水综合排放标准》中规定的不大于50mg/L的要求，证明采用BAF—活性炭吸附工艺对港东联合站进行污水深度处理是完全可行的。

（2）采出水膜生物反应器深度处理技术。

开发出高效混凝除硅除油—冷却降温除硫—生化—膜生物反应器的集成预处理工艺。其中，高效混凝除硅技术可将采出水中的二氧化硅含量降至40mg/L以下，明显优于国内其他油田采出水除硅技术；采用水解酸化—好氧接触氧化工艺处理含盐采出水，出水COD达到70mg/L，石油类含量低于3mg/L。

3. 技术创新及先进性分析

（1）针对大港油田采油污水盐含量高、温度高、达标处理难度大等问题，开展了石油烃优势降解菌的筛选和生物活性炭吸附技术的研究，通过方案比选，提出了以"水解酸化—生物接触氧化—生物活性吸附"为关键工艺的采油废水水质升级达标处理工艺；完成了活性炭曝气生物滤池技术在采油废水处理中的应用研究。

（2）首次成功地将膜生物反应器引入油田采出水的深度处理，取得显著成效，一方面延长了难降解污染物的停留时间，提高了有机污染物去除效率，耐冲击能力也得到显著增加，运行控制更加灵活稳定；另一方面替代了原有二级好氧池、二次沉淀池和多级介质过滤工艺，工艺流程大大缩短，实现了处理装置的小型化与集成化，减少占地面积。工艺出水水质稳定，水中石油类含量不大于1mg/L、悬浮物含量不大于1mg/L、COD不大于30mg/L、膜污染指数（SDI）不大于3，达到反渗透膜进水水质要求。

4. 技术应用实例

（1）大港油田采油污水深度处理示范工程。

采用高效吸附/生化处理工艺对大港港东外排废水进行了升级达标处理的示范工程建设，设计处理能力为5000m³/d。该工程于2009年12月建成投产，运行良好。跟踪检测表明：处理后出水的COD和石油类含量分别为38mg/L和0.5mg/L，达到了DB 12/356—2008

《天津市污水综合排放标准》中的COD指标要求（COD不大于50mg/L），实现了采油废水的水质升级达标处理，可实现年减排COD 146t，石油类14.6t。该工程首次将活性炭曝气生物滤池技术用于外排采油废水处理，外排水水质达到DB 12/356—2008《天津市污水综合排放标准》要求，技术水平处于国内领先。

（2）冀东油田采出水升级达标处理示范工程。

采用膜生物反应器为主体工艺对采油污水进行处理，装置整体结构紧凑、流程短、占地小、操作简便、运行稳定。膜生物反应器中污泥浓度高，污泥种类较多，还存在缺氧菌，一方面能起到水解酸化作用，另一方面还可以提高脱氮除磷效果。该工艺污泥泥龄较长，剩余污泥产生量小。此外，该工艺污泥停留时间长，大分子有机物的停留时间得到延长，有机污染物去除效率要高于生物接触氧化工艺，出水COD平均为27mg/L，出水水质稳定。该工艺不仅可以取代二级沉淀池，还可以省去介质过滤单元，出水中悬浮物含量及悬浮物粒径都远远满足低渗透地层的注水水质要求。膜组件直接内置于好氧池中，占地面积大大减少，出水水质稳定，不会出现污泥膨胀造成的水质恶化等现象。

第四节　炼化点源污水处理技术

一、炼化点源污水处理技术需求分析

中国石油炼油与化工板块在2013年外排水量为3.18×10^8t，其中，COD排放量占公司排放总量的79.87%，氨氮排放量占公司排放总量的50.83%。炼油外排污水COD在60mg/L以下，但化工污水种类多，难降解点源废水COD平均浓度偏高。炼化点源废水主要有20多种，目前还未能有效处理的典型污水有橡胶污水、含腈废水、高含盐污水及电脱盐污水等，组成复杂、难降解组分比例高，对出水COD、总氮贡献大，还具有一定毒性，对污水处理厂造成较大冲击。

橡胶生产过程中会产生大量废水，中国石油炼油与化工板块橡胶废水排放量约为450×10^4t/a。橡胶废水中不仅含有苯乙烯、丙烯腈、丁二烯等有毒、有害物质，还含有促进剂、防老剂、阻聚剂、大量悬浮胶粒、橡胶乳清等，水质极为复杂。其中，丁苯和丁腈橡胶废水处理难度最大。国内大部分橡胶生产厂采用混凝—气浮工艺对生产废水进行预处理，处理后废水排入污水处理厂进行生化处理。现有的混凝药剂及气浮装置对悬浮物、胶体及COD去除效果不佳，污水输送管道经常堵塞。还可以采用生物法处理此类废水，例如，生物塘自然净化法，处理效果较好，但占地面积大，投资费用高；厌氧消化法，废水停留时间长，微生物生长缓慢，构筑物大；接触氧化法，填料易堵塞，若风量供给不当，则不易微生物挂膜或易造成生物膜脱落，不能长周期运行。

反渗透（RO）作为一种高效脱盐技术可用来生产高品质水源，已被广泛应用于炼化企业的污水深度处理及回用工程。RO浓水中的无机盐类和有机污染物被浓缩了近4倍，其特点是：（1）有机污染物（COD）浓度高，一般在120~200mg/L；（2）可生化性差，BOD_5/COD_{cr}低，残留难降解有机污染物以及阻垢剂、杀菌剂等生物抑制成分；（3）无机盐类含量高，电导率通常会在5mS/cm以上，总溶解固体（TDS）一般在5000mg/L以上。随着国家环境执法力度的加强，某些地区开始执行GB 18918—2016《城镇污水处理厂污染物排

放标准》，RO 浓水的外排标准进一步升级，特别是 COD 指标，将不得不面临大于 50mg/L 禁止排放的限排门槛。RO 浓水的特殊性质使其处理难度极大，迫切需要开发技术经济性可行的高效处理技术或工艺，大幅度降低 COD 浓度，使其满足国家达标排放要求。

二、丁苯橡胶废水处理技术成果

1. 技术内涵

丁苯橡胶废水含有苯乙烯、丁二烯以及促进剂、防老剂和阻聚剂等，对污水生化处理系统造成严重危害。针对丁苯橡胶含磷聚合体系生产废水成分复杂、毒性及黏性大、悬浮物含量高等水质特点，在采用催化氧化技术降低可溶性 COD、提高出水可生化性的同时，在同一反应体系内除磷，以解决出水 COD、总磷浓度高，可生化性差的问题。

开发出了处理丁苯橡胶含磷和无磷废水的成套技术，该技术可有效去除废水中可溶性 COD 和总磷，提高出水可生化性，处理效果稳定，抗冲击性强，技术可行。

2. 技术研究过程

（1）丁苯橡胶废水处理技术机理研究。

对于可溶性 COD 的去除常采用高级氧化法，通过氧化体系将可溶性、难生化的助剂，苯系物等通过羟基自由基氧化成小分子的有机酸，部分氧化为二氧化碳，提高了出水的可生化性，降低了出水 COD 浓度。

对于高浓度的含磷废水，通常先将废水经过单独的除磷单元，将其磷浓度降低（总磷浓度小于 10mg/L）后进入生物处理。

（2）丁苯橡胶废水处理工艺研究。

针对丁苯橡胶废水存在的问题及水质特点，开发出了"催化氧化—混凝沉淀"处理技术。采用此技术可在同一反应器内有效降低可溶性 COD、总磷浓度，降低该类废水的毒性；同时提高了出水生化性能。丁苯橡胶废水处理工艺流程如图 9-6 所示。

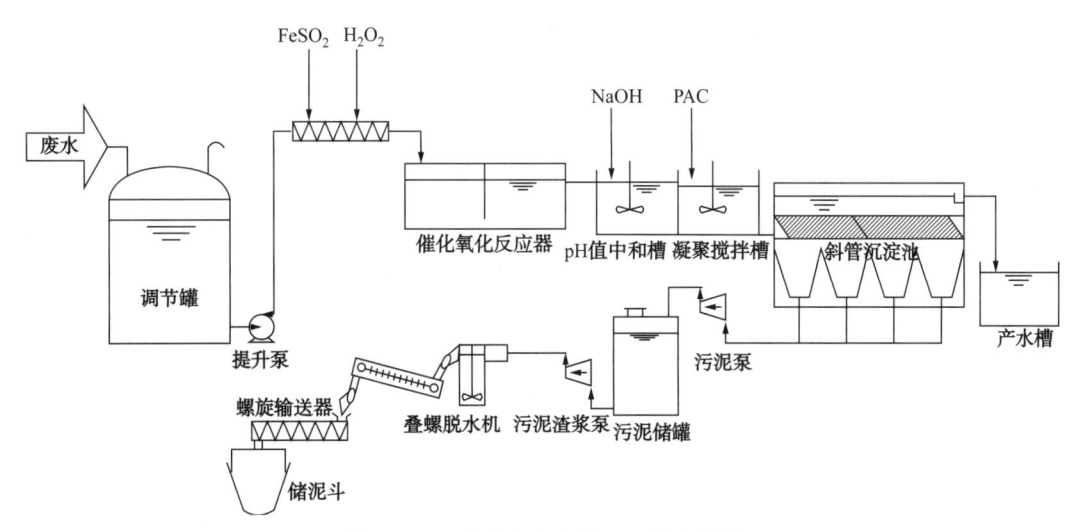

图 9-6 丁苯橡胶废水处理工艺流程图

（3）开展试验验证研究。

以抚顺石化丁苯橡胶含磷废水和兰州石化丁苯橡胶无磷废水为研究对象，进行小试研究及现场 1m³/h 中试试验。经验证，该技术处理效果稳定，生产可行。

3. 技术创新及先进性分析

丁苯橡胶含磷废水设计原水指标 COD 为 1000mg/L，总磷含量为 150mg/L，采用本技术处理后，出水 COD 小于 500mg/L，总磷含量小于 10mg/L；COD 去除率达到 60% 以上，总磷去除率达到 90% 以上，BOD_5/COD_{cr} 大于 0.35。应用该技术处理丁苯橡胶废水，可有效去除废水中可溶性 COD 和总磷，同时提高了出水的生化性能。该废水排入后续生物污水处理厂不会对运行系统造成冲击。

该技术确保了后续污水处理厂出水达标排放，不但适合丁苯橡胶废水的处理，而且对其他高浓度、难降解的有机废水也有很好的处理效果。

该工艺的特点：(1) 选择具有催化、除磷双功能作用的药剂，实现了在同一反应体系内脱除 COD 和总磷，简化了工艺流程；(2) 通过快速产生高浓度羟基自由基，氧化降解大分子有机物，提高废水可生化性；(3) 选择强酸弱碱型的除磷药剂，使催化氧化单元适宜 pH 值范围由传统的 3~5 扩展到 3~10，省去调酸工序，简化了工艺流程，降低了运行成本。

据文献资料报道及查新报告，"催化氧化—混凝沉淀"工艺处理橡胶废水之前只在实验室及小试研究中采用，本技术被成功应用于丁苯橡胶废水的工业化处理，在国内属于首次。

4. 技术应用实例

2014 年吉林石化和抚顺石化采用"催化氧化—混凝沉淀"处理技术，分别建成 120m³/h 和 180m³/h 丁苯橡胶废水处理装置，并一次开车成功。

抚顺石化 2015 年 9 月完成装置运行效果的标定。由标定结果可知，处理出水 COD 均值在 214mg/L、总磷含量均值为 2.35mg/L、BOD_5/COD_{cr} 均值为 0.5。

吉林石化 2014 年 12 月底完成装置运行效果的标定。由标定结果可知，进水 COD 为 512~1142mg/L，出水 COD 为 53~233mg/L；进水总磷含量为 70~124mg/L，出水总磷含量为 1~10mg/L。进水 BOD_5/COD_{cr} 为 0.285 时，出水 BOD_5/COD_{cr} 为 0.363，出水 pH 值为 6~9。

三、高含盐污水达标处理技术成果

1. 技术内涵

炼化企业反渗透（RO）浓盐水是企业高含盐污水的主要组成部分，含盐量高达 5000mg/L，COD 为 120~200mg/L，可生化性差。高含盐污水达标处理技术利用臭氧氧化工艺处理 RO 浓盐水，提高其可生化性，与后续生化处理单元耦合实现了有机物的进一步去除，总氮和总磷同时去除的目的，出水满足日益严格的排放指标要求[3]。

2. 技术研究过程

臭氧具有极高的氧化还原电位（2.07mV），可以与水体中多种污染物发生反应，多被用作氧化剂对废水中有机物进行氧化降解[4]。

(1) 直接氧化反应工艺。

在臭氧直接反应中，偶极结构的臭氧使水体中不饱和键的特性有机物发生断键反应，提高有机物可生化性。在臭氧接触氧化工艺后，后接生物处理工艺，多为曝气生物滤池，对水体中的有机物进行去除。

对某炼化企业 RO 浓盐水进行中试试验，在进水 COD 小于 120mg/L 的情况下，通过臭氧接触氧化与曝气生物滤池处理，出水 COD 可以达到 50mg/L。可以看出，采用臭氧氧化与生物处理联用工艺，通常情况下出水 COD 可以达到 50mg/L 以下，满足排放标准要求。

（2）催化氧化反应工艺。

臭氧催化氧化工艺作为一种多相催化工艺，有机物氧化是在三相（被处理的水、固态催化剂以及臭氧气体）接触中发生的[5]。相对臭氧直接氧化反应，其氧化性能较好，提高了 COD 的去除率[6]，降低了臭氧消耗量，此外还能氧化臭氧不能氧化的物质。

（3）臭氧氧化生物耦合处理工艺。

污水回用反渗透浓盐水首先通过臭氧接触将部分不可生化的 COD 转变为可生化的 COD，同时降低 COD 总量。在臭氧接触池中，通过臭氧扩散器使臭氧气体被分成无数微小的气泡，实现臭氧从气相向液相进行质量传递的过程，在接触池后的反应室内，提供必需的反应时间，使溶解臭氧有充足时间进行反应[7]。

臭氧接触池出水进入中间水池，在池内调节 pH 值，便于后续生化处理，同时投加碳源、氮盐、磷盐以备反硝化处理。中间水池出水进入反硝化生物滤池以及曝气生物滤池，通过滤池内滤料的截留作用和滤料上附着的微生物的净化作用，使污水的总氮、COD 和悬浮物得到有效去除。该工艺出水水质稳定，水中 COD 不大于 50mg/L、总氮不大于 30mg/L，满足排放水质标准要求。

3. 技术创新及先进性分析

利用臭氧氧化技术对高盐难降解污水中的有机物的氧化作用机制，结合不同水质处理需求，针对性地选择直接氧化工艺、催化氧化工艺和氧化生化耦合工艺，科学确定技术路线，保证了工艺技术的适用性，有效降低了综合处理成本。

4. 技术应用实例

（1）云南石化浓盐水处理工程。

针对云南石化 1000×10^4t/a 炼油项目的反渗透浓水，采用臭氧直接氧化与生物滤池为核心的处理工艺。其中，浓盐水经过臭氧氧化，将部分不可生化的 COD 转变为可生化的 COD，同时降低了 COD 总量。臭氧接触池出水进入两级前置反硝化生物滤池以及曝气生物滤池，通过滤池内滤料的截留作用和滤料上附着的微生物的净化作用，使污水的总氮含量、COD 和悬浮物得到有效去除。后续通过气浮池、后臭氧接触池以及活性炭滤池处理，保证处理后的浓盐水达标排放。

（2）大港石化浓盐水处理工程。

大港石化浓盐水处理工程的设计规模为 100t/h，主要对反渗透车间的 RO 浓盐水进行处理。采用臭氧催化氧化与吹脱生化一体化处理设施（MBBR）生物处理为核心的处理工艺。

来水首先进入调节罐进行水质、水量调节，调节罐出水自流入高效澄清池进行澄清，高效澄清池出水由泵送入臭氧催化氧化塔进行催化氧化，臭氧催化氧化塔出水自流进入 MBBR 进行生化处理，MBBR 出水自流进入高效溶气气浮设备去除悬浮物，气浮出水经泵提升送入活性炭吸附罐吸附，进一步去除 COD 后自流入监测池，监测池出水通过提升泵外排至厂外板桥河，出水水质满足 GB 8978—1996《污水综合排放标准》的水质要求。

四、碱渣废液处理技术成果

1. 技术内涵

高浓度有机废水及碱渣处理技术（LTBR 高浓度废水处理技术）的特点是利用特效生物

菌种，以高于传统活性污泥法 10 倍以上的容积负荷将传统生化法难以处理的高浓度、高毒性废水比较经济地处理成低浓度、低毒性、易生化的一般废水。它的适用对象是需要采用焚烧、稀释、湿式氧化等方法处理的废水，可以有效地降低一次性投资和高额的处理费用。

该技术填补国内空白，为其他碱渣废液乃至高浓度有机废水的处理开拓了一个新的思路，在石油、化工、制药等多领域拥有广阔的应用前景，具有显著的经济效益和社会效益。

炼油化工高浓度有机废水及碱渣处理技术（LTBR）由预处理单元、生物处理单元（LTBR 生物反应器）和废气处理单元（LTSE 净化塔）三部分组成。高浓度有机废水及碱渣经预处理单元预处理后，进入 LTBR 生物反应器采用高效污染物降解菌完成污染物的降解，对废水在储存、预处理、生化过程中产生的废气通过 LTSE 净化塔处理，从而实现对高浓度有机废水及碱渣的无害化前处理。炼油化工高浓度有机废水及碱渣处理技术（LTBR）典型工艺流程如图 9-7 所示。

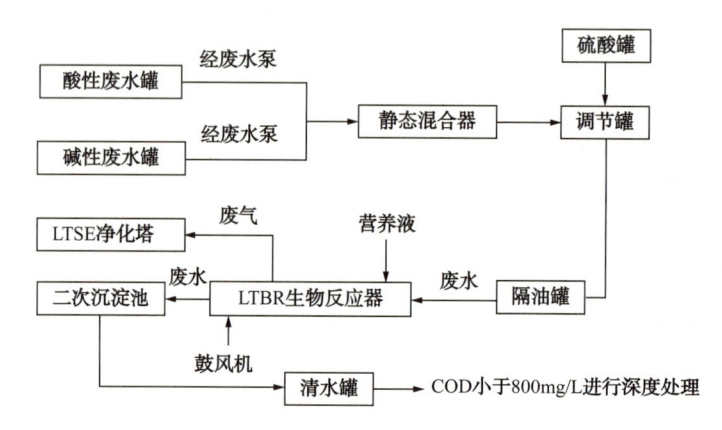

图 9-7 炼油化工高浓度有机废水及碱渣处理技术（LTBR）典型工艺流程

2. 技术研究过程

研究人员结合大港石化碱渣废液产排特征和水质特点，在对处理碱渣废液常用的高温高压湿式氧化法、缓和湿式氧化 +SBR 及生化处理法等处理工艺进行考察后，结合方案的可行性分析及技术成熟度分析结果，选择了高效生物处理工艺作为碱渣废液处理主体工艺。

在该项目实施之前，高浓度碱渣废液运用生化法进行处理在国内还属空白。通过前期细致的调研和试验研究，2006 年大港石化建成高浓度废水处理装置，装置日处理高浓度碱渣废液 50t，该碱渣废液处理装置一直连续平稳运行，处理合格率超过 99%。

在碱渣废液处理的基础上，研发了 LTBR 高浓度废水处理工艺，培养出优于其他常规菌种的降解能力高、耐受力及活性强的高效污染物降解菌（酚类降解菌、环烷酸降解菌、中性油降解菌、硫化物降解菌等）；开发出适合不同微生物生长繁殖需要的营养液；开发出由预处理单元、生物处理单元和废气处理单元三部分组成的高浓度有机废水预处理工艺，形成了"炼油化工高浓度有机废水及碱渣处理技术（LTBR）"工艺包。

3. 技术创新及先进性分析

LTBR 高浓度有机废水处理技术有以下优点：

（1）与传统的焚烧法、湿式氧化法等高浓度有机废水处理工艺流程相比，该技术流程短,一次性投资及系统运行综合处理费用低。

(2)在常温、常压条件下实施,避免了焚烧法、湿式氧化法等存在的高温高压运行方式,消除了潜在的危险因素。

(3)区别于传统的高效生物菌种需要反复投加、成本昂贵等特点,该技术一次性植入特效微生物菌群,运行中无需重复投加,降低了废水处理成本。

(4)处理负荷是普通生物处理工艺的几十倍,对高浓度有机废水中的硫、酚等毒性污染物浓度、pH值、盐含量等生物处理技术的重要指标的变化有很强的适应能力。

(5)相较于传统生物处理系统,启动时间大大缩短,利用快速启动剂,在植入特效微生物菌群2~3d后即可以实现满负荷正常运行。

该技术被列入《中国石油炼油化工可推广应用技术名录——炼油(2013版)》,入选《当前国家鼓励发展的环保产业设备(产品)目录(2013年版)》,于2014年1月18日在北京通过了中国石油科技管理部组织的成果鉴定,鉴定结论——国际先进水平。

4. 技术应用实例

(1)独山子石化废碱处理项目。

2014年10月完成装置的运行负荷考核,日处理碱渣废液40t,碱渣处理的运行成本为108元/t。装置进水COD为60000mg/L,出水COD小于1000mg/L,主要污染物COD处理效率大于90%,硫化物处理效率大于99%。

图9-8显示了独山子石化废碱生化扩容改造项目现场。

(2)哈尔滨石化公司废碱处理项目。

2015年10月完成调试,年处理脱硫热稳盐碱渣、脱硫制硫碱渣和汽油碱渣共4000t,碱渣处理运行成本为150元/t。装置进水COD为100000mg/L,出水COD小于800mg/L,主要污染物COD处理效率大于90%,硫化物处理效率大于99%。

图9-9为哈尔滨石化公司污水处理厂减排技术完善项目图。

图9-8 独山子石化废碱生化扩容改造项目现场

图 9-9 哈尔滨石化公司污水处理厂减排技术完善项目

五、精对苯二甲酸（PTA）污水处理技术成果

1. 技术内涵

（1）高效厌氧处理技术。

采用厌氧处理技术对 PTA 污水进行处理，不但可大幅度去除多种有机污染物，降低好氧生化处理能耗，大幅降低剩余污泥产量，还可利用厌氧生化处理产生大量甲烷，回收清洁能源。

高效厌氧处理技术针对 PTA 污水特点，通过优化反应器流态，改进水分配系统，开发新型三相分离器，完善了甲烷回收系统等一系列优化措施，大幅度提高厌氧处理 PTA 污水的效率和厌氧产甲烷能力。高效厌氧处理技术用于 PTA 污水处理，不仅可以大幅度降低能源消耗，还可以获得巨大的经济效益。

（2）PTA 污水提标升级处理技术。

研究针对 PTA 污水处理工艺进行调整优化，包括采用新工艺、新技术、新材料、新设备对 PTA 污水处理设施进行升级；根据水质特点，针对常规 PTA 污水处理技术的缺陷，重点进行以下关键技术突破，从而达到提升出水水质、使水质达到国家标准的目标。

①强化预处理技术，回收污水中有用成分，降低生化处理负荷。

②通过对比各种深度处理技术，筛选出适用于 PTA 污水处理的深度处理技术。

③调整优化现有工艺流程及参数，研发能达到新排放标准的生化处理/深度处理集成技术。

（3）膜生物反应器（MBR）处理技术。

PTA 污水水质复杂、浓度高、处理难度大，致使传统 PTA 污水处理流程长、占地面积大、处理后出水难以回用。为此开展膜生物反应器（MBR）工艺在 PTA 污水处理的应用研究，以期缩短 PTA 污水处理工艺流程，提高单元处理效率，压缩占地面积，为污水回用处理提供优质的水质条件。膜生物反应器（MBR）处理技术的优点如下：

①通过膜分离技术替代沉淀池固液分离，大幅度压缩沉淀池占地面积。

②利用膜分离技术可大大提高生化反应池污泥浓度，提高生化池处理效率，压缩生化池的容积，减少占地面积，简化工艺流程。

③膜分离技术可以得到远优于沉淀池的出水水质，可为污水回用处理创造良好的条件

和基础。

2. 技术研究过程

（1）高效厌氧处理技术。

①优化厌氧反应器流态，改进水分配系统研究。

生化反应器"泥水"充分接触是提高处理效率的关键。厌氧反应器不同于好氧反应器，由于没有好氧反应器的鼓风曝气辅助搅拌作用，厌氧反应器水力分配和流态的改进尤为重要。研究通过对流态检测和分析、调整回流比、增加内回流等一系列技术措施，经过试验验证，调整优化了传统厌氧反应器的流态和水力分配系统，使厌氧反应器处理效率显著提升。

②开发新型三相分离器，完善甲烷回收系统研究。

厌氧反应器的一个关键部件就是三相分离器，它对保持反应器污泥浓度至关重要，同时对沼气的收集意义重大。研究通过对三相分离器缝隙流速、重叠度、沉淀区流速等关键参数进行优化，结合PTA污水厌氧处理产气气泡平均直径和污水黏度等多项指标的反复测试和计算，对三相分离器设计和加工方式进行优化，从而提高了三相分离效果，提高了沼气回收率。

（2）PTA污水提标升级处理技术。

①强化预处理技术，回收污水中有用成分，降低生化处理负荷。

研究提出了PTA污水TA残渣回收的方法，利用酸析法使对苯二甲酸、苯甲酸等物质结晶析出，由抓斗捞出沥水的方法，将水中有用物质回收外卖，同时大幅度降低污水中有机物浓度，降低运行成本和能源消耗。由此可使污水COD下降30%~40%，水处理难度降低，处理成本降低。TA残渣变废为宝，获得可观的经济收入，这项收入约为废水处理成本的50%~60%，如果把这与厌氧处理产生甲烷的收入合并计算，可实现PTA污水处理零成本，甚至有盈余。

②通过对比各种深度处理技术，筛选出适用于PTA污水处理的深度处理技术。

对于不同的处理标准和要求，经过筛选和大量的试验研究，提出了针对性不同的深度处理工艺技术。其中，针对要求较为严格的辽宁省地方排放标准，提出采用微絮凝流动砂过滤系统进行深度处理技术实现达标排放；针对PTA污水需要继续回用处理的情况，则采用调节碱度—锰砂过滤—臭氧氧化工艺路线进行处理等。

（3）膜生物反应器（MBR）处理技术。

①研究适合PTA污水处理的MBR工艺类型。

MBR工艺通常有合建式和分建式之分，分别用于不同的处理条件和环境。研究发现，不同于其他污水处理，在PTA污水处理过程中，随着有机污染物的分解去除，碱度大幅度增加和积累，这些碱度会在膜表面严重积聚结垢，使膜丝堵塞和变硬变脆引起断丝。因此，必须在膜分离过程中加酸中和，调节碱度，降低结垢污堵和抑制断丝发生。研究提出，针对PTA污水处理应采用分建式MBR工艺。

②适合MBR工艺的生化池技术研究。

采用MBR工艺后，由于污泥浓度大大提高，容积负荷相应增大，活性污泥曝气池需要发生很大的改变，曝气系统、污泥回流系统、水力流态分布等均需做出大幅度的调整和改变。通过反复研究和实验论证，提出了一整套研究成果，包括适合PTA污水的容积负荷计算，污泥浓度控制范围，曝气方式和强度控制，水力分配形式，污泥回流与剩余污泥排放等的一系列工程设计参数和设计依据。

3. 技术创新及先进性分析

将膜生物反应器引入PTA污水处理，取得显著成效。一方面延长了难降解污染物的停留时间，提高了有机污染物去除效率，装置耐冲击能力也得到显著增加，运行控制更加灵活稳定；另一方面替代了原有二级好氧池、二次沉淀池等，工艺流程大大缩短，减少了占地面积。工艺出水水质稳定，水中悬浮物含量不大于10mg/L、COD不大于30mg/L，达到反渗透膜进水水质要求，为回用处理创造了条件。

4. 技术应用实例

（1）高效厌氧处理技术。

高效厌氧处理技术在海伦石化有限公司一期、二期PTA污水处理等项目中推广应用，海伦石化有限公司一期PTA污水处理规模为15600m³/d，COD负荷为80~110t/d；二期PTA污水处理规模为18000m³/d，COD负荷为120~140t/d。传统厌氧处理工艺COD去除率约为60%，海伦石化有限公司一期PTA污水处理装置运行期间COD去除率达到80%，日产沼气约27000m³；二期PTA污水处理COD去除率也能达到80%以上，日产沼气超过30000m³，两期合计每天多产沼气14250m³，沼气回收率提高了约10%。两期产沼气合并进行沼气发电后，每天多发电量超过21000kW·h，按电费0.60元/(kW·h)计，可多产生约1.3万元电费收益。

厌氧处理的能耗约为好氧处理能耗的10%，并可大幅减少剩余污泥排放量，降低处理成本，减少二次污染。故采用高效厌氧处理技术使PTA污水处理耗电由以往的处理每吨水需4~6kW·h下降为2~4kW·h，按电费0.60元/(kW·h)计，海伦石化有限公司两期项目合计节约电费4万余元。剩余污泥量减少约30%，海伦石化有限公司两期合计每天减少外运脱水污泥30~40t，如果危险废物处理收费按3500元/t计，则日处理费用可减少约12万元。三项合计，采用高效厌氧处理技术处理PTA污水，比采用传统厌氧技术日节省处理成本近20万元。

（2）PTA污水提标升级处理技术。

针对辽宁省严格的地方排放标准，开展了深度处理研究，提出了在传统PTA污水处理工艺技术后采用微絮凝—流动砂过滤技术为关键技术的深度处理工艺路线。恒力石化（大连）有限公司PTA污水处理工程设计处理规模为82800m³/d，COD负荷为400t/d。采用"TA沉淀—调节—厌氧——级好氧—沉淀—二级好氧—沉淀—微絮凝—流动砂过滤"处理工艺。该工程建成投产以来，运行良好。处理后出水的COD约为30mg/L，悬浮物含量在10mg/L左右，达到了DB 21/1627—2008《辽宁省污水综合排放标准》（COD不大于50mg/L，悬浮物含量大于20mg/L），可实现日减排COD约400t。该工程首次将微絮凝—流动砂过滤技术用于PTA污水深度处理，技术水平处于国内领先。

（3）膜生物反应器（MBR）处理技术。

蓬威石化有限责任公司地处山区，占地面积狭小，同时又处在长江上游。针对污水处理后尽可能回用的要求，面对PTA污水处理水质复杂、浓度高等诸多难题，项目通过方案比选，提出了以"厌氧—活性污泥—MBR"为关键工艺的PTA污水处理工艺。

采用"厌氧—活性污泥—MBR"工艺对蓬威石化有限责任公司PTA污水处理项目进行工程建设，设计处理能力为10800m³/d。该工程建成投产后，运行良好。处理后出水的

COD 不大于 38mg/L，悬浮物含量不大于 10mg/L，达到了地方环保部门的处理要求，出水经回用处理实现了 PTA 污水回用，可实现日减排 COD 60t，技术水平处于国内领先。

第五节 炼化综合污水处理与回用技术

一、炼化综合污水处理技术需求分析

"十一五""十二五"期间，国家及地方先后多次提高了外排污水水质的要求，对炼化企业的吨油耗水率提出了刚性要求。以"奉献能源、创造和谐"为宗旨的中国石油，始终注重企业与环境的和谐发展。为满足中国石油大型炼化企业建设及已有炼厂技术改造的需求，需在消化吸收已引进国外先进工艺包的基础上，进行技术创新，掌握并形成中国石油在污水处理及回用中的一系列关键自有技术。

典型的炼化污水处理以老三套和 A/O 工艺集中处理方式为主，"十一五"期间，通过对现有工艺的技术改造，大部分石化企业污水处理厂出水都能实现达标排放，出水 COD 基本维持在 100mg/L 以内。随着国家施行的污染减排政策日益严格，污水处理外排水质指标不断升级，现有污水处理装置难以满足处理要求，其中，难降解石化污水的处理技术不成熟的问题更加突出。

石化企业生产过程中产生各类污水，其污染物主要来源于化学反应过程中由于反应不完全而产生的副产物以及使用的各种辅料和溶剂等。典型的高浓度、难降解废水包括炼油过程中的碱渣废水、化工生产过程中的丙烯酸废水、橡胶废水、腈纶废水等。上述废水多含有有毒有害特征污染物，如硝基化合物、醛类、苯类、酚、烷基苯磺酸、氯苯酚和重金属催化剂等，这些物质对微生物的活性有抑制作用，增加了污水生化处理难度。因此，必须加大对难降解有机物去除等关键技术的开发力度，有效解决制约污水稳定达标和升级达标处理的关键技术瓶颈，实现污水处理效率的显著提高。

通过"十二五"期间的技术消化吸收及攻关，中国石油形成了炼化企业污水处理成套自有技术，可提供工艺先进、自动化程度高、运行稳定、能耗低的污水处理以及污水回用等的污水处理厂全流程解决方案。

炼化污水处理技术主要有生物法、吸附法、过滤法、高级氧化法、膜分离法和电化学法等。其中，生物法具有去除污染物的种类多、效率高、处理成本低等优点，对于处理水量大的化工外排水来说，其在深度处理流程中是最有吸引力的核心技术。从炼化污水处理的技术现状来看，在相当长的一段时间内，生物处理工艺仍将是炼化污水处理的核心工艺。由于炼化污水中含有机物质浓度高、成分复杂，且其中很多组分都对微生物具有毒害作用，仅依靠自然界已存在的微生物对其进行处理，效果必然受到限制。随着生物技术的发展，通过诱变育种、原生质体融合和基因工程等手段来构建新菌株，用于难以生物降解的石油化工废水的处理是一个新的发展方向。

近年来，污水回用的研究迅速发展，生物活性炭法、生物接触氧化法（BCO）、曝气生物滤池以及膜生物反应器等工艺技术逐步成熟和完善，被应用于石油化工污水的深度处理。曝气生物滤池技术集生物氧化和截留悬浮固体于一体，节省了后续沉淀池，具有处理效率高、占地面积小、基建及运行费用低、管理方便等优点，近年来得到了广泛应用。其中，生物滤池耦合臭氧处理技术是该技术在解决石油特征污染物对生物抑制作用、提高整

体反应效率的发展新方向。臭氧的加入既提高了污水的可生化性，又增加了水中的溶解氧，从而使生化法更容易降解有机物，得到更佳的处理效果，经耦合处理后的污水出水指标达到回用水标准。

二、综合污水处理厂原位升级技术成果

1. 技术内涵

（1）一级高效除油技术。

利用池体的特殊结构及池内扩散锥设备的作用，加速油水分离，加强悬浮物的沉降效果，使油、悬浮物在该工艺中有非常好的去除效果。将出水中的油及悬浮物含量均控制在100mg/L以下，节省了占地面积，约为常规平流式隔油池占地面积的一半。

（2）一级高效溶气气浮技术。

在传统部分回流加压溶气气浮的基础上，提高了气浮的运行压力，溶气水的释放采用了管式释放。在保证气浮效果的同时，解决了释放器易堵塞的难题。将出水中的油及悬浮物含量均控制在20mg/L以下；尽可能地降低了生化系统发生波动或冲击的风险。同时，一级气浮起到传统的多级气浮效果，节约能耗；释放器不易堵塞，不需离线冲洗。

（3）一级完全反应生化技术。

通过生物混合器、缺氧区、好氧区和脱气区的设计，并在生化反应池内添加流动床填料以增强脱氮功能，污水经过一次生化后，有机物能快速被生物降解完全去除。利用一级生化将传统炼油污水中COD降至50mg/L以下，使其达到国内最严格排放标准的要求；一级生化起到传统的多级生化的效果，节约能耗及节省占地面积。

2. 技术研究路线

对典型炼化企业污水水质进行综合分析，找出加工油品的特性与污水水质间的关联；对污水场现有工艺流程进行调研，研究各种工艺路线的优缺点，为确定简洁高效的处理工艺路线提供基础；研究水质、水量的变化对设计参数及运行参数的影响，制定均质均量的有效措施；进行运行成本分析，形成高效简洁的炼化污水处理工艺路线。

在研究隔油工艺时，为解决水力学布置不均匀、底泥去除效果不好的问题，引入辐流式沉淀池的原理，完成高效竖流隔油池开发，保证并优化表面负荷或水平流速等参数，同时利用池内特殊的钢构件设计，加速油水、泥水的分离速度，产生更好的油、水、泥三相分离效果。图9-10为高效竖流隔油池示意图。

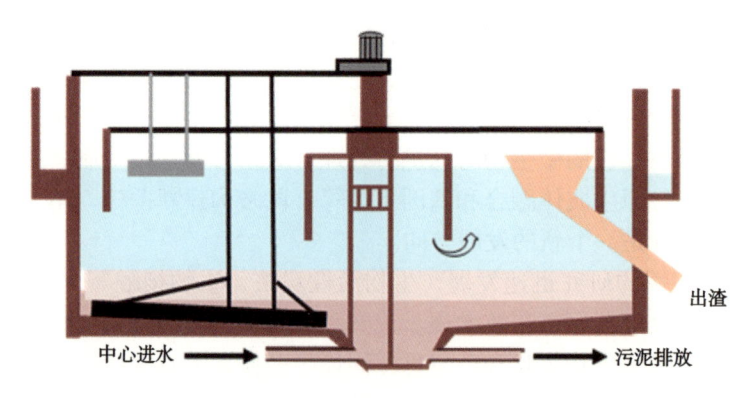

图9-10 高效竖流隔油池示意图

气浮工艺的核心是水中乳化油等在混凝剂、絮凝剂作用下形成稳定的矾花，通过溶气系统释放直径、粒径适宜的气泡将其带至水的表面，并形成一定厚度的浮渣层。

混凝效果的好坏直接影响絮体形成的好坏，大的絮体不易上浮，影响气浮出水水质。正是因为气浮和反应沉淀对絮体的要求不同，使得气浮对混凝剂的要求有所不同，以及在混凝剂的投加量、搅拌梯度、停留时间等方面的不同。通过研究，得出相关规律。

空气在水中的溶解度与压力有关，在一定温度下，溶解度与压力成正比。在温度为30℃的情况下，当压力为0.4MPa时，空气在水中的溶解量为60mL/L；而当压力上升至0.6MPa时，空气在水中的溶解量为90mL/L。可见选用较高压力时，空气溶解量大，则空气从水中析出的数量就会相应增多，即形成更多的气泡，可以得到更高的悬浮颗粒和乳化油的去除率。通过实验，确定了效率与能耗均满足要求的运行压力。

3. 技术创新及先进性分析

研究形成了高效简洁的炼化污水处理工艺路线：高效竖流隔油—中和均质—一级高效溶气气浮—一级完全生化反应技术—二级沉淀池—气浮滤池（或高密度沉淀池）。工艺具有以下技术特点：采用一级隔油与一级气浮工艺，保证生化进水的油、悬浮物浓度均保持在20mg/L以下，重视均质与调节，保证生化系统的连续稳定运行。均质池具有脱硫功能，保证生化进水的硫化物浓度保持在20mg/L以下。最终出水的COD不大于50mg/L，氨氮含量不大于8mg/L，总氮含量不大于25mg/L。当污水的硬度、二氧化硅含量较高时，可采用高密度沉淀池对其除硅除硬。

4. 技术应用实例

中国石油广西石化公司污水处理厂通过使用一级高效除油技术、一级高效气浮技术、一级完全生化反应技术等使外排水水质稳定达到COD不大于50mg/L，石油类含量不大于1mg/L，氨氮含量不大于2mg/L，整体达到了国内领先水平。

中国石油呼和浩特石化公司污水处理厂通过采用上述一系列技术，使外排水水质稳定达标，其中COD等指标更是达到了40mg/L以下；外排水可直接进入双膜系统进行处理，运行成本低，保持在国内先进水平。

三、综合污水深度处理升级达标技术成果

1. 技术内涵

针对吉林石化污水处理厂A/O生化系统开展强化处理试验，研究提高系统出水水质的可行性。为进一步去除水中的有机污染物，降低工厂外排污水COD至60mg/L以下，达到国家环保最新规范要求，针对污水处理厂A/O生化出水，开展曝气生物滤池、臭氧催化氧化等深度处理试验研究，不断调优工艺路线，利用数学模拟技术对污水处理厂深度处理整体工艺路线进行多方案比选，最终确定污水处理厂提标改造的最佳深度处理技术，提出污水处理厂提标改造的臭氧催化氧化工艺路线。

2. 技术研究过程

从2014年7月开始，研究单位先后开展了运行方式比较、回流效果考察、臭氧氧化工艺优化等研究工作。2015年进行臭氧氧化中试装置的改造；同年7月至9月，开展运行方式工艺对比、臭氧投加量优化等试验，完成最佳优化工艺的连续稳定性工业化试验研究。

（1）运行方式和回流效果优化研究。

Ⅰ级反应器和Ⅱ级反应器串联连续运行试验，采用Ⅰ级反应器自回流（Ⅰ级出水口→Ⅰ级进水口）方式运行，调整臭氧投加量，控制回流比在100%，取得较好的COD去除效果，去除率在50%以上，去除单位COD消耗臭氧量最优；采用整体回流（Ⅱ级出水口→Ⅰ级进水口）方式运行，调整臭氧投加量，控制回流比在200%，取得较好COD去除效果，去除率在45%以上，去除单位COD消耗臭氧量最优，增加回流后的COD去除效果明显好于无回流条件。

（2）臭氧催化氧化工艺优化研究。

进行两级氧化污染物去除效率评估，研究结果表明，将Ⅰ级氧化改为两级氧化会降低COD的去除效果，为提高COD去除率，需增加Ⅰ级反应器臭氧投加量的初步结果；两级反应器串联运行，Ⅰ级反应器投加臭氧，Ⅱ级反应器不投加臭氧，在相同进水情况下，Ⅱ级反应器中装填臭氧催化剂对COD的去除率为20%以上。

（3）最佳工艺条件稳定性考察。

当序批式运行时，通过试验优选工艺条件，回流比为133%，回流方向为上出下进，反应时间为20min，氧化进水COD平均值在80mg/L左右，出水COD平均值在45mg/L以下；在相同的反应条件下，去除单位COD消耗臭氧量随回流比的增加呈小幅度增加趋势。

当连续运行时，通过试验，确定最优工艺条件为Ⅰ级氧化+Ⅰ级回流，回流比为100%，回流方向为下出上进。氧化进水COD在80mg/L左右，氧化出水COD为40mg/L，COD去除率在50%以上，处理效果较好。

对于工业化试验，在连续式运行情况下，采用Ⅰ级氧化+Ⅰ级回流（回流比为100%，回流方向为下出上进）连续式工艺，连续运行84h，氧化进水COD平均值在80mg/L左右，氧化出水COD平均值在45mg/L左右，COD平均去除率为40%以上，达到了考核指标。

3. 技术创新及先进性分析

国内首次采用自主研发的连续式臭氧催化氧化工艺对大型石化企业综合石化废水进行深度处理，实现了52000t/d的工业应用。

采用自主研发的连续进水结合回流的臭氧催化氧化优化工艺，实现了2640t/d的工业应用，去除单位COD消耗臭氧量降低21%，进一步降低了处理成本。

将数学模拟技术成功应用于大型石化企业综合废水生化单元，快速、精准地预测不同处理方案下的生化单元出水水质，开展系统优化，并为臭氧催化氧化系统设计提供水质水量依据。

通过回流工艺的设置，实现了高浓度臭氧与较高浓度废水接触，取得良好效果，创新性地提出了连续式臭氧催化氧化工艺的高效运行方式。

4. 技术应用实例

本项目在吉林石化污水处理厂实现了工业化应用。2014年，实现了全部综合化工废水52000t/d的臭氧催化氧化系统一次开车成功，污水厂外排污水COD降至50mg/L以下，已累计实现减排COD 3428t，为中国石油顺利完成国家下达的总量减排目标提供了有力支持。2015年，在臭氧催化氧化系统一个单元（处理水量为2640t/d）实现了连续进水结合回流的臭氧催化氧化优化工艺的成功应用，去除单位COD消耗臭氧量降低20%左右，为臭氧催化氧化系统实现全面优化运行奠定了坚实的基础。

四、臭氧氧化—曝气生物滤池深度处理技术成果

1. 技术内涵

针对石化污水处理水质特性和臭氧氧化—生物强化技术特征，兰州石化、石油化工研究院、安全环保技术研究院、昆仑工程等单位重点了开展以下关键技术研究，从而达到提升整体工艺处理效率、满足实际应用需求的目的。

（1）高生物量内循环曝气生物滤池技术开发研究。采用内循环导流反应器，强化曝气生物滤池内固、液、气传质，提高溶解氧利用率和污水与滤层的接触效率，提高污染物处理效果，开展规模为 3~5m³/h 的中试试验，完成工艺适应性验证。

（2）臭氧催化氧化处理试验研究。开展臭氧催化氧化处理中试试验，开展催化剂优选、臭氧投加量、停留时间等关键工艺参数优化研究，考察臭氧氧化效率等情况，确定臭氧氧化—生物强化工艺耦合方式。

（3）化工污水处理升级廊道先导试验研究。开展规模为 50~100m³/h 的廊道先导应用试验研究，验证化工污水臭氧氧化—内循环曝气生物滤池工艺的实际效果，验证集成工艺适应性和抗冲击能力，确定工业化应用工艺参数。

2. 技术研究过程

（1）臭氧催化氧化化工污水深度处理技术。

通过对综合炼化污水的水质分析可知，炼化污水中的主要污染物是芳烃类、烷烃、醇类、酯类和含氮有机物，这些有机物的碳数分布于 3~18，其中以 C_3—C_{12} 有机物居多。烷烃类、酯类为出水中含量最高的有机物，醇类物质的相对含量也比上一阶段大为降低；从碳数来看，生化单元出水的主要有机物碳数分布在 10~20，表明碳链较长的有机物（C_{10}—C_{20}）相对更难被降解。这主要是由于含有中短链烷烃降解酶系的微生物较多，因此中短链有机物容易被微生物降解，而长链有机物尤其是 C_{12} 以上的有机物由于缺乏相应的专一性降解菌而难以被降解[8]。

为提高臭氧催化氧化除污效率，进行催化剂比选，以优选的两种催化剂进行规模为 100L/h 的中试试验，验证催化剂的能力并对催化剂使用的各项指标进行确认。由 COD 和 UV 254 检测数据可知，催化氧化反应对有机物去除效果可达 63%，UV 254 去除能力可达 97%，且处理效果稳定，说明催化氧化过程对不饱和物质的去除能力较强。依托中试试验结果，开展为期 12 个月、规模为 4m³/h 的高效除浊—臭氧催化氧化处理现场评价试验，优化了臭氧氧化操作参数，确定了工艺运行条件，探讨有机污染物的去除机理，对装置操作及调整进行优化。研究形成的臭氧催化氧化工艺已成功应用于兰州石化化工污水处理厂升级改造过程。

（2）内循环高效生物反应器技术。

内循环 BAF 工艺技术是在传统的生物曝气滤池（BAF）技术基础上发展而来的，它采用隔离式曝气技术，在给反应器充氧的同时，沿曝气器管道将污水提升，再经过反应器生物床形成循环，克服了传统生物曝气滤池技术气、水、膜三相分布不均衡的问题，从而提高了 BAF 的填料利用率。同时采用新型反冲洗技术，降低了反冲洗能耗，提高了反冲洗效率，延长了反冲洗周期，防止了传统生物曝气滤池技术在处理工业污水时易出现的填料板结情况，进一步提升了生物曝气滤池技术的工作能力。

依托该技术,在兰州石化开展了为期3个月的化工雨排水内循环曝气生物滤池处理技术研究,在进水平均COD为107.13mg/L的情况下,出水平均COD为42.33mg/L,HRT由现场32h缩短至24h,曝气系统综合能耗降低约25%。

3. 技术创新及先进性分析

采用的内循环BAF工艺采用独有的隔离式曝气技术,在曝气的同时使污水沿曝气器管道提升,再经过生物床,形成大流量内循环。这样既强化了污染物在水相与生物相间的传质速度,使污染物在滤料层分布更均匀,提高了反应器的容积效率,又避免了传统曝气方式对滤料的冲刷,能够有效地防止硫细菌、硝化菌等世代周期长的微生物的流失,维护了生物相的完整性。而且大流量的内循环使滤池具备完全混合式反应器的特点,进入反应器的污水得到稀释,从而提高了反应器耐有毒物质的能力和抗冲击能力,使其应用范围更广,运行更加稳定。

4. 技术应用实例

该本技术应用于兰州石化化肥厂302化工雨排水综合治理工程。工程于2013年9月完成设计,2013年11月投产运行,项目实施后每年减排COD 120t。

第六节 展 望

经过数十家油气田和炼化企事业单位及高等院校的持续攻关研究,"十一五""十二五"期间,中国石油在石油石化污水处理技术领域取得了丰硕的研究成果,形成了系列化、多层面、创新性、立体式的污水处理技术体系,打造出多个具有中国石油特色的污水处理技术研发平台,全面提升了中国石油水污染防治和水资源综合利用能力,建成污水处理示范工程十余项,为中国石油绿色发展、健康发展奠定了坚实基础。在石油石化企业得到成功应用的污水处理与资源化技术已经在污染排放控制、油品资源回收和水资源综合利用方面体现出了良好的环境效益和经济效益。

在油气田污水处理与资源化利用领域,研究形成了高含水油田化学驱采出水处理技术,采用新型的原油脱水设备,配合投加相应的破乳剂,确定工业化应用的三元复合驱集输脱水技术,实现了聚驱污水的高效处理。针对长庆油田低渗透油田措施废液悬浮物、石油污染物和高价离子等含量较高的水质特点,形成"微界面絮凝+离子掩蔽+高级氧化+过滤"主体工艺,工艺可满足不同水质处理要求[9,10]。针对辽河油田稠油污水可生化性差(BOD_5/COD_{Cr}小于0.3)的特点,优选出水解酸化—接触氧化生物处理工艺,解决了辽河油田稠油污水难以达标外排的经济技术难题。

在炼化污水高效处理技术领域,研究形成了炼油污水原位升级成套技术,取得了炼油污水原位升级处理技术突破。针对化工污水含盐度高、难降解,现有污水处理系统对COD的去除能力不能满足标准升级要求的问题,形成高效除浊—催化氧化耦合的化工污水升级达标成套技术。针对炼化企业难降解有机化工废水组成复杂、可生化性差、处理技术不成熟等问题,开发出以高级氧化—生物强化技术为核心的难降解废水达标处理技术,可实现难降解废水的高效处理。

2015年,《水污染防治行动计划》(国发〔2015〕17号)等配套政策措施密集出台,GB 31570—2015《石油炼制工业污染物排放标准》和GB 31571—2015《石油化工工业污染物排放标准》等陆续发布,《陆上石油天然气开采工业污染物排放标准》呼之欲出,环境保护标准限值进一步提升。这一系列环境保护重大决策部署充分展示了国家强化安全环保工作的坚定决心,也给中国石油安全环保工作指明了工作方向。中国石油认真梳理污水处理与回用技术领域的新要求和新动向,落实加快推进生态文明建设的整体战略,在上下游污水处理技术研究方面进行了如下部署:

(1) 攻关页岩气开发废液处理与利用关键技术。为适应页岩气开发过程中的体积压裂废液、采出水等污水的处理处置需求,针对现有压裂返排液回用技术处理成本较高、不能满足现场返排液达标外排要求等问题,开展体积压裂废液快速脱稳分离技术、大处理量集成化装置开发等工作,以适应页岩气规模化开发的污水就地、集中处理需求,实现水资源的高效循环利用。

(2) 研究储层改造返排液循环利用及资源化技术。为解决现有措施废液处理技术规模小、设备拉运成本费用占比高等问题,围绕储层改造返排液无害化处理及资源化利用开展专项攻关,提升技术装备水平。结合措施废液因注入液性质不同、井场的地质条件不同等因素而呈现出不同的组分特性,以分质分类处理为原则,开展电化学、化学脱稳耦合技术研究,实现措施废液的破胶脱稳与高效回注。

(3) 开发炼化污水低成本升级达标及回用处理关键技术。以满足新标准为基本出发点,重点开展新型生物脱氮技术适应性研究工作,构建高效微生物菌群,提高生化处理效率,开展优势脱碳微生物及高效脱氮微生物研究,解决脱氮微生物与脱碳微生物竞争生长问题,控制条件以协调二者的相容性。此外,针对炼化企业催化裂化尾气脱硫废液、含盐污水产生量增加,排放标准逐渐收紧,低成本脱盐技术需求迫切等问题,重点开展催化裂化烟气脱硫废水脱盐回用技术,使其出水指标满足初级再生水用于循环水补水的水质控制指标要求;优选适合炼化反渗透浓水等高含盐废水的膜浓缩技术,实现含盐污水的减量化和资源化。

参 考 文 献

[1] 鞠巍,吴丽丽,印树明.钻井废水处理研究进展[J].中国科技财富,2010(14):201-202.
[2] 王良均,吴孟周.石油化工废水处理设计手册[M].北京:中国石化出版社,1996.
[3] 郭怡莹,王永飞,赵晓舒.氧化法处理高COD废水[J].辽宁化工,2010,39(8):866-868.
[4] 张永利.芬顿氧化印染模拟废水的机理和实验方法研究[J].环境保护与循环经济,2008,28(10):28-30.
[5] 黄川,刘元元,罗宇,等.印染工业废水处理的研究现状[J].重庆大学学报,2001,24(6):139-142.
[6] 王鉴,郭天娇,丰铭,等.高含盐工业废水处理技术现状及研究进展[J].煤化工,2015,43(3):18-21.
[7] 闫岩,胡浩.臭氧氧化技术在水处理中的应用[J].广州化工,2012,40(16):33-35.
[8] 曹春艳,范丽华,张洪林.曝气生物滤池及其填料性能[J].黑龙江科技学院学报,2005,15(3):192-195.
[9] 朱伟君.含油废水处理工艺设计研讨[J].工程建设与设计,2012(12):104-105.
[10] 韩秀丽,肖广萍.超稠油脱水处理工艺设计[J].化学工程与装备,2011(5):70-71.

第十章 固体废物处理与资源化技术进展

油气田开采及炼化企业产生的固体废物主要有钻井废物（包括水基钻井废物和油基钻井废物）、含油污泥（包括落地油泥、罐底泥和浮渣底泥等）和炼化三泥（罐底泥、浮渣底泥和生化污泥）等。固体废物数量巨大，每年产生量高达千万吨；危害高，含油污泥和炼化三泥已被列入《国家危险废物名录》，不但给企业带来巨大的环境污染和违法风险，而且固体废物的运输、储存和处理也耗费巨大的人力、财力和物力。固体废物处理的基本原则是实现三化处理，即减量化、无害化和资源化。中国石油为此投入了巨额经费，组织科研人员开展技术攻关，研发了系列钻井废物、含油污泥和炼化三泥处理技术、装备及处理剂，并建成大量橇装随钻不落地处理设备设施和固定处理厂站，实现了固体废物的减量化、无害化处理及资源化利用，有效地缓解了公司发展的环境保护问题，为中国石油的清洁发展做出了重要贡献。

第一节 水基钻井废物处理与资源化技术

钻井废物是指油气勘探开发过程中使用钻井液产生的废钻井液和钻屑，分为水基钻井废物和油基钻井废物，钻井废物以水基钻井废物为主[1]。在水基钻井废物中，以聚磺钻井废物对环境的影响最大，也是废物处理的难点和重点[2]。钻井废物综合利用技术的发展与国家环保要求密切相关，同时与钻井液的发展密切相关。国内于20世纪80年代开始对废弃钻井液处理技术进行研究，先后系统地研究了废弃钻井液的毒性分析、对环境的影响效应，并掌握了相应的固化处理方法。随着水基钻井液技术的发展和国家环保政策要求的提高，水基钻井液废物综合利用技术先后经历了就地填埋、固化处理、固液分离处理和随钻不落地处理等四个阶段。

一、水基钻井废物处理与资源化技术需求分析

油田钻井废物产生于油气井钻井生产过程，钻井废物主要来源于钻井液组成中的各种水溶性处理剂，其特点是污染物组成复杂、浓度高、色度大、COD高。在钻井过程中，随着深度的增加，需要不断提高钻井液处理剂的抗温性和加药量，导致随着井深增加，产生钻井废物的成分变化很大。当钻井井深超过3000m时，大量使用性能优良、价格低廉的聚磺钻井液体系。聚磺钻井液体系在钻井生产过程中所产生的钻井废物为最难处理的水基钻井废物，其主要特点是水溶性COD高、色度大，不能直接排放，必须经过处理后才能排放。因此，安全有效地处理好现场的废弃钻井流体和废弃固体是关乎人民身体健康、国家经济、环境可持续发展的大事，有效地对这些钻井完井废物进行处理将是各油田一项长期而艰巨的战略性任务。

钻井液废物环保处理技术主要包括钻井液池就地固化（或无害化）、钻井废水处理、钻井废液废水一体化处理、生物处理技术和钻井废物不落地无害化处理等，技术总体趋于

多功能集合。水基钻井废物现有处理技术存在的不足如下：

（1）钻井液污染物质多，不易生物降解，国内传统水基钻井液含有浓度较高且不易生物降解的高分子聚合物、石油环烷烃等物质，在一定程度上对环境造成了影响；

（2）钻井废物产生量大，污染浓度大，处理难度大，现场通常采用挖钻井液坑的做法处理，存在潜在的环境风险，正逐渐被禁止；

（3）钻井现场的钻屑及废钻井液处理后的泥渣主要采用直接堆放或固化填埋的处理方式，资源化率低，并存在潜在的环境风险。

（4）水基钻井废物处理技术及装置结构各异、差别性较大，未形成技术装置模块化、标准化和橇装化。

另外，各国钻井液服务承包商逐步将井场废物处理与钻井液技术服务相结合，实行钻井液—废物处理一体化综合技术服务，从而形成技术壁垒，将未掌握废物处理技术的钻井液服务公司排挤在市场之外。国外公司为保持在钻井液—废物处理一体化综合技术服务市场的垄断地位，对处理工艺和设备均采取保密措施，在废物处理方面只提供分包服务或租赁，不出售设备。

因而，通过环境友好型钻井液技术、钻井废物处理及资源化技术的研究，形成"绿色"钻井与废物再生资源化利用新技术与工艺，有利于大幅减少钻井现场废水的产生量，提高钻井作业清洁生产水平，实现钻井作业减量化、资源化、清洁化总体目标，提升中国石油和中国钻井废物资源化利用技术水平和国际市场竞争力。

二、环保型钻井液与钻井废物随钻不落地处理技术成果

1. 技术研究过程

在国家科技重大专项、中国石油示范工程等科技项目支持下，技术研究从油气勘探开发钻井作业产生的水基钻井废物的环境污染问题分析入手，采用多学科知识，研究水基钻井废物污染治理与利用存在的主要难题，发明了系列处理新材料，在钻井液污染源头控制、污染过程控制、污染末端治理的不同阶段，分别建立钻井液污染治理与综合利用新技术系列，形成了水基钻井废物再生资源化利用工艺方法，开发了钻井废物处理与资源化利用成套装备，实现了"绿色"钻井、污染物随钻处理回用、废物再生与资源化的目标。

（1）"绿色"钻井与钻井清洁生产配套技术研究。

①对国内油田24种常用水基钻井液添加剂进行了红外光谱分析，结合添加剂的化学需氧量（COD）、5日生化需氧量（BOD_5）、半数效应浓度（EC_{50}）等环保指标的检测结果，分析了钻井液添加剂分子结构与环境影响的相关性，为钻井废物环境污染的源头控制、环保型钻井液添加剂与体系的研制等提供技术依据。

②筛选出毒性相对较低、生物降解性较高的钻井液材料，同时，在钻井液配方中不添加或少添加Cl^-，形成4套适用于油井与气井的无土相强抑制水平井环保体系钻井液，钻井液体系无毒，具有生物可降解性。

③形成了石油行业标准《陆上石油天然气开采水基钻井废弃物处理处置及资源化利用技术规范》（征求意见稿）、Q/SY 02011—2016《钻井废物处理技术规范》、Q/SYCQZ 703—2013《钻井工程用水和废水控制指标》等标准和技术规范9项。

（2）水基钻井废物过程减量及深度处理技术研究。

①形成了一套抗高温聚磺水基钻井液废物处理工艺，工艺由废物不落地接收系统、脱液减量固液分离系统、废弃固相固化系统和污水深度处理系统等组成，实现了工艺和设备的有效整合和集成，废物最终排放体积可减少50%以上。

②钻井废物的不落地随钻过程减量化处理技术。通过钻屑和废弃钻井液的接收系统和储存设备，可实现废物的不落地处理，替代了落后的钻井液废物向钻井液坑直接排放的处理方式，有效隔离了钻井液废物与自然环境的接触，实现了钻井现场废物的"零"排放，满足了钻井的"清洁化"生产需要。

③形成了一套废弃钻井液破胶压滤工艺流程，不引入3价金属离子对废钻井液进行混凝破胶，进一步减少了固体废物最终产生处理量。控制常用污水处理剂Fe^{2+}、Fe^{3+}、Al^{3+}、Ca^{2+}的投加量，处理后污水能回用配制钻井液，最大限度增加污水回用率，减少了废水产生量和处理难度并降低了成本。

（3）水基钻井废物再生回用与资源化技术研究。

①研究揭示了电化学吸附法再生水基废弃钻井液的作用机理，并采用响应面法分析确定了电吸附效果的主要影响因素为电吸附时间、电极板间距、吸附质浓度和盐浓度。在不加药的情况下，通过吸附去除水基钻井液中的劣质固相，实现了水基废弃钻井液再生，并确定了较佳的电吸附条件[1]。

②开发了1套水基废弃钻井液电化学吸附动态实验装置。装置由输送单元、电吸附单元、刮泥单元和控制系统等组成，具备开展水基钻井液再生工艺动态模拟和工艺优化实验功能，可适应多种水基钻井液体系的电化学处理实验需求。

③揭示了高色度聚磺钻井废物的脱色及无害化作用机理，针对不同岩性、不同钻井液体系的钻屑，开发了AHY-1—AHY-3系列处理剂，处理后钻屑可制备成基土、免烧砖、免烧砌块等资源化产品[2]。

④揭示了废弃钻井液胶体稳定性破坏机理，研制了基于多分散吸附模型的微细沙粒强絮凝废弃钻井液固液分离用快絮剂G320、固液分离剂G321、混凝剂G323等新材料，形成了"固液分离、液相回用、固相资源化"新技术。

⑤形成了钻屑资源化工艺，工艺以钻屑为主要原料，经烘干、粉碎后与处理药剂按一定比较进行混合，搅拌均匀后，制备成免烧砖或压裂支撑剂产品。

⑥形成了1套聚磺钻井废物无害化处理及资源化利用工艺方法，该工艺包括不落地收集系统、液相再生处理系统、固相无害化处理系统及固相资源化系统，可实现聚磺钻井废物不落地随钻处理、废钻井液现场再生回用及钻屑随钻资源化。

（4）水基钻井废物处理集成化装备研究。

①开发了1套具备快速在线处理能力的抗高温水基钻井液固液分离装备。处理废钻井液能力为400m^3/d。分离出的固相含水率低于30%，分离出的液体达到回注标准，出液pH值为6.0~7.5，可溶性硫化氢含量小于2mg/L，含油量小于10mg/L，悬浮物含量小于70mg/L，浊度小于90NTU。

②开发了1套聚磺钻井废物再生回用与资源化成套装备。处理废钻井液和钻屑的能力均为20m^3/h。再生的水基钻井液性能（固相含量、黏度和滤失量等）与钻井循环系统最后一级固控设备出口的钻井液性能相当：固相含量不大于10%，漏斗黏度不大于50s；滤失

量不大于5mL，达到钻井队钻井液使用性能要求；制备的铺路基土达到JTG D40—2002《公路水泥混凝土路面设计规范》，含水率不大于20%，浸出液达到GB 8978—1996《国家污水综合排放标准》一级要求（pH值为6~9、色度不大于50倍、COD不大于100mg/L、石油类含量不大于5mg/L）。制备的免烧砌块抗压强度不小于10MPa（28d），浸出液达到GB 8978—1996《国家污水综合排放标准》一级要求（pH值为6~9、色度不大于50倍、COD不大于100mg/L、石油类含量不大于5mg/L）。

③开发了1套适合复合盐钻井液"不落地"处理装备。处理废弃钻井液能力为12m³/h，处理钻屑能力为25m³/h。采用了研制的长框式振动筛和大排量高速离心机等关键设备，固相清除能力较三联式两级振动筛提高5~7倍，钻井液处理速度由原来的40m³/h提高到80m³/h；现场钻井液平均回收利用率在60%以上，废物减排50%以上。

④开发了1套钻井固控与环保处理一体化装备。处理废钻井液能力为15m³/h，处理钻屑能力为20m³/h。处理后的液相回用率在90%以上，一体化设计后整套系统运输单元从10个减少至6个，钻井液净化流程级数从4级减少至2级或3级。

2. 技术内涵

（1）提出了钻井环境污染"井场闭环"全过程控制与清洁生产新理念，并完成工程应用，实现了"源头绿色化、过程减量化、末端资源化"的钻井生产新模式。图10-1显示了水基钻井废物随钻不落地处理工艺流程。

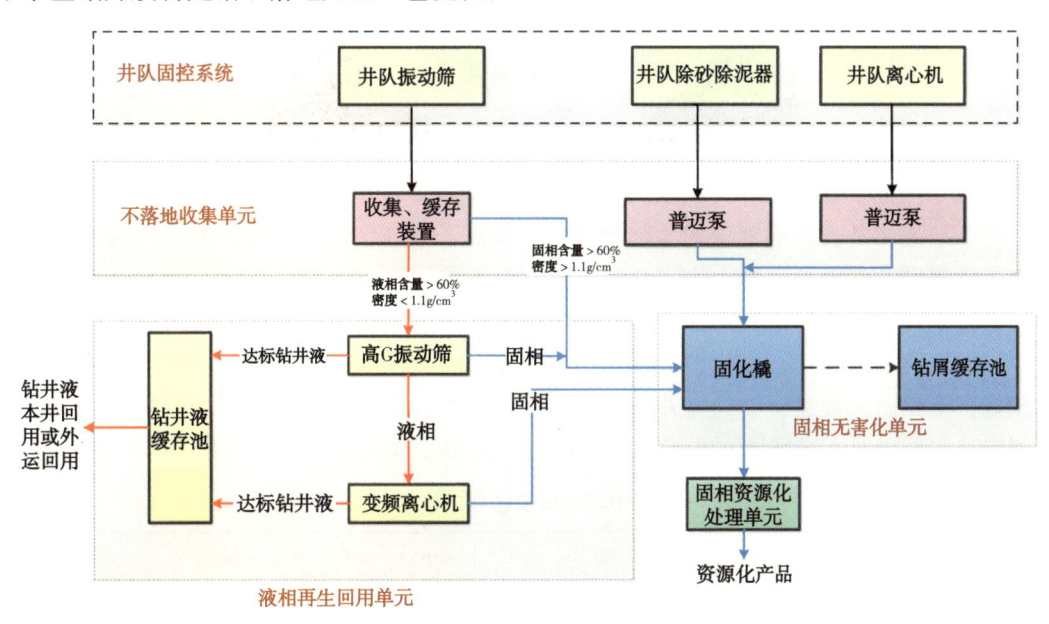

图10-1 水基钻井废物随钻不落地处理工艺流程

①针对钻井废物产生的关键节点，提出了全过程控制新理念。

②形成了钻井井场清污分流技术、环境友好型钻井液体系、钻井过程废物减量技术及钻井废物高效处理技术四大技术系列。

（2）揭示了钻井液处理剂官能团与毒性、生物降解性的规律，突破了环保型添加剂分子设计技术。

系统研究了分子结构与生物降解性、急性生物毒性的相关性，提出了含羧基、羟基多官能团的环保型钻井液新材料分子结构特征，并在分子结构特征研究的基础上，发明了环保型增黏剂[3]（图10-2）。表10-1中列出了分子官能团对环保指标的影响规律。

表10-1 分子官能团对环保指标的影响规律

环保指标	有利的结构特征	不利的结构特征
BOD_5/COD_{cr}	分支少；羟基、羧基取代，取代度大，链结构柔软，含酯键	分支多；直链烃被磺酸基、氨基、硝基、卤代物取代，取代度大
急性生物毒性（EC_{50}）	直链烃、羧酸、酸取代，取代度大；芳环氢、环氢被卤素、羧基或乙酰基取代，取代度大；酚上羟基多	直链烃被卤素、氨基取代，取代度大；芳环氢被氨基、硝基取代

图10-2 环保型增黏剂

（3）研发了适合不同地层的4套无毒、低氯离子浓度、无土相的环保钻井液，较好地解决了常规钻井液毒性高及生物降解性差的技术难题。

研发了4套既满足油气层保护、钻井工程，又能满足环保要求的钻井液体系（不添加或少添加氯离子）。现场应用结果表明，该体系解决了钻井液材料不易降解等问题，携砂效果较好，下钻时井底无沉砂，完井钻井液各项环保指标合格。在钻井效率、井下安全性和电测成功率等方面也均满足钻井工程设计要求。表10-2中列出了环保钻井液体系相关信息。

表10-2 环保钻井液体系

钻井液体系	EC_{50}，mg/L	BOD_5，mg/L	COD_{cr}，mg/L	BOD_5/COD_{cr}，%	评价结论
无氯有机盐钻井液	46800	610	3280	18.6	无毒、可降解
硫酸钾钻井液	37500	583	3713	15.7	无毒、可降解
油井环境友好型钻井液	35210	665	2890	23.1	无毒、可降解
气井环境友好型钻井液	33400	762	3175	24.0	无毒、可降解
SY/T 6787—2010《水溶性油田化学剂环境保护技术要求》		$EC_{50} > 20000mg/L$，无毒 $BOD_5/COD_{cr} \geq 10\%$，可降解			

（4）发明了微小劣质固相电吸附选择性去除方法和丙烯基共聚物破胶剂，开发了水基钻井废物回用技术。

①发明了微小劣质固相电吸附选择性去除方法。微小劣质固相电化学吸附装置（图10-3）由输送单元、电吸附单元、刮泥单元和控制系统等组成，可不加药实现废钻井液再生。钻井液中粒径在 2~10μm 的劣质固相 90% 以上被电吸附去除。钻井液回收利用率从 50% 提高至 90% 以上。

②发明了丙烯基共聚物破胶剂。不引入 3 价金属离子对废钻井液进行混凝破胶，进一步减少了固体废物最终产生处理量。污水回用率提高至 80% 以上。解决了废弃钻井液微小劣质固相去除难、常规破胶剂易影响钻井液流变性的技术瓶颈。

图 10-3 微小劣质固相电化学吸附装置

（5）发明了脱色剂、固液分离剂和固化剂等 3 种水基钻井废物无害化处理剂，开发了水基钻井废物"高效物理分离—液相再生—固相资源化"一体化随钻处理技术。

①发明了聚磺钻井废液脱色剂（图 10-4）和聚磺钻屑固化剂，开发了 1 套"高效物理分离—液相再生—固相资源化"一体化随钻处理技术。聚磺钻井液再生率在 90% 以上，聚磺钻屑和高性能水基钻屑可制备基土、免烧砖、免烧陶粒、免烧砌块等资源化产品（图 10-5），钻屑在制备免烧砌块中加量占比 50% 以上。

钻屑无害化处理后制成免烧砖、免烧砌块、免烧陶粒和路基土等资源化产品，经国家专业机构对聚磺资源化产品进行检测，聚磺钻屑资源化产品环保指标（浸出液 pH 值、色度、COD、石油类含量）和建材指标（抗压强度和放射性）均达到国家相关标准要求。同时，钻屑资源化产品全部用于新井场修建方井、护坡、通井路等钻前工程（图 10-6），应用效果良好。技术解决了磺化物脱色、重金属螯合、污染物浸出控制的技术难题，钻井废物资源化率从 40% 提高到 100%。

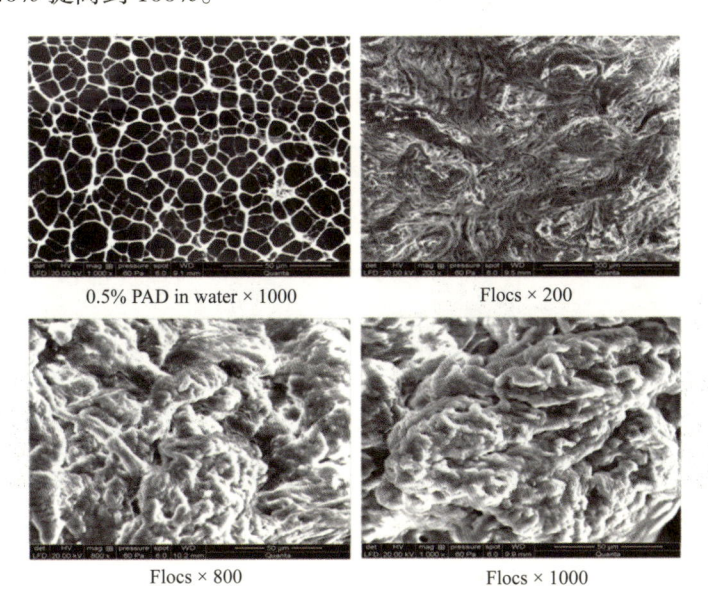

0.5% PAD in water × 1000　　Flocs × 200

Flocs × 800　　Flocs × 1000

图 10-4　脱色剂 PAD 及加入后絮体的微观结构

图 10-5　钻屑无害化处理后制备的资源化产品

图 10-6　钻屑资源化产品用于新井场钻前工程

②发明了废弃钻井液固液分离处理剂，开发了 1 套废弃钻井液"固液分离、液相回用、固相资源化"技术。研制了快絮剂 G320、固液分离剂 G321 和混凝剂 G323 等新材料，能将废弃钻井液快速破胶、脱稳；废弃钻井液破胶时间小于 3min，分离出的液相全部回用于配制现场钻井液（图 10-7），分离出的固相含水率小于 40%。固液分离后的上部清液可直接用于配制钻井液，配制后的钻井液性能稳定，配伍性良好，满足安全快速钻井要求。

图 10-7　聚合物钻井液加入处理剂前后效果

（6）开发了集成化和橇装化的钻井液废物处理装备（图 10-8 至图 10-11），实现了水基钻井废物在线处理。

图 10-8　具备快速在线处理能力的抗高温水基钻井液固液分离装备

图 10-9　聚磺钻井废物再生回用与资源化成套装备

图 10-10　复合盐钻井液"不落地"处理装备

图 10-11　浅海聚合物钻井液废物钻井固控与环保处理一体化装备

3. 技术创新及先进性分析

以源头控制、清洁化生产为根本,以废物减量化及资源化为目标,集"技术研究、装备设计制造、工程应用"于一体,技术整体达到国际先进水平,在环保钻井液、微小固相电吸附选择性去除方法和破胶剂等方面达到国际领先水平。

（1）首次提出了环保型钻井液添加剂分子结构特征，发明了1种环保型钻井液添加剂，研发了适合不同地层的4套无毒、低氯离子浓度、无土相的环保钻井液，生物毒性 EC_{50} 不小于30000mg/L，生物降解性 BOD_5/COD_{Cr} 不小于0.15，较好地解决了常规钻井液毒性高及生物降解性差的技术难题，处于国际领先水平。

（2）发明了微小劣质固相电吸附选择性去除方法和丙烯基共聚物破胶剂，开发了水基钻井液废物回用及废水重复利用技术，钻井液回收利用率从50%提高至90%以上。不引入3价金属离子对废钻井液进行混凝破胶，处理后污水能回用配置钻井液，污水回用率提高至80%以上，处于国际领先水平。

（3）发明了脱色剂、固液分离剂和固化剂等3种水基钻井废物无害化处理剂，开发了水基钻井废物"高效物理分离—液相再生—固相资源化"一体化随钻处理技术，固液分离絮凝时间缩短70%、分离率高于国外先进技术20%，钻屑资源化率由40%提高至100%，处于国际先进水平。

（4）集成创新了振动分离、水力旋流分离和电吸附固液分离技术，研发了具备快速在线处理能力的抗高温水基钻井液固液分离装备、聚磺钻井废物再生回用与资源化成套装备等4套橇装化钻井废物处理与资源化装备，废钻井液回用率和减排钻井废物均在90%以上，成本为国外同类装置的15%，处于国际先进水平。

4. 技术应用实例

技术成果推广应用程度高，先后在厄瓜多尔、乍得、伊朗、阿尔及利亚等国外地区和西南油气田、长庆油田、浙江油田、华北油田、冀东油田等国内油田应用，取得了显著的经济效益和社会效益，并有着十分巨大的潜力和很好的市场应用前景，为油田企业钻井清洁生产和水基钻井废物处理提供了有力技术支撑。

（1）厄瓜多尔水基钻井废物随钻不落地处理。

技术在厄瓜多尔安第斯石油公司进行应用，废弃钻井液处理能力可达到180m³/d，处理后的水可满足甲方的回注水标准，处理后的岩屑可满足厄瓜多尔国家当地法定排放标准，可直接向环境中排放。在施工过程中，通过不断进行技术创新和改进，逐步形成了一套适应厄瓜多尔乃至南美地区的水基钻井液废物处理技术，打破了国外公司对该技术的垄断局面。累计为安第斯石油公司甲方废物处理服务34口井次，共实现固液分离77013m³，处理岩屑56613m³，废物处理服务共实现产值人民币4290万元。该技术不仅实现了水基钻井液废物不落地随钻处理，还使废物体积减少41%（约为3128m³），有效降低了废物与环境的接触面积。

（2）西南油气田龙王庙聚磺钻井废物不落地随钻处理磨溪某1井工程。

工程于2015年8月15日开钻，至2016年4月19日，累计处理聚磺钻屑1882m³，制成铺路基土1251m³、免烧砖10750块、免烧陶粒42m³、免烧砌块43000块。废钻井液处理后再生回用494m³，回用率为100%。在磨溪022-X1井钻前工程中使用砌块41230块，铺路基土640m³。

磨溪示范工程采用随钻处理设计和工艺，不修建废水池，不开挖废水池和固化填埋池，节约用地近1333m²，井场整洁，赢得了各方认可，钻井废物处理理念和思路得到了转变，起到了示范引领作用。

经国土资源部成都矿产资源监督检测中心、遂宁市环境监测站及遂宁市安居区环境监测站检测，聚磺钻屑资源化产品（免烧陶粒、免烧砖、仿条石和铺路基土）浸出液的COD（10~52.2mg/L）、石油类含量（0.01~0.07mg/L）和色度（8倍）等指标均达到GB 8978—1996《污水综合排放标准》一级标准和Q/SY XN0276—2015《钻井废弃物无害化处理技术规范》要求。经四川省建材产品质量监督检验中心检测，仿条石抗压强度达到16MPa，可满足建筑6层楼地基石承压要求；免烧砖抗压强度大于10MPa，强度优于市售黏土红砖，均无放射性。产品大量用于磨溪022-XI井钻前工程，根据性能、尺寸分别作为井场路面、排水沟、填埋池内墙、挡土墙、非承重基础等的施工材料。图10-12和图10-13显示了钻屑资源化产品的利用情况。

工程实施后，产生了显著的经济效益。减少了2200m³废水池和填埋池用地面积，节约了土地占用费及后续复耕费、废水池和填埋池修建工程费、废钻井液再生回用节约钻井液材料使用费、资源化产品替代钻前工程材料费等费用。

同时，示范工程还受到各单位广泛关注。工程资源化产品在井场周边使用，村民和属地政府反映良好。勘探与生产分公司、四川省环境工程技术评估中心、中国石油环保考核组、西南油气田、浙江油田、长庆油田等单位先后到示范工程现场考察调研。科技日报和中华联合环保联合会分别对示范工程的成果进行了专题报道，认为示范工程应用新环保技术，实现了钻井废物"零"排放和废钻井液变资源，产生了积极的社会影响，重塑了中国石油的良好形象。

图10-12　钻屑资源化产品用于修建通井路

图10-13　钻屑资源化产品用于修建井场护坡及护面墙

三、水基钻井固体废物微生物处理技术成果

1. 技术内涵

通过向现场钻井固体废物中直接加入预先驯化培养的固体降解菌株后与 2 倍土壤充分混匀，其上种植常见观赏植物或薪柴植物，建立土壤—微生物—植物联合处理体系。微生物具有极强的代谢多样性特征，参与自然界物质循环和能量代谢，降解废物潜力大，具有分解快、成本低、降解彻底等优势，能够实现废物资源化利用。土壤中含有矿物质、有机质和微生物等，能够促进土壤微生物的活动；土壤空气能改善土壤通气状况，有利于好氧菌的作用，促进作物生长发育。因此，微生物与土壤两者具有协同促进作用，两者联合有利于提高降解污染物的能力，将钻井固体废物中的复杂有机物一部分转化成腐殖质组分，一部分降解为简单的无机物，甚至降解为 CO_2 和 H_2O，从而使污染物得到去除，达到无害化处置、资源化利用为可栽性土壤的目的。

（1）从不同钻井场周边环境采集农田土壤、林地腐殖质层土壤，以及钻井场附近农户农家肥堆肥作为驯化用样品，在实验室对降解菌株进行驯化和分离纯化。

（2）对分离纯化后的菌株进行性质研究，研究其在不同 pH 值、温度参数下，对不同浓度 NaCl 的耐受程度，以及对碳源、氮源和废弃钻井液的利用情况。

（3）采集多个井场不同钻井液体系的钻井废物，对筛选出的优良菌株进行不同钻井废物的降解效果研究，并进行废物—微生物—植物室内盆栽试验。

（4）现场应用时，将钻井固体废物、试验得出的优势菌株和一定体积的土壤充分混合，再在混合后的土壤上种植柴薪植物或观赏植物，无需对处理池做十分严密的防渗处理，也无需对钻井固体废物渣泥进行化学絮凝、曝气充氧、pH 值调节等预处理，不添加任何化学试剂。土壤—微生物—植物联合处理体系会通过微生物和植物的自然生长，对钻井废物中的有害物质进行降解。

2. 技术研究过程

2008 年开始立项开展"钻井废弃泥浆微生物处理技术研究"，在室内取得相关研究成果后，于 2009 年先后 3 次在莲花某井建立 9 个处理池进行不同处理对象和处理工艺中试应用试验，试验效果良好。项目于 2010 年 4 月 16 日通过了西南油气田组织的验收，得到较高评价认可。2010 年继续开展"钻井作业固体废弃物生物处理技术推广应用试验研究"，并于 2011 年 8 月至 2013 年 4 月，先后在丹浅某井、莲花某井、岳某井和平落某井 4 口井进行技术推广应用，项目验收后技术又推广应用于坝、寺井、包井，天东井和天东某 2 井，并在磨某井和南充某井的钻井固体废物随钻处理中进行了试验应用，取得一定的经济社会和环境效益。应用 3 个月以上井的追踪监测结果表明：经 3 个月生物降解处理后，钻井作业废物中的 COD、石油类的降解率可达 90% 以上，处理形成的渣泥土壤混合物的浸出液中的 COD、石油类等指标可达到 GB 8978—1996《污水综合排放标准》一级指标要求；处理混合物所测有害重金属基本不增加，可达到和优于 GB 15618—1995《土壤环境质量标准》（旱地）三级标准，基本恢复到所用土壤本底值水平；所栽食用植物符合国家 GB 2762—2012《食品安全国家标准食品中污染物限量》蔬菜及制品类标准限值要求；对部分井进行土壤监测，主要土壤肥力指标 3 个月后增加 20% 以上，检测处理混合物即形成的土壤无腐蚀性、无急性毒性、浸出毒性没有超过标准限值、不具有易燃性、不具有反应性。

2015年1月21日，四川省环境保护厅委托四川省环境科学学会组织四川省环境科学研究院、西南交通大学、成都理工大学、四川农业大学和西南石油大学等单位的专家对中国石油安全环保技术研究院完成的"钻井废弃物生物处理技术应用试验研究"项目进行了技术鉴定，认为采用技术处理油气钻井作业产生的固体废物时，不需要添加任何化学添加剂，提供了一种新的处理方式，拓展了钻井废物的处理途径，实现了钻井固体废物无害化、资源化、再利用的处理目的；该技术扩展了钻井固体废物的处理途径，具有较好的处理效果，在石油天然气钻井产生的固体废物处理中具有创新性和推广应用前景。

（1）室内研究。

采集多个钻井现场的废弃钻井液、钻井渣泥、钻屑作为供试材料开展室内研究，开展降解菌的驯化及分离纯化、降解菌形态特征观察、优势降解菌株筛选、优势菌株特性研究、菌株利用废弃钻井液的能力、优良菌株降解废物效果研究及不同废物微生物处理室内盆栽试验等室内研究工作。同时，为了进一步明确菌株的实际处理效果，对优良菌株在室内进行了处理不同废弃污染物（渣泥、废弃钻井液）的盆栽试验，对废弃污染物不做任何调节，直接接种降解菌后栽种植株。

植株能在添加了降解菌株的污染物中生长，且长势良好，表明接种的降解菌较好地分解了废弃钻井液，改善了植物生长环境。而植物生长的根系分泌物又为降解菌提供了能量和碳源，二者协调生长，促进了对污染物的降解。

经过8个月的处理，钻井液—土壤混合体系浸出液的色度去除率高达70.7%，COD的去除率高达87.5%，降解效果十分明显。图10-14显示了钻井液—土壤混合体系浸出液色度变化。

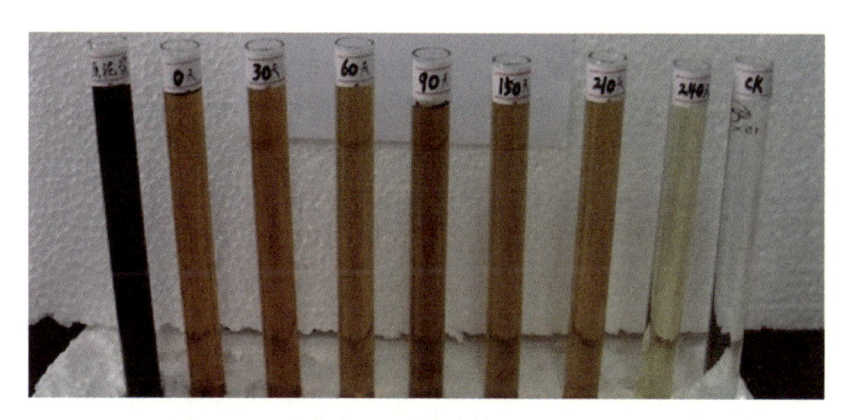

图10-14 钻井液—土壤混合体系浸出液色度变化

（2）中试处理应用试验。

先后于2009年3月22日、6月22日和9月27日3次在西南油气田的莲花某1井和莲花某2井（属同一井场）进行野外现场中试应用试验，主要考察不同处理对象（废弃渣泥、钻井液）、不同处理工艺等对处理效果的影响，第一次处理是钻井液渣泥与土混合均匀后再加菌种，第二次处理和第三次处理是钻井液渣泥与菌种混合均匀后再加土。定期（间隔约为2个月）采集各实验池的处理混合样品进行分析。

由中试结果可得，混合处理后（处理前）各混合样的pH值、Cl^-、SO_4^{2-}、石油类和COD值均高于土壤本底值；除pH值不随处理时间变化、保持基本稳定外，无论是土壤与渣泥的处理混合物，还是土壤与钻井液的处理混合物，其中的 Cl⁻、SO_4^{2-}、石油类、COD 都随处理时间增长而较大幅度降低。虽然处理的渣泥石油类、COD 分别高达 146mg/L 和 3050mg/L，但仅经 3 个多月的处理，已经取得了较明显的降解效果。对于土壤与渣泥的处理混合物，石油类、COD 分别只有 0.59mg/L 和 39.3mg/L，已降至接近所用土壤同期本底值，说明利用生物对钻井渣泥进行处理对这些指标的去除十分有效；而 Cl⁻ 从 2068mg/kg 降至 10.9mg/kg，SO_4^{2-} 从 1315mg/kg 降至 127mg/kg。对于土壤与钻井液的处理混合物，虽然处理钻井液的石油类、COD 分别为 1510mg/L 和 105000mg/L，但经 3 个多月的处理后，石油类、COD 也有大幅度降低，与所用土壤同期本底值相当；而 Cl⁻ 从处理前的 3355mg/kg 降至 9.67mg/kg；SO_4^{2-} 从 1509mg/kg 降至 79.2mg/kg。不论是土壤与渣泥的处理混合物，还是土壤与钻井液的处理混合物，经 3 个多月的处理，所测各项指标已基本接近所用土壤本底值，充分说明利用生物对钻井液和渣泥进行处理对这些指标的降低十分有效。

同时，在试验应用中，从表观和监测结果来看，第二次试验和第三次试验（将钻井液渣泥与菌种充分混合后再加土）比第一次试验（先加土再与菌种混合均匀）处理效果更好，主要是因为先将菌种与钻井液渣泥混合更容易使菌种与钻井液渣泥混合均匀，接触效果更好，进而处理效果更好。

3. 技术创新及先进性分析

水基钻井固体废物微生物处理技术发明了石油天然气勘探水基钻井固体废物处理方法。该工艺使用生物菌种作为处理剂，联合处理体系的石油类、COD 降解率可达 90% 以上，pH 值稳定，Pb、Cd、Cu、As、Cr^{6+}、Hg 等重金属含量达到 GB 15618—1995《土壤环境质量标准》（旱地）三级标准。

（1）研发了处理钻井作业固体废物时不需要添加任何其他化学处理添加剂技术，符合国家节能减排的环保节能政策。处理时只用生物降解菌种，不需使用其他化学添加剂，克服了现行钻井固体废物固化处理时大量固化添加剂 [以水泥为主（加量 30% 左右）] 的使用，既节约了资源能源，又减少了固体废物排放及处置物占用地[4]。

（2）创新了将废弃钻井液、渣泥中的有机物转变成土壤腐殖质组分的技术，实现了变"废"为"宝"，实现了井场污水池占用土地的生态修复和再利用，将油气勘探钻井废弃钻井液、渣泥等固体废物变成可栽性土壤，土壤达到 GB 15618—1995《土壤环境质量标准》（旱地）三级及以上标准，可栽种一般植物。同时还可避免原固化处理形成的固体废物固化块占用土地，有利于占用土地的生态修复和再利用，技术思路独特[5]。

（3）开发了钻井作业废物的微生物—土壤—植物联合修复新工艺，拓展了油气钻井固体废物资源化处置利用的途径[6]。

4. 技术应用实例

2010 年开始，水基钻井固体废物微生物处理技术在丹浅某井、莲花某井、岳某井、平落某井、坝某井和寺某井等 20 余口井应用。钻井固体废物经生物处理 3 个月后，处理体系的石油类、COD 降解效果显著，降解率可达 90% 以上，接近对照土样本底值浓度；pH 值基本保持稳定；Pb、Cd、Cu、As、Cr^{6+} 和 Hg 等重金属含量达到 GB 15618—1995《土壤环境质量标准》（旱地）三级标准。

（1）技术在丹浅某井的应用情况。

丹浅某井位于重庆市璧山县大兴镇，是西南油气田低效事业部所属的开发重式井组（丹浅某1井、丹浅某2井、丹浅某3井3口井的重式井组），完钻井深2060m，井场需要处理的主要钻井固体废物为1218m³。

①现场概况。

丹浅某井污水池由4个小池组成，池深3.5m，无钻屑池，钻井钻屑主要进入1#污水池。

②现场处理方案设置。

根据丹浅某井污泥情况，结合菌种能力，按照表10-3中所列设置方案处理。

表10-3　丹浅001-8井处理方案及配方

设置池	处理池设置类型				混合物含水量
	处理1	处理2	处理3	处理4	
设置池	1#污水池	2#污水池	3#污水池	4#污水池	
试验设置	土壤∶固体废物∶菌种				调节混合物含水量为25%
具体设置情况	上部：5~15cm 土 下部： 土壤∶固体废物=2∶1 （菌种加量0.5%）	上部：5~15cm 土 中部： 土壤∶固体废物=（1~2）∶1 （菌种加量0.5%） 下部：固化	上部：5~15cm 土 下部： 土壤∶固体废物=（1~2）∶1 （菌种加量0.5%）	上部：5~15cm 土 下部： 土壤∶固体废物=（1~2）∶1 （菌种加量0.5%）	

③现场钻井作业废物生物处理具体处理施工。

按设置处置方案、现场池容与现场处理设置情况，综合调节各池的钻井固体废物量，使之保持在池容的1/3~2/3。充分搅拌均匀，静置，若含水量较高，再加入破胶脱稳剂进行脱水，产生的废水进行转运处理。

在固体废物中加入0.5%左右的生物菌种，充分搅拌均匀（反复混合8~10次），分别加入一定倍数的土壤，至充分混合均匀（搅拌时间一般不少于1h），调节其含水量为25%左右（如施工期雨水较多，为确保处理效果，处理完毕10d内对施工现场用遮雨布进行预防雨淋处理）。

最后一次搅拌完成后，按设置方案在表层覆盖厚度为5~15cm的新鲜土壤，在其上撒播黑麦草和三叶草种子。

处理完毕后，在处理面上栽植银合欢、紫云英、桤木树等在四川油气田（或井场附近）广泛生长的植物。

（2）技术在莲花某井的应用情况。

莲花某井位于四川省雅安市碧峰峡镇，属莲花山构造，完钻井深4444m。

①现场概况。

莲花某井有5个污水池，2个钻屑池，井场需要处理钻井固体废物共计1336m³（其中，废水池固体废物1136m³，钻屑池固体废物200m³）。

②现场处理方案设置。

根据工程设计指标，设置处理方案见表10-4。

表10-4 废弃渣泥处理方案（污水池）

设置	处理池设置类型					混合物含水量
	处理1	处理2	处理3	处理4	处理5	
	1#污水池	2#污水池	3#污水池	4#污水池	5#污水池	
试验设置	土壤：固体废物：菌种					调节混合物含水量为25%
	上部：30cm土 下部： 土壤：固体废物 =2：1 （菌种加量0.5%）	上部：10cm土 中部： 土壤：固体废物 =（1~2）：1 （菌种加量0.5%）	上部：10cm土 下部： 土壤：固体废物 =（1~2）：1 （菌种加量0.5%）	上部：10cm土 下部： 土壤：固体废物 =1：1 （菌种加量0.5%）	上部：10cm土 下部： 土壤：固体废物 =1：1 （菌种加量0.5%）	
备注	旁边预埋穿孔管汇					

③现场具体处理施工方案。

在施工前，转移3#污水池和4#污水池的固体废物至其他处理池，转移后，3#污水池底部铺设厚度约为40cm的碎石，4#污水池底部铺设一层厚度约为40cm的泥土，同时设置了通气管线作为处理对照。

按设置处置方案、现场池容与现场处理设置情况，综合调节各池的钻井固体废物量，使之保持在池容的1/3~2/3。充分搅拌均匀，静置，若含水量较高，再加入破胶脱稳剂进行脱水，产生的废水进行转运处理。

在固体废物中加入0.5%左右的生物菌种，充分搅拌均匀（反复混合8~10次），分别加入一定倍数的土壤，至充分混合均匀（搅拌时间一般不少于1h），调节其含水量为25%左右。

待最后一次搅拌完成后，按设置方案在表层覆盖厚度为5~15cm的新鲜土壤，在其上撒播黑麦草和三叶草种子。

处理完毕后，在处理面上栽植银合欢、紫云英、桤木树等在四川油气田（或井场附近）广泛生长的植物。

第二节　油基钻井废物热解析处理技术

一、油基钻井废物处理技术需求分析

随着页岩气等非常规油气资源的开发，油基钻井液的使用规模逐渐增加。油基钻井液以柴油或工业白油作为连续相，添加乳化剂、润湿剂、降滤失剂等药剂，具有良好的流变性能、滤失控制性能和润滑性[7]。

在钻井过程中，固控循环系统会产生大量油基钻屑，矿物油含量可达20%。钻井作业结束或多次循环后的废油基钻井液中，矿物油含量高达40%。在油基钻屑、废钻井液中，高含量的矿物油，乳化剂等药剂的作用导致废油基钻井液性质稳定，处理困难，因此油基钻屑被列入《国家危险废物名录》。同时，如此高的含油率具有极大的资源回收价值，直接委托外部单位处理会造成资源浪费。因此，开发对废油基钻井液和钻井废物的处理技术成为各大油田的迫切需求。

国内外油基钻井废物（钻屑、废钻井液）的处理方法主要有填埋法、固化法、固液分离法[8]、萃取法和热处理法[9]等。填埋法、固化法主要处理分离后的残渣，同样依赖固液分离法、萃取法和热处理法。热处理法作为一种处理含油固体废物的高效手段，是油基钻井废物处理的首选工艺之一。中国石油勘探与生产分公司于2014年设立了"钻井废弃物、作业废液无害化处理及资源化利用关键技术研究"科研专项和示范工程，开发了油基钻屑电磁加热脱附处理装置和工艺，对油基钻井废物开展了中试试验，获得了阶段性成果[10]。

二、油基钻井废物热解析处理技术成果

1. 技术内涵

热解析技术也被称为热脱附技术，是指在绝氧加热条件下将岩屑中的大部分液相分离冷凝后回收，从而实现钻屑与油分离的技术。按照加热介质不同，脱附炉加热方式有燃料加热、电加热以及锤磨热解析技术。使用燃料加热的热解析技术可以直接利用燃料（如柴油、天然气和伴生气等）加热，或利用燃料加热蒸汽，再利用蒸汽加热解析设备。使用燃料加热的热解析设备体积一般较为庞大，适合建设集中处理站。电加热的设备相对体积较小。中国石油安全环保技术研究院开发的电磁加热脱附技术是一种利用电磁感应原理对脱附炉供热进热脱附的工艺技术，由脱附主体工艺和冷凝、尾气处理、残渣收集等配套工艺组成，具有热效率高（大于85%）、占地面积小、可橇装化、设备安全可靠等优点，适合作为现场不落地随钻处理技术。

2. 技术研究过程

（1）油基钻屑电磁加热脱附小试试验。

2014年11月18日，为考察电磁随钻技术现场应用情况，为示范工程提供理论和数据支持，完成了15L/h电磁加热脱附小试试验装置设计加工，并在四川昭通区块某平台开展现场试验66d。针对不同样品开展有代表性的试验44组，共取得样品79个（包括6个气体样品），涵盖了主要样品的同温度不同质量、同温度不同时间、同时间不同温度等的试验。共计处理油基钻井废物约2m³，处理后渣土约1.8m³。结果表明，处理后脱附渣含油率低于0.5%；设备稳定性达到要求，各项检测指标符合环保要求。对装置运行稳定性和连续性进行试验验证，连续试验24h，设备运行正常、平稳。

图10-15为15L/h电磁加热脱附小试装置流程示意图。

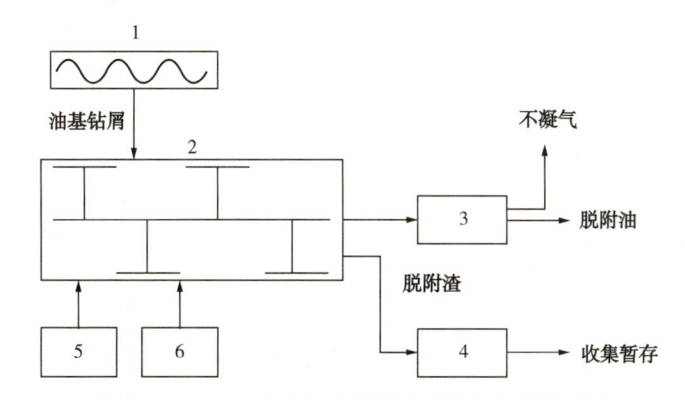

图10-15　15L/h电磁加热脱附小试装置流程示意图
1—螺旋输送器；2—热脱附炉；3—馏分冷凝系统；4—脱附残渣箱；5—制氮机；6—冷却塔

（2）0.25m³/h 油基钻屑电磁加热脱附工业化现场试验。

为进一步验证电磁加热脱附技术对油基钻屑的处理效果和设备可靠性，进一步保障项目顺利开展，对小试装置进行了改造和放大，形成了 0.25m³/h 工业化试验装置（图 10-16）。

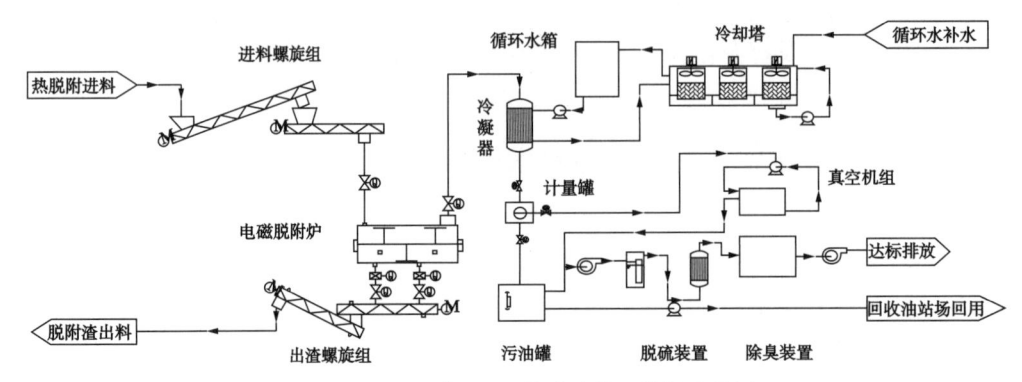

图 10-16　0.25m³/h 工业化试验装置简易流程图

3. 技术创新及先进性分析

集成创新了由脱附主体工艺和冷凝、尾气处理、残渣收集等配套工艺组成的油基钻屑电磁加热脱附技术，处理后脱附渣含油率低于 1%。装置尾气符合 GB 16297—1996《大气污染综合排放标准》二级标准限值，技术总体与国际先进水平相当。该技术的优点是热效率高（大于 85%），占地面积小，可橇装化，设备安全可靠，适合用于现场不落地随钻处理。

电磁加热脱附处理工艺在回收油性能、处理能耗、处理成本等方面与国际先进水平尚有差距。表 10-5 中列出了国内外技术水平对标情况。

表 10-5　国内外技术水平对标情况

	主要经济技术指标	国内（本技术）	国际	技术对标
技术指标	残渣含油率	≤1%	≤1%	基本相当
	处理能力，t/h	3	5	基本相当
	回收油闪点降低，℃	<10	<5	尚有差距
经济指标	处理能耗，kW·h/t	350	230	尚有差距

三、技术应用实例

2015 年 6 月 10 日，在四川昭通页岩气区块某平台开展了 35 天的工业化现场试验。调试 5 天，调试成功后，装置运行工作时间共计 30 天。试验效果表明，装置运行效果稳定，安全可靠，能够将油基钻井废物处理至含油率小于 1%，处理后排放的尾气也达到了环保要求。图 10-17 为电磁加热脱附装置应用现场图。

（1）装置有效性。

电磁加热效果。根据现场运行情况，得出电磁加热脱附装置能够迅速达到设定温度（不大于 10min）。装置控温效果较好，设备温度控制精度在 ±5℃ 以内。内部设计搅拌装置，在 15L/h 小试装置搅拌器的基础上增加了搅拌叶片，提高了反应效率。

图 10-17　电磁加热脱附装置应用现场

辅助设备效果。脱附油冷凝收集采用列管换热器,并设计了自动反冲洗程序,保证设备连续运行期间脱附油的冷凝回收。进料、出料密封性好,保证设备绝氧、微负压运行(-85kPa),确保脱附油的品质。

设备运行稳定性。试验时间自 2015 年 6 月 10 日至 7 月 15 日,设备采取 8h 运行,中间未间断,所有主辅设备运行稳定。

（2）装置安全性。

为防止热脱附装置运转过程中产生火花,引发火灾和爆炸,脱附炉搅拌装置采用铝铜合金,运行过程中不会产生火花。

热脱附设备进出料口设备全部采用氮气保护,并设计了快速充氮气保护程序,确保紧急情况下立即将炉体充满氮气。同时反应釜内设置氧气在线监测仪,确保设备安全。

采用 PLC 自动控制系统,确保设备安全。电机和泵轴运转部位设计采用隔离保护罩,确保安全。电气设备均按设计规范要求选用隔爆电机和仪表电气。设备和电气均安全接地,电气设置漏电保护,确保防止触电伤人现象发生。

（3）装置环保性。

设备尾气净化采用催化净化装置,效率高、无明火、使用寿命长。实验过程中现场无异味,经宜宾市环境监测中心站检测,排放的尾气合格,该装置可确保生产过程中的环境卫生。

热脱附残渣直接由螺旋输送器输送至密闭的渣箱,经过冷却后由螺旋输送器送至资源化处理单元制备资源化产品,全程密闭无扬尘。

（4）装置处理效果。

热脱附残渣含油率分析结果见表 10-6 和表 10-7。

表 10-6　进料指标

序号	名称	类型	含油率,%	含水率,%
1	岩屑	白油基	13.5	1.22
2	甩干渣	白油基	5.95	3.68
3	离心机出料	柴油基	8.76	2.84
4	离心机出料	白油基	13.11	12.83

表10-7　出渣含油率分析

序号	名称	类型	反应温度,℃	含油率,%
1	岩屑	白油基	350	0.22%
2	岩屑	白油基	375	0.28%
3	甩干渣	白油基	375	0.19%
4	离心机出料	柴油基	450	0.39%
5	离心机出料	白油基	350	0.28%

由进出料含油率检测结果可知，所有的出料含油率均小于1%，除柴油基离心机出料外，其他物料经过热脱附处理后的脱附渣含油率均在0.3%以下，达到了设计要求。谱尼测试公司也验证了白油基岩屑、柴油基岩屑的脱附残渣含油率均在0.3%以下，与实验室检测结果相符。

第三节　油田含油污泥处理技术

一、油田含油污泥处理技术需求分析

根据来源，油田含油污泥可分为三类：第一类为油田原油开采和管线泄漏产生的油污土壤，即落地油泥，主要由原油、水分、黏土矿物等物质组成，落地油泥含油率较高，一般在10%~30%。第二类为原油储罐的清罐油泥，主要是原油沉降后残留在罐底的沉淀物，包括石油产品中的泥沙等杂质以及胶质和沥青质较高的老化油泥。第三类为油田联合站采出水处理过程中，隔油罐、沉降罐等罐内浮渣和罐底排泥，以及好氧厌氧池底排放的生化污泥，此类油泥含油率较低，一般在5%~10%，但成分复杂，油呈复杂的乳化状态[11,12]。

含油污泥属于《国家危险废物名录》中标定的HW08类危险废物，按照国家环保要求，含油污泥需进行无害化达标处理。中国从20世纪80年代末开始起步探索含油污泥处理技术，在过去一段历史时期，因环保意识不强和处理技术缺乏，各油田普遍采用直接掩埋法处理油泥，占用大量的土地资源，同时对土壤和地下水造成污染。随着中国经济发展方式的转变，以及中国政府对环境污染问题的高度重视，含油污泥处理的研究工作得以普遍而快速地展开，相继开发了多种处理技术并实现落地应用[13,14]。

对于油田各类含油污泥的处理，应坚持分类存放、分质处理的原则。对于落地油泥和清罐油泥，其含油率较高，乳化较轻，国内普遍采用化学热洗工艺，可回收原油，且处理后的固体剩余物含油率可降到2%以下，按照地方环保要求可用于铺路、垫井场，实现资源化利用。对于采出水处理产生的浮渣和剩余活性污泥，其乳化严重，采用常规化学热洗技术难以达到处理标准要求，可采用超热蒸汽极速干化油泥处理技术进行处理，经处理后的剩余物热值较高，可作为燃料掺入煤中焚烧或制作活性炭等实现资源化利用。

二、强化化学热洗技术

1. 技术内涵

含油污泥经预处理，筛分出大块物料并将油泥充分均质化，然后在加热并加入定量表

面活性剂的条件下，使油从固相表面脱附、聚集，并借助气浮和机械分离作用回收污油，泥沙进脱水装置脱水后实现达标处理。

化学热洗技术处理量大、处理效果好，原油回收率高，适用于处理含油量较高、乳化较轻的落地油泥和罐底泥。化学热洗成功运行的三大关键因素如下：

（1）预处理流程。

预处理的目的是将油泥中的杂质筛分出来，并使油泥充分均质化，否则油泥易造成后续处理设备堵塞，且油泥均质化不够充分会影响后续油泥的分离效果。

（2）化学清洗药剂。

针对落地油泥性质，通过对清洗药剂的筛选、复配，筛选出适合油泥处理的可以循环利用的清洗药剂，从而节省运行成本。已有研究和工程运行经验表明，清洗药剂的温度以60~70℃为宜，对于油田联合站和炼化企业污水处理过程中产生的乳化严重的浮渣和剩余活性污泥，常用清洗药剂很难实现达标处理。

（3）油泥清洗流程。

仅采用搅拌、重力沉降等机械分离方法无法达到落地油泥的处理要求，在油泥分离中引入气浮工艺，在机械搅拌力和药物的共同作用下，油泥中包裹在沙粒或土质颗粒中的油分借助气泡气浮上升，为油和泥的充分分离创造了条件。

2. 技术研究过程

2012—2013年，安全环保技术研究院承担了"中国石油低碳与清洁关键技术及研究"重大专项相关课题"含油污泥资源化利用技术集成研究"，通过大量室内实验和装置研究，针对落地油泥，研发了"滚筒筛+振动筛筛分预处理实现油泥均质化、化学热洗脱除油分并进行净化、脱除油后的泥水离心脱水"处理工艺，初步完成装置图纸设计，并对清洗药剂进行了筛选。

2014年，该技术实现落地应用，在华北油田公司（以下简称华北油田）某厂投资1400万元采用"预处理—强化化学热洗—离心脱水工艺"处理管线泄漏或修井作业产生的落地油泥，处理能力为2.5t/h，年处理量为6000t，形成第一代强化化学热洗处理油泥装置。该工程应用表明，油泥经处理后残渣含油率可达到2%以下，达到处理指标要求。通过工程应用，基本建成了油泥清洗药剂库，可根据油泥性质，通过室内试验初步确定药剂种类和比例，并通过工程应用时及时调整药剂配比以及装置运行参数，从而保障油泥处理效果。

华北油田油泥预处理装置、化学热洗装置以及离心脱水装置如图10-18至图10-20所示。

图10-18 预处理装置　　　　　　　图10-19 化学热洗装置

图 10-20　离心脱水装置

3. 技术创新及先进性分析

开发了高效油泥清洗剂，集成创新了"滚筒筛粗筛＋振动筛细筛"预处理和"预处理—强化化学热洗—离心脱水"处理工艺，实现清洗后残渣含油率不大于 2%。

（1）通过落地应用，化学热洗技术和清洗药剂库日趋完善，处于国内先进水平。油泥清洗药剂获国家发明专利，依据后续研发成果，拟申请新的药剂专利，以保护研究成果。

（2）"十二五"期间，创新提出了"预处理—强化化学热洗—离心脱水"落地油泥处理工艺和"滚筒筛粗筛＋振动筛细筛"的预处理工艺，可满足不同性质的落地油泥处理需求。

4. 技术应用实例

2015 年，采用该热洗工艺技术在吐哈油田某采油厂新建一套含油污泥处理装置，装置处理能力为 5t/h，年处理量为 10000t，并在华北油田油泥处理工程的基础上对工艺流程进行了优化，对处理装置进行了改进和升级，使系统运行更加稳定，并可进一步降低处理成本。

（1）工艺流程介绍。

落地油泥中常含有石子、编织袋、生活垃圾等大块废物，需经预处理筛分出大块物料并将油泥充分均质化，然后将含油污泥在加热并加入定量化学处理药剂的条件下，使油从固相表面脱附、聚集，并借助气浮和机械分离作用回收污油，泥沙进脱水装置脱水后实现残渣含油率在 2% 以下。因此，整体技术采用"预处理—强化化学热洗—离心脱水"工艺，热洗工艺流程如图 10-21 所示。

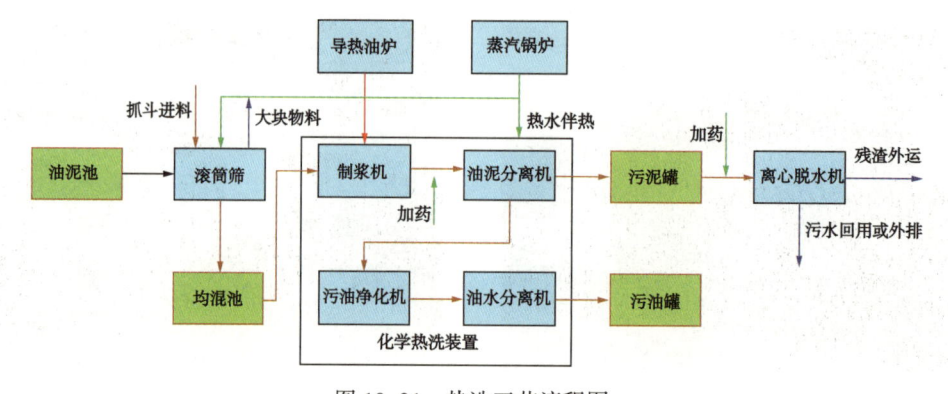

图 10-21　热洗工艺流程图

各个地点的含油污泥（图10-22）通过罐车运送至污泥处理站，卸至污泥堆放池，污泥堆放池两侧设置"移动式抓斗器"运行轨道，用"移动式器"将污泥送至滚筒筛分选装置，滚筒筛分选装置去除编织袋、生活垃圾等大块固体废物，固体废物由污泥输送装置输送至垃圾杂物堆放场，滚筒筛分选装置喷淋清洗产生的泥水进入污泥均混池，设置渣浆泵进行提升。经过这个过程处理后，实现了大件垃圾杂质与污泥分离。在污泥均混池中设有浮油回收装置收集浮油。

污泥均混池中的污泥经液下螺杆泵提升至化学热洗装置中的制浆机中，同时给制浆机加热，在制浆机内进行充分的搅拌混合以形成混合油泥。配制好的油泥通过渣浆泵进入油泥分离器，在分离器内依据原料的情况加入定量的油泥洗脱剂，经过充分搅拌混合，并在导入的微气泡的作用下，使油和泥彻底分离。同时在底部向分离器内泵入清水以将油气泡的液面托高，油分以油气泡的形式浮到上层，通过油气泡刮除器把油气泡导入污油净化器内。污油经加化学药剂油水分离后实现原油回收利用。

图 10-22　原始油泥

油泥分离器底部的泥水经泵进入离心脱水装置进行脱水处理。分离出来的残渣含油率可达 2% 以下，离心分离出来的水可循环使用，剩余的污水送回站内污水处理系统处理。

（2）装置情况。

该工程的预处理装置包含抓斗机、滚筒筛筛分装置和浮油回收装置；强化化学热洗装置包含制浆机、油泥分离机、污油罐、油水分离器及配套输泥泵、阀门、仪表等；离心脱水装置包括污泥缓冲罐、离心机主机、加药装置等。此外有蒸汽锅炉和导热油炉为油泥热洗提供热源。

（3）处理效果。

工程应用表明，滚筒筛筛分装置可将大块石料充分清洗干净（图 10-23），筛分的 1~5mm 的细料（图 10-24）经检测含油率为 0.3%~0.5%，离心脱水的干泥含油率为 0.5%~2%，各类出料均可满足处理指标要求。回收的油品依托联合站进行进一步处理。

图 10-23　滚筛筛分出的粗料 　　　　图 10-24　滚筛筛分出的细料

含油污泥经处理后，残渣剩余物均可达到2%以下，实现了含油污泥的达标排放、综合利用，可有效回收油泥中的矿物油，符合国家及中国石油清洁生产及循环经济政策要求，初步解决了长期以来困扰油田企业的含油污泥的处理问题。

含油污泥为危险废物，如直接排放，每次收取环保税1000元/t，一套油泥处理装置处理量为6000元/t，企业每年可减交环保税600万元；回收油也有一定的经济效益，处理后的渣土可用作铺设油田内部道路、垫井场等，实现资源化利用。经过经济分析评价，油田企业3.6年即可收回全部投资，经济效益显著。

三、极速干化油泥处理技术

1. 技术内涵

蒸汽极速干化无害化处理技术的基本工作原理为超热蒸汽（不小于500℃，甚至可达600℃）以超高速（超过2马赫）从特制的喷嘴中喷出，与油泥颗粒进行垂向碰撞，油泥颗粒在超热气体热能和高速所产生的动能作用下，颗粒内的石油类和水等液体迅速从颗粒内部渗出至颗粒表面并蒸发，实现油、水液体与固体的分离。整个处理过程处于蒸汽的保护之下，处理系统安全性高。

2. 技术研究过程

2006年，中国石油"油田固体废弃物治理及资源化利用技术研究"项目通过技术攻关，针对油田污水处理过程中产生的浮渣、罐底泥和剩余活性污泥，开发了"絮凝—离心脱水—极速干化处理油泥"工艺技术，并研制了处理能力为0.1t/h的中试试验装置，达到预期目标。

2008年，极速干化技术在克拉玛依石化实现工业化应用，处理能力为1t/h（含水率为80%的滤饼），处理后的残渣含有一定热值，掺入煤中焚烧，实现了资源化利用。

2010年，采用"预浓缩—絮凝—离心脱水—极速干化处理油泥"技术在冀东油田某联合站投资1800万元处理污水处理过程中产生的浮渣和剩余活性污泥，处理能力为浓缩后的滤饼1t/h，处理后残渣含油率不大于2%。该套装置在第一代装置的基础上进行了升级改造，解决了喷淋效果和除尘效果不理想等问题，形成第二代极速干化处理油泥装置。

3. 技术创新及先进性分析

集成创新了"预浓缩—絮凝—离心脱水—极速干化—掺煤燃料化"处理工艺，实现了含油浮渣、罐底泥和剩余活性污泥大幅减量、快速干化和干泥资源化利用。

经过持续工程应用，该技术已形成第三代处理装置，解决了影响装置运行存在的问题，可保障装置长期稳定运行，该技术处于国内领先水平。该技术于2009年4月获北京市"自主创新产品"称号，2011年3月获中国石油"自主创新重要产品"称号，2015年12月获环境保护部环境保护科学技术奖。

4. 技术应用实例

2013年，采用该工艺技术在冀东油田某联合站新建一套含油污泥处理站，并在第二代装置的基础上对系统进行了改进和升级，使系统运行更稳定，并可进一步降低处理成本，形成第三代油泥处理装置。

（1）工艺流程。

图10-25为油泥处理工艺流程图。

该技术工艺为"预浓缩—絮凝—离心脱水—蒸汽快速干化无害化",包括预浓缩、絮凝、离心脱水和无害化处理等。污泥在 200m³ 浓缩罐中通过重力沉降脱出其中的部分游离水,污泥含水率由 99% 左右降至 97%~98%,体积缩减 50% 以上。从加药系统向浓缩污泥输送管道中加入絮凝剂,使絮凝剂与浓缩污泥混合反应,经絮凝之后的污泥被输送到离心脱水机中,经离心脱水之后的浓缩污泥滤饼含水率从 98% 下降到 85% 左右,体积缩减近 10 倍。

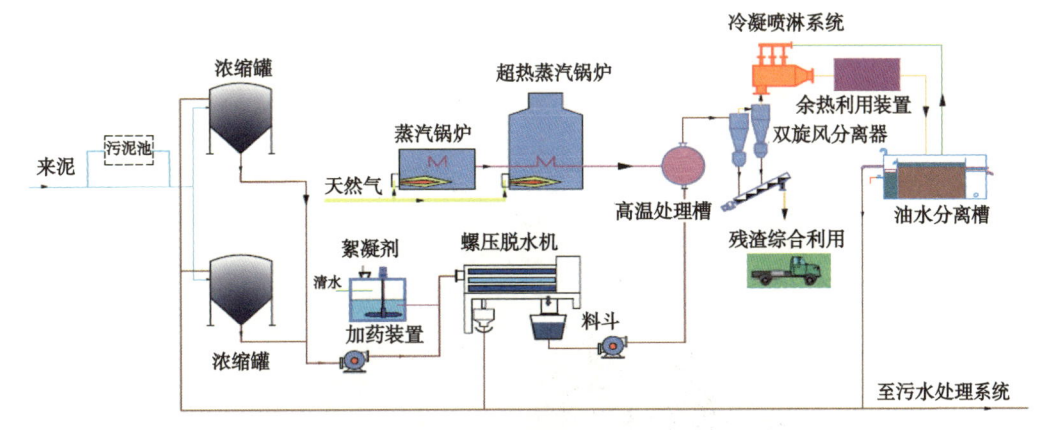

图 10-25 油泥处理工艺流程图

脱水后的泥饼输送至蒸汽极速干化无害化处理装置,由锅炉产生的蒸汽通过超热蒸汽发生装置,使脱水滤饼温度上升至 550℃ 以上,随后进入高温处理槽,将常温油泥击碎为 300℃ 的油泥气体和固体。300℃ 的油泥气体和固体经过双旋风分离装置进行固气分离,被分离出的固体将彻底干化并落入双旋风装置下的集输部分被收集,而被汽化的液体部分则被送至冷凝器冷凝成油和水,再在分离槽中进行分离回收。处理后残渣呈细粉末状,含油率可达 2% 以下,残渣体积与原始油泥相比缩减 20~30 倍,处理后的残渣外运综合利用。

(2)主要装置。

①离心脱水装置。

进一步对污泥进行浓缩,污泥含水率降至 75%~80%,体积比脱水前下降 10~20 倍。图 10-26 为离心脱水装置图。

图 10-26 离心脱水装置

②蒸汽极速干化无害化装置。

高温快速实现油、水和泥的分离。

③超热蒸汽发生装置。

将锅炉内产生的120℃蒸汽加温至550℃。工作原理是通过装置内部一系列高温管道对蒸汽进行加热,这些管道的特殊排布方式使其表面温度可升至最高值,管道表面的需求温度是采用两级燃烧控制的方式完成的。

④高温处理槽。

高温处理槽接收泵抽取的或常规进料斗送进的待处理含油污泥,随后,超热蒸汽从喷嘴中喷出,击碎污泥并使其干化。图10-27为干化处理装置图。

图10-27 干化处理装置

⑤双旋风分离器。

通过重力作用收回固体残渣,而被汽化的液体继续被送至冷凝器。被干化的固体残渣接下来在底部聚集,由螺旋输送器输送至特制的储物袋中。

⑥冷却分离系统。

以最快的速度将汽化的液体冷凝降温,随后液体流入分离槽中。油水分离槽的主要作用是将汽化的液体冷凝。在这一处理环节中,气体一旦与冷水交融,即刻变回原先的液体状态并被保存于冷凝器中的分离槽内。分离槽同样在外部有多个出口,从而回收处于不同层面的油和水。

⑦燃烧天然气蒸汽锅炉。

为干化设备提供普通饱和蒸汽。

(3)处理效果。

检测结果表明,处理后残渣剩余物含油率在1%左右,达到了处理要求。残渣剩余物重金属检测结果见表10-8,达到GB 15618—2008《土壤环境质量标准(修订)》要求。

表10-8 残渣剩余物重金属分析

元素	Cu	Cd	Cr	Pb	Ni	Zn	As	Hg
残渣剩余物,mg/kg	129	0.59	468	48.0	56.0	315	63.8	0.38
GB 15618—2008《土壤环境质量标准(修订)》中残渣剩余物标准,mg/kg	500	20	1000	600	200	700	70	20

现场运行表明，蒸汽快速干化处理油泥技术具有以下特点：

①处理效果好，处理后残渣中含油率小于2%；

②回收的油纯净，不含重金属并且脱除了大部分硫；

③处理过程中不需要添加任何化学添加剂，因而不会产生新的污染，并且降低了运行成本；

④安全性高，在油泥处理过程中，装置整个系统处于蒸汽保护之下，确保了工艺的安全性。

该项目的建成，完善了冀东油田联合站的工艺流程，从根本上改变了油泥恶性循环的现状，消除了含油污泥给污水处理系统正常生产带来的隐患，实现了油泥固体废物的综合利用和达标排放，符合国家及中国石油清洁生产及循环经济政策要求，对油田企业的可持续发展和保护企业周边生态环境具有重要意义。

四、含聚油泥调质—脱水—净化技术

1. 技术内涵

采用"流化预处理—调质—离心脱水—净化污泥"技术，辅助自主开发的SC-1003型清洗剂和SP-1002型破乳剂处理含聚污泥，处理后的污泥达到DB23/T 1413—2010《油田含油污泥综合利用污染控制标准》的要求，即处理后污泥中含油量不大于20000mg/kg、含水率小于40%，满足油田生产实际需要，且处理后的污泥达到铺路及垫井场的要求。

2. 技术研究过程

含油污泥种类繁多、性质复杂，相应的处理技术和设备也呈现多元化趋势。国内外应用较多并且比较成功的含油污泥处理工艺是调质—机械脱水工艺，该技术比较成熟，不足之处是处理效果会受污泥来源的影响，对于污泥中含有的大量砖瓦、草根、塑料等杂物，需要配套预处理设备和工艺。从长远来看，回收污油、实现污泥的综合利用是实现无害化和资源化的发展方向。总之，含油污泥处理技术和工艺应朝着低成本、工艺和流程简单、环保节能、效益高的方向发展，进而实现含油污泥的综合利用。

针对含油污泥资源化利用及工程化等关键技术问题，研发化学驱污泥资源化的成套技术及装置，提出工程设计的污染控制技术规范与含油污泥资源化利用技术政策。围绕攻关目标，主要开展了如下研究内容：

（1）含聚污泥特性分析及污染控制研究，主要包括含聚污泥的理化性质分析研究、脱水含聚污泥中聚合物环境污染风险评价及控制方案研究等；

（2）调质—离心分离工艺优化研究，主要包括高效化学药剂的研制，流化预处理、调质处理、脱水等设备的结构和工艺参数优化等；

（3）成套工艺系统集成与工程示范，主要包括1×10^4t/a以上含聚污泥处理示范工程的工艺技术方案研究、建设跟踪、运行调试和效果评价。

技术路线：明确大庆油田化学驱污泥的产生及来源；就含聚含油污泥中的重金属、石油类、COD、毒性、多环芳烃、腐蚀性、易燃性等14类指标的特征污染物进行测定分析，明确含聚含油污泥污染特性；建立油泥中聚合物检测方法；明确油泥中聚合物对环境影响的风险，并确定油泥中聚合物含量不同控制措施的最佳试验条件；研制适用于处理含聚油泥的破乳剂、清洗剂；通过室内试验，形成1套含聚油泥"流化预处理—调质—离心"处

理工艺参数；完成 6×10^4 t/a 以上含聚油泥处理示范工程的工艺技术方案研究、设计及施工；依托示范工程，通过现场试验，最终集成 1 套含聚油泥处理技术。

最终形成技术成果如下：

（1）确定了满足含聚含油污泥处理工艺技术（"流化预处理—调质—离心脱水"），最终处理后的污泥中的含油量达到 DB23/T 1413—2010《油田含油污泥综合利用污染控制标准》的要求；

（2）形成免烧固化技术控制含聚污泥中聚合物的污染；

（3）示范工程中附属配套设施包括油水分离装置、回掺热水处理装置、导热油加热装置和加药装置含量；

（4）实现处理后含聚污泥的长期稳定达标，且处理费用节约 18% 以上。

3. 技术创新及先进性分析

（1）创新点。

①首次建立了含聚油泥中聚合物的检测方法；

②研制出适用于处理含聚油泥的破乳剂及清洗剂；

③研发出集粗筛分、曝气和沉砂于一体的流化预处理装置；

④首次提出适合含聚含油污泥处理的"流化预处理—调质—离心脱水—净化污泥"处理工艺技术；

⑤首次提出了免烧固化技术控制含聚油泥中聚合物含量的技术参数。

（2）成果的先进性。

①满足含聚油泥处理的"流化预处理—调质—离心脱水—净化污泥"处理工艺技术，达到国际先进水平，处理后的污泥中的含油量实际平均值为 1.77%，达到 DB23/T 1413—2010《油田含油污泥综合利用污染控制标准》的要求（不大于 2%）；

②研发的附属配套装置既实现了化学驱含聚油泥的有效处理，又循环利用处理工艺中产生的污水（含有一定的水温），节省了回掺水量以及整个污泥处理系统的能耗和生产运行费用。

（3）形成的专利、论文及成果奖励。

该项目获科研成果奖励 2 项；形成专著 1 部；发表相关论文 3 篇[15-17]；获授权发明专利 1 项。

4. 技术应用实例

应用该技术建成 4 座油泥处理站，有效解决了含聚含油污泥产生的环境污染危害、污油回收和处理后的污泥资源化利用，从根本上解决生产实际问题，产生较好的经济效益和社会效益。

（1）北一区含油污泥处理站。

2013 年 9 月—2016 年 11 月，大庆油田采油一厂建成处理规模为 15t/h 的北一区含油污泥处理站，累计处理含油污泥 70126m³，且处理后污泥的含油量能够达到 DB23/T 1413—2010《油田含油污泥综合利用污染控制标准》的要求（不大于 2%）。运行处理过程中节省污泥处理成本 478.26 万元，回收纯油 14670t，收益 3708.01 万元，处理污泥节省排污费 7012.6 万元，共计产生经济效益 11198.87 万元。

（2）萨南油田含油污泥处理站。

2014年9月—2016年11月，在大庆油田第二采油厂建成处理规模为15t/h的萨南油田含油污泥处理站，共处理含油污泥35206m³，且处理后污泥中含油量不大于2%。运行处理过程中节省污泥处理成本202.01万元，回收纯油5238t，收益1207.09万元，处理污泥节省排污费3520.6万元，共计产生经济效益4929.7万元。

（3）萨北油田含油污泥处理站。

2014年9月—2016年11月，在大庆油田第三采油厂建成处理规模为10t/h的萨北油田含油污泥处理站，共处理含油污泥25795m³，且处理后污泥中含油量不大于2%。运行处理过程中节省污泥处理成本65.29万元，回收纯油4024t，收益948.68万元，处理污泥节省排污费2579.5万元，共计产生经济效益3593.47万元。

（4）喇嘛甸油田含油污泥处理站。

2016年5月—2016年11月，在大庆油田第六采油厂建成处理规模为10t/h的喇嘛甸油田含油污泥处理站，共处理含油污泥10388m³，且处理后污泥中含油量不大于2%。运行处理过程中节省污泥处理成本39.58万元，回收纯油1558t，收益366.43万元，处理污泥节省排污费1038.8万元，共计产生经济效益1444.81万元。

第四节　炼化含油污泥电渗透干化＋热解／碳化处理技术

一、炼化含油污泥电渗透干化＋热解／碳化处理技术需求分析

炼化企业每年产生大量清罐油泥、气浮浮渣和污水处理剩余活性污泥（即"三泥"）。炼化"三泥"属HW08类危险废物，成分复杂且波动范围大。少数企业已建成干化减量、焚烧处理，其余绝大部分企业对污泥进行简单脱水后直接外委，处置费用较高。

国内外对污泥的处置方法主要有卫生填埋、综合利用、干化、焚烧和热解等。国内污泥无害化处理起步较晚，多采用消化、机械脱水后进行土地利用或卫生填埋，近年来逐渐发展污泥焚烧、热解等热处理技术。卫生填埋不但占用大量土地，造成土地资源浪费严重，而且容易产生泄漏，为填埋场周边环境带来安全隐患。污泥焚烧可以最大程度地减少污泥体积，并能利用其中的能量来提高热能利用效率，然而焚烧产生的气体治理费用高，使得污泥焚烧技术的应用受到限制。综合利用主要用于制造建筑材料和熟化后用作液体肥料或固体肥料，但由于污泥中含有重金属等污染物质，所以资源综合利用前需对污泥进行妥善处理。热解技术是在无氧或欠氧条件下，将污泥加热至500~600℃，使污泥中的有机物发生分解，转变成三种相态物质的过程，在日本、韩国等国家应用较多。气相为氢气、甲烷和二氧化碳等，液相以常温燃油和水为主，固相为无机矿物质与残炭。与焚烧处理不同，碳化处理可以将污泥中的碳元素最大程度地以固态的形式保存下来，而不是以二氧化碳的形式排放到大气中。污泥碳化后产生的固态物质称为污泥碳化物，主要以无机物形式存在，其理化性质比较稳定，具有多孔特点，表面积大，具有较好的物理吸附性和吸湿性，可用作土壤改良剂。根据污泥碳化物热值的高低，可直接燃烧或作为辅助燃料使用。污泥碳化处置在国外有多项工程业绩，是一项极为有前景的污泥无害化、资源化处置技术。

二、炼化"三泥"电渗透干化+热解/碳化技术成果

1. 技术内涵

针对炼化"三泥"热解能耗大、资源化利用率低的技术难题，利用实验研究平台获得热解基础参数，形成了热解残渣制备超级活性炭技术，优化了油泥输送、干化、热解馏分冷凝净化和热解残渣出渣等配套工艺，形成了"电渗透干化+热解/碳化"集成工艺，处理后剩余固体物含油率小于0.3%，污油回收率达91.1%，为吉林石化3600t/a炼化"三泥"先导试验工程提供了技术支撑。

2. 技术研究过程

通过对国内外含油污泥处理技术调研，发现相对于传统污泥处理方法，污泥热解/碳化技术不仅占地面积小，而且工艺流程和反应条件简单，运行成本较低。热解产物以小分子挥发性气体燃烧，二噁英产生可能性降至最低，确保了烟气排放的清洁。污泥碳化后生产的固态物质为污泥碳化物，可作为资源再次使用。因此，选用碳化技术作为含油污泥处理主体工艺技术。

针对含油污泥含水率高，直接热解/碳化的处理成本高等问题，调研污泥预处理技术，发现污泥预干化工艺作为预处理单元效果较好。其中，污泥电渗透干化技术较为先进。采用韩国再生能源公司生产的电渗透污泥干化机对吉林石化污水处理厂污泥进行脱水试验，污泥含水率从80%降至65%，工艺流程简单。因此，污泥预干化工序拟采用污泥电渗透干化脱水技术。

通过调研和技术比选，采用"电渗透干化+热解/碳化"集成工艺，搭建污泥资源化处理试验平台，开展污泥治理及资源化的工程研究与示范。

（1）装置设计能力。

先导试验装置的污泥处理能力为500kg/h。

（2）工艺流程。

采用螺杆泵将污泥输送至电渗透污泥干化机进行干化处理，将含水率降至65%左右，再进入外热式污泥干燥机，通过炉壁与污泥间接传热，将污泥干燥至含水率30%以下，再进入外热式旋转碳化装置进行碳化。污泥干燥与碳化过程中产生的烟气通过排风机引入气相分离塔进行冷凝，不凝气进入无烟化装置燃烧处理，排出的高温尾气进入吸附塔进行湿式除尘处理，达标排放。

（3）炼化"三泥"电渗透干化+热解/碳化先导试验。

应用炼化"三泥"电渗透干化+热解/碳化工艺对吉林石化污水处理厂混合污泥和炼油厂油泥进行试验运行研究及效果评价。常白班运行，平均每天运行5~6h，其间进行两次48h连续生产考核，设备运行稳定、无泄漏，满足运行要求。两种炼化"三泥"电渗透处理单元出泥含水率达到65%以下，经过干燥碳化处理后含油率均值小于0.3%，处理后炭渣含水率在检出限以下。

3. 技术创新及先进性分析

集成创新了电渗透干化+热解/碳化处理炼化"三泥"技术，处理后炭渣含油率小于0.3%，达到CJ/T 309—2009《城镇污水处理厂污泥处置 农用泥质》标准中B类回用标准，可为油料作物、果树、饲料作物、纤维作物的土壤补充营养，此外，因其具有一定热值，

可以作为辅助燃料。

采用"电渗透干化+热解/碳化"工艺后，排放尾气中的重金属污染物、二噁英污染物、常规排放污染物等监测因子均符合 GB 18484—2001《危险废物焚烧污染控制标准》。技术总体与国际先进水平相当，在处理规模、设备运行稳定性等方面与国际先进水平尚有差距。表 10-9 列出了该技术与国际先进技术对比情况。

表 10-9 "电渗透干化+热解/碳化"技术与国际先进技术对比

	主要经济技术指标	国内（电渗透干化+热解/碳化）	国际	技术对标
技术指标	残渣含油率	≤ 1%	≤ 1%	基本相当
	处理能力，t/h	0.5	3~5	尚有差距
经济指标	处理成本，元/t	519~591	350~450	尚有差距

三、技术应用实例

吉林石化炼化"三泥"电渗透干化+热解/碳化处理先导试验。

（1）污水处理厂混合污泥热解碳化处理效果。

2015 年 1 月—5 月，对吉林石化污水处理厂混合污泥进行电渗透干化+热解/碳化处理试验运行研究及效果评价。平均每天运行 5~6h，其间进行两次 48h 连续生产考核，设备运行稳定、无泄漏，满足运行要求。此期间对进料污泥样品进行检测，共对 16 组进料样品进行了分析检测，检测项目为含水率、含油率、600℃挥发分、含固率及电导率。污泥样品的检测结果表明，污水处理厂混合污泥含水率为 81.00%~86.10%，平均值为 82.50%；含固率为 13.90%~19.00%，平均值为 17.04%；挥发分含量为 51.47%~71.81%，平均值为 57.20%；含油率为 0.10%~1.26%，平均值为 0.71%；电导率为 13~15mS/cm，平均值为 14mS/cm。污水处理厂混合污泥有机质含量稍高于无机质，含油率较低。

①电渗透单元处理效果。

污泥经螺杆泵输送至电渗透装置进行干化脱水，实测污水厂混合污泥电导率在 13~15mS/cm。当进泥量为 400kg/h 时，电渗透出泥含水率达到 60% 以下，每小时电量消耗 74.7kW·h；当进泥量为 500kg/h 时，电渗透出泥含水率达到 65% 以下，每小时电量消耗 69.5kW·h。经试验考察，该装置处理污水厂混合污泥效果稳定，能够为碳化装置干燥段的平稳运转提供充分保障。

②干燥单元处理效果。

电渗透干化污泥料仓出泥进入外热式干燥机，设计上干燥热源由两方面提供：一方面为间接式夹套加热，该股热源设计由 3 部分构成，将碳化装置烟气尾气和二次燃烧烟气尾气通入干燥系统加热炉（实际使用情况为二次燃烧炉烟气未回用，直接降温后排放），由天然气燃烧烟气对上述两股烟气加热后进入干燥系统夹套层，产生的热量对污泥进行加热干燥。另一方面为直接加热，将干燥烟气尾气一部分引入干燥炉内，与污泥直接进行热交换，该热源被称为干燥系统热风导入。通过直接热交换和间接热交换，将污泥含水率从 60% 降至 20%。在干燥单元处理污水处理厂混合污泥过程中，考察了干燥系统在进料为 200kg/h（80% 负荷）、250kg/h（100% 负荷）情况下的处理效果，探索了干燥加热炉温度、干燥热风导入量、炉内压力 3 种变化因素对出泥含水率的影响。干燥单元运行负荷为80%，经过干燥装置处理后，污水处理厂混合污泥含水率为17.00%~34.60%，平均值为25.90%。

2015年5月7—11日，干燥系统满负荷运行，经过干燥装置处理后，污水处理厂混合污泥含水率为25.00%~43.88%，平均值为34.50%。经运行温度的稳定调整，满负荷运行时干燥单元出口含水率可降到30.00%左右。

③碳化单元处理效果。

干燥后中转料仓出泥进入污泥碳化机完成碳化，入口设置星形卸料阀，出口设置双重物料排出阀，并配置安全泄压设备。碳化单元设有独立的加热炉，天然气燃烧后烟气进入碳化系统夹套，向炉内的污泥进行间接换热。经过碳化装置处理后，污水处理厂混合污泥含水率为0~2.58%，平均值为0.26%；含油率为0.04%~0.82%，平均值为0.22%；含固率为96.60%~99.96%，平均值为99.49%。可见，碳化过程有大量可燃气排放，混合气中一氧化碳与总烃的比例平均约为743∶1。

对炭渣样品进行热值检测，得出炭渣具有一定的热值，为1700kcal/kg，可作为辅助燃料使用。

委托谱尼公司对污泥热解残渣样品进行危险废物浸出毒性鉴别，炭渣中各项分析指标均低于GB 5085.3—2007《危险废物浸出毒性鉴别标准》中规定的危险废物指标标准。通过残渣的重金属含量分析可知：污水处理厂混合污泥炭渣满足CJ/T 309—2009《城镇污水处理厂污泥处置农用泥质》B类回用标准，可以用于油料作物、果树、饲料作物、纤维作物的土壤中。对热脱碳化的尾气进行监测，发现各项排放指标均满足GB 18484—2001《危险废物焚烧污染控制标准》，二噁英等重点监测因子均达标。

（2）吉林石化炼油厂油泥热解/碳化处理效果。

对炼油厂油泥开展试验研究，发现含油率较高的含油污泥对电渗透干化机适应较差，滤带冲洗困难，无法连续运行，暂停油泥试验。后对冲洗系统进行改进后再次进行炼油厂油泥试验。

①电渗透处理效果。

针对电渗透处理炼油厂油泥初期效果较差的问题，对滤带冲洗系统进行升级改造，解决了滤带冲洗问题，电渗透经过72h连续性运转试验，运行稳定、处理效果较好，能够实现连续运行。

炼油厂油泥含水率均值为65.3%，由于含水率偏低，一定程度上影响了电渗透脱水效率，试验研究发现，油泥含水率越高，电渗透处理效果越明显。经过电渗透处理后，油泥含水率均值为54.7%，含水率降低10.6%。经过电渗透处理的油泥外观变化明显，泥饼呈松散状态。

②干燥单元处理炼油厂油泥运行效果。

炼油厂油泥经干燥装置处理后，含水率均值为20.0%，含油率均值为19.9%，挥发分含量均值为49.8%。

试验结果表明：油泥中的油比水更难处理，随着碳化夹套入口温度的提高以及炉内负压的提升，炭渣含油率可降低到0.3%以下，达到设计指标。

干燥装置在处理油泥的过程中，运行平稳，经过72h连续运行，干燥系统能够满足出料含水率不大于20%的要求，可以实现连续稳定运行。

③碳化单元处理污水处理厂混合污泥运行效果。

经干燥后的油泥进入碳化炉进行碳化处理，试验结果表明：油泥中的油比水更难处理，随着碳化夹套入口温度的提高以及炉内负压的提升，炭渣含油率可降低到 0.3% 以下，含水率未检出，达到设计指标。同时污泥挥发分含量降低到 20% 以下，变化明显，说明这一过程存在有机物释放。通过试验结果对比分析得到碳化最佳运行工艺条件：碳化夹套入口温度为 630℃，炉内负压为 30Pa，炉体转速为 20r/min。

碳化单元经过连续 72h 运行，设备运行平稳，能够满足碳化正常运行要求。对油泥炭渣热值进行检测，炭渣的热值为 2319kcal/kg，可作为辅助燃料使用。对炭渣进行浸出毒性鉴别，各项分析指标均低于 GB 5085.3—2007《危险废物浸出毒性鉴别标准》中规定的危险废物指标标准。对油泥热解残渣样品进行重金属含量检测，炼油厂油泥炭渣满足 CJ/T 309—2009《城镇污水处理厂污泥处置农用泥质》B 类回用标准。

第五节　展　　望

基于固体废物存量大且持续新增数量多，固体废物的清理、储存和处理给企业的清洁生产和环境保护带来巨大的风险，严重影响企业正常的生产运行。中国石油"十一五""十二五"期间部署了"安全环保关键技术研究与推广""中国石油低碳关键技术研究""中国石油低碳与清洁发展关键技术研究及应用"等项目的研究，针对固体废物处理处置及风险管控开展了大量研究攻关，重点开展了"绿色"钻井与钻井清洁生产配套技术、水基钻井废物过程减量及深度处理技术、水基钻井废物再生回用与资源化技术、水基钻井废物处理集成化装备、含油污泥和油基钻屑处理与资源化利用等技术与装备的研发，取得了系列理论技术创新和示范效果，支撑了中国石油绿色低碳可持续发展。

国家生态环保形势的新要求、新目标要求中国石油整体策划绿色低碳发展体系，依托重点项目加强技术攻关与集成、装备研发及成熟技术规模应用，加快技术更新换代和科技成果转化，解决清洁生产缺乏统筹性、整体性，污染排放标准和技术规范不系统等问题，重点针对含油污泥处理衍生二次污染治理、残渣脱废鉴定及资源化利用、高含水油泥脱水减量、回收油精制轻质化等继续开展研究，主要攻关研究内容如下：

（1）水基钻井废物绿色作业、回用与资源化技术。应从源头降低钻井液废物末端处理处置的难度和成本，如开发智能型环保钻井液技术（温控分解型、酶催化分解型、绿色肥料型等）、"水代油基"钻井液技术等"绿色"钻井液技术；处理中采用分类分质的方式对不同井段的钻井液废物进行收集，根据不同井段、不同钻井液体系的废物特性，分别采用简单固液分离、加药固液分离、高效物理分离等处理方式，降低钻井液废物处理成本和提高资源化利用率；钻井液废物处理装备的设计应标准化和模块化，针对不同物性、不同污染物含量的钻井液废物，分别选用不同的模块化处理单元，通过装备的集成化，实现钻井液废物处理装备的模块化和标准化。

（2）含油污泥和油基钻屑源头减量、处理与资源化利用技术。开展源头管控技术减少和杜绝固体废物的产生，开发清洁智能不落地作业技术，减少落地油和罐底油泥产生，推进水代油基钻井液的使用，减少和杜绝油基钻屑的产生，研发环保型药剂、降低含油污水处理药剂的使用，从而减少浮渣底泥和池底泥的产生，推进生化污泥与含油污泥分开收集、储存和处理，全流程控制含油污泥或炼化"三泥"的产生。针对固体废物的特点、成分和性质研发分质分类，研发针对处理中产生废水、废气的回用近零排放技术，废气回收利用或无害化处理技术，消除对环境造成的二次污染，残渣回收利用、废油精制轻质化技术实现废物资源化。进一步开发集成技术、装备和环保型处理剂，建立标准化、模块化生产作业模式，推进清洁生产和含油废物的处理。

参 考 文 献

[1] 谢水祥，任雯，乔川，等.可实现废弃水基钻井液再生利用的电化学吸附法[J].天然气工业，2018，38（3）：76-80.

[2] 任雯，谢水祥，刘光全，等.聚磺钻屑资源化处理技术研究与应用[J].油气田环境保护，2017，27（1）：10-13.

[3] 谢水祥，邓皓，孙静文，等.油气田聚合物类钻井液添加剂分子结构与环境影响的相关性[J].环境工程学报，2017，11（12）：6477-6489.

[4] 黄敏，李辉，李盛林，等.废弃钻井液微生物降解菌室内筛选研究[J].油气田环境保护，2011，21（6）：35-36.

[5] 李辉，叶永蓉，贺吉安，等.废弃钻井液生物絮凝剂筛选实验研究[J].油气田环境保护，2011，21（1）：36-37.

[6] 陈立荣，黄敏等，蒋学彬，等.微生物—土壤联合处理废弃钻井液渣泥技术[J].天然气工业，2015，35（2）：100-105.

[7] 孙静文，许毓，刘晓辉，等.油基钻屑处理及资源回收技术研究进展[J].石油石化节能，2016，6（1）：30-33.

[8] 邓皓，谢水祥，王蓉沙，等.含油钻屑高效除油剂及除油机理研究[J].环境工程学报，2013，7（9）：3607-3612.

[9] 陈永红，刘光全，许毓.废弃油基钻井液处理技术概况及其应用[J].油气田环境保护，2011，21（3）：44-46.

[10] 孙静文，刘光全，张明栋，等.油基钻屑电磁加热脱附可行性及参数优化究[J].天然气工业，2017，37（2）：103-111.

[11] 仝坤，籍国东.从稠油罐底泥中回收矿物油[J].化工环保，2008，28（5）：447-450.

[12] 王万福，杜卫东，何银花，等.含油污泥热解处理与利用研究[J].石油规划设计，2008，19（6）：24-27.

[13] 王万福，金浩，石丰，等.含油污泥热解技术[J].石油与天然气化工，2010，39（2）：173-177.

[14] 邓皓，王蓉沙，任雯，等.含油污泥热解残渣吸附性能初探[J].油气田环境保护，2010，9（2）：1-3.

[15] 孔令荣，夏福军，荆国林.国内含油污泥的综合利用方法[J].能源环境保护，2011，25（3）：1-4.

[16] 马骏.大庆油田含油污泥资源化利用技术与实践[J].油气田环境保护，2013，23（2）：14-16.

[17] 金彦雄.大庆油田含油污泥的处理[J].油气田地面工程，2012，31（8）：56-56.

第十一章 大气污染防控技术进展

GB 31570—2015《石油炼制工业污染物排放标准》等一批"史上最严环保标准"相继出台,对炼厂烟气排放提出了极高的要求;我国《重点区域大气污染防治"十二五"规划》将挥发性有机物(VOCs)列入控制指标,要求重点行业(包括石油石化企业)现役源挥发性有机物排放削减10%~18%。

面对"十二五"减排要求,中国石油积极应对,安排了十大减排工程,包括催化再生烟气脱硫、电厂脱硫脱硝、温室气体控制、废气达标排放等。另外,油气田轻烃气逸散及放空检测与回收利用技术也进入快速发展阶段,建成中国石油VOCs管控体系,满足国家对VOCs的管控政策要求。

第一节 FCC 催化再生烟气脱硫脱硝技术

一、FCC催化再生烟气脱硫脱硝技术需求分析

1. 生产需求

根据《重点区域大气污染防治"十二五"规划》要求,受国务院委托,环境保护部直接与中国石油签署《"十二五"主要污染物总量削减目标责任书》,要求中国石油2015年二氧化硫排放总量控制在 21.33×10^4t 以内,比2010年的 24.24×10^4t 减少12%;氮氧化物排放总量控制在 16.78×10^4t 以内,比2010年的 18.64×10^4t 减少10%。中国石油"十二五"污染减排形势十分严峻。面对"十二五"减排要求,中国石油安排了十大减排工程,催化再生烟气脱硫工程就是其中之一。中国石油"十二五"污染减排工作方案中明确指出:"对于污染物排放量较大或再生烟气不能达标排放的炼化企业催化裂化装置,全面建设烟气脱硫设施,实施31项重点工程。"

2015年开始,GB 31570—2015《石油炼制工业污染物排放标准》等一批"史上最严环保标准"相继出台,对炼厂烟气排放提出了要求,导致各炼厂催化裂化等装置外排烟气出现严重超标排放现象,必须尽快治理,以满足国家环保标准的要求[1]。

FCC装置作为炼油厂原油深度加工的重要单元,其烟气再生过程中 NO_x 的排放量占炼油厂排放总量的50%以上。虽然 NO_x 排放量不多,但其排放区域相对集中,造成局部环境污染严重。因此,FCC再生烟气中 NO_x 的排放控制与减排是各炼化企业必须面对的问题。

2. 技术现状

催化炼化装置作为多数炼厂正常运行的"心脏装置",其安全、平稳运行是炼厂经济效益的保障。因此,再生烟气的治理技术不但需考虑烟气 NO_x 波动随油品或前端工艺波动大,SO_2 含量较高,颗粒物粒径小、硬度大且含钒等特点,还需进一步落实技术先进性和可靠性,满足3~4年长周期安全平稳操作的要求。

国外催化裂化烟气脱硫脱硝除尘技术的研究始于20世纪70年代，最早起源于日本和美国。

（1）再生烟气脱硝技术。

截至2012年，国内外催化再生烟气脱硝技术[2]主要集中在选择性非催化还原技术（SNCR）、选择性催化还原技术（SCR）和臭氧脱硝技术等。

在各脱硝技术中，SCR技术由于具有适用范围广，操作稳定可靠，技术先进、脱硝效率高，能够满足排放标准要求且不产生二次污染等优势而得到了广泛推广。而SNCR技术的优势是工程量小，改造内容少，一次投资低，在部分不完全再生工艺上也得到了应用。而臭氧脱硝技术由于能耗高、存在二次污染等问题，其推广受到一定的限制。

2012年开始，中国石油综合考虑排放标准的更新和减排的需要，开始在内部炼厂尤其是在炼厂催化裂化装置上推广烟气脱硝设施，以东北炼化工程有限公司、石油化工研究院等工程技术企业为先导，结合自身优势和催化再生烟气特点，在SNCR、SCR等脱硝技术的开发和优化上取得长足进展，研发出高效、低耗的SCR催化剂产品，同时形成中国石油完全自主知识产权的烟气脱硝系列化技术，配套高效、低压降的专利设备，完成自主脱硝工艺包编制6套。

图11-1 催化烟气脱硝装置脱硝反应器

图11-1为催化烟气脱硝装置脱硝反应器图。

（2）烟气脱硫除尘一体化技术。

在催化再生烟气脱硫除尘技术中，湿法脱硫除尘一体化技术由于运行稳定可靠、净化能力高效而得到更为广泛的关注和推广。在湿法脱硫技术中，以埃克森美孚公司的WGS文丘里洗涤技术和Belco公司EDV湿法洗涤系统技术以及动力波（Dyna Wave）逆喷洗涤塔技术应用最为广泛，三种脱硫除尘技术均能满足排放标准的要求。

2005年开始，中国石油、中国石化等企业结合污染减排的需要，开始在国内炼厂增设再生烟气脱硫设施。2012年前，EDV技术由于推广力度大，得到了更为广泛的应用。但WGS技术[3-5]由于具有压降低、投资低、不影响烟机做功等特点受到了中国石油的关注。2012年2月16日，科技管理部组织召开了催化裂化再生烟气脱硫技术交流研讨会。专家组一致认为，WGS烟气脱硫技术处于世界先进水平，适用性强，不会对原催化装置产生任何影响，特别适合中国石油炼厂烟气压力比较低的特点。2012年8月，借助中国石油"千万吨级大型炼厂成套技术开发与工业应用"重大科技专项，科技管理部会同炼油与化工分公司完成了对WGS技术的一次性引进工作，以满足中国石油所属炼厂烟气脱硫除尘设施改造的需要。图11-2为WGS装置洗涤塔图。

东北炼化工程有限公司在消化吸收WGS先进技术的基础

图11-2 WGS装置洗涤塔

上，锐意创新，开发出系列化自主脱硫脱硝除尘技术，形成自有 II 代 JWGS 技术，并配套开发出核心专利设备[6]，用于治理炼厂催化裂化、热电厂、硫黄回收、工艺炉等尾气中二氧化硫、氮氧化物或颗粒物超标的问题，尤其针对炼厂催化炼化装置、硫黄回收、加热炉等长周期运行（一个周期为 3~4 年）特点，通过技术可靠性和细节优化的方式，保证设备运行稳定性和高效净化能力，从而保证该技术得到了炼厂的大范围推广应用和肯定。

SCR 是国内外普遍采用的技术。中国石化已有约 20 套 FCC 装置增设 SCR 再生烟气脱硝设施，中国石油也有多套装置处于建设中。鉴于 FCC 装置在炼厂内的重要性，如何选取合适的催化剂，降低氨逃逸率，降低余热锅炉结垢堵塞的风险，保障脱硝系统与 FCC 装置的长周期稳定运行，是该技术需要考虑的关键。FCC 装置每 3~4 年进行一次大修，一般可同时进行脱硝装置的维护和催化剂更换。按催化剂寿命为 3~4 年预算，中国石油每年更换催化剂在 3000m³ 以上。按照脱硝催化剂（5~7）万元/m³ 的售价，仅中国石油内部每年更换催化剂就需要（1.6~2）亿元。由石油化工研究院研发的 SCR 催化剂及东北炼化工程有限公司设计的配套工艺包具有完全自主知识产权，整体技术经济指标处于国际先进水平。该技术支持了国家环保技术升级工程，解决了外排烟气 NO_x 含量不达标的问题，推动了中国石油 FCC 再生烟气脱硝技术的进步并提升了市场竞争力；同时还带动了设备制造、催化剂加工等相关行业的发展。技术用于 FCC 再生烟气中氮氧化物（NO_x）的脱除，从终端上减少了大气污染物 NO_x 的排放，为保护环境做出了突出贡献，有力支持了我国大气污染防治行动计划的实施，满足了国家和社会发展的重要需求，推广应用的社会效益和环境效益显著[7]。

二、再生烟气脱硫脱硝除尘技术成果

1. 技术内涵

（1）烟气脱硝技术。

选择性催化还原法（SCR）是指在 300~420℃的温度区间内和催化剂的作用下，利用还原剂（如 NH_3 或尿素）有选择性地与烟气中的 NO_x 反应并生成无毒无污染的 N_2 和 H_2O。反应机理如下：

$$4NO+4NH_3+O_2 \rightarrow 4N_2+6H_2O$$
$$NO+NO_2+2NH_3 \rightarrow 2N_2+3H_2O$$

选择性催化还原系统一般由还原剂的储存系统、还原剂和空气的混合系统、氨喷射系统、反应器系统及监测控制系统等组成。SCR 技术原则流程图如图 11-3 所示。

SCR 技术由于催化剂的存在，大大降低了氨与 NO_x 的反应温度，提高了反应效率，NO_x 的脱除率达到 70%~98%。该技术的核心主要是催化剂的研究和还原剂氨的分布控制。

（2）烟气脱硫除尘一体化技术。

WGS 技术利用文丘里原理，通过烟气或循环液压力形成真空喷射，利用喷射形成的雾滴捕捉烟气中的二氧化硫和颗粒物，再利用碱液吸收二氧化硫，从而实现烟气的净化。

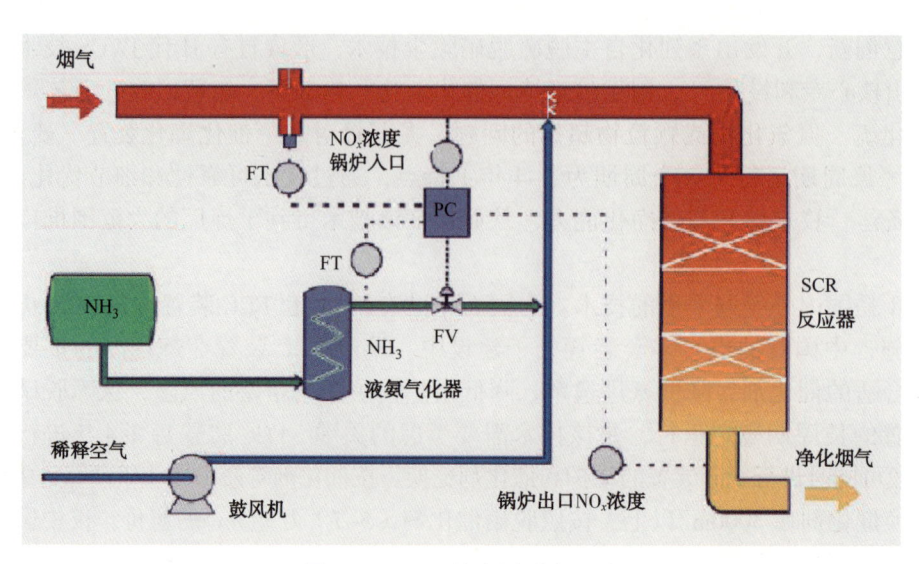

图 11-3　SCR 技术原则流程图

WGS 技术分为 JEV 型和 HEV 型两种，分别对低压烟气和高压烟气进行处理。其中，JEV 型 WGS 技术系统无压降，能够满足多数炼厂余热锅炉出口微正压的改造要求，因此，改造工程量小，投资低，并且不影响原催化装置的正常运行和烟机做功，非常适合现有催化装置改造。图 11-4 为 JEV 型 WGS 技术原则流程图。

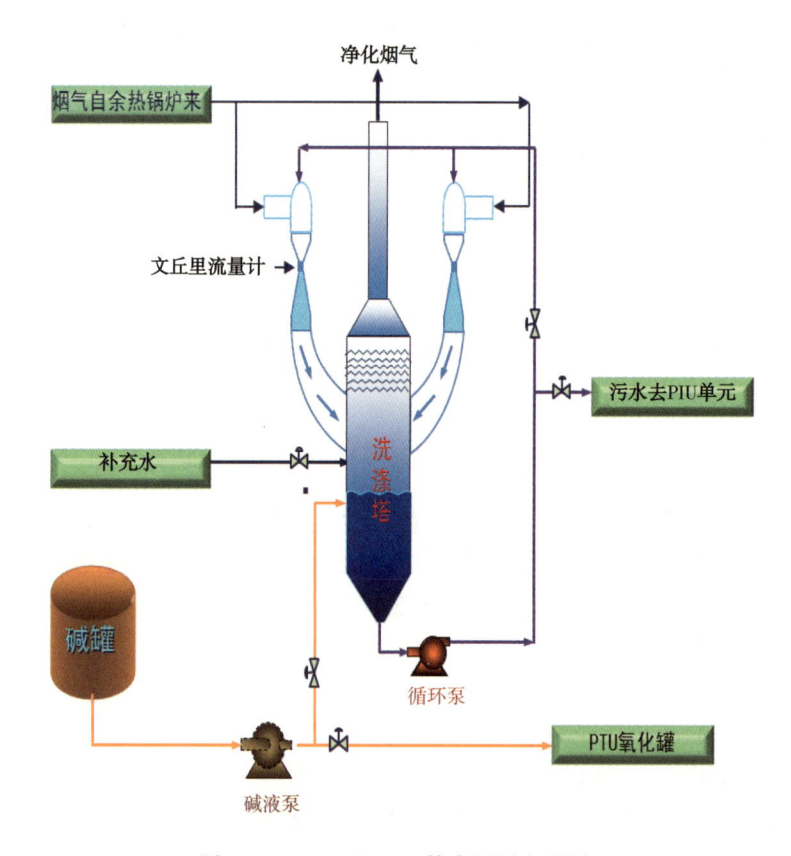

图 11-4　JEV 型 WGS 技术原则流程图

2. 技术研究过程

中国石油催化裂化装置烟气脱硫脱硝除尘业务始于 2006 年，鉴于国家环境保护部对中国石油污染减排的需要，中国石油分别在大连西太平洋石油化工有限公司（以下简称大连西太）和兰州石化部署了催化再生烟气脱硫设施。经深入调研、技术对比和不断优化，形成了中国石油自主知识产权的脱硫脱硝除尘技术。

（1）烟气脱硝技术[8]。

结合国外几十年的再生烟气脱硝技术研究和国内环保法规对总氮、氨氮等污水指标的要求，以东北炼化工程有限公司和石油化工研究院兰州中心为主的工程科研院所分别对脱硝技术和催化剂进行了深入研究，放弃了 WGS+、臭氧氧化等高耗能、低转化率且产生二次污染的技术研究。转而以国外更加普及的 SNCR 技术、SCR 技术为突破口，利用中国石油科技重大专项"千万吨级大型炼厂成套技术开发与应用""催化裂化烟气脱硫脱硝成套工艺技术集成开发与工业应用"等为依托，运用国际先进的 CFD 流场模拟、CKM 化学反应动力学模拟等软件，自我突破，锐意创新，完成 SNCR、SCR 工艺包编制 6 套，获得国家发明专利授权、国家实用新型专利授权 6 项，中国石油技术秘密授权 8 项。同时，配套喷氨格栅、整流格栅、导流板、液氨气化—储存一体化设施等核心专利、专有设备，有力保障了技术的先进性和可靠性。另外，石油化工研究院兰州中心完成高氮氧化物脱除率、低二氧化硫转化率高效 SCR 催化剂配方研究和工业化生产，与东北炼化工程有限公司 SCR 脱硝技术配套，经专家评定，达到国际先进水平。

相关技术和催化剂已在中国石油所属炼厂 14 套催化裂化装置、6 台催化油浆锅炉、2 台炼厂加热炉上推广和应用，实现烟气达标排放和污染减排，进一步验证了技术和催化剂的先进性。

（2）WGS 烟气脱硫除尘一体化技术。

2012 年 8 月在完成该技术的一次性引进之后，经过东北炼化工程有限公司消化吸收再创新，形成了一系列科技成果，进一步提高了技术的先进性和可靠性。

①形成了系列化文丘里产品，大大扩展了 WGS 技术的适应能力，实现了 WGS 技术在硫黄回收等其他小型设施上的应用。

②提高了污染物捕捉能力，通过新型洗涤塔内件的研究，提高了烟气中雾滴的捕捉效果，一方面解决了湿法脱硫技术固有的"烟囱雨"现象；另一方面，进一步加强了颗粒物的捕捉，实现了颗粒物的进一步净化，可满足特别排放限制区的高标准要求。

③研发出高效环流喷射曝气氧化器设施，通过环流喷射方式大大缩小了空气气泡粒径，提高了循环浆液的溶氧系数。与传统曝气氧化器相比，该技术溶氧系数提高 3 倍以上，实现了外排污水 COD 合格排放，同时有效降低了工程投资和操作费用。

④第三代 PTU 污水处理技术，大大减小了占地面积，节省了投资，同时实现了外排污水总悬浮颗粒物等指标的超低排放。

WGS 技术经过东北炼化工程有限公司多年的创新升级优化，形成全新 II 代脱硫除尘一体化技术，在污染物指标上实现了大跨步提升，同时，技术操作稳定性更高，投资更低，占地面积更小；并先后完成脱硫除尘技术工艺编制 6 套，配套自主专利脱硫工艺配套核心设备，包括文丘里喷射器、文丘里喷嘴、塔内件、分水帽、CJA 环流喷射曝气氧化器、高效除雾器等。技术取得国家发明专利授权 1 项、国家实用新型专利授权 7 项、中国石油技术秘密授权 11 项，相关技术和专利已在中国石油所属炼厂 26 套催化裂化装置、催化油浆锅炉、硫黄回收装置得到推广和应用，为中国石油带来了巨大的社会效益和经济效益。

3. 技术创新及先进性分析

在技术指标方面，自主开发的烟气脱硫脱硝除尘技术可满足 GB 31570—2015《石油炼制工业污染物排放标准》、GB 31571—2015《石油化学工业污染物排放标准》、GB 13223—2011《火电厂大气污染物排放标准》等一系列国家、行业、地方最严环保标准的要求，其中，对于催化裂化再生烟气治理，净化烟气中 SO_2 含量不大于 $30mg/m^3$，NO_x 含量不大于 $50mg/m^3$，颗粒物含量不大于 $20mg/m^3$。

在技术先进性方面：

（1）完全自主研发的 CFD 流场模拟技术配合 CKM 化学反应动力学模拟，配套高效专利喷氨格栅、整流格栅设施，确保催化剂入口氨浓度分布差不大于 3%，精确计算还原剂的分布和反应深度，提高脱硝效率，大大减少氨逃逸，有效保护催化剂；

（2）自主研发高 NO_x 转化率且低氨逃逸的催化剂配方，有效保证脱硝反应效率，减少二氧化硫转化率，大幅度减少省煤器段硫酸氢铵生成概率，保障装置长周期安全平稳运行；

（3）独有高精准计量模块、分配模块、气相喷氨设施，提高还原剂的分配效果，确保脱硝效率；

（4）采用文丘里抽吸效应，脱硫除尘系统零压降，完全不影响烟机做功和催化装置运行；

（5）第三代 PTU 污水处理技术，无需絮凝剂、助剂等不稳定因素，实现含油黑水处理，实现污水总悬浮物含量不大于 20mg/L；

（6）四种专利"消落雨"设施，减轻北方冬季"地面结冰"和"白龙现象"；

（7）满足催化装置跑剂、吹灰、短时停电、停水、供碱中断等事故工况下的稳定运行要求。

东北炼化工程有限公司不仅在催化再生烟气治理上取得了卓越的成果，还结合自身高效脱硫脱硝除尘技术特点及丰富经验，将相关技术推广应用到多个行业百余套烟气净化项目中，全部实现达标排放。其中，完成国内炼厂工艺炉尾气的治理 30 余台（套），完成硫黄回收尾气治理项目 6 项，完成国内电厂烟气脱硫脱硝 40 余台，并创新完成以催化裂化油浆作为动力锅炉燃料的烟气治理工作，配套催化裂化油浆预处理技术，为炼厂实现达标排放和盈利双线丰收。为中国石油实现二氧化硫减排 26000t/a，减排氮氧化物 16000t/a，减排颗粒物 7000t/a，为各炼厂外排烟气达到最新环保排放指标、实现中国石油"十二五"污染减排工作方案、满足中国石油与国家环境保护部签署的《"十二五"主要污染物总量削减目标责任书》做出巨大贡献，提高了企业的社会认知度，促进地企关系和谐融洽，具有良好的社会效益。

4. 技术应用实例

（1）呼和浩特石化公司 $280×10^4t/a$ 催化再生烟气脱硫脱硝项目。

催化装置规模为 $280×10^4t/a$，烟气量排放量为 $39.2×10^4m^3/h$。

脱硝采用 SCR 技术，脱硫除尘采用 WGS 技术，项目设计及运行情况见表 11–1。

表 11-1 项目设计及运行情况

污染物	污染物浓度，mg/m³	设计净化效果，mg/m³	实际处理效果，mg/m³	实际污染物减排，t/a
SO_2	335	100	10	800
NO_x	181	100	50	199
颗粒物	115	50	18	280

（2）庆阳石化公司 160×10^4 t/a 催化再生烟气脱硫脱硝项目。

催化装置规模为 160×10^4 t/a，烟气量排放量为 22.5×10^4 m³/h。

脱硝采用 SCR 技术，脱硫除尘采用 WGS 技术，项目设计及运行情况见表 11-2。

表 11-2 项目设计及运行情况

污染物	污染物浓度，mg/m³	设计净化效果，mg/m³	实际处理效果，mg/m³	实际污染物减排，t/a
SO_2	500	100	10	759
NO_x	400	200	80	496
颗粒物	180	50	20	240

（3）大连石化热电厂 6 台催化裂化油浆锅炉烟气脱硫脱硝项目。

热电厂有 6 台动力炉，其中 220t/h 锅炉 3 台，130t/h 锅炉 2 台，120t/h 锅炉 1 台；烟气排放量为 22.5×10^4 m³/h。

大连石化热电厂采用催化裂化油浆作为锅炉燃料，充分利用炼厂附加值产品，实现炼厂效益最大化。项目组克服污染物浓度高、污染物成分复杂、未燃尽炭等特殊工况的影响，采用 SNCR+SCR 脱硝，有效避免了重金属、未燃尽炭等不利因素的危害；脱硫除尘采用自主研发的 II 代 WGS 技术，分别采用两炉一塔、四炉一塔方案，大大降低了工程投资和占地面积，保障了项目可实施性；PTU 采用自主开发的第三代 PTU 工艺，不仅实现了烟气的限时达标排放，满足了 SO_2 含量不大于 50mg/m³、NO_x 含量不大于 80mg/m³、颗粒物含量不大于 20mg/m³ 的火电厂标准特别排放限值的要求，同时解决了未燃尽炭带来的黑水问题。另外，有力保障了催化裂化油浆的高效使用，大大提高了炼厂的经济效益，实现达标排放和盈利双线丰收。

三、催化裂化再生烟气脱硝催化剂技术成果

1. 技术内涵

选择性催化还原法（SCR）具有脱硝效率较高、技术成熟等特点，已被广泛应用于燃煤锅炉脱硝。但催化裂化烟气烟尘粒径小、硬度大且含钒等金属，与燃煤烟气组分明显不同，且催化裂化对装置的长周期运行有更高要求，因此，利用 SCR 技术对催化裂化烟气进行脱硝时，除需要实现高脱硝率外，还需要开发相关装置运行控制技术以确保在高效脱硝的同时有效减少氨的逃逸，缓解低温省煤器段的堵塞问题。针对催化裂化烟气特点，开发出活性高、抗磨损性强的 SCR 催化剂，采用多活性组分的分子级混合控制技术、催化剂基体与助剂的匹配控制技术、架桥连接功能模板剂等提高催化剂的选择性和活性，减少重金属氧化物的多晶沉积毒化作用，催化剂强度增加 20% 以上。同时创新催化剂三级密封技术，增强烟气与催化剂的接触以提高脱硝率，通过网格法对脱硝反应器横截面烟气组

分分布情况进行评价与调整，实现烟气截面还原剂浓度偏差不大于5%；指导工业装置进行相应的工艺操作参数调整，实现喷氨联锁，提高NO_x浓度与氨供给的关联程度，有效减少氨逃逸及省煤器段结盐，当入口NO_x浓度为800mg/m³、出口NO_x浓度小于50mg/m³时，氨逃逸降低至1μL/L以下，确保了脱硝装置的长周期达标稳定运行[9]。

2. 技术研究过程

（1）技术原理。

SCR脱硝技术最早是在20世纪50年代由美国人提出的，1959年，美国Eegelhard公司申请了此技术的发明专利。1972年，日本开始研究该技术并于1978年率先将该技术实现工业化。技术原理是利用适当的催化剂，在一定的温度下，以氨、尿素、CO或烃类等为选择性还原剂，与NO_x发生反应，将其还原成无毒的N_2和H_2O。反应原理和表面反应机理如图11-5和图11-6所示。

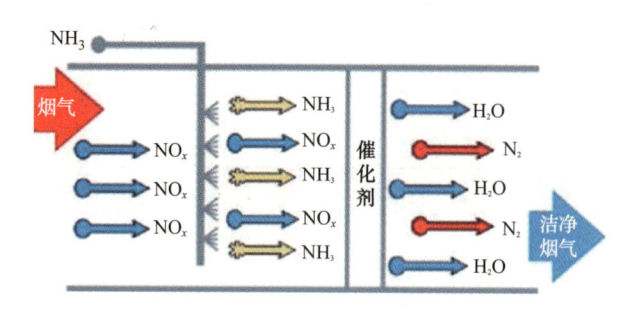

图11-5　SCR反应原理

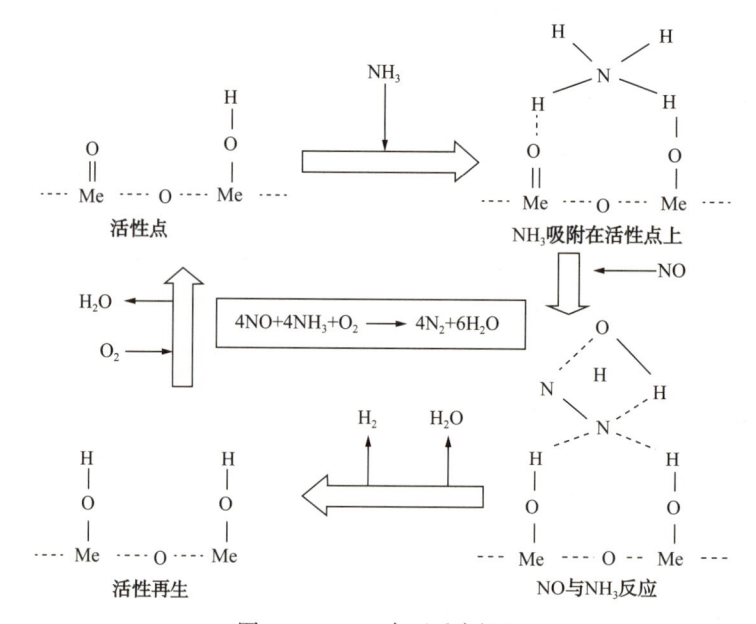

图11-6　SCR表面反应机理

（2）研发历程。

2013年，石油化工研究院开展"钒基SCR催化剂配方及成型技术开发"相关研究，掌握了多种钒基催化剂活性物质复配技术。2014年，针对催化裂化烟气的特点，开发出活性高、抗磨损性强的SCR催化剂，2015年初完成了催化剂的工业放大制备。同时，开展庆阳石化公司催化裂化装置烟气脱硝工作，其催化裂化装置烟气NO_x含量为360~600mg/m³，烟气量为225000m³/h，烟气温度为350℃，采用SCR工艺进行脱硝，由东北炼化工程有限公司负责工艺包设计。2015年5月28日，庆阳石化公司与石油化工研究院兰州中心双方进行了重油催化裂化装置烟气脱硝项目SCR催化剂研究开发工业试验项目的专题讨论，一致认为应加快SCR脱硝催化剂工业试验的进程，尽快形成具有中国石油自主知识产权的成套脱硝技术。在科技管理部的组织下，2015年12月，就石油化工研究院针对庆阳石化公司开发的SCR脱硝催化剂PDN-102，于庆阳石化公司160×10^4t/a催化裂化装置上进行了工业实验，一次开车成功[10]。该项目于2016年12月通过中国石油科技评估中心组织的专家鉴定，专家一致认为技术达到国际先进水平。

3. 技术创新及先进性分析

经第三方权威评价机构的评价，将SCR脱硝催化剂PDN-102和商品催化剂（国内对比催化剂1、国外对比催化剂2）的性能加以对比，结果见表11-3。从表中可以看出，PND-102催化剂各项指标均达到标准要求，且部分指标如催化剂活性、强度优于主流品牌脱硝催化剂。

表11-3 PDN-102脱硝催化剂性能与国内外催化剂对比

项目	PDN-102	国内对比催化剂1	国外对比催化剂2	标准
单元体长度，mm	835	1200	949	
孔数	20×20	21×21	18×18	
径向抗压强度，MPa	0.94	1.53	0.66	>0.4
轴向抗压强度，MPa	3.65	4.04	3.03	>2.0
硬化端磨损强度，%/kg	0.07	0.06	0.06	<0.10
非硬化端磨损强度，%/kg	0.11	0.11	0.11	<0.15
两层催化剂阻力，Pa	170	400	250	<460
两层催化剂活性，m/h	41.0	30.7	36.9	≥38
入口NO_x，mg/m³	597.9	508.9	447.3	
入口SO_2浓度，mg/m³	1001.0	1657.4	2583.0	
入口H_2O，%	8.00	12.28	9.86	
入口O_2，%	3.00	2.30	4.77	
空速，h⁻¹	4200	3675	3604	
温度，℃	350	350	397	
SO_2/SO_3转化率，%	0.58	0.54	0.52	<1
氨逃逸，μL/L	0.4	0.3	0.5	<3
脱硝率，%	85.1	80.2	85.1	
出口NO浓度，mg/m³	88.8	100.7		
氨氮物质的量比	0.853	0.804	0.853	

表11-4中列出了SCR脱硝催化剂PDN-102在庆阳石化公司应用性能与同类型国内外催化剂应用性能的对比数据。

表 11-4 PDN-102 脱硝催化剂应用性能横向对比数据表

炼厂	应用脱硝催化剂	空速，h^{-1}	脱硝前平均 NO_x 浓度 mg/m^3	脱硝后平均 NO_x 浓度 mg/m^3	氨逃逸平均值 $\mu L/L$
庆阳石化公司	PDN-102	3700	231	47.9	0.28
中国石化某公司	国外催化剂	3800	225	46.1	0.36
	国内催化剂	3700	324	52.7	0.50
中国石油某公司	国内催化剂	3800	144	38.2	0.55

从表 11-4 中可以看出，石油化工研究院 PDN-102 催化剂在工业运行过程中，性能稳定，与国内外对比脱硝催化剂运行性能相当，达到国内领先水平和国际先进水平。

4. 技术应用实例

2015 年 12 月，技术应用于庆阳石化公司 160×10^4t/a 催化裂化烟气脱硝装置，烟气处理量为 225000m^3/h。脱硝反应器入口 NO_x 浓度为 100~430mg/m^3，出口 NO_x 浓度小于 50mg/m^3，氨逃逸小于 1μL/L。通过本项目应用，庆阳石化公司催化裂化装置烟气 NO_x 稳定达标排放，每年 NO_x 减排量约为 206.7t（按照标定期间平均 NO_x 减排量为 566.4kg/d，运行时间 365d 计算）。

技术应用范围广泛，可适用于现有及新建的催化裂化烟气脱硝装置，包括新建、改建催化裂化装置烟气脱硝工程初装以及现有脱硝装置的加装或者换剂；还可拓展应用于燃气锅炉、燃油锅炉、乙烯裂解炉、硝酸尾气、油浆锅炉、丙烷脱氢炉和工艺加热炉等装置上含 NO_x 烟气的脱硝。

第二节 伴生气回收利用技术

一、伴生气回收利用技术需求分析

在油气田勘探开发领域，低渗透油田油气在我国油气产量中所占比例持续增大。在近几年新增探明油气储量中，低渗透油气产能建设规模占到总量的 70% 以上，已经成为油气开发建设的主战场，低渗透油田的伴生气回收与利用的潜力巨大。以长庆油田为例，长庆油田 2010 年生产原油 1833×10^4t，2011 年达到 2075×10^4t，2013 年实现总体规划目标 2500×10^4t，如果通过技术创新将伴生气资源充分回收利用，年可回收伴生气 $10\times10^8m^3$ 以上，将取得良好的经济效益、社会效益和环境效益。

中国石油各油田较为重视油田伴生气的回收利用，均已做了大量的工作。但对于低渗透油田、小断块油田以及边远零散井等，由于伴生气资源分散且数量少，并限于复杂的自然环境、油井的低产工况、远离市场、无法接入管输系统和开发建设投入不足等因素的制约，实现有效的集输和利用难度较大，伴生气放空燃烧的现象较为普遍，尚未得到有效利用。例如，长庆油田伴生气回收利用率整体不足 70%[11]，放空量超过 $3\times10^8m^3$，迫切需要开发油田伴生气低成本回收利用的技术。

图 11-7 为长庆油田伴生气综合回收利用现状图。

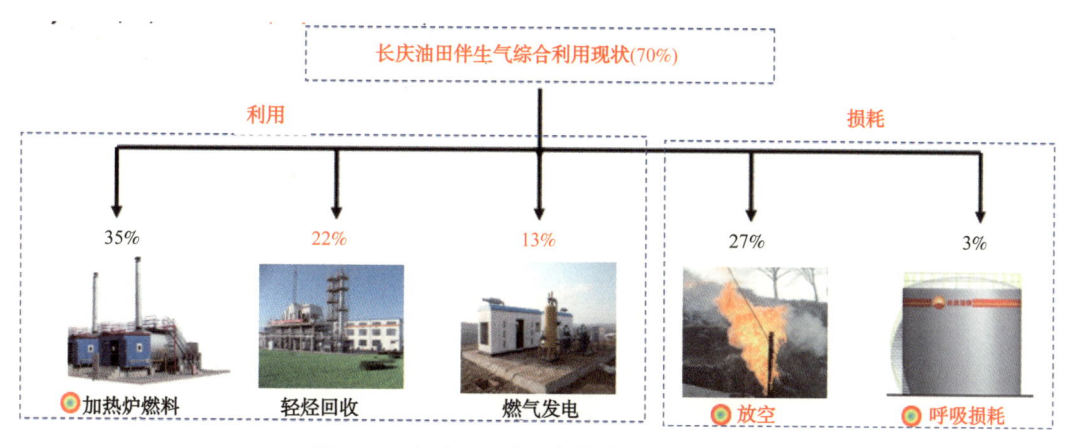

图 11-7　长庆油田伴生气综合回收利用现状

自 2011 年起，长庆油田设计院围绕低渗透油田伴生气回收利用技术开展了一系列技术攻关，研究并开发出一套适合低渗透油田特点的、低成本的伴生气回收及综合利用的关键技术，并进行有效的技术集成，实现了典型低渗透油田——长庆油田的伴生气综合回收利用技术，达到了节能降耗减排的目的。

二、低渗透油田伴生气综合回收利用集成技术成果

1. 技术内涵

长庆油田地面集输工艺以油气混输二级布站工艺为主，可划分为丛式井组、增压点/增压橇、接转站 3 个层级。经过"低渗透油田伴生气低成本回收利用集成技术"攻关，形成了以套管气增压装置前端回收井口套管气，油气混输多相计量装置提高中端油气混输增压点油气混输效率，并完善油气多相计量功能，后端采用小型凝液回收技术——混烃回收工艺+燃气发电技术，实现低渗透油田伴生气低成本回收利用的集成技术，大幅提高低渗透油田伴生气利用效率，降低回收利用成本，实现油田生产低碳、绿色、可持续发展。图 11-8 为长庆油田伴生气综合回收利用工艺示意图。

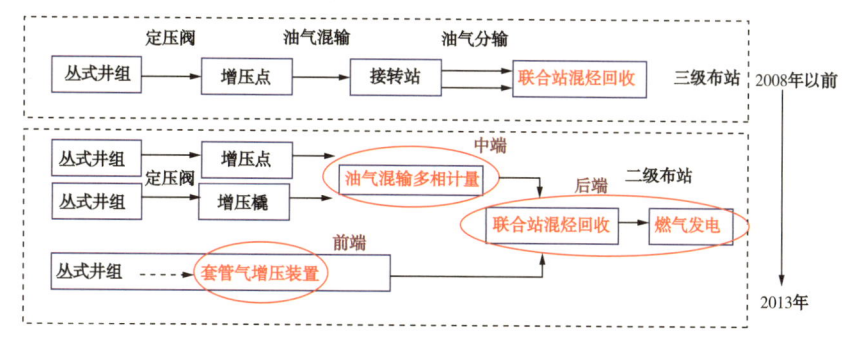

图 11-8　长庆油田伴生气综合回收利用工艺示意图

2. 技术研究过程

低渗透油田伴生气资源量丰富，具有很大的回收利用潜力，但伴生气的富集度很低、不确定性大、递减相对较快、冬夏季及新老区的产量和需求呈现较大的不均衡性，进行低成本回收和高效利用的难度较大。低渗透油田单井产量低，建设投资高，必须低成本开发

才能保证效益，地面工程建设的投资必须有效控制在经济限额内，如长庆超低渗透油田开发地面限额为 10 亿元 /10^6t，仅占开发建设投资总量的 20% 左右，投资非常紧张。因此，从低成本开发需要出发，研究并开发适合低渗透油田特点的、低成本的伴生气回收及综合利用的关键技术，并进行有效的技术集成，以实现低渗透油田伴生气综合利用、节能减排。

（1）小型套管气回收增压装置。

根据依托工程区块的伴生气组分、气量情况选择适宜的增压方式及工艺参数，优选增压设备，确定增压装置的技术参数。开展套管气增压装置的结构设计，进行装置制造和现场试验工作。

根据地层供液能力、深井泵的抽吸能力等因素确定不同类型油井的合理油套压，形成相应的选择模板。结合复杂地形条件下井口高回压对集输系统的影响，研究最优的油井套压和井口回压匹配关系，为套管气增压装置设计提供理论基础。优化增压方式、技术参数，优选适宜低渗透油田特点的增压方式。评价安装于抽油机游梁上打气泵对抽油机平衡及功图计量的影响，形成对应的功图修正方法。优选增压设备的材质及结构形式，以及配套的自控系统，完成橇装化套管气回收装置的设计研究，并选择伴生气资源丰富、依托条件较好的新建区块进行现场试验。

（2）油气混输多相计量集成装置。

通过多相混输管路流型模拟对混输计量集成装置进行优化设计，确定适宜的多相流流量测量技术方案，完成新型多相混输计量集成装置研制，使集成装置不仅具有伴生气综合回收利用和维护混输安全平稳运行的功能，同时具有多相计量的功能，并进一步开展装置制造和现场试验推广工作。

通过理论建模与计算分析，预测管线的流型及持液率，重点评价由大起伏、高落差诱发的严重段塞流特征。对集输管线用于原油—伴生气—水多相混输的压力降与输送能力进行分析计算，对螺杆泵气液混输性能曲线及其与多相混输管路特性曲线进行分析计算，评价现有油气混输技术是否满足全面伴生气回收要求，对存在的问题提出改进措施。完成了严重段塞流工况下的油气混输系统安全平稳运行与保护技术。根据流型模拟及来液情况，研究适用于低渗透油田的低成本多相流量计量技术，优选流量计组合方案。完成多相计量与混输系统集成，应用数字化技术对装置进行智能诊断和保护，实现连续自动输油与计量，实现无人值守。

（3）低成本、高收率的小型天然气凝液回收工艺与装置研究。

在充分调研分析现有装置生产运行参数的基础上，优化、简化伴生气凝液回收工艺。针对凝液回收工艺存在的工艺复杂、占地大、投资高的问题，对其进行优化、简化，初步拟定三个简化措施：一是以装置自产的中间混烃为制冷剂循环膨胀制冷，以替代常用的制冷剂制冷工艺；二是针对低渗透油田站点多、规模小的现状，以回收混烃为主，简化后端分离工艺；三是应用数字化技术，实现设备安全可靠运行、易操作管理。根据油田伴生气的组分，调研国内 CNG 技术现状，确定装置压缩机选型；结合伴生气凝液回收工艺，开展车用 CNG 脱水、脱烃技术研究，完成小型 CNG 装置橇装集成设计。

（4）移动式井场套管气回收利用技术集成研究。

设计井场套管气回用技术路线，开发适宜的制冷与分离工艺，研发凝液与干气的储运技术，进行套管气回收利用装置的小型化、模块化、橇装化的设计与研制，开展现场试验进行检验与优化。

3. 技术创新及先进性分析

（1）形成了以套管气增压装置前端回收井口套管气，以油气混输多相计量装置提高中端油气混输增压点油气混输效率的技术。

（2）完善油气多相计量功能，后端采用小型凝液回收技术——混烃回收工艺+燃气发电技术。

（3）形成实现低渗透油田伴生气低成本回收利用的集成技术，大幅提高低渗透油田伴生气利用效率，降低回收利用成本，实现油田生产低碳、绿色、可持续发展。

三、技术应用实例

（1）增压装置。装置在第三采油厂池46井区应用，共安装5套，年回收天然气$1.5 \times 10^4 m^3$。

（2）混输计量装置。装置在陇东油区超低渗第一项目部、超低渗第二项目部和超低渗第四项目部应用，共安装3套，年回收天然气$100 \times 10^4 m^3$。

（3）凝液回收装置。装置在第八采油厂学一联轻烃回收工程中应用，年产混烃2500t以上。

3套装置示范应用，年减排CO_2可达$0.42 \times 10^4 t$，形成年经济效益286万元。预计在长庆油田全面推广应用，伴生气回收率可由70%提高至90%以上，年回收天然气$2 \times 10^8 m^3$，可减排CO_2 $40 \times 10^4 t$，形成年经济效益2.7亿元。

第三节　石油石化企业挥发性有机物（VOCs）排放检测技术

一、石油石化企业挥发性有机物（VOCs）排放检测技术需求分析

1. 政策要求

挥发性有机物（VOCs）是大气中普遍存在的一类化合物，该类化合物一般具有有毒有害危险性，具有臭氧层破坏和温室效应，可以参与光化学反应产生光化学烟雾（即生成臭氧、生成二次气溶胶），是$PM_{2.5}$的重要前源之一，而$PM_{2.5}$又是灰霾的主要前源。因此，VOCs具有较大的环境危害。

2010年5月21日，国务院办公厅下发了《国务院办公厅转发环境保护部等部门关于推进大气污染联防联控工作改善区域空气质量指导意见的通知》（国办发〔2010〕33号），首次在国家层面提出VOCs的管理控制要求，并将挥发性有机物列为大气污染联防联控的重点污染物，将石化、化工列为大气污染联防联控的重点行业。此后，国务院于2011年下发的《关于加强环境保护重点工作的意见》（国发〔2011〕35号）及2012年相继批复的《国家环境保护"十二五"规划》和《重点区域大气污染防治"十二五"规划》，均提出VOCs的管理控制要求。其中，《国家环境保护"十二五"规划》中明确要求："实施多种大气污染物综合控制，重点实施深化颗粒物污染控制和加强挥发性有机污染物和有毒废气的控制；加强石化行业生产、输送和存储过程挥发性有机污染物排放控制；开展挥发性有机污染物和有毒废气的监测，完善重点行业污染物排放标准。"《重点区域大气污染防

治"十二五"规划》要求:"2015年挥发性有机物污染防治工作全面展开,完善挥发性有机物污染防治体系,主要工作包括:开展石化、有机化工等重点行业挥发性有机物摸底调查,编制重点行业排放清单;完善重点行业挥发性有机物排放控制要求和政策体系,加强挥发性有机物面源污染控制;大力削减石化行业挥发性有机物排放,石化企业应全面推行泄漏检测与修复(LDAR)技术,加强石化生产、输送和储存过程挥发性有机物泄漏的监测和监管,对泄漏率超过标准的要进行设备改造,严格控制储存、运输环节的呼吸损耗,原料、中间产品、成品储存设施应全部采用高效密封的浮顶罐,或安装顶空联通置换油气回收装置,将原油加工损失率控制在6‰以内,确保挥发性有机物排放稳定达标……"

此后,环境保护部于2013年发布了《挥发性有机物(VOCs)污染防治技术政策》(环境保护部公告2013年第31号),该技术政策提出了生产VOCs物料和含VOCs产品的生产、储存运输销售、使用、消费各环节的污染防治策略和方法。国务院于2013年发布了《国务院关于印发大气污染行动计划的通知》(国发〔2013〕37号),该行动计划要求:推进挥发性有机物污染治理,在石化、有机化工、表面涂装、包装印刷等行业实施挥发性有机物综合整治,在石化行业开展"泄漏检测与修复"技术改造等。

2. 技术现状

对于VOCs管理控制,国外发达国家(如美国、日本等)均有不同模式的管理体系要求,同时针对密封组件管理的泄漏检测与修复(LDAR)程序也已被广泛采用。

但在我国,由于VOCs管控政策刚刚出台,在VOCs表征定义、VOCs源清单建立方法、LDAR程序等方面仅处于研究起步阶段;石化行业仅仅是外资企业参考所在国的VOCs管控模式进行管理,国内也仅仅是中国石化金陵石化公司等企业进行了LDAR试点。因此,国家或行业还没有形成统一的VOCs表征定义、VOCs源清单建立方法和LDAR程序方法。

3. 生产需求

根据中国石油环保管理特点,中国石油亟须炼化企业VOCs源解析、炼化企业VOCs核算方法、LDAR程序方法,以及VOCs体系化管理方法,以形成中国石油VOCs管控体系,并满足国家对VOCs的管控政策要求。

二、炼化企业VOCs泄漏排放监测技术成果

1. 技术内涵

(1)炼化企业VOCs源解析研究。

一般石油加工企业或石油化工企业,除具有工艺生产装置外,还有冷热源供给设施,原料、产品、半成品的储存及装卸、运输设施,废物收集及处理系统,保障安全生产的火炬系统。由于工艺操作、密封、燃烧效率等因素,这些过程均可以产生VOCs的逸散泄漏及排放。

通过炼化企业实际摸排调查,结合多年化工石化医药行业环评经验,研究认为,一个完整的石油加工或石油化工企业,基本涵盖企业生产全过程,VOCs源大致来自如下各个环节。

①生产工艺装置。

密封组件。生产工艺装置一般都是由压缩机、泵、阀门、法兰等设备组成,整个工艺

流管线与这些组件之间采取密封连接，有机介质物流从上游输送至下游在这些密封点处都会存在VOCs的逸散泄漏。

工艺尾气。由于生产操作及工艺条件限制，有些生产过程或工艺设施会连续或有规律时间间隔地排放工艺尾气。

工艺废气。由于生产操作及工艺条件限制，有些生产过程或工艺设施会无规律排放工艺废气。

采样过程。采样分析是一般炼化企业为保证产品品质的必需过程，一般都是有规律时间间隔地进行，该过程置换操作会存在VOCs逸散排放。

检维修过程。检维修是一般炼化企业为保证稳定生产运行的必须手段，一般都是有规律时间间隔地进行，在该过程中，装置的卸料、吹扫会存在VOCs的逸散排放。

②原料、产品、半成品储存及装卸、运输。

储存。有机物料一般用储罐存储，液态物料的储罐类型有固定顶（立式、卧式）罐、内浮顶罐、外浮顶罐，气态物料的储罐类型基本为压力罐（球罐、气柜）。压力罐存储过程基本无物料逸散排放，而固定顶罐、浮顶罐在静止存储过程中会有VOCs的存储逸散排放，在进出料过程中会有VOCs的工作逸散排放。

装卸。液体有机物料在卸料、装车过程中，会在连接件、呼吸口处存在VOCs的逸散排放。

③冷热源供给设施。

加热炉。在燃料燃烧供给热源的过程中，由于燃料未充分燃烧，在燃烧烟气中存在VOCs的排放。

锅炉。同加热炉一样，锅炉在燃料燃烧供给热源的过程中，会因为燃料未充分燃烧，在燃烧烟气中存在VOCs的排放。

凉水塔。循环冷却系统提供的冷源一般通过管道输送至工艺装置，并与受冷物料隔质换热，在该过程中，由于设备密封损坏等原因，会导致受冷物料与循环冷却水带出，在凉水塔逸散排放VOCs。

④废物收集及处理系统。

收集系统。废水、废液、废渣在被收集的过程中，废物内的VOCs会逸散排放。

处理系统。废水、废液、废渣在被处理的过程中，污水处理厂各构筑设施、填埋场、焚烧炉等会存在VOCs逸散排放。

⑤火炬设施。

火炬是石化企业安全生产的必要设施。一般火炬分为两类，一类是生产火炬，另一类是安全火炬。

生产火炬主要接纳生产过程中的持续或间断排放的泄压放空气等；安全火炬主要是接纳生产工艺装置开停车及事故的初期泄压气、吹扫气等。火炬设施大多有辅助燃料燃烧，在火炬燃烧过程中，会存在未完全燃烧的VOCs排放。

结合对不同类别的VOCs源排放的各类核算方法研究，采用VOCs源概化分类的方法，采集源属性、排放属性、介质属性及操作属性四大类要素建立VOCs源清单。

上述VOCs源项基本涵盖炼化企业生产全过程的产污节点，适用于所有炼化企业。VOCs源项清单的建立不仅可以实现逸散排放量的量化核算，还可以实现VOCs源项的体系化管理。

（2）炼化企业VOCs源排放量化核算方法。

按照污染源排放核算原则，通常VOCs源项逸散排放量核算有实测法、类比法、物料衡算法、模型公式法、排放系数法等。

实测法是对排放源的VOCs进行实际测量，去除合理的取样分析误差，得到的结果最真实、准确。但该方法需要对每个源进行测量，工作量繁琐，同时有部分源因其排放特性而很难或无法测量。

类比法是对已有数据的同类源进行数据引用，如果引用的数据准确，则该方法准确度基本等同于实测法。但类比法要求源属性、介质属性、排放属性和操作属性等均一致，否则会有一定的误差。同时，由于相对类比源的实测数据较少的限制，大部分源无法取得类比数据。

按照物质不灭定律，每个生产过程均可以进行物料衡算，从而准确计算出VOCs的排放量。但由于VOCs是一类非单一的群体物质，每个工艺过程涉及复杂的物理化学变化，因此，对于大多数源，物料衡算法需与其他方法相结合才能得以实现。

模型公式法是在前人研究总结的公式基础上，通过建模进行计算。该方法需要获得一定量的数据支撑。

排放系数法是最容易获得结果的方法，但准确率较低，在不能获得以上几种方法所需数据的前提下，才使用该方法。

针对每一类VOCs排放源，核算方法的最佳使用顺序为：实测法、类比法、物料衡算法、模型公式法、排放系数法。

在炼化企业VOCs源排放量化核算研究过程中，以贴近实际、具有可操作性为基准，采取分类简化研究路线，借鉴已有的并且行业公认的模型、系数等，进行多方法的本土化及软件化，形成环境保护部认可的炼化企业VOCs源排放分类核算方法体系。

在研究中经过实际检测比对，发现同类源各种核算方法差异较大，如在工艺密封件核算方法中，相关方程法最贴近实际，筛选范围系数法核算量是相关方程法的3.5倍左右，平均系数法核算量是相关方程法的15倍左右。因此，核算体系中对每类源项均以贴近实际为基准给定推荐优先采用的核算方法，确保VOCs逸散排放量核算的精度。

（3）VOCs泄漏检测与修复可操作性的技术规程。

泄漏检测与修复（LDAR）起源于美国，LDAR的初期策略是发现泄漏并予以维修，直到检测值满足泄漏阈值的要求。随着技术的发展，美国逐渐改进LDAR的策略和质量，逐渐向预防、跟踪维护、在线维修以及应用低泄漏组件的方向发展。基于LDAR程序要求，美国开发出常规检测方法（EPA CWP）–EPA Method 21（EPA方法21，便携式有机气体分析仪检测方法）。

欧盟、日本、加拿大等均采用美国的LDAR程序方法，我国明确要求实施LDAR计划，各企业单位研究LDAR程序技术均以EPA方法21为基础。

在汲取EPA方法21的基础上，借鉴国内研究成果经验，结合中国石油炼化企业的实际情况，重点研究适用范围、密封件建档、主要关注密封件、密封件标识、检测方法等。通过研究，形成符合国家标准规范的中国石油炼化企业LDAR程序软件，企业按照软件化程序，可有效执行LDAR制度。

（4）通用的炼化企业VOCs综合管控模式。

按照中国石油"统一规划、统一部署、统一平台"的方针，为避免每个炼化企业建立设置独立的平台，达到中国石油集约化集中管控的目的，研究开发出数据库专人维护的远程内部网络多级管控VOCs综合平台体系。

平台体系不仅具有VOCs源项管理、LDAR程序、全口径的VOCs量化核算等炼化企业VOCs管理功能，同时具有上级主管部门管控监督和技术决策的功能，实现了中国石油炼化企业VOCs的全口径在线管控。

2. 技术研究过程

中国石油作为大型国有企业，下辖近30家二级炼化企业（含隶属于勘探与生产分公司的炼化企业），分布在全国的不同地区，在国家出台石油化工VOCs管控政策要求之初，基于国家及行业VOCs管控现状及中国石油炼化企业特点，中国石油安全环保与节能部会同科技管理部顶层设计提出了VOCs管控的"统一规划、统一部署、统一平台、统一标准"指导方针，在该方针的指导下，研究团队制定了"技术研究"和"管理研究"双重并存的研究路线。

在技术研究方面，鉴于炼化企业的生产全过程均可能存在VOCs的逸散排放，排放源种类及数量较多，工作组制定的研究路线为：摸排炼化企业生产全过程的全口径VOCs源项，并进行归类解析；研究总结各类VOCs源排放的量化核算方法；借鉴国外成熟的LDAR程序方法，研究适于中国石油的LDAR程序；以"源头控制、过程控制、末端治理"为原则，研究各类污染源的控制方法，形成中国石油炼化企业VOCs全口径管控技术体系[12]。

在管理研究方面，鉴于中国石油下辖炼化企业多、分布广的特点，研究路线为：搭建炼化企业VOCs综合管控平台，形成集团公司&炼油与化工分公司、地区公司（炼化企业）、生产厂三级VOCs高效集约化网络管控构架。

2014年4月，技术研究方案设计通过中国石油安全环保与节能部组织的专家技术评估。根据方案设计及评估意见，研究团队根据典型炼化企业生产全过程的技术特点，进行VOCs源解析及归类，并制定了各类VOCs源排放量化核算理论方法，以及LDAR程序方法，并在吉林石化、四川石化等进行了单装置的试点研究。在此基础上，于2014年6月正式在中国石油科技管理部设立专项课题。

按照研究计划，选择2~3家炼化企业进行试点技术研究，研究团队首先于2014年11月—2015年2月在华北石化公司采取监测比对等方法进行了企业级试点研究，并初步构建了可运行的远程网络化管理的炼化企业VOCs综合管控体系，2015年5月获得国内首家自主知识产权——《中国石油炼化企业VOCs综合管控平台》软件著作权。期间，根据《石化行业挥发性有机物综合整治方案》（环发〔2014〕177号）的综合整治时限要求，中国石油安全环保与节能部制定了"试运行+优化完善"的炼化企业VOCs管控技术研发路线。2015年7月中国石油科技管理部与安全环保与节能部联合组织，由相关专家对成果进行鉴定，鉴定委员会认为，该成果总体达到国内领先水平，建议加快推广应用（中油科鉴〔2015〕第24号）。

此外，研究人员代表中国石油参与环境保护部环境工程技术评估中心组织的《石化行业VOCs污染源排查工作指南》《石化企业泄漏检测与修复工作指南》的基础研究技术支持,并借鉴、吸收指南的技术内容,为中国石油的VOCs管控技术研究课题提供优化基础。同时,研究团队于2015年3—8月在大港石化采取现场监测、检测比对等方法进行企业级科技成果推广应用以及与标准对接的完善试点工作。

2016年1月,炼化企业VOCs综合管控平台上线试运行。

3. 技术创新及先进性分析

(1) 首次对炼化企业进行VOCs全口径源清单建立[13]。

概化分类的VOCs源清单基本涵盖炼化企业生产全过程的VOCs逸散排放节点,程序化VOCs源项清单建立,有效实现炼化企业VOCs源项全面受控。

(2) 首次建立炼化企业VOCs逸散排放量化核算方法[14, 15]。

开发出中国石油炼化企业VOCs源排放,尤其是对于复杂的设备密封点、储运设施、废水收集处理系统以及循环水系统的VOCs排放核算方法,采取实测法或实测—模型结合方法,并按贴近实际推荐优先核算方法,有效实现中国石油各炼化企业VOCs统一基准量化核算。

(3) 开发出统一的LDAR程序实施方法。

在国家还没有出台LDAR程序的统一或行业实施规范的情况下,消化吸收国外LDAR程序实施的先进经验,并吸取我国部分地方已有的LDAR程序经验,研究总结出适合中国石油炼化企业的LDAR程序方法,不仅为中国石油VOCs环保合规管控奠定基础,同时也为国家的行业规范提供技术支撑。

(4) 开发出VOCs综合管控远程网络平台。

首次提出分级向下兼容的网络平台化VOCs全口径管控模式,创新性地研发高效集约化的远程VOCs综合管控平台体系,该体系属国内独创模式,并且适应中国石油现行的环保管理理念,是有利于具有不同地域多家二级炼化企业的大型集团公司的VOCs管理控制,为国家环保主管部门对整个石化行业VOCs管控提供了范例。

三、技术应用实例

兰州石化是大型炼化一体化企业,公司原油一次加工能力达到1050×10^4t/a、乙烯产能70×10^4t/a、化肥产能52×10^4t/a、合成树脂产能122×10^4t/a、合成橡胶产能22×10^4t/a、炼油催化剂产能5×10^4t/a。

2016年6—12月,在兰州石化采用该成果进行VOCs体系的首次建立及LDAR程序的建立和首次实施。整个体系包含63套在役生产装置及辅助生产设施。

建立12类VOCs源项,包括储运系统的465座储罐、17个装卸栈台,废物集输处理系统的全公司污水集输系统、污水处理厂(设施),17座循环水厂,28个有组织工艺废气源,53个燃烧类烟气源,526个采样点,6座火炬,1个无组织废气排放源,945260个密封件,以及开停车检修工况源和事故工况源。

首次量化核算采取高等级核算方法与低等级核算方法比对的方式进行,对废水集输处理系统、循环水厂、有组织工艺废气源、燃烧类烟气源采取最高等级的实测方法核算,对密封件采取第二等级的相关方程法核算,火炬采取物料衡算法核算,储运采取实测+模型公式法核算,采样等其他采取公式或系数法核算。

首次LDAR程序实施检测受控密封点945260个,检测值超泄漏阈值的密封点8604

个，泄漏率为 0.91%；实施泄漏密封点修复后，修复密封点 5774 个，修复率为 67.11%；修复后泄漏率为 0.30%，修复泄漏率降低 0.61 个百分点。修复前 VOCs 等效逸散量为 1542t/a，修复后 VOCs 等效逸散量为 518t/a，修复等效减排 1024t/a。按照 1.2 元 /kg 的 VOCs 排污收费计算，相当于每年节省上交排污费 123 万元。

兰州石化的成果应用，全面实现公司 VOCs 的受控管理，为公司 VOCs 环保合规奠定基础。

第四节　石油石化企业挥发性有机物（VOCs）排放控制技术

一、石油石化企业挥发性有机物（VOCs）排放控制技术需求分析

1. 生产需求

近年来，我国的空气质量持续恶化，环境承载力开始减弱，加快环境治理意义重大。因此，国家及行业出台了一系列的法律、法规，保障大气保护工作的顺利开展。其中，我国《重点区域大气污染防治"十二五"规划》将挥发性有机物列入控制指标，要求重点行业（包括石油石化企业）现役源挥发性有机物排放削减 10%~18%。油品储运过程中的油气挥发在整个石油石化企业中的占比超过 40%。一方面，油气的挥发带来直接的经济利益损失；另一方面，油气作为一种挥发性有机物，是 $PM_{2.5}$ 形成的重要载体，对环境影响巨大，是需要治理的重点对象。

我国对油品储运过程中油气的排放限值要求越来越高，从最初的非甲烷总烃排放低于 $25g/m^3$，到后来的非甲烷总烃排放低于 $120mg/m^3$，苯、甲苯、二甲苯排放分别低于 $4mg/m^3$、$15mg/m^3$、$20mg/m^3$，传统的油气回收技术已经不能适应新的发展要求，技术的改进与提升迫在眉睫。

对中国石油下属的所有炼化企业来说，储运罐区的 VOCs 治理工作量及工作难度都非常之大，主要原因是 90% 以上都是在正在运行的罐区中进行改造，时间紧、任务重，国内可依托的标准规范不健全，缺乏实施的具体要求，且实施过程中的安全问题是亟待解决的问题。中国石油积极响应国家大气治理号召，炼油与化工分公司在北京组织召开了炼化企业挥发性有机物综合整治工作推进会，确定由东北炼化工程有限公司牵头，开展挥发性有机物治理的方案研究工作。

油品蒸发损失的途径主要有两方面——一方面是油罐呼吸损失，另一方面是轻质油品装车过程中的损耗。油罐呼吸损失主要包括大呼吸损失和小呼吸损失。油罐收发油时的损失是大呼吸损失。大呼吸损失受油品性质、收发油速度、油罐周转次数等因素影响。大呼吸汽油挥发量大，每吨汽油在从炼油厂到用户的过程中，至少会发生 5 次大呼吸。罐内油品在没有收付作业静止储存的情况下，随着外界气温、压力在一天内的升降周期变化，罐内气体空间温度、油品蒸发速度、油品浓度和蒸汽压力也不断变化，造成油气呼出罐外，再吸入空气，称为小呼吸损失。小呼吸损失受外界环境影响很大。轻质油品装车过程中损耗是指槽车装卸作业过程中油气损耗和加油站给汽车加油产生的油气损耗。相比之下，这部分损耗比油罐呼吸损耗更大。国内的装车技术鉴定报告中数据表明，汽油装车时排出的混合气体中烃的质量浓度为 $0.138~0.323kg/m^3$[16]，这样的排放浓度超过了国家标准规定的排放限值。

近年来，随着公众环保意识的增强、大气排放标准的日趋严格、加工原油的不断劣质化，污水处理厂恶臭及VOCs气体治理逐步受到关注和重视。污水处理厂恶臭及VOCs治理既是满足环境保护的刚性要求，也是中国石油建设绿色炼化企业的必然选择，更是增强周边居民满意度、提升企业形象的有效举措。

"十一五""十二五"期间，各炼化企业开始关注污水处理厂恶臭气体的治理，常用的治理方法包括吸收法、吸附法及生物法。其中，生物除臭法发展最为迅速，它具有成本低、二次污染少等特点，是一种既环保又经济的处理技术。"十二五"中后期，GB 31570—2015《石油炼制工业污染物排放标准》及GB 31571—2015《石油化学工业污染物排放标准》颁布，在同类标准GB 20950—2007《大气污染物排放标准》等的基础上提出了更高的VOCs排放要求。VOCs治理受到重视，炼化企业污水处理厂VOCs治理主要采用生物法、活性炭吸附法及催化氧化燃烧法。随着VOCs治理技术的发展，气体加盖收集、治理规模确定、高浓度VOCs气体输送的安全性等问题逐步显现，成为制约VOCs治理的难点，亟须研究解决。

2. 国内外研究现状

北美洲和欧洲各国在20世纪70年代初建立了油气回收的管理法规和制度，发展并形成了油气回收产业[17]。我国的油气回收工作虽然已有所发展，但与国外相比还有一定差距，需要进一步研究和探索。通过国内与国外的研究现状对比，可以发现不足，促进我国在这一领域的进一步发展。

20世纪初，国外提出使用浮顶罐可以降低储存过程中油品的蒸发损耗[18]。20世纪40年代起，美国各石油公司、研究机构和环保部门等不断研究具体油品蒸发损耗的问题。美国在油品蒸发损耗方面的研究处于世界领先水平，并且在炼油厂、油库、加油站等油气损耗较为严重的地方实施油气回收。美国加油站采用挥发污染在人口密集城市区域要求排放小于$10g/m^3$[19]。日本特别重视能源的节约问题，在石油成为制约其经济和军事发展主导因素的情况下，节约石油和回收油气显得更加重要，由此也促进了日本对油气回收的深入研究。日本在油品装卸的各个场所几乎都装有油气回收设备，并在油品的储存上几乎都采用内浮顶罐、外浮顶罐，甚至是石脑油的储存都采用耐压罐[20]。其他国家（如丹麦、加拿大、德国、澳大利亚、瑞典、菲律宾、新加坡、以色列、泰国等）也都对油品的损耗及油气的回收进行研究开发，并推广研究成果于实际应用中[21]。炼厂、油库和加油站普遍应用油气回收装置，降低油品损耗。

国际上有代表性的油气回收设备有美国乔丹公司设计的油气回收设备[22]，这套设备的原理主要为活性炭吸附法。英国壳牌公司经过全面分析油气回收技术，优化相关工艺条件，设计了一套油气回收设备。为解决油气蒸发损耗的问题，可借鉴欧美国家的一些经验。

3. 技术现状

广义的油气回收技术主要包括两个部分，一个部分是油气的收集，另一个部分是油气回收技术本身。只有有效地将油品开敞储运过程中的油气进行收集，输送到油气回收设施进行处理，才能达到预期的治理效果。

（1）油气收集及输送技术。

关于油气回收技术的研究，国内尚处于初期阶段，国内主要研究机构的研究重点主要集中在对油气回收技术本身的研究上面，未见针对油气收集和输送的研究。国内一些投用的油气回收项目，由于在油气的收集和输送环节上对低压油气管网的设计认识不足，导致分散的油气无法集中到油气回收设施，从而导致项目的失败[23]；在油气收集系统上，未采取有效的安全措施，造成事故通过气相连通管道进行传递，曾出现储罐气相空间爆燃事故扩大到相邻储罐的事故，后果严重。因此，针对油气的收集和输送进行研究，对保障油气回收效果达到预期意义重大。东北炼化工程有限公司在解决油气的密闭、低压平衡、油气缓存、油气收集系统的安全措施等问题上，形成了一系列的专有技术，为中国石油油气回收项目的顺利运行提供保障。

（2）油气回收技术。

"十一五""十二五"期间，我国使用的油气回收技术较多是从国外引进的。20世纪70年代左右，许多发达国家均制定了限制油气排放量的相关法规，这些严格的法规要求，使得西方发达国家较早地开展了油气回收研究工作，并于20世纪70年代研制出了油气回收设施。2000年后，我国开始购买丹麦库索深公司、美国乔丹公司等在油气回收领域处于国际顶尖水平的企业的设备。2006年以来，随着我国人民对环境要求的日益提高，国内油气回收行业迅猛发展[24]。

国外引进的油气回收技术主要为吸收法、冷凝法、吸附法和膜分离法等方法，将油气转化为液态进行回收。

①吸收法。吸收法是利用污染物质的物理性质和化学性质，使用水或化学吸收液对废气进行吸收的方法，由于油气一般都溶解于柴油或汽油等有机溶剂，通常也用柴油或汽油作为吸收剂[25]。

②冷凝法。冷凝法是利用烃类物质在不同温度下的蒸气压差异，通过降温使油气中一些烃类蒸气达到过饱和状态，过饱和蒸气冷凝成液态，进而回收油气的方法[26]。

③吸附法。吸附法利用吸附剂对油气的强吸附力，将油气吸附下来，从而达到回收油气的目的[27]。

④膜分离法。膜分离技术基于化学物质通过膜的传递速度的不同，以膜两侧的化学势梯度为推动力，从而使不同化学物质通过膜而达到分离效果。膜分离法的工作原理是利用油气与空气在膜内扩散性能的不同来实现分离，即让油气和空气混合物在一定压差推动下经过膜的"过滤作用"，使混合气中的油气分离，从而达到油气回收的目的[28]。

单一的油气回收技术，或是油气回收技术的机械组合，难以满足日益提高的环保要求。每一种技术都有自己的最佳工作适用区间，在工作适用区间外工作，不仅回收效率降低，能耗升高，还存在不同程度的安全隐患。东北炼化工程有限公司在油气回收技术的优化、组合利用上，结合中国石油几十家炼化及油品销售等企业的油气回收项目实践经验，进行大量的数据采集分析研究工作，取得了重要的技术进展，为我国油气回收过程的提质增效以及安全保障贡献了技术力量。

根据国内加油站的常规布局和一般的运行方式，加油站的油气排放主要分三部分——油罐车卸油时的油气排放、加油机对汽车加油时的油气排放、地下油罐储存的油气排放。针对油气的排放，加油站的油气回收系统主要由一次油气回收系统、二次油气回收系统和三次油气回收系统组成。

①一次油气回收系统。一次油气回收系统主要是指通过改造油罐车和地下储油罐，将卸油时产生的油气收集重新输送回油罐车，完成油气循环的卸油过程，再将这部分油气带

回油库处理。一次回收主要是采取密闭式系统，这一系统实施后油气回收率可达95%。但是，油罐车存在一定的密闭性问题，一般在返程的路上油气就漏光了，而且好多油库没有油气回收措施，一般都白白将油气放掉。基于现状，一次油气回收系统控制了加油站的油气污染排放，但没有根本达到节能减排效果。

②二次油气回收系统。二次油气回收系统主要是在加油机给汽车加油的过程中，对汽车油箱挥发出的油气进行回收。二次油气回收系统是一个密封的系统，采用双通道加油枪和连接管回收油气，图11-9为加油站密闭卸油和密闭发油油气流程示意图。二次油气回收系统的气液比为（1~1.2）：1，有的加油枪不密闭就会吸入大量空气到地下油罐中，这部分油气就需要进行三次油气回收处理。

③三次油气回收系统。三次油气回收系统是指由于二次回收过程回收到地下油罐的油气体积大于出油量（即气液比大于1），以及"小呼吸"等因素造成油罐压力上升，此时油气会通过呼吸阀排放，为防止污染，在呼吸阀前端加装油气回收装置，对这部分油气的回收处理。

三次回收系统常用的油气回收处理方法有吸附法、吸收法、冷凝法和膜分离法四种方法。

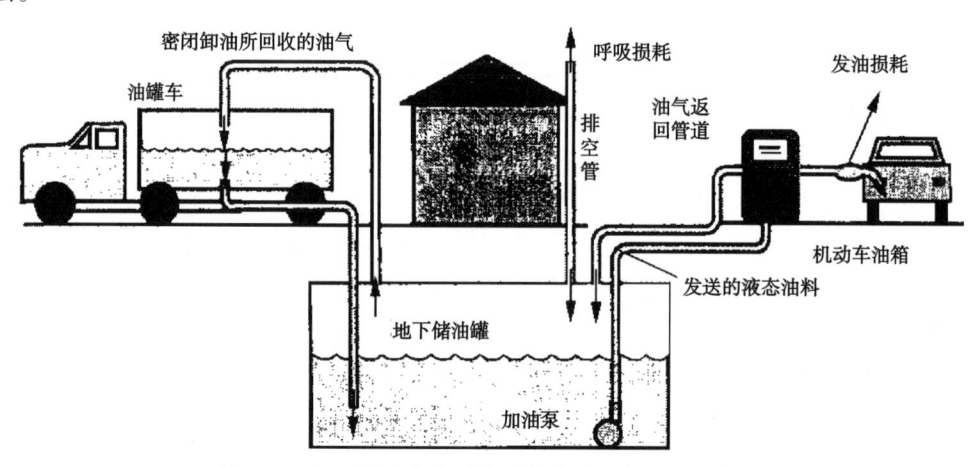

图11-9 加油站密闭卸油和密闭发油油气流程示意图

二、吸附、压缩、冷凝组合油气回收技术研究成果

1. 技术内涵

（1）活性炭实验。

①活性炭结构参数。

活性炭吸附剂性能直接影响吸附操作是否可行和有效。要强化单位质量活性炭的处理量、减少活性炭用量和减小吸附装置尺寸，就必须加快活性炭吸附和解吸的速度以增加吸附循环的次数。这些都对油气回收用活性炭的性能提出了更高的要求，用于油气分离的活性炭吸附剂应具备吸附率高、比热容及传热系数大、导电率高、压降小、劣化度小、使用寿命长和机械强度高等特点。

a.吸附率高。要求活性炭有较大的比表面积，由于吸附通常发生在固体表面的几个分子直径的厚度区域，单位面积的固体表面所吸附的吸附质量很小。因此，作为工业用的吸附剂，必须有足够大的比表面积以弥补这一不足。

b. 较高的强度和耐磨性，劣化度小，使用寿命长。由于颗粒本身的重量和工艺过程中的气体的反复冲刷以及压力的反复变化，有时还会涉及较高温差的变化。因此，如果吸附剂没有足够的机械强度和耐磨性，在实际运行过程中会产生破碎粉化现象，除破坏吸附剂床层的均匀性、使分离效果下降外，生成的粉末还会堵塞管道和阀门，使整个分离装置的生产能力大幅度下降。对于工业吸附剂，良好的物理机械性能是必不可少的。

c. 颗粒大小均匀。吸附剂的外形通常为球形和圆柱形，也有其他无定形颗粒，其颗粒直径通常为40mm到1.5cm，但工业固定床用吸附剂颗粒的直径一般为1~10mm。吸附剂颗粒大小均匀，可以使流体通过床层时分布均匀，避免产生流体的反混现象，提高分离效果。

② 活性炭结构参数。

实验共测定了两种油气回收活性炭（PQR、JSZ）、一种球状活性炭（SAC）和一种树脂活性炭（JSS）的结构参数，表11-5中列出了四种活性炭的孔结构参数。

表11-5 四种活性炭的孔结构参数

活性炭型号	BET 表面积 m^2/g	孔容 mL/g	平均孔径 nm	堆积密度 g/mL	强度（质量分数）%
PQR	1561	1.247	3.197	0.26	52
JSZ	1578	1.002	2.590	0.33	69
SAC	1223	0.641	2.096	0.55	98
JSS	905	1.003	4.435	0.43	88

活性炭的孔隙主要是由中间孔（2~50nm）和微孔（小于2nm）两种孔隙组成，大孔（大于50nm）不多见。当活性炭微孔直径比被吸附分子的直径大3~4倍时，吸附能力最强。一般低碳有机烃分子直径比较小，在0.4~0.5nm，如甲烷（CH_4）、乙烷（C_2H_6）分子直径大约为0.4nm，丙烷C_3H_8、n-C_4H_{10}—n-C_7H_{16} 的分子直径约为0.49nm，i-C_4H_{10}—i-C_8H_{18} 的分子直径大约为0.9nm。因此，有机烃分子容易被活性炭分子吸附。

（2）静态吸附实验。

油气静态吸附实验装置如图11-10所示。

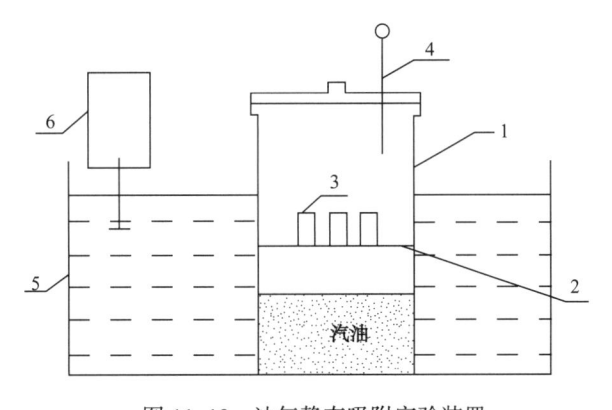

图11-10 油气静态吸附实验装置
1—真空干燥器；2—格栅板；3—磨口容器；4—温度计；5—恒温水浴；6—搅拌机

磨口真空干燥器置于恒温水浴内，实验时干燥器内装入汽油，然后将活性炭放在称量皿中置于干燥器的隔板上方，待活性炭质量不再发生变化时达到吸附平衡，测定活性炭的平衡吸附量。脱附实验在同一装置中进行，只是脱附时不再需要干燥器底部的汽油，装置由真空泵抽至所需脱附真空度，测定不同时间活性炭的质量，当其不再发生变化时即达到脱附平衡，测得活性炭的平衡脱附量。

（3）动态吸附实验。

活性炭对油气吸附回收实验起着关键作用，同时设备尺寸和操作条件也起着不可忽视的作用。活性炭固定床层动态吸附行为对确定过程放大试验和应用条件起着重要作用，吸附分离工艺设计时主要考虑工艺过程和吸附剂的选择，主要设备及其尺寸，基本操作条件。其中，吸附剂的吸附性能数据主要包括吸附平衡曲线、动态数据曲线和解吸曲线。

根据具体实验内容及实验方案，自行设计建造了一套油气吸附/脱附动态实验研究装置，工艺流程图如图11-11所示。

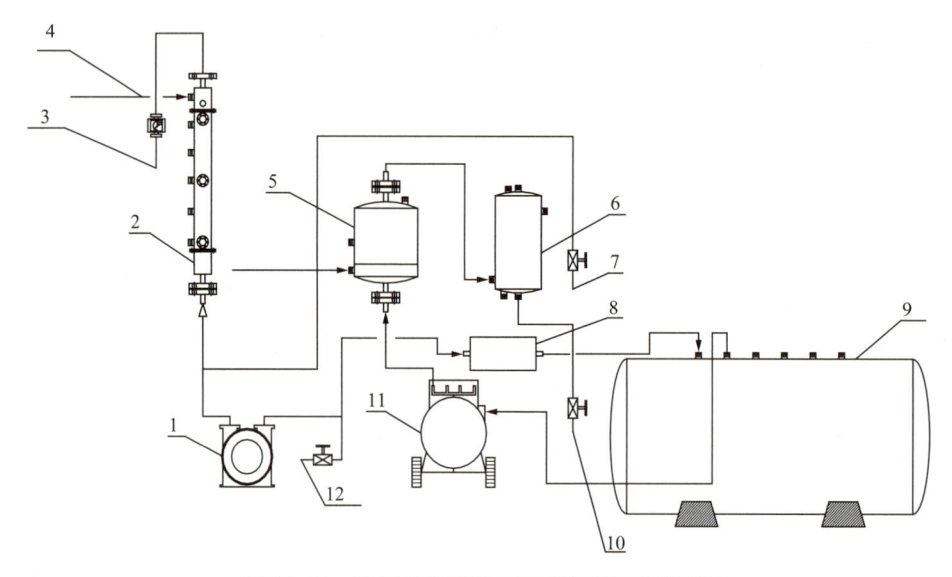

图11-11 油气动态吸附/脱附实验装置流程图

1—真空泵；2—吸附柱；3—出气采样口；4—氮气入口；5—混合罐；6—冷凝罐；7—采样口；8—缓冲罐；9—储油罐；10—采样口；11—压缩机；12—采样口

装置主要由储油罐、混合罐、冷凝罐、吸附器、压缩机、真空泵和控制柜等组成。装置流程为：储油罐内的油气经压缩机压缩后进入混合罐与不同比例的高压氮气混合，混合后的油气首先进入冷凝罐冷凝，冷凝下来的油气由冷凝罐下部返回储油罐，未冷凝下来的油气进入装有活性炭的吸附器进行吸附，待吸附饱和（吸附器进口和出口浓度相等）后，开启真空泵进行脱附。

在活性炭动态吸附实能实验中，主要考察吸附次数、吸附压力、吸附温度等对活性炭饱和吸附量的影响，并测定了油气在活性炭上的吸附穿透曲线。在活性炭脱附性能实验中，主要考察脱附次数、脱附真空度、脱附温度等对活性炭脱附率的影响，并考察了脱附方式对吸附穿透曲线的影响。

油气吸附系统实验装置中的吸附器、油罐、混合罐及缓冲罐均为不锈钢材质，规格分别为：$\phi 50mm \times 400mm$、$\phi 500mm \times 1000mm$、$\phi 300mm \times 300mm$、$\phi 200mm \times 500mm$。

（4）实验室活性炭吸附研究小结。

①油气中 C_3—C_5 占油气总组成的 95% 左右，特别是 C_4 占油气总组成的 64% 左右。油气回收的研究重点应在考虑活性炭自身吸附性能的基础上，重点考虑 C_4 烃分子大小及物化性质。

②活性炭在常压或接近常压吸附油气时，油气主要在活性炭微孔内形成单分子层吸附，活性炭的吸附量主要与其比表面积有关，比表面积越大，油气的吸附量越大。在此情况下，活性炭的选取原则应该在保证孔径满足要求（1.5~4.0nm）的基础上，以考虑活性炭比表面积为主。

③活性炭在压力吸附时，特别是在压力达到 0.34~0.44MPa 及以上时，油气在活性炭上的吸附以微孔填充为主，活性炭对油气的吸附量主要与其孔容的大小有关，孔容越大则油气吸附量越大。此时，活性炭的选取原则应该在保证孔径满足要求（1.5~4.0nm）的基础上，以考虑活性炭孔容为主。

④吸附后的活性炭床层若采用单一真空脱附，由于真空度不可能达到 0，所以采用单一真空脱附后会在活性炭孔隙中及活性炭颗粒间存在残余的油气分子，从而导致在下一吸附周期中，活性炭床层在油气穿透前的尾气排放浓度超标。因此，应该采用真空 + 空气吹扫的方式对吸附后的活性炭进行脱附，即在真空脱附后期，在真空状态下通入空气将残留的油气置换脱出，如此可保证下一吸附周期尾气中的油气浓度满足国家标准要求。

2. 技术研究过程

（1）对目前国内市场的吸附剂进行广泛筛选对比，并进行合理的改性处理；在实验室合成高比表面积活性炭和富含中孔的球状活性炭，进行合理的表面改性处理；研究吸附—脱附动力学和热力学参数。

（2）组合工艺的流程设计，委托加工制造关键设备如吸附罐、油罐等，购买其他关键设备如压缩机、换热器、自动控制装置等。

（3）根据方案进行油气回收试验，匹配和耦合各操作单元的热量，考查整套系统运转时的各项参数指标，完成加油站"三次"油气回收小型实验装置设计和制造。

（4）研究由示范油气回收系统到油库油气回收系统的放大规律，提出油库吸附、压缩、冷凝组合油气回收系统的工艺设计方案。

3. 技术创新及先进性分析

（1）建成了油气吸附的实验室小试动态测试装置，考察了 PQR、JSZ、SAC 和 JSS 四种活性炭在不同条件下的吸附、脱附性能及活性炭床层的吸附温度和压降的变化规律，同时考察了脱附方式对穿透曲线的影响。

（2）完成了满足 $30m^3/h$ 油气处理量的加油站油气回收示范装置的设计、制造、安装、调试及运行。

（3）提出了加油站油气回收装置的建议方案和油库油气回收装置设计的关键点。

4. 技术应用实例

根据实验室油气回收试验结果，设计、制造加油站油气回收示范装置（图 11-12），考虑到压缩机产生的噪声超标及压力吸附可导致吸附剂床层温升过高等安全因素，此装置采用常压吸附流程。同时为了保证尾气排放合格，实验中采用了真空＋空气吹扫的脱附流程。装置建成后于2009年7月18日—9月30日在上海某加油站进行油气回收试验。

具体工艺流程如下：当地下油罐内的油气压力达到设定值时，释压泵开始抽吸地下油罐内的油气进入油气回收装置；油气进入回收装置后，先在冷凝箱中进行制冷，大部分油气及油气中的水蒸气被冷凝成液态，将冷凝液中的液态水排空后，冷凝的液态油气返回地下油罐进行回收，同时未在冷凝罐中凝结下来的油气由其上部进入吸附器A进行吸附；当吸附器出口的浓度检测控制仪测定的吸附器A出口油气浓度达到规定值时，其控制系统自动将油气切换至吸附罐B进行吸附，同时对已吸附油气的吸附器A进行真空脱附、待用，真空脱附的油气返回地下油罐进行回收。

实验显示，加油站油气回收示范装置流程能够满足30m³/h油气处理量技术要求。

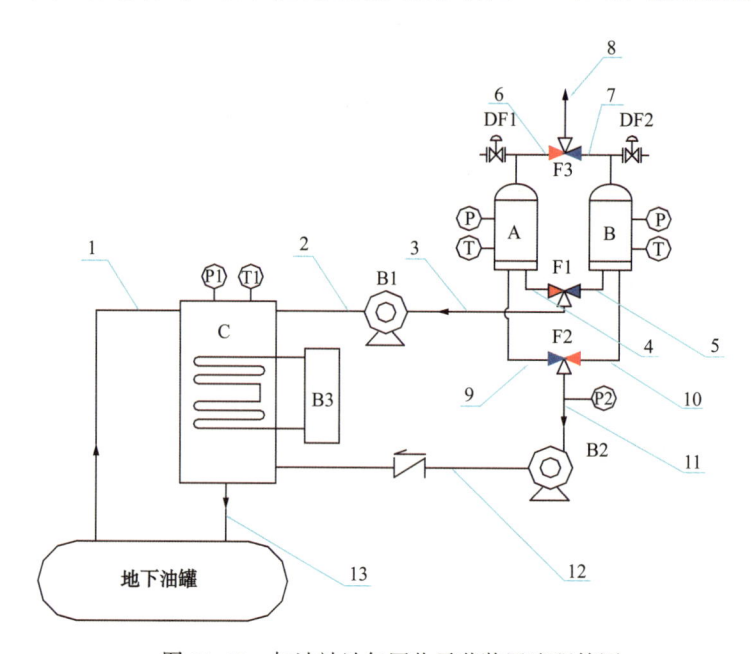

图11-12 加油站油气回收示范装置流程简图
A、B—吸附器；C—冷凝箱；B1—释压泵；B2—真空泵；B3—制冷机组；DF1、DF2—电磁阀；F1、F2、F3—电动三通球阀；P1、P2—压力变送器；T1—温度变送器；P—压力真空表；T—温度表

三、油品储运过程油气回收技术成果

1.技术内涵

（1）油气收集及输送技术。

油气收集系统主要由管道、阀门、密封件、风机等部件组成，在需要进行油气缓存的情况下还包括气柜。油品储运过程为常压操作过程，产生油气的压力极低，不同油气气源位置分散，与油气回收设施的距离各异，且油气产生量在不同工况下不尽相同，给油气的收集及输送带来较大的困难[29]。东北炼化工程有限公司针对油气的收集及输送所进行的研究，填补了中国石油油气回收技术研究的空白，为中国石油乃至行业油气回收技术的进步

做出了重要贡献。

（2）油气回收技术。

单一的回收技术都有其技术的局限性，随着国家对油气排放的要求越来越高，通过研究，采用两种或三种单一回收技术相组合的方式对油气进行回收可显著提高油气排放指标，同时发挥各单一技术在不同油气浓度和气量上的优势，降低系统能耗。中国石油主要采用"冷凝+吸附处理工艺""吸收+膜分离+吸附处理工艺"以及"预吸收+吸附+吸收处理工艺"对油气进行回收。

2. 技术研究过程

（1）油气收集及输送技术。

东北炼化工程有限公司在调研国内已运营项目的基础上，总结油气收集及输送技术中的难点，针对存在的问题，依托中国石油工程建设公司重大专项"石化企业挥发性有机物（VOCs）污染防治成套技术开发"课题，逐一进行技术突破。

①超低压管网油气输送研究。

针对超低压管网的油气输送，运用国际先进的动态模拟技术，对不同气源、不同工况的气体收集和输送过程进行仿真，确保油气收集系统的平稳高效运行，同时对油气收集系统的控制策略进行模拟，保证油气收集系统在不同工况及外部扰动下的正常运行。研究成果形成中国石油技术秘密《储运罐区及装卸设施VOCs收集系统的设计技术》，并自编形成低压管网模拟计算软件。图11-13为储罐油气收集过程控制系统动态模拟图。

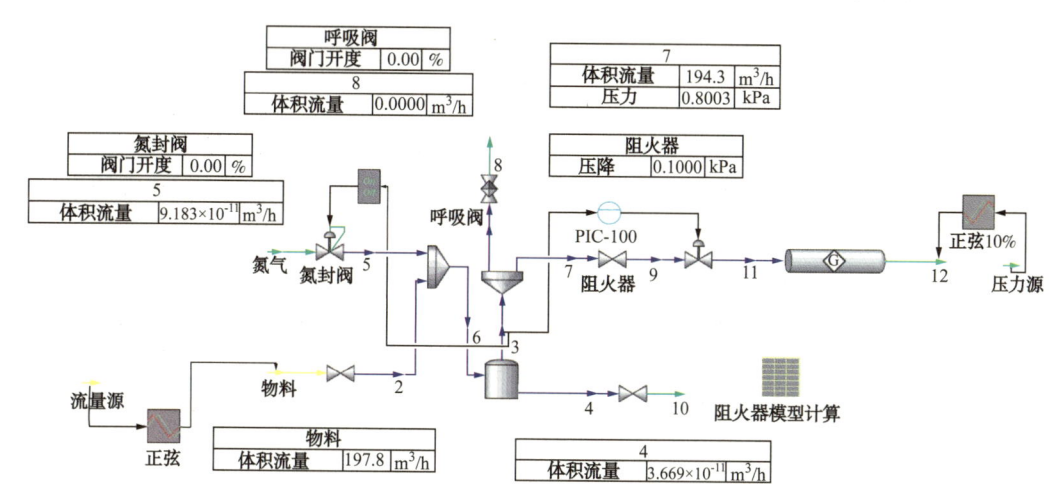

图11-13 储罐油气收集过程控制系统动态模拟

②油气缓冲技术研究。

油品储运过程具有极高的灵活性，不同工况下产生的油气量差别较大，油气压力差别也较大，多个气源在同时引入一套油气回收设施进行处理时，按照油气量峰值叠加设计，会导致油气回收设施设计处理能力偏大，油气设施长期在低效的工作区间运行。为了解决这一问题，东北炼化工程有限公司开发专门的油气缓冲过程仿真软件，通过导入真实的历史运行工况数据，对缓冲容量需求进行模拟，确定合理的缓冲容量，不仅降低了油气回收设施一次性投资，同时为油气回收设施平稳长周期高效运行提供支撑。

油气的缓冲空间通常由气柜提供，为了适应油气缓冲的超低压操作条件，在传统燃气气柜的技术基础上，东北炼化工程有限公司联合国内外气柜制造商，开发应用储存压力低于200Pa的超低压气柜，实现气柜与收集系统压力的双向平衡。同时为了保障气柜的安全运行，研究采取一系列的安全措施，与油气直接接触的气囊具有良好的耐蚀性与导静电特性。

③油气收集系统的安全保障。

油气管道内油气处于爆炸极限范围内，存在一定的安全隐患。油品储罐区大多集中布置，如果将轻质油品储罐的气相空间简单相连收集油气，那它的危险性可想而知。东北炼化工程有限公司与国际主要安全设施的生产厂商及安全评估机构联合，经国内外的多次调研和相关专家论证，研究并成功解决了油气收集系统的安全问题，有效地推动了储运系统VOCs治理工作的进展。

为保障储罐区的安全，油气收集系统设置了惰性气体密封、阻火设施、呼吸阀、安全泄压设施等一系列安全措施，并对这些关键设备的性能指标进行研究，提出了安全可靠的要求。为保障密闭后的储罐能够在原设计的压力范围内正常工作，同时保障事故情况下的储罐正常安全泄放，东北炼化工程有限公司在压力等级的匹配上提出了尽可能没有交集的原则性要求，分级设置储罐压力控制系统，通过最小改造实现储罐的油气收集。针对事故后果严重的储罐气相连通系统，采用储罐油气收集系统的双向阻火隔离控制技术，保障整体的安全性，通过科学的安全评估分析方法，消除企业的风险疑虑，推进项目实施。在采取这一系列措施的基础上，实现安全风险可控，保障油气收集过程的整体安全性。研究成果形成《石化企业储运系统VOCs治理设计导则》，指导石化企业储运系统VOCs治理工作。

（2）油气回收技术。

东北炼化工程有限公司在国内外已有油气回收技术的基础上，依托中国石油工程建设公司重大专项"石化企业挥发性有机物（VOCs）污染防治成套技术开发"课题，与从事油气回收研究的公司合作，针对油气回收技术的节能优化、毫克级排放、安全保障进行了重点攻关，并形成专利。

①油气回收技术基础数据库建立。

对我国处理不同油气介质、不同气源产生工况、不同油气回收工艺的在运行设施，进行运行工艺参数、油气回收的绝对效率和相对效率、运行能耗等主要数据的统计研究。对采用不同工艺技术在不同条件下的油气回收效果进行分析，建立基于实际运行情况的油气回收技术基础数据库。

②节能分析。

增压和降温是实现油气转化为液态的最主要耗能过程，在技术调查的基础上，依托先进的系统仿真手段，对油气回收运行工况进行复核。根据不同工况、不同介质，采取不同的组合油气回收工艺方案，合理分配各段工艺的工作负荷，寻求最佳的温度压力工作平衡点，以最低的能耗实现油气的达标排放与回收。

③实现毫克级排放。

要将较低浓度的油气进一步处理，实现油气的毫克级达标，活性炭吸附是最经济有效的手段。但对于处于达标边际的油气的处理，任何一种回收工艺的效率都不会太高，多次吸附解吸的活性炭在达标边际的吸附效果衰减较快。通过研究变温变压组合脱附解吸工艺，有效提高了活性炭对油气的吸附效果。

④安全保障。

油气在进入油气回收设施后，将经历变温、变压、吸附以及膜分离过程，这比其在收集系统输送过程中的安全风险更高。油气回收设施运行过程中会出现闪爆等事故，在国内也有较多的案例。东北炼化工程有限公司采用油气过饱和、防静电、超压超温保护等技术手段，保障油气回收设施的安全运行。

3. 技术创新及先进性分析

东北炼化工程有限公司针对油气收集及输送系统的研究，在国内实现了从无到有，解决了超低压管网的油气输送难题，同时提出了可靠的安全保障措施，为油气回收项目的顺利投用，油气收集及输送系统的稳定、可靠、安全运行，贡献了应有的技术力量。

东北炼化工程有限公司对不同油气回收组合工艺的工作负荷分配平衡进行研究优化，实现项目一次投资平均降低20%以上，运行成本平均降低10%以上。

4. 技术应用实例

（1）大连石化汽车发油站油气回收。

大连石化汽车发油站主要负责大连石化的乙醇汽油的汽车外售，现有9个乙醇汽油装车鹤管，2015年发油量43.28×10^4t，装车站场鹤管设置情况见表11-6。

表11-6 大连石化发油站鹤管情况一览表

序号	介质	装载方式	鹤管数量	装车位数量	单鹤管流量，t/h	备注
1	汽油	下装	9	5	45	自流装车

在项目实施前，汽油装车过程的呼出气均未采取收集措施，呼出气直接对空排放。项目将乙醇汽油装车过程产生的呼出气通过收集系统，汇入油气回收设施进行回收，油气回收设施采用"膜+吸收+吸附"技术。项目投用后，挥发性有机物收集效率为100%，排放口挥发性有机物检测值保持在$50mg/m^3$，远低于国家要求的排放限值，年回收油气约210t，实现了环保和经济效益双丰收。

图11-14为大连石化汽车发油站油气回收现场图。

图11-14 大连石化汽车发油站油气回收现场实例

（2）大连西太芳烃罐区油气回收工程。

大连西太芳烃罐区主要储存装置生产的苯及二甲苯产品，在项目实施前，储罐采用内浮顶罐，有害油气直接对外排放。

针对苯的低温易液化特性，项目设计采用了"冷凝+吸附"的油气回收技术，通过三级冷凝，将大部分苯、二甲苯介质液化，末端通过活性炭吸附的方式，进一步将苯、二甲苯的浓度降低。

项目投用后运行平稳，储罐呼出气体100%收集到油气回收设施，达标排放稳定，满足国家针对苯、二甲苯排放限值分别为4mg/m³、20mg/m³的严格要求。

图11-15为大连西太芳烃罐区油气回收现场图。

图11-15　大连西太芳烃罐区油气回收现场实例

（3）宁夏石化公司储运系统油气综合回收项目。

宁夏石化公司的火车装车、汽车装车、芳烃罐区、芳烃中间罐区距离相对较近，易于通过集中收集后统一处理，涉及的介质包括苯、甲苯、二甲苯、汽油、航空煤油等。各部分产生的最大油气量情况见表11-7。

表11-7　宁夏石化公司储运系统各单元油气产生情况一览表

单元	最大油气量，m³/h
芳烃罐区	128.72
芳烃中间罐区	25.59
火车装车	666
汽车装车	416（汽油、苯）；350（航空煤油）
合计	1586.31

项目通过设置3000m³气柜，对产生的油气进行削峰填谷，利用改造原有的两套小的油气回收设施、不新增油气回收装置的方案，实现了整个储运系统油气的综合回收，节约占地，降低能耗，既满足环保要求，又切实保障生产安全。

四、炼化污水处理厂恶臭及 VOCs 治理技术成果

1. 技术内涵

"十一五""十二五"期间，炼化企业污水处理厂气体治理走过了从无到有、从单纯恶臭气体治理到恶臭及 VOCs 同步治理的历程。中国石油始终坚持科技引领、创新引领，通过持续的科技攻关，对恶臭及 VOCs 气体的收集、输送、治理形成了一整套成熟技术，实现了 100% 达标排放。

经研究，应首先对炼化企业污水处理厂内进行 VOCs 合规性排查，以确定 VOCs 治理的范围，通过对各个构筑物进行加盖密封，将恶臭及 VOCs 气体进行收集输送，并进行集中达标治理。

（1）合规性检查确保治理范围。

石化企业污水收集、储存、处理系统的挥发性有机物（VOCs）逸散是石化企业 VOCs 排放的重要源项。通过对炼化企业废水集输、储存、处理处置过程中的逸散排查工作，包括资料收集、源项解析、合规性检查等，确定涉及 VOCs 构筑物及 VOCs 治理的工作范围。

（2）废气收集技术。

废气具有逸散性，极易影响周边环境，因此对废气的密封收集是废气处理的前提。废气收集系统的功能是将产生含 VOCs 气体的各构筑物的气体统一收集，并连接管道至废气输送系统接口。

（3）废气浓度确定。

污水处理装置逸散的废气主要包括硫化氢、苯、甲苯、二甲苯和其他非甲烷总烃等，成分复杂，实测困难，通过实测与模拟测算的方法确定废气浓度。

（4）治理技术适用性分析选择。

通过对石油石化污水处理厂特性的分析研究，选取了适应污水处理厂的工艺，以确保在达标处理的基础上安全可靠。

2. 技术研究过程

石化污水收集系统（图 11-16）通常包括排水口、收集井、隔油井、水封井、检查井、排水管道、集水井以及提升池、提升泵站等；处理系统通常包括调节罐、隔油池、气浮池、生化池和澄清池等。

随着《大气污染防治行动计划》的贯彻落实，《石化行业挥发性有机物综合整治方案》和《石油炼制工业污染物排放标准》的颁布实施，依据《石化行业 VOCs 污染源排查工作指南》（环办〔2015〕104 号），对污水处理厂废水集输、储存、处理处置过程进行逸散排查工作，包括资料收集、源项解析、合规性检查等。通过合规性检查明细表，分析不达标项，对不达标项进行治理，以满足国家标准规范要求，降低 VOCs 逸散，改善环境。

通过对废气处理环节给出的换气设计参数进行选取以及对污水处理厂内各构筑物气量进行核算，确定处理规模。

针对污水处理厂涉 VOCs 构筑物进行加盖密封，对构筑物形状、尺寸等进行研究，选择玻璃钢与反吊膜等形式密封；考虑日常操作、巡检及检修等因素，封闭设施设置若干个采光孔、观察孔、巡检孔、检修通道；同时满足耐紫外线性及耐湿性、防静电措施、防风等。

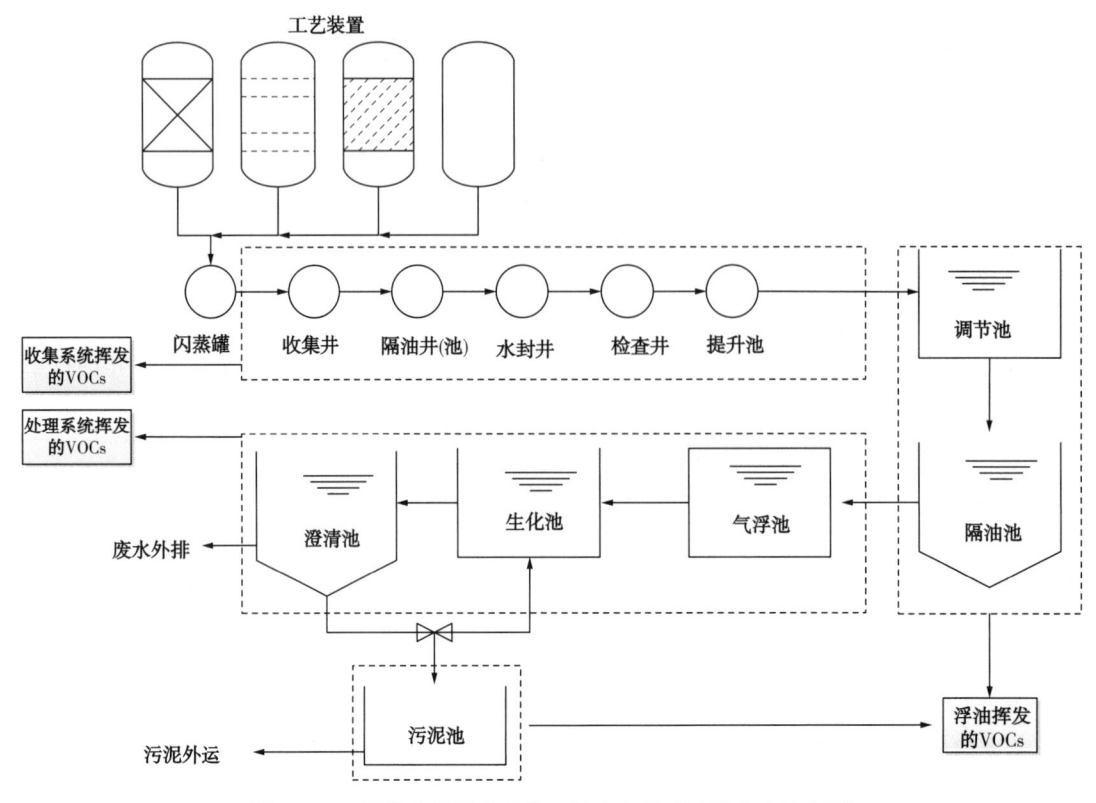

图 11-16 石化企业污水收集、储存与处理系统典型流程图

为了解决高浓度 VOCs 安全风险问题，通过多次现场试验，筛选出能在管道内侧导电的涂料，并通过试验确定其涂刷厚度等参数，使其导电性能满足要求，同时利用玻璃钢黏接的特点，通过在涂料层中埋设导线将静电导至静电接地网以防止安全隐患的产生。

污水处理装置逸散的废气具有气量较大、污水预处理段和生化处理段逸散废气浓度高低差异较大的特点，针对现场不同的工况，采用"分区收集、分别处理"思路，同时对现有废气处理系统进行利旧。将生化处理阶段中以生化池为代表的系统构筑物产生的低浓度废气通过密封收集，引入低浓度废气处理装置；将格栅、隔油池、调节罐、气浮池、污油罐及离心脱水机产生的高浓度废气引入高浓度废气处理装置。经过处理，废气实现达标排放。

污水处理厂废气 VOCs 治理技术众多，主要是通过化学或生物反应等，在光、热、催化剂、微生物等作用下将有机物转化为水和二氧化碳，主要包括燃烧技术、低温等离子体分解技术、生物技术和光催化氧化技术等。这些技术均有一定的适用性，中国石油通过多年研究、工程实践，依据炼化污水处理厂特性，进行了 VOCs 治理技术的适用性研究，形成了以生物技术与活性炭吸附耦合处理技术以及催化燃烧处理技术为主的处理技术。中国石油东北炼化工程有限公司将这一技术应用于国内多个炼化企业如云南石化、呼和浩特石化公司、华北石化公司、大连石化、玉门油田公司炼油化工总厂以及中海油惠州石化有限公司等项目，运行效果良好。

同时，中国石油依托石油化工研究院自行研究开发了可生化降解的微乳液吸收技术（DMA），成功应用于中国石油炼化企业中[30]。经 DMA 处理后，大部分 VOCs 可被去除，再进入后续的生物法处理，可保证尾气满足 GB 31570—2015《石油炼制工业污染物排放标准》、GB 31571—2015《石油化学工业污染物排放标准》的要求。

3. 技术创新及先进性分析

污水处理工艺设施加盖技术、治理设施规模确定以及治理技术的适应性均是在长期工程实践中总结、形成的经验，对炼化企业污水处理厂恶臭及 VOCs 治理设施的设计起到了很好的指导作用。高浓度 VOCs 输送用玻璃钢管道静电接地技术、可生化降解的微乳液吸收技术成功解决了高浓度 VOCs 输送安全风险、VOCs 低成本可靠治理的难题。与其他装置相比，采用 DMA 技术自主设计和建设的工业装置可节省投资 20% 以上，降低运行成本 30% 以上。

4. 技术应用实例

中国石油云南石化 1000×10^4 t/a 炼油项目污水处理厂依据其废气浓度，采用了"分区收集、分别处理"的治理工艺。低浓度恶臭及 VOCs 治理采用"复合式生物氧化"工艺，处理规模为 40000 m^3/h。高浓度恶臭及 VOCs 治理采用"强化脱硫—浓度均化—催化燃烧"工艺，处理规模为 5000 m^3/h。

低浓度废气装置处理来自污水处理厂中和池、混凝絮凝池、均质池、生化池 A 段及污泥脱水部分等产生的恶臭及 VOCs。恶臭气体首先进入预处理塔进行隔油、温度调节、除尘及增湿。除油后的废气与附着在生物处理主体设备填料上的微生物充分接触，其中的污染物被微生物捕获降解、氧化，分解为无害的 CO_2 和 H_2O，最后通过排气筒高空排放。

高浓度废气装置处理污水处理厂隔油池、浮选池等产生的含烃恶臭气体。恶臭及 VOCs 经过脱硫及均化罐后，进入换热—加热—催化燃烧反应核心单元，臭气中的有机物在适宜的温度和催化燃烧催化剂的作用下，与氧气发生氧化反应，生成 H_2O 和 CO_2，处理后的达标臭气通过排气筒排放到大气中。低浓度废气处理装置及高浓度废气处理装置如图 11-17 和图 11-18 所示。中国石油云南石化 1000×10^4 t/a 炼油项目污水处理场恶臭及 VOCs 经上述工艺处理后可达到 GB 14554—1993《恶臭污染物排放标准》及 GB 31570—2015《石油炼制工业污染物排放标准》的要求。

图 11-17　低浓度废气处理装置　　　　图 11-18　高浓度废气处理装置

第五节　二氧化碳捕集与封存技术

一、二氧化碳捕集与封存技术需求分析

自20世纪80年代起，全球极端天气频发，气候变化问题备受关注。2010年，全球化石能源温室气体排放已达$306×10^8t$，较2002年的$235×10^8t$大幅增长，新增排放主要来自发展中国家，国际石油公司积极实施温室气体减排，以求对外树立良好的企业形象，中国石油乃至中国面临巨大的国际压力。2009年，国际上基本认可了行业对温室气体减缓的作用，已有航空航海等多个行业在不同的框架下展开了行业温室气体减缓行动。国际能源署指出，到2030年世界能源需求将比2000年增长60%，温室气体排放也将增多，特别是随发电和石油需求增长带来的排放。而发展中国家由于能源增长的需求，将占2000—2030年二氧化碳排放增加量的85%左右。石油行业作为重要的能源供应行业以及能源消耗行业，虽然还没有展开全球的行业减排行动，但是各大国际石油公司，如BP、雪佛龙、埃克森美孚、壳牌以及道达尔等，已经通过提高装置能效、投资清洁能源等行动来减低其能源消耗以及温室气体排放。

虽然国际上对于发达国家和发展中国家在减排义务和责任上的分歧仍在争论不休，但是全球温室气体排放减缓已经成为必然趋势。中国作为一个低收入发展中国家，面临着发展经济、消除贫困以及减缓温室气体排放的多重压力。中国是易遭受气候变化不利影响的国家，气候变化严重威胁中国众多地区的生产环境和发展条件，影响中国的粮食安全、水资源安全、生态安全以及能源安全，中国政府高度重视并积极应对气候变化。

国家对温室气体减排的要求日益严格。我国政府提出，到2020年单位国内生产总值二氧化碳排放比2005年下降40%~45%。"十二五"规划进一步要求，单位国内生产总值二氧化碳排放比2005年下降17%。2011年6月，国家发展和改革委员会提出设置重点行业能耗总量"天花板"，央企是主力；更有专家认为央企节能指标设置太低，建议提高到20%，温室气体指标也将同步增加。中国作为主要的石油消费国之一，应当积极面对温室气体减缓带来的压力和挑战，提高能效、发展清洁能源以及积极推动碳捕集、封存与利用技术的研发和示范。如何测算我国石油行业的温室气体排放情况以及确定减排技术推动的重点环节成为首先需要解决的问题，同时还需要方便有效的方式来衡量减排效果，这就需要发展一套有效的、适用于我国石油行业的温室气体测算框架、工具以及相应的指南。

中国石油温室气体减排目标任务艰巨。中国石油绿色行动计划设定"十二五"温室气体排放强度下降20%、万元工业产值综合能耗下降5%的目标。"十一五"期间，中国石油投资150亿元实施"双十工程"，碳排放强度下降了8.1%；"十二五"期间，随着生产规模继续扩大，节能难度加大，要实现排放强度下降20%的目标，并达到国际先进水平难度很大。开展温室气体直接减排是企业应对国家减排要求的最有效手段，而且越早开展，此工作的引导作用和社会效益越大。形势决定低碳发展是中国石油的必然选择，迫切需要开展温室气体捕集与利用关键技术攻关。

碳捕获、利用与封存（CCUS）技术是完成碳减排指标、增加发展空间的重要途

径。据相关研究，到 2050 年二氧化碳减排量的一半将依靠 CCUS 实现，中国石油 CCUS 技术体系亟待建立。其中，碳测算与潜力分析是碳减排的基础；资源化利用具有较好经济性，符合我国国情；地质封存是未来超大规模减排的唯一途径。全球控制温室气体排放的方式可分为三个领域——新能源与可再生能源，节能与提高能效，二氧化碳捕集、利用与封存（CCUS）；又有六大关键技术——核电、可再生能源、煤制气、电力能效、提高能效及 CCUS。可见，CCUS 技术有着举足轻重的作用。图 11-19 为 CCUS 技术框架图。

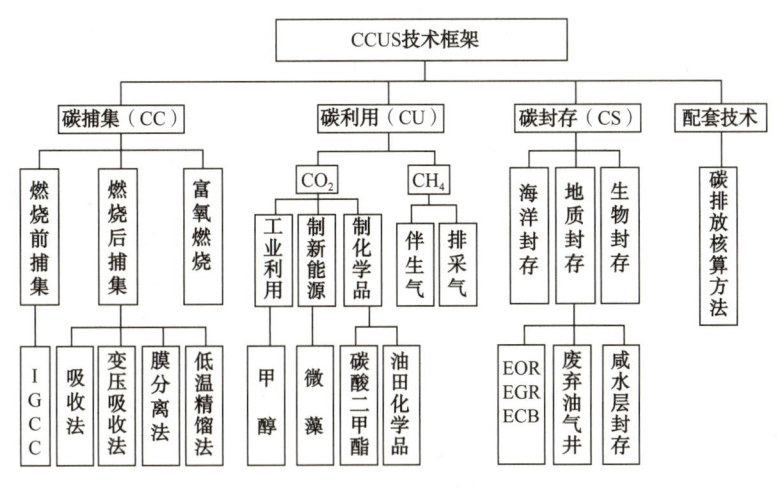

图 11-19　CCUS 技术框架图

二、二氧化碳捕集与封存技术成果

1. 技术内涵

（1）二氧化碳捕集。

国内外二氧化碳捕集主要有三条技术路线：第一条路线——燃烧前脱碳。此技术适合煤气化联合发电厂（IGCC）。从长远看，IGCC 电厂采用燃烧前捕集会有优势，因为 IGCC 电厂排放的二氧化碳有更高的浓度和气压，收集能耗较低。但从现实来看，大规模地进行燃烧前二氧化碳捕集，要先建 IGCC 电厂，其本身投资很高，平均下来二氧化碳捕集成本也不低，在国内采用此做法还不太实际。第二条路线——燃烧后脱碳。这种技术较为成熟，适合燃煤电厂，但能耗高、成本高。通过实现设备国产化、优化改进现有工艺技术等办法，可以降低路线的成本和能耗，这种技术也是国内 20 年内最适合电厂减排的技术。第三条路线——富氧燃烧脱碳。这种技术属于改造技术，结合了燃烧前和燃烧后技术。使用富氧空气作为氧化剂能够提高燃烧后气体中的二氧化碳浓度，捕集起来更加容易，但是技术面临的问题是制氧的能耗较高。CCS 捕集技术对比情况见表 11-8。

表 11-8　CCS 捕集技术对比

CCS 捕集技术	技术特点	发展现状
燃烧后分离	二氧化碳浓度低，过程简单，但能耗较高，溶剂较昂贵	技术可行
燃烧前分离	二氧化碳浓度高，能耗较低，但过程复杂，设备成本高	技术可行
富氧燃烧	二氧化碳浓度高，但压力较小，步骤较多，供氧成本高	示范阶段

①自备电厂烟气二氧化碳的低成本捕集技术。

燃烧后捕集技术较为成熟，现有电厂烟气中二氧化碳燃烧后捕集技术主要有溶剂吸收法、膜分离法和吸附法。

溶剂吸收法又分为物理吸收法和化学吸收法。物理吸收法是以有机化合物作为溶剂，在高压、低温下使二氧化碳组分溶解于溶剂内，吸收二氧化碳的溶剂又在低压、高温下释放二氧化碳，使溶剂恢复吸收能力的方法，脱碳过程可循环操作。常用的物理吸收法有Flour法、Selexol法和低温甲醇法。化学吸收法利用一种含碱或碱性溶液来吸收天然气中的酸性气体，然后稍加一些低品位热释放出二氧化碳，使吸收溶剂再生，恢复吸收二氧化碳的活性。常用的吸收剂有两大类：醇胺类，碳酸钾及带有催化剂的碳酸钾溶液。另外，氨法是近几年得到广泛开发的二氧化碳捕集技术。氨法的二氧化碳吸收分离原理与醇胺法相似，在水溶液中氨与二氧化碳反应生成碳酸铵，过量的二氧化碳则可生成碳酸氢铵。当烟气中含有SO_2和NO_x时，氨水还可以与其反应生成硫酸铵和硝酸铵等工艺的副产品。

膜分离是一个浓度差驱动过程，根据聚合物膜对不同气体的相对渗透率不同而对气体进行分离。当含杂质的天然气通过膜分离器时，二氧化碳首先被选择性地吸收到膜中，再扩散到低压侧形成渗透气，没有渗出的气体作为保留气体仍留在高压侧作为渗余气，从而脱除二氧化碳。膜分离技术具有投资少、能耗低、设备紧凑、维修方便等优点，作为二氧化碳捕集技术受到普遍关注。膜分离法的缺点是很难得到高纯度的二氧化碳。为了得到高纯度的二氧化碳，膜分离技术必须与溶剂吸收法相结合。前者用于粗分离，后者用于精分离，工艺极其复杂。

吸附法属于物理吸附法，根据吸附剂对二氧化碳和甲烷的选择性吸附能力不同来脱除天然气中的二氧化碳。该工艺是以吸附剂在高压（吸附压力）下对吸附质的吸附容量大，而在低压（解吸压力）下吸附容量小的特征为依据，由选择吸附和解吸再生两个阶段组成的交替切换循环工艺。变压吸附法的优点在于工艺过程简单、装置操作弹性大、能耗低且无腐蚀和污染，主要用于合成氨等化工行业，但一直存在吸附剂选择性和产品气回收率不高的问题。变压吸附法用于电厂、水泥厂等烟道气中二氧化碳浓度较低的装置中的成本就比较高。因此，变压吸附法脱碳的关键在于高效吸附剂的开发和选择。

②劣质原料气化工艺碳捕集技术。

劣质原料气化工艺由两大部分组成，即原料的气化与净化部分（POX）和燃气—蒸汽联合循环发电部分（GT）。工艺过程如下：煤或石油焦经气化成为中低热值煤气，经过净化，除去合成气中的硫化物、氮化物、粉尘等污染物，变为清洁的气体燃料，所得的合成气既可用于产生蒸汽和电力，也可以通过合成气变换制取氢气，解决原油加工过程用氢问题，可不再使用轻烃作为制氢原料，降低生产成本。劣质原料气化工艺原理如图11—20所示。

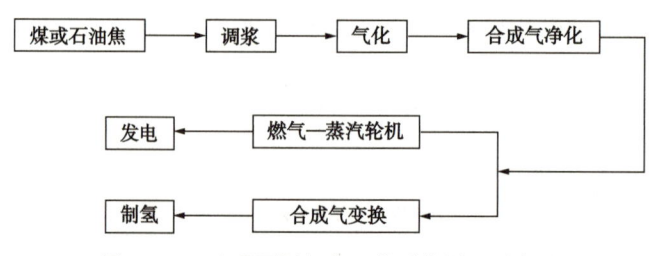

图11—20 劣质原料气化工艺系统原理示意图

（2）二氧化碳封存。

我国在 20 世纪 60 年代初就对 CO_2 驱予以重视，先后于 1965 年开辟了小井距试验区进行先导试验，采收率提高 10% 左右。1969—1970 年又在小井距试验区葡 I_1—I_2 层进行 CO_2 加轻质油段塞提高采收率矿场试验，结果比水驱采收率提高 8%。受 CO_2 来源的限制，20 世纪 70 年代注气研究基本停止。

由于在苏北黄桥、吉林万金塔地区、大港地区相继发现了一些天然 CO_2 气源，因此，从 1985 年开始，中原油田、大庆油田、华北油田等油田先后开展了试验。1986 年，大庆油田与法国合作，利用大庆石油化工总厂（现大庆石化公司）加氢车间尾气在萨南东部过渡带葡 I_2 层和葡 II_{10}—葡 II_{14} 层进行了 CO_2 非混相驱矿场试验，实行水气交替注入方式，试验经历 5 年，累计增油 6095t，增产 1t 原油耗气 2200m^3，增产 1t 原油成本为 1067 元；两个试验区采收率分别提高 4.67% 和 5.7%。1989—1994 年，大庆油田将非混相驱的气水交替注入作为高含水后期改善水驱效果的手段，用于构造平缓（倾角只有 2°）、严重非均质、亲油的正韵律厚油层中。大庆油田两个试验区经历 5 年的气水交替试验，试验在注采平衡保持压力条件，水气比为 1：1，交替注入周期为 30d，最终采收率提高 8%~9%。

"十一五"期间，在中国石油含 CO_2 气藏开发配套技术以及低渗透油藏驱油配套技术等方面取得重要进展，深化了 CO_2 驱油理论，技术均在水驱采收率不理想的油藏进行。例如，吉林低渗透油藏注气约提高采收率 10%~15%，覆盖动用地质储量（3~5）×10^8t；黑帝庙稠油油层黑 59 水驱采收率为 19.4%，试验区进行 3 个井组方案实施，2015 年 CO_2+ 氮气驱采出程度为 29.4%，比水驱增加 10%。

咸水层 CO_2 封存过程是一个复杂的水文地质作用过程，其封存机理有水力圈闭、残余气圈闭、溶解封存和矿物封存等。咸水层储集性能的好坏直接影响封存的有效性、安全性和持久性。咸水层的顶界面所处的地层深度应不小于 800m，使 CO_2 能以超临界状态存储。如果咸水层顶底部被咸水层（如页岩）或含水岩层（如膏盐层）遮挡或封闭，地层水因流动缓慢而具有很高的盐度，则将非常有利于 CO_2 的封存，CO_2 可以滞留上百万年。

2. 技术研究过程

（1）二氧化碳捕集。

在自备电厂烟道气的 CO_2 捕集技术方面，通过三元吸收剂开发、传质填料研发、工艺优化研究、新溶剂新工艺室内模拟实验研究等方面工作，开发新溶剂 CO_2 的循环溶解度较常用的 MEA 溶液提高 30%，达到 65g/L 以上。根据烟气溶剂法 CO_2 捕集液体流量较小、气液比较大的特点，以提高有效传质面积、降低液体用量为研究思路，提出选用小倾角的金属板波纹填料。该填料波纹峰高为 9mm，比现有同类填料有效传质面积提高 10%~18%，比鲍尔环有效传质面积提高 19%~47%。该填料可使填料费用及填料塔的高度下降 10%，降低泵的能耗，有效减少装置的运行能耗和设备投资。

在劣质原料气化减排技术方面，开展了单一石油焦制浆影响因素研究、石油焦—污泥混合制浆方法研究、添加剂对混合制浆的影响研究。通过在石油焦中添加炼化污泥室内实验，考察浆液黏度、稳定性和流动性，确定最佳污泥添加量为石油焦的 3%。该浆液呈微碱性，制备时无需添加 pH 值调节剂，制浆的最佳温度为 30℃，最大成浆浓度为 63%，较未添加含油污泥时的最大成浆浓度降低 1%。考察了硫酸钠等 12 种制浆添加剂对石油胶浆的成浆性改善结果,在添加 0.3% 十二烷基苯磺酸钠和 0.1% 羧甲基纤维素钠的条件下,混合浆液的黏度明显降低,较好地改善了缓和浆液的流动性。对甲醇等 6 种溶剂进行模拟计算,评价其运行能耗优劣,对各溶剂操作参数进行优化。采用新溶剂的甲醇洗工艺的吸收温度从 -40℃提高至 -30℃,CO_2 捕集能耗由 3.2GJ/t 下降至 3.0GJ/t,按照广东石化公司气化规模 $205.8×10^4$t/a 计算,捕集 CO_2 $670.46×10^4$t,每年可节能约 $4581×10^4$t 标准煤。

在制氢驰放气资源化处理技术方面,应用 CuCl 负载型吸附剂的高效吸附脱除 CO 原理,选择 CuCl 负载型吸附剂 DKT-811 为 CO 脱除吸附剂,其对 CO 的静态吸附量为 34.21mL/g,对 CH_4、CO_2 和 N_2 的吸附比较高,能有效实现 CO 的分离。以 CO_2 脱出浓度大于 95%、净化气 CO 浓度小于 2% 为目标,通过室内动态模拟实验,确定筛选吸附剂在工艺运行时的吸附压力和气体停留时间。吸附压力均为 0.25~0.5MPa,CO_2 吸附段与 CO 吸附段的气体停留时间分别大于 150s 和大于 180s。

(2)二氧化碳封存。

在咸水层 CO_2 地质封存技术研究方面,结合国内外工程实例,从地质学角度分析梳理得出 8 个盆地规模选址条件,包括咸水层埋深、地温梯度、水文条件、勘探程度、地震活动程度、断裂系统、圈闭类型和应力系统。在咸水层 CO_2 地质封存方面,从地质、工程、安全性、经济性、地面条件等方面,建立了 56 个指标的构造规模选址体系。其中,一级指标 5 个,二级指标 9 个,三级指标 20 个。以碳收集领导人论坛(CSLF)有关埋存潜力分级及计算公式为基础,综合考虑 CO_2 在咸水层封存的动态变化及主要形式,完善理论埋存量、有效埋存量和实际埋存量的计算方法,提出适合我国的 CO_2 咸水层封存潜力评价方法——容量系数法。

在油藏 CO_2 地质封存技术研究方面,从地质学角度提出了 21 项指标的构造规模选址条件,分为好、较好、一般、较差、差 5 级评价。以 CSLF 有关埋存潜力分级及计算公式为基础,进一步完善了油藏 CO_2 封存潜力评价关键参数的计算方法和关键参数确定方法。

开发了 CO_2 地质埋存潜力评价与数据管理系统软件,软件涉及咸水与油藏埋存两个子系统,包括基础数据录入,算法录入,理论、有效、可操作计算模型单元等。完成了新疆油田、大庆油田、长庆油田、吉林油田等油田的咸水层封存潜力评价,编制了基于 GIS 的分布图件;完成了新疆油田、大庆油田、长庆油田、吐哈油田、吉林油田等油田的油藏封存潜力评价,编制了基于 GIS 的分布图件。

完成新疆油田 CO_2 地质封存先导试验靶区选择。根据地质封存选址条件和封存潜力评估结果,结合工程地质及碳源条件,拟选择新疆油田准噶尔盆地西北缘的五 3 东区块作为先导试验靶区。

3. 技术创新及先进性分析

(1)二氧化碳捕集。

完成克拉玛依石化制氢驰放气先导试验装置工艺方案、装置设计方案编制,该装置已完成主体装置加工制造,土建及配套公用工程正在建设过程中,年捕集 CO_2 规模为 6000t。

完成广东石化公司劣质原料气化减排方案研究,广东石化公司 IGCC 装置以石油焦为原料,年消耗量为 $205.8×10^4$t,广东石化公司含油污泥产量为 5777.8t/a,污泥年产量为石油焦年消耗量的 0.281%,可将含油污泥全部用于制浆气化,制浆过程中利用炼厂废水代替新鲜水制浆，捕集的 CO_2 可以进行进一步利用。

（2）二氧化碳封存[31]。

①大庆油田 CO_2 埋存潜力评价。

开展了大庆 32 个油田 49 个层段咸水层构造、储层、流体性质、水体大小等特征的筛选。完成了大庆 28 个油田 37 个区块咸水层 CO_2 埋存量计算。应用容积法计算的 CO_2 在咸水层中的理论埋存量为 2270.92×10^8t，有效埋存量为 45.42×10^8t，可操作埋存量为 18.30×10^8t；应用容量系数法计算的埋存量为 44.77×10^8t。其中，封存潜力大于 50000×10^4t 的油田有 3 个，为喇嘛甸油田、萨尔图油田和杏树岗油田；封存潜力在（10000~50000）$\times10^4$t 的油田有 1 个，为葡萄花油田；封存潜力在（5000~10000）$\times10^4$t 的油田有 2 个，为宋芳屯油田、永乐油田；封存潜力在（2500~5000）$\times10^4$t 之间的油田有 5 个，为龙虎泡油田、太平屯油田、新肇油田、敖包塔油田、肇州油田；封存潜力在（1000~2500）$\times10^4$t 的油田有 6 个，为高台子油田、卫星油田、升平油田、徐家围子油田、榆树林油田、苏德尔特油田；封存潜力在（500~1000）$\times10^4$t 的油田有 3 个，为他拉哈油田、朝阳沟油田、呼和诺仁油田；封存潜力在（100~500）$\times10^4$t 的油田有 5 个，为新店油田、敖古拉油田、杏西油田、龙南油田、高西油田；封存潜力小于 100×10^4t 的油田有 2 个，为齐家油田、金腾油田[32-34]。

②吉林油田 CO_2 埋存潜力评价。

开展了吉林 11 个油田 13 个层段咸水层构造、储层、流体性质、水体大小等特征的筛选。应用容积法计算的 CO_2 在咸水层中的理论埋存量为 343.45×10^8t，有效埋存量为 17.17×10^8t，可操作埋存量为 7.26×10^8t；应用容量系数法计算的埋存量为 16.76×10^8t。其中，封存潜力大于 50000×10^4t 的油田有 1 个，为大情字井油田；封存潜力在（10000~50000）$\times10^4$t 的油田有 4 个，为英台油田、红岗油田、乾安油田、大老爷府油气田；封存潜力在（2500~5000）$\times10^4$t 的油田有 4 个，为四方坨子油田、大安油田、海坨子油田、四五家子油田；封存潜力在（1000~2500）$\times10^4$t 的油田有 4 个，为一棵树油田、八面台油田、南山湾油田、新立油田；封存潜力在（100~500）$\times10^4$t 的油田有 3 个，为大安北油田、新民油田、扶余油田。

③新疆油田 CO_2 埋存潜力评价。

开展了新疆 22 个油田的咸水层构造、储层、流体性质、水体大小等特征的筛选[35]。应用容积法计算的 CO_2 在咸水层中的理论埋存量为 8057.13×10^8t，有效埋存量为 161.14×10^8t，可操作埋存量为 64.94×10^8t；应用容量系数法计算的埋存量为 160.32×10^8t。其中，封存潜力大于 50000×10^4t 的油田有 1 个，为克拉玛依油田；封存潜力在（10000~50000）$\times10^4$t 的油田有 4 个，为百口泉油田、夏子街油田、陆梁油田、石西油田；封存潜力在（5000~10000）$\times10^4$t 的油田有 5 个，为红山嘴油田、石南油田、小拐油田、莫北油田、彩南油田；封存潜力在（2500~5000）$\times10^4$t 的油田有 2 个，为火烧山油田、北三台油田；封存潜力在（1000~2500）$\times10^4$t 的油田有 3 个，为风城油田、车排子油田、沙南油田；封存潜力在（100~500）$\times10^4$t 的油田有 1 个，为三台油田。

④长庆油田 CO_2 埋存潜力评价。

开展了长庆 28 个油田 78 个层段咸水层构造、储层、流体性质、水体大小等特征的筛选。应用容积法计算的 CO_2 在咸水层中的理论埋存量为 659.58×10^8t，有效埋

存量为 13.92×10^8t，可操作埋存量为 5.32×10^8t；应用容量系数法计算的埋存量为 13.30×10^8t。其中，封存潜力大于 50000×10^4t 的油田有 1 个，为直罗油田；封存潜力在（10000~50000）$\times10^4$t 的油田有 6 个，为姬塬油田、吴旗油田、靖安油田、安塞油田、华池油田、西峰油田；封存潜力在（2500~5000）$\times10^4$t 的油田有 5 个，为樊家川油田、镇北油田、马岭油田、南梁油田、坪北油田；封存潜力在（1000~2500）$\times10^4$t 的油田有 4 个，为胡尖山油田、元城油田、白豹油田、城壕油田；封存潜力在（500~1000）$\times10^4$t 的油田有 3 个，为马坊油田、油房庄油田、绥靖油田；封存潜力在（100~500）$\times10^4$t 的油田有 7 个，为李庄子油田、马家滩油田、大水坑油田、摆宴井油田、王洼子油田、演武油田、五蛟油田；封存潜力小于 100×10^4t 的油田有 2 个，为东红庄油田、庙湾油田。

4. 技术应用实例

在国内外现有的地质封存的选址标准和潜力评价方法的基础上，针对我国陆相沉积复杂地质特征，完善了地质封存选址指标体系，优化了地质封存潜力评估的计算方法[36]。开展了新疆 22 个油田 239 个区块咸水层构造、储层、流体性质、水体大小等特征的筛选。新疆油田收集的资料包括 24 个油藏，经过油藏筛选，共有 24 个油藏适合 CO_2 封存。混相驱油藏共 22 个（克拉玛依和陆梁油藏既有混相驱区块，又有非混相驱区块），非混相驱油藏 4 个。新疆油田混相驱理论 CO_2 封存总量约为 7.8×10^8t，有效 CO_2 封存总量约为 4.6×10^8t；非混相驱 CO_2 理论封存总量约为 7600×10^4t，有效 CO_2 封存总量约为 3400×10^4t。

在完成了新疆油田地质封存潜力评价工作之后，以研究形成的选址标准为原则，综合考虑地质条件和封存潜力，在已评价区域中，筛选出了五 3 东区上乌尔禾组、莫 116 井区、莫 109 井区三工河组、八区克上组等 4 个较为适宜地质封存的研究靶区。

第六节 展　　望

石油和化工行业是工业废气污染物治理的重点行业之一。伴随大气污染形势严峻、区域污染与本地污染叠加的现状，中国石油扎实提升环保基础管理能力，持续提高油气生产过程环境绩效，开展了一系列扎实、卓有成效的工作，石油和化工行业大气污染防控技术取得突破性发展，中国石油大气污染防治已呈现稳中向好的发展态势，绿色低碳发展已进入新常态。

废气处理实现全面达标排放，污染减排及环境保护工作走在央企前列。FCC 催化再生烟气脱硫脱硝技术日益成熟，完全自主 CFD 流场模拟技术配合 CKM 化学反应动力学模拟，自主研发高效配方催化剂，独有高精准计量模块、分配模块、气相喷氨设施，四种专利"消落雨"设施，满足催化装置事故工况下的高效、稳定、达标运行要求。油气田轻烃气逸散及放空检测与回收利用技术进入快速发展阶段，形成了以套管气增压装置前端回收井口套管气，后端采用小型凝液回收技术，实现低渗透油田伴生气的低成本回收利用技术集成，实现油田生产低碳、绿色、可持续发展。建成炼化企业挥发性有机物（VOCs）排放管控平台，建立了炼化企业 VOCs 全口径源清单和 VOCs 逸散排放量化核算方法，开发统一的 LDAR 程序实施方法，全面实现了中国石油 VOCs 受控管理，为中国石油 VOCs 环保合规奠定基础。油气储罐及装卸全过程等实现了密闭回收，开发专门的油气缓冲过程仿真软件，开发变温变压组合脱附的解吸工艺，开发油气过饱和、防静电、超压超温保护等技术手段，解决了超低压管网的油气输送难题，提高了油气回收效率，保障油气回收设施的安全运行。甲烷及二氧化碳等温室气体排放控制工作得到了有效推进，开发自备电厂烟气二氧化碳的低成本捕集技术和劣质原料气化工艺碳捕集技术，深化CO_2驱油理论，开发CO_2地质埋存潜力评价与数据管理系统软件，完成大庆油田、吉林油田、新疆油田、长庆油田等油田的CO_2埋存量评价。

面对人民群众对良好空气质量的需求，中国石油大气污染防治将进入能力提升、体系建立的决胜期。第一，在原油需求量持续上涨的背景下，石油企业大气污染防治来自原料重质化和劣质化、产品质量升级、排放标准日益严格这三方面的压力更加突出，应进一步大力实施科技创新，推进绿色工艺发展，提高资源利用率，持续降低能耗、物耗，从源头实现大气污染物减量，着力优化升级处理技术，确保大气污染物排放满足减排和达标要求。第二，石化企业VOCs仍然缺乏高效的监测技术手段和相应的监测统计技术规范，不同排放源因气体组分差异对处理技术的选择性较强，总体排放控制难度较大，应进一步完善石化企业VOCs监测技术体系，开展监测统计方法及标准规范研究，开展实测量化，加强管理实现源头减排，开展适应性处理技术研究，促进新技术应用。第三，天然气作为清洁能源已进入快速发展阶段，甲烷等温室气体逸散成为油气田企业大气污染防治的重点，应进一步加强天然气全产业链甲烷等温室气体排放控制研究，拓展天然气生产全流程甲烷等温室气体排放检测与核算，研究建立甲烷排放全面管控平台系统，开发具有经济性的回收技术和方案，推动构建完善的甲烷等温室气体监管组织体系。

参 考 文 献

[1] 胡敏. 催化裂化烟气排放控制技术现状及面临问题的分析[J]. 中外能源, 2012, 17（5）: 77-83.

[2] 邓旭亮, 刘鹏, 玉淑梅, 等. 催化裂化再生烟气脱硝技术应用进展[J]. 油气田环境保护, 2014, 24（2）: 56-57.

[3] 刘威, 田晓良. WGS湿法烟气脱硫技术在催化裂化装置上的应用[J]. 石油炼制与化工, 2015, 46（5）: 53-55.

[4] 张磊, 王澍, 吴章柱, 等. WGS湿法烟气脱硫技术在3.5Mt/a催化裂化装置上的工艺应用[J]. 石油炼制与化工, 2017, 48（4）: 57-60.

[5] 丁大一. WGS技术在催化裂化装置烟气脱硫中的首次应用[J]. 炼油技术与工程, 2016, 46（5）: 23-27.

[6] 吴涛. 湿法脱硫用喷射式文丘里管[J]. 石油科技论坛, 2017（S1）: 186-188.

[7] 胡松伟. 炼油厂催化裂化装置烟气污染物的治理与建议[J]. 石油化工安全环保技术, 2011, 27（2）: 47-51.

[8] 谭青, 冯雅晨. 我国烟气脱硝行业现状与前景及SCR脱硝催化剂的研究进展[J]. 化工进展, 2011,（S1）: 709-713.

[9] 贾媛媛, 巫树锋, 易春嵘, 等. 催化裂化再生烟气脱硝催化剂的制备及性能评价[J]. 石化技术与应用, 2016, 34（3）: 246-248.

[10] 巫树锋, 贾媛媛, 刘光利, 等. 催化裂化烟气SCR脱硝催化剂工业应用实验[J]. 石化技术与应用, 2016, 34（6）: 507-510.

[11] 冯宇, 杜燕丽, 张小龙. 长庆油田伴生气回收及综合利用[J]. 油气田环境保护, 2012, 22 (5): 14-18.

[12] 童丽, 郭森, 崔积山, 等. 美国炼油厂排放估算协议[M]. 北京: 中国环境出版社, 2015.

[13]《空气和废气监测分析方法》编委会. 空气和废气监测分析方法（第4版增补版）[M]. 北京: 中国环境科学出版社, 2003.

[14] 戴伟平, 邓小刚, 吴成志, 等. 美国排污许可证制度200问[M]. 北京: 中国环境出版社, 2016.

[15] 欧盟委员会联合研究中心. 大宗有机化学品工业污染综合防治最佳可行技术[M]. 周岳溪, 付小勇, 陈学民, 等译. 北京: 化学工业出版社, 2014.

[16] 姜波. 原油装车蒸发损耗状况及防治技术研究[D]. 大庆: 大庆石油学院, 2008.

[17] 杨晓龙. 中国油气资源可持续发展研究[D]. 哈尔滨: 哈尔滨工程大学, 2006.

[18] 黄维秋. 石油蒸发损耗及其控制技术的评价体系[J]. 石油学报（石油加工）, 2005, 21 (4): 79-85.

[19] 钱伯章. 国外石油石化公司面向新世纪的发展战略[J]. 石油化工技术经济, 2001 (6): 38-44.

[20] 刘勇峰, 吴明, 吕露. 油气回收技术发展现状及趋势[J]. 现代化工, 2011, 31 (3): 21-23.

[21] 焦婷婷. 炭质吸附剂吸附回收油气性能的研究[D]. 大连: 大连理工大学, 2009.

[22] 段剑锋. 活性炭吸附法油气回收系统研究[D]. 东营: 中国石油大学, 2007.

[23] 颜晓琼. 诊断油气回收系统问题的一次实践[J]. 化工安全与环境, 2010 (41): 13-15.

[24] 刘静, 李自力, 孙云峰, 等. 国内外油气回收技术的研究进展[J]. 油气储运, 2010, 29 (10): 726-729.

[25] 周大勇. 吸收法回收油气工艺研究[J]. 精细石油化工进展, 2005, 6 (6): 21-24.

[26] 缪志华, 张林, 王蒙, 等. 冷凝法油气回收技术与应用[J]. 低温与超导, 2011, 39 (6): 48-52.

[27] 陈家庆, 曹建树, 王建宏, 等. 基于吸附法的油气回收处理技术研究[J]. 北京石油化工学院学报, 2007; 5 (4): 7-14.

[28] 黄维秋, 钟璟, 赵书华, 等. 膜分离技术在油气回收中的应用[J]. 石油化工环境保护, 2005, 28 (3): 51-54.

[29] 张丽. 从案例看VOCs治理工程的设计误区[J]. 中国机械, 2014 (21): 242-244.

[30] 何盛宝. 炼油化工降本提质增效实用技术[M]. 北京: 石油工业出版社, 2018.

[31] 陈昌照, 王万福, 陈宏坤, 等. 二氧化碳咸水层封存的研究现状和问题[J]. 油气田环境保护, 2013, 23 (3): 1-5.

[32] 李海燕, 高阳, 王万福, 等. 南堡凹陷CO_2在咸水层中的矿化封存机理[J]. 东北石油大学学报, 2014, 38 (3): 94-101.

[33] 赵晓亮, 廖新维, 王万福, 等. 二氧化碳埋存潜力评价模型与关键参数的确定[J]. 特种油气藏, 2013, 20 (6): 72-74.

[34] 李蒙蒙, 廖新维, 王万福, 等. 基于多指标正交试验设计的CO_2非混相驱注气参数优化[J]. 陕西科技大学学报（自然科学版）, 2013, 31 (4): 82-86.

[35] 罗超, 罗水亮, 胡光明, 等. 松辽盆地扶新隆起带东缘泉四段沉积特征及沉积模式分析[J]. 东北石油大学学报, 2015, 39 (4): 11-20.

[36] 闫伦江, 陈昌照, 唐丹. 国内外油田地下灌注环境保护管理剖析[J]. 油气田环境保护, 2014, 24 (4): 1-4.

第十二章　场地污染调查与防治技术进展

石油行业早期场地污染防治工作薄弱，存在一定污染风险，污染问题日益凸显。土壤和地下水环境保护既是以往石油环保管理的薄弱点，也是近年来的工作热点、难点。石油企业污染场地调查与修复技术需求不断加大，为此，中国石油从2005年开始逐步加大相关领域技术投入，从技术引进到自主研发，陆续支持多个相关项目的研究。"十一五""十二五"期间，中国石油逐步意识到在场地污染防治技术领域的欠缺和不足，通过8个项目的系列科技研究，从技术调研、对外合作，到机理研究、局部技术攻关，再到部分场地调查、技术示范应用，基本形成了技术体系、核心研究队伍、专业实验室。中国石油安全环保技术研究院整体牵头此类研究，形成了系统的研究成果。本章从场地调查评估、场地污染防控、场地污染修复、海岸线石油污染生物修复4个方面，对中国石油"十一五""十二五"期间开展的主要场地污染防治研究工作形成的4项典型技术进行总结、介绍。

第一节　场地污染调查与评估技术

一、场地污染调查与评估技术需求分析

污染场地的概念在我国"十一五"期间提出，我国环境保护部2009年制定的《污染场地土壤环境管理暂行办法（征求意见稿）》第三条规定："污染场地是指因从事生产、经营、使用、贮存有毒有害物质，堆放或处理处置有害废弃物，以及从事矿山开采等活动，使土壤受到污染的土地。"2014年发布的HJ 682—2014《污染场地术语》中更加准确地定义污染场地，在明确有毒有害物质、潜在危险废物、矿山开采活动等污染来源的基础上，从风险评估的角度提出污染超过人体健康或生态环境可接受水平的场地，称作污染场地。另外，场地的概念一般包括范围内的土壤和地下水，我国土壤的环境质量和污染防控的法规标准相对地下水起步更早、发展更快。

我国对污染场地的环境质量的要求逐步提高。1995年颁布的GB 15618—1995《土壤环境质量标准》适用于"农田、蔬菜地、茶园、果园、牧场、林地、自然保护区等地的土壤"，范围仅限于农用地，污染物种类仅有10项，无法满足工业用地的土壤环境保护需求。2008年对其进行修订，污染物由10项增加到76项，增加较多的有机污染物，在分类上增加了商业用地和工业用地，但修订后的标准未颁布实施。

国内对工业用地最早的环境质量标准为1999年颁布的HJ/T 25—1999《工业企业土壤环境质量风险评价基准》，要求"保护工业企业中工作或在工业企业附近生活的人群以及工业企业界内的土壤和地下水，对工业企业生产活动造成的土壤污染危害进行风险评价"。2007年，《国家环境保护"十一五"规划》提出："开展全国土壤污染现状调查，建立土壤环境质量评价和监测制度。"2009年在制定《污染场地土壤环境管理暂行办法》的同时，

- 287 -

配套了场地环境保护系列标准，包括 HJ 25.1—2014《场地环境调查技术规范》、HJ 25.2—2014《场地环境监测技术导则》、HJ 25.3—2014《污染场地风险评估技术导则》、HJ 25.4—2014《污染场地土壤修复技术导则》，分别指导污染场地调查、风险评估、检测和修复等工作，上述场地环境保护系列标准于 2014 年 2 月发布并批准，自 2014 年 7 月 1 日起开始实施。场地环境保护系列标准出台之后，我国场地污染调查工作的基本框架成形，在工业企业的应用具备了可操作性。

2005 年 4 月—2013 年 12 月，环境保护部会同国土资源部开展了首次全国土壤污染状况调查。调查的范围是除香港特别行政区、澳门特别行政区和台湾省以外的陆地国土，调查点位覆盖全部耕地，部分林地、草地、未利用地和建设用地，实际调查面积约 $630 \times 10^4 km^2$。调查采用统一的方法、标准，基本掌握了全国土壤环境总体状况。调查结果显示，全国土壤环境状况总体不容乐观，部分地区土壤污染较重，工矿业废弃地土壤环境问题突出。全国土壤总的点位超标率为 16.1%，其中轻微污染点位、轻度污染点位、中度污染点位和重度污染点位比例分别为 11.2%、2.3%、1.5% 和 1.1%。土壤环境质量受多重因素叠加影响，我国土壤污染是在经济社会发展过程中长期积累形成的，其中工矿业是造成土壤污染或超标的主要原因之一。石油、化工的企业用地 5846 个土壤点位超标率为 36.3%，工业废弃地 775 个土壤点位超标率为 34.9%，工业园区 2523 个土壤点位超标率为 29.4%，固体废物处理处置场地的 1351 个土壤点位超标率为 21.3%，采油区的 494 个土壤点位超标率为 23.6%。工矿业主要污染物为石油烃、多环芳烃、重金属等。

中国石油所属企业大多建立较早，早期环保要求低，在 2006 年以前对场地调查与风险评估基本没有政府要求和企业行动。例如，1972 年以前建立的企业，并未引入环保概念，排污方式粗放；1973—1989 年建立的企业，未将环保问题放置在法律层面予以重视，排污方式仍旧较为粗放；1990—2003 年建立的企业，未开始系统的环境影响评价工作，排污方式逐步正规化；2007—2010 年，四川石化、庆阳石化公司等开始重视土壤及地下水污染防控工作，实施防渗工程；2014 年以后，逐渐开展场地调查及风险评估相关工作。中国石油业务涉及油气开采、炼油化工、输运销售等环节，具有环境风险种类繁多、成因复杂、难以发现等特点。针对不同的场地类型、污染物性质特点、污染物分布特征，建立高效的、准确的、适用于石油石化行业的场地污染调查与评估技术，是对中国石油环保人的巨大挑战。

表 12-1 列出了石油石化行业不同场地及其涉及的污染物。

表 12-1 石油石化行业不同场地及其涉及的污染物

项目	场地	污染成因	污染特征
上游	井场、联合站及周边、集输管线	钻井、洗修井涉及落地油；管道、外排	主要污染物是原油，带有洗修井废液；一般污染井场表层土壤，不易污染地下水；联合站可能涉及地下水污染，高含盐
中游	输油管道	管道破裂，油品落地	主要污染物为原油、成品油；污染表层土壤，不太容易污染地下水
下游	炼油、化工	跑、冒、滴、漏	主要污染物为原油、成品油、中间产物（如 PX、苯乙烯等）；地下水污染情况多样
销售	加油站	管线破裂、地下储罐漏油	储罐深度为 3~5m，轻微泄漏不易发现；轻质组分多，脂肪烃含量远大于芳香烃；甲苯等极性物质易污染地下水

二、场地污染调查与评估技术成果

1. 技术内涵

场地污染调查与评估技术的内涵包括:(1)调查点位和层位的选择;(2)监测指标的确定;(3)基于风险的环境评估。

调查点位和层位的选择需满足国家环境保护部 HJ 25.1—2014《场地环境调查技术规范》、HJ 25.2—2014《场地环境监测技术导则》中的监测点位布置密度和位置的要求,更加准确、有效的调查点位布置一般采用"专业判断法",即根据场地类型、生产工艺、设施分布、"三废"堆放、管线走向等实际情况而确定。初步调查阶段可选择有代表性的疑似重点污染区域少量布点,从而确定重点污染区和其他区域。详细调查阶段必须在重点污染区布设 20m×20m 密度点位,其他区域布设 40m×40m 密度点位,并考虑增加调查边界的点位布设,以便污染物插值成图时具有可参考边界。

图 12-1 为某炼化场地土壤监测点位布置图。

图 12-1 某炼化场地土壤监测点位布置图

监测指标的确定需要分析场地的原辅料、中间产物、"三废"等所含的物质。石油开发、炼制、销售等环节的场地污染主要来自原油和生产工艺催化剂、添加剂,主要可分为重金属、挥发性有机物、半挥发性有机物、总石油烃,还可能存在多氯联苯、氰化物、甲基叔丁基醚、四乙基铅等。化工厂涉及的污染物更多,如苯酚、硝基苯等。同一场地不同点位的监测指标可能不同,需要将监测指标的确定与调查点位和层位的选择结合起来考虑。例如,炼厂变电站使用的变压器油中含有的 PCBs 难溶于水,随场地地下水迁移的风险较小,仅需要在变电站区域及周边进行 PCBs 的监测;而苯酚作为微溶于水的有机物,在分析存在苯酚污染的区域及地下水下游都需要进行考虑。

风险评价是考虑超过人体健康或生态环境可接受水平的场地污染评估方法,也需要针对场地的类型和特征,分析污染物运移途径、与人体接触强度等因素,给出各项污染指标在该场地的最大可接受水平。

2. 技术研究过程

场地污染调查与评估技术研究涉及的学科多、领域广，同时又是场地修复的重要依据，中国石油场地污染调查与评估技术研究路线如图12-2所示。

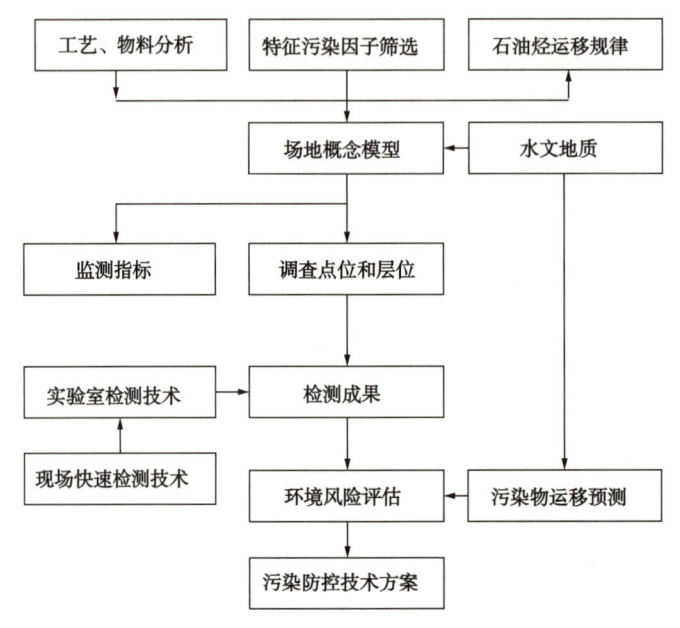

图12-2 场地污染调查与评估技术研究路线图

综合工艺和物料分析、特征污染因子筛选、石油烃运移规律等方面的研究认识，结合场地的水文地质调查成果，可形成场地的概念模型。以概念模型作为基础，依据国内现行的法规和标准，可设计调查的取样点位和层位，并确定监测指标。检测技术包括现场快速检测和实验室检测，常用的现场快速检测方法有便携式GC-MS（气相色谱—质谱联用仪）、化学探测、地球物理探测、手持式PID、手持式XRF等；常用的室内检测仪器有GC-MS、HPLC（高分离度液相色谱）、ICP-OES（电感耦合等离子体发射光谱仪）或ICP-MS（电感耦合等离子体质谱）等。

风险评估主要依据HJ 25.3—2014《污染场地风险评估技术导则》和国内外认可的人体/环境风险评价模型，选择合理的经验参数以获得修复目标值。防控技术方案的设计需要结合修复目标值、场地水文地质情况、概念模型、污染物运移预测，评估现有的土壤和地下水修复技术，选择经济、技术可行的修复技术。

系统地梳理油田、炼化、管道、销售等生产环节的工艺和物料分析，梳理出石油石化行业的特征污染因子，如挥发性有机物中的6种苯系物，半挥发性有机物中的16种多环芳烃、四乙基铅、重金属钼等。表12-2为炼油企业涉及的污染物清单。通过石油特征污染因子的吸附解析和多相分配规律研究，掌握不同组分的运移能力、竞争吸附能力、自然降解能力等[1]。

场地污染调查与评估技术在美国等发达国家起步较早，已经形成了成熟的方法体系，"十一五"期间，随着我国土壤和地下水环保要求的提高，国家层面已经出台了相对具体、具有可操作性的场地环境保护系列标准。在石油石化场地应用时，需要根据行业场地、工艺特征，积累调查和评估经验，建立完善的污染物数据库，进一步梳理本行业的工作方法。

表 12-2　炼油企业涉及的污染物清单

分类	简称	涉及污染物
重金属	Metal	砷，镉，铬（六价），铜，铅，汞，镍，锑，铍，钴，钒
挥发性有机物	VOCs	苯，甲苯，乙苯，二甲苯，苯乙烯，四氯化碳
半挥发性有机物	SVOCs	硝基苯，苯胺，苯并[a]蒽，苯并[a]芘，苯并[b]荧蒽，苯并[k]荧蒽，䓛，二苯并[a,h]蒽，茚并[1,2,3-cd]芘，萘
总石油烃	TPH	C_{10}—C_{40}
多氯联苯	PCBs	多氯联苯（总量），3,3',4,4',5-五氯联苯（PCB126），3,3',4,4',5,5'-六氯联苯（PCB169），二噁英类（总毒性当量），多溴联苯（总量）
其他	SP	氰化物，MTBE，四乙基铅，农药

3. 技术创新及先进性分析

中国石油在石油石化场地（即井场、联合站、输油管道、炼油、化工、加油站等类型场地）的污染调查与评估工作在国内起步较早，处于行业领先水平，特别是针对石油烃污染的土壤和地下水的污染调查，已经进行了大量工作。到 2015 年，中国石油支持的与场地污染调查与评估相关的研究项目有"吉林油田二龙山、新村地下水污染防治技术研究"（2006—2008 年）、"油田浅层地下水污染控制技术研究（2008—2010 年）、"炼化企业管网泄漏检测技术研究"（2009—2011 年）、"场地污染风险控制与修复技术研究"（2011—2013 年）四项。

中国石油下属企业也支持开展了"新疆油田地下水环境影响调查与评价"（2008—2010 年）、"加油站土壤污染评价方法与修复技术筛选及应用研究"（2010—2012 年）、"吉林油田某采油厂地下水环境调查"（2014—2015 年）等场地污染调查与评估技术服务项目。项目研究成果发表《石油开采区地下水综合防污性能评价模型研究》《新疆油田采出水及脱水原油挥发性组分分析及其在土壤中的淋滤特性》等论文；申请《一种确定地下水综合防污性能的方法及装置》《气相色谱—质谱分析的数据处理方法》《页岩气水力压裂液与地层配伍性的测试装置》等专利[2]。

场地的污染调查与评估技术力量在 2014 年负责"兰州石化自来水苯超标事件"调查的技术支持工作，完成兰州石化区域地下水流场的建立，编写《兰州局部供水苯超标事件污染区域土壤地下水污染治理原则方案》。2015 年，完成长庆油田"环境风险诊断与管理评估"工作，完成油田 13 个采油厂、6 个采气厂的地下水环境风险全面评估工作，积累了油气田开发过程场地环境风险管理的丰富数据。

创新研发了石油石化场地快速精准环境污染调查技术，首创了结合探地雷达、高密度电阻、化学探测、膜界面探针、取样检测等的多角度综合的场地污染调查方法，开发了利用光离子化检测和火焰离子化检测快速定位污染源的场地石油烃污染调查技术，完成了中国石油第一个完整的炼化场地土壤地下水调查项目。

三、技术应用实例

1. 油田地下水环境调查和预测方法

油田长期开发可能导致地下水含盐度增加、石油类有机物污染等情况，研究选择我国典型注水采油开发工艺的采油作业区，进行了地下水常规离子、特征污染因子等指标的取样监测，并应用地下水流畅模型、地下水溶质运移模型，建立了一套油田地下水环境调查和预测方法，包括：（1）通过常规水文地质调查方法，掌握地层分布和结构、地层孔隙度渗透率等关键参数；（2）通过关注指标的取样检测，掌握污染羽的分布和浓度；（3）将关注指标叠加到地下水流场中，预测分析污染物的运移范围。该方法的应用成果客观地反映了油田地下水环境现状，揭示场地污染物分布和运移规律，为油田企业科学地实施地下水污染防控对策提供了重要保障。图12-3和图12-4分别显示了油田地下水地层模型和油田地下水污染关注指标分布模型。

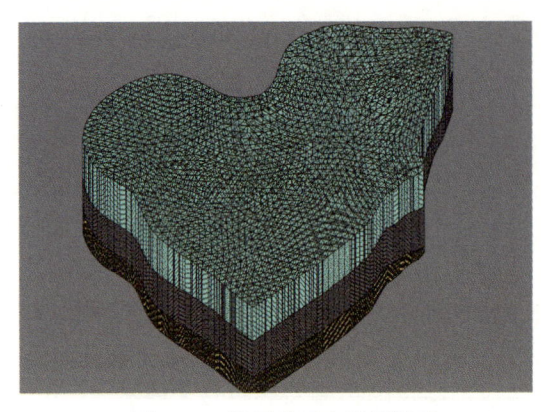

图12-3　油田地下水地层模型 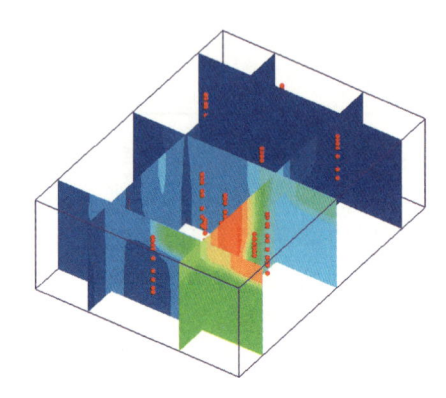　　图12-4　油田地下水污染关注指标分布模型

2. 吉林石化某场地土壤和地下水环境调查及风险评估

在吉林石化某场地土壤和地下水环境调查及风险评估第一阶段工作中，采用了PID快速检测技术，用PID对挥发性有机污染物的污染程度进行快速筛查，可以快速判断场地污染状况，从而有目标、有针对性地采集土壤和地下水样品，进行后续实验室检测分析，避免污染场地采样的盲目性。主要方法是利用洛阳铲简易取土，装入密封袋检测土中挥发出的气体，根据检测结果初步判断污染重的地块，进一步取样进行实验室检测分析。

3. 大庆石化公司某化工污水提标改造工程建设场地土壤评估

在大庆石化公司某工程建设场地部分土壤环境调查评估项目中，勘察应用高密度电阻率物探方法，揭露场地地下水的分布，通过对形成的地电剖面进行分析，对可能存在的地下水分布范围、深度进行推断，并对地层的整体均匀性进行评价。高密度电阻率法的具体实施思想是一次布置多个电极（本次使用测试仪器，一次最多可布置64个电极），通过软件自动控制测试电极开关的转换来实现连续采集数据，将电测深和电剖面数据的采集结合起来，并且还可以实现不同装置形式的数据采集。技术具有高效、自动化程度高、采集数据点密度大、可实现多种装置形式对比等优点。

测试装置主要采用WENNER四极装置，并同时采用SCHLUMBERGER装置对测试数据进行对比验证，电极距为5m，探测深度按30m考虑，采集15层数据点。采用覆盖采集法采集剖面数据，即相邻剖面文件首尾进行重复采集（本次测试进行64个电极覆盖）。利用Surfer处理软件对资料进行处理，将单个剖面文件连接成一个完整剖面。野外测试时，沿着布置的勘探线打入电极，本次采用仪器每次最多可打入64个电极。

4. 长庆油田某废弃场地环境污染调查

中国石油安全环保技术研究院集成直推式土壤与地下水原位采样装置（GeoProbe）和

膜界面探头技术（MIP），以及便携式气相色谱、高密度电阻地球物理探测等国内外先进场地调查技术和设备，针对石油烃污染分布特征，开发了一套石油石化场地环境快速调查技术，实现了挥发性有机物、多环芳烃等石油石化行业特征污染物的定性定量检测，准确有效地确定污染羽的分布范围和污染程度。图 12-5 为 GeoProbe 现场钻探图。

该成果在长庆油田某废弃场地进行应用，在不足一个月时间内完成了 $30\times 10^4 m^2$、10m 深度范围的土壤和地下水调查（包括土壤取样点位 31 个，地下水监测点 5 个，随钻 VOCs 测试 20 个）。基于该技术实时获取的场地 VOCs 信号响应数据，可结合地质数据可视化软件，绘制场地内石油烃污染物的三维空间分布图，便于工程人员及时掌握现场污染情况第一手数据，因地制宜地选择修复技术，也为场地详细调查与后期场地修复技术的精细化实施提供坚实支撑。

图 12-5　GeoProbe 现场钻探图

第二节　炼化装置场地防渗检测技术

一、炼化装置场地防渗检测技术需求分析

炼油化工是我国国民经济的支柱产业，但同时也属于废物排放量高的产业，生态环境保护责任重大，尤其是我国炼化企业多位于江河湖泊和人口密集的敏感地区，如长江、黄河、三峡库区、滇池、大连湾、胶州湾及珠江口等重要水系、水域和近海沿岸等。石油产品的生产、运输、储存等环节的泄漏导致土壤和地下水污染，已引起业界乃至整个社会的高度重视，成为全球性的环境问题。

"谁污染，谁治理"已成为保护地下水环境的基本原则。由于地下水环境污染具有隐蔽性、复杂性、修复难等特点，保护地下水环境"防重于治"。其中，防渗是最核心的地下水污染预防措施之一。

自"十一五"开始，中国石油在环渤海地区、长三角地区、珠三角地区、西南地区和经济大省建成一批大型炼化基地。随着我国环境保护政策的日益严格，炼油化工项目在立项、环评、审批以及竣工验收等各个环节都十分强调场地的防渗处理和地下水污染防控措施的实施效果。然而，炼化基地地下水防渗级别的确定缺乏依据，炼化装置地下水污染防控相关的技术规范、方法和标准尚有欠缺。

炼化装置防渗工艺设计的重点是防止含有油品和重金属的流体泄漏进入含水层。防渗材料的渗透系数是一项主要的设计参数。由于缺乏不同油品和重金属流体在防渗材料中的渗透系数检测标准或方法，没有所需相关的渗透性参数，防渗层设计主要依据水在不同防渗材料中的渗透系数，这种替代可能存在偏颇。

我国现有地下水污染防控技术政策、技术标准和技术要求主要侧重于固体废物填埋场的选址、设计和施工。防控的技术手段主要是利用防渗材质的不透水性阻断污染物与地下水接触的途径，从而达到防止地下水污染的目的。常用的地下水污染防控的技术手段有地下水水质监测和污染物防渗垫层。通常采用的防渗垫层有天然基础、黏土层、人工合成材料衬层（膨润土衬垫、HDPE膜）、刚性结构层（钢筋混凝土）等。Q/SY 1303—2010《石油化工企业防渗设计通则》仅对石油化工企业工程的防渗设计做出了通用规定，对防渗工程检漏的方法尚无明确规定[3]。

因此，需要研制防渗工艺实验系统，开发相应的检测方法，为炼化防渗装置工艺优化设计提供基础数据，以指导新建项目的选址、可行性研究、初步设计和详细设计，提高在运行项目的环境管理水平。

二、炼化装置场地防渗检测技术研究成果

1. 技术内涵

（1）研制了具有自主知识产权的地下水防渗实验试制装置，开发了3类防渗层高压渗流实验方法系列，在国内首次实现了油类流体在超低渗防渗层（渗透系数 K 小于 10^{-12} cm/s）中渗透系数的准确、快速测量[4]。

研发的防渗实验试制装置主要技术参数如下：渗透系数检测范围为 $10^{-5} \sim 10^{-14}$ cm/s；渗流压差调节范围为 0.1~10MPa；适用渗流流体为水、油、有机溶剂或 pH 值为 5~9 的酸/碱溶液；实验温度范围为室温~60℃。适用材料类型与规格：压实天然土或改性土（包括 GCL 填充料）的厚度为 10~100mm，直径为 50mm；土工膜的直径为 200mm，厚度为 0.3~3mm；天然岩心或抗渗水泥柱的直径为 150mm，高度为 10~300mm。

开发了防渗层高压渗流实验方法系列，实现了在不同温度、高可变压差下，可开展纯水、纯油或有机溶剂、有机污染物水溶液、pH 值为 5~9 电解质溶液等 4 类渗流流体分别在压实黏土层、土工膜和抗渗水泥柱等 3 种介质中的渗流实验，以及水相—有机相在压实黏土层中的交替渗流实验。

（2）初步揭示了典型油品在压实云南红黏土层、HDPE 膜和抗渗水泥层中的渗流规律，取得的实验参数有效支持了防渗工艺方案优化，为炼化装置地下水防渗结构设计提供了科学依据。

研究了压实红黏土层中 0# 柴油、93# 汽油、甲基叔丁基醚（MTBE）、甲苯和异辛烷等 5 种典型油类流体的油相—水相渗流和驱替过程，揭示了油类流体在压实黏土层中的渗流规律，探讨了红黏土构建防渗层的可行性，得出：饱和水的云南红黏土压实层适合构筑防渗层；而未饱和水的压实黏土层不适合作为油类污染物的防渗层；被油类污染的压实黏土层不可以继续作为防渗层。

通过云南石化炼化项目场地的压实黏土、HDPE 膜、抗渗水泥 3 类防渗材料防渗性能有效性评估，首次获得了"油品在压实黏土层、HDPE 膜和抗渗水泥层中的渗透系数均比水高 3~15 倍"这一科学认识；提出了一个防渗层工艺优化方案，采用"C30 普通混凝土＋水泥基渗透结晶防渗涂层"防渗工艺代替"抗渗混凝土＋涂层"工艺具有经济性、可行性。

（3）提出了炼化企业地下水污染风险源清单，建立了炼化场地地下水分区监测指标体系。

炼化企业地下水污染风险源包括 3 类：①原油、罐底油泥、成品油、MTBE、苯、甲苯、二甲苯等；② Cu、Pb、Ni、V；③酸、碱、含硫污水、含碱污水、含油污水。

地下水监测指标的选取立足于与炼化生产相关的污染风险源指标，与 GB/T 14848—1993《地下水质量标准》规定的 39 项指标不同。分 3 类区域监测不同的指标：①重点污染防治区监测苯系物（苯、甲苯、乙苯、二甲苯、苯乙烯）、MTBE、萘和重金属（Ni、V、Cu、Pb）等指标；②特殊污染防治区监测 pH 值、电导率、硫化物和石油类指标；③一般污染区监测 pH 值、电导率和石油类指标。

（4）明确了大型炼化基地地下水防渗工艺技术现状，优化形成了炼化基地地下水防渗工艺技术系列方案，为 Q/SY 1303—2010《石油化工企业防渗设计通则》的修订提供了科学依据[5]。

通过四川石化、庆阳石化公司和呼和浩特石化公司等企业防渗工艺调查，明确了炼化装置防渗工艺技术现状。中国石油炼化基地的防渗工艺技术是以"环境敏感程度为敏感"为原则，以 HDPE 膜、水泥基渗透结晶型防渗涂层和掺钢纤维抗渗水泥为主要防渗材料，在特殊污染防治区、重点污染防治区和一般污染防治区，采用柔性防渗结构、刚性防渗结构或刚性—柔性复合防渗结构的高等级防渗工艺技术。

提出了地下水防渗设计应充分结合场地天然防渗层的适度防渗原则。中国石油炼化基地的防渗工艺设计优化还需要充分结合场地的包气带防污性能、环境水文地质条件和环境敏感程度等自然特征，采用包括压实场地天然黏土构建天然防渗层在内的多元防渗结构，以实现适度防渗、合理防渗和经济防渗。

优化形成了炼化基地地下水防渗工艺技术系列方案。大型炼化基地地下水防渗工艺技术系列方案包括主动防渗系统、被动防渗系统、渗漏检测系统和应急措施 4 部分，为 Q/SY 1303—2010《石油化工企业防渗设计通则》的修订提供了科学依据。

（5）制定中国石油企业标准 Q/SY 1797—2015《石油化工企业防渗工程渗漏检测设计导则》[6]。

结合四川石化、庆阳石化公司、呼和浩特石化公司和云南石化炼化项目渗漏检测设计与应用效果，集成 5 种渗漏检测技术：渗漏管、渗漏液检查井、感应电缆检测系统、电极检测系统和地下水监测井，完成了中国石油企业标准 Q/SY 1797—2015《石油化工企业防渗工程渗漏检测设计导则》的编制、意见征集、送审和报批，该标准于 2015 年 11 月开始实施。

2. 技术研究过程

针对炼化装置防渗工艺评估方法适应性不强、缺乏有效的防渗效果评估技术等问题，开发含油流体介质在复合防渗层中的渗透性测试技术，为炼化防渗工艺设计提供技术支持；结合中国石油拟建大型炼化项目，开展典型炼化装置防渗技术和地下水渗漏监测技术研究，形成典型炼化装置防渗工艺和渗漏检测技术。

（1）大型炼化工程地下水防渗技术现状调查。

结合四川石化、庆阳石化公司和呼和浩特石化公司的企业防渗调研，重点调研了3家炼化企业的3类区域：①装置区，如常压蒸馏装置、催化裂化装置、MTBE装置、催化重整装置、柴油加氢改质装置、汽油烃重组装置、酸性水汽提装置等；②储罐区，如原油罐区、重油和轻油中间原料罐区、汽油罐区、柴油罐区、化工品罐区等；③污水处理区，如污水处理站、应急事故池、雨水调节池等。分析了这3类区域的物料成分，筛选对地下水污染的特征成分作为地下水污染的风险源，有别于GB 14848—1993《地下水质量标准》中监测指标，提出了适用于炼化企业地下水环境的监测指标体系。调查了3家炼化企业地下水环境风险评价等级与采取的防渗等级设计，了解了炼化装置防渗工艺技术发展现状，为Q/SY 1303—2010《石油化工企业防渗设计通则》的修订提供依据。

了解了我国大型炼化基地防渗技术现状。四川石化、庆阳石化公司及呼和浩特石化公司的防渗要求一致，在污染区均要求防渗层的渗透系数低于1.0×10^{-12}cm/s，而3个场地的地下水环境影响特征各异，地下水防渗等级的设计原则源自四川石化，其后的设计基本沿袭了最初的设计要求，以"环境敏感程度为敏感"为原则，并没有充分结合场地的包气带防污性能、含水层易污染特征和地下水环境敏感程度等地下水环境影响特征。因此，若以四川石化的防渗设计等级为基点，庆阳石化公司和呼和浩特石化公司的防渗设计为过度防渗。

（2）炼化防渗工艺防渗性能评估研究。

调研了防渗材料渗透性评价现有技术，我国大型炼化企业场地防渗主要采用压实天然黏土层、HDPE膜和抗渗水泥层3类防渗材料。现有技术对其防渗性能评价仍沿用了纯水在介质中的渗透性数据，在防渗设计上存在技术不足，导致过度防渗。

现有技术方法缺乏含油流体在介质中渗透性测试方法。基于此，选取含油渗流流体，开发了高变压差下压实天然黏土层、HDPE膜和抗渗水泥层3类防渗层渗透率测试方法，在国内首次实现了超低渗透材料土工膜和抗渗水泥层对油品渗透性的准确评估，将该方法应用于云南石化防渗材料的防渗性能评估，得到了"油品在HDPE膜和抗渗水泥层中的渗透系数均比水高3~10倍"这一科学论断，为炼化装置地下水防渗结构设计和防渗工艺评估提供了科学依据。

（3）典型炼化装置地下水防渗—渗漏检测技术研究。

石油化工企业产生地下水污染的主要过程为：①设备、管线等泄漏产生污染物；②当不采取措施或措施不当时，泄漏的污染物在重力作用下从地表逐步渗入深层，并造成局部的地下水环境受到污染；③泄漏的污染物随地下水的流动不断扩散，最后导致地下水污染范围不断扩大。针对石油化工企业地下水污染主要过程，针对性地提出泄漏、渗漏检测措施，有利于尽早发现问题，避免污染事故扩大。地下水防渗的监控体系包括泄漏监控、渗漏检测和地下水质量监控3个层次。总结四川石化、庆阳石化公司、呼和浩特石化公司和云南石化炼化项目渗漏检测设计与应用效果，完成标准研制，标准集成了以下5种渗漏检测技术：

①渗漏管：一种最经济的渗漏监测方式，对于采用膜防渗的环墙基础储罐应优先利用泄漏管检测。

②渗漏液检查井：渗漏检测的常见方法之一，可应用于铺设柔性防渗结构（土工膜）

的区域。上层防渗层渗漏下来的渗漏液经土工膜上的渗漏液收集层流入渗漏液收集井内，收集后的渗漏液集中处理。渗漏液检查井可同时作为该区域上层防渗层（包括储罐罐底）渗漏检测报警设施。渗漏液检查井常用于按复合防渗结构层设计的罐区防火堤内、按柔性防渗结构设计的地下管线、填埋场双层柔性防渗层等。

③电极检测系统：应用于铺设土工膜的部位，如化学品库等采用柔性防渗结构或复合防渗结构的土工膜的损伤检测，以便判断是否存在防渗膜破损点并及时进行修补。电极检测系统主要利用防渗膜的绝缘性，通过检测防渗区电场的变化，可准确发现防渗膜破损点。

④感应电缆检测系统：应用于储存极度、重度危害物料的环墙基础储罐罐底板的渗漏检测。感应电缆检测主要利用电阻值的变化幅度，判断出泄漏点的位置。

⑤地下水监测井用于水质监测：在装置或场界周边按背景值、上游井、下游井布置，通过水质采样的日常监测，分析水质变化趋势，必要时做应急抽水处理。

3. 技术创新及先进性分析

研究的防渗层渗透系数高压检测装置突破了挥发性有机流体渗透过程中准确计量的技术瓶颈，开发了 3 类防渗层高压渗流实验方法系列，在国内首次实现了油类流体在超低渗防渗材料（K 小于 10^{-12}cm/s）渗透系数的快速、准确检测，检测下限达到 10^{-14}cm/s，比现有技术 GB/T 19979.2—2006《土工合成材料 防渗性能 第 2 部分：渗透系数的测定》提高 2~3 个数量级。形成发明专利 1 项，实用新型专利 1 项。

三、技术应用实例

防渗层渗透系数高压检测方法与应用。防渗层渗透系数检测方法采用授权专利防渗层渗透系数检测装置（图 12-6），该检测方法包括以下步骤：

步骤 1：样品制备，将防渗层制成规定尺寸的圆柱体或圆片状，并置于渗流液中浸泡一定的时间。

步骤 2：装样，打开检测仓，将检测样品通过密封垫板置于检测仓的内腔中的分隔孔板上，然后密封检测仓。

步骤 3：所述两活塞容器为第一活塞容器和第二活塞容器，选择渗流液，如果渗流液为水或 pH 值为 5~9 的酸碱溶液，则执行步骤 4；如果渗流液为有机溶剂，则执行步骤 5。

步骤 4：开启驱动泵、第一活塞容器、进液管路、回流管路和溢流阀，同时关闭第二活塞容器和出液管路，驱动泵向第一活塞容器加注渗流液，并通过第一活塞容器向高压腔注入渗流液，在高压腔注满后，渗流液经溢流口、回流管路和回流口注入低压腔并将低压腔内注满渗流液，使得高压腔和低压腔注满渗流液，直至溢流阀出口有稳定渗流液溢出，停止驱动泵并关闭溢流阀和回流管路，打开出液管路，执行步骤 6。

步骤 5：开启驱动泵、第二活塞容器、进液管路、回流管路和溢流阀，同时关闭第一活塞容器和出液管路，驱动泵向第二活塞容器加注渗流液，并通过第二活塞容器向高压腔注入渗流液，在高压腔注满后，渗流液经溢流口、回流管路和回流口注入低压腔并将低压腔内注满渗流液，使得高压腔和低压腔注满渗流液，直至溢流阀出口有稳定渗流液溢出后，停止驱动泵并关闭溢流阀和回流管路，打开出液管路，执行步骤 6。

步骤6：通过调节设置于检测仓外部的恒温控制箱设定测试温度，待恒温控制箱温度平衡预定时间后测试。

步骤7：开启驱动泵，调节至预定的注入压力，待渗流液收集容器中有平稳液滴或液流流出时，开始测量。

步骤8：在一定的时间或渗流液收集容器中的渗流液收集达到所需，停止测量；通过设置于所述样品检测单元外部的控制及数据采集单元，记录测试的温度 T、时间 t，渗流量 V，样品测试压差，通过公式（12-1）计算渗透系数。

图12-6 防渗层渗透系数检测装置

$$K = \frac{V \cdot h \cdot \eta}{A \cdot t \cdot \Delta p} \quad (12\text{-}1)$$

$$\Delta p = p_1 - p_2 \quad (12\text{-}2)$$

$$\eta = \frac{\eta_T}{\eta_{20}} = \frac{1.762}{1 + 0.0337T + 0.00022T^2} \quad (12\text{-}3)$$

式中　K——渗透系数，cm/s；

　　　t——测定时间，s；

　　　V——时间 t 内的渗流量，cm³；

　　　A——试样有效渗透面积，cm²；

　　　h——试验压差下，试样的厚度，cm；

　　　Δp——试验压差，以水柱高度计，cm（按 1kPa 相当于 10 cm 水柱折算）；

　　　p_1——注入压力，以水柱高度计，cm（按 1kPa 相当于 10 cm 水柱折算）；

　　　p_2——出口压力，以水柱高度计，cm（按 1kPa 相当于 10 cm 水柱折算）；

　　　η——水的黏滞系数比，kPa·s；

　　　η_T——试验水温 T 时水的黏滞系数，kPa·s；

　　　η_{20}——20℃水温时水的黏滞系数，kPa·s；

　　　T——试验水温，℃。

第三节 石油污染场地强制通风生物修复技术

一、石油污染场地强制通风生物修复技术需求分析

随着我国城市化进程的加快及经济快速发展，国内市场对油气资源的需求不断增长，油气资源开发进程加快、开发规模不断扩大，石油污染问题日益突出。在油气田开采初期，由于生产条件、环保技术等方面相对落后，污染控制和修复技术缺乏，土壤石油污染严重，且呈逐年加重趋势；石油开采规模的扩大，将产生大量的钻井废液、落地油、含油废水等污染物，这些污染物虽然进行了处理，但处理不彻底，仍然会对土壤环境造成潜在污染。

统计数据表明，全球每年通过落地原油及事故泄漏途径进入环境的石油污染物约为 8×10^6 t，我国约为 6×10^5 t[7]。据美国环保署报道，在 20 世纪 90 年代已有 10 万个地下油罐存在不同程度的泄漏[8]。中国油罐、油管也存在严重的泄漏问题，例如，安塞县某地下油罐下部 0~16cm 处土壤存在 66160~21426mg（油）/kg（土）的油污污染，油管泄漏污染土高达 183828mg/kg[9]；成品油泄漏事故时有发生，如陕西省渭南市柴油泄漏事故。

国内石油石化企业除了要应对突发环境污染事故，还面临退役油田和炼化场地以及历史遗留污染场地调查、防控、修复等问题。中国石油油气资源丰富、分布广，多数油气田处于沙漠、荒滩、环渤海等环境敏感地区，这些地区生态环境脆弱，一旦发生污染，将对生态环境造成严重破坏。土壤污染具有隐蔽性、滞后性、积累性、持久性、复杂性、投资大、难处理性等特点，而且治理越晚，投资越大，治理越困难。

石油石化行业土壤污染日益引起社会的关注，场地污染防治问题逐步成为石油环保领域关注的重点之一。国家领导将土壤污染防治提上重要议程，明确要求"积极开展土壤污染防治"。一系列政策的出台使得石油污染场地治理形势严峻，加强石油污染场地修复技术研究迫在眉睫，急需开发经济、高效、专业的石油污染场地治理与修复技术，为后续大规模修复工程奠定基础。根据中国知网检索结果，我国石油污染土壤和地下水修复相关研究从 1999 年开始起步，2003—2008 年开始发展，2009 年开始进入快速发展期，涉及的主要修复技术包括生物修复、抽出处理、多相抽提、气相抽提等，多以室内研究为基础，现场应用案例较少。土壤和地下水环境保护既是以往石油环保管理的薄弱点，也是近年来的工作热点、难点。石油企业污染场地调查与修复技术需求不断加大，为此，中国石油从 2005 年开始逐步加大相关领域技术投入，从技术引进到自主研发，陆续支持多个相关项目的研究。

二、石油污染场地强制通风生物修复技术成果

1. 技术内涵

针对回收价值低的中低浓度石油污染土壤，结合 SVE（土壤气相抽提）、BV（生物通风）技术优点，自主开发的抽提—鼓风一体化强制通风关键技术，形成适用于低浓度石油污染土壤强制生物通风修复技术及相关成套设备。

该技术是通过鼓风—抽风交互强制通风，加强土壤中微生物的吸收、转化、清除或

降解环境污染物，实现环境净化、生态效应恢复的措施。该技术解决了 SVE 通风效率低、直接通风容易产生 VOCs 释放等问题，既达到了为土壤中生物通风供氧，又实现了土壤中轻质组分挥发收集，避免二次污染。

由于生物修复具有费用低、处理效果好、对环境影响低、无二次污染、不破坏植物生长所需要的土壤环境等优点，具有绿色可持续性，因此，生物修复技术被认为是生态环境保护领域最有价值和最具生命力的处理技术，具有良好的推广潜力和广阔的市场前景[7]。

2. 技术研究过程

对于石油污染土壤修复，与一般的化学方法、物理方法相比，生物修复技术具有成本低、适用于大面积污染处置等优点。然而，微生物修复技术也存在影响因子多、调控过程复杂等问题，突出表现在石油烃降解菌的生长不仅受石油烃组分和浓度、氮磷营养剂等组成和浓度等因素的直接影响，也受到温度、盐度和溶解氧等环境因子的显著影响。该技术从菌剂开发到环境参数摸索，以及实际现场应用工艺设计，进行了全流程系统研究。

在菌剂方面，搭建菌剂放大生产工艺技术研发平台，形成高效石油降解菌筛选、构建优化技术，构建 4 个石油降解菌群。在前期研究基础上，完善浸提、筛选纯化、性能评价、菌剂鉴定、构建优化一系列操作流程，分别从新疆油田、大港油田、兰州石化等 16 个石油污染土壤样品中筛选出石油降解单菌 60 多株，并优化构建出 4 个降解菌群，其中高效菌群（70%）1 个。确定菌剂放大生产最优条件参数，形成放大生产技术，完成了自主开发菌剂的 10L、150L、1500L 不同规模高效石油降解微生物菌剂放大生产，可以为石油污染土壤生物修复小试、中试研究提供菌剂。

在环境参数方面，开展石油污染土壤生物修复室内模拟研究，确定现场试验参数。室内搭建模拟装置，控制室内温度在 20~30℃、土壤含水率在 20% 左右、翻土保持土壤通气性，进行场地修复模拟试验，确定温度、菌剂投加量、营养盐添加量等关键参数。菌剂添加量大的效果不一定好，菌剂添加量为 4% 的效果好于添加量为 7% 的效果，营养盐添加量大影响修复效果。

在工艺方面，主要针对温度和空气两个因素进行研究，通过强制通风提供生物生长需要的空气，通过温度控制提供生物生长适宜的温度，并克服过冬的问题。通过油泥砂与土壤混合，模拟含油 5%~8% 的石油污染土壤，并添加秸秆、麦麸等添加剂。补水系统使用农业用滴灌技术，铺设滴灌带进行补水；加热系统利用现有加热炉，通过曝气管道通入热空气或者热蒸汽，为土壤加热；通风系统在场地底层铺设曝气管道进行曝气通风；菌剂注入可以利用压力注入装置。图 12-7 为抽提—鼓风一体化强制通风生物修复技术示意图。

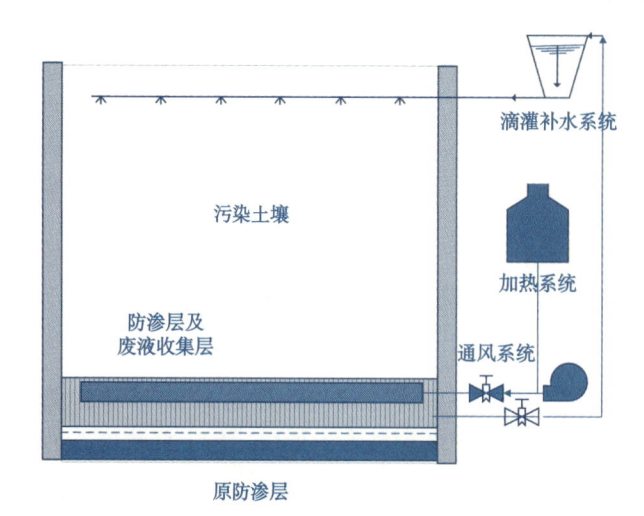

图 12-7 抽提—鼓风一体化强制通风生物修复技术示意图

土壤补水采用滴灌方式补充水分，并且可以与营养盐的施用相结合，使水分和肥料（营养盐）缓慢均匀地渗入土壤，不仅可以达到节水、节肥的目的，还可以使土壤尽量保持润湿状态，避免土壤板结，保持土壤通气性，不破坏土壤结构，形成适宜的土壤水、肥、热环境，促进微生物生长，加快石油降解速率。

土壤中污染物的降解会降低土壤中的 O_2 浓度，增加 CO_2 浓度，抑制污染物进一步生物降解。BV 方法可通过在石油污染现场安装竖井，借助空气压缩机向污染区域供给空气或 O_2，提高石油污染区域的原位生物降解能力。BV 方法对较重石油烃产品污染土壤的修复效果较 SVE 好，但需要较长生物降解过程。采用自主开发的抽提—鼓风一体化强制通风关键技术实现了强制通风，并且避免了 VOCs 气体的逸散污染。

3. 技术创新及先进性分析

该技术通过添加营养盐和膨松剂，可以处理土壤结构复杂不适用于原位修复的各种类型土壤甚至是含油固体废物；通过抽风鼓风交替强制通风，利用抽风系统和尾气处理系统抽取和处理土壤中 VOCs，避免 VOCs 逸散造成二次污染；利用鼓风系统进行强制通风提高通风效率，为石油污染土壤生物修复提供足够氧气；处理成本可控，通风速率可控，可根据时间需要和成本要求选择不同的通风频率，控制修复时间。该技术可以达到总石油烃 500~3000mg/kg 修复目标，修复时间和成本可以根据需要进行控制。

该技术创新性地研发了抽提—鼓风一体化强制通风关键技术，形成适用于重点低浓度石油污染土壤强制生物通风修复技术及相关成套设备，完成了中国石油行业首个抽提鼓风一体化生物通风修复现场实验。该技术属于生物修复技术，处于国际场地修复领域先进技术行列，技术经济技术指标可以达到国际同类技术水平，形成专利 3 项、技术秘密 2 项、学术论文 3 篇。

三、技术应用实例

在大港油田油泥砂净化处理厂建设石油污染修复中试试验场地（图 12-8），进行典型油气生产场地中低浓度石油污染土壤原位生物修复现场验证和高浓度石油污染土壤强制通风生物堆异位修复技术现场验证两部分研究。

建成原位模拟修复现场 1 个，分 6 个小部分标记为 A—F 进行石油污染土壤原位模拟修复研究；30m³ 生物修复堆 3 座，标记为 1# 堆、2# 堆、3# 堆，进行石油污染土壤强制生物通风试验，其中 3# 堆根据现场情况分为 3-1# 油砂、3-2# 泥沙、3-3# 油泥 3 部分；分别完成异位强化生物修复和原位模拟修复研究。

图 12-8 中 A—F 部分为中低浓度石油污染土壤原位修复场地，建设 6 个 4m×4m×3m 区域作为原位修复模拟试验场地，将油泥砂净化处理厂的油泥添加到土壤中模拟石油污染土壤，根据土壤特性添加 10%~30% 的秸秆或锯末等保持土壤的透气性，并添加营养盐使土壤中 C、N、P 比例达到 100：15：1，分别添加不同类型菌剂，保持土壤含水率在 20%~30%；每个修复区域在对角线位置选择两个采样点，定期测试土壤中 O_2、CO_2、VOCs 等含量变化，15 天左右取土壤样品，测试分析石油烃含量、含水率等指标评价修复效果。对于各部分菌剂使用情况，A 使用美国菌剂、B 使用国内 1 菌剂、C 使用空白菌剂、D 使用自主 1 菌剂、E 使用自主 2 菌剂、F 使用国内 2 菌剂。

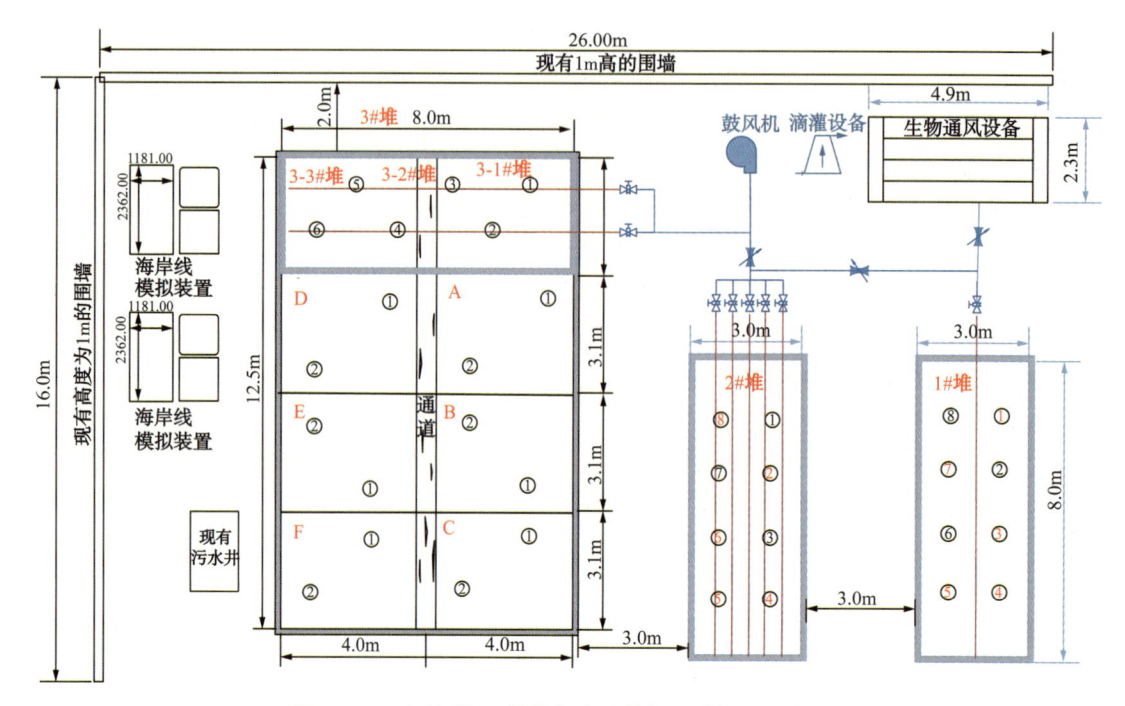

图 12-8　石油污染土壤修复中试模拟试验场地示意图

中低浓度石油污染土壤原位生物修复场地经过 3 个月的生物修复，有 3 种生物修复菌剂效果较好，土壤中 TPH 含量低于 3000mg/kg。石油污染土壤原位模拟修复场地 6 块区域经过 90 多天的生物修复，TPH 均有不同程度的降低，其中，美国菌剂、国内 2 菌剂和自主研发的菌剂效果最好，经过 95d 的修复，土壤中 TPH 含量低于 3000mg/kg，自主研发的菌剂与商用菌剂效果相当。石油污染土壤原位生物修复效果如图 12-9 所示。

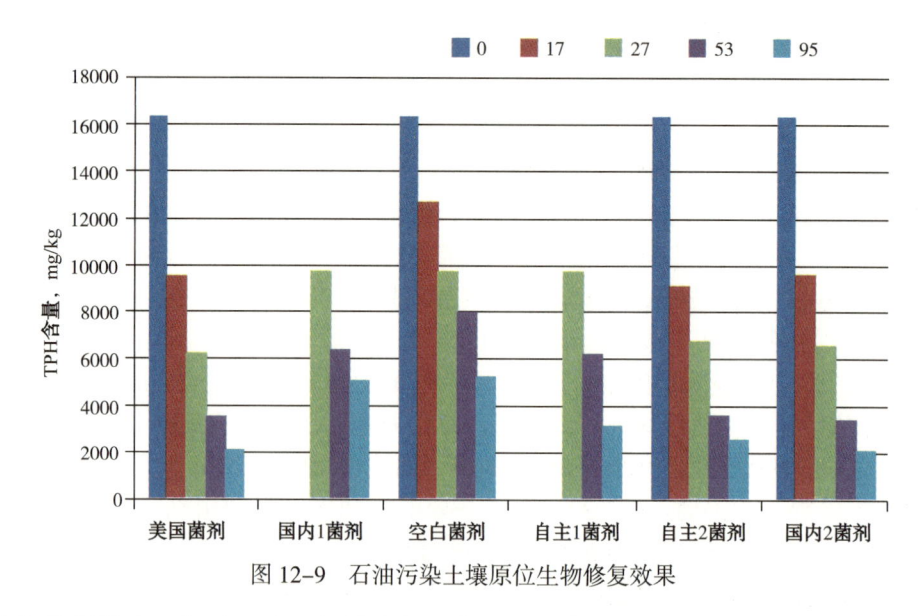

图 12-9　石油污染土壤原位生物修复效果

生物修复技术一般适于治理中低浓度土壤石油污染，对于高浓度石油污染，则需要与物理处理方法、化学处理方法联合使用。对采用热脱附等物理化学方法处理后的污染土壤进行生物修复研究。将微生物菌剂加入经热脱附等处理后的污染土壤中，按照微生物修复室内技术工艺条件（通气方式，养分种类、加量和施加频率，以及浇水频率等）进行现场操作，微生物修复周期3个月，期间每15d取样分析土壤中的石油烃、养分及微生物群落变化，形成中低浓度石油污染土壤生态修复技术工艺。

石油烃含量较高的油泥油砂强制通风生物堆异位修复场地经过65d降解，油泥TPH含量从2.9%降低到0.5%，泥砂TPH含量从1.7%降低到0.18%，油砂TPH含量从0.5%降低到0.06%（图12-10）。强制通风生物堆异位修复技术通风效果较好，VOCs含量从249μg/kg降至38.9μg/kg。

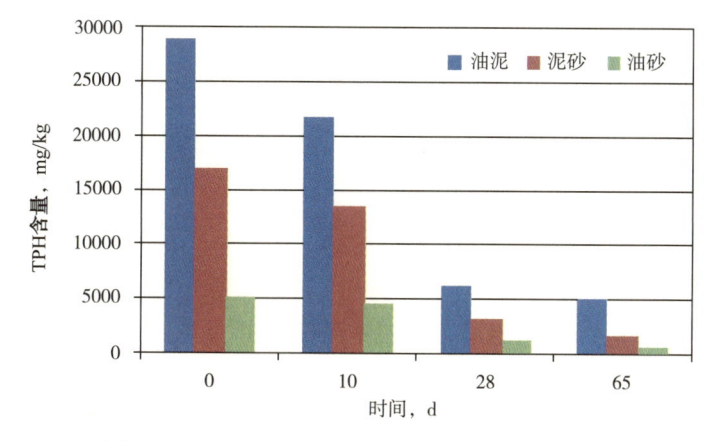

图12-10　油泥油砂强制通风生物堆异位修复效果

基于自主开发的抽提—鼓风一体化强制通风关键技术，结合了SVE（土壤气相抽提）、BV（生物通风）技术优点，形成适用于低浓度石油污染土壤强制生物通风修复技术，在大港油田进行了200m³中试规模原油污染土壤修复现场试验，经过90d左右的修复，土壤中TPH含量低于3000mg/kg，接近国际先进水平。

第四节　石油污染场地两相真空抽吸修复技术

一、石油污染场地两相真空抽吸修复技术需求分析

石油污染是指石油在开采、加工、储藏、运输、使用等过程中，原油或石油烃产品由于种种原因进入环境而造成的污染，是石油工业高速发展的负面产物。随着石油开采量、加工量、消耗量的逐渐增加，土壤/地下水的石油污染在世界范围内广泛发生而且后果严重，已引起世界各国的决策者、相关研究学者乃至社会大众的普遍关注。由石油污染地下环境所引起的纠纷、诉讼、索赔案例连年增多，2008年5月，BP、雪佛龙、ConocoPhillips等著名石油公司因涉嫌污染美国17个州的土壤/地下水，共赔偿4.23亿美元；2005年12月，针对中国胜利油田油泥对土壤/地下水构成的严重威胁，地方环保局曾考虑开出9.0亿元的罚单。

中国存在严重的土壤/地下水石油污染已成为决策者、相关领域专家学者的共识。要彻底、有效修复土壤和解决地下水污染，我国政府和石油企业还面临着巨大困难和众多问

题。地下水污染的治理不只是对地下水的治理，还要对污染土壤和含水层介质进行治理和恢复，治理难度大、时间长，耗资巨大。在过去20年间，世界各发达国家纷纷制订和实施了昂贵的环境修复计划，例如，荷兰在20世纪80年代已投资15亿美元进行土壤污染的修复；德国在1995年一年就投资60亿美元净化土壤污染；英国、法国、日本、俄罗斯等也相应投入巨资进行环境污染的修复；美国自20世纪90年代中期，每年都投资几百亿美元进行污染环境的修复。如此巨额的投入，对我国这样一个各种环境问题（地表水污染、大气污染等）并生的发展中国家来说，是很大的压力。另外，被污染的地下水的恢复治理是一个世界性难题，很少有比较成熟的可供推广使用的技术。国内涉足的地下水污染治理技术均处于刚刚起步的阶段，相关技术的研究和开发水平亟待加强。基于以上原因，开发具有投入少、见效快、应用范围广等特点的土壤与地下水石油污染创新性的修复技术，是我国现阶段的迫切需要。

两相真空抽吸（VEFO）技术是在北美地区提出的一种新型土壤与地下水修复技术。VEFO技术可以抽取的污染物包括位于饱和带的可溶性地下水污染物，位于非饱和带的可溶性地下水污染物，悬浮于地下水表面的NAPL自由相，土壤中不可流动相，DNAPL相，土壤蒸汽相。

二、石油污染场地两相真空抽吸修复技术成果

1. 技术内涵

针对炼厂或加油站油品泄漏造成的地下水与土壤石油污染，建立一套符合我国国情的高效、低成本的土壤和地下水石油污染修复技术，开发以两相真空抽吸（VEFO）技术为核心，辅之以自动监测、系统模拟和控制技术的一体化土壤和地下水污染修复系统、相关技术及成套设备。

两相真空抽吸（VEFO）技术主要着重于游离相和吸附相中存在的石油类的去除，它的主要特点是不仅能够有效处理各种以自由态、吸附态、溶解态或气态等形式存在的污染物，同时还能处理存在于饱和带和非饱和带的石油污染物。此外，还能够通过增加供氧量而极大地提高石油污染物在饱和带和非饱和带的可降解性。

该项技术具有经济（投入少）、高效（通过迅速去除游离相来控制污染的进一步恶化）、无后续污染等优点，尤其适合我国国情，能满足当前我国以有限的资金最大程度地解决环境问题的需要，从而实现社会效益、经济效益和环境效益的统一。VEFO系统设备对加油站、石油产品生产、化工产品生产等造成的污染具有较好的处理效果。因此，它在国内外具有良好的推广潜力和广阔的市场前景。

2. 技术研究过程

为了深入地对VEFO土壤和地下水修复技术进行研究，以及为石油污染控制去除模型的建立和验证提供基础数据支持，研究人员结合中国油田土壤特点进行了一系列小试模拟实验研究。

（1）地下环境的VEFO小试模拟装置设计研究。

研究并制作地下环境的VEFO小试模拟装置，该装置是由不锈钢材质制成的立方槽模型，系统是完全避光及密封的，在立方槽的顶部均匀设置若干取样孔，同时保证整个系统的气密性，为后续设计研究打下基础。VEFO实验室小试装置如图12-11所示。

（2）石油类降解菌菌种的筛选与富集实验研究。

为了提高整个系统对石油类污染物的修复效率，实验从油田现场样品中筛选出合适的石油类降解菌进行菌种的纯化培养，并进行菌种的富集与保存。

（3）实验室污染物传输过程模拟实验研究。

研究以汽油作为石油类污染物的代表进行模拟实验，将模拟污染物缓慢注入地下环境的小试模拟装置中，在此过程中，在

图 12-11　VEFO 实验室小试装置

取样口处定期取样用气相色谱监测汽油中苯的浓度，完成污染物传输过程的实验室模拟。

（4）土壤和地下水石油类污染物降解实验模拟研究。

为了验证实验室小试装置对土壤和地下水石油类污染物的修复效果，针对不同土壤类型，设计两批实验对污染物的去除过程进行模拟。分别模拟高黏土含量和低黏土含量的土壤样品进行实验，并对从反应器出口收集的水样进行污染物浓度监测与微生物计数。该实验选择汽油中较有代表性的组分苯作为监测参数，用气相色谱对其残余量进行测定。验证了 VEFO 系统对土壤和地下水中石油类污染物的回收与降解效果，为 VEFO 中试系统开发与示范工程设计打下坚实基础。

石油地下水污染的治理往往具有地域性的特点，涉及对特定地区的污染土壤和含水层介质进行监测、分析、治理和恢复，治理难度大，时间长，耗资巨大。开发了一套三维土壤/地下水石油污染与 VEFO 修复中试模拟装置（图 12-12），用于模拟地下水有机污染物传输以及验证各种土壤/地下水修复技术。该中试系统的开发对于地下水修复技术开发、地下水资源评价和管理等方面的研究具有十分重大的意义。

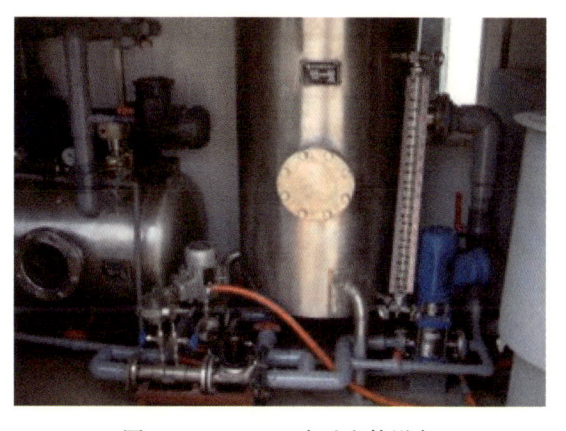

图 12-12　VEFO 中试主体设备

①地下水石油污染与 VEFO 修复中试模拟系统开发试制。

结合之前研究成果，设计工艺、采购设备，优化组合，完成地下水污染物中试模拟系统开发与试制。该系统呈长方体形，尺寸长×宽×高为 3600mm×1200mm×1400mm。整个反应器表面由厚度为 6mm 的不锈钢板以及厚度为 8mm 的双层加强有机玻璃制成，能够提供足够的强度以承载装入的土壤与水的压力，并能抵抗污染物的侵蚀。

②地下水有机污染物传输实验研究。

利用地下水污染物中试模拟系统，优化设备操作参数、确定试验流程、分析指标与方法，模拟碳氢化合物的泄漏，保持地下水流动状态，研究模拟地下石油污染物的传输以及自然降解规律。

③生物强化原位修复法研究。

利用从石油污染现场筛选驯化得到的特性石油降解菌,进行VEFO中试系统的生物强化原位修复试验,研究生物强化降解污染物对修复效果的影响。

④在中试试验基础上完成石油类污染物地下传输与转化模拟模型研究。

在中试试验基础上,研究并建立较为实用的地下非水相液体污染物(NAPLs)地下传输与转化模拟模型,对包含NAPLs的地下系统进行有效分析。模拟多相流(水、气和NAPLs)的同时流动和相间质量转换,同时通过开发创新性的数值方法,获得模型的精确解,从而有效描述NAPL污染物与地下条件的各种互动。

3. 技术创新及先进性分析

VEFO技术是一种新型土壤与地下水修复技术,研究首次将不确定性方法运用于地下层石油污染物传输模拟,开发出不确定性的多相多组分流动与传输的三维动态模型,同时运用基于混合模糊—随机风险分析的方法,并结合地下水与土壤模拟模型,对石油污染物可能造成的环境风险与健康风险进行评估。

与国内外同类处理技术相比,在达到相同治理效果的前提下,VEFO技术节省投资约30%;维护和管理成本达到同类技术的40%~75%;在相同的资源投入情况下,系统筛选最优运行方案,达到最优效果,节省运行费用20%~35%。VEFO技术获得发明专利2项、实用新型专利1项,形成科技论文18篇。

三、技术应用实例

VEFO修复示范工程试验场地位于某炼厂3#罐区内,示范工程场地具有10年以上装卸轻质污油的历史。示范工程试验具体内容包括四大部分:现场调查,系统设计,安装调试与运行,以及模拟优化与技术经济分析。

(1)现场土壤从上至下分别为回填土、黏土、砂质黏土,污染现场各层土壤呈均质性;透水性处于强—弱含水层之间,地下水位处于较适当水平;污染物主要自由相NAPLs与汽油组成类似;现场适合VEFO技术的应用。

(2)VEFO示范工程系统包括双相真空抽吸系统(DPVE)、高压空气震裂系统(PF)以及生物强化修复系统(BR),主要设备有初级气液分离器、水环式真空泵、二级气液分离器、油水分离器、VOCs吸附罐、生物修复混合桶、空气压缩机,以及泵、传感器、电磁阀门等。示范工程可实现手动与自动控制。

(3)经过调试、试运行后,VEFO系统连续运行,在12d修复时间内,10口监测井自由相污染物(油相)的平均去除率为86.64%;在5d修复时间内,能够有效去除污染区。整个运行期间回收大量石油类资源,表明在一定真空度和运行参数条件下,VEFO系统能够稳定运行,并达到良好处理效果。

第五节 加油站成品油污染土壤气相抽提修复技术

一、加油站成品油污染土壤气相抽提修复技术需求分析

在西方发达国家,加油站地下储罐油品渗漏引起的土壤及地下水污染,早已成为环境

污染的主要问题之一。美国环境保护署对 2001 年 9 月以前建造的地下油罐的状况进行统计发现，确认有渗漏问题的地下油罐接近 42×10^4 个，其中 15×10^4 个渗漏污染点亟待清理，石油渗漏污染已经成为土壤污染和地下水污染的第一大污染源。据美国环境保护署地下储油罐办公室财报，美国在 1989—1990 年被证实发生泄漏的加油站近 9×10^4 个，2000 年后虽然有所下降，但是仍然有 1.3×10^4 个储油罐发生渗漏；到 2009 年，累计泄漏地下储油罐达到 48.8×10^4 个；截至 2012 年 9 月，被确认泄漏地下储油罐数量达到 50.75×10^4 个。法国南特市使用 10 年以上储油罐渗泄漏率在 20% 以上。壳牌公司对其设在英国的 1100 座加油站进行调查，发现三分之一加油站已经对当地土壤及地下水造成污染。1985 年，日本国内发生重大渗泄漏事故 258 次，其中因腐蚀造成的渗泄漏事故达 99 次，占总渗泄漏事故的 38.4%[10]。

在我国，一方面由于技术发展时间短，加油站建设时间相对较晚；另一方面，借鉴国外成功经验，制定了加油站建设相关规范。因此，我国加油站地下油罐渗漏情况好于西方一些发达国家。

中国石油销售公司在加油站建设以及管理中，严格执行加油站建设相关标准，为防止加油站地下油罐泄漏投入了巨额资金，从管理和技术两个方面入手，严格控制加油站地下油罐渗漏的发生。但是，随着加油站地下管道和储罐服役年限的增长，渗漏几率也逐年增加，尤其是地下储罐使用超过 20 年后渗漏的风险将会大大增加。

1995 年，北京安家楼某加油站泄漏柴油 78t，在一周之内渗漏进入土壤及地下水，造成附近一水厂被迫停产，影响供水范围达 36km。2006 年，江苏南京龙蟠路某加油站发生大量泄漏，同年三井加油站储油罐渗泄漏，泄漏汽油蔓延至市政下水管道。2006 年，广州珠海礼岗某加油站一辆大型油罐车在装卸时发生泄漏，蔓延至整个加油站以及附近下水管道。2007 年，中国地质科学院对苏南地区 29 座加油站进行渗漏检测，发现 21 座存在不同程度的渗漏，占被调查总数的 72.4%，使用年限 15 年以上的 20 座加油站中有 12 座存在渗漏现象[11]。2008 年，广州冠德某加油站输油管道泄漏，泄漏石油渗透到附近人行道上。2010 年，中国科学院对天津市部分加油站进行地下渗漏情况调查，结果显示地下水样本中总石油烃的检出率为 85.4%，超标率为 39.6%；土壤样本中多环芳烃的检出率为 78.5%，总石油烃的检出率为 100%。

随着国家经济的发展，一方面加油站数量众多，且所处环境比较敏感，大多在城市及人口密集区，造成污染事件后，社会影响巨大；另一方面，随着油库、加油站运行时间的增加，地下储罐、管线发生泄漏风险逐渐加大，部分油库、加油站场地土壤以及地下水污染问题已逐步显现。因此，急需先进技术对加油站成品油污染进行有效防治与修复。

土壤气相抽提（SVE）是指在土壤污染区域设置抽提井，利用真空泵的抽提作用，在抽提井中产生负压，使空气流经污染区域，解吸并夹带土壤孔隙中的挥发性有机污染物和半挥发性有机污染物，通过气流将其带走，抽提出的混合气体经过净化后达标排放，从而达到净化土壤的目的。SVE 也被称为土壤通风或真空抽提，是一种土壤原位修复技术。由于 SVE 技术对挥发性/半挥发性有机物污染的土壤及地下水治理的有效性、经济性和环境友好性，20 世纪 80 年代被美国环境保护署大力倡导应用。

SVE 技术主要基于土壤中孔隙气体与大气的交换，因此，其主要适用于挥发性较强的有机污染修复，且要求土壤具有渗透性好、孔隙率大、含水率小等特点。对于加油站土壤污染场地，不论在土壤性质方面，还是在污染物性质方面，SVE都是最佳的修复技术。

二、加油站成品油污染土壤气相抽提修复技术成果

1. 技术内涵

从加油站场地污染调查入手，详细掌握加油站场地污染状况，同时，分析场地土壤性质，包括地下水水质、水位，土壤孔隙度等，制订详细的场地石油烃修复方案，从而形成加油站场地地球物理探测与土壤样品采集分析相结合的场地污染调查技术方法；研制场地石油烃污染化学氧化剂配方，开发土壤气相抽提、生物通风、热通风脱附以及化学联合修复橇装化设备，形成加油站场地石油烃污染物物化—生物联合修复技术；并开展加油站、油库以及成品油管道泄漏场地修复验证试验，为国内加油站场地成品油污染调查、修复提供技术方案和现场经验。

2. 技术研究过程

图12-13为加油站修复技术研究流程图。

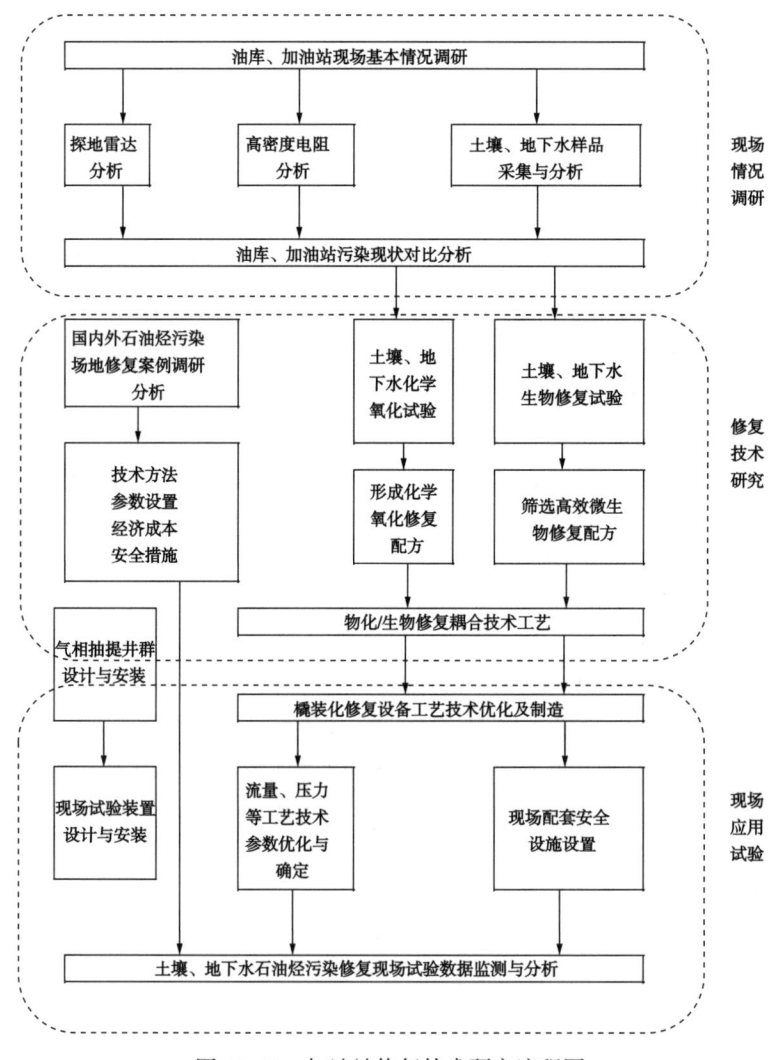

图12-13 加油站修复技术研究流程图

（1）第一阶段：油库、加油站场地污染特征调查及应用研究。

①典型油库、加油站场地现场调查。

针对典型油库、加油站，开展正常工况的过程分析和历史事故的影响调查，从泄漏方式、泄漏量等方面摸清现场基本情况。然后开展探地雷达与高密度电阻法等实施，开展场地污染情况调查检测分析。

②典型油库、加油站场地样品采集与分析。

采用 GeoProbe 样品采集与膜界面检测设备（MIP）在线监测，通过多点位、不同深度的土壤及地下水污染物分析，测试指标包括苯系物（BTEX）、多环芳烃（PAHs）、甲基叔丁基醚（MTBE）、汽油石油烃（GRO，C_6—C_{10}）、柴油石油烃（DRO，C_{11}—C_{28}）等，对比分析探地雷达、验证确定场地污染范围和浓度分布，确定场地修复范围。

③油库、加油站场地污染调查技术应用研究。

通过场地样品采集与分析，优化探地雷达与高密度电阻法场地污染检测技术方法，开展油库、加油站污染调查技术应用示范。

（2）第二阶段：油库、加油站场地土壤污染修复技术研究。

①国内外加油站修复案例调研分析。

通过文献资料收集以及实地考察等方式，开展国外加油站修复实际工程案例的调研，主要关注实际修复工程案例中采用的现场安全控制措施，主要技术方法，关键参数选取和监测方法，影响半径确定方法，监测井井位布置，修复的时间、效果和经济成本等。

②土壤及地下水化学氧化/生物耦合修复工艺研究。

通过室内批量实验研究，开展过硫酸盐氧化体系、过氧化氢体系等体系的氧化剂，以及生物作用的修复效果研究。综合考虑修复效果，时间和经济成本，现场可行性，以及与 SVE 和生物修复的耦合度等因素，形成高效、快速的化学氧化生物耦合修复工艺。

（3）第三阶段：橇装化物化—生物耦合修复设备研制。

①前期通过现场调查，掌握加油站区域土壤污染情况，在污染区域设置土壤气体抽提井、空气注入井、药剂注入井、观测井等，通过鼓风机向加油站污染区域土壤中设置的空气注入井中注入加热后的热空气，由于温度升高，土壤中挥发性有机物、半挥发性有机物挥发加速。通过真空抽提，抽出土壤中的挥发性污染物气体，同时由于土壤中挥发性有机物真空度降低，在土壤中形成压力梯度，注入井中气体向抽提井中运移，从而形成一个挥发性有机物从注入井到抽提井连续运移的过程。真空抽提出的气体通过油气分离器，实现气水分离，去除水分后的含有挥发性有机物的气体通过设置的冷凝器进行冷凝，气体中的石油烃气体经液化后除去，冷凝后气体经过尾气吸附器吸附剩余的挥发性有机污染物，达到空气排放标准后外排，分离出水分，通过油气分离器底部的排空阀定期外排至专用容器中。

②土壤污染修复所需要的化学药剂经过配置、搅拌均匀后，通过加药泵，由注入井向土壤中注入，实现土壤中污染物氧化分解，提高污染物的可挥发性而去除。土壤污染修复所需要的生物菌剂经过配置、搅拌均匀后，通过加药泵向注入井中注入，实现土壤中污染物降解而去除。

③在加油站污染区域内含有上层滞水时，通过自吸泵抽出上层滞水，抽出的上层滞水通过油水分离器后，水质中的石油烃类达到市政污水排放水质标准后外排至市政管网，分离

出的油相通过油水分离器底部排空阀排出到专用容器中存放。该橇装设备不针对加油站污染区域内地下水水位较高时的情况。

（4）第四阶段：油库、加油站场地污染修复现场应用试验。

①现场试验工艺参数优化研究。

开展现场土壤污染修复井群系统安装，修复设备调试。通过现场试验，确定抽提井的影响半径，逐步优化气相抽提流量，压力药剂投加方式、频率、剂量、次数等，确定物化/生物耦合修复工艺技术参数。

②气相抽提、物化/生物一体化现场试验装置优化。

结合初步现场试验情况，对现场试验装置的抽提系统、通风系统、井群系统、配注液系统、供电系统、PLC控制器、远程传输和控制等组成单元进行完善优化。

③运行期关键指标监测和数据分析。

在试验运行期间，持续监测CO_2、O_2和VOCs浓度，以及温度、压力、湿度等土壤及地下水参数，通过数据整理和分析，优化试验各项工艺参数。

3. 技术创新及先进性分析

该技术创新性地研究开发了橇装式和集装箱式两代石油污染土壤修复设备，首创了轻质油真空抽出与微生物降解联合修复技术，完成了中国石油首个加油站污染场地修复示范工程。该设备经过2次升级和2次应用，授权发明专利1项，实用新型专利2项。

该土壤修复设备已经研制出第三代，可以实现轻质油真空抽出与本源微生物降解的复合功能。微生物强化修复系统可通过将外源高效降解菌注入土壤来强化微生物降解效果。化学氧化修复系统可通过将氧化剂注入土壤来降解残余较重污染物。井群系统可以提供油气流通与高效降解微生物、化学氧化剂注入的通道。所有防爆电器的运行由电气与控制系统控制。集装箱式设计使系统布置紧凑，设备转场、组装与启动快速方便。

在类似的现场条件与污染源情况下，研究开发的修复设备在技术经济性能上达到了国际同类型修复装备水平。国内外生物通风（BV）技术现场修复调研表明，BV对于半挥发性有机物（SVOCs）污染中低渗透性均质的土壤修复效率在95%以下，修复周期约6~24个月，成本约为每吨污染土壤40~150美元。与化学氧化联合会使修复周期大大缩短，但设备投资、材料消耗的增加也会提高修复成本约30%~50%。集装箱式加油站污染土壤修复设备在8个月内对土壤含油量去除率约为95%（以1.80~2.00m地层为例）。经过估算，直接修复成本约为每吨污染土壤124元（以土壤容重平均为$1.3g/cm^3$核算），综合修复成本约为每吨污染土壤670元。由于设备折旧、工程、运输等费用为一次性支出，而且模拟污染土壤深度过低、面积较小，因此，如果集装箱式修复设备应用于大面积污染场地，综合成本将大幅度下降。在类似的现场条件与污染源情况下，研究开发的修复设备在技术经济性能上达到了国际同类型修复装备水平。

三、技术应用实例

该技术应用于某加油站场地石油烃污染修复示范工程。根据加油站现场土壤污染分布情况，制订监测（通风）井与抽吸（注射）井的布设方案，共布设8口监测（通风）井（MH01、MH02、MH03、MH04、MH09、MH10、MH11、MH12），4口抽吸（注射）井（BH01、BH02、BH03、BH04）。结合不同井头设计，监测（通风）井在修复过程中也可以转化为抽吸井、注射井等。图 12-14 为现场监测（通风）井与抽吸（注射）井布设图。

图 12-14　现场监测（通风）井与抽吸（注射）井布设图

图 12-15 和图 12-16 为橇装式加油站成品油污染土壤修复设备图和集装箱式石油污染土壤修复设备图。

图 12-15　橇装式加油站成品油污染土壤修复设备

图 12-16　集装箱式石油污染土壤修复设备

在系统运行过程中，首先对抽吸量和开机时间进行调试。图12-17为SVE技术在某加油站现场修复效果图，从图中可以看出，SVE系统仅抽吸约5min后，监测井内VOCs浓度出现明显下降，大约30min后，监测井内VOCs浓度降至稳定的最低值。在SVE系统待机60min后，VOCs浓度就可以恢复90%左右。因此，该撬装设备SVE系统的运行方式设定为每开机30min，待机60min，如此反复构成一个操作周期。

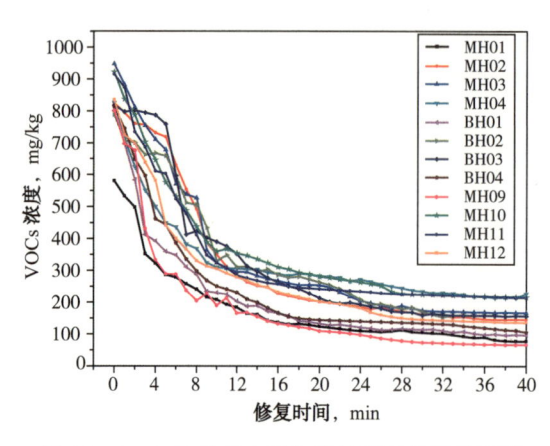

图12-17 SVE技术在某加油站现场修复效果图

采用SVE修复技术能有效去除加油站砂土类型土壤轻质油类污染物，去除率达到95%以上。

第六节 海岸线石油污染环境生物治理及生态修复技术

一、海岸线石油污染环境生物治理及生态修复技术需求分析

海洋环境中的石油污染物主要来自原油开采和运输过程中的井喷，运输船舶的漏油、沉没，输油管道的泄漏，近岸城市人为工业含油废物的排放以及大气石油烃的沉降等，而海洋溢油是海洋环境中石油污染物的主要来源。据统计，海洋环境中发生的溢油事故造成的油污染量约有2.2×10^7t/a。2010年，美国墨西哥湾发生深海溢油事故，该事故被称作"生态9·11"，给海洋环境带来巨大的生态灾难。而据专家估计，墨西哥湾的生态环境若想恢复到从前，除了需要投入大量的人力、物力和财力之外，需要数十年甚至上百年的时间。同样，在国内，2010年，中国石油大连新港石油储备库输油管道爆炸造成中华人民共和国成立以来最严重的海洋石油污染事件。2011年6月中旬，渤海湾的蓬莱19-3油田漏油事故也引起国内外的高度关注。

海洋石油污染物的微生物降解是一个复杂的过程，受石油组分与理化性质、环境条件以及微生物群落组成等多方面因素的制约，N和P的缺乏是海洋石油污染物生物降解的主要限制因素。在海洋石油污染物生物降解基础上发展起来的生物修复技术在海洋石油污染治理中发展潜力巨大，并且已经取得了一系列成果，引起了众多学者的关注，但此技术仍然存在一些问题，如见效慢、受理化及环境因子影响较大、前期研究困难且费用昂贵、毒性和安全性问题等。此外，国内海洋石油污染微生物修复技术大多处于实验室研究阶段，很少有大规模现场试验的开展，更无严格的应用标准进行遵循。如何实现海洋溢油微生物修复技术的推广，并合理应用到现场溢油修复的处理过程中，是该技术今后的研究重点。

二、海岸线石油污染环境生物治理及生态修复技术成果

1. 技术内涵

该技术在菌群优选、强化降解、复合制剂开发等关键环节中形成了基于宏基因学的本

源高效石油烃降解菌群快速构建方法，开发了石油污染干扰条件下专性生物修复制剂筛选—放大—固定全流程一体化微生物技术的开发流程，研制了具备快速制备、底物作用广泛及高催化活性特点的石油降解粗酶制剂提取方法和兼具吸附、降解、释养、释氧功能为一体的固定化菌—酶制剂的制备方法等系列方法和相关作用机制，并开展国内石油污染岸滩最大面积的室外修复验证试验，为国内石油污染岸滩生物治理提供了可借鉴的方案和经验。

2. 技术研究过程

图 12-18 为海岸线石油污染环境生物治理及生态修复技术研究思路图。

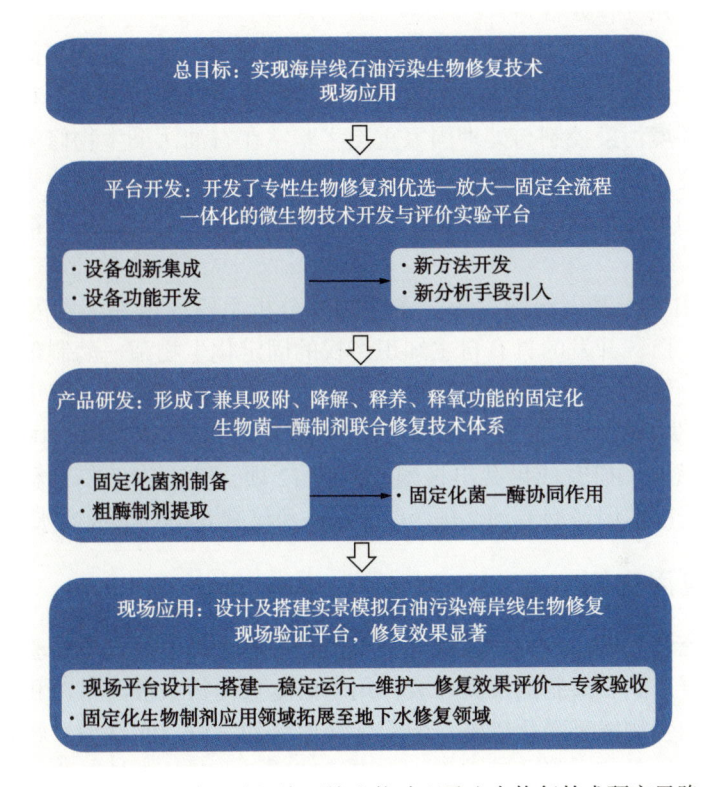

图 12-18　海岸线石油污染环境生物治理及生态修复技术研究思路

技术研究过程分为 3 个阶段：

（1）阶段 1——开发专性生物修复及优选—放大—固定全流程一体化的微生物技术开发与评价实验平台。

通过对群落结构分析、专性菌剂发酵生产、生物代谢产物提纯、生物制剂冷冻干燥等系列技术创新集成，搭建生物修复剂优选—放大—固定全流程一体化的微生物技术开发实验平台。该平台可从全局角度分析污染物对海岸线及群落多样性的影响，为开展生物修复产品研发提供指导。

（2）阶段 2——形成兼具吸附、降解、释养功能的固定化生物菌—酶制剂联合修复技术体系。

通过载体材料改性、营养负载及缓释功能开发，研发出兼具吸附、降解、释养、释氧功能的固定化生物菌剂；以"粗酶制剂"为研究目标，节省层析、SDS-PAGE 等复杂纯化步骤，形成快速制备的酶制剂提取工艺。固定化菌—酶联合制剂 9 天时间对稠油的去除率为 88%，降解速率提升 5.86 倍。固定化联合修复制剂突破了液体生物制剂保存与运输不便的困难，提升了微生物原油降解速率，解决了传统微生物菌剂现场应用过程中养分、复氧等受限的技术瓶颈。

（3）阶段 3——设计及搭建实景模拟石油污染海岸线生物修复现场验证平台。

采用固定化菌—酶联合修复技术在大港油田油泥砂净化处理厂开展现场试验。现场试验平台占地 300m^2，运行周期 3 个月，油砂（含油量约为 0.8%）中 TPHs 降至 0.13%，实现了生物修复产品在室外环境下的成功应用。

3. 技术创新及先进性分析

该技术在专性环境微生物菌群构建、强化酶制剂制备、复合修复制剂开发等关键环节中形成了新的理论认识和系列方法，为生物修复技术体系开发提供理论和方法支撑，有效提升了石油石化环境污染控制与处理国家重点实验室在石油污染生物修复技术领域的创新能力，填补了该技术领域多项空白，整体技术水平达到国际领先水平，为环境微生物修复技术体系构建和相关新材料新产品开发奠定理论基础和方法指导，具有很高的学术价值和现实意义。

该技术首次引入宏基因组测序等分子生物学分析手段，填补了国内海岸线石油污染修复技术领域的空白；开发的具有自主知识产权的固定化生物菌—酶制剂解决了液体生物制剂保存与运输不便的瓶颈问题，有效提升了微生物原油降解速率，解决了生物修复技术"启动速度慢，流失速度快"的难于现场应用的瓶颈问题，并成功通过国内石油污染岸滩最大面积的现场试验。研究成果共申报国家专利 12 项，其中，已获专利授权 6 项（授权发明专利 4 项，授权实用新型专利 2 项）；认定技术秘密 6 项；形成高水平论文 8 篇。

三、技术应用实例

技术前期研究多通过在室内可控条件下模拟石油污染海岸线环境，验证了所研制的固定化高效生物修复产品、酶制剂及其联合作用下修复重油污染潮间带沉积物的可行性，并提出了多种有效的生物修复强化措施。但实际海岸线的气候、水动力、物理、化学及生态等条件受许多因素的影响，复杂而多变，海岸线环境又有其特殊性，这一特异的、开放的环境体系在实验室内是难以模拟的。因此，使用当地海水、海砂在现场气候环境下模拟海浪冲刷等，开展石油污染海岸线生物治理技术现场验证试验研究，进一步考察技术的修复效果，为溢油污染海岸线现场生物治理技术方案的制订和运用提供指导。

1. 现场试验系统介绍

现场验证试验利用高通量测序及高分辨率分析手段，开展海岸线生物修复产品现场应用效果有效性评价。溢油污染海岸线生物修复现场验证试验系统具体平面图如 12-19 所示。

2. 现场验证修复结果

与修复前相比，修复后期试验池 2 和试验池 3 中油砂颜色明显变浅；而试验池 1 和试验池 4 中油砂颜色略微变浅。专家现场验收时对处理后的油砂采用"闻"的方式进行直观评价，发现试验池 2 和试验池 3 中油砂已无"油"味，而试验池 1 和试验池 4 中油砂仍有明显"油"味。

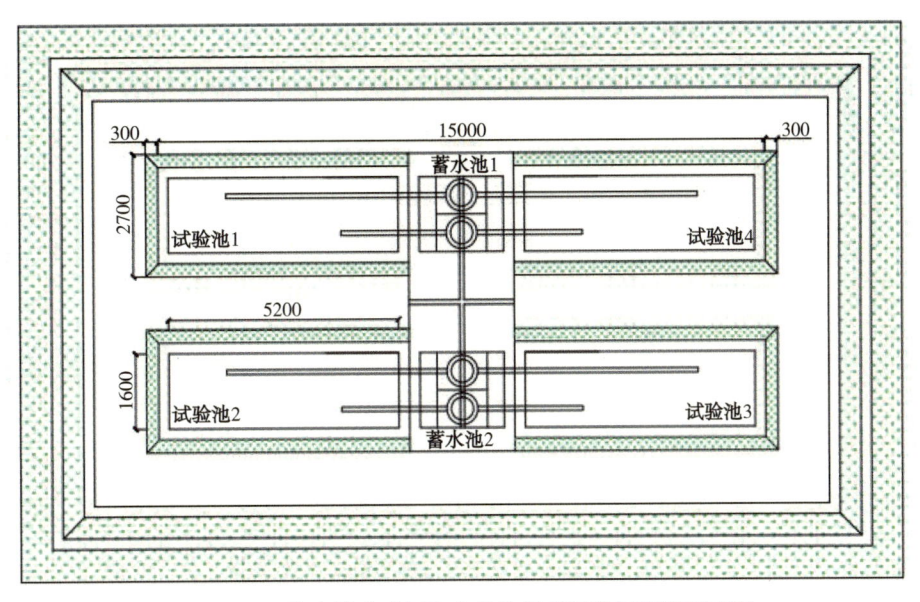

图 12-19　海岸线溢油污染生物修复现场验证系统平面图

3. 潮间带石油污染修复效果

经过 3 个月的修复，4 个试验池油砂中 TPHs 均有一定程度的去除，其中，去除效果呈试验池 2>试验池 3>试验池 4>试验池 1 的趋势，分别为 73%、69%、56% 和 25%。图 12-20 为修复期间油砂 TPHs 变化图。

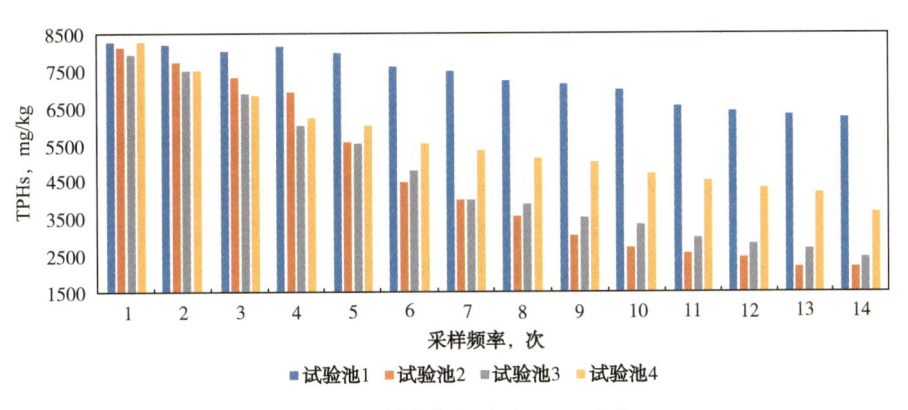

图 12-20　修复期间油砂 TPHs 变化

4. 修复过程生物贡献

研究利用微生物生理生化技术及分子生物学技术手段，开展异养菌及总石油烃降解菌总数、生物代谢活性、生物群落多样性及功能基因变化等分析测试工作，以期探明固定化生物修复技术在现场验证系统中的修复贡献。

（1）异养菌总数及总石油烃降解菌总数变化。

投加固定化生物修复制剂、酶制剂及营养缓释制剂后，试验池 2 和试验池 3 中石油烃降解菌总数迅速增加，且可维持在 107 个 /L，投加菌种可在模拟海岸环境中生长繁殖。同时，试验池 2、试验池 3 和试验池 4 中石油烃降解菌数占异养菌总数比例均有大幅提升。图 12-21 为异养菌及总石油烃降解菌总数变化图。

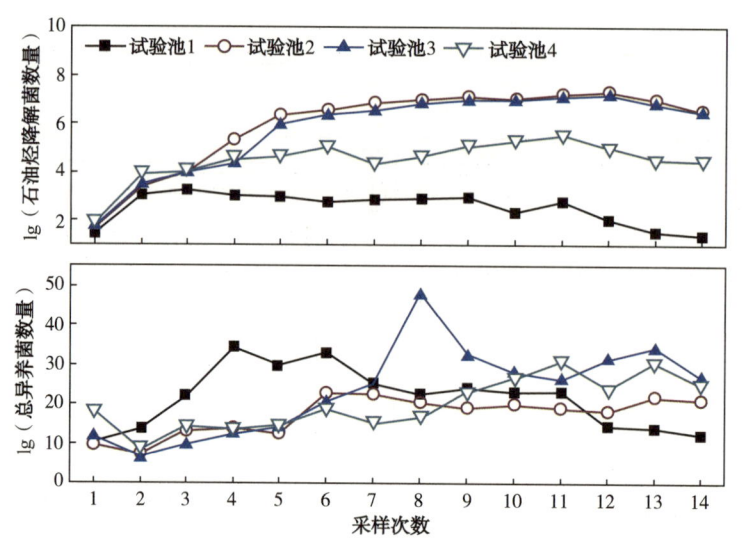

图 12-21 异养菌及总石油烃降解菌总数变化

（2）功能基因变化。

使用 BLAST（BLAST Version 2.2.28+）将基因集序列与 eggNOG 数据库进行比对（BLAST 比对参数设置期望值 e-value 为 1×10^{-5}），获得基因对应的 COG（直系同源序列聚类），然后使用 COG 对应的基因丰度总和计算该 COG 的丰度。修复前后功能基因 J （Translation，ribosomal structure and biogenesis）丰度变化明显，修复中期 J 丰度显著增高，表明生物反应激烈，活性增强。

（3）营养缓释效果。

试验池中总氮、总磷浓度在修复过程中的变化规律一致，在处理的当天，添加水溶性肥料和缓释肥料的试验池 2、试验池 3 和试验池 4 沉积物间隙水中总氮浓度、总磷浓度快速增大，总氮浓度的最高值均能达到 1024μmol/L，总磷浓度的最高值均能达到 50.24μmol/L，远远高于未处理的对照体系。随着海水的冲刷、沉积物的吸附及生物的利用，在修复开始的前 28d，总氮、总磷浓度随着修复时间的增长而降低，28d 后，总氮、总磷浓度分别维持在 682μmol/L 和 25.86μmol/L 直到实验结束。

研究数据表明，在实验运行的前 28d，沉积物中的营养物质以水溶性营养盐为主；28d 后，在海水的冲刷、沉积物的吸附等物理性作用及生物生长代谢的生物作用下，水溶性营养盐被消耗完全。在之后的修复过程中，沉积物中的营养物质以缓释型营养物质为主，并且能维持沉积物中总氮、总磷在一个稳定的浓度，这说明氮、磷营养制剂缓释效果良好。由于试验条件的限制，在试验修复过程中，氮、磷营养不是限制因素。

现场试验将自主研发的固定化菌—酶联合修复制剂投加到占地 300m² 的实景模拟石油污染海岸线生物修复现场验证平台，经过 3 个月的修复，油砂中 TPHs 降解率为 75%，实现了生物修复产品在室外环境下的成功应用。该技术的成功应用符合国家在环保新形势下建设美丽中国的具体要求，有效解决了生物修复技术"启动速度慢，流失速度快"的难于现场应用的瓶颈问题，可广泛应用于地表水体、土壤、浅层地下水修复领域，同时避免了国外生物修复产品普遍存在的生态风险及适应性较差等问题，市场前景广阔。

第七节 展　　望

在中国石油持续支持下，以安全环保技术研究院为牵头单位，通过10年的研究，开展了从污染机理、污染调查、技术调研评估到污染修复技术的攻关研究，并开展多个技术现场应用，初步形成了场地污染防治的技术体系，为后续研究打下了良好的基础。

围绕油田、炼油企业和加油站系统的场地污染问题，累计形成授权实用新型专利5项、授权发明专利9项、软件著作权1项、技术秘密7项、学术论文22篇。成果分别在炼化企业、油田、加油站开展7项具有先导示范意义的应用和工程，已产生直接经济效益2534.7万元以上；支持了多个场地的环境调查和修复工作，支撑了2009年兰郑长成品油管道柴油泄漏污染渭河和黄河事件、2010年"7·16"大连输油管道爆炸事故、2013年吉林油田"11·26"违法排污事件、2014年"4·10"兰州自来水苯超标事件等多起事件的应急场地环境调查和场地修复。

通过系列研究，形成10项特色技术：（1）特征石油污染物的吸附解析常数和多相分配规律；（2）油田地下水污染风险评估模型与软件；（3）石油场地环境调查与评估技术；（4）石油污染场地环境管理与预警系统；（5）一体化石油污染土壤修复设备；（6）多相抽提修复技术；（7）石油污染土壤生物修复技术；（8）石油烃污染地下水臭氧—活性炭抽出处理工艺；（9）石油生产装置防渗漏技术方法及防渗工艺开发；（10）石油烃通过防渗材料渗透性测试装置与方法。在硬件方面，除了形成4台套场地污染现场修复设备外，还依托中国石油HSE重点实验室建设了场地防渗与污染修复实验系统，形成了核心研究团队。通过系列科技攻关，为"十三五"科技攻关奠定了良好的工作基础。

在研究和示范中，更多问题逐步被发现，需要进一步加强研究。各单项技术需要进一步深入研究和应用，这些领域包括：调查评估模型方法及辅助软件系统；修复技术筛选评价及其配套系统开发；精细、精准、快速的场地环境调查评估技术；物探、高密度电阻等方法在石油场地污染调查中的应用；快速高效的生物菌种筛选与现场工艺；高效的原位水力调控与抽出处理技术；热蒸汽气相抽提技术与配套设备；生物与化学耦合修复技术；可渗透反应格栅修复技术；高精度防渗材料渗透性测试装置开发与方法建立等。与此同时，随着调查和修复工程数量的逐渐增加，配套的设备、菌药剂等产品的开发将大大加强，并逐步实现产业化。在制度建设方面，也将逐步形成具有行业特色的油田、炼化、加油站场地污染防治标准体系。

参 考 文 献

[1] 刘博，陈鸿汉，刘玉龙，等.新疆油田采出水及脱水原油挥发性组分分析及其在土壤中的淋滤特性[J].环境工程，2011，29（4）：116-120.

[2] 陈昌照，刘玉龙，陈宏坤.石油开采区地下水综合防污性能评价模型研究[J].油气田环境保护，2016，26（6）：8-11.

[3] 葛保锋，刘玉.浅谈石油化工企业防渗工程技术[J].化工设计，2012，22（1）：28-30.

[4] 吴维洋，孙垦，刘玉龙，等.我国大型石油炼化基地防渗工程研究[J].华北水利水电大学学报（自然科学版），2014，35（3）：43-48.

［5］姜开兴.石油化工钢筋混凝土水池防渗漏措施［J］.石油化工安全环保技术，2014，30（3）：20-22.

［6］中华人民共和国住房和城乡建设部，中华人民共和国国家质量监督检验检疫总局.石油化工工程防渗技术规范：GB/T 50934—2013［S］.北京：中国计划出版社，2013.

［7］唐景春，吕宏虹，刘庆龙，等.石油烃污染及修复过程中的微生物分子生态学研究进展［J］.微生物学通报，2015，42（5）：944-955.

［8］史红星.石油类污染物在黄土高原地区环境中迁移转化规律的研究［D］.西安：西安建筑科技大学，2001.

［9］赵萌萌，薛林贵.石油污染的生物治理技术研究［J］.环境科学与管理，2015，40（5）：41-43.

［10］李巨峰，陶辉，张坤峰，等.加油站埋地储油罐油品渗漏防控技术进展［J］.节能与环保，2010（9）：39-42.

［11］朱静.加油站环境污染特征与防治措施［J］.石油商技，2007（6）：72-74.

第十三章　环境检测与管理技术进展

随着我国经济的高速发展，资源环境约束进一步强化，大气、水的环境污染问题越加严重，环境保护正处于负重爬坡的艰难阶段。近年来，国家陆续发布了"气十条""水十条""土十条"和新环保法等相关环保法规，同时对火电厂等行业要求实现固定污染源的"超低排放"。为了配套满足国家环保政策法规要求，使国家环保政策法规标准规定在企业具体化且具备可操作性，中国石油在安全环保领域加大投入，开展安全环保标准体系、污染减排、环境统计及突发事件风险管控等领域的研究，以便实时掌握分析污染源及应急事件的监测数据，制定可行的石油石化行业重点环境标准，加强环境统计管控及污染减排工作力度，不仅为中国石油温室气体估算与减排提供解决方案，更为中国石油参与国际减排行动提供可靠和可比的数据。本章从污染源在线监测技术、溢油监测立体综合技术、环境管理技术和石油行业低碳评价核算技术四个重点方面，对"十一五""十二五"期间中国石油环境监测与管理技术工作的主要技术进行阐述。

第一节　污染源在线监测技术

一、污染源在线监测技术需求分析

1. 污染源在线监测技术生产需求

近年来，国家陆续发布了"气十条""水十条""土十条"等环保法规，国家环保部门相继出台一系列政策文件，已逐步将污染源在线监控技术作为排污税核算和环境执法的重要手段。例如，2014年，国家发展和改革委员会下发的《关于调整排污费征收标准等有关问题》（发改价格〔2014〕2008号）第2条要求："加强污染物在线监测，提高排污费收缴率。各地要结合行业特点，采取有效措施，加强对企业排放污染物种类、数量的监测，切实提高排污费收缴率。"2015版《中华人民共和国环境保护法》第四十二条要求："重点排污单位应当按照国家有关规定和监测规范安装使用监测设备，保证监测设备正常运行，保存原始监测记录。"

国家将监测设备的规范安装和规范使用写进新的环境保护法，又将在线监测数据作为排污收费的依据并加快推进国家重点监控企业在线监测设备的安装，表明国家将更加重视在线监测数据的准确性，并对在线监测数据的应用有较高的期望。

2. 污染源在线监测技术发展

污染源在线监测系统按照被监测的对象分为废气和废水两大类，系统建设目的是对企业所有排放的污染物实施连续监测。污染源在线监测技术是集环境保护科学、在线监测、数据通信、现代网络和信息系统为一体的新技术，其特点是实时监控和网络传输。

污染源在线监测系统由在线监测设备、远程数据终端和GPRS无线MODEM组成。系统工作原理是现场在线监测设备连续测量废气或废水的污染物排放浓度，通过远程数据终

- 319 -

端转换成数字信号,再通过 GPRS 网络和互联网发送到终端数据采集系统,以实现远程在线监测。污染源在线监测系统工作原理如图 13-1 所示。

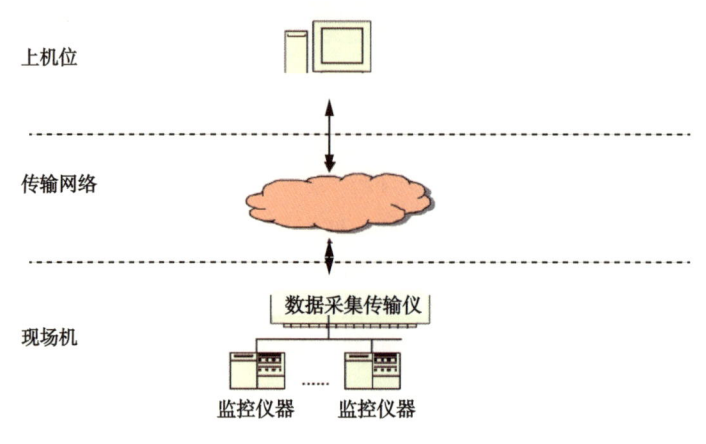

图 13-1　污染源在线监测系统工作原理

（1）烟尘烟气连续自动监测系统。

烟尘烟气连续自动监测系统（CEMS）自 20 世纪 80 年代开始在我国大型火力发电厂安装使用,系统应用推广较快,2007 年国家环境保护部推动国控重点污染源安装建设污染源监控系统,整体带动了 CEMS 行业的技术发展。

仅就 CEMS 本身技术而言,我国所掌握的 CEMS 技术并不逊色于国外,但就技术的使用细节而言,与欧美各国还有一定差距。我国 CEMS 技术在国际上尤其是在欧美 CEMS 技术领域还没有发言权。

对于与 CEMS 仪器息息相关的技术标准,国内基本能满足使用要求,但若希望进一步大力推动 CEMS 的发展,技术标准尚需系统化和规范化。尤其是 CEMS 的质量控制与质量保证,尚需全行业的努力。对于由 CEMS 衍生而出的数据处理部分,软件的编程技术不存在问题,但数据处理部分对监测的技术标准和规范的理解则令人堪忧。此外,对于除二氧化硫、氮氧化物、颗粒物之外的有毒有害物质（如氨、硫化氢、氯化氢、氟化氢、汞、VOCs、温室气体、放射源等）的在线监测,国内技术尚处于起步阶段,主要还是依赖引进国外技术。

（2）废水连续自动监测系统。

对排污企业来说,以环境和资源可承受能力为基础的高效率、低能耗、低污染、低排放的经济发展方式,是唯一可取的可持续发展道路。要解决石油炼化企业的环保问题,首先要解决工业生产中污水排放治理的问题。在石油炼化企业的生产过程中,每天都会产生大量的废水,废水处理是一个巨大的工程。为了加强废水处理的监测以及优化处理工艺,在废水处理及排放过程中,需要对部分特性参数进行在线连续自动检测。在废水处理过程中,pH 值、化学需氧量（COD）、氨氮和流量等的在线监测设备必不可少。

二、污染源在线监测技术成果

1. 技术内涵

污染源在线监测运用物理、化学和生物技术手段,对污染物进行定性、定量和系统分析,及时、准确、全面地反映环境质量现状及发展规律,及时应对环境污染事件,对重大环境问题的发生进行预警,为环境管理、污染源控制、环境规划提供科学依据。中国石油污染源在线监测系统是集监测设备集成与数据采集技术、数据传输与处理技术、预测预警与决策支持技术、平台开发与运行支撑技术四大技术系列形成10类28项特色技术为一体的现代化大型监测系统。

(1)监测设备集成与数据采集技术。

监测设备集成技术与数据采集技术为污染源在线监测系统现场端技术,该技术系列主要涉及在线监测数据在现场端的采集、传输及质量保障技术,主要包括现场端在线监测设备建设规范要求、污染物浓度的测定、现场端监测设备与上位机通信以及数据质量保障等功能。

①在线监测设备筛选与集成技术。

该技术包括废水、废气在线监测技术的原理、应用,不同原理监测技术的优劣分析比较,以及不同工况条件在线监测设备的选择方法。

a.废气在线监测技术。

废气在线监测技术实现对固定污染源气态污染物浓度和颗粒物浓度以及污染物排放总量进行连续自动监测,并将监测数据和信息实时传输到上位机。基本组成包括气态污染物监测子系统、颗粒物监测子系统、烟气排放监测子系统、数据采集和处理子系统4个主要部分。

b.废水在线监测技术。

废水在线监测技术是指运用现代传感技术、自动测量技术、自动控制技术、计算机应用技术及通信网络组成一个综合性实时监测的在线监测体系对废水进行监测。水污染源在线监测技术主要包括系统集成、仪表安装运行、数据采集及传输等。监测内容主要包括COD、氨氮、流量及pH值等。

c.数据接口技术。

数据接口技术主要应用于在线监测系统现场端,以实现采集、存储各种类型监测仪器仪表的数据,并实现与在线监测系统的通信传输,具备单独的数据处理功能。通过数字通道、模拟通道、开关量通道采集监测仪表的监测数据、状态等信息,然后通过网络将数据、状态传输至上位机系统。

d.污染源在线监测设备技术标准。

污染源在线监测设备技术标准对在线监测系统的检测项目、设备主要技术指标、设备安装条件和技术要求进行规定,目的是规范污染源在线监测设备的安装,保证在线监测数据的准确性和可靠性,确保在线监测设备的有效运行。

②在线监测源数据采集技术。

该技术包括在线监测设备源数据的处理保真技术与应用,工控机、数采仪、在线监测设备之间的交互通信技术。

a.在线监测设备源数据处理技术。

数据采集系统采集到数据后,一般需要根据实际要求对原始数据进行预处理和再处理,从而得到所关心的各种数据信息,经处理的数据需要按照一定的格式进行存储。预处理环节主要包括数字滤波、奇异值剔除等,再处理环节主要包括统计量求解、频谱分析、小波变换、相关计算等。

b. 工控机数据交互通信技术。

工控机数据交互通信技术是指通过工业传输协议实现工控机与在线监测设备、数采仪、集散控制系统等单元对话的技术。

③在线监测源数据质量控制技术。

该技术主要应用于现场端数据的质量保障和运行维护工作，包括在线监测设备现场端规范运行保障技术、现场在线监测设备的校准校验技术以及现场端异常数据的模糊处理技术。

a. 在线监测设备现场端建设运行保障技术。

在线监测设备现场端建设运行保障技术作为在线监测设备现场端的运行保障，规范中国石油生产企业重点污染源自动监控仪器设备的选型、安装和验收，保证污染源现场监测数据准确可靠。

b. 现场端监测设备校准校验技术。

现场端监测设备校准校验技术作为在线监测设备现场端的运行保障，规范中国石油生产企业重点污染源自动监控仪器校准校验的方法和依据，保证污染源现场监测数据准确可靠。

c. 现场端设备源数据研判技术。

现场端设备源数据研判技术是对现场端在线监测系统测量数据有效性、准确性判定和异常数据标识的方法和技术。

（2）数据传输与处理技术。

①数据加密传输技术。

由数据传输保障技术、数据传输安全技术和多型号数采仪数据接入技术组成，确保现场数据的接入和解析入库，并保证数据传输的及时性、连续性、准确性和安全性。

a. 数据传输保障技术。

数据传输保障技术是数据源与数据目的地之间通过一个或多个数据信道或链路、共同遵循一个通信协议而进行的数据传输保障的方法，通过网络TCP传输协议、设备数据"断电续传"保障机制、数据应答交互确认机制、校验机制等数据传输的保障技术，保证了数据的准确性、完整性、可靠性。

b. 数据传输安全技术。

数据传输数据安全技术指采用现代密码算法对数据进行主动保护，例如，采用数据保密、数据完整性、双向强身份认证等技术确保数据本身的安全；采用现代化信息手段进行主动防护，如采用VPN虚拟专网等技术确保传输通道的安全。

c. 数据接收解析技术。

数据接收解析技术指通过数据接收驱动对现场机上报的报文进行解析、入库、提取数据的技术，同时可通过数据解析技术与现场机建立超时重发网络连接机制，以保障数据传输的完整性。

d. 远程维护与诊断技术。

远程维护与诊断技术主要指对在线监测站房的智能诊断与维护，同时将此数据进行挖掘与延展，采用"远程运维"与"现场运维"相结合的方式对运维管理进行统计分析，实现对运维公司运维管理能力的评价；通过远程维护与诊断系统实现对数采仪的实时状态监测、远程故障诊断、远程设置和升级等维护工作，提高对现场机的运维效率及质量。

②基于模型的数据清洗技术。

通过模型构建，识别缺失数据、异常数据、可疑数据和噪声数据，并进行标识和处理，有效保证了监测数据的有效性。

a. 缺失数据处理技术。

缺失数据处理技术指通过建立包括核密度估计填补方法、线性回归填补方法、非线性回归填补方法等缺失数据准确估计技术体系，对污染源监测系统提供准确的数据支撑。

b. 异常数据识别技术。

异常数据识别技术是根据蚁群算法的正反馈性质，提出的一种将蚁群算法和属性相关分析相结合的属性异常点检测方法。将蚁群收敛到的路径作为异常路径，计算异常路径上各个节点 O-measure 值，并根据 O-measure 值确定数据异常点。

c. 噪声数据识别技术。

噪声数据识别技术是利用 BP 神经网络原理与现代数学小波分析为依据，将此二者有机地结合在一起，把神经网络的思想引入小波分析，建立起的针对不同类型的、更具有通用性和自适应能力的算法，用于信号的分离与处理，以及判断、识别噪声。

③监测数据质量保障技术。

首先通过有效性交叉验证方法进行数据有效性判定，同时基于设备故障和伪造数据的特征模型进行多维关联规则数据挖掘，保证监测数据质量。

a. 污染源监测数据有效性智能判断技术。

污染源监测数据有效性智能判断技术实现了污染源排放监（检）测装置故障的智能诊断预警、多源数据有效性的交叉验证，以及数据伪造的自动判别，保障企业污染源排放监（检）测数据的高可靠性，能够准确反映企业污染物排放的真实状况，为提升企业环保水平提供科学依据。

b. 排放数据动态自适应预测技术。

利用排放数据动态自适应预测技术，开展生产装置工艺、设备运行参数和污染源排放指标之间时变、非线性、非平稳、强耦合等关联关系研究，从定性、定量两个层面建立有效、准确的数据表征模型，揭示不同工艺参数、污染物处理装置运行过程等在不同环境、工艺下对排放指标的控制规律，实现污染源监控的自动化、智能化与信息化。

（3）预测预警与决策支持技术。

①多源智能预警报警技术。

多源智能预警报警技术是指通过污染源排放指标的影响因素动态特性研究，揭示不同工艺参数、污染物处理装置运行过程等在不同环境、工艺下对排放指标的控制规律，建立大数据条件下污染源排放指标动态自适应预测方法。

a. 基于深度学习的污染源超标溯源预警技术。

基于深度学习的污染源超标溯源预警技术是对生产系统污染排放超标根源的进行溯源，综合考虑生产系统内部状态、环境和外部表现行为，准确揭示超标根源，合理治理环境污染现象。

b. 多层次分级报警技术。

多层次分级报警技术是对数据的非正常情况报警预警实行"分级管理、分级负责"的技术，按照联网监督、分级响应的原则进行24小时监控和处理，确保监控范围污染点位的排放数据达到国家和企业要求，保证达标排放不越红线，监控数据实时准确。

②数据可视化与决策分析技术。

基于工况数据和监测数据关联模型，进行深层次多角度业务指标和数据指标的统计分析，借助自助式统计分析工具实现。

a. 基于业务模型的自助式数据统计分析技术。

基于业务模型的自助式数据统计分析技术利用引力场的可视化聚类方法，降低了可视化的混乱度，形成清晰的可视化的聚类结果，可以更好地发现数据的变化趋势。

b. 分布式聚合视频监控技术。

利用分布式聚合视频监控技术，实现在不影响原有系统正常运行的前提下对各视频单元进行协议转换，将各视频系统的通信协议与码流转换为符合系统应用要求的联网协议，从而实现平台级互联互通。

（4）平台开发与运行支撑技术。

①高可用自主开发平台。

a. 基于云架构的应用平台技术。

依托中国石油云平台提供的硬件资源，使用虚拟机运行Web应用程序集群、数据库集群、域控服务、数据同步、接口等各类应用服务，以提供一个高性能、可伸缩、负载均衡、资源利用率稳定的系统，保障高并发、大数据量的数据持续稳定存储。

b. 基于大数据平台结合容器技术。

集成了海量数据存储及丰富的数据挖掘功能，支持微批处理和事件驱动的混合流计算引擎，保障数据、资源、应用之间的隔离，保障极高的开发效率，做到一键快速部署，同时支持低延时和高吞吐的实时计算场景。

c. 基于HTML5的混合移动应用技术。

移动混合式开发平台，利用HTML5+CSS3+JS技术、采用丰富多样的前端UI框架，实现一次开发多平台适配，集原生应用程序和HTML5应用程序的优点于一体，快速构建灵活多样的移动应用。

②平台运维支撑技术。

中国石油污染源在线监控中心坚持问题导向，紧盯需求、紧跟前沿、紧贴实际，深耕厚植、持续创新，不断引进、吸收、消化、集成，形成四大系列10类28项特色技术，呈现三大亮点：一是高度集成，集监测设备集成与数据采集技术、数据传输与处理技术、预测预警与决策支持技术、平台开发与运行支撑技术为一体；二是高端智能，运用大数据、物联网等现代高端技术，实现了无人值守、智能化运行；三是功能强大，具备基础信息管理、监测业务管理、监测报警管理、查询统计分析等6个模块47项功能。

中国石油落实环保理念，夯实管理基础，做实系统应用，狠抓组织建设、制度建设、队伍建设，在安全环保技术研究院成立中国石油污染源在线监控中心，建立集团总部、监控中心、所属企业三级运维管理体系，组建2000多人的运维队伍，制定了《污染源在线监测系统运行管理办法》《污染源在线监测现场核查技术规范》等一系列规章制度和技术标准。强化培训交流、强化现场核查、强化考核兑现，做到了实时监测、不留死角，系统稳定可靠，数据真实准确。

中国石油污染源在线监控中心通过日报、月报、年报、专报，第一时间把监测数据上报集团总部，使中国石油心中有数；让所有污染源可测、可管、可控，为解决源头上的环境污染问题提出"石油方案"，使中国石油心中有底；做环境保护的参与者、贡献者、引领者，为国家污染防治工作提供有力支撑。

2. 技术研究过程

根据国家的相关要求，"十一五"期间，集团公司开展了大量污染源在线监测系统建设的相关工作，建立了中国石油污染源在线监测系统（1.0版），实现了对国控重点排污口的实时在线监测，初步建立了集团公司污染源基础信息档案数据库。同时，根据国家要求，2009年集团公司组织相关研究单位编写了《中国石油天然气集团公司环境监测体系建设可行性研究报告》，报告中提出建立集团公司污染源在线监控中心，进一步加强污染源在线监测系统建设的相关要求及方案。

2010年，集团公司成立污染源在线监控中心。污染源在线监控中心的主要职责是：（1）负责集团公司污染源在线监控中心建设与运行维护；（2）负责集团公司污染源在线监测系统运行、管理和考核；（3）对集团公司重点污染源污染物排放情况进行24小时监控；（4）组织开展污染源自动监测设备标定和抽检；（5）开展技术研究、标准规范制（修）订、技术交流与培训；（6）科学核定排污量，为污染减排提供技术支撑。

2013年9月，中国石油启动了系统功能提升的方案设计和系统功能升级开发工作，2014年初完成系统升级工作。

3. 技术创新及先进性分析

污染源在线监测系统作为中国石油HSE信息系统（2.0版）子系统，功能强大，设计理念先进，旨在结合物联网应用，采用3S技术实现对中国石油所属生产企业国控排放口污染物浓度的实时监测。系统具备基础信息管理、监测业务管理、监测报警管理、查询统计分析等6大模块47项功能。系统开发的逻辑设计层次分明，按照展示层、业务层和数据层清晰地展示出优异的系统功能。

三、技术应用实例

1. 在线监测数据有效利用

构建中国石油HSE信息系统（2.0版）子系统的污染源在线监测系统，系统具体逻辑结构如图13-2所示。

系统通过现场端安装的数据采集与传输仪，借助于网络、GPRS、卫星等传输方式，能够实现自动采集废水、废气的实时监测数据，自动传输数据到中国石油的在线监测服务器上。系统可以对排污口数据进行实时在线监测，并以图表等直观方式显示各排污口近24小时的排污趋势；可以对同一监测时段内的不同排污口监测数据进行对比和分析，并显示最近一个月内各排污口的排污趋势。

系统能够接受现场监测数据，对于超标的数据，能够实现以声、光、短信、邮件等方式进行报警，提高对超标报警立即处理的快速响应能力。系统对实时超标的监测数据以醒目的红色进行标识；对历史超标信息，可以查看相关人员是否及时进行了处理、采取了何种措施进行处理、处理结果如何等。

系统能够自动处理、分析数据，实现数字化环境管理。系统将自动在线监测数据进行自动汇总，统计与分析污染物排放浓度，实现了监测、统计的有机结合，为国家采集在线监测数据核定污染物排放量奠定了基础。

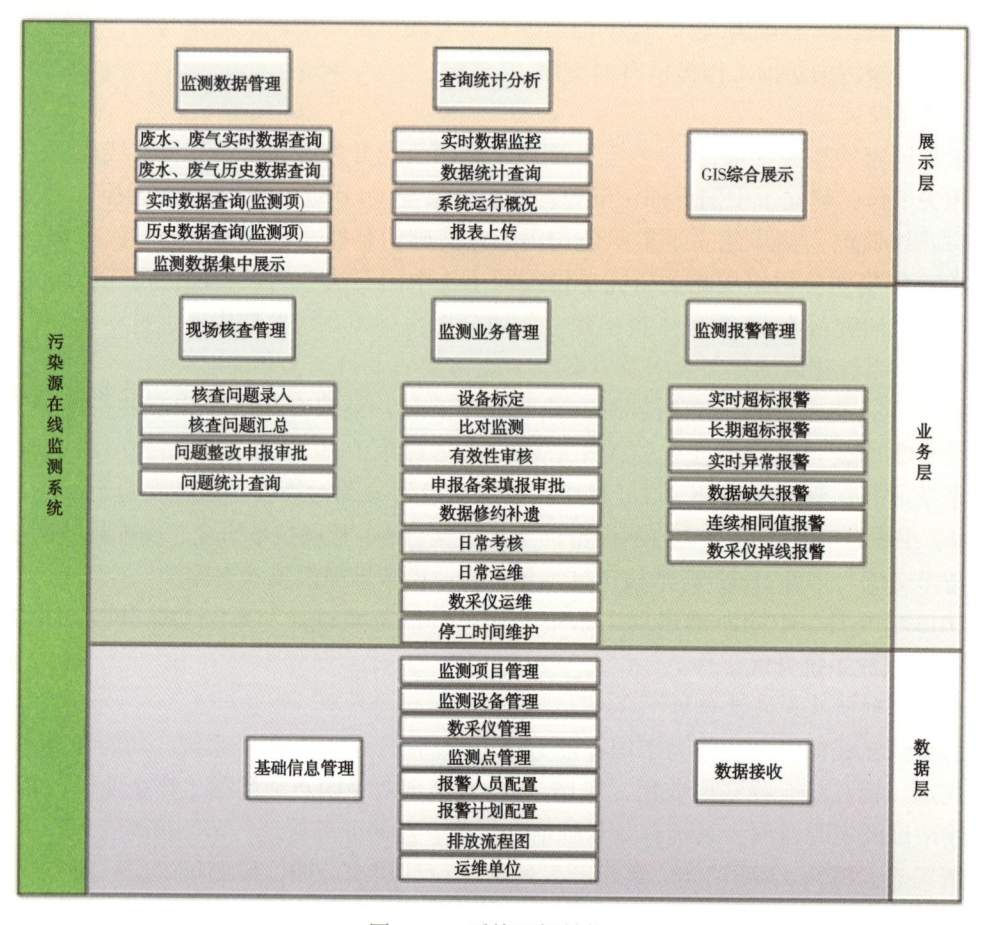

图 13-2　系统逻辑结构

按照功能划分，系统可以分为基础信息管理、监测业务管理、现场核查管理、监测数据管理、监测报警管理和查询统计分析，系统具体功能结构如图 13-3 所示。

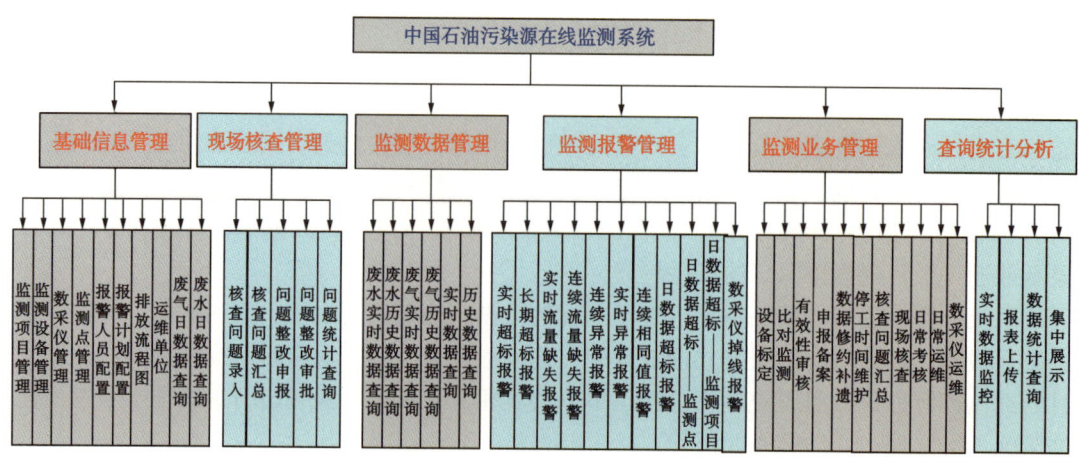

图 13-3　系统功能结构

为满足各层级用户对污染源在线监测系统的使用需要，系统设计时有针对性地采用了权限设置，不同层级用户拥有不同的使用权限。根据功能划分，系统现有权限包括总部/专业公司用户层级、企业/二级单位用户层级、污染源监控中心层级等。各层用户有其独有的展示和操作权限，使系统具有较好的安全性。各层级用户权限见表13-1。

表13-1 各层级用户权限

权限	功能项	实现功能
总部/专业公司	实时数据监测	实时数据监测、GIS空间展示
	异常数据跟踪	长期超标、实时超标数据查询、问题跟踪、超标分析
	数据统计查询	可按照集团、板块、企业对排放口、实时超标统计、长期超标统计进行统计
	系统运行概况	可对监控中心上报报表，排放口基本信息、排放口运行情况进行查询
企业/二级单位	基础信息维护	监测项目、在线监测设备、数采仪、排放口、报警人员形成相关台账
	监测录入	人工数据录入、设备标定、比对监测、有效性审核、申报备案
	实时数据监测	实时数据监测、GIS空间展示
	监测报警	超标报警、异常报警、连续相同值报警、数采仪掉线报警、在线监测设备报警
污染源监控中心	实时数据监测	实时数据监测、GIS空间展示
	异常数据跟踪	长期超标、实时超标数据查询、问题跟踪、超标分析
	监测报警	超标报警、异常报警、连续相同值报警、数采仪掉线报警、在线监测设备报警
	数据统计查询	可按照集团、板块、企业对排放口、实时超标统计、长期超标统计进行统计
	有效性审核	设备上传数据是否有效进行数据审核
	系统运行概况	排放口基本信息、数据传输有效率、设备运转率、超标率、达标率
	报表填报	日报、月报、年报表上报总部

（1）在线监测数据开始为污染减排核算和排污费计算提供参考。

依据《关于调整排污费征收标准等有关问题》（发改价格〔2014〕2008号）第2条要求"对已经安装污染源自动监控设施且通过有效性审核的企业，应严格按照自动监控数据核定排污费"，将在线监测数据作为排污收费的依据。2014年开始，国家环境保护部污染物总量减排核算开始引入在线监测数据作为参考。污染源在线监控中心对前一年系统数据、企业上报数据进行系统整理、比对、分析。2014年，中国石油向环境保护部提供2013年在线数据300余万条，2015年向环境保护部提供2014年在线数据490余万条。新疆油田、西南油气田、广西石化公司、兰州石化、辽阳石化等企业已经利用在线监测数据作为排污费计算参考。

（2）在线监控系统有效监督企业做好达标排放工作。

国家环境保护部以在线监测数据作为依据，汇总整理排放严重超标的国家重点监控企业名单，将在线监测数据作为环境执法的重要手段。中国石油污染源在线监控中心利用污染源在线监测系统，实现对中国石油所属联网监测企业的在线监测数据 7×24 小时实时监控，借助污染源在线监测系统预警、报警功能，对企业日常数据监控分析，实现了监测数据的横向、纵向对比，及时掌握排污动态，结合现场端设备运行合规性核查，实时、定时监控重点污染源污染物排放情况，评估环保设施运行效果，第一时间督促企业调整生产装置及环保设施运行情况，确保达标排放，减少或杜绝环境风险事件发生。

（3）杜绝监测数据弄虚作假。

近年来，国家愈发严厉打击自动监测数据弄虚作假违法行为，执法机关对在线监控数据造假的态度也是"发现一起，查处一起，移交一起，曝光一起，追责一起"，中国石油为杜绝和避免污染源在线监测出现问题，委派污染源在线监控中心开展现场核查和专项检查工作。现场核查工作是中国石油自我发现问题、自我整改问题的必要手段，是确保中国石油污染源自动监测设施建设、运行、管理合法合规，在线监测数据真实、准确、有效的重要保障。污染源在线监控中心每年组织两轮现场核查和多次重点专项检查。通过现场检查工作的扎实推进，近年来企业现场合规性问题逐年减少，规范化管理得到有效提升，中国石油污染源在线监测运维管理水平全面提高，杜绝在线监测数据弄虚作假，杜绝重大环境风险事件。

2. 外排预测数据反控生产运行

污染源在线监控作为环境保护的基础工作，近年来已被广泛应用推广。污染源在线监控中心通过建立外排数据预测体系，分别从基于时间序列的中长期预测和基于生产要素的短期预测建立预测体系。中长期预测可根据给定的待预测时刻，计算得到对应时刻的污染物浓度预测值；而事实预测模型则根据生产要素数据做固定时间跨度的排污预测，完成短期排污预测。但是基于生产要素的外排预测模型可以通过环境反馈来在线提升模型性能，因此具有较高鲁棒性，且预测准确性较高，是外排预测全体系的主要功能。实现外排污染物浓度的实时及中长期预测，提高环境污染预测准确率，防患于未然。通过预测数据，反控生产运行，提高环境问题的发现及处置效率，减少不必要的经济损失，节约成本，有利于中国石油的可持续发展，也符合节能减排这一经济全球化战略的需要。

第二节 溢油应急监测立体综合技术

一、溢油应急监测立体综合技术需求分析

溢油污染已成为各种水域污染中最常见、分布面积最广、危害程度最大的一种水体污染，引起了世界各国政府的重视。尤其是发达国家，政府投入大量资金，建立常备的探测系统，对各类水域进行巡视、监测和管理[1]。只有通过有效的溢油应急监测，才能为事故处理决策快速、准确地提供泄漏油品浓度分布、影响范围及发展态势等现场动态资料信息，为事故处置快速、正确决策赢得宝贵的时间，以有效控制污染范围，缩短事故持续时间，将事故损失减至最小。因此，如何方便、快速、低成本地获取精确、可

靠、及时的溢油监测数据,在第一时间掌握泄漏油品的扩散趋势和扩散量成为技术研究的重点和难点。

传统的溢油现场手工监测存在受地况、交通、监测条件等限制较多,响应速度慢,效率低等问题,在执行环境应急监测任务过程中,往往会导致投入大量人力物力,但却依旧无法及时和全面地掌握泄漏油品分布、污染浓度、污染范围、污染面积、持续时间、扩散迁移、影响范围和程度等信息而延误事故处置的时机,降低污染事故处置的效率。遥感溢油监测具有迅速、范围广、实效性强的优点,能快速、准确地获取污染发生位置、油污种类、漂移方向和溢油量等相关信息,能更好指导决策部门制订溢油应急计划,为溢油灾害的应急响应和经济损失评估提供决策支持[2]。无人机遥感具有响应快、受天气影响小、使用便捷、成本费用低等突出优点,特别是在机动性、遥感设备的可更换性、可重复观测性以及立体观测等很多方面都具有明显的优势[3]。此外,无人机遥感具有的密集、高频度连续成像能力非常适合用来应对溢油的应急监测要求[4]。发展有效的遥感监测手段,特别是无人机遥感监测技术,搭建适宜于油品泄漏应急监测的无人机遥感监测平台,集成溢油无人机遥感应急监测技术体系,是提高中国石油应对溢油污染事件应急监测能力的必然要求。

"十一五""十二五"期间,中国石油"安全环保关键技术研究与推广"项目中陆续开展"环境应急监测关键技术研究""河流溢油环境遥感应急监测技术应用研究"专题研究,在此基础上,建立综合传统人工采样分析监测、环境应急监测车载流动实验室、基于无人机平台的遥感监测技术、溢油扩散模拟为一体的立体综合溢油应急监测体系。

二、溢油应急监测立体综合技术成果

1. 技术研究过程

溢油应急监测立体综合技术是涵盖溢油现场应急监测布点与采样、水中油手工快速萃取与定量检测、基于不同平台的溢油遥感监测、环境应急监测车载流动实验室在溢油应急监测中的应用、环境应急监测系统平台综合应用为一体的综合监测技术[1]。

在研究过程中,研究人员对每一技术环节进行逐个梳理与筛选优化,研究内容包括:

(1)在溢油快速定量分析技术方面,与现场应急监测实际案例结合,逐项完成溢油监测的布点、采样、检测、快速萃取等实验环节优化,共计开展实验12组,获取数据1600余个。

(2)在基于不同平台的溢油遥感监测技术方面,完成遥感技术实验3组,进行实验室内、野外水体油膜光谱测试530条,获取原油、柴油、汽油油膜模板1组,处理雷达、多光谱卫星遥感数据3景;编制软件编程代码共2.6万行;完成现场无人机遥感试验1次,获取图像339张,数据总大小为1.99GB;进行溢油扩散趋势模拟试验1次,获取模拟结果2组。

(3)在环境应急监测车载流动实验室应用方面,选择一款厢式货车,进行应急监测车载流动实验室的设计,以实现车载流动实验室的功能需求。根据石油行业溢油突发事件特征污染物,提出环境应急监测车载流动实验室配备监测仪器及个人防护设备。

图13-4和图13-5分别为车载流动实验室的设计图及其设计效果图。

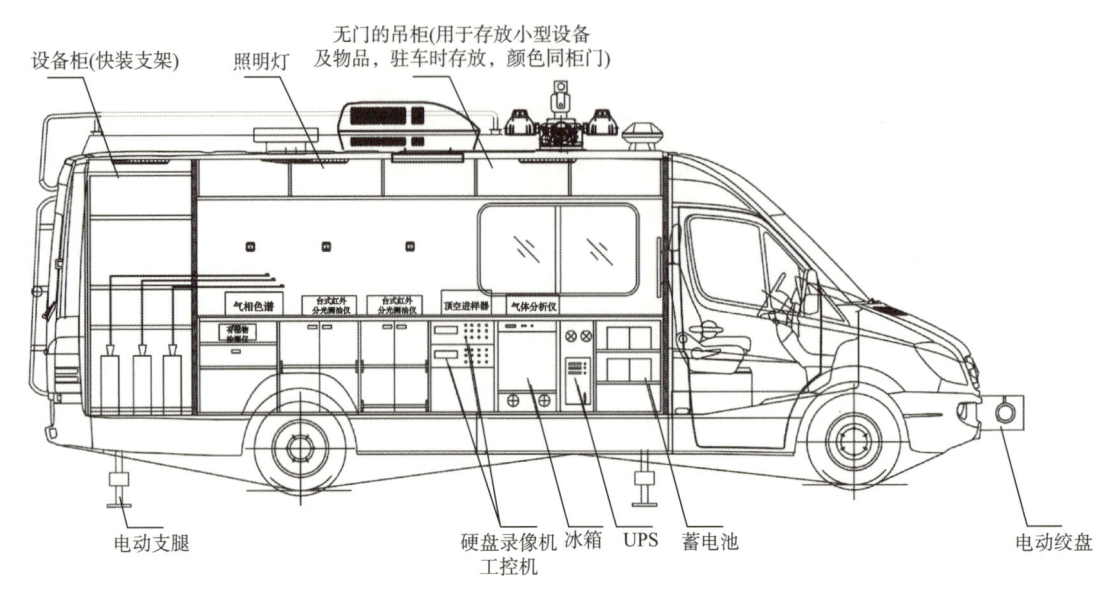

图 13-4 车载流动实验室设计图

（4）在环境应急监测系统平台开发方面，建设由环境应急监测信息收集和上传系统、事故状态下污染物迁移转化模拟系统、环境预警监测专家系统、三维监测专家会商平台4个子系统组成的环境应急监测系统平台。系统集 GIS 空间分析、事故状态下污染物迁移转化模拟、环境预警、决策会商等功能于一体，能够实现在事故状态下接收、分析和处理现场应急监测数据以及事故现场的视频图像和气象条件等信息。图 13-6 为中国石油环境应急监测系统平台界面图。

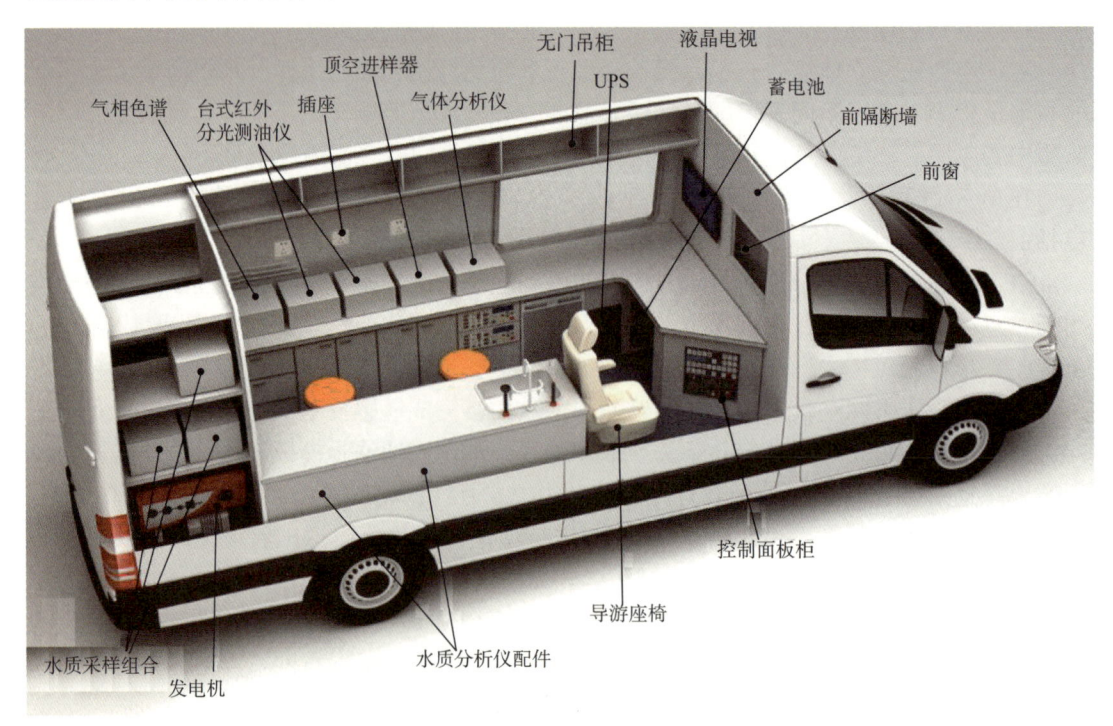

图 13-5 车载流动实验室设计效果图

图 13-6　中国石油环境应急监测系统平台界面

2. 技术内涵

将前面形成的溢油快速定量技术与环境应急监测车载流动实验室、遥感监测技术等进行联动，借助环境应急监测系统平台，集成一套"天、地、空"溢油应急监测立体技术。

图 13-7 为溢油应急监测技术流程图。

图 13-7　溢油应急监测技术流程图

(1)河流溢油应急监测综合技术方案。

①接警准备时期。

a. 初步调查现场情况；

b. 卫星遥感数据获取；

c. 遥感信息提取与污染趋势初步预估；

d. 现场应急监测准备。

②事故初期应急监测。

此时期应急监测的主要任务是通过对事故现场的详细调研，完全掌握溢油信息，同时对水中油与表面浮油进行实时监测，并模拟预估该时期溢油污染范围与扩散趋势。

a. 溢油现场调查；

b. 无人机遥感监测；

c. 水中油应急监测断面布设与监测频次确定；

d. 水中油快速定量检测；

e. 污染趋势预估、现场信息收集及数据报送。

③事故中期应急监测。

此时期应急监测的主要任务是实时调整各监测断面与监测频率，对水中油与表面浮油进行监测，并模拟预估该时期溢油污染范围。

a. 无人机遥感监测；

b. 水中油应急监测断面布设与监测频次确定；

c. 水中油快速定量检测；

d. 污染趋势预估、现场信息收集及数据报送。

④事故恢复期应急监测。

此时期应急监测的主要任务是实时调整各监测断面与监测频率，对水中油与表面浮油进行监测，并模拟预估该时期溢油污染范围。

a. 无人机遥感监测；

b. 水中油应急监测断面布设与监测频次确定；

c. 水中油快速定量检测；

d. 污染趋势预估、现场信息收集及数据报送；

e. 跟踪监测与监测终止；

f. 通信与联动。

(2)河流溢油现场监测技术方案。

①监测布点方案；

②采样方案；

③萃取方案；

④检测方案。

(3)环境应急监测车载流动实验室应用方案。

①现场检测工作在环境应急监测车载流动实验室中进行；

②驻车实验室，保证四角支撑架落地平衡车体；

③在样品检测过程中，保持车载流动实验室内温度及通风，确保有毒有害气体排出

车外；

④采用外接电源或发电机对车载流动实验室内仪器进行供电，保证发电机的燃油量充足；

⑤及时清理实验废液，进行集中废液处理或外送；

⑥利用车载视频、通信设施向应急指挥部上报现场情况及监测视频、数据；

⑦利用监测数据、车载溢油扩散模拟软件，进行溢油趋势模拟，并调整监测断面及监测频次。

（4）河流溢油遥感应急监测方案。

根据遥感监测的技术特点和溢油应急监测的需求，遥感监测可以实现以下三个方面的监测内容：溢油的分布面积、溢油油膜的相对厚度、河流表面溢油量的估算。

①监测前准备；

②遥感监测的技术要求；

③遥感溢油监测成果资料；

④注意事项。

3. 技术创新及先进性分析

河流溢油应急监测立体综合技术是涵盖溢油现场应急监测布点与采样、水中油手工快速萃取与定量检测、基于不同平台的溢油遥感监测、环境应急监测车载流动实验室在溢油应急监测中的应用、环境应急监测系统平台综合应用为一体的综合监测技术，能广泛应用于石油石化企业溢油事故处置，为事故处置决策提供最有效的数据支持与依据，达到国内先进水平。

三、技术应用实例

1. 遥感技术在某溢油事故应急监测中的应用

针对某次水域溢油，分别利用开发的溢油应急监测软件，应用研究成果，进行溢油面积与溢油量估算。

利用 ENVI 等遥感软件，选择不同的拉伸方式，实现溢油信息的增强。对于信息增强后的遥感数据，根据其属性特征，进行二值化，暗色区域赋值为 1，其他地区赋值为 0，得到研究区溢油分布信息。

对于溢油量，选择法国的 SPOT 卫星的多光谱遥感数据进行溢油量的估算。将 SPOT5 遥感数据在实验室转化为有量纲的光谱反射率值，选择 550mm 波段进行溢油量估算。图 13-8 为研究区反射率影像数据图。

2. 应急监测系统在事故应急监测中的应用

以国内某输油管线发生的原油泄漏事故应急监测为例，进行模拟应用实验，验证环境应急监测系统在实际事故中发挥的作用。

图 13-8 研究区反射率影像数据

（1）录入事故信息。

当发生溢油事故时，根据接警信息，在系统中录入溢油事故概况，包括：①泄漏油品种类、溢油量、事故发生时间；②事故发生地地理位置（经度、纬度坐标）；③事故发生地天气情况等。图13-9为录入事故信息界面图。

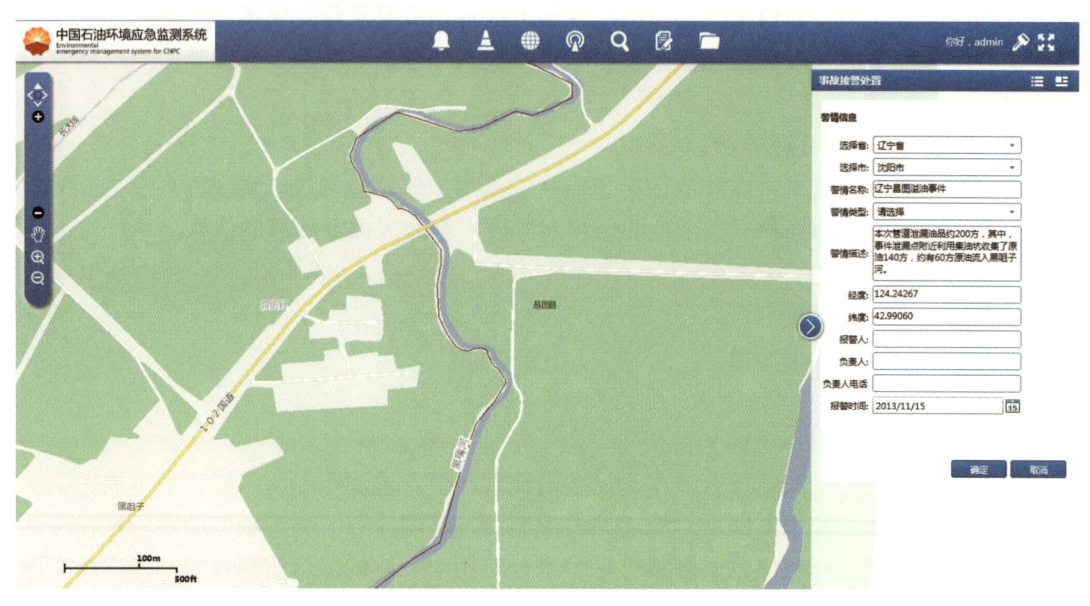

图13-9　录入事故信息界面

（2）溢油信息查询与事故周边环境敏感点信息查询。

在环境应急监测系统数据库中输入泄漏油品，查询溢油油品相关信息（图13-10），并借助系统内建GIS系统，调用事故周边GIS地图，或联网下载在线地图，获取事故周边环境敏感点信息（图13-11），将相关信息录入系统并在GIS地图上进行标注。

图13-10　溢油油品信息查询

图 13-11　溢油周边环境敏感点查询

（3）环境应急监测车载流动实验室查询与调度。

在进行相关信息查询的同时，查询与事故发生地最近的企业环境监测站或环境应急监测中心，进行环境应急监测车查询与调度，并同时进行路径分析与时间估算。图 13-12 为环境应急监测车调度界面。

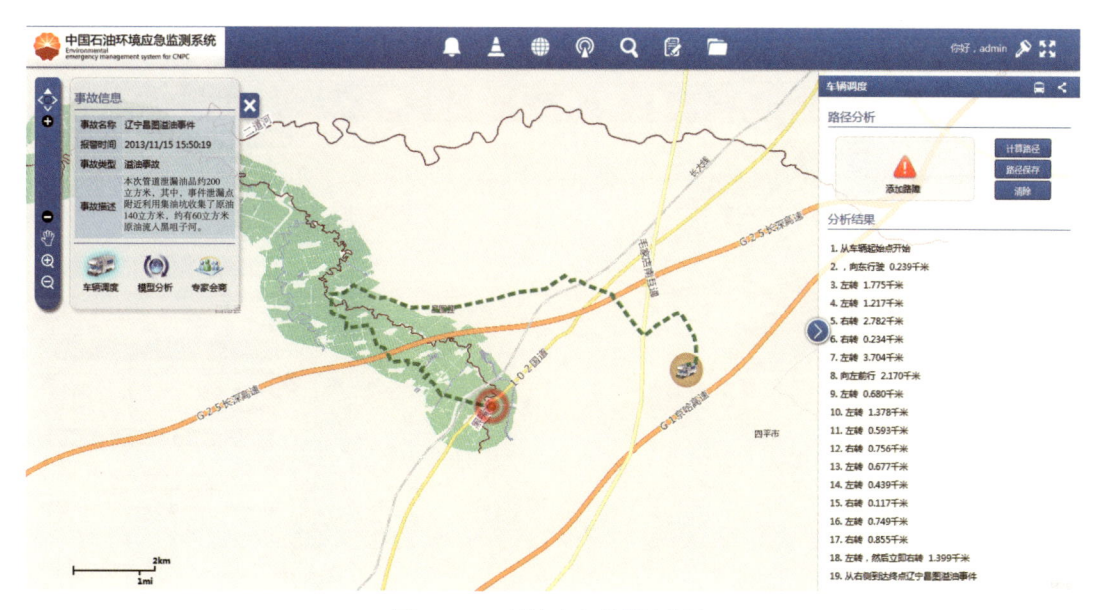

图 13-12　环境应急监测车调度

（4）现场视频、语音、信息、监测数据上传。

在环境应急监测车赶赴现场后，利用车载通信设施及"环境应急监测信息收集和上传系统"对事故现场的视频、音频等信息及现场应急监测数据进行实时传输，并在污染源监控中心大屏幕上进行显示。

（5）溢油污染趋势模拟。

在"事故状态下污染物迁移转化模拟系统"中的 MIKE 21 模型或简易溢油扩散模型中，输入溢油信息及溢油河道、流速等相关信息，进行溢油污染扩散模拟，估算溢油污染（油膜、水中油）到达各监测断面时间。

图 13-13 和图 13-14 分别为油膜污染趋势模拟界面图和水中油扩散趋势模拟界面图。

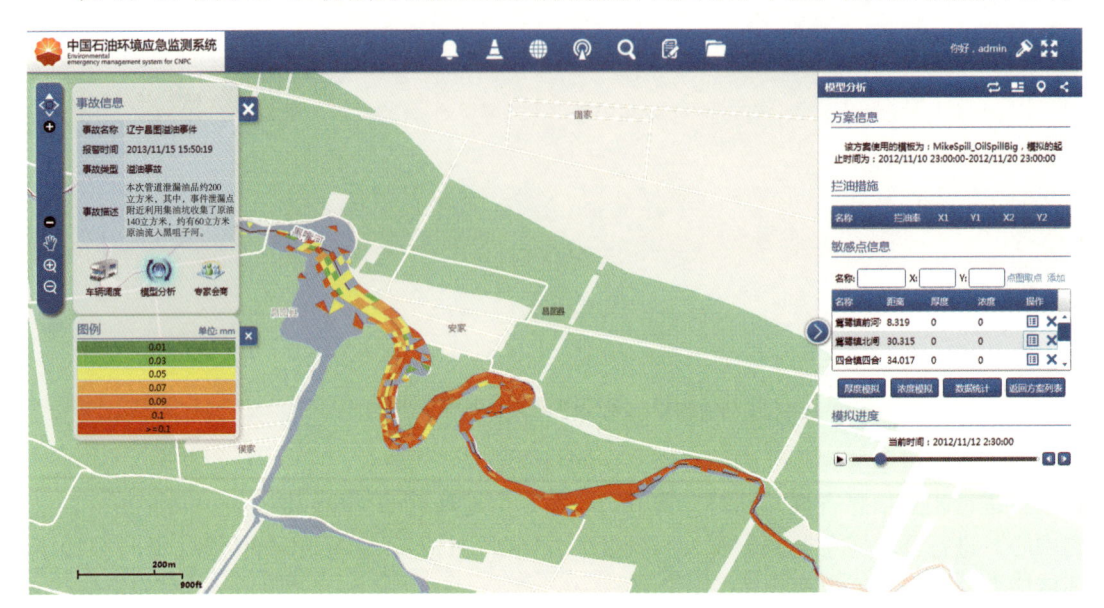

图 13-13　油膜污染趋势模拟界面

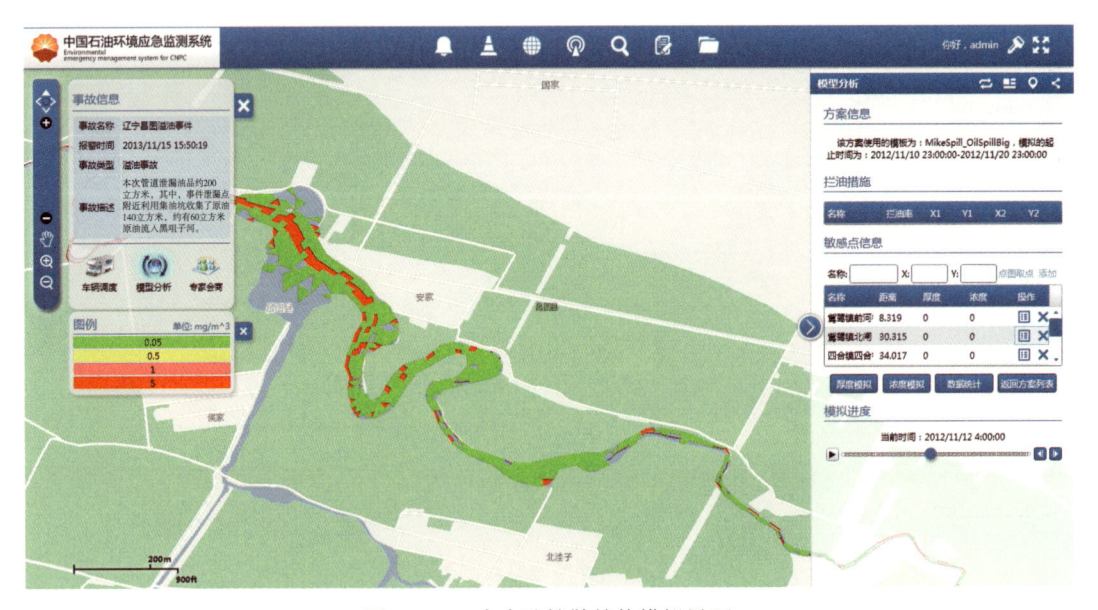

图 13-14　水中油扩散趋势模拟界面

（6）专家会商，实时调整监测与处置方案。

在应急现场的车载流动实验室内显示器上、集团公司环境污染源在线监控中心大屏幕上将溢油模拟结果与现场应急监测、应急处置信息同步显示，并开展视频会议，实时对监测、处置方案进行调整，确保溢油应急监测与应急处置的准确性与科学性。

第三节　环境管理与决策支持体系建设

一、环境管理与决策支持体系建设需求分析

随着我国人民环境保护意识日益增强，石油石化行业相关的环保事故曝光率显著增加，引起广泛关注，给企业带来越来越严格的公共舆论压力；另外，我国大型石油石化企业业务快速扩张，导致环境风险与污染物产生量显著增加。为了解决这个矛盾，我国不断强化对工业企业环保工作的全方位监管。为满足国家最新的环境监管政策法规标准要求，使国家环保政策法规标准规定在企业具体化、可操作，迫切需要建立完善的环境标准体系、环境统计及突发事件风险管控体系，以提高企业的环境监管能力。

同时，我国将发展低碳经济确定为国家的长期发展战略，针对石油石化行业的节能减排提出了更加严格的要求：到2015年，实现万元工业增加值能源消耗和二氧化碳排放量均比2010年下降15%，全行业清洁生产达到历史最好水平；加强节能减排、环保等领域标准化工作，完善主要耗能产品能源消耗限额标准体系。石油石化企业在对自身进行温室气体排放量估算、评价以及确定减排目标方面，需要标准化的大力支持。由于我国目前缺乏企业碳核算的标准和规范，因此不得不参照国际上的一些试行标准和规范开展温室气体排放核算。石油石化行业开展相关领域的标准化研究与标准制定，不仅能够为我国进行温室气体估算与减排提供解决方案，更能为我国参与国际减排行动提供可靠、可比的数据。

集团公司环境管理与决策支持体系以环境标准体系、污染物与温室气体排放核算及统计、环境风险管控为主要内容，基本构建了集团公司环境保护标准体系，有力支持集团公司完成了"十二五"污染减排考核和"十三五"环境保护发展规划编制。根据国家温室气体排放核算技术规范、油气行业气候倡议组织（OGCI）和国际石油工业环境保护协会（IPIECA）的有关技术标准，制定了《中国石油温室气体排放清单编制规范》，研究并开发了符合国际标准的温室气体排放核算与报告系统，进行中国石油碳盘查工作，全面摸清了中国石油碳排放基数，为完成国家碳排放配额分配基础数据准备、国务院国有资产监督管理委员会（以下简称国资委）上报数据和国家石油石化行业产品碳排放基准值标准制定和油气行业气候倡议组织（OGCI）碳排放信息披露提供了重要技术依据。

二、环境管理与决策支持体系建设成果

1. 技术内涵与研究过程

（1）石油石化行业环境标准体系建设。

中国石油环境标准体系建设围绕石油石化企业环保重点工作领域，构建了兼具系统性、开放性、适用性、完整性的环境保护标准体系，支撑了企业的环境保护重点领域工作，对企业现有标准体系进行提升，指导企业掌握安全环保生产的主动权。

根据国家相关环保政策法规和标准的具体要求、中国石油业务发展与环保状况，提出了标准需求，调研国内外相关标准，分析、评估、筛选适用的标准（主要包括环境保护工程技术规范、污染控制技术要求、清洁生产技术要求等过程控制类标准）。国内标准部分

包括各层级标准——国家标准、行业标准、地质标准、企业标准，标准制（修）订计划实施与编制情况；国外部分标准包括国际组织、发达国家发布的相关标准及国际能源公司采用的有关标准。对标准的适用范围、主要内容、标龄等方面进行分析，筛选出符合中国石油业务需要的标准。完成标准项目框架设计，整合污染防治相关标准体系，建立了完善的环保政策标准体系和数据库。按照标准需求分析，以及国内外相关标准调研、分析、筛选结果，进行标准体系设计，提出了包括11大类标准的标准体系表。

基于石油天然气开采环境保护业务特点，提出了具有前瞻性的"十三五"石油行业环境标准体系发展规划。标准体系紧密结合生产经营实际，兼顾行业业务发展需要，注重国内外先进环境管理实践与环保技术，构建了开放扩展的标准体系。体系内的标准按照国家环境监管要求及行业环境保护重点领域，参照国家现行环境标准体系，形成以污染防治技术规范为核心的分类环境标准系列。在确定环境标准体系表的基础上，中国石油主要研究制定了17项具有针对性、技术先进性、经济实用性的国家及行业重要技术标准，包括：

① 《陆上石油天然气开采工业污染物排放标准》；
② 《油气田采出水污染控制技术要求》；
③ SY/T 7291—2016《陆上石油天然气开采业清洁生产审核指南》[5]；
④ SY/T 7292—2016《陆上石油天然气开采业清洁生产技术指南》[6]；
⑤ SY/T 7293—2016《环境敏感区天然气管道建设和运行环境保护要求》[7]；
⑥ SY/T 7294—2016《陆上石油天然气集输环境保护推荐作法》[8]；
⑦ SY/T 7295—2016《陆上石油天然气修井作业环境保护推荐作法》[9]；
⑧ SY/T 7296—2016《陆上石油天然气物探作业环境保护推荐作法》[10]；
⑨ SY/T 7297—2016《石油天然气开采企业二氧化碳排放计算方法》[11]；
⑩ SY/T 7298—2016《陆上石油天然气开采钻井废物处置污染控制技术要求》[12]；
⑪ SY/T 7299—2016《石油天然气开采业低碳审核指南》[13]；
⑫ Q/SY 1656—2013《炼油化工企业低碳审核技术导则》[14]；
⑬ Q/SY 1644—2013《炼油化工企业温室气体排放核算技术规范》[15]；
⑭ Q/SY 1529—2012《环境因素识别和评价方法》[16]；
⑮ Q/SY 1645—2013《污染减排审核规范》[17]；
⑯ Q/SY 1427—2011《油气田企业清洁生产审核验收规范》[18]；
⑰ 《石油天然气开采业污染防治技术政策》。

支持形成中国石油重要环境保护规章制度2项：
① 《中国石油天然气集团公司环境保护管理规定》；
② 《中国石油天然气集团公司环境信息公开办法》。

（2）污染物排放核算。

"十一五"期间，国家污染减排重点领域在火电、造纸、印染等行业；"十二五"期间，石油石化行业被视为重点控制领域纳入污染减排监管。"十二五"初期，国家在石油石化行业污染减排方面尚未形成完善的核算方法与标准，《"十二五"主要污染物总量减排核算细则》仍以火电、造纸等行业的核算方法为基础，推广到石油石化行业应用时存在一定的问题，由此导致在具体污染减排核算工作中，国家对石油石化行业的核算方法不断调整，导致企业难以掌握有效的核算原则，污染减排工作无法提前开展，陷于被动局面，常常出现企业污染减排工作始终跟不上国家要求，减排投入实现不了预期减排效果等问题。此外，国家污染减排审核技术力量不断加强、审核深度日益加深，对污染减排资料、基础生产台账的要求不断提高，已经深入到生产过程的源头管理环节，而企业现有的污染减排管理工作仍以末端控制、外排口核算的方式为基础，难以满足国家现行要求。在实际核查中，国家通过污染减排核查发现企业环保管理漏洞、违规违法行为时有发生。

中国石油首次制定了采出水回注污染控制技术要求，明确了其作为减排工程的认可条件。系统分析了美国地下灌注法案的要求，以此为基础，确定了污染减排核定过程中企业废水处理、回注的相关台账，包括油田水平衡图、日常水质监测记录、回注系统维护记录及地层压力、注水压力、回注水量在线数据等相关要求，被环境保护部门采用，核定了青海油田、吐哈油田和新疆油田的采出水回注工程的减排量。

同时，针对炼化企业减排工程运行管理不符合核算细则要求、国家对炼化企业污染物核算方法与实际有一定偏离等问题，结合污染减排控制形势，中国石油开展了炼化企业特征污染源污染物排放量核算方法、污染减排工程运行管理规范化研究、硫元素跟踪管理方法、污染物削减配额等研究，形成炼化企业污染减排核查核算技术方法及重点污染治理设施减排管理运行规范、基于减排潜力模型的污染物削减方案优化建议，为中国石油污染物总量指标调度工作提供技术支持。

（3）环境统计指标体系。

中国石油自"十二五"以来，根据国家污染减排、环境统计、国控源数据直报、排污许可证等管理要求，不断细化公司环境统计管理，及时跟踪国家新发布的政策、标准及技术规范，逐步建立起以废水、废气排放口/污染源管理为核心，以生产运行、固体废物管理、污染治理、环境税费缴纳等多类统计指标为架构的统计指标体系，实现了统计数据与生产运行指标等多指标相互佐证与校核。通过系统化管理，自动实现污染物关键指标数据同比、环比、累计同比等校对；通过填报时校核、填报中系统自动比对提示、填报后统计分析等多过程协同控制，提高公司环境统计数据的合理性和准确性。

中国石油环境统计指标体系以国家环境保护管理部门和国家统计部门批准的环境统计报表制度为基础，结合中国石油业务实际和管理需要，主要包含关键生产运行指标，废气、废水、工业固体废物指标，以及环保税等其他方面指标。

生产运行关键指标主要包括装置燃料（煤、油、气等）消耗量、产品（原油、天然气、乙烯、各类油品等）产量及加工量/生产量等。企业根据企业性质和生产特点，填报相关关键生产运行指标。废气指标主要包括燃料消耗、废气排放量、污染物排放量（固定源、移动源）及挥发性有机物（VOCs）排放量等相关指标。废水指标主要包括废水排放及排放达标，工业用水及产生、回用和排放，废水中污染物排放等相关指标。工业固体废物指标主要包括工业固体废物产生、综合利用、处置、贮存及倾倒丢弃等相关指标。其他指标主要包括环境赔偿（罚款、赔偿费）、环保设施运行费用、环保税等指标。

中国石油环境统计技术规范遵从国家环境统计年报及排污许可管理要求等技术规范要求，相关统计指标的解释按照国家《环境统计报表制度》中指标解释执行。企业如果遵从地方环境统计技术规范要求，必须在中国石油环保管理部门进行备案。

（4）突发环境事件环境风险管控。

我国已进入突发环境事件多发期和矛盾凸显期，突发环境事件的数量居高不下，环境问题已成为威胁人体健康、公共安全和社会稳定的重要因素之一。针对日益严峻的环境安全形势，国家高度重视环境风险防范与管理，相继出台一系列法规文件，要求"完善以预防为主的环境风险管理制度，严格落实企业环境安全主体责任"。石油工业生产涉及众多有毒有害、易燃易爆化学物质，生产工艺多为高温高压，危险性高，同时企业分布广泛且所处环境敏感，面临的生态环境风险十分突出。渭南"12·30"成品油管道泄漏、大连"7·16"输油管道爆炸着火、青岛"11·22"输油管道泄漏爆炸等事故所引发的环境污染事件，暴露了企业在环境风险管控方面的不足。

基于事前管理原则，突发环境事件环境风险管控系统构建了"预防为主、预防与应急相结合"的风险管理技术体系。制定发布《安全环保事故隐患管理办法》（中油安〔2015〕297号），规范隐患管理，有效降低环境风险；发布实施Q/SY 1529—2012《环境因素识别和评价方法》，规范环境因素识别，全面排查环境风险；发布实施Q/SY 1771.1—2014《石油石化企业水环境风险等级评估方法 第1部分：油品长输管道》，实现环境风险分级管理；修订颁布Q/SY 1190—2013《事故状态下水体污染的预防与控制技术要求》，建立环境风险防控措施，有效控制环境风险。多年的应用实践表明，环境风险管理技术体系的运行有效降低了中国石油突发环境事件的发生。

（5）石油石化行业温室气体核算标准体系与数据管理能力建设。

中国石油积极参与国家温室气体相关标准转化工作，2007年赞助举办了国际标准化组织ISO/TC 207年会；2008年参与并资助ISO温室气体系列标准的国家标准转化工作；2010年编制温室气体排放清单，制定并发布《温室气体排放清单编制技术规范》企业标准；2012年编制完成Q/SY 1644—2013《炼油化工企业温室气体排放核算技术规范》、《石油天然气开采业二氧化碳核算技术规范》等主要技术标准；2016年编制完成《石油天然气开采业低碳技术指南》和SY/T 7299—2016《石油天然气开采业低碳审核指南》，基本建立了中国石油低碳技术标准体系。石油石化行业低碳发展标准体系框架构建以适应经济全球化、全面建设和谐社会和经济发展需要为出发点，以全面提高环境质量和降低碳排放为核心，以实现优化技术标准体系结构，提升技术标准的整体水平和国际适应性，建立覆盖全过程的既符合中国国情又与国际接轨的科学、完善、统一、权威的中国石油石化行业低碳发展标准体系。石油石化行业低碳发展标准体系是由具有一定内在联系的标准组成的科学有机整体，是包括现有、应有和计划制定的标准工作蓝图，它阐明了石油石化行业低碳发展标准化的总体结构，并反映了石油石化行业低碳发展领域内整体标准的相互关系。

中国石油制定了7项低碳关键技术标准，为指导石油行业低碳管理和温室气体核算提供了技术依据。

①《石油天然气开采温室气体排放统计核算标准》；
②《炼油化工温室气体排放统计核算标准》；
③《炼油化工低碳审核标准》；
④《二氧化碳捕获与封存减排量化方法学》；
⑤《甲烷回收减排量化方法学》；
⑥《余热回收利用减排量化方法学》；
⑦SY/T 7299—2016《石油天然气开采低碳审核指南》。

中国石油还首次参与了国际低碳标准《Carbon dioxide capture, transportation and geological storage——Quantification and verification》(TR)的研究与制定，该标准是国际标准化组织 ISO 制定的首个二氧化碳地质封存项目量化方法学，此次制定的标准为技术报告稿，为建立最终标准提供了详细的技术依据。该标准主要包括范围、术语和定义、基本原则、核算边界、量化方法学、评估与监测要求、CCS 全生命周期评价、数据质量检查等的要求。

基于中国石油温室气体排放核算标准体系，在中央企业中首次开发完成集团公司层级的温室气体排放核算与报告管理系统，该系统采用成熟稳定的框架，结合温室气体核算的实际业务需求，开发出适合地区公司和总部应用的核算与报告管理平台，主要创新点如下：

①列表式分类核算。

GB/T 32150—2015《工业企业温室气体排放核算和报告通则》以及其他相关企业的核算方法与报告指南对石油石化行业中的燃料燃烧排放、过程排放、逸散排放、回收利用、电力热力间接排放等方面的核算方法做了详细的说明，具体涉及的核算方法有几十个，需要企业填报的基础数据达到上百个。管理平台在数据填报方面使用列表式分类核算的方式，将所有相关的核算方法按不同类别列出，并设置填报状态，用户可根据本企业的实际情况填写所需要的核算表，有效降低了用户漏报、错报的概率。

②两套流程完全分离。

地方政府和集团公司对数据核算边界的要求差异较大，难以相互平衡。基于这种差异，温室气体排放核查与报告平台在设计时将这两部分工作流程完全分开，把系统框架总体分为报送地方政府和报送集团公司两部分，各部分分别包括基础配置层、数据管理层、统计分析层。两部分流程相互独立，数据在一定程度上相互关联。

该平台已经完成集团公司所属国内企业共 125 家二级单位数据核算工作，以及 83 个海外业务项目温室气体核算报告工作。

2. 技术创新及先进性分析

（1）首次建立了基于石油天然气开采环境保护业务特点的环境保护标准体系，提出 11 方面完整的标准需求。根据单项标准"已有，继续有效""已有，需修订""缺失，需制订" 3 种状态，提出了具有前瞻性的"十三五"石油行业环境标准发展规划。标准体系紧密结合当前油气田生产经营实际，兼顾行业业务发展需要，注重国内外先进环境管理实践与环保技术，构建了开放扩展的标准体系。体系内的标准按照国家环境监管要求及行业环境保护重点领域，参照国家现行环境标准体系，形成以污染防治技术规范为核心的分类环境标准系列。

（2）首次制定了采出水回注污染控制技术要求，明确了其作为减排工程的认可条件。系统分析了美国地下灌注法案的要求，以此为基础，确定了污染减排核定过程中企业废水处理、回注的相关台账，包括油田水平衡图、日常水质监测记录、回注系统维护记录及地层压力、注水压力、回注水量在线数据等的相关要求，被环境保护部门采用，核定了青海油田、吐哈油田和新疆油田的采出水回注工程的减排量。

（3）全面完成新环保法及配套政策在环保投入、环境公益诉讼、环境信息公开等领域对石油石化行业的影响分析，为中国石油环保制度制（修）订、环境信息公开办法制定和

"十三五"发展规划编制提供了依据。

（4）温室气体排放核算与报告管理系统采用成熟稳定的框架，结合温室气体核算的实际业务需求，开发出具有列表式分类核算和两套流程完全分离的核算系统，适合地区公司和总部应用的核算与报告管理平台。

（5）体现了与时俱进的理念，及时将国家提出的绿色低碳的观点直接转变成可以量化考核的具体操作方法，新增加二氧化碳计量方法，实现与时俱进的可持续发展理念，将国家的宏观要求转化成具体可以量化实施的具体措施，其中，SY/T 7297—2016《石油天然气开采企业二氧化碳排放计算方法》和 SY/T 7299—2016《石油天然气开采业低碳审核指南》成为国家发展和改革委员会制定温室气体核算与报告指南的基础，在甲烷逸散、间接排放方面均为首次提出国家方法标准，极大地提高了中国石油在国家相关行业政策制定方面的话语权。

三、技术应用实例

集团公司环境管理与决策支持体系建设，有力支持了集团公司完成"十二五"污染减排考核和"十三五"环境保护发展规划编制，推动了公司环境和低碳管理水平的持续改进，主要包括：

（1）油气开采环境保护标准体系相关研究成果为石油工业环境保护专业标准化技术委员会"十三五"环境保护标准发展规划编制提供了重要依据，环境标准体系表已被采纳。

（2）以环保标准体系框架设计为基础，完成了中国石油安全环保标准揭示检索系统的框架设计，实现基于标准全文、标准分类、标准指标的知识服务——全文检索、体系检索、指标检索、结构化阅读等。

（3）采出水回注研究相关成果为国家环境保护部污染减排核查核算采纳。2014年，油田采出水5项回注工程减排全部得到认可，减排COD 1057t，减排氨氮77t，为中国石油完成"十二五"减排目标做出了重要贡献。

（4）安全环保技术体系与技术发展路线图为中国石油安全环保科技发展规划的编制、科研立项和"十三五"环保发展规划提供了依据。

（5）环保政策与法律法规解读与影响分析为集团公司相关规章制度制（修）订与发展规划编制提供了依据。新环保法及环境信息公开与环境公益诉讼制度等的解读及影响分析成果，可为集团公司规避法律风险与纠纷，减少诉讼经济损失，树立公司良好形象提供管理支持。

（6）《陆上石油天然气开采工业污染物排放标准》《油气田采出水污染控制技术要求》《钻井废物处置污染控制技术要求》3项标准可指导油气田企业规范环境行为、提升环保水平，并可作为国家环保主管部门实施行政监管的依据，有效规避企业的环境违法风险，合理支出生产经营成本。

（7）温室气体核算工作按炼化、油气勘探开发、销售及其他企业三大业务领域对99家企事业单位230余人开展了集中技术培训；对125家企事业单位提供了技术咨询和指导；开展2轮针对30余家重点企业的现场核查，以及所有单位2013—2015年共3个年度的数据核查；编制完成集团公司2013—2015年共3个年度的温室气体排放报告。

第四节 展　　望

中国石油自"十一五"后期开始全面加强环境监管能力建设，开发部署污染源在线监测系统和应急监测技术，加强低碳环境标准体系与关键技术标准的研发，初步构建了中国石油智慧环保监管体系。污染源在线监测技术是集环境保护科学、在线监测、数据通信、现代网络和信息系统为一体的新技术。系统综合运用互联网+、大数据等先进技术手段，通过缺失异常数据自动识别研判、超标异常数据分级报警、污染物排放数据智能预测、多参数排放数据校准统计等方式，实现重点排污单位主要生产装置及排放源全方位、智慧化管控。污染源自动监控范围覆盖中国石油全部主要生产装置及污染源，具有灵活、高效、直观、智能等先进技术特点。中国石油溢油应急监测立体综合技术是涵盖溢油现场应急监测布点与采样、水中油手工快速萃取与定量检测、基于不同平台的溢油遥感监测、环境应急监测车载流动实验室在溢油应急监测中的应用、环境应急监测系统平台综合应用为一体的综合监测技术。在环境管理与低碳能力建设方面，围绕石油行业环境保护重点工作领域，包括污染减排、污染防治、环境风险管控、温室气体排放与控制等，中国石油构建了兼具系统性、开放性、适用性、完整性的低碳环保标准体系，对企业现有标准体系进行提升，形成了油气开采废水地下回灌、油气田固体废物处置等技术规范，指导并规范企业的生产作业，合理处置油气田废水与固体废物，保护并改善生态环境。

展望未来，随着习近平总书记生态文明思想的提出，环境检测与环境管理技术标准将受到更为广泛的重视和应用。污染源在线监测、溢油监测等技术作为环境治理和环境管理的基础，愈发受到关注，全国各地水质、大气、土壤、植被及污染源等领域监测站点激增，在监测远程化、智能化的实现以及生态环境的科学决策和精准监管等方面将有所提升。

在污染源在线监测领域，一是构建智慧型重点污染源监管体系。综合运用互联网、大数据、遥感、人工智能等新技术，推动智慧型重点污染源管控体系建设，实施污染源在线监测系统升级；提高污染物排放超标预警能力和排污智能化监控水平；扩大污染源管控范围，实现重点污染源及高架源全部联网受控。二是构建挥发性有机物综合管控体系。实施VOCs综合管控系统升级，建设覆盖炼化、储运、销售等企业"可申报、可追溯、可核查"的综合管控体系；搭建中国石油VOCs协同溯源及立体监控预警技术平台，建设智慧型VOCs综合管控预警体系。

在环境与低碳管理领域，一是继续规范温室气体排放监测与核算报告，实现温室气体排放管控系统"可核查、可追溯、可对标"的能力。完善温室气体排放计量和监测体系，制订并实施温室气体排放监测计划。环保、节能、计划、生产、技术、财务等相关部门共同参加，规范开展温室气体排放核算与报告工作。二是攻关碳资产管理技术。炼化、油气田及电力等重点控排单位要按照国家和地方要求实行碳排放总量控制，实施碳资产集中管控，按照碳排放配额管理要求完成履约。中国石油所属企业门类多，温室气体来源广、数量大，碳资产管理应达成两个目标：以最低成本实现交易以满足所有下属机构的合规性；可高效迅速整合机构数据并找出成本最低、见效最快的减排机会。三是研发环境保护标准体系与快速对标技术。在标准体系设计方面，应强化标准的全生产环节的覆盖性与标准分类，全面体现主要环境影响因素的控制和环境行为规范；结合企业生产管理特点、环境影响因素构成，形成合理的管理流程或环节划分，从而形成合理的标准分类。体系设计应体现迫切性，要适应国家排污许可证、环境信息公开等已经或即将实施的重要政策趋势；体系设计与公司管理特点的相符性，如污染减排、HSE体系管理、环境风险控制、环境评价、VOCs管控等。在各项标准指标的快速对标方面，首先要确保标准分类的准确性，提供标准分类、标准信息、标准内容、标准指标的多维度检索方法，提高检索的精度，降低检索的粒度；其次要确保全面性，可涵盖各部门所需的所有标准，满足标准化的全部功能需求；再次是确保快捷性，可在局域网各终端快速检索、查阅全文及内容指标；最后是确保时效性，数据库可以提供及时更新，保证其完整性和有效性。

参 考 文 献

［1］李二喜，赵越.遥感监测海上溢油图像处理方法的研究［J］.中国水运，2010，10（10）：83-84.

［2］胡佳成，王迪峰.基于遥感的海洋溢油监测方法［J］.环境保护科学，2014，40（1）：68-73.

［3］朱京海，徐光，刘家斌.无人机遥感系统在环境保护领域的应用研究［J］.环境保护与循环经济，2011（9）：45-48.

［4］刘锐，翟传森，谢涛，等."空地一体化"环境应急监测与管理系统设计［J］.环境保护科学，2014，40（3）：74-77.

［5］国家能源局.陆上石油天然气开采业清洁生产审核指南：SY/T 7291—2016［S］.北京：石油工业出版社，2016.

［6］国家能源局.陆上石油天然气开采业清洁生产技术指南：SY/T 7292—2016［S］.北京：石油工业出版社，2016.

［7］国家能源局.环境敏感区天然气管道建设和运行环境保护要求：SY/T 7293—2016［S］.北京：石油工业出版社，2016.

［8］国家能源局.陆上石油天然气集输环境保护推荐作法：SY/T 7294—2016［S］北京：石油工业出版社，2016.

［9］国家能源局.陆上石油天然气修井作业环境保护推荐作法：SY/T 7295—2016［S］.北京：石油工业出版社，2016.

［10］国家能源局.陆上石油天然气物探作业环境保护推荐作法：SY/T 7296—2016［S］.北京：石油工业出版社，2016.

［11］国家能源局.石油天然气开采企业二氧化碳排放计算方法：SY/T 7297—2016［S］.北京：石油工业出版社，2016.

［12］国家能源局.陆上石油天然气开采钻井废物处置污染控制技术要求：SY/T 7298—2016［S］.北京：石油工业出版社，2016.

［13］国家能源局.石油天然气开采业低碳审核指南：SY/T 7299—2016［S］.北京：石油工业出版社，2016.

［14］中国石油天然气集团公司.炼油化工企业低碳审核技术导则：Q/SY 1656—2013［S］.北京：石油工业出版社，2013.

［15］中国石油天然气集团公司.炼油化工企业温室气体排放核算技术规范：Q/SY 1644—2013［S］.北京：石油工业出版社，2013.

［16］中国石油天然气集团公司.环境因素识别和评价方法：Q/SY 1529—2012［S］.北京：石油工业出版社，2012.

［17］中国石油天然气集团公司.污染减排审核规范：Q/SY 1645—2013［S］.北京：石油工业出版社，2013.

［18］中国石油天然气集团公司.油气田企业清洁生产审核验收规范：Q/SY 1427—2011［S］.北京：石油工业出版社，2011.

第十四章　中国石油环保技术发展展望

"十二五"以来，为满足国家节能减排和环境保护政策要求，中国石油将污染防治由被动转变为主动，大力发展清洁生产，加大污染源防治力度，积极开展污染防治系统优化，显著提高"三废"综合利用水平，实现了污染排放强度持续降低，低碳发展的"中国石油模式"正在形成。随着国家生态文明建设的深入，以强化环境质量改善的环保监管力度进一步加大，势必将污染排放强度、废物资源利用率、特征污染物排放控制和碳减排等指标纳入约束性考核，石油石化产业结构现状与资源约束和污染减排之间的矛盾依然突出，企业生态环境保护和污染减排任务将更加艰巨。

国外石油石化行业的单项污染物处理技术相对成熟、自动化水平高、控制精度高，低能耗处理技术和低碳绿色理念深入人心，注重系统整体优化，污染治理与生态保护技术正在向绿色低碳、资源化、系统化方向发展。随着新理论新方法的不断发现、新材料新能源的不断开发以及信息智能化技术的快速发展，绿色、低碳、智能化将是石油石化行业较长时期内的发展主题。

中国石油在点源污染治理技术和源头控制技术上总体接近国际先进水平，但在处理工艺集成优化、工艺运行稳定性、工艺处理成本与能耗水平、装备化及智能化水平等方面与国际先进技术相比有一定差异。面对差距，中国石油已树立绿色低碳发展理念，制订绿色行动计划，积极推进绿色矿山建设，并提出要建设绿色智能化效益型炼厂的思路，积极推进污染防治技术实现新的跨越。依据中国石油中长期技术发展规划，至2030年，预期污染防治与生态保护整体技术实现新变革，中国石油环境保护工作实现两个转变——环保技术由满足废物达标排放向废物资源化转变、污染防治工作由"被动应对国家节能减排和环境保护政策"向"主动应对"转变，环境污染风险监控与防护技术、废物资源化与高效低能耗处理技术、场地污染防控及修复技术等战略性技术步入世界先进或行业领先行列。

在环境污染风险监控与防护方面，石油石化行业一直以来以环境影响评估为主要抓手，以污染排放控制为重点、地下防渗措施为补充，加强区域环境保护，取得良好成效。由于受生产技术水平的影响，遗洒、泄漏、临时储存、不合格处理措施等不可避免地带来土壤、地下水环境污染风险，企业必须加强对环境污染风险的监控，及时解决污染场地的修复，对新型业务领域要提前开展环境影响评估预测。要重点围绕非常规油气开采、深井灌注、场地污染防治等业务领域，以区域环境因子为对象，加快研发和应用环境影响评估、地下环境防渗、环境污染监控预警、污染环境修复构建场地污染防控及修复等技术体系。在敏感区环境风险监控与预警技术、地下防渗阻隔等系列污染防控技术、场地污染评估与快速高效修复技术、环境污染应急处置处理技术等方面，开展深入研究，为石油石化行业可持续发展提供环保技术保障。

在废物资源化与高效低能耗处理方面，以实现废物资源利用最大化、处理工艺能耗最低化为目标，重点开展有机质产能技术（微生物发电、厌氧消化、热法）、污水污泥处理一体化技术（吸附—氧化再生）、物质分离技术（可逆转换收油、新型烟气脱硫吸附剂、离心分离等）、低能耗处理技术（厌氧氨氧化、微生物—电容法联合技术）、废气处理一体化技术等关键技术攻关，并通过对点源污染与综合治理工艺系统进行优化集成，形成中国石油石化污染排放控制及废物资源化技术体系，有效降低单位污染物综合处理成本，实现污染排放控制技术的创新发展，整体技术达到国际先进水平。

在石油石化行业温室气体控制与碳减排方面，围绕行业绿色低碳发展要求，以甲烷气逸散放空与回收、CO_2捕集封存与利用、VOCs排放控制为重点，构建碳减排技术体系，深入开展油气田开发与炼油化工的能量系统优化技术、石油石化清洁生产与节能低碳技术、伴生气与轻烃回收利用等温室气体控制技术，在碳捕集与封存（CCS）技术降低成本与风险方面取得突破，开发与利用风能、太阳能等清洁新能源技术，形成一批具有规模性与示范性的温室气体减排成果，确保温室气体排放强度持续降低。同时，加强锅炉烟气二氧化碳捕集与咸水层封存技术、二氧化碳捕集与驱油技术、制氢驰放气回收利用技术、炼厂VOCs排放控制技术的研究开发，形成温室气体排放控制及减排成套技术体系，并实现规模化应用。

在污染防治大数据分析及智能管控方面，针对行业污染防治技术及管理提升需求，加大信息化、智能化技术的应用。一是要构建智慧型重点污染源监测管控体系，综合运用互联网、大数据、遥感、人工智能等新技术，推动智慧型重点污染源管控体系建设，实施污染源在线监测系统升级；提高污染物排放超标预警能力和排污智能化监控水平。二是要构建挥发性有机物综合管控体系，建设覆盖炼化、储运、销售等企业"可申报、可追溯、可核查"的VOCs综合管控体系；搭建中国石油VOCs协同溯源及立体监控预警技术平台，建设智慧型VOCs综合管控预警体系。三是构建智慧型温室气体排放管控系统，提供"可核查、可追溯、可对标"能力，实现全产业链温室气体排放的有效管控。四是构建先进的环境管理支撑技术体系，加强诚信合规环境管理体系建设，研究形成油气开采领域关键环境技术规范标准体系和环境管理先进制度标准体系，满足环境科学监管的需要。

节能篇

第十五章　油气田节能节水技术进展

油气田生产业务是集团公司的能源生产大户，也是耗能大户，能源消耗量占中国石油总能耗近一半，是集团公司节能重点业务，其能效水平对集团公司促进降本增效、提升核心竞争力具有重要意义。

油气田生产业务节能降耗难度越来越大，主要原因如下：一是所开发的油气田多为低产、低渗、低丰度等"三低"储量资源，开采难度大且能耗高。二是现有系统稳产控耗难度加大。随着油气井含水率的不断上升，产液量和注水量持续增加，单井产量逐渐降低，油水井总数逐年增加，使能耗控制难度增大；吞吐热采效果逐渐变差，油气比进一步下降，高耗能的蒸汽驱和SAGD采油区块增加，单位生产能耗总体呈上升趋势；西南油气田、涩北气田等老气田已经进入产能递减阶段，增压集气带来的能耗大幅上升。三是设备老化严重，抽油机、注水泵、输油泵、加热炉等重点耗能设备老化，管网腐蚀、结垢增多，跑、冒、滴、漏现象时有发生，造成设备效率不高等问题。

随着节能工作的不断深入，结构节能和管理节能挖潜难度越来越大，更多地需要依靠提高节能技术水平。"十一五"以来，油气田节能技术不断朝着深入细致和提高效益的方向发展，取得了很大的突破。

一是通过科技研发，开展关键技术攻关。在集团公司科技项目和低碳重大科技专项中设立高含水、低渗透、稠油油田等节能节水关键技术研究课题，在抽油机优化与节能技术、不加热集输技术、加热炉提效技术等方面取得了良好的科技成果和效果。

二是实施节能重点工程，推广应用节能技术。根据"突出重点、效益优先、典型示范、成熟先行"原则，集团公司设立节能专项投资，优先实施技术成熟、效果显著、具有典型示范作用的重点项目，安排实施了以机采、注水和集输系统节气、节油为重点的节能技术改造项目。抽油机井优化、常温集输、真空加热炉、放空天然气回收综合利用等节能技术得到推广应用。从初期打基础、开展单元设备、单项工艺的节能技术改造，到开展系统优化，提高系统的运行效率，进而注重各耗能系统和相互之间节能技术的完善配套，按品位实行能源梯级利用。

总结"十一五"以来油气生产业务节能技术进展，推动节能技术的推广应用，对于油气田企业降本增效、提高能效、完成国家节能减排工作任务具有重要意义。

第一节　机采系统节能技术

机采系统是油田生产耗电的主要环节，高含水油田机采耗电约占油田生产总耗电的35%，低渗透油田机采系统耗电占油田生产总耗电的50%以上。机采井的举升方式主要有抽油机开采、螺杆泵举升和电泵举升，其中抽油机开采是主要的举升方式，其利用约占全部油井的90%。

一、生产需求与技术现状

1. 抽油机

油田应用最普遍的抽油机是游梁式抽油机。游梁式抽油机是一种变形的四连杆机构，其整机结构特点像一架天平，一端是抽油载荷，另一端是平衡配重载荷。游梁式抽油机的负荷随抽油机冲程呈周期性变化，具有启动扭矩较大，在正常运转时所需扭矩又较小，重载运行时间较短等特点。为使拖动抽油机的电动机稳定运行并具有一定的过载能力，一般在设计时按抽油机的最大扭矩选配电机，造成抽油机配套的电动机平均负载不足30%。因此，电机的功率因数均较低，额定负载时为0.7~0.9，轻载和空载时仅为0.2~0.3，多数时间为0.2~0.6，即在正常运行时，电机长期在低效率、低功率的工况下运转。常规抽油机系统效率普遍偏低，主要原因是电机装机功率偏大，同时平衡效果不佳，减速箱输出扭矩波动较大，能源浪费大。

抽油机常用的动力装置主要是Y系列三相异步电机。从降低投资的角度出发，成本低、结构简单、便于控制的常规游梁式抽油机与造价低、结构简单、维护方便、经久耐用的普通Y系列电机匹配较为理想，这也是常规游梁式抽油机和Y系列电机在油田机采系统占主导地位的主要原因。常规的电机配电箱功能简单，只能实现电动机启停操作和断相、过载、过热保护，不具备调压、调频、星/角转换等功能。

2. 螺杆泵

螺杆泵是螺旋抽油的容积泵，运动部件少，无阀体和复杂的流道，流体扰动小，排量均匀，结构简单，一次性投资低。适应黏度范围广，可举升稠油，且适应于游梁式机泵和电潜泵无法抽采的高含砂、高含气井和低产油井等，具有广阔的应用前景。与常规游梁式抽油机相比，螺杆泵无液柱和机械传动的惯性损失，泵容积效率可达90%；常规抽油机机采系统效率仅为20%~30%，而螺杆泵机采效率多为30%~40%。但当泵挂深度超过1600m后，螺杆泵受定子橡胶耐高温、耐油气浸性能限制。

3. 电泵

潜油电泵的全称为电动潜油离心泵，具有产液量高、排量效率高、检泵周期长、易于管理等优势，尤其对高产液量井，与抽油机、螺杆泵等举升方式相比，具有无可替代的优势。潜油电泵机组自身的功率损耗与其结构、装备配置及新旧程度有很大关系，潜油电泵井系统功率损失分以下部分：电缆损失、电机损失、井下分离器和保护器损失、离心泵损失及油管摩阻损失。在实际生产中，导致电泵井能耗高的主要原因为当供排关系发生变化时，尤其是当产液量大幅度下降时，机组轻载运行，电动机负载率降低，形成"大马拉小车"现象，电能损失大。

二、技术进展

1. 抽油机井节能技术

抽油机井节能技术主要包括节能抽油机技术、节能电机技术、节能配电箱技术及抽油机井优化设计技术。

（1）节能抽油机技术。

节能型抽油机主要是通过四杆机构优化设计及改变平衡方式来改变抽油机曲柄轴净扭

矩曲线的形状和大小，以减小负扭矩，使扭矩波动平缓，从而降低净扭矩，减小电动机装机功率，提高电动机功率利用率，进而实现节能降耗。

"十一五"以来，节能型抽油机主要有下偏杠铃、双驴头、异形游梁式、摆杆式、低矮型、摩擦换向式等类型，节能型抽油机与常规游梁式抽油机的最大不同在于其特有的传动结构和平衡原理，这种不同解决了常规游梁式抽油机机因平衡不佳而能耗大的问题，提高了系统效率。

①常规抽油机改造为节能抽油机。

在实际生产中，对常规抽油机进行节能改造主要包括以下 4 类：

一是改造为下偏杠铃抽油机。在游梁式抽油机的游梁尾部增加一个下偏杠铃，杠铃采用铸件铸成圆饼形状，采用多块方式，重量可调节。在抽油机运行过程中，下偏杠铃装置重心运行轨迹为圆弧状，实现当驴头由下死点开始上行时力臂最长，由上死点开始下行时力臂最短。实现抽油机驴头悬点载荷最大时，游梁平衡重的力臂最长；悬点载荷最小时，游梁平衡重的力臂变短，充分利用了平衡重的势能，达到调径变矩的目的，使抽油机具有良好的平衡性。由于下偏杠铃抽油机可靠性高、结构简单、调参简便、维护费用低，因此一般把常规游梁式抽油机改造成下偏杠铃抽油机是最佳选择。

二是改造为双驴头抽油机。在游梁后端增设一个曲率半径按一定规律变化的后驴头，同时将连杆改为组合杆（一段固定长度，一段柔性连杆），使之成为具有"变四杆"机构的抽油机，依靠其游梁后臂有效长度的规律变化以实现负载大时平衡力矩大、负载小时平衡力矩小的工作状态，从而加强抽油机的平衡效果，实现节能。

三是改造为异形游梁式抽油机。将游梁式抽油机的游梁后臂制成变径圆弧形状，游梁后臂与横梁之间采用柔性件连接，使悬点负荷在上下运动时反映到曲柄上的扭矩尽量接近正弦规律变化，从而使输出净扭矩曲线变得接近水平直线状态，减小最大净扭矩值，增大最小净扭矩值，避免了负扭矩的出现；改变了传统常规抽油机为了满足最大扭矩而配置的大减速器和电动机，从而达到节能降耗目的。

四是改造为摆杆式游梁抽油机。该抽油机是常规游梁式一次平衡抽油机的变形产品，即在常规游梁式抽油机的曲柄与连杆之间增加一对槽形摆杆，固定在曲柄上的滚轮在摆杆中间的轨道上做往复直线运动，滚轮牵动摆杆绕支撑轴做上下摆动，摆杆尾端与连杆铰链通过连杆拉动游梁、驴头上下摆动，使悬挂在驴头上的悬绳器带动抽油杆做上下往复直线运动。由于摆杆和曲柄平衡重同时作用，实现了抽油机的复合平衡，系统效率较高。与同型号的常规机型相比，电动机的装机容量比常规游梁抽油机减小 50% 左右。

②新型节能抽油机。

新型节能抽油机主要有以下 3 类：

一是非四连杆抽油机，主要有直线电机抽油机、塔架式节能抽油机和复式永磁电机抽油机等。

直线电机抽油机是电机直接带动滚筒转动，用齿轮滑轮传动代替传统的四连杆传动机构，通过摩擦力驱动皮带做往复运动，皮带通过悬绳器带动光杆上下运动，另一端与配重箱连接，构成平衡结构。该抽油机结构简单，机械效率高，同时实现了无极调速和智能控制，节能效果显著。

塔架式节能抽油机从根本上改变四连杆传动机构，用绳轮传动代替四连杆机构，取消了减速器，电机做功仅供驱动系统换向，直接驱动安装在驱动轴上的滚筒，滚筒上的钢绳一端连接悬绳器，另一端连接配重，悬绳器带动抽油杆做上下往复运动。由于传动方式简单，机械效率可达 85% 以上。塔架式抽油机与游梁式抽油机的曲柄平衡相比，调节方便且平衡率高，现场应用测平衡率可达 96% 以上，减少了游梁式抽油机曲柄平衡产生的动载，也减少了电机做无用功。

复式永磁电机抽油机采用复式永磁电机作为动力，在整体结构上取消了普通游梁式抽油机的所有机械传动部分，采用电机直接驱动方式，并在智能变频器的控制下实现抽油杆的上下往复运动，结构简单，能耗低。

二是倍程柔式抽油机。该机型通过采用钢丝绳代替普通抽油杆，大幅度降低杆柱自重负载；通过柔性牵引绳和轮系传动，使低矮机型实现大冲程，具有普通抽油机没有的运动特性，降低了井下泵冲程损失率。横梁、横支臂和井口支撑立柱结构就地平衡了牵引链的拉力。该抽油机具有体积小、重量轻、效率高、成本低的优点。

三是提捞式抽油机。即在普通抽油机底座上加装机械捞油系统，上行时，由于活塞作用产生负压以及上覆液柱压力的减小，井筒内压力下降，使地层能量释放，液面恢复、产液量增加。采用钢丝代替抽油杆，把整个油管作为泵筒，每一冲程均对油管进行一次清蜡、除垢处理，延长了热洗周期。上行时杆柱与液柱负荷逐渐变小，下行基本靠自重，从设计上节能效果明显，节电率达 50% 以上。

（2）节能电机技术。

①常规电机改造为节能电机。

常规 Y 系列三相异步电机改造为节能电机，主要有以下 3 种方式：

一是改造为双功率电机。在不改变原有电机结构的前提下，去除原定子线圈，对定子绕组重新设计，重新绕制。如功率为 37kW 的电机，可将定子绕组设计为 37kW 和 22kW。改造后的电机需要配置专用电控箱，组合成"一体化"拖动装置。电控箱中有电流检测电路，根据抽油机悬点载荷高低运行电流的不同，实现绕组间的自动切换。在抽油机启动或负荷增大时投入大功率绕组，保证抽油机顺利启动和安全运行；在抽油机轻载运行期间，投入小功率绕组，较好地解决了"大马拉小车"问题。

二是改造为三功率电机。在结构上，与改造为双功率电机的改造方式相似，区别在于改造后的电机具有高转矩、中转矩和低转矩 3 种功率，专用控制箱采用微电脑控制器作为主控单元驱动交流接触器工作，根据电机工作电流的大小，自动转换电机接线方式，实现各个功率级别之间转换。三功率电机在启动时，电机角接，此时动力最大；启动完毕电机运行电流稳定后，微电脑控制系统自动判断电机工作电流和额定电流的比值。当工作电流低于额定电流的 80% 时，电机自动转入中功率运行，当工作电流低于额定电流的 60% 时，自动转入低功率运行。如果运行过程中发生电流增大现象，则电机自动转入高一档功率，直至电机保护停机。

三是改造为双速双功率电机。在结构上与 Y 系列电机相似，区别在于利用单槽内下入单线"引出多组头"，通过在多组头之间改变接线方式，实现"双极双速"。例如，原 6 极电机改造后为 6 极和 8 极两种电机；8 极电机改造后为 8 极和 12 极两种电机。双速电机主要应用于供液不足及参数无法调小的油井，使装机功率降低，同时利用改造后电机的两种转速，调整抽油机运行参数，使供排关系得到改善。由于改造电机的定子铁心空间有限，单速电机改造为双速电机后，电机最高输出功率降低一级。

②新型节能电机。

"十一五"以来，在油田机采系统推广应用的新型节能电机主要有以下 4 种：

一是高转差电机。高转差电机具有转差率高、起动转矩大、起动电流小、机械特性软、能承受冲击负载等特点。节能原理为用较小容量电机和变压器代替较大容量电机和变压器，解决"大马拉小车"问题，变压器和电机的损耗均有所降低；其次是改变了抽油机工况，使电机与抽油机的配合得到改善，减少了抽油机的内应力损耗；再次是消除了发电状态，减少了无益的能量吞吐损转。某油田安装双速高转差电机，经现场测试对比，单井日节电 34.7kW·h，综合节电率为 14.42%。

二是低速电机。低速电机通过增加电机定子极数的方法降低电机转速，转速仅为普通电机的 1/3。低速电机的主要特点是低转速、小功率，提高了电机的负载率和系统效率；同时减速箱的减速比下降，加大了地面参数的调整范围；另外具有较大的启动转矩，可降低电机机座型号应用；此外，由于运转速度较慢，各部分之间的摩擦、碰撞强度有所缓和，相对延长了地面设备以及井下管、杆、泵的寿命，在一定程度上延长了检泵周期。某采油厂对抽油机井应用低速电机后，平均冲次下降 1.23 次 /min，平均动液面上升 59.91m，平均泵效提高 4%，平均单井日节电 36kW·h，节电率达 26.79%。

三是可变冲次节能电机。抽油机专用可变冲次节能电机采用斜齿轮传动变速机械，具有减速比大、效率高、运转平稳等特点，可将抽油机每分钟冲次降至 1~4 次，采用功率为 15kW、18.5kW、22kW 的节能传动装置，分别代替 37kW 电机、45kW 电机、55kW 电机，利用该装置的传动比实现调速。可变冲次节能传动装置可节省因冲次降低而节约的电量，降低因电机匹配而节约的电量及无功损耗。

四是高扭矩电节能电机。高扭矩电机丫/△（星/角转换）混合绕组，可减少谐波磁势，从而减少电动机的杂散损耗，与同功率等级的 Y 系列电机相比，杂损降低 2/3 以上，提高了电动机的运行效率。同时，采用丫/△（星/角转）混合绕组，启动扭矩相当于提高一个等级以上功率的电机扭矩，减小了装机功率，提高了电机的负载率，实现节能目的。

（3）节能配电箱技术。

节能配电箱对于解决抽油机"大马拉小车"和功率因数偏低问题作用显著，选择合理的控制方式是最简便有效的方法。

一是实现自动调整电机接线方式（星/角转换）的电控箱，如星角转换控制箱。该技术在现场应用较多，简单易行，属于降压节电的一种，即将电机绕组进行丫/△（星/角转换）改接，改造后，保护器具备星/角自动转换智能化控制功能。抽油机采用三角全压启动，启动后负载减轻，电动机的定子输入端由三角接法改为星形接法，电动机端电压可降到启动电压的 0.58。但由于该方法是通过改变绕组的接线方式来调整运行电压的，故只能在 380V 和 220V 之间跳跃变化，不能随负载率变化任意调整电压。

二是实现自动调节电机工作电压的电控箱，如可控硅软启动调压控制箱。可控硅是一种新型的半导体器件，它具有体积小、质量轻、效率高、寿命长、动作快及使用方便等优点，交流调压器多采用可控硅调压。可控硅调压的基本工作原理是将一只双向可控硅（或两只反向并联的单相可控硅）串接在交流回路中，改变可控硅的导通角，可改变加在定子绕组上端电压的大小，改变端子电压来改变电机转速。在运行时，可根据电机的消耗功率自动调整电压，提高电机效率及负载率。某油田安装可控硅调压节电箱，平均单井日节电13.4kW·h，平均综合节电率为5.91%。

三是实现无功补偿的电控箱，如动态补偿配电箱。抽油机电机需电力系统供给两部分能量，一部分转换为机械能做功而被消耗掉，称为有功功率；另一部分用来建立磁场，对外部电路没有做功，称为无功功率。没有无功功率，就不能建立感应磁场，电机就不能运转。感应电机是感性负载，工作时需从电网吸收无功功率，因而功率因数和效率很低。安装补偿电容器后，电机的无功功率大部分由电容器提供，因而可最大限度地减少拖动系统的无功功率需求，使整个供电线路的容量及能量损耗、导线截面、有色金属消耗量、开关设备及变压器容量都相应减少，达到节电效果。某采油厂在游梁式抽油机井上应用无功补偿技术后，平均功率因数由0.289提高到0.537，提高了85.8%；综合节电率达2.9%，平均单井年节电2296.8kW·h。

四是调速型控制器，如变频调速控制器。抽油机消耗功率随电机转速的降低而减小，如需调节抽油机的冲次，可通过调节电机的转速实现。变频调速控制器可根据油井实际供液能力，自动调整电机转速，达到节能目的。同时可提高功率因数，减少供电电流，降低线路损耗。此外变频调速技术可实现软启动，减轻抽油机启动时对电网的冲击和对供电容量的要求，延长设备使用寿命，节省设备维护费用。

五是间抽控制技术，如智能间抽电控箱。当油井出液量不足或发生空抽时，关闭抽油机，等待井下液量蓄积；当液面超过一定深度时，再开启控制机。通过对抽油时间进行控制，减少了空抽电能消耗。

六是集成控制技术，如ADEC电控箱。ADEC电控箱集合了星/角转换、无功补偿、可控硅调压3种功能，根据抽油机在一个冲程中实际消耗功率的变化情况进行通电与断电控制。CPU自动辨识电机的适合断电位置，根据不同的工况采取不同的节电方式，设计不同的节能控制策略，包括断续供电、断续供电和星/角转换相结合、断续供电星/角转换和电容动态补偿相结合、电容的动态补偿、电机星/角自动辨识切换5种控制方式。某油田安装ADEC电控箱，应用后平均综合节电率为13.8%，平均单井日节电41.0kW·h。

（4）抽油机井优化设计技术。

抽油机井优化设计是"十一五"以来逐步发展完善的新技术，通过机杆泵与地层产能的科学合理配置和不断的生产参数优化，提高抽油机井系统效率。把抽油机井作为一个有机整体，在不影响油井产量的前提下，以获得最高系统效率为目标，在对产量、载荷、扭矩、杆柱强度及泵效进行敏感性评价的基础上，找到影响系统效率的低效点，结合现场情况确定优化设计方案，使杆柱、冲程、冲次、泵径及泵挂等参数达到最优组合，减少能量传递和转化过程中的损失，以实现油井的高效运行。

优化设计软件主要有采油气工程优化设计与决策支持（PetroPE）、优化抽油机井系统设计软件、能耗最低机采系统设计软件。根据软件多种优化结果进行人机交互，实现单井的运行参数优化。

①平衡度调整。抽油机在工作中，驴头上、下冲程电机所受负载相差大，当抽油机平衡度不在最佳状态时，在一个冲程内电机的载荷增加，而在另一个冲程内电机被抽油机拖动，向电网回馈能量，导致电机总的有功损耗增大。与处于合理范围内相比，平衡度低于70%时的消耗功率增加20%以上。在生产过程中，地质情况、油井工况以及油井工作

制度的改变都会破坏抽油机原有的平衡，因此需适时进行调整。

②密封圈盒松紧度调整。密封圈盒是地面设备与井下设备的界限，是防止井液从井口泄漏的密封装置。适当的密封圈松紧度是保证光杆正常工作的重要因素，密封圈松紧度直接影响系统效率与耗电量。密封圈过松会导致密封不严、井口漏油；密封圈过紧会导致光杆与密封圈摩擦力增大，密封圈和光杆磨损加快，造成载荷增加，电流上升，耗电量增加。密封圈盒部分的损失主要是摩擦损失，密封圈过紧将影响系统效率1.0%~2.0%，影响消耗功率0.5~2.0kW。

③皮带松紧度调整。皮带是将电机动力传递给抽油机的中间过渡性媒介，也是抽油机的一级减速装置。皮带有弯曲损失、进入与退出轮槽的摩擦损失、风阻损失、弹性滑动损失、打滑损失、多根皮带传动时因长度误差及轮槽误差所造成的损失等，因此适当的皮带松紧度是保证皮带轮传动正常工作的重要因素。皮带过松，皮带将在皮带轮上打滑，使小皮带轮急剧发热，传输效率降低；皮带过紧，轮轴所承受的作用力增加，易产生磨损，皮带的寿命缩短，同时耗电量上升，影响消耗功率及系统效率。皮带松紧度影响系统效率0.4%~2.0%，影响消耗功率0.3~1.0kW。

④参数调整。随着油田开发时间的延长，部分油井地层供液能力变差，导致油井低沉没度、低泵效及高能耗。需及时调整参数，下调冲次、冲程，改善供排关系，降低机采能耗。降低冲次的途径有3个：一是调换小直径皮带轮；二是使用过渡轮，通过增加一级减速装置进一步降低冲次；三是使用变频器，通过降低电源频率降低冲次。

2. 螺杆泵井节能技术

"十一五"以来，随着三次采油技术的加速开发，螺杆泵采油井逐渐增多，螺杆泵井节能技术主要有螺杆泵调转速、直驱螺杆泵、直驱等壁厚螺杆泵等。

（1）螺杆泵调转速。螺杆泵井供液不足，将导致沉没度过低使泵抽空，易造成烧泵；同时高转数耗能高，不利于节能。因此，最简便有效的方式为下调转速。对于泵况正常、连续三个月沉没度低于200m的井，在举升设备允许的情况下，应及时调小转速；对于泵况正常、连续三个月沉没度大于500m的井，应及时调大转速。

（2）直驱螺杆泵。采用立式空心轴电机直接驱动螺杆泵光杆，抽油杆直接穿过电机空心轴，并通过方卡子与空心轴连接，直接传递电机转矩，带动螺杆泵工作，无需配置减速箱，提高了系统工作效率；控制系统具备软启动和软停机功能，停机后采用电机反转产生的电能进行制动，可自动把抽油杆积存的扭矩释放，减小了启机时冲击载荷对抽油杆的影响。

（3）直驱等壁厚螺杆泵。该技术通过结构优化，将地面直驱装置和等壁厚螺杆泵集成配套。主要特点为将易损部件（即厚薄不均的定子橡胶衬套）设计为均匀厚度，使定子橡胶溶胀、温胀均匀，运转时具有更好的型线及尺寸精度，有利于长时间维持高泵效；同时均匀厚度的橡胶衬套在动态过程中抵抗变形的能力好，单级承压高，定转子间可实现以最小的过盈达到最佳的配合，运转扭矩低，摩擦损失小，提高了泵系统效率。

3. 电泵井节能技术

电泵井节能技术主要有电泵井减级技术、电泵井智能有载调压变压器技术、电泵井自动补偿控制技术等。

（1）电泵井减级技术。该技术是在满足电泵机组排量和扬程的前提下，通过减少离心泵叶轮级数，降低电机匹配功率，提高潜油电泵系统效率，从而大幅度降低电泵井电能损耗，达到节能降耗的目的。

（2）电泵井智能有载调压变压器技术。潜油电机在拖动同一负载的情况下，电压不同，电机的功率损失也不同，且电压过高或过低，都将导致电机的功率损失率增大，使电机效率降低。电泵井智能有载调压控制系统的智能节电控制器会根据互感器传来的信号通过 DSP 处理后自动发出指令，驱动有载分接开关调节电力变压器的输出电压，使电机处于最佳效率档位，以降低电能消耗，提高用电效率。

（3）电泵井自动补偿控制技术。利用电容与潜油电机对电压超前和滞后的特性，在变压器输出侧安装补偿器，应用电子技术对电压、电流实时采样，将采样结果输入单片机，对电机进行保护控制，同时对采样数据和设定值比对，获取电压、电流实时相位差，计算所需无功补偿量，通过自动控制对系统进行无功补偿，降低电网消耗的无用功。

4. 其他技术

（1）变频技术。抽油机井、螺杆泵井及电泵井均可安装变频无级调速控制装置，以根据油井的实际供液能力，自动调整电动机转速；同时可提高功率因数，降低线损；实现软启动，减轻对电网的冲击和对供电容量的要求，既方便管理又节能降耗。

（2）无油管柱塞泵采油技术。该技术以空心抽油杆内腔作为出液通道，减少了单井钢材用量，可节约投资费用 15% 以上。由于空心抽油杆柱内腔与抽油杆和套管之间的环形空间又形成了循环通道，从而可利用循环通道向井内注入蒸汽、热水、热油或降黏剂等，达到降黏、防蜡等目的，确保油井的正常生产。另外，相较于有油管抽油系统，无油管抽油系统交变负荷减少，减少了冲程损失，提高了泵效，降低了能耗。

（3）超高强度抽油杆技术。用小直径的超高强度抽油杆代替大直径的 D 级抽油杆，减轻抽油杆柱的重量和接箍的活塞效应，达到节能和减小井筒内液体流动阻力的目的。在一般情况下，由于杆柱的尺寸减小，每千米井可平均减轻重量 1.2t；同时由于接箍直径变小，活塞效应现象减轻，抽油杆杆柱的阻力也随之减小，同时光杆的载荷减轻，使抽油杆动力消耗明显降低。

（4）提捞采油技术。当油井产量低于其经济产量时，机械采油经济效益变差。尤其是低油价情况下的低渗透油田，当其因产量低而不适合采用机采方式生产时，从经济效益的角度出发，应考虑采用提捞采油技术。提捞采油只需安装简易防盗井口，通过专用的抽汲提捞车，定期进行提捞采油。井筒抽汲捞油工艺是一种运用高效捞油筒，用软管定量捕捞获得产量的采油方式，具有能耗小、方便灵活、运行成本低等优点，是高含水开发后期及低产油田有效的辅助采油方式。

三、技术应用实例

1. 塔架式节能抽油机

塔架机节能抽油机配套抽油机变频技术及永磁电机，在某油田应用后，与游梁式抽油机相比，冲程由 3m 变为 7.4m，冲次由 5 次 /min 变为 2.5 次 /min，有功节电率为 3.38%，综合节电率为 22.32%，系统效率提高了 18.6 个百分点。

2. 等壁厚定子螺杆泵

该设备在某油田应用 301 口，平均泵效为 69.0%，比常规螺杆泵提高了 14.1%，系统效率达到 36.3%，检泵周期延长到 666~745d。

3. 电泵井优化设计

某油田随检泵对电泵井进行优化设计 118 口，平均装机功率下降 11.4kW，下降了 16.4%；有功功率下降 7.8kW，有功节电率为 12.4%；排量效率由 73.1% 提高到 89.3%，提高了 16.2 个百分点；系统效率提高了 8.5 个百分点。

4. 丛式井抽油机集中控制

某低产油田丛式井应用包括软启动、动态功率因数补偿、共直流母线、无极变频调参、动态调功等的集中控制节能装置，降低了变压器容量，节省了变压器购置费及占容费，油井电机功率因数从 0.4 提高到 0.9 以上。

第二节　注水系统节能技术

油田注水是指利用注水设备及注水井把水注入油层，以补充和保持油层压力的措施。油田注水系统是一个大型的、密闭的流体网络系统，通常覆盖几十平方千米甚至数百平方千米的区域。具体来说，注水系统是指水源、注水站、配水间、注水井场、注水井口以及将上述功能单元联系起来的注水管道的集成。油田注水工艺流程包括集水、供水、水处理、注水、配水和井筒管理等环节。

一、生产需求与技术现状

油田普遍应用的注水工艺技术主要有以下 4 种：

（1）单干管多井配水流程。单干管多井配水流程是指水源来水进注水站，经计量、过滤、缓冲、沉降后，用注水泵升压、计量，由出站高压阀组分配到注水管网，经多井配水间控制、调节、计量，最终输至注水井注入油层的工艺流程。单干管多井配水流程的特点是系统灵活，便于对注水井网调整；各井之间干扰小，易于与油气计量间联合设置；便于集中供热、通信和生产管理，有利于集中控制。这种类型的流程适应性强，适用于面积大、注水井多、注水量较大的油田。

（2）双干管多井配水流程。双干管多井配水流程是指从注水站到配水间铺设两条干线，一条用于正常注水，另一条则用于洗井或注入其他液体。双干管多井配水流程的特点是注水和洗井分开，洗井时干线和注水压力不受干扰。

（3）分压注水流程。分压注水流程是指当油田的油层渗透率差别很大时，在同一个注水站内采用压力不同的两套系统（包括注水泵和管线），对高渗透层、中渗透层和低渗透层实行分压注水。分压注水流程的特点是对不同渗透率地层实施不同压力注入，不但满足注入要求，而且相应的注水泵、管网均可适当配置，可降低投资，节约运行能源消耗量。分压注水普遍应用于各油田地层存在压力差的区块。

（4）局部增压分散注水流程。局部增压分散注水流程是指在一个区块内，针对个别注水井压力较高的情况，在配水间或注水井口进行二次增压，以满足有效注入的手段。局部增压注水流程的特点是可解决同一区块的部分特低渗透层的注水问题。

注水系统的能量损失大致可分为两部分：一是注水站能量损失，主要包括注水泵和电机的能量损失；二是注水管网能量损失，主要包括管网沿程摩阻损失和局部摩阻损失。随着油田的开发，注水系统管网状态不断发生变化，因而会不断打破原有的管网水力平衡情况，造成泵管压差增大，系统运行常常处于"大马拉小车"状态，效率低下。另外，系统调节方式落后也造成泵、电机匹配难以实现在最佳工况点运行，管网效率低，电能损失大。

因此，要提高注水系统整体效率，需要从电机损失、注水泵损失、节流损失、管网损失、阀组损失、注水井消耗等各能量损失环节实施提效措施，尽可能降低各环节能量损失，提高能量利用率。节能技术主要有电机节能技术、调速节能技术、提高泵效节能技术、注水管网除垢节能技术以及系统优化调整节能技术等。

（1）电机节能技术。

电机是注水泵的驱动设备，采用高效电机可提高机组运行效率。通常高效电机指效率等级达到 GB 18613—2012《中小型三相异步电动机能效限定值及能效等级》中规定的 2 级能效水平的电机。

一方面，早期油田产能建设所用电机能效标准均执行 2002 版或 2006 版国家标准 GB 18613《中小型三相异步电动机能效限定及能效等级》要求，电机自身损耗大，能效水平低。以 2006 版标准为例，我国的能效 1 级标准仅相当于国际标准 IEC 60034—30：2008《旋转电机 第 30 部分：单速三相鼠笼式感应电动机的有效等级》的 IE 3 级标准，即美国执行的能效限定值，我国电机出厂效率普遍比美国低一个等级，但与欧盟执行的电机能效标准为同一等级标准。

另一方面，我国工业领域应用的电机执行高耗能设备淘汰政策，但被淘汰下来的低效电机仅能够实施部分机壳等辅助零件的回收利用，其余核心部件（如绕组、转子、硅钢片等）只能报废熔炼，浪费了钢铁资源，同时在回收废旧电机零部件的过程中消耗了大量能量。

（2）调速节能技术。

注水系统不论采用何种注水泵，只要通过调速技术将其驱动电机的转速降低，就可以大幅降低电机输出功率，起到节约电耗的作用。

变频调速技术已有几十年的发展历程，其主要是应用变频器驱动电机进行调速运行的技术，原理为在磁极对数和转差率固定的情况下，电机转速与电源频率成正比关系，因而调节电源频率就能改变电机转速，从而对泵排量及出口压力进行调节。变频调速技术因其可实现平滑的无级调速，调速精度高、调速效率高、调速范围宽且在整个调速范围内均具有较高的效率，功率因数高，可实现大功率设备软启动，经济实用，技术成熟等优点，在高压、低压负载拖动领域均得到了广泛的应用。但是，变频调速技术有无法解决的问题，即变频器工作时易产生谐波污染，影响电网稳定性；此外，高压变频价格较高，维护难度非常大，对环境要求极高。

（3）提高泵效节能技术。

随着开发调整对注水量和注水压力需求的改变，已建注水系统若不能很好地匹配新的注水压力、流量要求，则需要对注水泵进行改造，使注水泵在高效区运行，降低能耗。

广泛应用的离心泵减级、离心泵切削叶轮、离心泵涂膜、柱塞泵更换柱塞等常规技术仍然可以有效地提高泵能效水平，技术成熟度较高、实施便捷、改造工程量小、可靠适用。

（4）注水管网除垢节能技术。

污水回注会造成管道不同程度结垢，导致管网压力损失大，造成系统无功损耗大、注水井欠注，同时结垢对回注污水水质造成二次污染，影响油田的注水开发效果。因此，需要采取一定的管道清除垢技术，减小管道结垢对注水系统效率的影响。

对油田注水管道除垢，主要应用清管器物理除垢技术、化学清洗除垢技术、空穴射流除垢技术等，技术清除垢效果较好，在各油田广泛应用。注水管网除垢节能技术的发展都是某些小的工艺环节的进步，比如物理清管器材质的选择、化学清洗药剂成分的选择等，其基本原理都是相同的。

（5）系统优化调整节能技术。

注水系统能量从电机出来，经过各个环节的损失，最后到注入井口的有效能量，是一个系统的能量流动系统，其运行工况匹配程度、设备匹配程度等均会影响整个系统的运行效率，从而对整个系统进行优化调整，降低系统整体用能。

随着注水工艺的不断发展，系统优化调整技术也从简单的离心泵与柱塞泵配套使用、大功率泵和小功率泵匹配运行等技术衍生出分压注水、局部增压注水等技术，通过实施这些技术，不断降低注水系统整体运行能耗。

二、技术进展

1. 电机节能技术

"十一五"以来，随着IEC 60034—30：2008《旋转电机 第30部分：单速三相鼠笼式感应电动机的有效等级》标准发布，我国组织对2006版国家标准GB 18613—2006《中小型三相异步电动机能效限定值及能效等级》进行了修订，并于2012年发布了GB 18613—2012《中小型三相异步电动机能效限定值及能效等级》，自2012年9月1日起正式开始实施。GB 18613—2012《中小型三相异步电动机能效限定值及能效等级》将电机效率等级分为3级，其中，1级为最高，与国际标准IEC 60034—30：2008《旋转电机 第30部分：单速三相鼠笼式感应电动机的有效等级》的IE 4级标准相当；2级为节能评价值标准，与国际标准IEC 60034—30：2008《旋转电机 第30部分：单速三相鼠笼式感应电动机的有效等级》的IE 3级标准等同；3级为能效限定值标准，与国际标准IEC 60034—30：2008《旋转电机 第30部分：单速三相鼠笼式感应电动机的有效等级》的IE 2级标准等同，为三相异步电机强制实施的最低效率要求。该标准规定的1级、2级、3级效率等级均较2006版标准效率等级提高一个等级，与美国等发达国家执行同等标准等级，从耗能设备源头提高了能效水平。

另外，随着科技进步，逐步研究并推广应用低效电机高效再制造技术，不但节约了大量资源，并且可以对系统实施个性化再制造，起到了提高系统效率、节约社会资源的双重效果。

（1）高效率节能电机。

技术原理：高效率节能电机是采用新型电机设计、新工艺及新材料，例如，通过采用合理的定子、转子槽数、风扇参数和正弦绕组等措施，降低电磁能、热能和机械能的损耗，提高输出效率，达到特定高效率标准要求的电机。针对应用面最广的中小型交流异步电机，高效电机泛指达到特定高效率标准要求的三相异步电机，即效率等级达到GB 18613—2012《中小型三相异步电动机能效限定值及能效等级》中规定的2级及以上能效水平的电机。

技术特点：高效率节能电机具有运行效率高、启动电流大、启动转矩大、运行温度低，电机寿命长，维护成本低等优点。但价格相对较高，IE 3系列电机比IE 2系列电机价格平均高15%~30%，另外电机本身无调速功能。

（2）电机高效再制造技术。

技术原理：电机高效再制造是将低效电机通过重新设计、更换零部件等方法，再制造成高效率电机或适用于特定负载和工况的系统节能电机（如变极多速电机、变频电机、永磁电机等）。电机高效再制造不仅使用新的材料，还使用新的拆解、加工工艺，实施个性化重新设计。

技术特点：电机的高效再制造是一种系统改造工艺，不但产生节能效益、经济效益，还可最大化实现资源循环利用。电机高效再制造与传统的翻新、维修有明显的区别（表15-1）。

表15-1 电机高效再制造与传统维修的区别

对比项目	传统维修	高效再制造
实施目的	以恢复使用功能为主，修理后的电机效率指标有所降低	再制造为高效电机，其效率值达到GB 18613—2012《中小型三相异步电动机能效限定及能效等级》能效等级3级或2级
工艺方法	工艺粗放、落后、不合理的拆解方法对环境造成污染	采用无损、环保、无污染的拆解方式，最大程度利用和回收原电机的零部件
使用寿命	只更换故障零部件，使用寿命短	更换新的绕组、绝缘、轴承，使用寿命和新制造电机相当

电机高效再制造技术是个性化、系统化的再制造技术，再制造后的电机能效等级可达到GB 18613—2012《中小型三相异步电动机能效限定及能效等级》能效等级3级或2级，系统节能效果比单纯更换高效电机更好，使用寿命可达到新电机的要求，成本低廉，具有较好的经济效益、环境效益和社会效益。但实施电机再制造技术需将电机返厂再制造，可能会影响正常生产，另外，再制造是一项系统工程，需根据实际情况调整、更换相关设备，使得系统节能效果最优。

2. 调速节能技术

"十一五"以来，为解决变频器谐波污染的问题，研发并应用了永磁调速技术、前置泵串极调速技术等不产生电网污染的调速技术。永磁调速技术为纯机械连接，高低压工作场合均可适用，但价格略高；前置泵串极调速技术适用于高压工况，调节工艺简单，可彻底解决高压变频调速器的价格高、维护维修难度大、成本高等问题。

（1）永磁调速技术（磁力耦合调速技术）。

技术原理：永磁调速技术是以现代电磁学的理论为基础，应用永磁材料所产生的磁力来驱动负载旋转，从而实现电机与负载之间非接触性的扭矩传递。电机驱动主动转子旋转，在从动转子产生的磁场中切割磁力线，从而产生感应磁场，通过磁场之间的相互作用力，驱动负载转动，实现扭矩的传递。根据不同的调节方式可将永磁调速技术分为气隙调节和啮合面调节两种。

气隙调节通过调节永磁体和导体之间的气隙来实现负载轴上的输出转矩变化，从而实现负载转速变化，其原理示意图如图15-1所示。当永磁调速装置接到控制信号后，产生机械操作指令，调节导体转子和永磁体之间的间隙大小；根据实时负载输入扭矩的要求调节永磁调速驱动器输入端的扭矩大小，最终改变电机输出功率，实现对泵输出流量或压力的连续控制。主动转子与从动转子之间的气隙越小，永磁传动传递的扭矩越大，负载转速越高；反之，永磁传动传递的扭矩越小，负载转速越低。

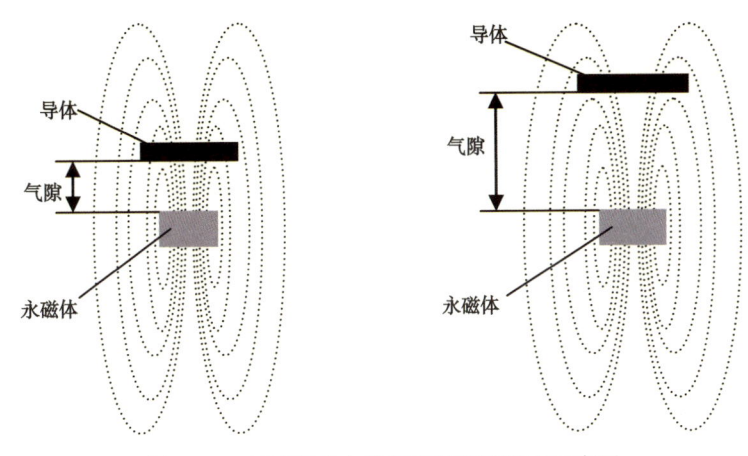

图 15-1　气隙调节永磁调速器调速原理示意图

啮合面调节是根据啮合面的大小来控制相应的磁场大小，从而实现负载转速变化，其原理示意图如图 15-2 所示。永磁转子在调节器作用下沿轴向往返移动时，永磁转子与导体转子之间的啮合面积发生变化。啮合面积越大，传递的扭矩越大，负载转速越高；啮合面积越小，传递的扭矩越小，负载转速越低；啮合面积为零，传递扭矩为零，永磁转子与导体转子完全脱开，永磁转子转速为零，负载转速也为零。

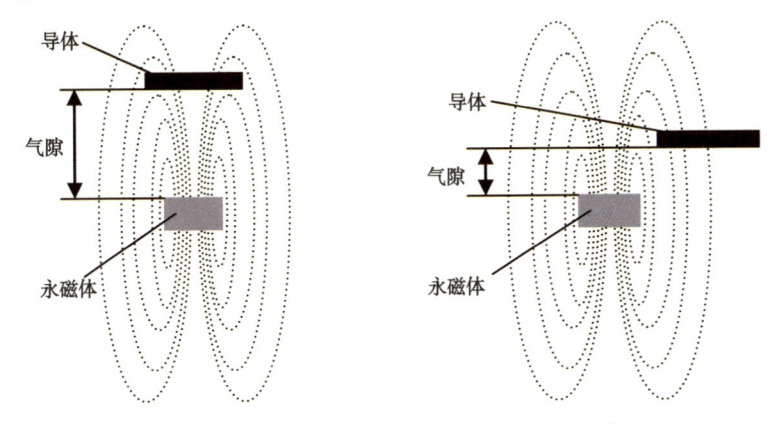

图 15-2　啮合面调节永磁调速器调速原理示意图

技术特点：永磁调速技术为纯机械构造连接，无需外部电源，实现无级平滑调速，实现软启动，装置简单、维护方便，不会产生谐波。但价格相对较高，并且当转速比较小时，传动效率较低。

（2）前置泵串级调速技术（泵控泵技术）。

技术原理：前置泵串级调速技术也称为泵控泵技术，将大功率注水泵和小功率增压泵串接，前置小功率增压泵为注水泵提供吸入压力，使大功率注水泵在高效区工作，并通过控制系统调节前置泵来控制注水泵的输出压力和流量，实现小泵控制大泵。因而，泵控泵技术实质上是注水泵和增压泵特性的叠加，改变注水泵的级数，输出压力在比较大的范围内呈阶梯式变化，实现了输出压力的粗略调节；同时改变增压泵的转速，输出压力在小范围内连续变化，实现了输出压力的精确调节，从而高效准确调节泵控泵系统的输出压力。

技术特点：前置泵串级调速技术可实现低压泵控制高压注水，工艺简单、技术成熟、维护简便、电压等级低、安全可靠；对电网产生的干扰及谐波污染小，可降低泵管压差。但是调节有滞后，调节范围相对较窄，不能完全消除泵管压差；此外，系统运行时前置泵需要与注水泵联锁启停，操作相对复杂。

3. 提高泵效节能技术

"十一五"以来，随着材料科学的进步，离心泵涂膜技术也在常规技术（如聚醚醚酮等塑料成分涂膜）的基础上，研究出了有机材料、无机材料涂膜，增加了涂膜的光滑性、耐腐蚀性。

技术原理：随着注水泵的运行，泵体结垢会不断加剧，导致泵的工况日益恶化，结垢严重甚至会导致叶片损坏，必须拆卸机泵更换叶片。实施泵涂膜可以很好地防止垢的生成，泵体内部件能达到很高的光洁度，减小运行中的机械损失，并能增加流速来提高整体效率，从而降低能量损耗。

技术特点：离心泵涂膜具有防垢、防腐的功能，提高了泵效，技术成熟，施工方便。但对施工操作技术要求较高。

4. 注水管网除垢节能技术

"十一五"以来，随着非金属管道技术的研究应用，其优异的防腐、防垢性能以及较小的水力摩阻系数，使其在石油生产注水系统中得到了迅速推广。据不完全统计，各油气田已应用各类非金属管道长度近40000km。

技术原理：非金属管材内壁光滑，水力摩阻较小，表面粗糙度通常是钢管的10%~20%，从而使整个系统的损失降低，降低了能耗。此外，非金属具有良好的防腐性能，能够有效地减少由于腐蚀引起的漏失。注水系统常用的非金属管道主要有高压玻璃钢管道、柔性高压复合管和塑料合金复合管等。

技术特点：非金属管道不易结蜡、结垢，防腐性能好，水力摩阻小，系统运行效率高。但刚度差，易受外力破坏，维护难度大，对施工人员专业性要求高。

5. 系统优化调整节能技术

随着数字化和信息化油田建设的推进，以及计算机仿真模拟技术的发展，在注水系统中也开展了大量仿真优化技术研究，并得到了一定的应用，取得了良好的效果。

（1）注水系统仿真优化技术。

技术原理：油田注水系统仿真优化技术是在预先建立管网结构模型和系统仿真模型、确定仿真算法的前提下，通过计算机按照现场实际井站的生产负荷情况以及管线的连接情况，提取当日注水井和注水站的生产数据，模拟计算出注水管网各段的管线压力损失、各节点处的压力和流量，并实现系统的模拟运行，为注水系统管网的改造和优化提供支撑。仿真优化主要包括两个关键技术：分析注水井及管网压力分布情况，优化注水管网；制订注水系统优化运行方案。

技术特点：注水系统仿真优化方案客观、实际，符合现场运行情况，可操作性强，充分利用了虚拟现实技术和仿真技术，具有智能化、可视化的优势，实现系统运行能效水平最优。但系统复杂，建模工作量大，技术要求高，投入高，推广应用难度略大；另外，随着开发方案的调整，建模也需要进行调整。

（2）分压注水。

技术原理：分压注水是指组合相近注水压力的注水井，并为形成组合的注水井配备相应的注水管网及注水泵，使不同注水井之间形成一个独立的注水系统。分压注水可以对总注水系统进行拆分，使之形成若干个注水系统，确保泵压与不同系统之间的平均压力相近。因此，分压注水技术能够使注水系统原有的效率提高，并降低系统运行总能耗。分压注水有两种形式——整体分压注水和区域分压注水。

技术特点：分压注水可有效提高注水系统管网效率，降低注水系统整体运行单耗。但分压注水改造需要新建配套管道、注水泵机组等设备，一次性投资相对较大。

三、技术应用实例

1. 电机高效再制造技术

长庆油田采油一厂杏河作业区杏1注2号注水泵为柱塞泵，泵型号为50SB2-49/20，驱动电机为2003年6月无锡华达电机有限公司生产的Y355L2-6普通三相异步电机，属纳入淘汰目录电机。该电机装机功率为315kW，额定电压为380V，电机配备变频调速装置运行，运行效率达94.47%，运行功率因数为0.9196，温升为106K。原普通三相异步电机能效水平较低，自身损耗大，电机运行发热量大，温升高。

将原电机再制造为YX3-355L2-6高效电机，装机功率、额定电压、电机转速均保持不变，按原电机运行工况运行时，监测其运行效率达95.53%，运行功率因数提高至0.9268，温升仅为65K，大大降低了电机无功损耗，温升降低，使用寿命延长。据监测，单位注水量电耗由原来的6.64kW·h/m³降低到6.483kW·h/m³，注水系统效率提高2.4%，年节约用电量29830kW·h，静态投资回收期为2.28年。

2. 前置泵串级调速技术

大庆油田北Ⅱ-3注水站采用分层注水工艺，注入高压水压力不平稳，能量浪费严重。5号泵机组泵型号为D280-160A，高压注水泵为11级，电动机功率为2240kW。正常运行时，泵管压差在1.3MPa以上。注水泵效率为74.1%，单位注水量电耗为6.1kW·h/m³。

对原设备进行泵控泵技术改造，将高压注水泵叶轮由11级减为10级，注水泵扬程降低至15MPa；在注水泵进口前加装增压泵，通过变频器对增压泵进行调节。改造后注水泵出口压力降低到16.3MPa，泵管压差降低了0.8MPa，注水泵效率提高到78.2%，单位注水量电耗降低到5.2kW·h/m³；系统年节约耗电量122.67×10⁴kW·h，静态投资回收期为1.63年。

3. 注水系统仿真优化技术

吉林扶余油田3座注水站（分别为中心处理注水站、1号放水站和2号放水站）联网运行。其中，中心处理注水站设计规模为16800m³/d，井口最大注入压力为8.0MPa，所辖配水间94座，所辖注水井628口；1号放水站设计注水能力为12400m³/d，井口最大注入压力为8.0MPa，所辖配水间80座，所辖注水井376口；2号放水站设计注水能力为13440m³/d，井口最大注入压力为8.0MPa，所辖配水间84座，所辖注水井717口。

通过仿真优化，对注水系统进行能效水平评价，分析注水系统存在的问题并制定专项措施：更新清洗管线；针对部分高压单井实施局部增压，整体降压；优化注水泵开泵方案，实现系统优化运行；采用泵控泵变频调速技术等。应用仿真优化技术并对其加以改造后，注水系统效率由 36.47% 提高到 39.46%，提高 2.99 个百分点；注水管网效率由 50.56% 提高到 53.64%，提高 3.08 个百分点；注水系统单耗由 3.59kW·h/m³ 降低到 3.49kW·h/m³，降低 0.1kW·h/m³，日节约耗电量 3000kW·h。

4. 分压注水技术

新疆油田对采油三厂 103 注水站所辖区域进行技术改造，实施分压注水，总设计规模为 4500m³/d，其中，高压系统（一区和三区）的设计能力为 3500m³/d，低压系统的设计能力为 1000m³/d。最高井口注水压力为 17.5MPa，最低井口注水压力仅为 1.0MPa，平均井口注水压力为 9.88MPa。改造前，系统采用同一压力，为了满足高压井的注水需求，注水站出站压力必须维持在 17.5MPa 以上，导致整个系统高压水节流严重，注水单耗高达 8.0kW·h/m³。

对该区块实施分压注水改造，系统设计 10MPa 和 18MPa 两个压力等级，有效地降低了高压水节流压损；其次，更换离心泵为高效柱塞泵，并配套变频调速技术，在有效提高机组效率的同时，实现了注水系统的自动和恒压注水，有效地杜绝了高压水回流。对比调整前后情况，单位注水量电耗由改造前的 8.0kW·h/m³ 降低到 4.5kW·h/m³，年节约电费 367 万元。

第三节 集输系统节能技术

原油集输系统包括分井计量、气液分离、接转增压、原油脱水、原油稳定、原油贮存、轻烃回收以及烃液储存、外输等生产环节。集输过程各个环节形成相应的单元工艺，根据各油田的地质特点、采油工艺、原油物性及自然条件等方面的不同，可将原油集输各单元工艺合理组合，形成不同的原油集输系统工艺流程。

气田集输系统包括天然气矿场集输系统和天然气处理（净化）厂（或装置）。天然气矿场集输系统由井场（不包括气井）、集输管网（采气管线、集气支线和集气干线）、各种用途的站场（集气站、脱水站、天然气凝液回收站、增压站、清管站、阴极保护站和阀室等）组成。天然气处理厂通过脱除 H_2S、CO_2、水分以及固态杂质等一系列工艺，使天然气达到国家规定的外输气质要求。

一、生产需求与技术现状

油田的集油系统按井站布局主要有三级布站（计量间、转油站、脱水站）及二级布站（计量间、转油脱水站）流程；按集油工艺主要有双管掺水集油流程、双管出油流程、单管环状掺水集油流程和单管树状集油流程等，在集油过程中的主要耗能设备有加热炉、掺水泵和转输泵等。

原油处理工艺主要有热化学脱水及电化学脱水，原油经处理合格后外输，主要耗能设备有加热炉、电脱水器和泵机组等；油田伴生气与原油同时采出后，经低压油气分离，输至天然气处理厂进一步处理，主要耗能设备为增压机、压缩机、风机、泵和加热炉等。

气田开发初期井口压力通常较高，多利用天然能量进行集气，后期地层压力逐步降低，为提高采收率，多采用降压集气、增压外输工艺。天然气矿场集输系统中的主要耗能设备是加热炉和压缩机。

天然气脱水的方法有溶剂吸收法、固体吸附法、直接冷却法和化学反应法。天然气中酸气的脱除方法按脱硫剂的状态可分为干法和湿法两大类，其中干法应用的吸附剂主要有泡沸石、分子筛和海绵状氧化铁等。湿法又可细分为化学吸收法、物理吸收法、复合法和直接氧化法。天然气处理厂的主要耗能设备是泵机组、风机、压缩机、导热油炉、加热炉和锅炉等。

"十五"期间，油气田集输系统主要节能技术需求和现状如下：

（1）原油不加热集输技术。

对于蜡含量高、凝点高、黏度高的原油，为保证其正常集输，普遍采用原油加热集输流程。但随着油田开发进入中后期高含水开采阶段，原油黏度随着含水率上升而逐渐下降，如果继续采用加热集输流程，将导致能耗大幅度上升。原油不加热集输技术是油田进入高含水开发期后节能的重要手段之一，可以实现节气、节电的双重效果。

不加热集油的主要方式有全年不加热集油、季节性掺输集油和常温集油等。全年不加热集油一般指油井单井产量大，井口出油温度高，无需掺水加热即可实现全年单管出油或双管出油。季节性掺输集油在环境温度高时，可单管出油；在环境温度低时，需启动掺水管道掺水集油。常温集油利用"转相点"原理，给井口送常温水（即不经过掺水炉加热的循环水），使管道中介质达到"水包油"或"水漂油"状态，安全集油，常温集油过程中只启动掺水泵。

实际生产中，各油田区块根据原油凝固点、环境温度、产液量、含水率和转相点等参数选择不同的不加热集油方式。不加热集油是一个大的系统工程，油田采用不加热集油后，将面临井口回压上升速度快、低温脱水、低温污水处理、低温破乳剂选取、计量间采暖温度下降等诸多问题，各区块具体生产环境不同，面临的问题不同，且每个区块所取得的经验及认识并不适合完全套用。但对于高含水油田来说，不加热集油是必然趋势，其节能的规模效益非常可观。因此，需要在生产实践中不断摸索总结经验，形成并不断完善各区块自己的"不加热集油制度"。

（2）伴生气回收技术。

根据油田所处地理位置的差异，油田伴生气有以下两种：一种是可直接进入管网的伴生气。这部分伴生气产量较大，而且与附近大型管网或者集输站相邻，经过净化处理后可以直接进入管网，供下游用户使用。另一种是零散和边远井区的伴生气。这部分伴生气分散且产量小，远离天然气管网，而且由于经济效益的关系，不适宜敷设专管集输。针对伴生气来源的不同和组成特点，需要采取不同的回收装置和工艺进行伴生气回收利用。

（3）储罐绝热涂层技术。

普通储罐的油气蒸发损耗大，特别是沙漠地区日照时间长，高温天气一般每年可达150天，其中40℃以上天气每年可达80天，昼夜温差大，造成油田油气损失，效益降低。同时由于油气蒸发，导致储罐附近油气浓度大，存在一定安全隐患，并对储罐周围的环境造成污染。

绝热涂层具有低导热系数及高辐射率、高反射率等特点，露天常温物体表面喷涂0.3~0.5mm涂层能有效抑制其所受的太阳辐射热和红外辐射热。通过在储罐表面喷涂涂层系统，可以有效地阻断热辐射、降低其表面及内部温度，达到减少油气呼吸损耗、降低环境污染、提高经济效益的目的。

（4）气井节流防冻堵工艺技术。

在气田生产过程中，井口高压天然气需经多级调压阀节流降压，达到输送压力要求后再进行管输。而天然气节流是一个降压、降温过程，地面节流使得水合物生成，而水合物的生成会造成油管、计量孔板以及地面管线等阻塞，降低设备的热传导，给气井生产带来诸多困难。传统工艺是在节流前，采用对天然气加热或注醇的方式防止水合物形成。为了解决以上问题，应研究新的生产工艺，充分利用地温能量，实现气井生产过程中降低地面管线压力，防止水合物生成，取消地面保温装置，简化井场地面流程，降低生产电耗、气耗和注入甲醇的成本，达到节能减排的目的。

（5）气田压缩机节能技术。

气田开发进入后期，井口压力降低，天然气无法进入已建系统。为了维持产量，经常需要靠压缩机抽吸作用采气。增压采气后期，压缩机入口压力进一步降低，输出功率不够，需要对偏离经济运行区的压缩机进行改造。因此，作为气田主要耗能设备，需要进一步研究压缩机节能技术。

二、技术进展

"十一五"以来，油气田集输系统主要节能技术得到进一步发展。

1. 原油不加热集输技术

不加热集油技术发展历程主要经历了3个阶段：

第一阶段主要以原油物性判断油井不加热集油可行性。该阶段主要考虑原油物性，根据原油在不加热集输温度范围内的流变学特征，判断油井能否开展油井不加热集油工作，即油品物性好（凝点低、黏度小）的油田先开展不加热集油。

第二阶段以油井管线多相流动形态判断油井不加热集油可行性。该阶段主要考虑含水率对不加热集油的影响，当油田进入高含水阶段、集油管线多相流含水率跨越"转向点"后，油井管线多相流动形态以"水包油"为主，可开展现场试验，判断油田能否开展不加热集油。

第三阶段考虑几种关键因素的叠加作用，综合判断油井不加热集油可行性。该阶段主要针对原油物性、产液量、含水率、井口温度、管线距离5个主要因素，综合考虑不同因素的叠加作用，以现场试验为基础，摸索油田不加热集油边界条件。

2. 伴生气回收技术

针对伴生气来源的不同和组成特点，研发了不同的回收装置和工艺。

（1）移动式套管气回收装置。

移动式套管气回收装置主要由连接部分、计量部分、增压部分和防盗装置4部分组成。其中，连接部分有进口和出口连接头、一次油气分离器、高压连接软管和单流阀；计量部分有智能旋涡流量计；增压部分有二次油气分离器、天然气压缩机、安全报警装置、自动控制仪表盘和防爆控制开关箱。

工作过程如下：当回收装置工作时，套管冒出的天然气经套管闸门进入一次油气分离器，然后沿着高压连接软管进入二次油气分离器，油气再度分离，分离较干净的天然气进入天然气压缩机，天然气压力由进口处的0.1MPa升至出口处的1.6MPa，增压后的天然气经智能旋涡流量计计量后进入集油干线。

(2)电加热式套管气调压回收装置。

该装置由电加热式调压止回阀和电加热高压收气胶管两部分组成。其中,调压阀由调压手轮、调压弹簧、阀、阀座、连接收气头、连接套管头、测压孔、电加热环等组成;收气胶管由高压胶管、连接调压阀头、连接输油管头、电加热网、保护胶筒、密封卡箍等组成。

该装置具有如下特点:结构合理,具有单流阀作用;能耗低,加温均匀,使用寿命长,安全可靠;经济适用,收气效率高,利于管理,减轻工人劳动强度;能够调整套压,提高泵效,提高油井产量。

电加热式油井套管气调压回收装置在中国石油辽河油田锦州采油厂的锦45块、锦8块现场试验110套,运行4个月,不仅回收了套管气 $264 \times 10^4 \text{m}^3$,而且还控制了套压,提高泵效2.7%,增产原油1980t,投入产出比为1:9.48,取得了较好的效果,基本上解决了冬季管线易冻、套压高无法调整等问题。

(3)定压放气阀回收装置

该装置根据不同油井井况选定合理套压,把相应的定压弹簧装入套管定压放气阀中,起到套管气定压的作用。当套管气压力达到定压放气阀设定压力时,定压阀打开,套管内伴生气进入集油管线,达到回收伴生气的目的。放气阀通过放气三通与套管相连,通过特殊接头连接油管线。当外界环境温度低时,可通过掺水胶管接通掺水系统掺热水伴热,防止气流管道结蜡而发生阻塞。

(4)CNG罐车回收技术。

根据油田伴生气的特点和井场条件,在道路交通状况较好的情况下,采用伴生气处理与储运一体化技术回收放空的天然气。放空的天然气在井口经过处理后,用压缩机增压到25.0MPa,再用CNG罐车拉运到卸气站,通过卸气工艺将压缩的天然气卸入已建集气管线,从而实现回收利用。井口处理工艺设备全部橇装化,便于按不同的需求进行搬运和组合。

图15-3为天然气CNG回收工艺流程图。

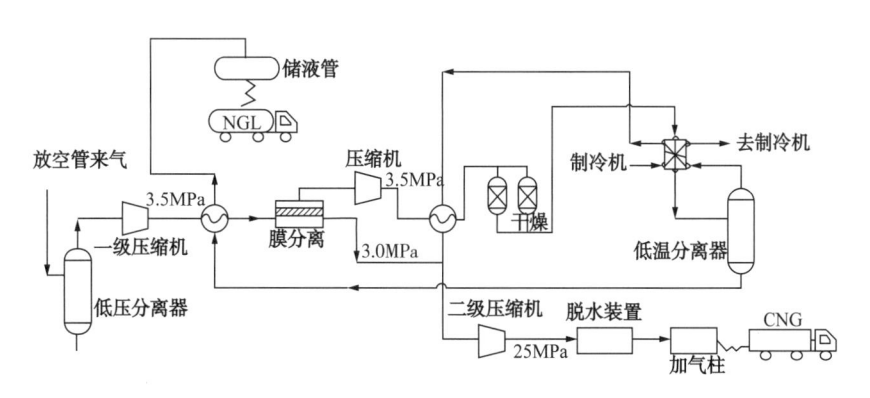

图15-3 天然气CNG回收工艺流程框图

CNG加气技术:在零散井井口建设CNG增压站,天然气需经过分离、调压稳压、脱硫、脱水、脱烃,再用压缩机增压到25.0MPa后装车。根据长输管线对远距离输气气质的要求及零散井放空天然气物料性质差异,各增压站的工艺略有不同,如对含 H_2S 的天然气,需要在增压前设置脱硫工艺。

CNG 卸气技术：CNG 拖车将增压的零散井天然气运至 CNG 卸气站。通过卸气柱，将拖车中压力为 20MPa 的天然气由一级调压器减压到 6.4MPa，进入输气干线，同时水浴炉对减压系统加热，防止减压后管道出现低温情况。当拖车压力和输气管道压力平衡后，自动启动 CNG 卸气压缩机，将拖车中低于 6.4MPa 的剩余天然气增压后输入输气干线。

在总集输管路设置一台孔板计量装置进行回收天然气计量。单车卸气速度不大于 2000m³/h。为了保证水浴炉在任何时候都能正常工作，燃料气从出站的输气管总阀后引出，在卸气站内设置一套单独调压装置，将来气压力整定到 0.18MPa，经配气管送至各加热炉。

3. 储罐绝热涂层技术

纳米技术的应用大幅提高了以往保温材料的绝热效果。纳米陶瓷多孔微粒绝热技术采用美国宇航技术成果研制的节能绝热系统，具有防腐、隔热、防水、反射率高、阻断热辐射的特点。通过在储罐表面喷涂绝热涂层产品，有效地阻断热辐射、降低罐体的表面温度，减少因昼夜温差大而造成的油气呼吸损耗，从而达到节能减排、保护环境、提高经济效益的目的。

改进技术采用纳米级的多孔陶瓷微粒为主要原料，产品具有低导热系数、高辐射率、高反射率等特点。储罐表面处理清洁后，直接将该产品按 0.25mm 厚度用无空气喷涂机按序喷涂，喷涂两遍后喷涂保护面漆，使得设备表面长时间洁净，降低表面温度。

4. 井下节流工艺技术

根据井下节流原理，节流后气流温度与井下节流器位置的井温有关。井下油气嘴下入越深，其节流后在保持井口压力不变的情况下，井口温度越高，但同时对井下工具承压、耐温性能要求更高。节流器的下入深度一般通过利用软件理论计算公式和现场试验结果相结合计算，节流嘴直径根据节流前后压差进行计算。研发的井下节流器大致分为活动型节流器、固定型节流器和抗硫节流器。

活动型节流器可根据需要下入任意井段位置，投捞作业方便可靠，特别适合需节流的老井。固定型节流器下入位置由井下工作筒位置确定，投捞作业简单可靠，密封效果好，适合在新投产井中使用。抗硫节流器在原有固定式节流器的基础上，通过结构设计和强度分析，优化了节流器整体结构，提高了节流器投捞及座封可靠性；通过评价、优选节流工具金属和密封件材质，提高了固定式井下节流器抗硫腐蚀能力。

井下节流技术实现了规模效益开发，但为气藏评价、气井动态分析和生产治理带来新的难题，传统的试井工艺已经不能满足井下节流气井动态监测的需要。需进一步研究及试验电子脱挂器，以解决采用井下节流工艺生产后无法录取气层压力和温度的难题；同时开展工艺在高压气井、高含硫气井等复杂井况井的应用研究，拓宽井下节流工艺的适用范围。

5. 气田压缩机节能技术

"十一五"以来，气田压缩机主要节能技术包括压缩缸改造以及级间换热器改造等。

（1）压缩缸改造。

增大压缩缸尺寸，以增大压缩机的处理量，使压缩机对管网的抽吸作用加强，从而进一步降低管网压力，提高了气井产能，并且提高了压缩机效率，减少了压缩机运行台数，降低了能耗。

（2）活塞式压缩机级间换热器改造。

活塞式压缩机第 1 级的入口气源温度由原料气的温度确定。由于压缩机直接将第 2 级和第 3 级间"呼吸"回收气（高温天然气，约 110℃）直接导入第 1 级压缩的入口，使得第 1 级压缩的入口温度达到 50℃，直接降低了第 1 级压缩的效率，增加了第 1 级压缩的出口温度，达到 120℃。由于第 1 级压缩的出口温度直接降低了以后第 2 级、第 3 级及第 4 级汽缸的运行工况和运行效率，造成了机组能源单耗增加。在压缩机第 2 级和第 4 级级间回流气管上加装热交换器和气液分离器，并改造相关工艺流程，以降低压缩机级间回流气温度，提高原料气品质，实现节能降耗的目的。

三、技术应用实例

1. 大庆油田不加热集输技术应用

萨北油田在原集油工艺基础上，根据各区块不同的产液量和含水率，在不同季节制定相应的单井掺水量，同时对满足条件的油井实施双管出油，降低集输温度，降低能耗。在夏季，掺水炉全部停运，满足条件的井停止掺水，不满足条件的井掺常温水。在冬季，降低掺水温度，减量掺水。

随着技术的推广，萨北油田掺水炉常温集输前运行 87 台，夏季全部停运，冬季运行 36 台；掺水泵常温集输前运行 61 台，常温集输后夏季运行 24 台，冬季运行 39 台。形成年节气 $880 \times 10^4 m^3$，节电 $400 \times 10^4 kW \cdot h$ 的节能规模。

葡北油田从 2007 年起综合含水率高于 90%，进入高含水开发阶段。在 2007 年的葡北油田油井出液温度普查中，平均出液温度达到了 29℃，有 83.6% 的油井出液温度高于原油的凝固点 25℃，但全油田仍以双管掺水集油工艺为主，集油能耗逐年上升。2008 年，结合葡北油田集油系统老化、能耗高的情况，在葡北 8 号、葡北 10 号、葡北 12 号转油站地区进行了整体优化、更新改造，开展了单管冷输节能工艺现场试验，3 座转油站合并为 2 座，并对 149 口不加热集输油井进行改造。

葡北 8 号、葡北 10 号、葡北 12 号转油站地区原集油工艺为双管掺水流程，调整后站外集油工艺采用单管多井串联冷输流程、单管多井树状冷输流程与单管环状掺水流程结合的集油模式。单井管道深埋不保温，站间管道浅埋保温。

2. 塔里木油田零散井放空天然气回收技术应用

塔里木油田从 2008 年底开始进行零散井放空天然气 CNG 项目施工，到 2009 年 11 月全部完工并通过验收。共建设 CNG 卸气站 2 座，混烃卸车站 2 座，零散井 CNG 加气站 8 座。建设规模为年回收放空天然气 $2 \times 10^8 m^3$，截止到 2011 年底，累计回收放空天然气 $2.5 \times 10^8 m^3$，年节气量 $8400 \times 10^4 m^3$，年节约费用 7266 万元，万元投资节能量为 7.4t 标准煤，有效地节约了资源，保护了环境，经济效益和社会效益显著。

3. 油罐绝热涂层节能技术应用

吐哈油田选取相同储罐（$5000 m^3$）进行绝热涂层效果测试，使用该涂层后，罐内呼吸气体温度可降低 27.4%，罐体外表面平均温度可降低 21.1%，罐顶外表面平均温度可降低 37.1%，每天减少呼吸损耗 $0.489 m^3$。仅夏季 120 天，产生经济效益 27 万元。2008—2009 年，吐哈油田共完成 147 具原油和成品油储罐的喷涂改造，改造面积 $12.52 \times 10^4 m^2$，取得了很好的节能效果。累计投资2685.57万元，经测试，全年减少油气损耗量3203t，按原油单价4000元/t计算，25个月可收回全部投资成本。

4. 井下节流工艺技术应用

以井下节流工艺技术在西南油气田的应用为例，活动式节流器自2006年初至2010年底应用于72口井，固定式节流器自2006年初至2010年底应用于173口井，利用井下节流技术，取消水套加热炉及配套设备245套，平均每套价格为25万元，可节约投资约6125万元。

采用井下节流工艺生产后，井口压力大大降低，地面工艺流程随之优化，由单井分离后集输改为多井集中输送，在72口气井中，47口气水同产井取消气液分离器及配套设备，平均每口井改造单价为28万元，可节约投资1316万元。

水套加热炉燃气耗量为20m³/h。采用井下节流工艺生产，单井每天可节约水套炉加热用气480m³，按水套炉一年使用330天计算，每个水套炉每年可节约加热用气约15.8×10^4m³。按1m³燃料气价格0.97元计算，单井站每年可节约燃料水费用约15.4万元，245个单井站每年可节约3763.2万元。

根据调研，西南油气田在145口井使用井下节流技术，替换地面水套炉节流保温，平均单井投资80万元，单井年节气27×10^4m³，单井年节约费用35万元，投资回收期为2.3年。

5. 气田压缩机节能技术应用

西南油气田蜀南气矿昌8井站原有增压机4台，其中，M2型机组2台，ZTY265型机组2台，四台机组采用三用一备、并联运行的方式负责对昌1井、昌3井、昌10井、镇2井、家30井、界6井、界14井等井站天然气进行增压，并输送天然气至隆昌天然气净化厂。

改造前昌8井增压站4台压缩机组吸压为0.6~1.5MPa，排压为2~4.5MPa。根据当时的日处理量及排气压力，机组吸气压力不能低于0.6MPa，否则机组将因压缩比过高而不能正常运行。因此，通过方案比选，确定对1台整体式压缩机ZTY265的压缩缸进行改造，投入资金50万元，将压缩缸尺寸从$7\frac{1}{2}$in×$7\frac{1}{2}$in改为$9\frac{1}{2}$in×$9\frac{1}{2}$in。同时，四台机组的运行方式从三用一备改为两用两备，降低了燃料气消耗。改造后的ZTY265增压机的日处理气量从以前的(4.5~5.5)×10^4m³/台提升至(8~10)×10^4m³/台。改造后年节约天然气消耗56.5×10^4m³，经济效益56.5万元。

重庆气矿天东017-X3井站随着气井套压的不断下降（已接近输压），通过对气举工艺流程进行优化，将两级增压后气举调整为一级增压后气举，停用一台增压机组，取得了年节约天然气108.9×10^4m³的良好效果。图15-4为压缩机改造工艺流程示意图。

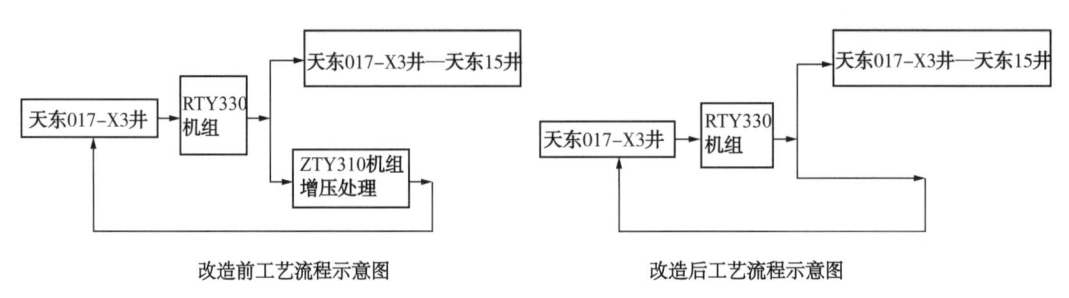

图15-4 压缩机改造工艺流程示意图

第四节　热力系统节能技术

不论是常规油气田还是稠油油田，都需要大量热量用于油气的开采、集输和处理，这些热量主要依靠加热炉和锅炉提供。在油气田，加热炉和锅炉等热力提供装置被称为热力系统。油气田加热炉与锅炉主要用于井口加热、掺水、热洗、原油脱水、原油外输、稠油开采注蒸汽、气田的集输与处理以及地面设施的供暖和伴热等环节。

一、生产需求与技术现状

油田加热炉和锅炉是油气热力系统的重要设备，也是油田生产业务的主要耗能设备。

稠油油田注汽锅炉多为直流锅炉，蒸发量一般为 9~23t/h。在蒸汽吞吐和蒸汽驱开采工艺中，注蒸汽是稠油生产能耗的主要环节，其能耗平均占稠油生产能耗的 80% 以上。

油田加热炉按功能可分为 9 种，分布于油田生产系统中的井口、转油站（转油放水站）、脱水站、原油稳定厂、原油库等处。加热炉内部被加热介质主要有油气水混合物、含油污水、高含水油、低含水乳化油、净化油、清水、含水天然气等，这些介质携带大量泥沙。此外，根据开发方式，有些被加热介质中还含有驱油用化学剂，造成了加热炉被加热介质成分复杂、洁净度差。在整个油气田生产系统中，集油系统加热炉消耗燃料量约占总消耗量的 80%，能耗最高，并且此部分被加热介质中泥沙等杂质含量最高，洁净度最差。

以炉体结构划分，油田在用加热炉以火筒式加热炉、水套式加热炉、相变式加热炉和管式加热炉为主；气田加热炉则以热媒炉为主。

火筒式加热炉的燃料在火管内燃烧，火管外的壳体空间为被加热介质，由火管直接加热被加热介质。基本结构为卧式内燃两回程，火管（辐射段）布置在壳体的中部空间，烟管（对流段）布置在火管的另一侧，火管与烟管形成 U 形结构。由于壳体内被加热介质流通截面积大，介质流动缓慢，烟火管外壁面易结垢。图 15-5 为火筒式加热炉结构示意图。火筒式加热炉一般用于油气集输与处理工艺中的泵前流程，设备压降较低。

水套式加热炉属于火筒式间接加热炉，其壳体内有加热盘管，由火管加热壳体内的传热介质水，水再给盘管内的被加热介质加热。基本结构为卧式内燃两回程，火管布置在壳体的中部空间，烟管布置在火管的另一侧，火管与烟管形成 U 形结构；加热盘管布置在壳体的上部空间。火管不直接对加热介质加热，因此较为安全。水套式加热炉一般置于油气集输与处理工艺的泵后，设备压降较高，但可加热高压介质。图 15-6 为水套式加热炉结构示意图。

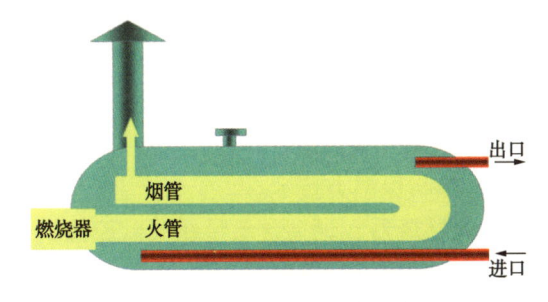

图 15-5　火筒式加热炉结构示意图

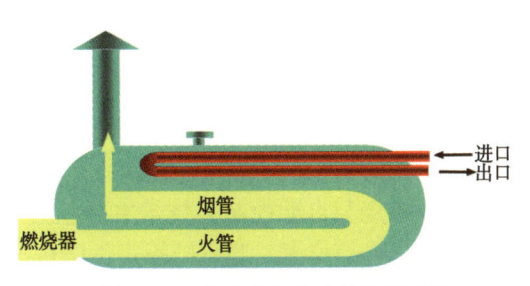

图 15-6　水套式加热炉结构示意图

相变式加热炉是油气集输的新炉型，其传热过程中传热介质存在相变，原为液态的传热介质通过从火筒吸热后汽化为蒸汽并加热盘管，同时传热介质放热液化，液滴聚结后下降到壳体下部再次吸收火筒热量，循环往复。相变式加热炉可分为两种：真空相变和正压相变。在相变式加热炉中，被加热介质可以走管程，也可以走壳程。与火筒式加热炉相比，相变式加热炉的被加热介质侧换热面传热温差小，相对不易结垢。图15-7为被加热介质走管程

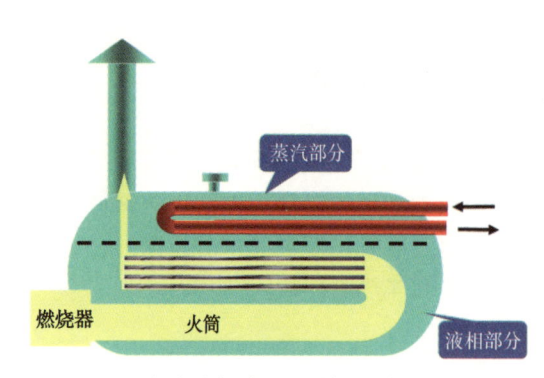

图15-7 相变式加热炉（被加热介质走管程）结构示意图

的相变式加热炉结构示意图。

管式加热炉的炉型有许多，油田在用的管式加热炉主要有立式管式加热炉和卧式管式加热炉两种，均由燃烧器、炉膛（辐射室）、烟箱（对流室）和烟囱等部分组成。在炉膛内部，火焰以热辐射方式直接加热介质盘管；烟箱内部布满蛇形盘管，高温烟气以对流方式加热盘管。管式加热炉热负荷大，可承受被加热介质的较高压力，温度上升较快。缺点是盘管内壁容易结垢与结焦，易造成局部过热、烧损，甚至导致爆管等事故的发生。图15-8为立式管式加热炉结构示意图。

以燃料种类划分，加热炉可分为燃气加热炉、燃油加热炉和燃煤加热炉。其中，燃气加热炉从数量和总能耗上都占大多数，是油田主要的炉型。

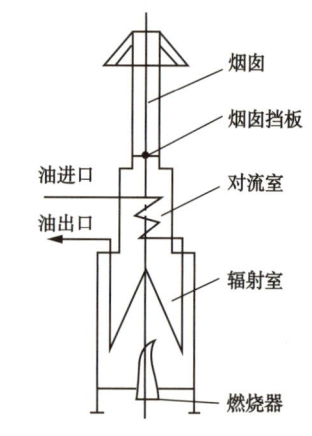

图15-8 立式管式加热炉结构示意图

以油气集输工艺过程的加热环节划分，加热炉可分为集油加热炉、脱水加热炉和外输加热炉等。集油加热炉主要用于井口加热、接转站掺水加热和集油管道伴热等工艺；脱水加热炉用于在联合站对已脱除游离水的低含水原油加热，满足电脱水或热化学脱水要求；外输加热炉用于加热联合站的净化原油以满足其外输要求。

油气田加热炉的功率远小于炼厂加热炉，一般在4MW以下。加热炉设计热效率大多在85%~90%，但实际运行效率常常低于85%。油气田加热炉运行主要存在问题如下：（1）装机容量小、负荷率低现象普遍；（2）结垢问题严重；（3）部分在用普通燃烧器燃烧效率低；（4）自控水平低，综合优化力度弱；（5）加热炉排烟热损失大；（6）加热炉腐蚀老化问题严重。

国内外各种不同的节能技术侧重于解决加热炉和锅炉不同类型的低效问题。总结国内外技术发展现状，根据技术原理，可将节能技术分为四大类：高效燃烧与自动控制类技术，除垢防垢类技术，烟气余热回收类技术，强化传热与保温类技术。

高效燃烧与自动控制类技术主要包括全自动高效燃烧器、烟气含氧量在线监控技术、加热炉远程自控技术、调节挡板式负压自控技术、同室同时油气混烧燃烧器、膜法富氧燃烧技术、脉动燃烧器、组合燃烧器等，其通过提高燃烧过程自控水平、方便合理地调节热

负荷与配风、保证过量空气系数在合理范围内等措施提高炉效。

除垢防垢类技术主要包括化学清洗除垢、空穴射流清洗、列管式人工机械清洗技术、在线除垢加热炉、可抽式烟火管、超声波除（防）垢、电磁除防垢、量子除垢仪、阻垢药剂、阻垢涂层、引射式辐射管、分散热流式燃烧器等，其通过减小传热热阻，增大对被加热介质的传热量，从而降低排烟温度，减少排烟热损失，恢复或维持较高的运行炉效。

烟气余热回收类技术主要包括板式空气预热器、热管空气预热器、热管气—水换热器、热管被加热介质预热器、冷凝式余热回收等，其能够从加热炉排放的高温烟气中回收余热，从而降低排烟温度，提升炉效。

强化传热与保温类技术主要包括加热炉远红外线涂层、加热炉耐高温反辐射涂料、加热炉强化吸收涂料、超导热管传热技术和隔热保温涂层等，其可以减小加热环节的传热热阻，增强炉体保温能力，从而降低排烟温度和炉体外表面温度，提高炉效。

二、技术进展

"十一五"以来，中国石油在油气田加热炉节能技术研究和应用方面开展了大量研究，取得了丰富的成果和良好的经济效益、社会效益。

1. 烟气余热回收

（1）进展情况。

中国石油各油气田采用两种烟气余热回收方式，即采用余热锅炉发生蒸汽和回收烟气热量来预热空气。采用余热锅炉发生蒸汽方式适用于排烟温度高和热负荷大的加热炉。对于中小型加热炉，需要把几台加热炉的尾部烟气联合起来，用余热锅炉集中回收余热。

通过回收烟气热量来预热空气，可以改善燃料的着火条件，提高燃烧反应速度，提高炉膛温度，从而直接降低燃料消耗；同时回收烟气的余热，降低加热炉的排烟温度，提高整体热效率。

（2）重点技术。

重点技术为半冷凝式烟气余热回收器。半冷凝式烟气余热回收器是引进的国外先进的烟气余热回收技术，该产品安装在加热炉尾部烟道上，回收烟气显热及部分潜热，加热原油、天然气、水等工质，将排烟温度降至90℃以下，提高加热炉效率。半冷凝烟气余热回收器被国家质量监督检验总局列为首批重点推荐的节能产品。

优点：回收烟气显热和部分潜热，能耗降低7%~10%；排烟温度降低至90℃以下；低阻力结构，不需要另外增加引风机等辅机，不需要增加额外的能耗；设备安装简单，仅需在加热炉烟道上接入即可；厂家配有烟道防腐技术。

缺点：需增设烟囱与烟箱防腐措施，并考虑冷凝液的排放和处理。

2. 高效燃烧器技术

（1）进展情况。

与普通燃烧器相比，高效燃烧器的主要突破是改变了燃烧器结构、进气方式，提高了燃烧器的燃烧效率，通过增强燃烧段热强度，提高燃烧的完全性。同时，新型高效节能燃烧器具有较高的自控水平，有可编程序控制器、控制仪表柜等，具有加热段或出口温度控制系统、自动配风控制系统、自动点火控制系统、火焰监控与熄火保护系统、安全自动保护系统等，各种自控配置可因需而设。

一般来说，各类高效燃烧器可调节范围有所不同，部分高效燃烧器可在设计负荷10%~150%范围调节，满足了油气田加热炉负荷多变及低负荷燃烧的需求。

（2）重点技术。

①全自动进口高效燃烧器。

采用全自动燃烧控制及检测设备，设备由燃烧机、主燃料供调单元和供风单元组成。调制马达通过联动装置，实现空气/燃料比的自动跟踪调节，减少运行时出现燃烧空气不足或过剩现象，提高燃烧效率。采用高压点火装置，单独设点火气体管路，以保证点火成功率，运行过程安全可靠。采用一体式点火电磁阀，最大程度地减少因密封不严导致的气体泄漏；气体检漏装置先进可靠，保证燃烧器运转过程中的安全性，并配备空气压力开关、气体高压和低压保护开关，最大程度地确保气体供给系统的可靠性。

优点：通过加热炉介质出口温度控制，全自动点火、熄火，无需值守；伺服马达控制风门，燃气与空气按比例调节保证燃烧充分；具备前、后吹扫功能；具备空气高压、低压保护功能；采用紫外线火焰探测装置（电眼），确保安全、可靠；主阀门包含气体调压、过滤装置；安装法兰限位开关，防止误操作，保障安全性；摇臂式法兰设计，方便检修。

缺点：油气田加热炉和锅炉消耗的燃料气以各油气田自产天然气为主，不同油田、不同开发区块生产的天然气成分和热值差别较大，通用型燃烧器很难适应。

适用条件：该燃烧器可用于大多数加热设备，如热水锅炉、蒸汽锅炉、空气加热器、油田加热炉等，而且适用于低热值、低压力燃料。

②同室同时油气混烧燃烧器技术。

油田现场加热炉和锅炉大都使用油田伴生气作为燃料，而常用的燃烧器有燃油机型、燃气机型两用机型，都是单一燃料燃烧器，也就是说，二者不能进行不同燃料同室燃烧。因此，当伴生气的流量偏低时，伴生气产量不能满足加热炉生产负荷需求，这时燃烧器只能改为燃烧燃油，伴生气变"火炬"排空烧掉，造成能源的浪费并污染环境。同室混烧技术能够把低流量的伴生气充分利用，使伴生气与燃油组成混合燃料参与燃烧。混烧时先使燃气作为燃料燃烧，当伴生气的流量不够，热量不能达到生产负荷时，自动补烧燃油，使伴生气与燃油同室燃烧，满足生产负荷需要。

优点：可在冬季站点气量或气压不足时燃烧燃油，解决加温问题。

缺点：由于燃烧器结构兼顾燃油和燃气，燃烧效率受限。

适用条件：该燃烧器可用于大多数加热设备，尤其适用于现场有一定伴生气产量，但不能满足加热设备燃料需求的情况。

3. 高效换热技术

（1）进展情况。

①高效热管。高效热管是一种新型高效传热元件，为中空的翅片结构真空金属棒，其内部封装高效传热性能优异的无机固体介质，介质在管内受热激发后转变为高速微粒，从翅片端向与热媒接触的传热端快速传递热量。由于高效热管具有传热速度快、轴向传热能力强、传热效率高等优点，可快速将高温烟气热量传递到水中，降低烟气温度，提高加热炉热效率。

②加热炉引射式辐射管。引射式辐射管采用直管式，由耐高温不锈钢板卷制焊接而成。该技术利用天然气自身能量引射空气，使天然气在辐射管内燃烧。被加热的辐射管外

表面能够以漫辐射方式将热量投射到火筒内表面，火筒壁面热流密度的分布比不使用辐射管时明显均匀，其局部热负荷最高值显著降低，缓解了热量集中于上部释放的现象。同时辐射管出口处温度能保持在相对较低的水平，使由于高温火焰冲刷造成的火管烧损鼓包的可能性降低。此外，经测试，使用辐射管后，加热炉排烟温度平均下降20~30℃，加热炉炉效提高5%以上。

③加热炉远红外线涂层。在各种加热炉中，燃烧物质通过传导、对流和热辐射输出热量，其中，传导和对流要通过一定状态下的介质传热，而热辐射是主要的热传输方式。在加热炉内部涂刷节能涂料，发射热射线，将热能转换为远红外辐射能，直接辐射到被加热物体上，引起被辐射物质（即被加热物质）分子的激烈运动，迅速升温，从而达到提高加热速度、节约能耗的目的，同时可降低加热炉的结焦强度和烟垢生成速度。

（2）重点技术。

重点技术为耐高温强化吸收涂料。管式炉炉管外壁喷涂强化吸收涂料后，涂层黑度在0.96以上，壁面黑度获得提高，炉管对辐射热的吸收能力增强，在生产负荷不变的前提下，可以减少燃料的消耗，从而达到节能的目的。

优点：可提高加热炉火管热吸收率，减少受热面平均灰垢厚度，降低结焦强度，炉内受热面辐射和传导热量增加，提高换热效率。

缺点：涂层在运行1~3年后性能下降。

4. 阻垢除垢技术

为提高加热炉运行效率及运行安全性，多数油田采用加阻垢剂及定期对加热炉进行人工清垢、化学清洗除垢的阻垢除垢方式。大庆油田、吐哈油田、冀东油田等油田还采用一种在线机械清垢技术将加热炉换热盘管设计成列管式，内置机械清垢装置，利用电磁控制阀门定期控制被加热介质，使其在加热炉盘管内来回往复流动，带动清洗元件来回往复清洗，从而实现随时在线清洗盘管。部分油田采用超声波高效除防垢技术，超声波除垢防垢设备主要是利用超声波的"空化"效应、"化学"效应、"剪切"效应、"拟制"效应，使强声场处理流体，让流体中成垢物质在超声场作用下，物理形态和化学性能发生一系列变化，进而分散、粉碎、松散、松脱而不易附着管壁形成积垢。

还有一种空穴射流清洗技术，该技术运用流体力学领域中的"空穴效应"原理，清洗器由交错叠加的韧性叶片组成，弹性变形大，收缩比可达30%，通过能力强、清洗速度快，在加热炉中运行10min即可完成对油垢、化学垢、水垢、锈垢、软性垢、硬性垢及黏性垢等多种垢质的彻底清除，该技术对管径为40~1000mm的管路均可清洗。该技术有专用的回收工具回收垢质，不会造成环境污染。此外，该技术属于物理除垢，克服了化学清洗带来的管线腐蚀及环境污染问题，施工过程安全可靠。

5. 综合优化控制技术

（1）进展情况。

①烟气含氧量检测控制系统。

该系统包括检测、控制和执行3部分。在燃烧过程中，实际供给的空气量与理论需要的空气量之比被称为过量空气系数。加热炉炉膛出口过量空气系数每增加0.01，排烟温度将升高约1.3℃。当过量空气系数过大时，会增大送风机、引风机的用电量；同时，加速炉管和炉内构件氧化，影响设备使用寿命，促进对流室内SO_2向SO_3的转化，从而加剧低温露点腐蚀。当过量空气系数过小时，燃料燃烧不完全，造成大量的化学能未释放而浪费燃料，热效率下降；同时，会生成大量的 CO、H_2 和炭粒等污染空气的物质；此外，还会造成炉内结焦，增加受热面积灰风险，影响传热效果，增加烟气侧的流动阻力。因此，在加热炉烟道出口安装烟气含氧量检测控制系统，根据在线实时检测烟气中的含氧量反馈信息实时调节给风门的开度，可控制合适的过量空气系数。

②排烟温度检测控制系统。

排烟损失在加热炉的热损失中占较大比例，一般情况下，当加热炉的热效率较高（如90%）时，排烟损失占总损失的70%~80%；当加热炉的热效率较低（如70%）时，排烟损失占总损失的90%。因此，降低排烟温度是提高加热炉热效率的主要措施。在加热炉烟道出口安装在线实时检测排烟温度表，一是可根据排烟温度的变化调节烟道挡板的开度，从而控制烟气的换热时间；二是可根据排烟温度的变化控制火焰燃烧中心的高度，如排烟温度过高，可采取让燃烧器位置下移或使燃烧器喷嘴向下倾斜等方法，降低火焰中心位置，增加燃料在炉膛内的停留时间；三是可根据排烟温度变化趋势来判断炉管结垢情况，判断是否需要对加热炉进行炉管清洗、除垢或吹灰，以此提高对流换热效率；四是可根据排烟温度调整加热炉的运行状态，防止因排烟温度低于露点温度而导致的烟管露点腐蚀情况的发生。

③炉膛负压检测控制系统。

在加热炉烟道出口安装压力计在线实时检测炉膛负压。可根据炉膛负压的大小调节烟道挡板的开度，使炉膛负压保持在稍低于炉外大气压 20~40Pa。如炉膛负压过小，炉内进入的空气量少，使燃料燃烧不完全，加热炉热效率下降，烟囱冒黑烟，炉膛不明亮，甚至往外喷火，造成回火伤人。如炉膛负压过大，会加速炉膛内气体的流动速度，减少换热时间；同时会吸入炉膛内更多的冷空气，降低炉膛温度，造成烟气中过剩空气量增加，热损失增加，降低了加热炉热效率。加热炉的炉膛负压与负荷率、烟囱抽力有关，而烟囱抽力与烟囱高度、空气重度、烟气重度等参数有关，因此，季节变化、天气变化、风力变化等均影响炉膛负压，需要实时监测控制。

油田加热炉装机容量小，数量多，总体自控水平低。在数字化油田建设的过程中，为了安全生产及节能，加热炉自控调节水平逐渐增高，但各油田建设标准差异较大。

（2）重点技术。

①烟气含氧量检测与控制技术。

加热炉烟气剩余氧含量与加热炉效率有一定线性关系，按预设的曲线控制氧含量即可控制加热炉运行效率。通过在加热炉烟道安装氧化锆探头，对加热炉烟气中的含氧量进行实时检测。通过加热炉效率测试，确定烟气剩余氧含量区间。按预设的曲线调整加热炉荷风，调节烟道挡板，确保烟道氧含量最佳，实现对过剩空气系数的控制和动态调整，避免气体压力波动或加热炉漏气而影响配比控制，保持最佳的燃烧效果，提高加热炉运行效率。

②加热炉火焰监控技术。

开发火焰监控软件，将加热段温度的变化设定值为 −3~3℃；建立自动控制模型，实现闭环控制；对一体化燃烧器进行技术改造，使其可以在负压炉上应用；可根据现场实际情况，自动调整燃气及配风比；设计控制电路，实现单炉双火嘴同步运行；增加系统实时自检和现场漏气自动联锁功能,当燃烧室燃气浓度高于设定值时,系统可在100ms内切断现场用电设备电源,使系统运行更安全。

③加热炉和锅炉远程自控技术。

利用数字化平台设计远程启停、监控功能,同时安装自动启停炉等自控装置实现无人值守自动运行。针对常压水套加热炉应用比例大和间歇输油的特点,在原水套加热炉的基础上改造安装负压引射式主母火,通过控制炉内传热介质水的温度自动启动和停止加热炉,实现无人值守,即设定加热炉启动、停止的温度参数,达到温度上限时自动停炉,达到温度下限时自动点炉。该技术可减少点炉时间,节约能源。

三、技术应用实例

1. 加热炉远红外线涂层技术应用

长庆油田第三采油厂应用远红外线涂层技术的加热炉有19台。经现场测试验证,改造前排烟温度为158℃,空气系数为2.8,热效率为74%;加热炉涂刷远红外涂层后,排烟温度为100℃,空气系数为1.6,热效率为79%,加热炉炉效平均可提高5%以上,节气率平均6%以上。加热炉单台投资5万元,投资回收期为2年。

2. 加热炉高效燃烧器技术应用

大庆萨北油田324台加热炉中有196台为高效燃烧器,经节能检测,高效燃烧器使加热炉的反平衡效率保持在80%以上,热效率提高5%以上,节气率5%以上。表15-2中列出了萨北油田高效燃烧器应用效果数据。

表15-2 萨北油田高效燃烧器应用效果数据

序号	测试地点	应用前后	加热炉功率 MW	燃料消耗量 m³/h	空气系数	排烟温度 ℃	正平衡效率 %	反平衡效率 %	加热炉热效率 %	效率增减幅度 %	节气率 %
1	朝20中转站3#炉	应用前	2.50	132.70	3.27	180	73.88	75.33	74.60	6.66	5.33
		应用后	2.50	125.63	1.56	205	76.95	80.34	78.64		
2	朝17中转站1#炉	应用前	2.32	108.08	2.48	179	77.16	79.23	78.35	5.13	5.34
		应用后	2.32	102.31	1.64	141	82.76	83.29	83.03		

3. 加热炉综合优化技术应用

大庆油田采油三厂201转油站4#加热炉技术改造前配风量较大,烟气中O_2含量较高,过剩空气系数为2.70,排烟热损失较大,加热炉效率较低(76.70%),达不到要求。加热炉经过涂膜、清淤、优化后,烟气中O_2含量明显下降,过剩空气系数由技术改造前的2.70降低到1.28;排烟热损失降低8.05个百分点;加热炉热效率较技术改造前提升9.31个百分点,达到86.01%;节能率达到11.46%。

第五节 油气田节水技术

随着油气田主营业务的快速发展,在总用水量(指清水量、外购蒸汽量、中水量、重复利用水量、海水量和微咸水量等之和）增长的情况下，清水资源（主要包括地表水及地下清水）的用量多年保持稳定。油气田生产每年大约消耗新鲜水量 $3.5\times10^8\text{m}^3$，其中有97%用于油田生产，3%用于气田生产。而油田生产中主要的新鲜水消耗是注水，约占油田用新鲜水量的80%。油田企业通过污水处理技术的应用，逐年提高污水处理回用率，"十二五"末，油田工业污水处理回用率达到93%左右，有效地减少了新鲜水的消耗。

一、生产需求与技术现状

减少无效注水，加强水资源的循环利用，减少新鲜水使用量，将有力地推动油气田节水工作。另外，提高水资源的综合利用，提高污水回用率是油田生产减少清水使用的另一有效途径。

1. 减少无效注水

在水驱开发油田，通过注水调整，控制无效注水循环，控制注水压力，改笼统注水为精细注水，主要技术有周期注水、细分注水等。

（1）周期注水。周期注水也称间歇注水或不稳定注水。该技术是指周期性地改变注水量和注入压力，在油层中形成不稳定的压力状态，引起不同渗透率层间或裂缝与基岩块间液体的相互交换。

（2）细分注水。细分注水技术是指尽量将性质相近的油层放在一个层段内注水，其作用是减轻不同性质油层之间的层间干扰，提高各类油层的动用程度，发挥所有油层的潜力，起到控制含水上升和产油量递减的作用，是高含水期特别是高含水后期改善注水开发效果的有效措施之一。

对于注聚合物开发的油田，节水技术主要有污水混配聚合物和分层注水等。

（1）污水混配聚合物。国内油田普遍采用三次采油技术提高油藏采出率，并采用聚合物驱油。为实现污水的循环利用，油田采出水经处理后，会再次用于配制聚合物，回注驱油，节约清水。

（2）分层注水。在分层注水井中，利用分层配水管柱选用不同直径的水嘴，实现分层定量注水的工艺技术，该技术可以把注入水合理地分配到各层段，保持地层压力。对渗透率好、吸水能力强的油层控制注水，对渗透率差、吸水能力弱的油层加强注水，使不同渗透性的地层都能发挥注水的作用，以达到提高采收率和节约用水的双重目的。

2. 采出水处理回用技术

油田采出水主要是原油在生产处理过程中脱出的污水。油田污水主要有3种来源：采油污水，即油井采出液经脱水脱气处理后分离转输过来的污水；洗盐污水；在油田开采过程中，完井、洗井、油层水力压裂、酸化等过程中产生的污水。

油田污水处理后回用，主要用于注水开发油田的驱油注水和稠油开发的注汽锅炉给水。驱油注水指标以不堵塞地层、控制注水压力为核心，要求必须对水中的油、悬浮固体、悬浮固体颗粒粒径中值以及细菌等指标进行控制；稠油开发过程所产生的污水经处理后回用于热采锅炉的给水，要满足热采锅炉给水的水质标准，以保障软化设施和锅炉正常、安全运行。

根据水质的不同，用于注水驱油的采出水处理流程又可分为回注中高渗透地层常规稀油流程、回注低渗透地层常规稀油流程、聚驱采出水回注流程、稠油污水回用注汽锅炉工艺等。

（1）回注中高渗透地层常规稀油流程。

中高渗透地层的平均空气渗透率相对较高，按标准要求的注水水质控制指标如下：悬浮物含量小于 5mg/L，悬浮物粒径中值小于 3μm，含油量小于 15mg/L。结合指标要求，采用重力沉降工艺、旋流分离工艺、气浮工艺、过滤器分离技术、水质改性技术等主要工艺。

①重力沉降工艺。该处理工艺以混凝沉降、石英砂过滤为主，利用悬浮颗粒与污水的密度差，靠重力进行油、气、泥的自然分离。一段可使污水中含油量从 5000mg/L 降至 500mg/L。为了提高处理效率，可在除油罐中增加粗粒化及斜板除油设施；二段投加混凝剂，使含油量降至 50~100mg/L，同时使水中悬浮物大幅上浮；三段经石英砂过滤后，悬浮物含量降至 10mg/L 以下。反冲洗回收水用回收泵均匀加入原水中进行处理，使污水不外排。该工艺在我国油气田应用广泛，主要优点是对原水含油变化适应性强；主要缺点是当设计规模超过 $1 \times 10^4 \text{m}^3/\text{d}$ 时，滤罐量多，流程复杂，处理水质不能满足对回注水质要求较高的低渗透油田的要求。

②旋流分离工艺。该技术是使装有污水的容器或容器内的污水高速旋转，形成离心力场，利用不同液体之间的密度差产生不同的离心力作用，密度大的物质受到较大离心力作用被甩向外侧，密度小的物质则停留在内侧，各自通过不同的出口排出，达到污染物分离的目的。含油污水经离心分离后，油集中在中心部位，水则集中在靠外侧的器壁上，分离效率在 95% 以上，甚至达到 98%，能够满足含油污水的分离要求。应用较多的水力旋流器主要有 C10 型水力旋流器、XL 系列污水除油旋流器和 XLQ 型水力旋流器[1]。水力旋流器功能多，结构简单，占地面积小，使用方便。

③气浮工艺。将空气以微小气泡形式注入水中，利用高度分散的微小气泡作为载体黏附污水中油滴和污染物，使其随气泡上浮升到水面而加以去除。气浮过程包括气泡产生、气泡与油滴（或悬浮物）附着以及上浮分离等连续步骤。气泡理想尺寸为 15~30μm，使污染物成悬浮状态或疏水性质。按照气泡产生方式，气浮工艺可分为充气气浮和溶气气浮。

a. 充气气浮。借助水泵吸水管吸入空气。吸入空气量一般不大于吸水量的 10%，而且气泡粒度大，但气浮效果不佳。用该法处理隔油池含油污水，除油率仅为 50%~55%。

b. 溶气气浮。该方法是使空气在一定压力下溶于水中呈饱和状态，然后使含油污水压力骤然降低，这时空气便以微小气泡形式从水中析出并进行气浮。该方法能够控制气泡与污水接触时间，净化效果优于充气气浮，应用广泛。主要设备有加压泵、溶气罐和气浮池。

根据气泡从水中析出时压力的不同，溶气气浮可分为两种：空气在常压或加压下溶于水中，负压下析出，称为容器真空气浮；空气在加压下溶于水中，常压下析出，称为溶气加压气浮。

④过滤器分离技术。含油污水通过粒状滤料床层时，利用阻力截留、重力沉降、接触絮凝三方面的作用，将悬浮物和油分截留在滤料的表面和内部空隙中。油田采用的过滤罐按过滤方式分为压力式过滤罐和重力式过滤罐两种，我国油田普遍采用压力式过滤罐。压力式过滤器有石英砂过滤器、核桃壳过滤器、双层滤料过滤器和多层滤料过滤器等。近年来，随着纤维材料的发展，以纤维材料为滤料发展起来的深床高精度纤维球过滤器因具有

纤维细密、过滤时可形成上大下小的理想滤料空隙分布、纳污能力大、反洗滤料不流失等优点而发展迅速。

⑤水质改性技术。通过加药达到除油、除悬浮物的目的。

（2）回注低渗透地层常规稀油流程。

按照标准要求，低渗透地层注水水质控制指标为：悬浮物含量小于2mg/L，悬浮物粒径中值小于1.5μm，含油量小于6mg/L。超低渗透层注水水质控制指标为：悬浮物含量小于1mg/L，悬浮物粒径中值小于1μm，含油量小于5mg/L。结合指标要求，用于低渗透油田注水的采出水处理一般采用"中高渗透层常规稀油处理+深度处理"的工艺流程。

深度处理流程本质上是中高渗透层常规稀油流程的再次应用，即中高渗透层常规稀油流程的出水再次经过"沉降+过滤"或"气浮+过滤"等处理工艺，使出水水质指标满足低渗透或超低渗透地层控制指标的要求。

（3）聚驱采出水回注流程。

聚驱采出水处理流程同样需要根据注入地层的渗透率确定，其采用的流程与中高渗透层或低渗透层常规稀油流程基本相同。然而，聚驱采出水中含有黏度较高的聚合物，处理难度较大。可以采用增加沉降或气浮时间、降低过滤速度等手段，或者采用物理处理法与生物处理法或化学处理法组合工艺处理聚驱采出水，以去除油和聚合物，使出水水质满足控制指标要求。

（4）稠油污水回用注汽锅炉工艺。

针对稠油污水回用，较为成熟、稳定的处理方案是"常规处理+离子交换"工艺。常规处理有两种技术方案，则稠油处理也有两种技术方案，即"气浮+过滤+离子交换""水质改性+过滤+离子交换"。

二、技术进展

1. 稠油污水回用技术

稠油是国家重要战略资源，我国稠油开采以注蒸汽热力采油为主，年产量1500×10^4t左右，年注蒸汽需消耗清水$1.5\times10^8m^3$，年产稠油污水$2\times10^8m^3$。

稠油污水是含有多种杂质且水质波动较大的工业废水，水质较为复杂，因而处理难度较大。与稀油污水及其他工业废水相比，稠油污水具有如下特点：

（1）稠油平均密度在$900kg/m^3$以上，其原油颗粒可长期悬浮在水中。

（2）稠油污水温度较高，在开发稠油过程中为降低原油黏度往往将温度提高到60~80℃。

（3）乳化较严重，废水易形成"水包油"型乳状液。

（4）稠油污水中含有大量的阴离子、阳离子和有机成分，它们会影响稠油污水的缓冲能力、含盐量和结垢倾向。

（5）成分复杂、多变。

由于稠油污水组分复杂，要实现有效处理回用于锅炉，需要采用油田污水水质高效净化与稳定技术。采用不同开采工艺（包括蒸汽吞吐、SAGD、火驱等）所产生的稠油采出水的处理工艺基本相同。一般在常规处理流程的基础上，增加深度处理去除硬度工艺，即采用"除油+过滤+深度处理"的处理流程，去除污油、悬浮物，降低硬度，使污水达到注汽锅炉的给水指标后回用于锅炉。深度处理工艺包括"离子交换"和"MVC 蒸发"等技术路线。

2. 污水混配聚合物

在注聚合物初期，当采用普通聚合物时，为避免高矿化度水中的阳离子降解聚合物，多采用低矿化度清水配制，使用清水稀释聚合物，从而导致区域性的污水产注不平衡。后来，逐步推广使用抗盐聚合物，采用"清水配制、污水稀释"，节约了清水资源。大庆油田采用"集中配制、分散注入"的污水混配注聚流程，使用 1t 抗盐聚合物可节约清水 800m³。

3. 生物法

生物法是利用微生物的生化作用，将复杂的有机物分解为简单的物质，将有毒的物质转化为无毒物质，从而使污水得以净化的方法。根据是否有氧气供应，将生物法分成好氧生物处理和厌氧生物处理。好氧生物处理是在水中有充分的溶解氧的情况下，利用好氧微生物的活动，将污水中的有机物分解为 CO_2、H_2O、NH_3、NO_3 等；厌氧生物处理是在反应器中稳定地保持数量足够的厌氧生物，使污水中的有机物降解为 CH_4、CO_2、H_2O 等。

生物法较物理方法或化学方法成本低，投资少，效率高，无二次污染，广泛为各国所采用。油田污水可生化性较差，且含有难降解的有机物，因此，国内外普遍采用 A/O 法、接触氧化、曝气生物滤池（BAF）、SBR、UASB 等方法处理油田污水。

三、技术应用实例

1. 稠油污水深度处理回用技术

以新疆油田六九区污水处理站为例，该站是陆上最大的石油污水处理站，设计处理能力为 $4\times10^4 m^3/d$，污水处理采用"油田污水水质高效净化与稳定技术"，技术主要机理是通过重力沉降、混凝沉降、化学反应、压力过滤等手段除油、除悬浮物、除掉水中引起结垢与腐蚀的因子，以及抑制细菌的繁殖。处理工艺采用自然沉降、混凝沉降、压力过滤的三段式流程。六九区污水处理站自投产运行以来已处理污水 $4462\times10^4 m^3$，其中回用污水 $2507\times10^4 m^3$，回用率达 56.2%。

2. 油田污水生物处理技术

大港油田港东地区未经处理的污水经过压力沉降、过滤后，回注污水水质不能满足外排指标要求，除 COD、BOD 和含油量（COD 一般为 200~500mg/L，BOD 一般为 100~250mg/L，含油量约为 30mg/L）超标外，其余指标可达到外排要求。导致 COD 和含油量超标的主要原因是溶解性 COD 和溶解油含量高，这两项无法用常规的物理化学方法除去。若采用深度化学氧化与吸附处理，投资和运行费用较高，因此，采用生物处理技术对外排污水进行深度处理。通过比选，选用稳定塘处理技术，该技术是最经济、最便于操作管理的生物处理技术。港东地区每天排放污水 10000m³，污水处理工艺投用后，COD 指标大大低于国家污水排放水质标准（COD 浓度为 69mg/L），每天减少的排污量折合为 COD 大于 3t，极大地减少了污染物排放量。该工程外排水水质好，水中生长了大量水草等水生植物和鱼虫等水生物。从调试运行效果看，整个稳定塘系统的抗冲击能力也较强，极大地促进了大港油田的生态和环境建设，取得了明显的社会效益、生态效益和环境效益。

第六节 展 望

进入"十三五"期间，油气田生产业务节能降耗的挑战仍然存在，油气田业务稳油控水、大力发展天然气将给集团公司的能耗总量和单耗指标控制带来严峻的挑战。集团公司除了加强节能管理，仍然需要进一步促进油气田节能技术进步，通过科技攻关、示范工程，不断推动节能新技术、新工艺、新材料、新设备的推广应用，从本质上节能降耗。

开展油气田能量系统优化科技研究，在提高采油、注水、集输等各系统运行效率的基础上，进一步开展各系统相互之间能量匹配、按品位实行能源梯级利用、地下地上一体化优化等方面技术研究是提高油气田能效水平的有效途径。随着油气田数字化和信息化建设的推进，信息采集、远程控制技术不断发展，油气田能量系统优化技术与油气田信息化、自动化的有机结合，将促进智能油气田的建设。

能源管控是一种新型能源管理模式，以基于互联网和计算机的现代化能源管理数据库为基础，以专业软件、控制技术等为核心，通过能源计量和在线监测，结合生产运行，运用对标分析和系统优化等方法，强化能源利用的有效管理与控制并持续改进，实现能源资源利用最优化、经济效益最大化。能源管控已成为国际大型石油公司显著提高能源科学化管理水平的有效手段，随着集团公司全面组织实施，将有力推进能源节约向能源管控的转变。

参 考 文 献

[1] 穆剑. 油气田节能 [M]. 北京：石油工业出版社，2015.

第十六章 炼化节能节水技术进展

炼化业务作为集团公司的主要业务领域和耗能大户，近年来承担着集团公司近50%的节能任务。尤其是随着产品深加工、油品质量升级和环保要求的不断提高，以及国家对能源消费总量和综合能耗指标双重刚性约束的不断加强，炼化业务节能节水压力越来越大。

炼化能量系统优化技术是近年逐步发展成熟的一项前景广阔的节能技术，综合了过程模拟、过程能量集成、系统优化及优化控制等多种技术。"十一五"以来，根据集团公司统一部署，全面实施了"炼化能量系统优化研究"重大科技专项（以下简称专项一期），并于"十二五"后期启动了"炼化能量系统优化技术升级与推广应用"重大科技专项（以下简称专项二期）。以着重突破制约集团公司节能减排重大关键技术瓶颈为目标，以炼化能量系统优化重大科技攻关为主线，针对炼油和乙烯全厂工艺流程、工艺装置、主要耗能设备和公用工程系统全面开展了流程模拟和系统优化技术攻关研究，通过以操作优化为主、投资改造优化为辅的节能增效项目实施和水系统优化项目实施，节能节水工作取得了显著成果，并填补了多项重大技术空白。

在节能方面，专项一期通过技术创新与集成开发，依托4项炼油、乙烯工程示范和两项重点推广工程，全面构建了集团公司炼油、乙烯、公用工程系统能量系统优化技术体系、优化软件平台和专业核心骨干队伍，首次编制了集团公司企业标准Q/SY 1468—2012《炼化能量系统优化技术导则》，填补了中国石油在上述领域的空白；并在兰州石化、吉林石化、锦州石化、长庆石化公司、克拉玛依石化建设形成6项节能增效成果突出的标杆工程，共实现年节能量20×10^4t标准煤、年增效3.17亿元，取得了显著的节能增效效果，大幅推动并提高了我国石化行业生产过程优化的技术进步及其水平，获得集团公司科技进步奖一等奖。

在专项一期形成的技术、人才的基础上，专项二期全面推广应用了炼化能量系统优化技术，开展了炼油配套化工、芳烃联合装置、乙烯装置裂解炉群原料匹配优化等能量系统优化技术研发，以进一步升级和完善炼化能量系统优化技术体系，并研究编制了国家标准GB/T 31343—2014《炼油生产过程能量系统优化实施指南》。与此同时，开展了先进成熟的节能技术筛选研究，形成推荐技术清单及应用指南，部分已在炼化企业进行了推广应用。此外，为满足国家工业和信息化部关于建设能源管控系统的要求，在专项一期的基础上，专项二期还在锦州石化开展了炼化企业能源管控系统示范工程建设，为集团公司今后全面推广建设企业级能源管控系统奠定基础。

在节水方面，炼化业务按照输水系统、化学水制水系统、循环水系统、凝结水回收处理系统、污水处理回用系统等5个用水环节广泛开展了先进节水技术筛选与推广应用以及水系统集成与优化技术的应用。并依托"中国石油低碳关键技术研究"重大科技专项，开展了炼化节水关键技术评价专题研究，形成的评价方法可广泛应用于炼化主要用水及节水系统现有技术和新技术的科学评价。此外，在水平衡测试与节水优化分析软件等方面也取得了重要研究成果。

第一节 炼油能量系统优化技术

一、炼油过程用能特点及主要优化方向

1. 用能特点

炼油厂用能以热能为主、电能次之、水再次之。这些能量供入炼油厂后,以能量的利用和有效能的降低为推动力,使原油加工过程得以进行,大部分以低品位的热能排入环境,少量以高品位形态储存于石油产品中。炼油厂工艺流程依据物料的流向进行排布。炼油厂的用能特点可归结如下:

(1)燃料消耗量大。炼油加工过程基本都是在高温条件下进行的,如原油分馏温度在350℃以上,加氢装置反应温度在320℃以上,延迟焦化和催化重整装置反应温度在490℃以上。炼油厂加热炉数量多、负荷大,如常压炉、减压炉、加氢裂化、加氢精制、延迟焦化、催化重整等装置反应进料加热炉,中间产品和产品的分馏塔进料加热炉、塔底再沸炉等,需要消耗大量的燃料,燃料能耗占炼油综合能耗30%以上。

(2)催化烧焦量大。催化裂化装置是重质油轻质化的重要加工装置,其中焦炭产量占催化原料的5%~10%,焦炭全部在再生器中燃烧,烧焦能耗约占炼油综合能耗的30%。

(3)蒸汽耗量大。炼油厂一般不消耗高压蒸汽,主要消耗中压蒸汽和低压蒸汽,中压蒸汽主要用于驱动加氢装置、催化重整装置循环氢压缩机,以及催化裂化装置富气压缩机、主风机;低压蒸汽主要用作分馏塔底再沸器(如酸性水汽提、脱丙烷塔等)热源,以及装置伴热等。同时,炼油厂部分装置会产生蒸汽,如催化裂化装置、制氢装置、催化重整装置会产生部分中压蒸汽,加氢裂化装置、柴油加氢装置会产生少量低压蒸汽。整体而言,炼油厂蒸汽产生量和消耗量基本平衡。

(4)低温热产生量大。炼油加工过程产生大量的低温热,如催化裂化装置、延迟焦化装置、加氢裂化装置、常减压装置、制氢装置有大量的低温热,但温度普遍不高,一般不高于130℃。据统计,对于一个原油加工量为500×10^4t/a的炼油企业,低温热总量为50~100MW。

(5)氢气消耗量大。炼油企业主要产品(如汽油、柴油和航空煤油)精制,部分装置(如催化裂化)原料预处理,柴油改质、蜡油加氢裂化等过程需要消耗大量的氢气,而重整装置自产氢气往往不足,需要通过高耗能的制氢装置或回收富氢气体中氢气来满足需求。

2. 优化方向

(1)工艺技术优化。

装置应采用新技术、新工艺,减少用能需求,如柴油加氢和航空煤油加氢由气相加氢技术改为液相加氢技术。

(2)优化工艺流程。

能量是为工艺过程服务的,不同的加工流程能量消耗情况不一样,工艺过程优化是从用能环节减少能量需求,也是在能量优化之前应该做的工作。例如,优化催化裂化装置原料,降低原料中残炭、胶质和重金属等含量,减少催化裂化装置的生焦率,可大幅降低装置能耗;集中处理催化裂化装置、常减压装置、重整装置、加氢装置等装置产生的干气,

回收其中的液化气，可减少相同装置数量，提高规模，提升能源利用效率；装置采用新工艺、新技术，可减少用能需求。

（3）装置间热集成。

装置间热集成分为热联合和热供料。将热量过剩装置的物流引出为热量欠缺装置加热，可节约高等级的公用工程消耗。热供料可省去中间罐区维温和输送泵的能量消耗，同时减少上游装置冷却负荷，降低下游装置加热负荷。装置间深度热集成对节能降耗意义重大。

（4）换热网络优化。

炼油过程中每套装置都存在换热过程，利用夹点技术对装置换热网络进行优化，可同时减少冷公用工程和热公用工程消耗。

（5）装置操作优化。

操作优化是在一定的产品质量约束和工艺设备条件下，通过合理调整装置独立可调操作参数（如温度、压力、流量、循环比等），从而使装置保持在特定目标最优值的状态下稳定运行。特定目标一般视操作目的而定，可以是装置的能耗、产品收益、操作费用，也可以是装置的某特定参数。装置操作优化可提高装置效益、减少用能需求或提高能量回收效率。

（6）回收并优化利用低温热。

炼油厂低温热负荷巨大，合理回收并有效利用这部分低温热资源，降低炼油厂能耗。

（7）提高设备运行效率。

提高设备运行效率（如加热炉热效率、换热器传热效率、泵效率、分馏塔塔板效率等）对能耗影响重大。

（8）优化氢气系统。

氢气系统产氢和用氢装置众多，各产氢装置和用氢装置产生或需求氢气的浓度与压力不尽相同，需要通过建立不同浓度和压力等级的氢气管网并进行优化操作，实现氢气系统的能量与资源的合理利用。

二、国内外炼油能量系统优化现状

1. 国外炼油过程能量系统优化技术与方法

从国外能量系统优化的研究与工作来看，开展能量系统优化的两个关键因素是专家和工具。国外炼厂工艺技术先进，管理理念超前，较早利用"优化"思路提升经济效益，降低能耗。特别是20世纪80年代，过程模拟软件Aspen Plus和PRO/Ⅱ的问世，带动了诸多以优化为主的咨询公司兴起。随着气候变化，减少CO_2排放日益受到国际社会重视，诸多咨询公司逐步调整为将过程模拟优化方法应用于节能增效和碳减排，出现了路线各异的能量优化方法，能量优化方法正朝着专业化、实时化、自动化、智能化方向发展。各类优化都主要依托专家和软件工具，只是侧重点有所不同。优化的主要实现途径分两大类：一类是以专家经验为主，结合模拟软件与优化技术的离线优化；另一类是以模型软件与优化技术为主，结合专家经验的在线优化。

2. 国内炼油过程能量系统优化技术与方法

国内能量系统优化主要以专家经验为主，以软件工具为辅。具有代表性的院校和公司为华南理工大学、大连理工大学和上海优华系统集成技术股份有限公司等。

华南理工大学华贲等以热力学分析为基础，从能量在过程系统中的变化规律入手，提出"三环节"能量流结构模型，该模型把能量系统分为能量转化环节、能量利用环节和能量回收环节，注重三者之间的相互联系，建立了严格的、定量的数学关系，揭示了能量在过程系统内的演化规律，并采用分解协调策略进行模型的求解，力求全局能效最高。

3. 技术发展方向

炼化能量系统优化技术将从相对独立的炼油能量系统优化、乙烯能量系统优化、芳烃能量系统优化等，向其他石油化工过程、炼化一体化过程以及深度热联合、高集约度的能量系统优化方向发展；从能量系统优化向过程总体优化方向发展；从操作和流程优化向集计划、调度、操作、控制和长周期运行优化于一体的智能化方向发展。

三、中国石油炼油能量系统优化技术研发及应用进展

"十一五"期间，中国石油针对单套装置、单台设备、系统局部等开展了大量常规节能工作，狠抓四新技术推广、能耗对标和精细化管理等，取得了明显成效。为深入、持续地开展节能工作，进一步大幅度降低能耗，2008年，中国石油设立了"炼化能量系统优化研究"重大科技专项，专项通过技术引进、吸收、消化和再创新，树立了一批标杆、开发了一批技术、培养了一批人才。在炼油能量系统优化技术方面，创建了具有自主知识产权的炼油离线模拟优化技术；突破过程关键参数数学表达、数学模拟与逻辑推理相结合的关键技术瓶颈，开发了炼油生产装置节能增效分析专家系统，为快速进行节能增效机会识别提供了重要工具；突破能耗关键参数与实际生产装置能耗数学关联的技术瓶颈，创新开发了重点炼油装置系列用能评价技术，实现了关键节能潜力点的快速识别和量化计算；完成锦州石化全厂炼油能量系统优化示范工程建设、长庆石化公司全厂炼油能量系统优化推广工程建设；同时培养造就了以具有独立模拟、独立优化能力专家为核心的炼油能量系统优化专业技术队伍。

1. 技术研发进展

（1）形成了炼油能量系统优化的主要方法和工作步骤。

中国石油炼油厂能量系统优化工作大体上可划分为7个主要阶段：现状调研与评估、数据收集、过程模拟、用能评价及节能潜力分析、优化方案制订、优化方案实施和实施效果评价[1]。炼油能量系统优化工作流程如图16-1所示。

（2）形成了炼油能量系统优化的技术路线。

炼油能量系统优化技术路线如图16-2所示。

①工艺技术优化。优选加工工艺、优化全厂流程和加工方案。

②全局用能分析。从全局角度对炼厂进行分析，分析装置、系统和重点耗能设备在用能方面存在的主要问题，得到节能改进主要方向。

③装置间热供料、热联合。从炼油厂全局初步考虑装置与装置间、装置与系统间能流走向，进行装置间或装置与系统之间的能量集成，构建全厂能流走向的大体框架。

④装置内部能量优化。在全系统层面能流走向的大体框架基础上，深入挖掘装置内部的节能潜力，包括装置内部的反应操作参数、分离过程、换热网络及相关耗能设备等的优化，减少工艺装置本身的用能。

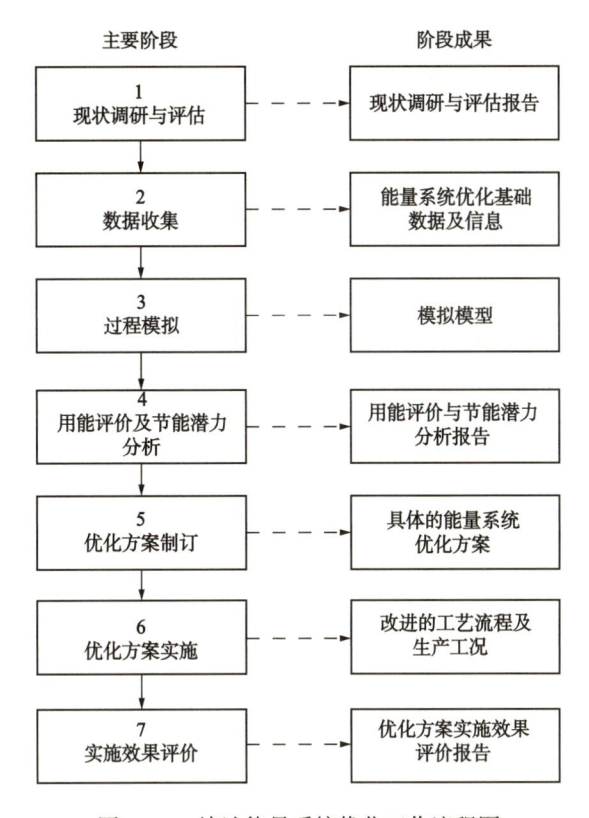

图 16-1　炼油能量系统优化工作流程图

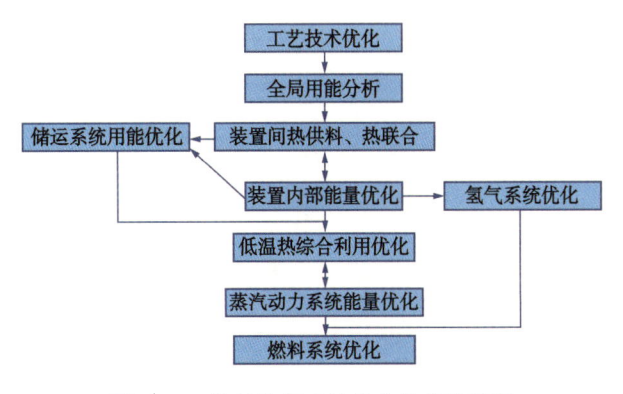

图 16-2　炼油能量系统优化技术路线图

⑤储运系统用能优化。根据热供料及装置内部优化对储运流程和储罐数量的影响情况，优化储运系统加热（伴热）操作，降低能耗。

⑥低温热综合利用优化。在上述基础上，全厂的低温热源与热阱必然发生了改变，这时再考虑低温热在全系统范围内优化利用。

⑦蒸汽动力系统能量优化。在上述优化后，蒸汽动力系统的供需状况发生了变化，在工艺方需求确定后再考虑蒸汽动力系统的优化。

⑧氢气系统优化。在工艺装置尤其是加氢装置优化后，全系统对氢气的需求量与质量指标都可能发生变化。在此条件下，对全系统范围内氢气系统的配给方式及氢回收状况进行优化。

⑨燃料系统优化。在上述优化后，加热炉和锅炉对燃料的需求量减少，全厂燃料气平衡也发生变化，在此条件下再考虑一次能源构成的优化，以及系统本身优化。

（3）形成了炼油能量系统优化成套技术。

①炼油工艺装置模拟技术。全面掌握并集成开发了13项炼油模拟技术。在此基础上，结合工艺特点，首次自主开发形成分馏与换热网络联动的燃料型常减压装置模拟技术、双提升管催化裂化反应系统模拟技术、同高并列式催化裂化装置模拟技术、半再生重整反应系统模拟技术等，为装置优化及开展具有中国石油特色的炼油全流程优化打下重要基础。

在通用流程模拟技术基础上，开发了国内特色炼油生产装置的流程模拟技术，同时创建了集物料平衡、能量平衡、详细物性于一体，涵盖严格反应机理、分馏、换热网络的多装置和公用工程系统模型的炼油全流程模拟模型，搭建形成"桌面炼油厂"（图16-3），并在此基础上，进一步将计划排产系统与"桌面炼油厂"集成，大幅提高计划排产系统的准确性。炼油全流程模拟技术已经在锦州石化、长庆石化公司、抚顺石化、辽阳石化和锦西石化公司应用，为全局能量系统优化方案、过程优化方案的提出奠定了坚实的基础。

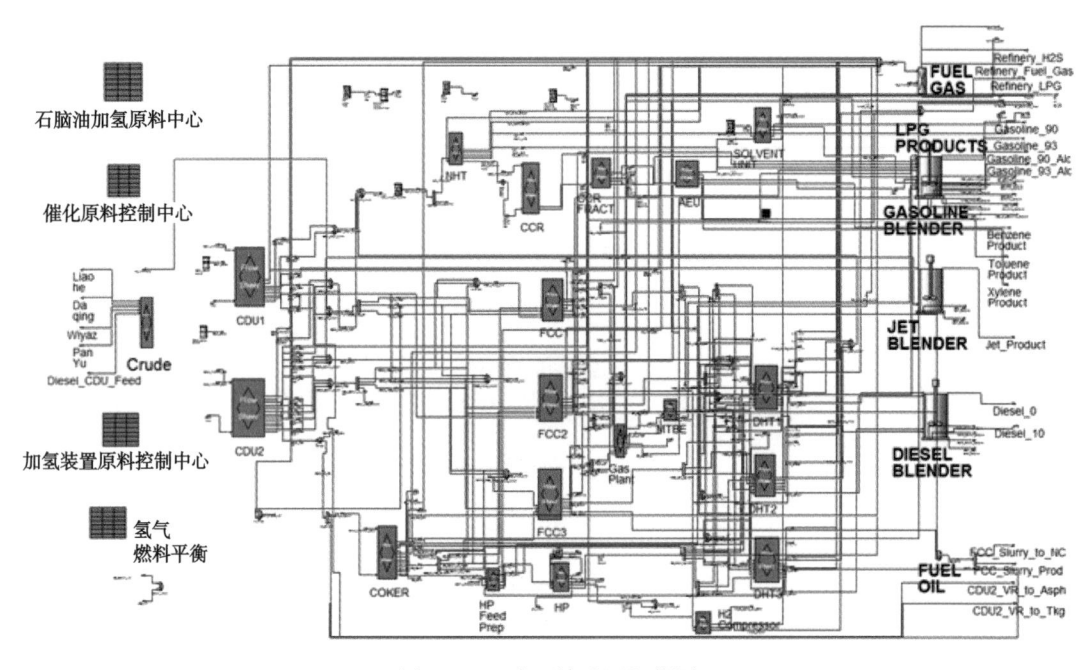

图16-3 "桌面炼油厂"截图

②系统优化技术。通过集成炼油能量系统优化技术并总结示范和推广工程实践经验，提出了以全局能效和经济效益综合最优为目标，通过多次迭代、循环求优的炼油全流程能量系统优化、乙烯装置和公用工程系统离线和在线能量系统优化的工作步骤、技术路线和方法，首次形成了炼化能量系统优化技术企业标准，并牵头编制了国家标准GB/T 31343—2014《炼油生产过程能量系统优化实施指南》。

③智能分析与诊断技术。该技术为国际首创，通过集成人工智能与过程系统工程领域的先进技术，结合节能增效机会分析规则，创新提出"基于模型、智能推理"的系统用能分析并寻找优化机会的方法，包含常减压蒸馏装置、催化裂化装置、连续重整装置（燃料型）、连续重整装置（化工型）、加氢裂化装置、柴油加氢精制装置、汽油加氢精制装置、

加氢改质装置、延迟焦化装置共9类重点炼油装置的节能增效机会分析专家系统，内置688条优化规则，图16-4为专家系统功能单元及分析路径图。所采用的技术突破了过程关键参数数学表达、数学模拟和逻辑推理相结合的关键技术瓶颈，为解决复杂用能问题、大幅提高优化效率、加快能量系统优化技术推广提供了重要软件工具，达到国际领先水平。该系统在哈尔滨石化公司 60×10^4 t/a 连续重整装置和 45×10^4 t/a 柴油改质装置应用后分别提出优化机会13项；在长庆石化公司 500×10^4 t/a 常减压蒸馏装置和 140×10^4 t/a 催化裂化装置应用后，企业认为系统分析问题全面、效率高，提出的优化措施具有良好的科学性和可操作性。

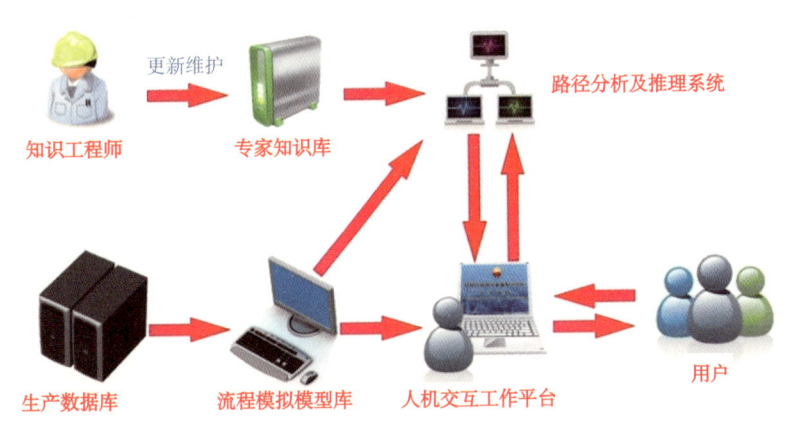

图 16-4　专家系统功能单元及分析路径

④用能分析与评价技术。依托模拟技术和数学分析方法，首次研究形成具有自主知识产权的常减压蒸馏装置、柴油加氢精制装置、连续重整装置、催化裂化装置4个重点炼油装置和公用工程系统用能分析评价技术，建立能耗联动模型10套，确定最佳实践值33个，研究了350组能耗关键参数的交互影响关系，测定了260组原料对装置能耗的影响，推导得到各装置节能潜力计算公式30余个，能够实现不同原料性质、工艺流程和产品控制指标要求下同类装置/系统的科学合理的能耗对标，实现关键节能潜力点的快速识别与量化计算，为进一步开展详细的能量系统优化分析奠定基础，为制订节能规划提供有效的指导，达到国内领先水平。图16-5显示了用能分析与评价技术研究内容和作用。该技术在华北石化公司与吉林石化现场应用后，企业认为该技术提出的"调整常压塔过气化率、提高连续重整原料切割点、提高加氢加热炉效率、凝汽透平改为背压透平"等节能机会直击要点，为企业今后提出改造和优化运行提供了指导。

图 16-5　用能分析与评价技术研究内容和作用

2. 技术应用案例

（1）常减压装置换热网络优化。

长庆石化公司 500×10^4t/a 常减压装置换热网络实际换热终温与设计换热终温差距较大，实际换热终温为 280.3℃，设计换热终温为 292℃，相差 11.7℃。利用夹点技术模拟计算理论最高温度可达 298℃，实际与理论最高换热终温相差 17.3℃，装置节能潜力为 9420kW。通过对换热网络进行分析，找出换热终温低的主要原因，并进行相应改造，主要改造内容为增加减压渣油与原油的换热面积，增加外甩常压渣油与原油的换热面积，并按温位顺序调整了部分次序，同时增加了常二线物流与原油的换热面积。

方案实施后，减压渣油出装置温度由 180℃降到 140℃，换热终温由 282.9℃提高到 297℃，提高 14.1℃；常压炉负荷由 43522kW 降到 35795kW，降幅为 17.8%。每年节省燃料 3575t 标准油，每年节约 805 万元，投资回收期约 3 年。

（2）常减压装置操作优化。

辽阳石化常减压装置实际加工量为 609.96t/h，常压炉出口温度为 372.9℃。常压塔过气化率为 8.77%，常压渣油馏程的 10% 馏出点为 361℃，塔底汽提蒸汽的量为 2.87t/h。常三线和减一线的生产方案都是作为 0# 柴油组分。分析认为常压炉出口温度偏高，常压塔过气化率偏大，造成能量利用效率低，塔底汽提蒸汽比例偏小，在保证常压塔拔出率基本不变的情况下，存在常压炉出口温度与塔底汽提蒸汽协同优化的优化机会。通过模拟计算得出，在保证常压塔的拔出率基本不变的情况下，常压炉出口温度可降低到 365℃，常压塔塔底汽提蒸汽量需要从 2.87t/h 提高到 4.87t/h。

装置按上述调整方案，实际将常压炉出口温度由 373℃降至 369℃，常压塔汽提蒸汽量由 2.87t/h 提至 3.17t/h，经标定，装置节能 0.21kg（标准油）/t（原油），年增效 343.86 万元。

（3）重整装置操作优化。

锦州石化重整进料 C_6 链烷烃含量为 10%（含量偏高），导致装置液体收率低、能耗高；同时，反应氢油比为 2.0，偏大，增加装置能耗。分析认为优化的主要方向为调整预分馏塔塔底温度、降低氢油比，调整抽提进料量、优化汽油调和。通过建立装置、炼油厂、汽油调和模型，提高预分馏塔底温度，降低氢油比，提高芳烃抽提进料量，减少 93# 汽油辛烷值过剩。项目实施后，经标定，液体收率提高 3.11%，汽油产量年增加 1.86×10^4t，年增效 2706 万元，节能 5.91kg（标准油）/t（进料）。

（4）热联合。

抚顺石化常减压装置、催化裂化装置、延迟焦化装置和加氢裂化装置等装置的物料采用热进料技术后，年增产低压蒸汽 3.1×10^4t、中压蒸汽 2.94×10^4t，节约燃料 4460t，年节约循环水 491.4×10^4t，年效益 1248 万元，投资回收期不到半年。

（5）全局能量集成（total site）。

total site 技术是在传统夹点分析基础上的引申和创新，是从企业全局的角度研究工艺与工艺之间、工艺与公用工程系统之间的能量集成，公用工程系统配置和热功联产等的优化问题，优化目标为最大化节约燃料消耗或者公用工程成本最少。该技术可在全局范围内突破单装置的夹点限制，做到热量的深度集成，并能优化公用工程的配置和发挥热功联产潜力；可给出在现有工艺条件下公用工程理论最佳配置，公用工程等级优化方向，全局夹点位置和热功联产潜力，以及工艺与公用工程系统联合优化潜力等。该技术在长庆石化公司的应用结果[2]表明，对公用工程系统一侧优化、装置内部换热网络和公用工程系统联合优化、装置间换热网络和公用工程系统联合优化等3类优化方案的优化潜力依次增加；如仅对公用工程系统一侧优化，公用工程消耗总量不变，并且只能优化公用工程的使用等级；开展后两类优化方案研究时，不仅可以优化公用工程的等级，而且公用工程消耗的总量还可分别降低3.6MW和107.6MW。以该技术为指导，在案例企业中开展能量系统优化后，取得年节能3.24×10^4t标准煤、年增效5839万元的显著效果。

（6）炼油厂全厂优化。

①应用于锦州石化。

锦州石化是以炼油为主、化工为辅的大型燃料型炼油企业。中国石油利用自主开发的成套炼化能量系统优化技术，在锦州石化建立了涵盖20余套主体装置及公用工程系统的复杂"桌面炼油厂"，制订优化方案71项，经标定考核取得节能3.79kg（标准油）/t（原油）、年增效8201万元的显著效果。另外，利用过程模拟技术升级了计划排产系统，提高了计划排产系统的准确性，利用计划排产系统优选加工原油，大幅提高企业经济效益。

②应用于长庆石化公司。

利用中国石油开发的炼油能量系统优化技术，在长庆石化公司自主开展能量系统优化工作，提出40项能量优化方案，实施其中的17项，涉及换热网络优化、装置间热联合、低温热综合利用、蒸汽动力系统优化、燃料气系统优化和重点设备改造，经标定，实现每年节能3.24×10^4t标准煤，增效5839万元。

第二节 乙烯能量系统优化技术

乙烯生产过程需要消耗大量的能量（燃料、蒸汽、电等），是一个高耗能产业。乙烯节能降耗技术的研究和应用对于炼油化工生产过程提质增效具有重要意义。

一、乙烯装置用能特点及主要优化方向

1. 用能特点

乙烯装置的典型能耗组成见表16-1。

表16-1 某乙烯装置的能耗构成数据

能源和耗能工质		能耗，kg（标准油）/t（乙烯）	分项小计，kg（标准油）/t（乙烯）	能耗占比，%
燃料	甲烷氢	346.243	451.37	77.83
	其他干气	67.423		
	燃料干气	5.058		
	天然气	32.846		
蒸汽	10.0MPa 蒸汽	109.784	37.79	6.51
	1.5MPa 蒸汽	−105.35		
	0.3MPa 蒸汽	33.357		

续表

能源和耗能工质		能耗，kg（标准油）/t（乙烯）	分项小计，kg（标准油）/t（乙烯）	能耗占比，%
电		26.283	26.28	4.53
循环水		42.041	42.04	7.25
水	除盐水	1.204	38.44	6.63
	除氧水	37.222		
	新鲜水	0.013		
氮气		5.93	5.93	1.02
压缩空气	净化压缩空气	0.387	1.58	0.28
	非净化压缩空气	1.197		
凝结水	汽机凝结水	−9.305	−23.44	−4.04
	加热设备凝结水	−14.131		
合计		580.20	580.20	100.0

通过乙烯能耗构成可以看出，乙烯用能具有以下特点：

（1）裂解炉的能耗是乙烯装置能耗的主要构成部分。乙烯裂解炉作为关键设备，需消耗大量的燃料，其消耗量占乙烯装置总能耗的75%~80%[3]，裂解炉操作水平直接影响乙烯装置的能耗水平。

（2）蒸汽是乙烯装置重要的二次能源。乙烯装置产生大量的蒸汽，与其他汽源产生的蒸汽共同供乙烯装置和其他装置加热和驱动使用，属于典型的热功联产系统。

（3）加工流程长，能级跨度大。从裂解到分离，乙烯生产工艺涉及相关设备较多，集成度较高；温度跨度较大，在−100~1000℃；压力级别多，在0.3~12.0MPa。因此，乙烯装置能量利用跨度大，充分利用各品位能量，并建立合理的能量回收系统极为重要。

2. 主要优化方向

（1）装置平稳运行。

乙烯装置各环节相关度高，一旦某装置发生异常，就会引起上游装置和下游装置联动反应，轻则造成燃动能耗上升，重则造成装置的非计划停车，损失巨大。以一套$100×10^4$t/a的乙烯装置为例，装置一次非计划开停工的直接成本可达3500万元，因此，确保装置平稳操作是乙烯装置最大的节能。

（2）原料优化。

在工艺相同的前提下，乙烯收率主要取决于裂解原料的性质，不同原料的综合能耗相差较大。原料不仅影响产品的收率，同时也影响裂解炉运行的周期、清焦次数，进而影响蒸汽、燃料气等公用工程消耗。原料的烷烃含量越高，碳链越短，乙烯收率就越高。对于组分相差较大的原料，可通过单独储存、单独裂解，优选合适的裂解温度，充分发挥各裂解原料的最佳性能。因此，要通过原料优化，充分利用轻烃资源，以提高乙烯收率，同时减少公用工程消耗。

（3）生产操作优化。

围绕生产的重点难点，借助专家经验和软件计算，对装置不合理、不完善的用能进行改造和优化，实现装置的最优化操作，降低能耗。例如，提高油洗塔釜温，回收中压蒸汽。将釜温由190℃提高到200℃，稀释蒸汽的压力就可以提高约2%~3%，从而可减少中压蒸汽的数量，以石脑油裂解为例，可节约中压蒸汽2.5%~3%。又如，裂解气压缩机一段的吸入压力对压缩功耗有重大影响，而出口压力对压缩功耗影响不大。吸入压力越低，功耗越大。压缩机吸入口压力由0.1MPa提高到0.13MPa，可节省压缩能耗13%左右。

（4）公用工程协同优化。

将乙烯公用工程作为整体资源统一优化，做好装置的氢气平衡、蒸汽平衡，优化不同装置间的联合，最大程度地实现能源的回收和梯级利用。

二、国内外乙烯装置能量系统优化技术现状

国外较早地开始了乙烯装置优化工作，围绕乙烯生产流程，开展裂解炉、压缩机、分馏过程及换热网络优化工作，利用SPYRO软件建立裂解炉模型，利用Aspen Plus、ProII等软件建立后续流程模型，核算分析装置运行中的问题，研究提出优化方案，推动装置节能增效，并逐步形成了乙烯装置能量优化的实施体系。

研究形成的乙烯装置能量系统优化技术实施体系包括：

（1）能量改善评估，以确定乙烯装置的基准能耗以及各个工艺单元的能耗贡献、装置能量性能与先进水平的差距、识别并详细说明节能机会PFI；

（2）建立乙烯装置模拟模型，开展工况分析；

（3）对操作改善PFI和投资PFI进行讨论确定；

（4）制订PFI实施计划；

（5）PFI实施及效果标定。

同时，随着装置计算机信息化在工业生产中的普及应用，Aspen Tech公司在模拟、先进控制和实时优化方面具备了国际领先的技术，根据相关统计，在全世界已完成的和进行中的乙烯装置闭环实时优化项目中，Aspen Tech公司实施的项目占了绝大多数，这些项目分布在美国、英国、荷兰、瑞典和日本等国家。新加坡石化公司（PCS）乙烯装置采用Aspen Tech先进控制和闭环实时优化，产量提高了5.5%，其中，30%来自DMCplus控制，40%来自组合线性规划控制器（DMCplus Composite）处理量最大化，30%来自闭环实时优化（RTO）；除了产量增加外，每吨乙烯还可节能3%。

施耐德（Schneider Electric）公司利用裂解炉的SPYRO软件和后分离的ROMeo软件无缝对接开发了ROMeo实时优化系统，已在多个乙烯装置上投用，如日本出光石化公司利用ROMeo实时优化系统，对乙烯装置进行精确模拟，可提高乙烯产率0.35%。

国内方面，大连理工大学较早地对乙烯装置的换热流程做过优化分析，其主要侧重于精馏塔、反应器、压缩机等热量密集型单元与工艺物流之间的热集成；清华大学与兰州石化合作开展了乙烯裂解炉模拟优化软件的开发和应用；华东理工大学在中国石化多套乙烯装置实施了先进控制与优化运行。西安交通大学和中国石油大学（北京）对中国石化的扬子石油化工有限公司（以下简称扬子石化）、上海石化、齐鲁石化公司、燕山石化公司、茂名石化公司等公司的乙烯装置开展了能量系统分析与优化。

在实时优化技术应用上，扬子石化研究院、扬子石化烯烃厂与华东理工大学合作，成功开发出乙烯裂解炉在线模型与实时优化技术，该技术可在线优化乙烯装置运行，大幅

度降低生产成本。燕山石化公司采用 Aspen Tech 公司的 RT-OPT 技术实施了乙烯装置实时优化，系统上线 17 个月，效益增量在（3000~6000）万元；中国石油吉林石化 70×10⁴t/a 乙烯装置依靠 ROMeo 实时优化技术以在线模拟和开环优化的方式开发了乙烯装置全流程在线优化应用，节能 5.13%；镇海炼化 100×10⁴t/a 乙烯装置运用 ROMeo 实时优化技术对裂解炉搭建了实时优化系统并成功上线运行，由此带来的年效益增量在（1500~3000）万元。

三、中国石油乙烯装置能量系统优化技术研发及应用进展

乙烯是中国石油炼化业务的耗能大户，也是能量系统优化技术研究和应用的重点。中国石油下属企业对节能非常重视，并持续开展了节能优化工作，如吉林石化、辽阳石化等老牌乙烯生产企业在换热网络优化、分馏塔操作优化方面均开展了大量优化技术研究和应用。为进一步推动中国石油能量系统优化技术的发展，"十一五"期间，中国石油设立"炼化能量系统优化研究"重大科技专项，依托吉林石化 70×10⁴t/a 乙烯装置和兰州石化 46×10⁴t/a 乙烯装置开展乙烯能量系统优化技术研究与示范。经过四年攻关，在取得显著节能增效的同时，开发了一批节能技术，包括乙烯装置离线优化技术、乙烯装置在线优化技术、乙烯装置原料优化技术、乙烯原料近红外快速分析技术、乙烯裂解炉优化控制技术等。通过对工作的总结，形成了一系列的专著、专利和技术秘密，为中国石油炼化业务培养了一支具备理论与实践能力的优化技术队伍。

1. 乙烯装置离线优化技术

乙烯装置离线能量系统优化技术是利用所建立的乙烯装置严格机理模型，采用夹点技术、灵敏度分析等方法，对潜在的节能增效机会开展量化计算与多方案对比，或者采用高效优化算法，求解得到最优或较优优化方案的技术。

兰州石化在 46×10⁴t/a 乙烯装置上，采用 Aspen Plus 等软件建立了乙烯后处理系统模型以及公用工程模型，集成基于 Shell ECU 开发的乙烯裂解炉反应深度模型，建立了乙烯装置全流程模型。图 16-6 为兰州石化 46×10⁴t/a 乙烯装置后处理系统模型图。

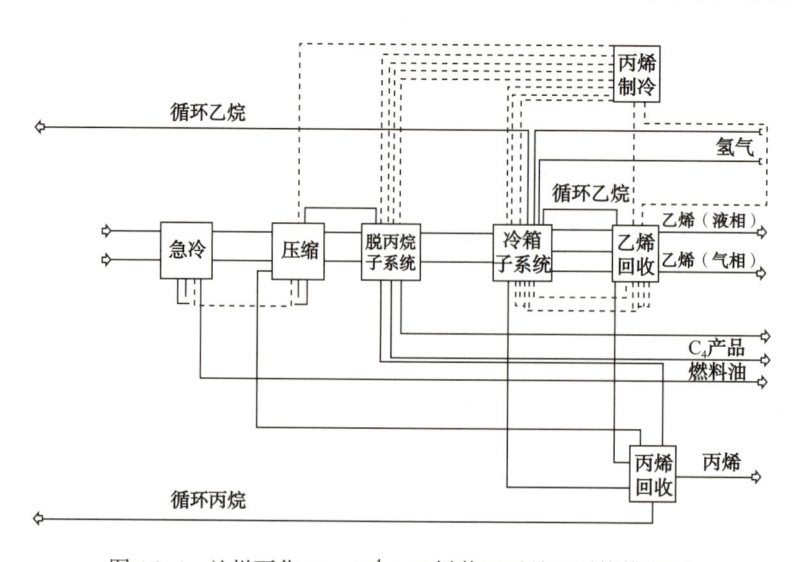

图 16-6　兰州石化 46×10⁴t/a 乙烯装置后处理系统模型图

根据用能分析过程发现的问题，利用 Aspen Plus 模型分析优化的可行性，量化节能潜力，为优化方案的科学决策提供理论指导。例如，在丙烯制冷系统的压缩机和与之配套的透平机上进行两个优化方案的研究，分别是提高透平机抽汽量和降低丙烯压缩机三段返回量（返回三段）的方案；对丙烯精馏塔进行产品质量与冷凝器和再沸器的灵敏度分析，在原料预热系统对急冷水进行了优化。

同时，对乙烯装置开展全流程换热网络夹点分析，绘制了夹点分析组合曲线、夹点平衡组合曲线、夹点总平衡组合曲线和热传驱动力图等。分析认为，兰州石化 46×10^4 t/a 乙烯装置换热网络系统在设计阶段已得到集成优化，冷物流、热物流能量整体得到了很好的利用，改善空间有限，仅初分馏单元急冷水系统、分离单元低压蒸汽换热网络有一定节能改善空间。

充分利用专家经验开展现场用能评估，结合校验后的乙烯装置全流程模型，提出优化方案 17 项，涉及裂解炉区 5 项，初分馏区 3 项，裂解气压缩区 2 项，分离区 4 项，制冷压缩区 3 项，方案全部实施后可节能 118.77kg（标准油）/t（原料）。

结合生产安排，兰州石化实际实施完成 12 项优化方案，经标定，实现了节能 65.23kg（标准油）/t（乙烯）、每吨乙烯增效 70.57 元。

2. 乙烯装置在线优化技术

乙烯装置在线优化技术采用面向方程（Equation-Oriented Approach）的流程模拟优化软件并与领先的乙烯裂解炉专用模拟软件相集成，对大型乙烯裂解装置建立了在线模拟和开环优化全流程模型，可自动从实时数据库导入操作数据，通过在线数据整定，针对节能和增效双目标，选取必要、合理的优化变量和约束变量，自动生成优化操作方案，通过指导现场操作使装置始终处于最佳运行状态，实现乙烯生产过程的在线优化。

吉林石化 70×10^4 t/a 乙烯装置在国内首次采用 ROMeo 软件与 SPYRO 软件集成建立了全流程模拟模型[4]。

装置在线优化是在乙烯装置稳态流程模拟的基础上，通过将模型与实时数据库相连接，建立带有控制点的在线模拟模型，然后通过优化软件的实时系统进行控制，最后实现在线优化运行，主要包括整定模型建立、优化模型建立、外部数据接口配置和实时系统配置等步骤[5]。

利用多级校验后的在线优化模型，每天执行模型整定、优化计算、方案审批、方案实施，实现了乙烯生产过程在线优化，保证装置始终处于最佳运行状态[6]。经标定考核，乙烯装置能耗降幅为 5.13%，每吨乙烯增效为 60.84 元。

同时，利用 TSM 软件，对乙烯装置换热网络开展夹点分析和系统优化，提出了 15 项节能投资改造方案。

3. 原料优化技术

针对兰州石化 46×10^4 t/a 乙烯装置所用乙烯原料，分别进行了裂解性能评价研究，提出了各种原料的最佳裂解条件和优化利用方案，表 16-2 为部分原料的优化利用方案列表。

表 16-2 兰州石化乙烯原料优化利用部分方案

项 目	链烷烃含量,%	乙烯收率,%	双烯收率,%	优化利用方式
2#轻烃	71.64	33.47	47.32	单独裂解或与优质石脑油混合裂解
外购油田戊烷	99.24	31.59	46.92	单独裂解或与优质石脑油混合裂解
外购油田液化气	97.82	41.18	50.56	单独裂解或与 C_2—C_4 混合裂解
外购库西石脑油	70.75	32.78	45.55	用作乙烯原料,石脑油混合裂解
外购奎屯石脑油	57.52	31.50	42.99	可切割不大于130℃馏分作为乙烯原料
乙烷、丙烷	97.16	38.84	49.15	单独裂解或两者共裂解
正丁烷	99.61	37.78	50.03	单独裂解
重整抽余油	93.23	31.87	46.59	单独裂解或与油田戊烷混合裂解

4. 乙烯原料近红外快速分析技术

在线近红外分析技术以分析系统的形式应用,包括在线近红外分析仪、分析模型、采样系统、样品处理系统、样品回收系统、仪表分析间及上位机控制、数据传输系统等。图 16-7 为乙烯原料在线分析系统结构设计示意图。图 16-8 显示了在线近红外光谱仪和分析小屋。

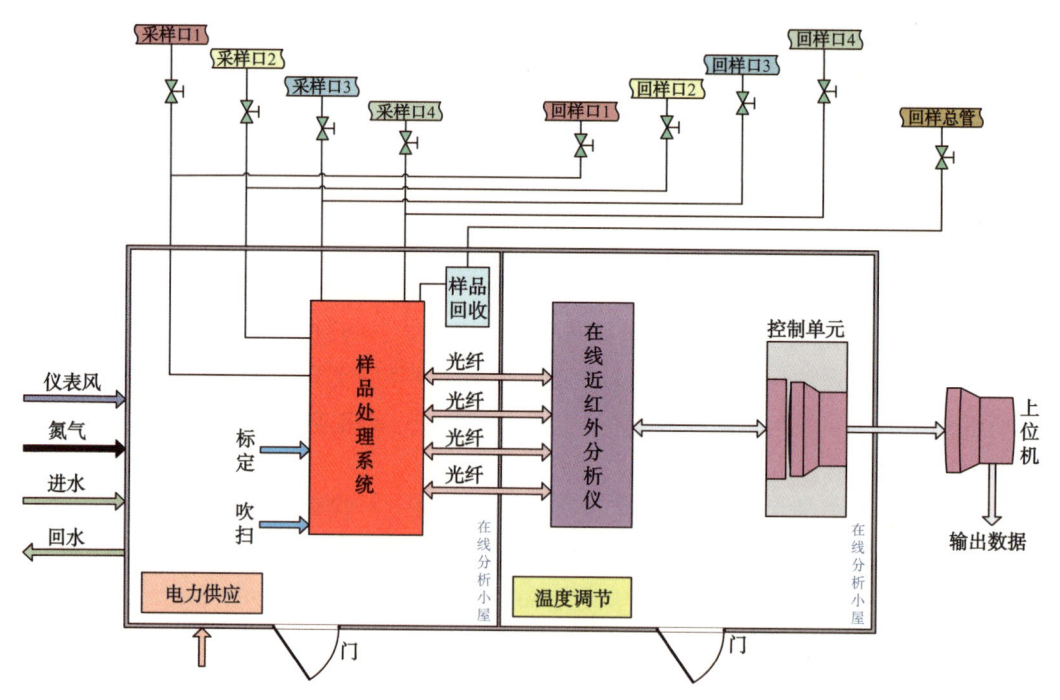

图 16-7 乙烯原料在线分析系统结构设计示意图

将在线近红外分析技术用于兰州石化 46×10^4t/a 乙烯装置裂解石脑油性质 [包括族组成、馏程、密度、特性因数、关联指数(BMCI)、平均相对分子质量等] 在线检测,以实现原料实时监控。

图 16-8　在线近红外光谱仪和分析小屋

经一段时间运行后，近红外分析结果可达到与标准分析方法结果一致，能够满足乙烯原料快速分析的目的，为乙烯原料优化和系统能量优化提供了支持。

5. 乙烯裂解炉优化控制技术

开发的乙烯裂解炉先进控制实现了加热炉 COT 温度标准偏差控制在 1℃以内、各通道之间的平均 COT 标准偏差控制在 1℃以内、裂解炉总进料流量波动下降 1% 的目标。采用先进控制技术后，装置抗干扰能力增强，COT 平稳率明显提升，关键工艺参数波动减少，实现了"卡边"控制。

第三节　公用工程能量系统优化技术

一、公用工程系统简介及用能特点

1. 公用工程系统简介

炼化企业的公用工程系统一般包括蒸汽动力系统、燃料系统、储运系统、空气压缩和分离系统、氢气系统、水系统、输配电系统及低温热系统等，其作用是将外部的一次能源（煤、石油、天然气、新鲜水等）转化为内部工艺制造过程需要的蒸汽、电、水、燃气及氢气、风等二次能源[7]。公用工程系统包含大量的能量转换和输送过程，其能量转换效率的高低直接影响企业的能耗和经济效益。以下着重介绍蒸汽动力系统、氢气系统、燃料系统和低温热系统。

（1）蒸汽动力系统。蒸汽动力系统是石油化工企业生产过程中，担负蒸汽生产、输送任务，回收及利用凝结水、余热、废气，提供热能动力，将各种装置和设备以蒸汽或热能形式联系在一起，并借助各种仪表所组成的统一、协调、平衡的系统。蒸汽动力系统一般包括锅炉房或热电站，辅助锅炉或开工锅炉，余热、废气回收、蒸汽过热装置，蒸汽输送、分配及平衡设施，蒸汽及热用户，工业及发电汽轮机，给水除氧及凝结水回收系统，燃气轮机等[8]。

（2）氢气系统。炼化企业的氢气系统由产氢过程、耗氢过程、氢气提纯净化单元及氢气管网组成。产氢过程主要向系统提供氢气，如连续重整副产氢、专门的制氢过程等；

耗氢过程包括加氢精制、加氢裂化、异构化过程等；氢气提纯净化单元通常指将低浓度氢气提纯到高浓度的过程或装置，如PSA吸附装置；氢气管网通常指连接产氢过程、耗氢过程或氢气提纯单元的输送管道。

（3）燃料系统。燃料系统是将不同来源燃料收集并储存，根据用户要求，调整燃料组成、热值、流量、压力、温度等参数，并将其分配至各用户的设施。按照燃料的类型，燃料系统可分为燃料气系统、燃料油系统和煤系统。其中，燃料气系统主要包括缓冲罐、预热器、气化器、过热器、燃料气收集和分配管道、自动化仪表和控制系统等；燃料油系统主要包括燃料油罐、供油泵、油加热器、油过滤器、供油及回油管道等[9]；煤系统主要包括煤场、输煤系统、碎煤机和磨煤机等。

（4）低温热系统。通常将未被工艺过程直接利用，但在当前技术经济条件下仍可被工艺或其他过程利用的高于环境温度的较低温位的热量称为低温热。炼化企业的低温热热源主要包括某些工艺物流、蒸汽凝结水和烟气等介质所携带的低品位能量；低温热阱主要包括轻烃分离等低温位再沸器、工艺进料预热等工艺热阱，以及采暖水、洗浴水的加热等生活热阱。低温热系统的设备组成一般包括换热设备、热网循环水泵、补水泵及其他附属设备等[10]。

2. 公用工程系统用能特点

公用工程系统是工艺过程必不可少的配套系统，其用能特点如下：

（1）与工艺过程密切关联与交叉。公用工程系统与工艺过程之间存在大量的能源与资源的交叉，例如，工艺过程中发生的蒸汽并入蒸汽管网中，工艺过程的低温热用于生水、除盐水的预热，各装置产生的干气纳入燃料系统中，含氢气体的回收与提纯等。

（2）涉及的面广、分散，多工况变化。公用工程可以提供各种形式的能源（如燃料、蒸汽、电力和循环水等），各种资源（如工业风、氮气、氢气、除盐水等），以及各种服务（如产品、半产品储存和运输，污水处理、废渣处理等）。公用工程系统贯穿于整个炼化企业之中，其操作随着加工量、生产方案和环境温度的变化而变化。

（3）既供能，又耗能。公用工程系统在向工艺过程提供能量的同时，其自身的运行也消耗了大量的能量。例如，蒸汽生产过程中的锅炉排烟损失、蒸汽管网散热和放空、循环水输送、瓦斯气回收压缩、氮气和氢气制备、罐区维温等，消耗了大量能量。

（4）满足工艺的"安、稳、长、满、优"的运行，必须具备必要的调节能力。公用工程必须满足装置正常运行、开工停工、事故、最大加工负荷和最小加工负荷、季度气候变化、生产方案变化等的调节需要。公用工程系统的能量系统优化也必须在上述基础上进行。

二、国内外公用工程能量系统优化技术现状

公用工程系统的常规节能优化一般从以下方面进行：更新淘汰低效高耗能设备、重点耗能设备节能改造和优化运行、保温保冷及伴热改造、蒸汽凝结水回收、乏汽回收等。近年来，国际石油公司和研究机构等在公用工程能量系统优化方面开展了大量的理论研究和实践应用，有效降低了炼化企业的运行成本，显著提高了企业经济效益。公用工程能量系统优化技术主要是运用过程系统工程理论，通过准确模拟公用工程系统，从系统流程设置、操作运行等方面进行系统优化，实现系统运行综合最优，在提高经济效益

的同时，实现整体能源利用效率的提升。以下重点介绍蒸汽动力系统、氢气系统、燃料系统和低温热系统。

1. 蒸汽动力系统

蒸汽动力系统是石化企业的重要组成部分，也是耗能大户。实施全厂蒸汽动力系统的优化是石化企业节能降耗的重要途径。20世纪80年代至今，以优化计算方法为支撑的蒸汽动力系统的优化研究比较活跃，夹点分析法、顶层分析法、数学规划法以及 R- 曲线、TotalSite 技术相继得到广泛应用。同时，在理论研究基础上，国内外相继研发了许多用于蒸汽动力系统优化的商品化软件，如 Aspen Utilities Planer、ProSteam、Site-Int、SPSOpti 等。

（1）蒸汽动力系统用能分析技术。R- 曲线是评价企业热电联产效率的一种有效的方法。图 16-9 显示了最大联产效率与电热比之间的关系，同时也显示了在一定要求电热比 R 时最佳的组合配置。其中，Q_{fuel} 表示产生全部蒸汽所消耗的热量（来自燃料）；Q_{heat} 为背压透平出口蒸汽为系统提供的热量；W 为联产得到的电功率；BPT 是背压透平；CT 是冷凝透平。对于一个给定的系统，R- 曲线能够表示随着 R 的变化，不同的热电联产系统组合所导致的转化效率的变化。对某一特定工厂的公用工程系统，实际操作的电热比及转化效率均已知，从 R- 曲线可反映出该厂公用工程系统处于最优状态下所能达到的最佳转化效率。工厂实际转化效率和理论上最佳转化效率之间的差距揭示了优化改造的潜力。

(a) 锅炉+背压透平+冷凝透平组合的原理图　　(b) 典型的 R- 曲线

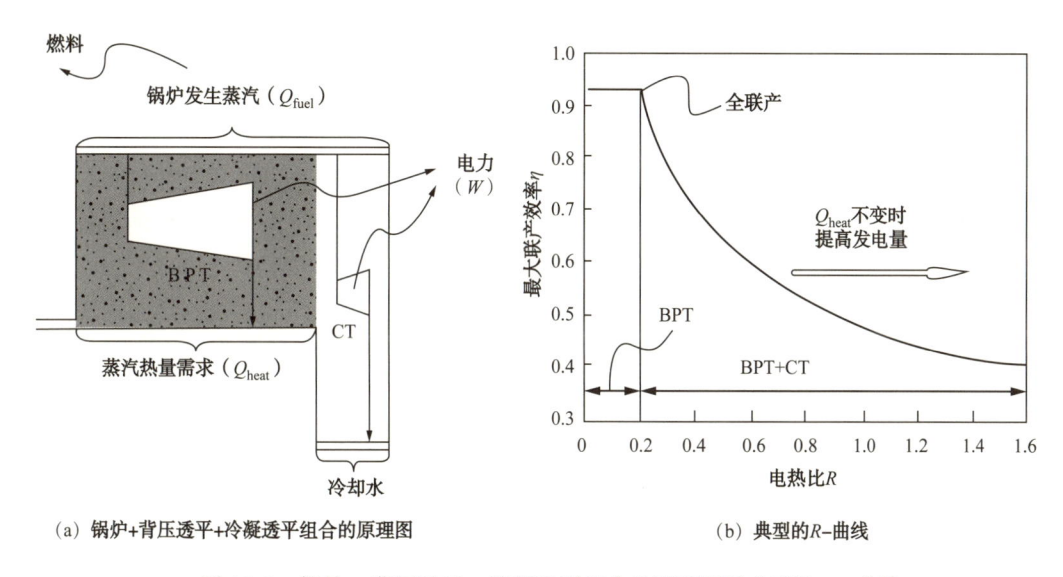

图 16-9　锅炉 + 背压透平 + 冷凝透平组合的原理图及典型的 R- 曲线

（2）蒸汽动力系统模拟技术。在蒸汽动力系统模拟方面，较为成熟的商业软件有 ProSteam 和 Aspen Utilities Planner 等。涉及的组分主要是水及蒸汽，物性计算方法根据压力和温度范围选择 STEAMNBS 或 STEAM-TA 方法。模型所需的数据主要是从外界进入的原始物流数据，如流量、温度、压力等；单元模块参数，如锅炉、汽轮机等设备数据、操作参数、模块功能选择信息等。根据企业所处地理位置的气候条件，宜选取冬季、夏季两个基准工况。

（3）蒸汽动力系统优化技术。在热电厂方面，可通过降低排烟温度、控制空气过剩系数、改善燃烧效果等措施，提高锅炉效率；通过优化凝汽器真空度、提高回热系统效率等，提高汽轮机组效率，同时优化锅炉、发电机组负荷分配。蒸汽输送环节要做好供热参数和管网布局优化，加强疏水阀和保温管理，降低管网热损、压损和漏损。在蒸汽使用环节，应实现蒸汽能量梯级利用，避免直接减温减压，同时做好乏汽和凝结水的回收利用，在工艺允许的前提下采用热水伴热替代蒸汽伴热。

2. 氢气系统

随着产品质量升级步伐加快，炼化企业氢气的消耗量大幅增加，氢气成本已成为企业原料成本中仅次于原油成本的第二成本要素[11]，氢气系统的能量系统优化对企业节能增效意义重大。

（1）氢气系统模拟技术。可以选择 H_2-int、Hydrogen Management Services 等专业优化分析软件，也可以采用 Aspen Plus 等通用流程模拟软件或自行编制的程序建立氢气系统模型[12]。建模所需的数据主要包括氢源和氢阱的流率、温度、压力、氢纯度、杂质含量等信息，如果还关注氢气管网的压力变化情况，则还需收集压缩机设备的相关信息。

（2）氢气系统流程优化技术。主要包括运用夹点分析法或超结构法优化氢气网络（包括氢源氢阱匹配和管网等级优化）、利用 PSA 及膜分离等技术回收利用氢气资源等。2001年，Hallale 等利用夹点法对某炼油厂氢气网络进行优化，年节约操作成本400万美元；2012年，国内首次将氢气网络优化技术推广到炼油厂工程设计中，郭亚逢等对某千万吨炼油厂进行氢网络优化，所得3种边界条件优化方案都能显著降低氢的总耗量和总成本[13]。

（3）氢气系统运行优化技术。主要是基于夹点分析法，根据耗氢装置的氢气需求预测，获得最优的产氢装置产氢策略和压缩机操作策略，保证氢气系统安全平稳运行，使得整个氢气系统的运行成本最低[14]。优化措施主要包括制氢装置水碳比等参数优化、重整和乙烯等装置副产氢量优化、耗氢装置用氢量和纯度需求优化、PSA 或膜分离的操作参数优化等。"十二五"期间，国内某企业开发实施了氢气系统监测与调度优化系统，以氢气系统总体经济效益最大化为目标，通过调整各加氢装置新氢及循环氢的量，以及考虑低品质重整氢的利用，降低煤制氢装置的供氢量，实现氢气系统的实时优化指导[15]。

3. 燃料系统

燃料系统是炼化企业能量系统的重要组成部分，但与蒸汽动力系统和氢气系统相比，过去在燃料系统优化领域的研究相对较少。然而，工业实践表明，通过优化能够显著提升燃料系统的效率。因此，近年来对燃料系统进行能量系统优化的研究和应用逐渐增多。

（1）燃料系统模拟技术。可以利用 Aspen Utilities Planner、ProSteam 或国内开发的瓦斯平衡与优化调度软件开展模拟优化。由于冬季、夏季对燃料的需求量不一样，因此需要分别建立冬季、夏季工况的模型。需要收集的数据主要包括燃料产量（购入量）、消耗量和组成，燃料管网流程图，加热炉、锅炉的设计数据和实际运行数据等。

（2）燃料系统流程优化技术。燃料系统的生产流程优化主要从燃料气回收流程优化、回收燃料气中的高效益组分、不同组成或不同压力等级的燃料气管网优化、增上气柜和压缩机等方面进行，以减少燃料气用量，熄灭火炬，降低瓦斯放空损失。Hasan 等开发了一个非线性程序来处理最优燃料气管网综合问题，据报道，该方法可以节省总能源费用40%~50%。Jagannath等提出了一个多周期两阶段规划模型，在第一阶段对瓦斯网络中设备的新增与否及尺寸大小进行确定，第二阶段对系统中的操作细节如流股流量、操作任务等进行确定。

（3）燃料系统运行优化技术。燃料系统运行优化一般围绕优化燃料品种、提高火炬气回收率、优化装置操作、减少燃料气排放等方面进行，降低系统的运行成本，避免乱排乱放现象的发生。炼厂燃料系统调度仍主要由调度人员凭经验执行，缺乏调度手段和调度优化。"十二五"期间，国内开发的瓦斯系统实时监控和优化调度平台，将基于经验的调度提升到基于模型的"事前调度"和"定量调度"，提高瓦斯系统的操作安全性和经济性，减少瓦斯放火炬时间，减少瓦斯系统补烃量[16]，为燃料系统调度优化提供了有益借鉴。

4. 低温热系统

对于加工量为 $500 \times 10^4 t/a$ 的炼厂，低温热负荷约为 50~100MW，有效利用率仅为 30%~70%，优化潜力巨大。为提高低温热的有效利用率，国内外相关研究机构和企业从利用方式、系统优化策略、优化利用技术等方面进行了大量的研究与实践，取得了显著成果。例如，低温热源范围从炼油区扩大到芳烃、化纤等化工区，热阱从炼油区扩大到石油化工区和社会园区等，系统复杂和集成程度大幅提高；利用方式从同级利用延伸至升级利用，低温热制冷、低温热升温、低温热发电等相关技术不断涌现。以下重点介绍低温热利用的主要途径、低温热系统模拟技术和低温热系统操作优化技术。

（1）低温热利用的主要途径。从低温热实际利用的主要方向来看，低温热利用途径可以分为同级利用和升级利用两类。其中，同级利用方式主要为采暖伴热、原料预热和工艺用热等。但是，由于同级利用常常受到季节的限制，易造成夏季全厂低温热大量过剩而浪费。因此，部分炼化企业采用低温热升级利用的方式，如热泵、朗肯循环发电和溴化锂制冷等技术，使低温热转变为工艺可用的动力、冷能或较高温位热量等，实现低温热全年的稳定使用。

（2）低温热系统模拟技术。炼化企业低温热系统模拟的界区一般包含低温热取出部分、热媒体输送及分配部分、低温热利用部分、后冷、缓冲罐及补水部分。低温热系统的模拟主要是平衡热源和热阱的负荷。为准确模拟热源物流的热负荷，应根据其物性选择适当的热力学方法，其余部分选择常规的状态方程或通用关联式等均可。低温热取出部分由于受上游换热流程和工艺变化的影响较大，同时为准确模拟热媒体出口温度，尽量采用严格换热器；低温热利用部分根据热阱负荷采用简单换热器即可，但应根据具体情况保持一定的传热温差，其余部分可简化处理。为准确模拟各点的温度与负荷，建议热媒体采用循环系统。

（3）低温热系统操作优化技术。主要包含回水温度、热水循环量、流量分配和热媒水加热蒸汽用量等方面的优化：回水温度优化是指将回水温度降低到合理的值；在一定的回水温度下，根据实际热源、热阱的温位和负荷情况，确定合理的热媒水循环量；热水流量分配优化包括取热热媒水流量分配和热媒水分配去热阱两方面，均根据传热温差、热负荷以及各路热媒水出口温度基本一致的原则进行优化；某些低温热系统会在热媒水出口集合总管线或某支路上设有蒸汽加热器，优化的原则是综合回水温度及热媒水循环量提高热媒水上水温度，并根据热阱用户具体情况适当减少蒸汽加热器的蒸汽用量。

三、中国石油公用工程能量系统优化技术研发及应用进展

"十一五"期间,针对单套装置、单台设备实施的常规节能技术已经在中国石油炼化业务得到了普遍推广应用,但由于技术和资金限制,在公用工程系统层面上以及公用工程系统与生产工艺流程结合层面上,所开展的系统优化较少,仍较为普遍地存在中压蒸汽直接减温减压使用、乏汽过剩放空和蒸汽作为伴热采暖使用等现象,一些企业还存在瓦斯不平衡(不得不通过火炬排放)以及低温热利用率低等问题。为此,"十二五"期间,中国石油通过实施节能专项投资项目、重大科技专项等,对炼化企业的公用工程系统优化进行了深入研究,在蒸汽动力系统优化、氢气系统优化、燃料系统优化和低温热综合利用等方面取得了新的进展,并研究形成了《炼化一体化公用工程能量系统优化技术导则》,开发了《热电联产节能潜力量化计算与分析系统》《氢气网络夹点分析及优化系统》两个系统并获得了软件著作权,有力支持了炼化企业的降本增效。

1. 蒸汽动力系统

2008年,中国石油在"炼化能量系统优化研究"重大科技专项中引进ProSteam和SuperTarget等公用工程系统软件,开展了公用工程系统优化和工艺装置之间用能整合优化,在锦州石化、兰州石化等企业获得良好的节能效果。2009年,引进Aspen Utilities Planner软件,用于石化企业蒸汽动力系统的操作运行优化,将全厂能量一体化和R-曲线等技术应用于长庆石化公司、克拉玛依石化等企业,获得了良好应用效果。中国石油下属11家企业的应用结果表明,蒸汽动力系统优化技术通过操作调整和设计改造,可以减少全厂公用工程系统燃料、蒸汽、电力和水等能源的消耗,不仅能协助企业完成节能降耗任务,同时也为企业带来良好的经济效益。同时,成功应用经验表明,蒸汽动力系统优化技术已经成为中国石油科研、设计部门以及生产企业不可或缺的技术。

以下以中国石油某加工量为 650×10^4 t/a 炼化企业的蒸汽系统节能改造为例对蒸汽动力系统进行介绍。

(1)现状分析。该企业原平衡3.5MPa中压蒸汽管网和1.0MPa低压蒸汽管网的方式是减温减压,每小时有60t以上的3.5MPa蒸汽通过减温减压的方式补入1.0MPa蒸汽管网,同时夏季蒸汽总量过剩,部分1.0MPa蒸汽外排;二套催化装置由于原料性质发生变化,导致其产出的3.5MPa蒸汽时多时少,在厂东经常发生蒸汽顶牛问题,造成中压蒸汽温度下降、带水,影响机组的安全运行;尿素装置在夏季时原采用地下水作为套管换热器冷却介质,现根据国家工业用水禁止使用地下水的相关要求,已无法采用地下水为套管换热器冷却,若采用循环水作为冷却介质,则给水温度过高,无法满足套管换热器的冷却需求。

(2)数据收集。收集的数据主要包括冬季、夏季全厂3.5MPa蒸汽和1.0MPa蒸汽的产耗情况。

(3)模型建立。利用Aspen Utilities Planner软件搭建了全厂蒸汽动力系统的冬季、夏季模型。

(4)优化方案制订。结合模型计算综合分析,研究提出一套系统优化措施:一是投用已施工完毕的重油催化裂化蒸汽发电机组,解决当前工况下蒸汽外排的问题,减少3.5MPa蒸汽减温减压量40t/h;二是在厂西第九循环水场增设1台3.5MPa蒸汽背压透平,

代替 1 台水泵，减少 3.5MPa 蒸汽减温减压量 18t/h；三是在厂东第一循环水场增设双螺杆膨胀动力机 1 台，替代电动机驱动水泵，消耗过剩的 3.5MPa 蒸汽 10t/h；四是新建溴化锂制冷站一座，利用螺杆机产生的 0.5MPa/272℃过热蒸汽（9.894t/h）作为溴化锂机组动力，在夏季为尿素脱蜡装置提供冷却水 280t/h；将第一循环水场泵房部分螺杆机出口蒸汽线（夏季 0.1~2.5t/h，冬季 10t/h）引一条分支送至气体分离装置脱丙烷塔重沸器蒸汽入口调节阀后。该方案全年满负荷正常运行预计可节电 4.43×10^6 kW·h，同时消耗过剩的 3.5MPa 蒸汽，并为尿素装置提供冷却水。

2. 氢气系统

中国石油以氢夹点分析方法为基础，通过从炼厂富氢气体回收氢气资源减少排氢量、增设氢气提纯设施、制氢装置水碳比等参数优化、重整和乙烯等装置副产氢量优化、耗氢装置用氢量和纯度需求优化、PSA 或膜分离的操作参数优化等措施，有效降低了制氢装置的加工负荷，实现了"浓度对口、梯级利用"及产氢供氢的平衡。同时，开发形成《氢气网络夹点分析及优化系统》，具体功能包括：氢源、氢阱组合曲线的计算和绘制；氢气网络剩余氢量的计算和剩余氢量图绘制；计算系统氢气的最小用量或最低浓度要求，得到氢气网络优化潜力；自动求解多工况下的氢气网络最优匹配方式等。

以下以中国石油某加工量为 600×10^4 t/a 炼化企业的全厂氢气系统优化为例对氢气系统进行介绍。

（1）现状分析。该企业共有 7 套加氢装置，氢气系统本来平衡，但由于新建 60×10^4 t/a 催化重整装置、120×10^4 t/a 柴油加氢改质装置即将投产，30×10^4 t/a 催化重整装置计划停工，新工况下公司产氢、用氢情况将发生变化，其中，产氢量合计 60400m³/h，耗氢量合计 70200m³/h，氢气缺口 9800m³/h。

（2）数据收集。收集的数据主要包括各装置氢气的流量、压力、氢气纯度以及 H_2S、NH_3、CO、CO_2 等杂质含量等。

（3）模型建立。依照氢夹点的分析步骤，首先将氢源和氢阱的纯度按照降序排列，然后以氢气纯度为纵坐标，流量为横坐标分别绘制氢源和氢阱的流量—纯度复合曲线，再绘制剩余氢曲线。

（4）优化方案制订。通过对全厂产氢装置、用氢装置进行综合研究分析，结合剩余氢曲线，并充分考虑新装置投产和老装置停产后的氢气平衡，研究提出全厂氢气系统优化方案。即考虑氢气的梯级利用，对于气体压力、氢气浓度均较高的氢气，通过膜分离装置加跨线改造，将Ⅰ套、Ⅱ套高压加氢装置的高分气直接供给 90×10^4 t/a 汽柴油加氢装置使用；对于压力适中、浓度也适中的氢气，经现有低分气系统经脱硫后压缩至Ⅰ套催化重整现有的 PSA 系统进一步处理产出高纯氢；对于压力低或浓度不高的氢气，通过新建一套年产 1.02×10^8 m³ 氢气的氢气回收装置，回收全厂燃料气及放空气中氢气并提纯，保证全厂氢气平衡。优化后，全厂氢气富余 850m³/h，可通过对制氢装置负荷的适当调整使全厂氢气供需达到平衡状态。新建氢气回收装置的综合能耗预计比制氢装置低 534.77kg（标准油）/t，相当于节能 7009t（标准煤）/a；增设氢气回收装置后，年节约纯氢 1.02×10^8 m³，相当于年增效 1293 万元。

3. 燃料系统

中国石油因地制宜，通过以煤代油/煤代气优化运行、热联合、优化装置操作参数、降低燃料气管网压力、消灭不合理的瓦斯排放点和控制瓦斯排放量、瓦斯回收工艺改进等一系列措施,节约了燃料成本,减少了燃料气用量,减少了高附加值液态烃的低值使用,多数企业熄灭了火炬,降低了瓦斯放空损失。同时,部分炼化企业建立了燃料系统的模拟模型,为燃料系统平衡统计和优化计算等提供了定量依据。

以下以中国石油某 600×10^4t/a 炼化企业的燃料系统以煤代气优化运行为例对燃料系统进行介绍。

(1) 现状分析。该炼化企业利用大检修契机对全公司炼厂气、天然气系统管网进行了优化改造,完成了天然气、炼厂气管网扩容及重新布局,新增一制氢装置为炼厂气用户,新增焦化、重整、脱硫火炬系统、焚烧炉和加氢装置等为天然气用户。该企业热电厂有4台锅炉,均为燃煤燃气混烧炉,实际生产以燃煤为主,燃气为辅。为保证事故状况下锅炉能快速恢复运行,实际运行时每台锅炉始终保留一个燃气火嘴,因此,4台锅炉所需燃气量不得低于 $1500m^3/h$。2010 年前 9 个月热电厂锅炉实际消耗炼厂气平均为 $1891m^3/h$。由于燃煤价格便宜,若优化燃料气的匹配,使炼油装置多燃烧炼厂气以替代部分天然气,同时只保证热电厂维持锅炉安全最低用气,可节约燃料成本。

(2) 数据收集。收集的数据包括该公司 2008 年夏季(8月)和冬季(12月)燃料气系统输入和消耗的相关数据、燃料气的组成、加热炉的操作参数等。

(3) 模型建立。对收集的数据进行处理后,利用 Aspen Utilities Planner 软件建立燃料系统的模拟模型,该模型以全公司的燃料管网流程为基础,模拟计算了各装置的所有加热炉的排烟温度、氧含量与加热炉热效率、燃料消耗量之间的关系。

(4) 优化方案制订。通过计算分析得出,将一制氢装置的燃料由天然气切换成炼厂气,可实现去热电厂锅炉的炼厂气量降低并维持在 $1500m^3/h$,达到燃料的平衡。

(5) 实施效果评价。该优化方案实施后,减少了天然气消耗,实现年增效 147 万元。

4. 低温热系统

"十一五""十二五"期间,中国石油开展了大量的工作对炼化企业低温热进行回收利用;同时,通过热联合等手段尽可能减少低温热的产生,大幅提高了低温热利用率。低温热的回收利用,降低了企业蒸汽尤其是低压蒸汽的消耗,节能和降本效果明显。

以中国石油某炼油企业为例,该企业原有 3 套相互独立的低温余热系统,包括 1 套以常减压装置为热源的低温热水系统、1 套以溶剂脱沥青装置为热源的低温热水系统和 1 套以催化裂化装置为热源的低温热水系统。

(1) 现状分析与数据收集。该炼油厂具有低温热资源并可能进行回收的装置有常减压装置、溶剂脱沥青装置、催化裂化装置、制氢装置、重整装置和加氢裂化装置,热量合计 5925×10^4kcal/h。该炼油厂低温热阱包括工艺类热阱和采暖伴热类热阱,冬季热量合计 4476×10^4kcal/h,夏季热量合计 2722×10^4kcal/h。从统计数据来看,冬季和夏季全厂低温热源的负荷均大于低温热阱的负荷,因而减少低温热的产生才是低温热系统优化的根本之道。

(2) 原有低温热系统存在 3 个主要问题:①热量回收不充分。常减压装置的热量回收率仅为 59.7%,主要原因是常减压装置低温热是一个独立的密闭系统,在该区域缺乏热阱。催化裂化装置的低温热资源回收率为 86.3%,没有充分回收,主要原因为催化裂化装置的低温热水系统的回水温度较高(约为80℃),导致装置低温热不能充分取出。制氢装置、重整装置和加氢裂化装置的低温热资源没有得到回收。②热阱发掘不充分。常减压装置低温热回收之后只有冬季在装置伴热上使用了一点，利用率为7.7%，夏季利用率为0，大部分低温热通过循环水后冷将热水冷却到适当的温度返回装置再取热。溶剂脱沥青装置热水通过空气冷却器冷却返回装置取热，低温热利用率为0。催化裂化装置低温热的利用率在冬季为69.5%，在夏季为70.2%。全厂低温热资源的利用率在冬季为27.4%，在夏季为26.2%，可见冬季、夏季低温热利用率都较低。全厂还有大量的低温热阱没有得到充分利用，如动力除盐水加热，原油灌区的维温，冬季催化装置溴化锂制冷、冬季生活区采暖及生活区洗浴等。③流程结构不合理。原有的三套低温热系统是相互独立的，常减压装置和溶剂脱沥青装置的低温热由于附近没有热阱造成热量利用率几乎为0。而催化裂化装置的溴化锂制冷机组（冬季没有投用）和附近的动力除盐水由于热源限制等原因没有投用，全厂热源与热阱结构匹配欠合理，低温热系统缺乏柔性调节。

（3）低温热系统优化。通过工艺和换热网络优化，减少了全厂低温热产生。在此基础上，在全厂建立西区热水系统和东区热水系统两个热水系统：①西区热水系统即催化热水系统，收集催化装置的低温热源用于气体分离装置丙烯塔、脱乙烷塔再沸器热源及原料预热，并部分用于该装置伴热和用于动力生水加热。与原催化热水系统基本一致，但由于催化装置经能量系统优化后热源减少，因此，低温热用户也应相应减少，根据热源减少的状况，将冬季厂区采暖和夏季溴化锂制冷两个用户刨除。同时调整热水系统的操作，热水后冷温度降低至75℃。②东区热水系统冬季运行时的热源以常减压装置、催化原料预处理装置和制氢装置为主，热阱包括苯抽提装置伴热、老制冷机组低温热制冷、动力除盐水加热、厂区和生活区采暖以及生活区洗浴用水加热。低温热系统优化后，炼油厂的低温热利用率大幅上升，同时系统柔性得到提高。

第四节 炼化能源管理系统

一、能源管理系统简介

能源管理系统（EMS）是一种基于网络、计算机等先进技术的现代化能源管理工具和平台，可对企业能耗数据进行采集、存储、处理、统计、查询和分析，提供企业能源消耗计划、能耗核算及定额管理，对企业能源消耗进行动态监控、分析诊断和在线运行优化，实现节能绩效的科学有效管理及能源效率的持续改进。

随着能源资源的日趋紧张和能源需求量的日益增加，能源成本在企业操作成本中的比例逐步加大，这也使得企业管理者和生产操作者不得不从降低企业经营成本、提高企业综合竞争力的角度出发，努力加强企业能源管理工作的力度。但是，如何根据企业生产计划及时制订能源采购和使用计划，如何对各生产工艺中的能源消耗状况进行监控和统计分析，如何依照生产操作参数的变化及时对水、电、汽、燃料等进行调度，如何实现企业管理层对生产过程能源消耗趋势和能源利用水平的合理分析及全面监控，如何在能耗统计和监控的基础上寻找节能潜力、制定节能措施，仍然是企业在提高能源管理水平和降低能源成本过程中面临的突出问题。因此，企业迫切需要获得一种能源管控一体化的解决方案，而能源管理系统的日益成熟和广泛应用正为企业能源信息化管理和能效持续改进提供了一种有效途径。

近年来，随着炼化企业能源管理系统功能的逐步细化和深入开发，能源管理系统已在最初主要用于能耗指标统计、对比、展示的基础上，通过结合使用公用工程系统模拟、数据在线整定、公用工程系统优化等技术，进一步实现了公用工程系统在线操作优化及计划优化。从企业经济效益最大化的角度考虑，能源管理系统必将与生产工艺过程进一步紧密结合，通过与流程模拟技术、优化技术、先进控制技术等的集成，实现生产效益最大化基础上的炼化企业能源使用全过程管理与控制。随着原油加工深度的增加、化工产品的多元化以及原料性质、产品要求、加工方案等的变化，能源管控系统未来将进一步结合云计算等信息化技术手段，实现炼化企业能源转换、利用和回收全过程的智能化管控。

二、国内外能源管理系统现状

1. 国外炼化能源管理系统应用情况

从20世纪80年代后期开始，随着流程工业过程控制和生产技术水平的日益提高，国外炼厂为实现降低经营成本、提高综合效益，已经开始进行炼化生产过程能源利用的精细化管理和优化。利用能源管理系统对能源消耗进行监控、分析和诊断已经成为国际大型石油公司实施能源管理和能效改进的重要手段。

在能源的统计展示应用方面，国外大型石化公司通常应用成熟的商业化能耗统计及监控软件产品，如 Monitor-Pro 5、Montage、Enterprize EM 等。在能源统计展示的基础上，国外部分炼化企业逐渐将公用工程优化管理功能集成到能源管理系统中，在实现企业能源使用情况的可视化的基础上，通过设置总部、炼厂、装置、单元等不同层面的能源优化参数和能源管理目标，进一步实现了企业用能问题的逐级溯源和能源管理系统的功能升级。此外，为确保系统优化效果，国外先进企业一般均会配备专门的优化工程师，并保证能源计量器具配备率及准确性。据了解，埃克森美孚、Valero公司、科威特国家石油公司、壳牌、雪佛龙等均建设了包括公用工程系统优化功能的能源管理系统，部分先进企业已经实现了公用工程系统的闭环优化。一般来说，国外公司进行公用工程系统优化所用的软件工具通常为 Aspen 公司开发的 Aspen Utilities Planner 和 Aspen Utilities Online Optimizer，横河公司开发的 Visual MESA 软件或 KBC 公司开发的 OptiSteam 软件。某国外公司能源管理系统展示界面及公用工程系统模型界面如图16-10和图16-11所示。

图 16-10 某国外公司 EMS 系统展示界面

已有少数先进的炼化企业在集成公用工程系统优化的基础上，将工艺装置优化功能集成到能源管理系统，可以将生产过程与能源供给有机结合起来，同时为企业工艺操作和公用工程运行提供优化目标，实现全厂能源利用的持续管控与优化，在先进控制系统的配合下还可以进一步实现全厂的闭环优化，即实现对企业能源利用全过程的优化控制。

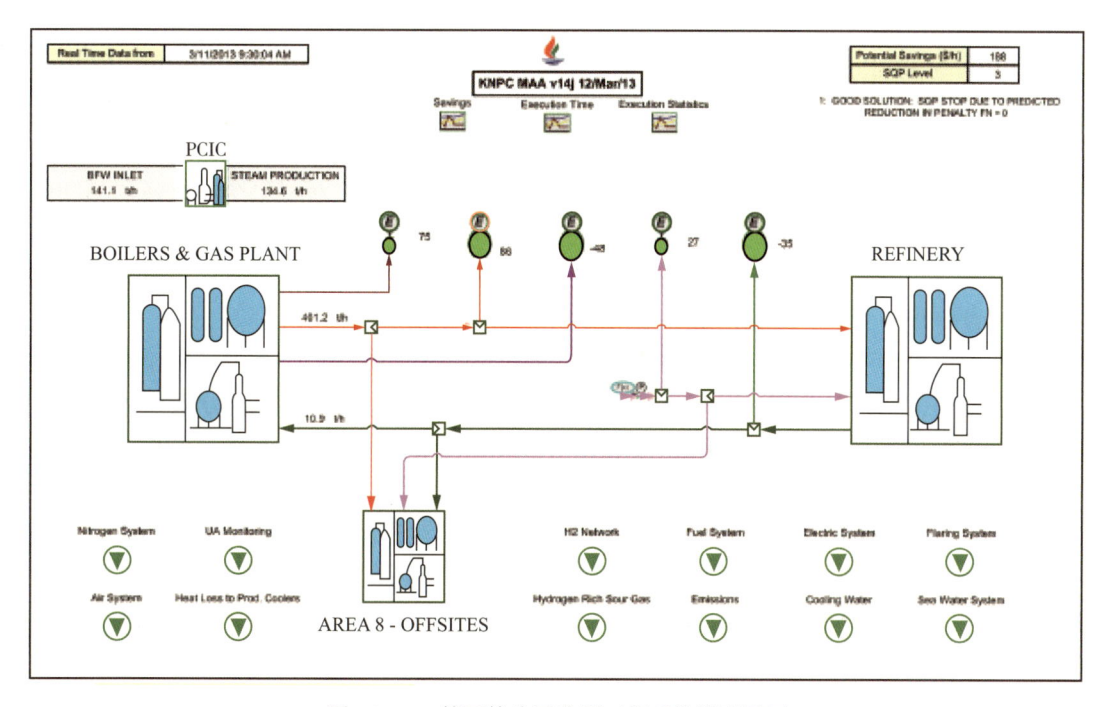

图 16-11　某国外公司公用工程系统模型界面

2. 国内炼化能源管理系统应用情况

国内炼化企业的能源利用水平长期以来落后于国外先进企业，一方面是由于生产技术水平的差距，另一方面也与以前能源管理较为粗放有关。随着全球气候变暖，国内外对节能减排的重视程度越来越高，国内炼化企业也在逐渐提升能源管理水平。近年来，随着能量系统优化理念在企业的深入、能源管理技术的发展以及企业信息化水平的提升，越来越多企业不满足于仅仅实现能源消耗量的在线统计、历史数据对比分析与图形化展示，新建设的系统多为以公用工程系统优化为核心的能源管理系统。由于现场仪表条件及自控水平的原因，国内尚没有炼化企业实现覆盖公用工程侧和工艺侧闭环优化的能源管理系统，也未查得公开发表的相关文献及信息。

国内炼化企业应用的能源管理系统多根据企业节能管理等具体要求进行定制化开发，除了具有能耗数据采集及在线统计分析等功能外，还具有年度节能量分解与考核、装置能耗定额管理、不同企业间能耗指标对比与分析等功能。例如，国内某炼化企业通过能源管理系统的定制开发和应用，实现了能源数据和指标评价分析可视化，管理人员可以直接基于系统进行能源生产消耗、能源仪表条件、管网差异情况、主要指标趋势及影响因素的查看和分析。另外，还实现了对设备整体运行情况的动态监控，以及对能源消耗关键装置的关键工艺点进行监控、报警及趋势展示。基于以上动态监控功能，能源管理人员可以在第一时间发现用户侧异常，及时进行调整应对。

- 409 -

近年来，随着国内炼化企业节能压力的增加和节能意识的增强，企业逐渐开始建立以公用工程系统优化为核心功能的能源管理系统。中国石化等企业均在原有能源管理系统的基础上进一步开发公用工程系统优化功能，包括能源平衡、公用工程系统优化调度等功能，均提高了企业能源利用水平，实现了能源成本的显著下降。例如，国内某企业能源管理系统已具备了蒸汽动力系统优化及蒸汽管网优化功能[17]。据了解，在不改变热电厂现有运行方式的基础上，根据汽轮机各级的级间效率优化汽轮机负荷分配，实现小时优化效益3223元，年效益在600万元以上[17]。另外，国内部分炼化企业还通过应用燃料、氢气和蒸汽等在线调度优化系统，实现了部分公用工程系统调度层面的优化管理。例如，中国石化某炼油企业与国内技术公司合作，实现了全厂瓦斯系统、氢气系统的产耗预测和优化调度。此外，中国石油、中国石化所属的多家炼油企业采用PROSS蒸汽调度软件，通过所建立的蒸汽管网严格模型和在线数据模拟实际蒸汽系统的运行状况，实现了对企业蒸汽系统日常管理调度和运行诊断等的决策支持。

综合国内外经验，得出：首先，能源管理系统作用的发挥很大程度上受限于企业能源计量仪表及自采系统的配备率，即炼化企业所消耗的电力、蒸汽、燃料、水等主要耗能工质的三级以上仪表配备率需达到国家标准要求，并需将不具备数据采集接口的机械表更换为智能仪表。国内炼化企业由于历史沿袭和企业资金限制等因素，电力、水等耗能工质的二级、三级计量多未实现自动采集，导致一些企业已建成能源管理系统的数据人工录入量大、能耗指标等绩效参数未完全实现实时统计，进而对能源管理系统的应用效果产生一定影响。其次，以公用工程系统优化为核心的能源管理系统能够根据生产需求的变化，及时提出公用工程系统的详细优化方案，并实现蒸汽减温减压量、放空量等能源绩效指标的持续监控，从而有效减少全厂蒸汽、燃料及电力的消耗，降低操作成本。但是，公用工程在线优化的有效运行依赖于模拟模型的及时更新、实时数据的科学整定和企业相关管理程序的合理有序。由于多数企业无法实现公用工程闭环优化，因此，国外炼化企业均配备了优化工程师，以确保提出的操作优化建议得以顺利实施。此外，为确保公用工程计划优化功能的实现，主要装置原料性质、产品要求等与能源需求量之间合理数学关系的建立及更新也十分重要。

三、中国石油炼化能源管理系统建设及应用进展

2009年以前，中国石油所属的少数炼化企业通过与外部公司合作的方式，已经陆续自主开发了一些以能源管理功能为主的信息化系统，以提升企业的能源管理水平和管理效率。2009年，中国石油依托"炼化能量系统优化研究"重大科技专项研究，分别在锦州石化、兰州石化、克拉玛依石化开展能源管理系统试点建设，从总部层面正式开展炼化企业能源管理系统的研究和建设。2012年，三家试点企业分别完成了能源管理系统开发和上线运行，有力支持了企业能耗计划的制订与执行、绩效考核以及能源消耗持续改进的整个业务流程，大幅减少了人工投入、提升了管理效率，兰州石化和克拉玛依石化还进一步实现了蒸汽动力系统在线优化。锦州石化能源管理系统可提供生产装置、公用工程系统能源消耗的实时数据，并集成流程模拟软件，可支持技术人员进行流程模拟、优化分析及成果展示。同时，还可支持企业能耗计划制订与执行、绩效考核及能源消耗持续改进的整个管理业务流程的信息化处理工作，使全厂能量管理实现统一化、系统化和专业化。锦州石化能源管理系统架构及部分应用界面如图16-12至图16-14所示。

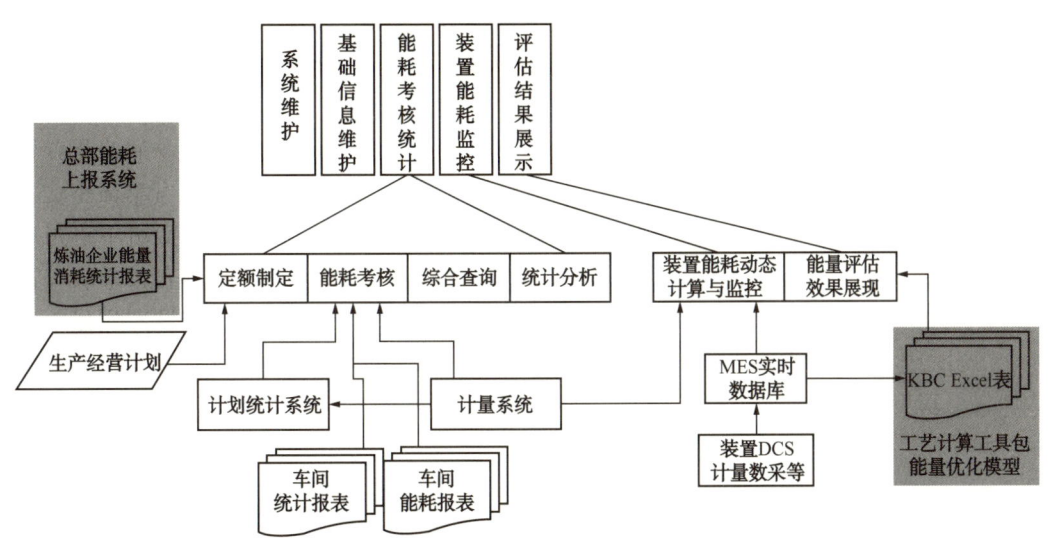

图 16-12 锦州石化能源管理系统架构

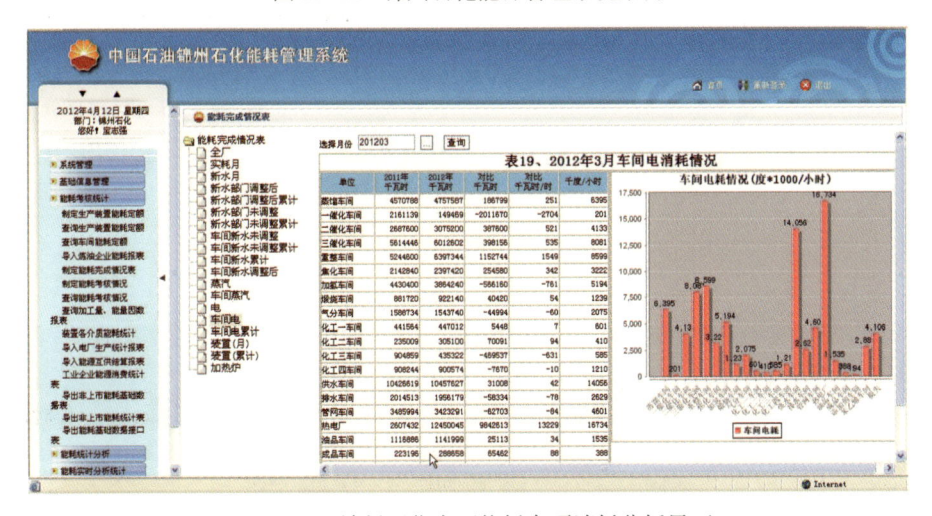

图 16-13 锦州石化全厂能耗专项消耗分析界面

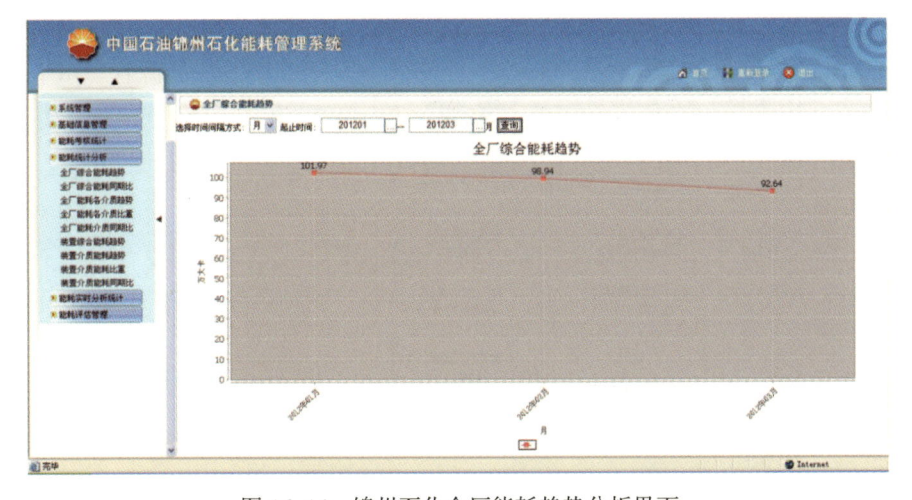

图 16-14 锦州石化全厂能耗趋势分析界面

兰州石化能源管理系统分为系统管理、权限管理、数据维护、能耗评价、设备能效监测、节能项目管理等功能模块。其中，能耗评价是系统的核心功能之一，可以实现对兰州石化各层级能耗的钻取式查询、分析，不同层级对能源系统的管理颗粒度不同，分为公司级能耗分析和分厂级能耗分析，能耗展示及分析界面如图16-15所示。另外，节能项目管理也是系统的重要组成部分，通过节能项目组态维护、自定义关键绩效指标等功能，该系统实现了节能措施节能效果的动态跟踪管理与全面展示，节能项目管理界面如图16-16所示。该系统以Web方式发布，上线运行后，各级管理人员和工程技术人员均已实现随时通过局域网查询石化公司公用工程系统（蒸汽、燃料、氢气、除盐水、电力）运行状况，促进了公司节能管理工作从事后管理向事中及事前管理转变，提高了公司能源管理水平。

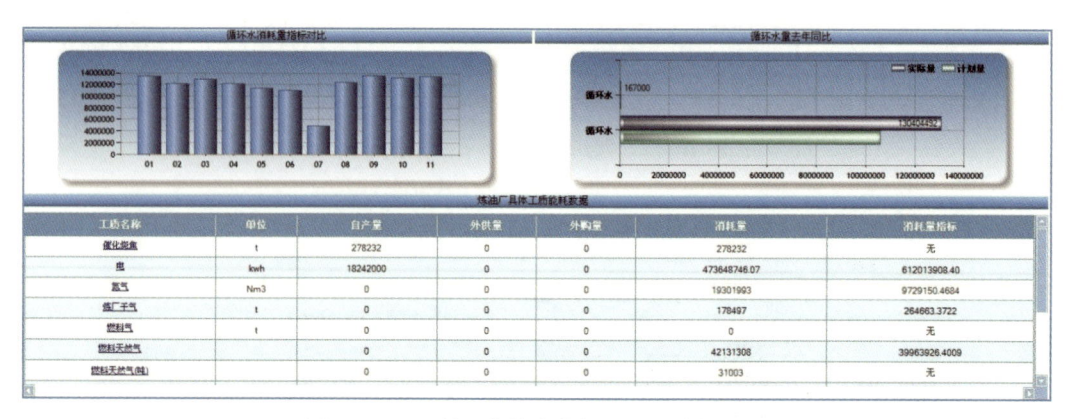

图16-15　兰州石化综合能耗展示及分析界面

图16-16　兰州石化节能项目管理界面

在能源管理基础上，兰州石化进一步基于 Visual MESA 软件建立了包含公司级、分厂级、装置级、重点产用能设备的四级模拟模型，开发了公用工程系统在线优化功能，并完成了该功能与能源管理功能的有机整合，实现了能源管理系统的升级。系统范围涵盖全公司蒸汽、电力、除盐水、燃料和氢气等公用工程系统，并通过数据实时采集与优化计算，实现了公用工程系统在线开环优化和计划优化。该系统于 2011 年 4 月正式上线运行，每 40 分钟自动计算在运行成本最小的情况下，当前公用工程系统的调整优化建议，优化建议经各个相关单位生产运行指挥人员审核后执行。根据上线 20 天后的稳定运行统计，实现年节能量超过 500t 标准煤，年增效超过 255 万元，节能和增效效果显著。

克拉玛依石化的能源管理系统在实现企业日常节能管理功能需求的基础上，以 Aspen Utilities Planner 软件为基础，同样围绕公用工程买卖、公用工程设备操作和公用工程消耗等一系列业务流程进行优化管理，模型范围涵盖蒸汽系统、燃料系统、电力系统、氢气系统和氮气系统。系统实现了公用工程的在线开环优化，也可以进行公用工程系统离线计划分析和工况研究。

系统自 2012 年 4 月正式上线以来运行良好，离线优化已为企业生产计划优化提供支持；在线优化系统每 15 分钟运行一次，根据当前工艺装置对公用工程的需求和公用工程价格，为操作人员如何用最低成本、最好配置来运行公用工程系统提供在线建议。优化建议报告界面如图 16-17 所示。系统运行后节能和增效效果显著，仅统计提出的两项优化方案，已实现年节能量超过 8000t 标准煤，年增效超过 1600 万元。

图 16-17　克拉玛依石化优化建议报告界面

第五节　炼化节水技术

近年来，随着国家对节水工作要求的日益严格以及企业自身降本增效的迫切需求，在石油石化等重点耗水行业涌现出许多节水技术，多数节水技术已在中国石油炼化企业成功应用。对这些节水技术进行总结分析，可为企业合理选择节水技术提供经验借鉴，有利于提高集团公司炼化企业节水能力和水平，促进企业完成节水任务，加快推进节水型企业的建设。

一、炼化节水技术概述

通过对国内外炼化节水技术的深入调研分析，得出在企业应用效果较好的代表性节水与处理技术（表16-3）。

表16-3　炼化代表性节水技术列表

序号	类别	分序号	技术及方法
1	输水系统	1	地下水管网测漏技术
2		2	地下金属管道阴极保护技术
3	化学水制水系统	1	"两级反渗透+电去离子"除盐技术
4		2	"阴阳床+混床"离子交换技术
5		3	低温多效海水淡化技术
6		4	原水纤维过滤技术
7		5	反渗透浓水回收技术
8		6	锅炉水有机处理剂
9	循环水系统	1	SmatFed自动加药及在线监测技术
10		2	3D-Trasar高浓缩倍数水处理工艺
11		3	循环水场凉水塔蒸发水汽回收技术
12		4	循环水场凉水塔降雾节水技术
13		5	循环水全自动旁滤技术
14		6	循环水在线油分监测技术
15		7	循环水场排污水处理回用技术
16		8	循环水系统集成优化技术
17		9	循环水分子振波处理技术
18		10	板式空气冷却器技术
19		11	海水循环冷却技术
20		12	溴化锂低温热制冷技术
21	凝结水回收处理系统	1	凝结水类萃取除油除铁技术
22		2	凝结水陶瓷膜除油除铁技术
23		3	凝结水分子膜超微过滤组合多官能团吸附技术
24		4	凝结水复合双层膜精处理技术
25		5	高温凝结水闭式回收技术
26		6	除氧器乏汽回收技术
27		7	尿素凝结水深度水解解吸技术

续表

序号	类别	分序号	技术及方法
28	污水处理回用系统	1	气浮—纯氧曝气—二沉池—LINPOR—砂滤—活性炭过滤工艺技术
29		2	曝气生物滤池—多介质过滤—超滤工艺技术
30		3	杀菌+除味+过滤+水质稳定工艺技术
31		4	气浮—曝气生物滤池—絮凝沉淀—超滤—反渗透工艺技术
32		5	流化床生物膜反应器—气浮—超滤—反渗透工艺技术
33		6	碱渣污水高效生物处理技术
34	其他技术	1	水系统集成优化技术

从表16-3中可以得到，炼化用水环节较多，涉及的节水技术也较多，以下仅对部分典型节水与处理技术进行概述。

1. 输水系统节水技术

应用于输水系统的节水技术主要有地下水管网测漏技术和地下金属管道阴极保护技术。

（1）地下水管网测漏技术。

常用的地下水管网测漏技术主要有听检漏法、相关仪检漏法、电法测漏技术和噪声记录相关法等。地下水管网测漏技术适用于市政和企业输水管网的测漏工作，可检测金属及非金属材质的管道，可解决在复杂环境和装置区漏水检测问题，漏点的定位在1m以内，测量的准确率达到90%。该技术的缺点在于：设备投资较大，相关设备维护检修费用高；在装置区内或者周边环境嘈杂、振动设备分布较密的地区，检测效果有所下降。

（2）地下金属管道阴极保护技术。

钢制管道在土壤环境中的腐蚀主要为电化学过程，腐蚀原电池是其最基本的形式。土壤环境经测定和评价为腐蚀性强、较强和中等的，一般都应进行阴极保护。阴极保护有强制电流和牺牲阳极两种基本方法。

2. 化学水制水系统节水技术

（1）原水纤维过滤技术。

原水预处理系统是化学水处理的重要环节，原水水质的好坏直接影响后续水处理设备的正常运行及脱盐水的水质。纤维过滤技术采用纤维作为滤元，纤维是一种能弯曲的柔软材料，其滤料直径可达几十微米，并且在滤料层中存在着大量的缝隙空间。在过滤操作过程中，通过控制对纤维束的挤压条件就可以得到不同的纤维孔隙率，过滤器的效率和阻力就可以控制在设定的范围内，解决了传统的过滤设备无阀滤池、虹吸滤池、机械式过滤器等均采用颗粒状滤料（如石英砂）进行过滤，过滤精度受滤料粒径限制较大的问题。微小的滤料直径，增加了滤料的比表面积和表面自由能，增加了水中杂质颗粒与滤料的接触机会和滤料吸附能力，从而提高了过滤效率和截污容量。

（2）反渗透浓水回收技术。

大部分反渗透系统的回收率只有45%~80%。对于工艺装置已经定型并投入生产运行的反渗透装置，其产生大量浓水，多数作为污水进行排放，既不利于环保，也浪费了水资源。对浓水进行处理回用具有重要意义。

反渗透浓水回收技术利用反渗透系统自身连续排放和固定流量的高含盐量浓水作为二次回收利用装置或系统的生产水源，达到节水减排的目的。该技术能达到的技术指标如下：系统脱盐率大于98%；系统回收率为65%~75%。该项技术适用于化学水制水系统采用反渗透装置且浓水排放量较大的炼化企业。但由于浓水回收后排放的污水中含盐量更高，对管线及输送设备的腐蚀性很强，因此该项技术对管线及设备的防腐要求也很高，配套设备的投资及运行维护难度增大。

3. 循环水系统节水技术

（1）SmatFed 自动加药及在线监测技术。

SmatFed 自动加药及在线监测技术是一套由计算机控制的配合阻垢、缓蚀、杀菌、pH值调节的全自动加药、在线监测控制系统。该技术可在线监测 pH 值、氧化还原电位等，并根据设定值自动控制 pH 值、氧化还原电位、排污量及各种药剂投加量，实现定时投加、根据补水方式自动投加。该技术适用于高碱度、高盐度水质，以及浓缩倍数未达标和仍采用人工监测及加药方式的炼化企业循环水场。

（2）循环水全自动旁滤技术。

循环水系统运行过程中，在冷却水中会存在大量的悬浮物。大部分炼化企业采用石英砂或活性炭滤料过滤器进行循环水旁滤操作，存在过滤精度不高、滤料污染后清洗困难等问题，对循环水旁滤工作造成困难。

循环水全自动过滤器采用的过滤单元由塑料过滤元件组成。这种过滤元件是在薄薄的塑料叠片两边刻上大量一定微米尺寸的沟槽，然后将一迭同种模式的叠片压在内撑上组合而成。过滤时，过滤叠片通过弹簧和流体压力压紧，压差越大，压紧力越强，保证了过滤元件的高效过滤作用。液体由叠片外缘通过沟槽流向叠片内缘，经过18~32个过滤点，从而进行深层过滤。过滤结束后通过手工或液压使叠片之间松开，进行自动反冲洗。

（3）循环水场排污水处理回用技术。

循环冷却水由于受浓缩倍数的制约，在运行中必须要排出一定量的浓水和补充一定量的新水，使冷却水的含盐量、pH 值、有机物浓度、悬浮物含量控制在一个合理的允许范围内。对这部分浓水排放进行具体处理回用具有重要的意义，不仅能提高水的重复利用率，节约水资源，还能极大地改善循环冷却水的整体状况。此项技术的主要技术原理为三法（电活性絮凝法、电气浮氧化法和沉淀过滤法）净水 + 电渗析脱盐。

（4）循环水系统集成优化技术。

对于循环冷却水中的换热网络的设计，人们常常采用换热器并联的连接方式，相同温度的冷却水供给所有的冷却器。在这种平行的结构中，新的冷却水分流直接进入各个换热器中进行换热。当冷却水在每个换热器中使用变为热的冷却水后，进行汇总一起返回到冷却塔。此时最小冷却水用量是由每个换热器的流率决定的。在并联的配置下，返回的冷却水流率虽然增大，但由于冷却水只进行一次换热，温度上升的幅度不大，换热以后的循环水温度还是较低。应用水系统集成优化技术后，将冷却水网络改造成为部分串联的连接结构，冷却水在网络中被多次利用进行换热，这样返回的冷却水将会获得更高的温度，冷却水流率减小。

循环水网络优化集成就是研究如何使取走同样热量所使用的循环水量达到最小。继20世纪90年代英国 Smith 等提出水夹点技术后，21世纪初他们又进一步提出了将热夹点与水夹点结合的循环水夹点技术，使得循环水网络设计达到最优化。该技术适用于循环水进出凉水塔温差较小的循环水系统，对于温差在8℃以上的循环水系统的节水潜力不大。同时，作为使用新鲜循环水的第一级冷却器，所排出的循环水量为了满足第二级循环水冷却器的冷却需求，其水量基本不能作为装置温度调节的手段。

4. 凝结水回收处理系统节水技术

（1）高温凝结水闭式回收技术。

国内炼化企业凝结水回收率较低，而且由于高温凝结水汽化会导致机泵汽蚀等问题，凝结水回收方式多为开式回收，造成凝结水30%~80%的热量损失和大量的乏汽放空；而且还会因在开式回收过程中氧的进入，加重下游设备及管路的腐蚀；开式回收还会造成周围环境的热污染和噪声污染，耗能、耗水现象十分严重。

凝结水闭式回收装置通过内部的余压利用机构、主动引流和加压机构，对水泵入口凝结水施加一个正压头，加大凝结水的过冷度，从总体上防止凝结水二次汽化；同时控制液体雷诺数，使流场保持稳定流动；通过加导流消涡装置克服局部高速区的产生，消除凝结水二次汽化的诱导核心；通过缩短减压段，减少二次汽化诱导核心成长时间，控制气泡生长，使水泵处于输送单相高温水的最佳状态。以上措施使饱和及接近饱和的高温凝结水在被水泵加压前空间流场中的任意一点，皆处于微过冷状态，实现了凝结水的闭式回收，消除了乏汽放空现象。

（2）除氧器乏汽回收技术。

大部分炼化企业高压锅炉除氧器采用热力除氧，除氧器上方大量含氧蒸汽放空。另外，锅炉要进行定期排污，由于水压和温度较高，经减压后产生大量乏汽放空。这些放空乏汽未能回收，造成热量损失以及冷凝水损失，并产生噪声；冬季时装置放空区蒸汽弥漫，附近管带管线结冰，给安全生产带来隐患。因此，有必要对放空乏汽进行回收，既实现节能节水，又有利于安全生产。

利用系统中具有一定剩余压力的除盐水作为动力，使流体产生射吸流动，同时进行水与乏汽的热与质直接混合，使低温流体被加热，并在后续过程中，恢复加热后的流体压力，进入系统，以维持连续流动。回收器中设有多个文丘里吸射混合装置，水汽通过吸射器后，得到充分混合。混合温度可通过调整进水量大小来完成。吸射混合过程快，流速高，破坏结垢生成条件，最大程度地避免水垢的形成与附着。混合冷却水进入气液分离罐，分离罐由液位控制输出凝结水，可远距离输送到低压除氧器或其他用水设备，分离出的空气经减压排出。

5. 污水处理回用系统节水技术

对于污水处理回用系统，按照回用用户对水质要求不同可划分为适度处理回用和深度处理回用。污水处理回用系统节水技术多为组合式工艺流程，可以做到处理多种性质的外排污水，处理水质也可以满足各种水用户的不同要求。

（1）外排污水适度处理回用技术。

典型技术为曝气生物滤池—多介质过滤—超滤工艺技术。

该技术典型的工艺为二级达标外排污水经曝气生物滤池、絮凝沉淀、纤维过滤、活性炭吸附和杀菌等处理，达到循环水补水要求。其中，曝气生物滤池是一种膜法生物处理工艺，微生物附着在载体表面，污水在流经载体表面的过程中，通过有机营养物质的吸附、氧向生物膜内部扩散以及生物膜中所发生的生物氧化作用，对有机污染物进行氧化分解和集体的新陈代谢，产生 CO_2 和无机物，使污水得以净化。

该工艺处理效率较高，通过各种组合技术应用，对一些难降解有机物的去除非常有效，通过高效氧化，去除水中的大部分有机物。通过实际运行效果的综合分析，上述物理化学处理方法组合工艺针对二级处理达标排放污水是有效实用的，处理时间短、效果好，可以满足污水处理回用循环水补水的基本要求，也是国内炼化企业污水处理回用的可供选择的重要方法之一。

（2）污水深度处理回用技术

典型技术为流化床生物膜反应器—气浮—超滤—反渗透技术。

二级处理达标水经流化床膜生物反应池、气浮滤池、超滤、反渗透等处理过程，达到除盐水补水要求。

该工艺将生化反应和膜分离（超滤、微滤）结合起来，将传统工业污水处理中的初沉、生化反应及二沉三个步骤合为一体，大大减少占地面积、固液分离效果比传统的沉淀池更好；对于阻留的分解速度较慢的大分子难降解物质，通过延长其停留时间而提高降解效率。其中，膜生物反应器是一种由膜分离单元与生物处理单元相结合的新型水处理技术，主要利用沉浸于好氧生物池内的膜分离设备，充分利用膜的高效截留作用，有效地截留硝化菌，将其保留在生物反应器内，保证硝化反应顺利进行，有效去除氨氮；同时截留池内的活性污泥，避免活性污泥的流失。该系统内活性污泥浓度可提升至10000mg/L，污泥龄可延长30天以上，在活性污泥高浓度下，系统可降低生物反应池体积。

该工艺占地少、用药量少、出水水质稳定，MBR 出水一般可以达到炼化企业循环水补水水质要求，对于污水回用工程项目用地有限的企业，采用该处理工艺比较合适。另外，工艺也适用于新建污水生化处理单元或对原有传统生化处理单元进行更新的化工企业，用于取代传统的二沉池。但是，膜造价较高导致膜生物反应器的基建投资较高。同时，需注意膜系统进水的水质要求，避免膜污染，保证系统正常运行。

6. 水系统集成优化技术

水系统集成就是把整个用水系统作为一个整体对待，考虑如何分配各用水单元的水量和水质，使水的重复利用率达到最大，同时废水排放量达到最小。水系统集成属于过程集成的一种，主要研究企业用水网络，使企业新鲜水消耗和废水排放达到最小。

水系统集成分析优化技术的核心思想是按质用水。水系统集成优化分析技术可使企业水源利用效果达到最优，消除企业高水低用现象，将企业新鲜水用量和污水排放量降到最低，并且该技术所优化出的节水方案无较大的设备投资，优化改造成本最小。

二、中国石油节水技术研发及应用进展

"十二五"期间，中国石油广泛开展了炼化节水技术的研究及应用，并依托低碳重大科技项目的研究，在炼化节水评价方法、节水技术数据库、水平衡测试与节水优化分析软件等方面取得了重要成果和显著成效。

1. 炼化节水技术评价方法

国内外针对炼化节水技术评价方法的研究较少，结合炼化生产用水特点，在"低碳

关键技术攻关"重大科技专项中，中国石油创新研究提出了基于客观赋值的灰色综合炼化节水技术评价方法，并针对输水环节、化学水制水环节、循环水系统、凝结水处理回用环节、达标外排污水（或中水）处理回用系统，分别从技术水平、经济效益、社会影响等3个方面提出了详细评价指标共40个，形成了评价计算模型，可以很好地应用于炼化各主要用水及节水系统新技术的科学评价。

（1）创新性。

①评价方法的创新性。首次建立炼化节水技术评价方法，并在评价中首次将熵值法、层次分析法和灰色关联度法联合使用。该方法消除了人为判断带来的主观性和随意性，并充分利用了企业提供的实际数据，使技术评价结果更加客观、合理。

②指标体系的创新性。以往的节水技术评价只局限于几项指标，研究在提出技术水平、经济效益和社会影响等第一级指标的基础上，进一步分层细化形成了第二级评价指标。二级指标充分考虑了不同用水系统中节水技术的工作原理、技术要求和技术特点，使评价过程更加科学、有效。

（2）应用情况。

在收集集团公司重点炼化企业详细应用数据的基础上，将研究提出的评价方法应用于化学水制水环节、循环水系统、凝结水处理回用环节、达标外排污水（或中水）处理回用系统的节水技术评价，分别获得了各环节技术的综合得分和排序结果（表16-4）。其中，用于制取二级除盐水的反渗透+电去离子（EDI）技术、用于循环水系统的SmatFed自动加药及在线监测系统、用于凝结水处理回用的高温类萃取除油除铁技术、污水适度处理回用于循环水补水的气浮+纯氧曝气+LINPOR+过滤技术、污水深度处理回用于锅炉给水的曝气生物滤池+絮凝沉淀+超滤+反渗透技术的综合得分在各环节中最高。

表16-4 炼化节水技术评价排序结果

技术分类	排序	技术名称	综合评价得分
二级除盐水制备技术	1	二级反渗透+电除盐（RO-RO-EDI）	0.7443
	2	离子交换（H-D-OH-H/OH）	0.7306
	3	反渗透+离子交换（RO-H/OH）	0.5133
循环水成套节水技术	1	SmatFed自动加药及在线监测系统	0.748
	2	自动加药及非氧化性杀生剂组合工艺	0.676
	3	3DTRASAR高浓缩倍数水处理工艺	0.591
	4	磷系碱性配方处理技术	0.533
	5	无磷缓蚀阻垢配方	0.468
凝结水回收处理技术	1	类萃取除油除铁工艺	0.779
	2	陶瓷超滤膜除油除铁技术	0.766
	3	分子膜超微过滤组合多官能团吸附处理技术	0.750
	4	离子交换树脂除油除铁技术	0.427

续表

技术分类	排序	技术名称	综合评价得分
污水适度处理回用技术	1	气浮+纯氧曝气+LINPOR+过滤	0.827
	2	曝气生物滤池+多介质过滤+超滤	0.588
	3	气浮+臭氧杀菌+过滤	0.420
污水深度处理回用技术	1	气浮+曝气生物滤池+絮凝沉淀+超滤+反渗透	0.851
	2	流动床生物膜反应器+气浮滤池+超滤+反渗透	0.652
	3	浸没式固定生物床+气浮滤池+超滤+反渗透	0.633
	4	曝气生物滤池+纤维过滤+微滤+反渗透	0.581

2. 炼化节水技术数据库

在"中国石油低碳关键技术研究"重大科技专项中，根据炼化节水技术评价研究，结合节能节水管理系统建设、炼化节水技术数据库需求分析和功能设计，中国石油采用Java语言和Oracle数据库开发建立了炼化节水技术数据库，并和相关系统进行整合并入集团公司节能节水管理系统"节能节水技术管理"模块。

炼化节水技术数据库涵盖了主要用水环节的先进节水技术及典型案例，结合研究成果，在集团公司节能节水管理系统"节能节水技术管理"模块中，录入炼化节水技术36项、应用案例26个。

建设形成的节水技术数据库可实现节水技术的汇总、查询、查看、新增、编辑以及节水技术应用案例的维护等功能。节水技术数据库为企业掌握炼化先进节水技术和了解应用效果提供了工具，为炼化先进节水技术推广应用提供了统一、有效的平台。

节能节水技术管理模块启动页面如图16-18所示，节水技术汇总与查询页面如图16-19所示，节水技术新增页面如图16-20所示，节能技术编辑页面如图16-21所示，节水技术应用案例维护页面如图16-22所示。

图16-18 节水技术数据库启动页面

图 16-19　节水技术汇总与查询页面

图 16-20　节水技术新增页面

图 16-21　节水技术编辑页面

- 421 -

图 16-22　节水技术应用案例维护页面

3. 水平衡测试与节水优化分析软件

在"中国石油低碳关键技术研究"重大科技专项中，中国石油对水平衡测试数据校正技术、水测试单元图形化建模技术进行了深入研究，并将研究成果固化到水平衡测试与节水优化分析软件中。

该软件是针对炼化企业各生产装置开发的全系统水平衡测试计算软件。该系统结合计算机、网络、石油化工、夹点技术、节水优化技术等多学科技术，归纳、总结水平衡测试计算规律，将测试结果图形化、数据计算机化。通过使用该系统，可使得数据处理过程中的误差为零，指标计算和报表统计自动更新，自动审核数据平衡状态并可以自动校正，可导出 Word 版本的水平衡图和 Excel 版本的各种统计报表，并可以自动生成水平衡测试报告；可对企业用水网络进行系统集成优化分析计算，得出系统最小用水量和关键杂质的夹点浓度；企业的公用工程和工艺技术管理人员可以对公用工程装置运行状态进行计算、评价，对企业用水、用汽等存在的问题进行分析和研究，最终实现公用工程的费用最小化和企业经济利益最大化。

（1）软件功能介绍。

企业水平衡测试与优化分析软件的系统功能模块如图 16-23 所示。

系统主要包括水平衡网络组织机构管理、水种类管理、水用途管理、水平衡测试项目管理、水平衡图管理、报表查询与统计、用水指标统计等功能。业务人员和管理人员可以随时了解水平衡测试项目的信息，包括全厂、各分厂、各车间的各种类水的测试数据，各分厂的用水指标情况。

图 16-23　企业水平衡测试与优化分析软件系统架构图

①水平衡测试及水平衡图管理。

水平衡测试业务是通过项目方式进行管理的，一般需要3天的测试数据。项目中包括测试点数据的收集和整理、水平衡图的绘制、水平衡报表的汇总、企业用水指标的计算。系统中提供了水平衡测试项目的创建、复制、修改和删除功能。

在水平衡图管理中，用户可以绘制水平衡图、定义流股属性、输入流股数据等。这些数据是后报表统计和查询，以及指标维护的数据基础。图16-24为水平衡图管理模块界面图。

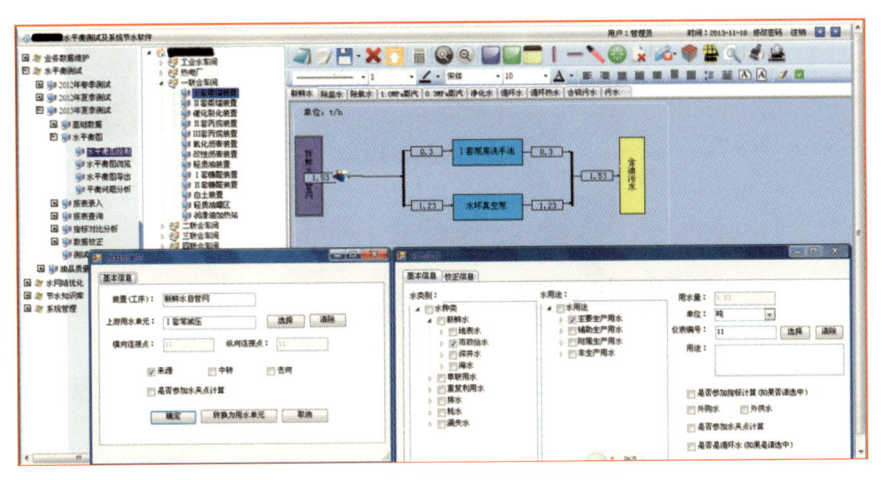

图16-24 水平衡图管理模块界面

②水系统优化分析。

利用水夹点方法和数学规划法，在水量数据和水质数据基础上，集成优化水网络结构，减少新鲜水使用量。图16-25为水夹点优化分析功能界面图。

图16-25 水夹点优化分析功能界面

（2）软件应用情况。

该软件已经应用于中国石油大庆石化公司、克拉玛依石化、广东石化公司、广西石化公司、独山子石化、辽河石化公司、吉林石化等公司，极大地提高了企业水平衡测试数据处理的准确性，提升了水平衡及系统优化工作的自动化和信息化程度，节省了大量的人力物力，创造了较好的经济效益。

4. 水系统集成优化技术

在"中国石油低碳关键技术研究"重大科技专项中，中国石油采用水系统集成优化技术，在克拉玛依石化和大庆石化公司开展水系统优化研究工作。水系统集成优化技术路线如图16-26所示。

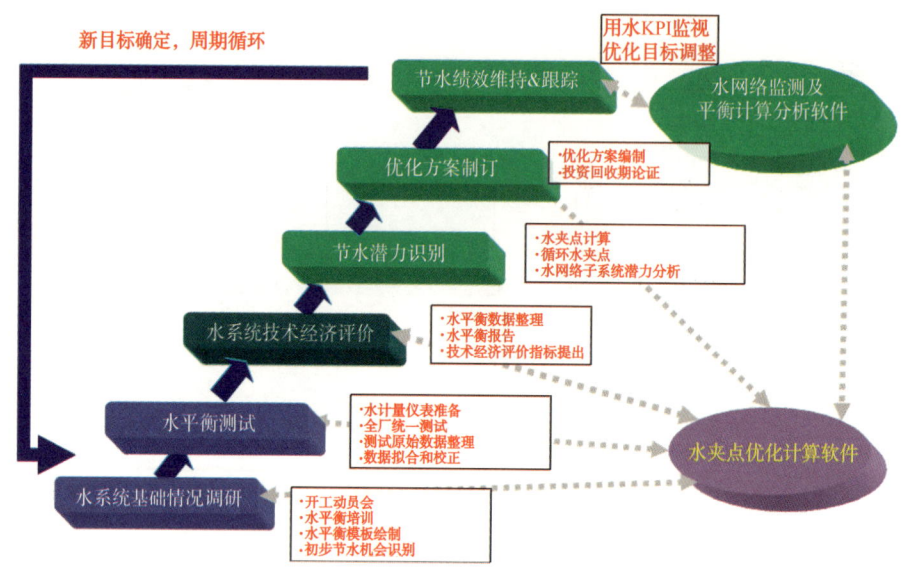

图16-26 水系统集成优化技术路线图

通过对克拉玛依石化和大庆石化公司水系统进行集成优化研究，得出各项节水优化改造方案80余项，获得理论年节水量数百万立方米。

5. 企业标准Q/SY 1820—2015《炼油化工水系统优化技术导则》

在"中国石油低碳关键技术研究"重大科技专项中，基于项目研究成果，编制形成了中国石油企业标准Q/SY 1820—2015《炼油化工水系统优化技术导则》，用于指导炼油化工企业节水优化工作，提高炼油化工企业系统节水优化工作效率及系统节水优化工作水平。

该标准分9部分，分别为总则，规范性引用文件，术语和定义，炼油化工企业水系统优化技术应用原则，炼油化工企业水系统优化技术路线，现状调查和水平衡测试，潜力分析及优化方案的研究制定，项目的实施与保持，附录。同时，增加了水平衡测试方案及记录表示例、水质测试记录表示例、车间水平衡图示例、全厂各类水汇总平衡图示例、全厂水平衡总图示例、车间和厂级用水平衡表示例、炼油化工企业水系统优化方案编写格式和炼油化工企业节水技术目录。

该标准已应用于各地区公司的水系统平衡及优化工作中，作为工作原则，指导和规范企业的各项节水优化工作。

第六节 展 望

随着节能节水工作的不断深入，炼化节能节水工作难度越来越大，面对能耗总量和单耗指标的"双控"要求，节能管理与节能技术同步推进，整体已逐步形成以系统集成优化技术为核心、能源管控技术为抓手、先进节能节水技术配套应用的研发及应用态势，并进一步与信息化技术深度融合，向能源管理智能优化技术方向发展。

以流程模拟和优化为主要手段的炼油、乙烯、公用工程能量系统优化将全面推广应用，同时与信息化技术和信息化成果特别是实时数据库深度融合，从离线模拟到在线模拟，从集总级模拟到分子级模拟，从离线优化到在线开环优化甚至闭环实时优化，从炼油、化工、公用工程系统独立优化到炼化一体化优化、用能侧（生产装置）与供能侧（公用工程系统）集成优化。能源管理方式由能源节约向能源管控转变，在计量充分、完善的基础上，逐步向在线监测、智能分析、实时优化乃至智能优化发展。

在炼化节水方面，炼化水系统平衡及优化技术将持续推广，并研究开发水网络盐平衡分析及脱除优化方法、水系统对标分析评价方法等，形成完善的炼化企业水系统优化技术体系。

参 考 文 献

[1] 中国石油天然气集团公司.炼化能量系统优化技术导则：Q/SY 1468—2012[S].北京：石油工业出版社，2012.

[2] 黄明富，李宇龙，王广河，等.全局过程技术在炼油企业中的应用[J].石油炼制与化工，2015，46（5）：96-100.

[3] 王红霞.乙烯裂解炉及急冷锅炉结焦抑制技术研究进展[J].石油化工，2012，41（7）：844-852.

[4] 石俊学.吉林石化公司70万t/a乙烯装置先进控制技术及应用[J].化工科技，2014，22（5）：48-53.

[5] 沈红彦.石油化工过程先进控制和实时优化技术[J].当代化工，2010，39（2）：154-155.

[6] 赵毅.实时优化技术在乙烯装置在线优化中的应用[J].化工进展，2016，35（3）：679-684.

[7] 杨友麒.企业公用工程系统节能减排的发展现状[J].现代化工，2010，30（12）：1-6.

[8] 中国石油天然气集团公司.炼油化工工程热工设计规范：第1部分 蒸汽系统：Q/SY 06517.1—2016[S].北京：石油工业出版社，2016.

[9] 中国石油天然气集团公司.炼油化工工程热工设计规范：第10部分 燃料系统：Q/SY 06503.10—2016[S].北京：石油工业出版社，2016.

[10] 中国石油天然气集团公司.炼油化工工程热工设计规范：第6部分 余热回收站：Q/SY 06517.6—2016[S].北京：石油工业出版社，2016.

[11] 王献军，田涛，王北星.炼油企业氢气系统优化研究[J].石油石化节能与减排，2015，5（1）：22-28.

[12] 王新平，陈诚.炼油厂氢气分配系统夹点优化技术研究进展[J].广东化工，2012，39（234）：184-186.

[13] 康永波，曹萃文，于腾.炼油厂氢气网络优化方法研究现状及展望[J].石油学报（石油加工），2016，32（3）：645-658.

[14] 焦云强，苏宏业，侯卫锋.炼油厂氢气系统优化调度及其应用[J].化工学报，2011，62（8）：2101-2107.

[15] 邱雪梅，焦云强.炼化企业氢气系统监测与调度优化[J].中外能源，2016，21（7）：68-72.

[16] 王少杰.瓦斯系统平衡与优化调度系统管理信息化浅析[J].石油石化节能与减排，2012，2（1）：43-46.

[17] 李晓光.齐鲁公司能源管理系统的设计与应用[J].齐鲁石油化工，2016（3）：226-230.

第十七章　油气管道节能技术进展

集团公司油气管道业务经十余年快速发展，相继建成西气东输一线、西气东输二线、西气东输三线，陕京二线、陕京三线，中俄原油管道，中缅油气管道等主干管道，形成四大油气战略通道和国内骨干管网。油气管道业务为保障上下游业务协调发展，提升集团公司整体实力和国际竞争力做出了积极贡献。

在油气管道业务快速发展的同时，其能耗量也随之增长。油气管道的能耗量约占集团公司能耗总量的5%。重点的耗能设备是输气管道的压缩机和输油管道的输油泵、加热炉。

"十一五"以来，油气管道业务通过开展关键技术科技攻关，在油气管道优化运行、纳米减阻剂、重点耗能设备提效、余热余压利用、油气管道能耗测算等方面取得了良好的科技成果和效果。

同时，按照集团公司"突出重点、效益优先、典型示范、成熟先行"原则，油气管道业务利用节能专项资金，围绕输油泵、压缩机、加热炉等重点耗能设备实施节能技术改造，先进节能技术得到推广应用，为油气管道业务降本增效提供了有力技术支撑。

第一节　输油管道节能技术

一、生产需求与技术现状

长距离输油管道分为常温输油管道和加热输油管道。常温输油管道的用能主要以电力消耗为主；加热输油管道的用能主要以天然气、原油和电力消耗为主，占加热输油管道总用能的95%以上。针对管输原油凝点高、黏度大的问题，主要开展输油泵节能技术、加热炉节能技术和原油加剂处理技术研究。

1. 输油泵节能技术

国内输油泵的泵效与国外发达国家水平相比较低，且中国石油输油管道"大马拉小车"现象严重，很多泵机组达不到额定效率，长期处于低负荷工作状态，造成了大量的节流损失，能量浪费严重。

2. 加热炉节能技术

我国原油大部分为高含蜡、高凝点、高黏度的"三高"原油，因此原油热输工艺应用比较广泛。长输管道的原油加热方式有直接加热和间接加热两种。直接加热是原油直接经过加热炉，吸收燃料燃烧放出的热量；间接加热是原油通过中间介质（导热油、饱和水蒸气或饱和水）在换热器中吸收热量，达到升温的目的。这两种加热方式所用的加热设备分别为直接加热炉和间接加热炉（热煤炉）。加热炉应具备热效率高、流动阻力小、能适应管道输量变化、可长期安全运行等技术特点。

3. 原油加剂处理技术

①降凝剂。

含蜡原油添加降凝剂处理是一种旨在改善原油低温流变性的物理化学方法，通过在原油中加入化学剂并控制石蜡的结晶习性来降低原油的凝点和黏度。我国在原油管道输送技术方面仍采用加热和稀释降凝两种工艺，近年来降凝剂的研发虽然略有成效，但仅仅依靠单一的降凝、降阻处理技术还不能满足多种类型原油输送要求。

②减阻剂。

管道在不改变现有设备的条件下，可以采用加减阻剂的办法增加输量。特别是在卡脖子段，加减阻剂可以使整个管道输量增加，经济效益十分显著。特别是在油田产量变化幅度比较大的情况下，应用加减阻剂技术增加管道输量的弹性，以适应油田产量大幅度变化，具有极好的现实意义。

二、技术进展

1. 技术内涵

（1）输油泵节能技术。

输油泵节能技术主要包括多级离心泵叶轮抽级技术、自平衡离心泵和输油泵变频调速技术。

多级离心泵中每级叶轮的水力性能一致，根据工况参数通过加减叶轮确定泵的扬程，抽级后的泵扬程降低，可节约电能。离心泵的抽级和恢复是可逆的，运用离心泵的这个特性进行泵叶轮的抽级改造。

自平衡离心泵采用对称布置叶轮，基本消除了平衡力，不存在平衡装置的圆盘磨损和回流损失，比同参数的离心泵泵效率提高3%~14%。由于无平衡装置，彻底解决了因平衡装置失效而造成的平衡盘和平衡盘座的磨损、转子咬死等故障，极大地延长了泵的使用寿命。

离心泵一般根据工况的变化来调节流量，原有的流量调节方法主要有两种：一种是调节泵出口阀开度，另一种是改变离心泵的转速。变频技术通过改变输油泵电机转速达到调节输油泵运行工况的目的。输油泵变频调节技术是针对不同输量采用不同的泵机组，使输油泵运转在高效区内，根据流量调节电机的输出功率，使节流损失为零，进而提高能效的一种节能措施。

（2）加热炉节能技术。

加热炉节能技术主要为应用高效燃烧器。

通过对传统燃烧器进行改良，对燃烧器的进气方式、内部结构等做出适当调整，以提高燃烧效率，降低系统能耗。相较于传统燃烧器，高效燃烧器能够自动监测燃气泄漏情况，对燃烧火焰实时监测，保护系统更加周密。

（3）原油加剂处理技术。

原油加剂处理技术包括降凝剂处理技术和减阻剂处理技术。

降凝剂处理是一种物理化学方法，它适用于中间石蜡基原油，对蜡含量大于40%的特高含蜡重质易凝原油和胶质沥青质含量大于27%的高含胶重质黏稠原油基本无效。在应用工艺基本成熟的情况下，降凝剂处理效果主要取决于添加剂本身的性能。在加入降凝剂后，降凝剂分子吸附在蜡晶表面，使蜡晶更难聚集交联，其原油改性效果更加稳定。

减阻剂是一种添加剂，将它添加到流体中可以使流体湍流状况下的能量耗散大大降低，从而使流体阻力减小、流速提高。当烃类液体流动形式为紊流时，减阻剂内的长链、高分子量聚合物一旦溶于烃类流层内，立即分散于近壁涡流层内，从而减少紊流摩擦阻力。

2. 技术研究过程

（1）输油泵节能技术。

输油泵节能技术经历了叶轮抽级优化、自平衡改进、变频调节等发展阶段，长输管道企业针对效率低的输油泵开展现场改造应用研究。

（2）加热炉节能技术。

输油管道企业积极推广应用高效燃烧器节能技术，不断提高公司依靠技术进步实现节能节水的能力。

（3）原油加剂处理技术。

近年来先后进行了单一油品和多品种多批次原油加剂改性长距离常温顺序输送技术研究，在降凝剂优选过程中，需根据油品不同的热处理温度和温降速率进行判定，并最终通过试验选定；此处，定期对降凝剂效果进行评定[1]。

中国石油管道科技研究中心对EP系列减阻剂进行了研制，通过多年研究解决了烯烃超纯净化技术、聚合反应控制技术、聚合悬浮分散技术三大科技难题，研制成功的EP系列α-烯烃减阻剂可使新管道增加输量60%，老管道在维持输量下安全运行[2]。

3. 技术指标与先进性

（1）输油泵节能技术。

通过在长输管道应用多级离心泵叶轮抽级技术、自平衡离心泵和输油泵变频调速技术，输油泵效率普遍提高，已接近国外发达国家水平。

（2）加热炉节能技术。

中国石油管道企业通过对原油管道加热炉进行技术改造，加热炉热效率普遍提高，已接近国外发达国家水平。

（3）原油加剂处理技术。

"十一五"期间，西部管道攻克了"多品种多批次原油加剂改性长距离常温顺序输送技术""降凝剂改性原油输送过程剪切和热力效应定量模拟理论与技术"等多项先进的输油新技术，荣获中国石油2010年科技进步奖一等奖。

EP系列减阻剂已申请国内外专利29项，其中"输油管道α-烯烃系列减阻剂开发及其制备工艺"于2008年获国家技术发明奖二等奖，彻底打破了国外产品垄断。

三、技术应用实例

1. 输油泵节能技术

以中国石油某管道为例，该输油管道全线均为工频定速电机带动输油泵，采用俄罗斯原油与大庆原油顺序输送的运行方式，平均年输量仅为设计输量的65%，输量较低的月份仅为设计输量的50%。由于受到各站进出站压力的限制，节流阀调节造成输油泵耗电量浪费极其严重。同时，由于俄罗斯原油与大庆原油黏度等性质存在较大差异，在运行过程中，需要通过频繁启停输油泵及调整泵组合降低摩阻差，潜在的运营风险较大。通过输油主泵增设1台变频调速装置，有功节电率、无功节电率和综合节电率分别为

51.3%、76.65% 和 52.02%，节流率从 32.64% 降为 0，年实际节电量 $382\times10^4\mathrm{kW\cdot h}$[3]。

2. 加热炉节能技术

中国石油管道公司通过在某站场更换高效燃烧器，共投资 185 万元，实现年节能 145t 标准煤，年经济效益 93.5 万元。

3. 原油加剂处理技术

多品种多批次原油加剂改性输送技术解决了西部原油管道设计工艺由混合油常温输送改为顺序输送后热力安全性要求不能满足的难题，使西部原油管道成为我国首条按降凝剂改性顺序输送工艺设计的长距离原油管道，满足了炼厂对原油品质的要求，避免了炼厂重大技术改造，至少节省相应投资 104156 万元。此外，该成果的应用还节省了鄯兰干线增建 3 座加热站的投资以及乌鄯支干线 1 座加热站的投资，共计 12048 万元；同时，还节省相应的运行费用，简化了管理流程。

漠大线原油管道于 2012 年开始应用减阻剂，应用分为增输和减阻两部分。添加减阻剂运行后，虽然增加了药剂费用，但由于降低了管道摩阻损失，可减少泵站所需电耗费用。在管道设计输量下，与不加剂运行相比，加剂运行每天增加药剂费用 4.5 万元，泵站电耗费用减少 5 万元，总费用降低 0.5 万元。

第二节　输气管道节能技术

一、生产需求与技术现状

中国石油天然气管道建设进入一个快速发展阶段，已建成西气东输一线、西气东输二线、西气东输三线、涩宁兰线、陕京一线、陕京二线、陕京三线、中贵线、中缅线等主要干线，形成贯通中亚、塔里木、青海、长庆、西南几大气区和上千家大型用户的管网，天然气管道总里程超过 $3.5\times10^4\mathrm{km}$，年输气能力超过 $1200\times10^8\mathrm{m}^3$，促进了天然气消费利用，也加快了我国天然气工业的发展。

输气管道是一个自始至终连续密闭带压的输送系统，天然气输送过程中需要消耗大量的能源，输送能耗可分为直接能耗和间接能耗两种形式。直接能耗主要由压缩机组及压气站辅助生产设备产生，主要能源消耗种类是天然气和电力，天然气占比 70% 以上；而间接能耗由天然气运输过程中管道漏气、气体放空等产生。从这两种天然气管道能耗的形式来看，间接能耗是可以通过先进的技术、完善的设备来消除的，在实际的生产运行中，可以通过降低天然气放空量、放空天然气回收和减少天然气泄漏来降低输气管道的间接能耗；而设备直接能耗可通过提高设备效率及工艺改造实现节能。

1. 压缩机设备节能技术

长距离输气管道采用大型离心式压缩机，驱动方式有燃驱和电驱两种。燃驱压缩机单体机组功率可达 30MW，电驱压缩机单台机组功率可达 20MW；而燃驱压缩机效率一般在 26%~28%，电驱压缩机效率一般在 74%~78%。通过有效措施，降低压缩机能耗，对输气管道节能增效有重大意义。

在实际生产中，压缩机节能降耗主要在体现方面如下：一是控制工艺参数，如通过空燃比自动调控，降低燃气压缩机空气过剩系数；采取措施提高一段吸入压力，改善压缩机级间冷却以降低压缩机各段气体入口温度等。二是优化压缩机结构，如对离心压缩机叶轮进行抛光、打磨，降低叶轮表面粗糙度，通过对叶轮的水洗减少叶轮结垢，或根据流量调整更换燃驱压缩机机芯，使燃气轮机与离心压缩机更好匹配。三是变频控制，通过改变压缩机转速来实现工艺要求的流量或压力控制目的，避免阀门节流损失。压气站配套的风压机等也可配比变频控制实现节能。

2. 输气工艺节能

输气工艺节能方面主要有以下方面：一是高压输气工艺，通过增大天然气的密度，使输送过程中的流速降低，进而降低管道输气的沿程阻力，同时可提高压缩效率，减少压气站的配置。二是内涂层技术，管道内壁应用涂层技术可以降低管壁粗糙度，改善气体的流动特性，提高输气效率，减少压气站数量，并可以有效防止管壁腐蚀发生，减少天然气管线的维护成本。

3. 减少天然气放空节能

在运行过程中，天然气长输管道由于各种原因需要进行天然气放空，如压缩机的启停放空、管线施工放空、站场设备的维检修放空以及紧急情况的应急放空等，在实际生产中通过合理设置截断阀、优化改造天然气放空工艺流程、优化压缩机启机逻辑等措施减少天然气放空。

4. 余能利用技术

天然气管道余能利用包括天然气管网压力能回收技术和燃驱压缩机余热利用技术。天然气在长输管道各分输站经节流减压，压力由8MPa降低至4MPa以下后输送至下游用户，存在大量的场压力能未得到回收利用；各燃驱站场的燃驱压缩机组排烟温度仍高达500℃，燃驱压缩机消耗的能量约50%被高温烟气带走，存在大量的能量浪费。

二、技术进展

1. 压缩机在线分析诊断与视情维护

压缩机组在线分析诊断及视情维修系统（CEHM系统）技术能够通过机组数据采集、实施监控、运行工况在线分析诊断等功能，跟踪机组健康状况、燃气轮机和压缩机性能以及设备金相寿命，发现问题后及时进行检修和设备维护，以保持压缩机长期高效运行。

随着管道企业压缩机运行维护经验的不断积累，西气东输管道公司压缩机组故障停机次数大幅减少，为了进一步提高压缩机组管理水平，西气东输管道公司利用CEHM系统跟踪机组健康状况，实现机组低故障安全运行到追求运行高效经济运行的转变，取得了巨大的经济效益。CEHM系统功能示意图如图17-1所示。

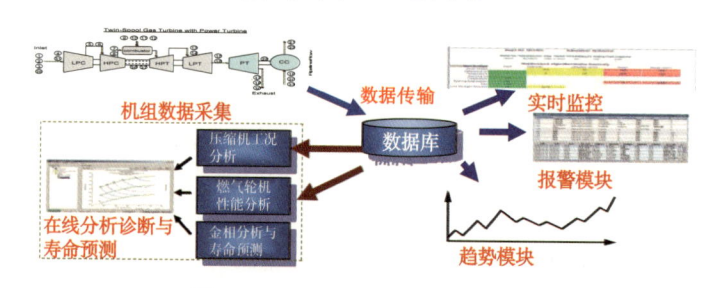

图17-1 CEHM系统功能示意图

2. 输气工艺改进

（1）大口径高压力输送。近年来，新建管道逐步向高压力等级、大口径方向发展，西气东输一线管道在国内首次采用10MPa设计压力、1016mm管径、内涂层技术，突破了原来6.3MPa设计压力、813mm管径的输气工艺，之后的陕京二线、陕京三线、中缅管道等采用与西气东输相同规格的管道技术参数。而近年来新投产的西气东输二线、西气东输三线东段、陕京四线则采用12MPa压力等级和1219mm口径管道，能耗显著降低。

以长度为2400km，输量为$300\times10^8m^3/a$的输气管道设计为例，采用不同的管径和设计压力方案，不同方案的能耗对比见表17-1。

表17-1 不同压力等级和管径下各方案能耗对比表

类别	方案1	方案2	方案3	方案4
管径，mm	1422	1422	1219	1219
设计压力，MPa	12	10	12	10
壁厚，mm	25.7	21.4	22.2	20
燃驱压气站，座	6	7	14	15
计算总功率，MW	257.8	370	546	798
燃料气，$10^8m^3/a$	7	9	14	21

（2）天然气减阻剂。输气管道能量损失主要来自天然气与管道的摩擦造成的压力损失，减阻剂技术是针对管道内涂层减阻技术的不足而提出的。"十二五"期间，中国石油通过科技立项研发的BIB-102型减阻剂是一种新型表面活性化合物，可以吸附在金属管壁，填充表面缺陷，形成一层光滑的膜，降低管壁粗糙度，已成为管道减阻增输的新技术。

3. 减少天然气放空

（1）天然气高压在线排污改造。中国石油各输气站场推广实施分离器排污工艺的改造，即由离线降压排污改造为高压在线排污。离线排污时必须关闭分离区各路的进出口阀门，然后打开放空阀将装置内的压力放空至0.5MPa，最后打开排污阀门进行排污。这种排污工艺流程需要11~18个阀门的开关操作，耗时长，工作量大，而且每次排污都会造成大量天然气排放到大气中，既污染了环境，又浪费了大量的天然气。高压在线排污装置主要由两个孔板、排污阀、压力表、取样阀等组成。利用流体在流动过程中经过多级降压孔板时多次、逐级降压的过程，实现高压在线排污，既提高了排污操作的工作效率，又减少了排污放空量，单座站场每次排污放空量约减少$1\times10^4m^3$。高压在线排污装置工作原理图如图17-2所示。

（2）压缩机放空气回收。西气东输管道公司针对压缩机组在热备状态下需要间断放空以维持压缩机干气密封气处于循环状态的问题，对压缩机工艺系统进行改造，避免了机组的间断放空问题，单站日减少放空排放$1.5\times10^4m^3$以上。西部管道通过修改压缩机启机逻辑、缩小压缩机组干气密封一级放空孔板尺寸等措施，减少压缩机启动时的天然气放空损耗$0.35\times10^4m^3$/台次，通过优化改进压缩机防喘振测试工艺，缩短了投产测试时间，减少天然气放空$3\times10^4m^3$/台次。

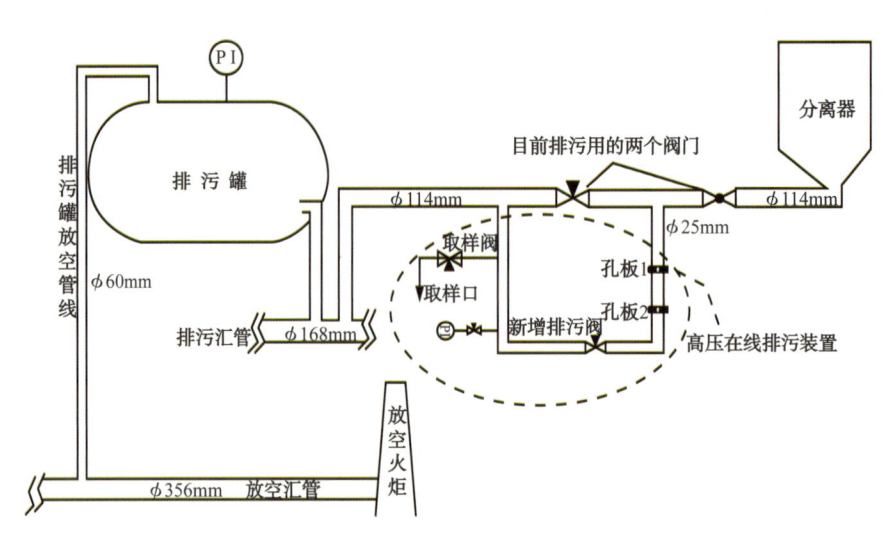

图 17-2　高压在线排污装置工作原理图

4. 余热利用技术

大型压缩机排烟温度在550℃以上，存在大量的余热资源。西部管道、西气东输管道公司和北京天然气管道有限公司都有大量的燃驱压缩机站场，各管道公司通过合同能源管理的模式逐步在各燃驱压气站开展余热发电项目，采用的发电技术主要以常规蒸汽循环发电技术为主，西部无水地区则采用有机朗肯循环（ORC）发电技术。

蒸汽循环发电的原理是高温烟气经燃气涡轮进入余热锅炉，将液态水转化为高压蒸汽，从余热锅炉排放出来的蒸汽进入蒸汽涡轮驱动压气机或发电机，蒸汽涡轮排出的废蒸汽经冷凝器冷凝后，经循环水泵重新进入废热锅炉。有机朗肯循环余热回收技术采用有机工质作为热力循环的工质与低温余热换热，有机工质吸热后产生高压蒸气，推动汽轮机或其他膨胀动力机带动发电机发电或做功。烟气经余热发电后排烟温度由500℃降至150℃左右。

蒸汽循环发电技术的特点是设备投资低，但耗水量较大；有机朗肯循环（ORC）发电技术投资较高，但是自动化程度高，定员少，不耗水。采用蒸汽循环发电技术在霍尔果斯建成25MW余热发电装置、在榆林建成18MW余热发电装置、在定远建成12MW余热发电装置，取得很好的节能效果。蒸汽循环余热发电装置的主体设备如图17-3和图17-4所示。

图 17-3　余热发电装置18MW蒸汽轮机 　　　　图 17-4　压缩机出口至余热锅炉烟道

三、技术应用实例

1. 压缩机在线分析诊断与视情维护

西气东输管道公司通过 CEHM 系统监控压气机效率、动力涡轮效率等，判断叶轮结垢现象的发生，及时安排水洗，每年节约燃料消耗 $250 \times 10^4 \mathrm{m}^3$；通过监控压缩机组排气温度变化，调整压缩机运行，大幅减少压缩机转速波动，提高了关键部件疲劳寿命，挽回提前大修损失 1000 余万元。还通过监控燃气轮机单机和双机运行规律，发现盐池站单机运行时燃气轮机的负荷较高，但离心压缩机的效率却很低，约为 72%；双机运行时压缩机效率较高，但燃气轮机负荷率低，平均热功耗高，无法实现燃气轮机与离心压缩机的良好匹配。针对这一问题，对其中一台机组实施改造，将其机芯更换为大流量机芯后，减少了开机时间，提高了单机运行效率，年节约天然气消耗 $750 \times 10^4 \mathrm{m}^3$。

2. 天然气减阻剂技术

"十二五"期间，中国石油管道公司在机理研究的基础上，自主研制 BIB-102 型减阻剂，并进行了现场应用。在沧州—淄博输气管线及陕京一线部分管段注入减阻剂运行，经计算，天然气管道摩阻系数降低 10%，效果持续超过 90 天，在管道满输的基础上可增输 5%。长庆油田采气一厂也进行了天然气减阻剂雾化注入现场试验，加入减阻剂 30 天后，有效增输 11%，持续观察 3 个月，减阻率基本稳定在 8%~10%。

3. 输气站场天然气在线排污改造

"十二五"期间，输气站场天然气在线排污改造技术在西气东输管道公司推广实施，各站场基本全部改造完毕，年节约放空气 $400 \times 10^8 \mathrm{m}^3$。并且，"十二五"之后的新站场的设计及建设都要求采用天然气在线排污技术，避免了建成后的改造。此外，西气东输管道公司试点应用橇装化设备回收压缩机组干气密封系统泄漏的天然气，每台机组可年回收天然气 $15 \times 10^4 \mathrm{m}^3$。

4. 压缩机烟气余热发电技术

以北京天然气管道有限公司榆林压气站为例，榆林压气站为陕京二线、陕京三线的首站，其中，陕京二线安装 20MW 电机驱动压缩机组 5 套，采用三运两备或四运一备的运行方式；陕京三线安装 30MW 燃气轮机驱动压缩机组 3 套，采用二运一备的运行方式。另有陕京一线 2MW 燃驱压缩机 5 台，采用四运一备的运行方式。余热利用采用常规的蒸汽循环发电技术方案，主体设备包括 1 台 90t/h 双压余热锅炉和 1 台 18MW 补汽凝汽式汽轮发电机组，所发电力通过 10kV 内部电网向陕京二线电驱压缩机供电，可驱动一台电驱压缩机正常运行。榆林压气站余热发电项目 2015 年投产，年发电 $8300 \times 10^4 \mathrm{kW \cdot h}$，发电收益 3000 余万元。

第三节　展　　望

长输油气管道逐渐联络成网，且广域分布，结构复杂。准确掌握管网运行状态，优化运行操作，确保管道运行安全、经济；制订动态调运决策计划以满足管网调峰以及供需平衡要求，已成为管网科学调度、优化运行的攻关方向。

随着国家两化融合力度的加强以及中国石油能源管控工作的持续推进，管道企业应积极开展智慧管网和能源管控关键技术研究，促进管道企业能效水平持续提升。

天然气管道大量分输站场余压还没有得到充分利用，应积极开展余压利用技术研究与应用。

参 考 文 献

［1］王小龙，张劲军，宇波，等．西部原油管道多品种原油安全高效输送技术［J］．油气储运，2014，33（12）：1263-1271.

［2］李浩宇，薛延军．EP系列减阻剂在原油管道中的应用［J］．油气储运，2013，31（6）：23-25.

［3］刘国豪，杨磊，张帅，等．变频技术在长输管道输油泵机组上的应用［J］．节能环保，2012，31（7）：543-545.

第十八章　节能节水标准化进展

集团公司节能节水标准化工作由集团公司标准化委员会节能节水专业标准化技术委员会（以下简称节能节水企标委）归口管理。面临节能减排严峻形势，集团公司节能节水企标委对原有的集团公司节能节水企业标准体系进行了修订，完善了标准体系的结构和布局，同时组织制（修）订一系列重要的国家标准、行业标准和企业标准，基本覆盖集团公司生产经营全过程，为实现集团公司的节能减排目标提供必要的技术支撑和保障。

一是研究制定了企业标准 Q/SY 1468—2012《炼化能量系统优化技术导则》，该标准是国际首个炼油化工过程优化领域的标准，是集团公司首个以炼化过程能量系统优化为特色的过程优化工作标准、方法标准和基础标准，获得中国石油优秀标准二等奖。同时以该标准为基础，升级形成国家标准 GB/T 31343—2014《炼油生产过程能量系统优化实施指南》，建立了国家在过程优化领域的标准化技术体系，有力推动我国炼油企业能量系统优化工作，并有效支持炼化行业节能减排工作。

二是重点研究制定了集团公司油田、气田、炼油化工、油气管道等业务领域固定资产投资项目节能评估文件编写规范以及固定资产投资项目可行性研究及初步设计节能节水篇（章）编写规范等系列标准，首次以标准的形式规范了固定资产投资项目节能评估文件以及固定资产投资项目可行性研究及初步设计节能节水篇（章）的编写，为国家对固定资产投资项目的节能审查提供技术支撑。

三是组织参与国家百项能效标准推进工程，主编国家标准 GB/T 31343—2014《炼油生产过程能量系统优化实施指南》和 GB/T 35578—2017《油田企业节能量计算方法》等 2 项，参编国家标准 GB/T 32040—2015《石化企业节能量计算方法》、GB 30250—2013《乙烯装置单位产品能源消耗限额》、GB 30251—2013《炼油单位产品能源消耗限额》等 3 项，主编行业标准 SY/T 6838—2011《油气田企业节能量与节水量计算方法》和 SY/T 6722—2016《石油企业耗能用水统计指标与计算方法》等 2 项，参编行业标准 NB/SH/T 5001.1—2013《石化行业能源消耗统计指标及计算方法　炼油》等 3 项，有力地支撑了"节能基础与管理""节能评估""能耗限额"等重要节能政策措施实施。

"十一五"以来，中国石油在过程系统优化、节能基础与管理、固定资产投资项目节能审查、节能监测、节能量与节能技术评估等领域的标准化工作取得了重大的技术进步，对生产业务新技术的推广应用以及重要节能管理制度的实施提供有力支撑，满足了集团公司节能节水工作发展的需求，实现了"标准支撑技术、技术实施标准"的有效融合。

第一节　标　准　体　系

一、节能节水企业标准体系（2009 版）

根据《关于做好集团公司企业标准体系表编制工作的通知》（标准委办〔2008〕1 号）

文件的有关要求，节能节水企标委组织开展了节能节水企业标准体系（2009版）的研究。以"中国石油天然气集团公司节能节水企业标准体系研究"课题为依托，在开展国家和行业相关标准研究分析的基础上，结合77家集团公司生产企业节能节水标准实施情况的调查结果，掌握相关节能节水标准的执行和采用情况以及节能节水标准的需求，重点梳理集团公司和股份公司企业标准（上市和未上市部分），研究集团公司节能节水企业标准体系的门类划分，建立了集团公司节能节水企业标准体系（2009版），并在标准体系中提出"十一五"后三年标准制（修）订计划，有效地指导集团公司节能节水标准制（修）订工作的开展。

集团公司节能节水企业标准体系（2009版）覆盖了有关节能节水的国家标准90项、行业标准54项、企业标准36项，共计180项；包括10个门类，分别为节能节水通用基础标准、节能节水设计标准、节能经济运行标准、能源统计与计量标准、节能节水管理标准、节能节水测试标准、节能节水监测标准、节能节水计算评价标准、耗能用水限额标准、节能节水综合标准；提出2008—2010年计划制定标准30项，其中，国家标准GB/T 32040—2015《石化行业节能量计算方法》等3项，石油天然气行业标准SY/T 6838—2011《油气田企业节能量与节水量计算方法》等8项，石化行业标准NB/SH/T 5001.1—2013《石化行业能源消耗统计指标及计算方法 炼油》等4项，企业标准Q/SY 1185—2009《油田地面工程初步设计节能篇（章）编写通则》等15项。

二、节能节水企业标准体系（2016版）

集团公司节能节水企业标准体系（2016版）为现行的集团公司节能节水企业标准体系，是由节能节水企标委按集团公司标准化委员会下发的《关于开展集团公司企业标准体系修订工作的通知》（标准委办〔2015〕9号）文件要求，结合集团公司重大科技项目"节能节水关键技术研究与推广"的研究成果，在梳理现行的节能节水相关国家标准、行业标准、企业标准并进行查新确保现行有效性的基础上，根据集团公司未来节能节水业务的发展需要，对集团公司节能节水企业标准体系（2009版）进行修改、补充和完善，于2016年修订完成的。

1. 指导思想、基本原则和主要目标

集团公司节能节水企业标准体系属于集团公司标准体系的子体系，是集团公司企业标准体系的组成部分，应充分反映集团公司节能节水标准化工作，使集团公司所有节能节水标准化工作在节能节水企业标准的规定下进行，并应覆盖集团公司各节能节水环节。集团公司节能节水企业标准体系应层次清晰，标准划分明确，体系实施动态管理，随着相关国家标准、行业标准和企业节能工作的变化，应将节能标准的相关内容及时纳采或转化，体系内的标准应包括节能节水的国家标准、行业标准和企业标准，尽量执行和采用国家标准、行业标准和国外先进标准，规划和制定必需的企业标准。

2. 门类划分及标准统计情况

综合国家、行业节能节水标准体系门类划分的特点，依据企业节能节水标准体系的编制原则，结合集团公司节能节水工作及其标准化的方向和重点及近两年的应用，修订后的集团公司节能节水企业标准体系（2016版）基本能够满足现有节能节水标准分类的要求，标准门类划分科学合理，结构层次清晰明了，与节能节水实际工作结合紧密。体系覆盖了有关节能节水的国家标准 128 项、行业标准 57 项、企业标准 47 项，共计 232 项；并提出"十三五"期间计划制定标准 16 项，其中，行业标准《变频调速拖动装置的节能效果评价指标》等 4 项，企业标准《能源管控管理通则》等 12 项，有序指导了集团公司"十三五"标准制定工作的有序开展。

集团公司节能节水企业标准体系（2016 版）划分为 10 个门类：节能节水通用基础标准，节能节水设计标准，节能经济运行标准，计量、统计和计算标准，节能节水技术与评价标准，节能节水测试与评价标准，节能节水监测标准，能源审计与节能评估标准，能效和耗能用水限额标准，其他节能节水标准等。集团公司节能节水企业标准体系表结构如图 18-1 所示。

```
节能节水通用基础标准209 ─┬─ 309.1 节能节水设计标准
                        ├─ 309.2 节能经济运行标准
                        ├─ 309.3 计量、统计和计算标准
                        ├─ 309.4 节能节水技术与评价标准
                        ├─ 309.5 节能节水测试与评价标准
                        ├─ 309.6 节能节水监测标准
                        ├─ 309.7 能源审计与节能评估标准
                        ├─ 309.8 能效和耗能用水限额标准
                        └─ 309.9 其他节能节水标准
```

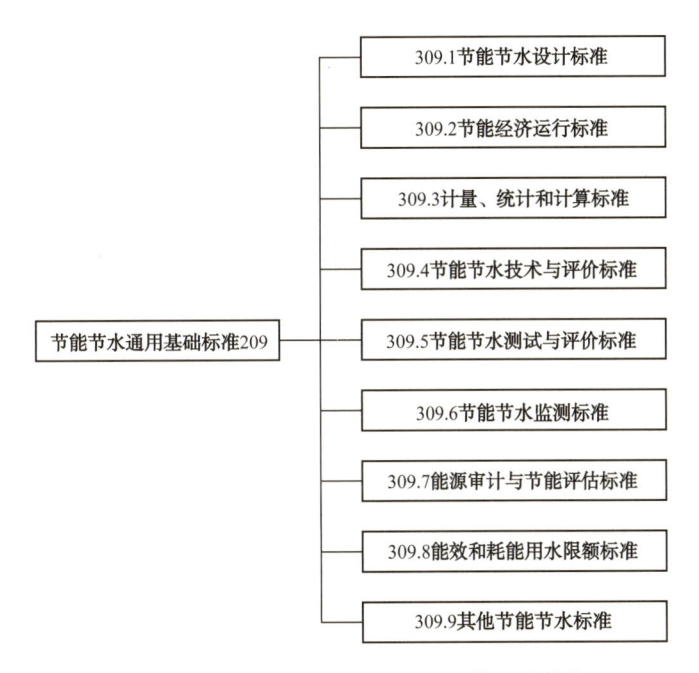

图 18-1 集团公司节能节水企业标准体系表结构图

具体门类划分如下：

（1）节能节水通用基础标准，包括术语、分类、图形符号和文字代号等方面的基础类标准。

（2）节能节水设计标准，包括设计方面的节能、节水标准。

（3）节能经济运行标准，包括用能设备和系统经济运行方面的标准。

（4）计量、统计和计算标准，包括耗能用水统计、计量器具配备等方面的标准。

（5）节能节水技术与评价标准，包括节能节水技术条件、技术导则、技术评定评价等方面的标准。

（6）节能节水测试与评价标准，包括节能节水测试、计算、评价等方面的标准。

（7）节能节水监测标准，包括耗能用水监测方面的标准。

（8）能源审计与节能评估标准，包括能源审计、节能评估、节能节水考核等方面的标准。

（9）能效和耗能用水限额标准，包括单位产品能耗限额、工业设备能效、工业企业取水限额等方面的标准。

（10）其他节能节水标准，包括未纳入上述门类的有关节能节水标准。

各门类标准统计情况见表18-1。

表18-1 节能节水专业标准体系各门类所用标准统计表

序号	标准体系编号	门类	现行标准 国家标准	现行标准 行业标准	现行标准 企业标准	拟定标准	合计
1	209	节能节水通用基础标准	9	3			12
2	309.1	节能节水设计标准	5	8	8	1	22
3	309.2	节能经济运行标准	8	7	1	1	17
4	309.3	计量、统计和计算标准	10	3	2	2	17
5	309.4	节能节水技术与评价标准	13	8	3	8	32
6	309.5	节能节水测试与评价标准	18	12	7		37
7	309.6	节能节水监测标准	17	3	7	2	29
8	309.7	能源审计与节能评估标准	5	2	7		14
9	309.8	能效和耗能用水限额标准	32	2		2	36
10	309.9	其他节能节水标准	10	5		1	16
		合计	127	53	35	17	232

3. 成果

与集团公司节能节水企业标准体系（2009版）相比，集团公司节能节水企业标准体系（2016版）形成的标准体系表更加突出系统性、综合性、协调性、适用性和配套性，结构和布局合理，适应和满足集团公司节能节水标准化工作发展需求，使标准的技术含量、整体水平、前瞻性、完整性、系统性和适用性得到有效提升，基本能够覆盖和适应中国石油对生产业务节能节水工作的管理与引导，为实现集团公司的节能目标提供技术支撑和保障。

第二节 重点标准成果

1.GB/T 31343—2014《炼油生产过程能量系统优化实施指南》

标准规定了炼油生产过程能量系统优化应遵循的基本原则、技术路线、实施步骤、现状调研与数据收集、用能现状评价、过程模拟、用能分析与节能增效机会识别、优化方案制订、优化方案实施等内容。适用于炼油生产过程的能量系统优化，新建和改扩建炼油项目设计阶段的能量系统优化可参照执行。

该标准依托"炼化能量系统优化研究"重大科技专项，在全面总结和提炼示范和推广工程经验、系统归纳并改进模拟优化方法基础上，提出了炼化能量系统优化的工作步骤、方法和技术要求，实现了炼化能量系统优化工作步骤、主要内容和技术要求的有形化。该标准为中国石油会同中国标准化研究院、中海油、中国化工集团公司、华南理工大学等，并与业内相关部门和科研院所开展广泛研讨编制完成，可直接用于指导炼油能量系统优化技术的推广实施。该标准的发布实施将有力推动我国炼油企业能量系统优化，并有效支持炼化行业节能减排工作。

标准于 2014 年 12 月 31 日发布，2015 年 7 月 1 日实施。

2.GB/T 31457—2015《油田生产系统水平衡测试和计算方法》

标准规定了油气田原油集输系统、注水系统、注汽系统、天然气集输系统等油气田生产系统水平衡测试和计算的方法，包括测试仪器、测试准备、测试要求、测试方法、原油集输系统水平衡测试与计算、注水系统水平衡测试与计算、注汽系统水平衡测试与计算、天然气集输系统水平衡测试与计算等内容。适用于油气田主要生产系统的水平衡测试和计算，其他生产系统可参照执行。

该标准依托中国石油新疆油田公司实验检测研究院科研项目"油田生产系统水平衡测试和计算方法研究"。该标准建立了油气田生产系统水平衡指标体系及水平衡模型，建立了水平衡的测试及计算方法。该标准参照国家相关节水技术标准和规范，结合我国油气田生产系统节能工作的特点，对油气田原油集输系统、注水系统、注汽系统、天然气集输处理系统等油田原油生产的主要用水系统的水平衡及计算方法进行规定和要求，进一步起到对油田节水管理和监测工作的技术保障作用。

标准于 2015 年 5 月 15 日发布，2015 年 8 月 1 日实施。

3.GB/T 31453—2015《油田生产系统节能监测规范》

标准规定了油田机械采油系统、原油集输系统、注水系统、注聚系统、供配电系统、锅炉等油田生产系统及主要耗能设备的节能监测项目与指标要求、节能监测检查及测试方法和结果评价等内容。适用于油田机械采油系统、原油集输系统、注水系统、注聚系统、供配电系统、锅炉等油田生产系统及主要耗能设备的节能监测。

该标准在编制过程中充分考虑了我国油气田生产主要耗能系统、生产工艺和设备的运行现状以及相关节能监测和测试标准，确定了监测项目及其监测评价指标。保证本标准对耗能设备及系统运行效率监测和评价的先进性与实用性，对油田节能管理和监测工作起到技术保障作用。该标准是我国油田节能工作的基础标准之一。该标准的制定，对于提高油田生产企业终端设备用能效率、规范节能监测工作，对油田企业加强节能管理和节能降耗具有十分重要的现实意义。

标准于 2015 年 5 月 15 日发布，2015 年 8 月 1 日实施。

4.SY/T 6838—2011《油气田企业节能量与节水量计算方法》

标准规定了油气田企业节能量和节水量计算的基本原则、产品节能量节水量的计算方法、产值节能量节水量的计算方法以及技术措施节能量节水量的计算方法等内容。适用于油气田企业油气生产、工程技术、工程建设、装备制造等业务节能量和节水量的计算。

该标准依托科技项目"中国石油节能减排评价指标体系研究"，调研了大量的油田生产用能数据，通过对油气田能耗影响的相关因素分析，寻找对能耗影响最大的生产数据参数，用来反映油田生产的特殊性对能耗的影响。主要研究的油气田用能及生产参数有综合能耗、产液量、综合含水率、开井数、综合油气比、单井产液量、伴生气产量、注水量、综合递减率和自然递减率。同时，为验证节能量计算方法的可行性，对中国石油、中国石化、中海油等公司的 18 个油田最近 4 年的 72 组数据进行节能量测算。通过大量数据测算得出，节能量计算公式论据充分，推导合理，而且计算结果也符合油田生产特点和实际，系数 K 计算简便，方法可行。该标准的编制统一明确了油气田企业节能量节水量的计算方法，有效指导了油气田企业节能节水工作。

标准于 2011 年 7 月 1 日发布，2011 年 10 月 1 日实施。

5.Q/SY 1468—2012《炼化能量系统优化技术导则》

标准规定了炼化能量系统优化的工作步骤、主要内容和技术要求，包括基本工作流程、现状调研与评估、数据收集、过程模拟、用能评价及节能潜力分析、优化方案制订、优化方案实施和实施效果评价等部分内容。适用于炼化企业生产过程能量系统优化工作的实施，新建和改扩建炼化项目的设计以及其他类似生产过程的能量系统优化可参照执行。

该标准在编制过程中，全面依托并总结了"炼化能量系统优化研究"重大科技专项在炼油、乙烯、炼化一体化公用工程能量系统优化示范工程和推广工程中的实施经验，广泛征求了有关设计、生产、过程系统优化等单位和专家的意见，充分借鉴了国内外炼化能量系统优化的技术方法，并结合中国石油自身特点，经凝练、提升形成。该标准是国际首个炼油化工过程优化领域标准。该标准挖潜增效价值大、应用前景广阔，是集团公司首个以炼化过程能量系统优化为特色的过程优化工作标准、方法标准和基础标准，首次定义了炼化能量系统优化等术语，规范了主要工作阶段，研究范围、内容、深度和技术要求。创新提出了模拟模型准确度计算公式，节能机会识别主要内容，节能量和经济效益计算方法。

标准于 2012 年 4 月 28 日发布，2012 年 7 月 1 日实施。

6.Q/SY 1820—2015《炼油化工水系统优化技术导则》

标准规定了炼油化工水系统优化技术的工作流程、主要内容和技术要求，包括水系统集成优化基本概念，炼油化工水系统优化应用原则、工作步骤，现状调查和水平衡测试，水系统技术经济评价指标计算，潜力分析及优化方案研究制订，优化方案实施等内容。适用于炼油化工企业水系统优化工作，其他企业可参照使用。

该标准全面依托并总结了"中国石油低碳关键技术研究"重大科技专项，研究炼油化工企业水平衡的计算机实现手段和水系统集成优化技术，并形成 Q/SY 1820—2015《炼油化工水系统优化技术导则》，用于指导炼油化工企业节水优化工作，提高炼油化工企业系统节水优化工作效率及系统节水优化工作水平。该标准的编制填补了炼油化工企业水系统优化技术标准领域的空白。

标准于 2015 年 8 月 4 日发布，2015 年 11 月 1 日实施。

7.Q/SY 1822—2015《油田固定资产投资项目节能评估文件编写规范》

标准规定了油田固定资产投资项目节能评估文件（含节能评估报告书、节能评估报告表）编写的一般规定、内容与要求，包括：节能评估文件分类；节能评估报告书内容及要求，包含评估依据、基本情况、建设方案节能评估、节能措施评估、能源利用状况核算及能效水平评估、能源消费影响评估及结论等内容。适用于新建和改扩建的油田地面工程固定资产投资项目节能评估文件的编写。

该标准为集团公司节能评估系列标准，首次以标准的形式规范了油田固定资产投资项目节能评估文件的编写，以满足国家对节能评估和审查工作的要求。规范油田固定资产投资项目节能评估文件编制，为建设项目主管部门和节能部门对油田固定资产投资项目设计的节能审查和审批提供了技术依据，为促进企业合理用能、提高能源利用效率起到了积极的作用。

标准于 2015 年 8 月 4 日发布，2015 年 11 月 1 日实施。

8.Q/SY 1577—2013《炼油固定资产投资项目节能评估报告编写规范》

标准规定了炼油固定资产投资项目节能评估报告编写的一般规定、内容与要求，包括：前言，评估依据，项目概况介绍，项目建设方案节能评估，节能措施评估，项目能源利用状况核算，项目能源消费及能效水平评估，结论等；节能评估报告格式与体例；主要用能设备一览表格式与式样；项目能量平衡表。适用于建成达产后年综合能源消费量超过（含）3000t 标准煤（电力折算系数按当量值），或年电力消费量超过（含）$500 \times 10^4 kW \cdot h$，或年石油消费量超过（含）1000t，或年天然气消费量超过（含）$100 \times 10^4 m^3$ 的新建或改扩建项目节能评估报告的编写。

该标准为集团公司节能评估系列标准，首次以标准的形式规范了炼油固定资产投资项目节能评估文件的编写，以满足国家对节能评估和审查工作的要求。规范炼油固定资产投资项目节能评估文件编制，为建设项目主管部门和节能部门对炼油固定资产投资项目设计的节能审查和审批提供了技术依据，为促进企业合理用能、提高能源利用效率起到了积极的作用。

标准于 2013 年 4 月 15 日发布，2013 年 6 月 1 日实施。

9.Q/SY 1822—2015《炼油固定资产投资项目能量平衡方法》

标准规定了炼油固定资产投资项目能量平衡的内容和方法，并给出了表格样式，包括：一般规定；能量平衡模型，包括能量平衡框图、能量转换和传输环节、能量工艺利用环节、能量回收环节；能量平衡分析；能量平衡表样式。适用于炼油固定资产投资项目能量平衡。

该标准为集团公司节能评估系列标准，支撑炼油固定资产投资项目节能评估文件的编写，以满足国家对节能评估和审查工作的要求。

标准于 2015 年 8 月 4 日发布，2015 年 11 月 1 日实施。

10.Q/SY 1466—2012《油气管道固定资产投资项目节能评估报告编写规范》

标准规定了油气管道固定资产投资项目节能评估报告编写的一般规定、内容与要求，包括前言、评估依据、项目概况介绍、项目建设方案节能评估、节能措施评估、项目能源利用状况测算、项目能源消费及能效水平评估、结论、节能评估报告格式与体例、管道项目能量平衡表、能源计量网络图等内容。适用于建成达产后年综合能源消费量 3000t 标准煤以上（含 3000t 标准煤，电力折算系数按当量值），或年电力消费量超过（含）$500 \times 10^4 kW \cdot h$，或年石油消费量超过（含）1000t，或年天然气消费量超过（含）$100 \times 10^4 m^3$ 的新建或改扩建输油、输气管道工程项目节能评估报告的编写。

该标准为集团公司节能评估系列标准，首次以标准的形式规范了油气管道固定资产投资项目节能评估文件的编写，以满足国家对节能评估和审查工作的要求。管道输送过程中的主要输储设施及辅助设施均是管道输送过程中的主要耗能系统，规范油气管道固定资产投资项目节能评估文件编制，为建设项目主管部门和节能部门对油气管道固定资产投资项目设计的节能审查和审批提供了技术依据，为促进企业合理用能、提高能源利用效率起到了积极的作用。

标准于 2012 年 4 月 28 日发布，2012 年 7 月 1 日实施。

11.Q/SY 1185—2014《油田地面工程项目初步设计节能节水篇（章）编写规范》

标准规定了陆上油田地面工程项目初步设计节能节水篇（章）编写的主要内容，

包括范围、规范性引用文件、术语和定义、基本要求及内容等。适用于油田新增产能在 5×10^4t/a 以上，扩建和改建工程投资在 5000 万元以上或年耗能在 3000t 标准煤以上的项目。

该标准为集团公司固定资产投资项目初步设计节能节水篇（章）编制系列标准，以标准的形式规范了油田地面工程项目初步设计节能节水篇（章）的编写，以满足国家对节能评估和审查工作的要求。该标准的编制为建设项目主管部门和节能部门对油田地面工程项目初步设计节能节水篇（章）的审查和项目审批提供了技术依据，为促进企业合理用能、提高能源利用效率起到了积极的作用。

Q/SY 1185—2014《油田地面工程项目初步设计节能节水篇（章）编写规范》代替 Q/SY 1185—2009《油田地面工程初步设计节能篇（章）编写通则》，于 2014 年 8 月 22 日发布，2014 年 10 月 1 日实施。

12.Q/SY 1467—2012《天然气处理固定资产投资项目初步设计节能节水篇（章）编写规范》

标准规定了编写天然气处理固定资产投资项目初步设计文件中节能节水篇（章）的一般规定、内容与要求。适用于天然气处理固定资产投资项目新建和改扩建工程项目的初步设计文件中节能节水篇（章）的编写。

该标准为集团公司固定资产投资项目初步设计节能节水篇（章）编制系列标准，以标准的形式规范了天然气处理固定资产投资项目初步设计节能节水篇（章）的编写，以满足国家对节能评估和审查工作的要求。该标准的编制为建设项目主管部门和节能部门对天然气处理固定资产投资项目初步设计节能节水篇（章）的审查和项目审批提供了技术依据，为促进企业合理用能、提高能源利用效率起到了积极的作用。

标准于 2012 年 4 月 28 日发布，2012 年 7 月 1 日实施。

第三节　展　　望

"十三五"期间，集团公司节能节水标准化工作将围绕集团公司的发展目标，结合集团公司节能节水工作的具体要求，重点研究能源管控、节能评估、节能考核、节能监测、能耗计算、定额方法等节能基础与管理标准，为能源管控、固定资产投资项目节能审查等重要节能管理制度提供技术支撑。

根据集团公司"十三五"节能工作总体思路，"努力实现从能源节约向能源管控的转变"，结合集团公司能源管控工作的总体安排，开展能源管控系列标准研究，形成管理指南、评估指南、油气田技术规范、炼油化工技术规范、油气田能效对标、炼油化工能效对标等能源管控对应标准。

根据 2016 年国家发展和改革委员会第 44 号令《固定资产投资项目节能审查办法》及集团公司《固定资产投资项目节能审查办法》，开展油田、气田、炼油、油气管道等节能评估系列标准修订以及《气田固定资产投资项目可行性研究及初步设计节能篇（章）编写通则》的制定。

第十九章　节能节水管理信息技术进展

国内外重点耗能企业高度重视信息化手段对节能工作的促进作用，根据生产实际情况建立满足自身需求的能源管理系统，有效支持了能源管理工作开展。比如，埃克森美孚在 2000 年开始部署全球能源管理系统，该系统从管理和技术两方面入手，参照 PDCA 模型搭建能源管理系统，建立了统一的绩效衡量计算方法和最佳实践库；宝钢集团有限公司以"自上而下"的管理思路，建立了以全厂生产主设备为对象、各种能源介质和环保监控、能源业务综合管理的能源管理中心，实现了能源供应、输配、转换、消耗全生命的优化和管理；中国石化在前期系统基础上于 2012 年启动了炼化企业能源管理系统建设，系统包括能源计划、能源运行、能源统计、能源优化、评价分析五大功能模块，实现了对能源"产、存、转、输、耗"的全流程协同管理[1, 2]。集团公司自 2000 年起开始着手进行能源管理系统建设工作，经过十余年的研究开发工作，建立了功能完备的综合性节能节水管理系统，满足了不同业务管理层级的能源管理需求。

第一节　信息系统现状及需求

集团公司高度重视能源管理工作，自 2000 年起开始进行能源统计系统研发工作，之后根据国家节能工作要求和集团公司节能管理工作需求不断进行升级完善，逐步建成了功能齐全的节能管理信息系统，作为集团公司节能主管部门直属业务支持机构，节能技术研究中心（以下简称节能中心）在 2000—2010 年受总部相关部门委托，开展相关节能管理信息系统研究和开发建设工作，并根据业务管理需求变化不断进行升级完善。

一、节能节水统计系统

2000 年，为规范节能节水统计工作，中国石油安全环保与节能部委托节能中心开展了节能节水统计管理软件的编制工作，节能中心在 2000 年开发了单机版《中国石油天然气股份有限公司节能统计报表系统》1.0 版，系统主要包括勘探与生产、炼油与销售、化工与销售、天然气与管道 4 个专业公司的上市部分，报表主要包含能源消耗报表、单耗报表、主要耗能设备报表、节能技措报表以及炼化企业主要装置能耗报表等类型。随着节水工作的重要性不断提高，2001 年，节能中心开发了《中国石油天然气股份有限公司节能节水统计报表系统》2.0 版，新增了节水统计报表。2002 年，根据节能节水管理工作要求，节能中心开发了《中国石油天然气股份有限公司节能节水统计信息系统 2002 版》，主要升级完善了节水统计报表，实现对企业二级单位的数据汇总功能，并实现了对节能节水统计数据的分析功能。2003 年，在报表系统升级过程中增加了节能量、节水量、节能价值量和节水价值量等指标。2004 年起，中国石油开展了节能节水型企业创建活动，节能中心对统计报表系统再次进行了升级，增补了节能节水型企业考核相关指标，进一步明确了统计指标的界定范围，同时对报表结构进一步进行了细化，软件升级工作于 2005 年底完成，并于2006年初实现了网上填报。

二、能效管理系统

2006年以来，国家出台了一系列强化节能工作的法律法规及规章制度。2006年，国务院发布《国务院关于加强节能工作的决定》（国发〔2006〕28号）；2007年，国务院成立节能减排工作领导小组，节能减排工作纳入中央企业第二任期业绩考核，发布了新《中华人民共和国节约能源法》，发布了《节能减排统计监测及考核实施方案和办法》（国发〔2007〕36号）；2008年，国家发展和改革委员会发布了2007年千家企业节能考核结果，国务院节能减排工作领导小组开展专题会议安排节能减排工作。

2007年，集团公司开始进行专业化重组，增加了销售、工程技术、工程建设、装备制造等业务及所属地区公司。同时，集团公司提出了"十一五"期间"节能减排走在中央企业前列"的目标。为了满足不断提高的节能管理需求，集团公司科技管理部立项开展"中国石油天然气集团公司能效管理系统研究开发"（以下简称集团公司能效管理系统）项目，节能中心承担项目研究工作。项目研究目标是在2007年完成的"中国石油天然气股份有限公司能效改进管理系统研究"项目研究成果基础上，结合国家形势政策要求，进一步开展节能监测、能源审计、能评管理、考核管理、节能技术数据库等模块功能的研究开发，形成较为完善的集团公司能效改进管理系统应用平台和功能体系。该系统经过3年开发建设，于2010年12月正式投入运行。

通过近10年的开发建设，集团公司建立了统一的能效管理系统信息平台，实现了面向集团公司总部、专业公司和企业三个层次的应用，系统主要涵盖节能统计、节能计划、节能考核、节能监督和节能技术五大领域，集团公司能效管理系统主要功能模块[3]如图19-1所示。

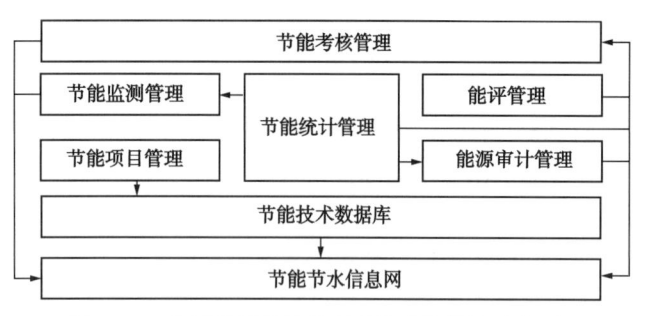

图19-1 集团公司能效管理系统功能模块示意图

集团公司能效管理系统自2010年12月上线运行以来，应用于集团公司及其全资子公司、直属企事业单位共计140余家，集团公司节能节水业务管理的节能统计、节能计划、节能考核、节能监督和节能技术等领域可以通过能效管理系统的8个功能模块来实施应用，集团公司能效管理系统的建设运行有力地满足了集团公司节能工作需要，该系统于2014年4月1日起随着集团公司节能节水管理系统投用而停止使用。

第二节 节能节水管理系统开发与建设

"十二五"以来，国家对节能工作要求进一步加强，在"十一五"实施的"千家企业节能行动实施方案"基础上进一步强化管理，实施了"万家企业节能低碳行动实施方案"，集团公司共有大庆油田等62家所属企业纳入万家企业考核管理；国家发展和改革委员会还组织实施了企业能源在线监测，集团公司长庆油田、长庆石化公司、长城钻探工程公司和海洋工程有限公司等 4 家企业进行了试点实施，为应对国家节能工作持续深入推进的相关要求，结合集团公司节能工作需求，充分发挥信息技术在节能管理上的重要作用，集团公司信息管理部委托勘探开发研究院西北分院与节能中心成立联合项目组（以下简称项目组），开展系统研究开发工作。

一、功能需求分析和框架设计

2011 年 7 月，集团公司节能节水管理系统可行性研究报告获得集团公司信息管理部批复，集团公司将《中国石油天然气集团公司节能节水管理系统》（以下简称 E7 系统或系统）纳入集团公司"十二五"信息发展总体规划，计划在"十二五"期间完成 E7 系统的建设工作。

2011 年 8 月，在北京组织召开了由信息管理部、安全环保与节能部、7 家专业公司，以及新疆油田、冀东油田、兰州石化、克拉玛依石化和西部管道等试点单位和项目承建单位共同参加的项目启动会。

针对集团公司各业务板块的不同业务需求，为了对集团公司节能节水业务进行全方位梳理掌握，项目组采取"试点调研 + 重点调研 + 问卷调研 + 集中调研 + 专题研讨 + 分析确认"的工作方法，全面深入梳理需求，为系统设计打下坚实的基础。经过近半年的前期准备工作，自 2012 年 2 月开始启动试点企业调研，项目组历时近 5 个月先后完成了 5 家试点企业和 13 家重点企业的现场调研，对 124 家未现场调研企业下发调研表格，组织召开了 25 家重点单位参加的集中调研会议，组织召开了节能监测业务以及勘探与生产、炼油与化工、销售、天然气与管道等 5 次专题研讨会，最终确认了 E7 系统功能需求。

2012 年 7 月，集团公司安全环保与节能部和信息管理部组织专家在北京召开了"中国石油天然气集团公司节能节水管理信息系统需求分析"评审会。根据需求分析确定系统设置节能统计、能源审计、节能考核、节能项目、节能评估、节能监测、能效对标、节能技术、节能队伍和重点耗能设备等十大功能模块，并与管道生产系统（PPS）、统一身份认证系统、短信平台和部分地区公司自建平台进行集成应用，以满足从集团公司到基层单位用户等不同业务层级的功能需求，E7 系统功能框架示意图如图 19-2 所示。

二、概要设计与详细设计

E7 系统在设计时重点考虑功能全面性、扩展灵活性、美观易用性、管理方便性等方面。在功能性方面，系统设计围绕十大业务模块进行，同时考虑门户和系统管理模块的设计，提供全面的业务和系统功能，并借助成熟的商业智能产品进行多维数据建模，在节能节水管理业务多个领域提供多维分析以支持各级领导科学决策。在灵活性方面，针对不同组织机构在节能节水管理要求和粒度上存在的差异，系统从设计上考虑能够兼容这些差异，适应变化，针对部分企业的特殊需求，制定企业内部报表；在系统架构方面，采取应用分层和组件化的设计思想支撑未来业务的发展和变化；在开发方面，实现配置最大化，减少硬编码，确保系统的灵活性和可维护性。在易用性方面，采用 Web 2.0 技术满足用户对界面的需求，确保页面简洁，操作简单，并采用专业的报表工具提供多维度的数据分析和丰富的展示功能。在管理方面，采用统一设计、统一部署、统一维护，通过搭建统一的节能节水数据库实现对数据的集中管理。

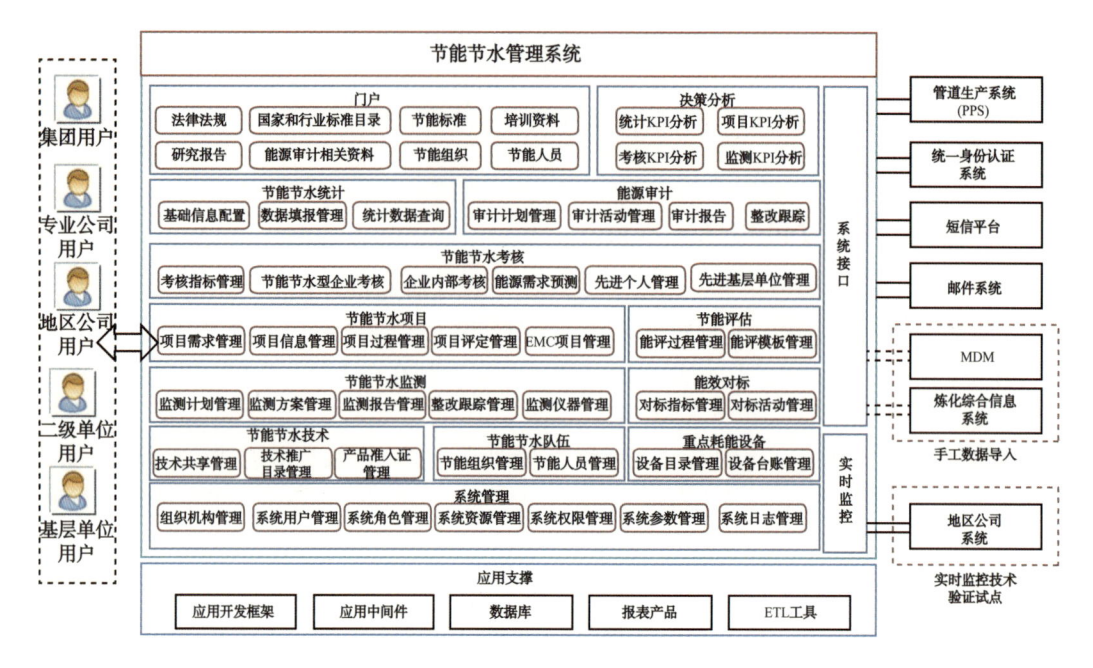

图 19-2　E7 系统功能框架示意图

　　E7 系统详细设计完成包括集成接口、系统管理的 14 个模块，65 个应用组件（其中，基础组件 12 个，业务组件 53 个）的应用设计；完成 11 个数据主题域，123 个实体，134 张数据库表的数据模型设计；完成 6 个系统集成设计和 2 个系统替换迁移方案设计的系统集成设计。形成系统概要设计说明书、系统详细设计说明书、系统原型设计交付件，同时形成系统设计开发编码规范、系统数据模型、系统功能测试用例、系统指标维度字典工作件。2012 年 11 月，集团公司信息管理部组织召开了 E7 系统详细设计评审会，系统详细设计方案顺利通过审查，系统应用功能架构部署如图 19-3 所示。

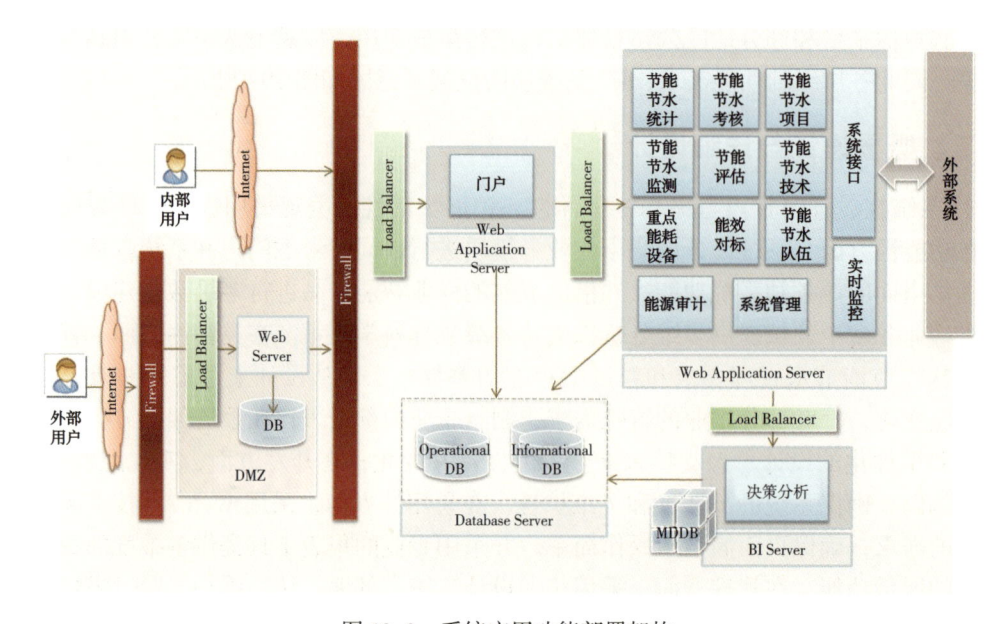

图 19-3　系统应用功能部署架构

三、开发和测试

2012年12月—2013年5月，项目组先后完成软硬件系统搭建、系统开发以及测试工作。需求分析人员通过需求分析，模块、功能、操作划分，角色、权限划分，出具需求规格说明书；系统开发人员确定技术路线，设计系统架构、数据库、功能模块。测试经历了开发人员自测、测试人员功能测试、系统集成测试，系统性能测试，专家测试和用户接受测试等阶段。截至2013年5月底，项目组完成各功能模块开发和测试工作，主要包括：

（1）完成涉及24个专业数据采集、550个指标、81个维度、753张报表和支持多维图表分析的KPI组合展现开发工作。

（2）根据项目开发进展和测试进度的需求，由安全环保与节能部组织专业公司以及大庆油田、西南油气田、塔里木油田、吉林石化、独山子石化、长庆石化公司、管道分公司、川庆钻探等企业进行了项目阶段成果专家评测会议，项目组根据改进意见进行了系统功能的进一步完善。

（3）项目组组织新疆油田、冀东油田、兰州石化、克拉玛依石化和西部管道5家试点单位共计9名业务专家进行了系统的UAT测试和数据初始化加载工作，系统开发工作结束，正式进入试点应用阶段，后续进行系统完善、性能调优和推广筹备工作。

四、创新点和知识产权

1. 创新点

（1）E7系统在原有业务划分基础上进行了细化，创建了集团公司25个细化业务类型，覆盖了上游、中游、下游节能节水业务流程，支撑了集团公司节能节水业务的精细化管理，满足了基层单位深化管理的需求。

（2）E7系统吸收并掌握了炼油综合能耗、炼油单因耗能等指标计算算法，为执行国家能耗限额标准奠定了基础。

（3）创新研制了重点耗能设备工艺参数自动采集和实时监控技术，解决了复杂视图的综合展现难题，对冀东油田1400多口油井和克拉玛依石化40多台加热炉能耗指标实现了实时监控。

（4）创建研发了能效对标体系，建立了相应的指标库、技术库、实践库，开创了行业内首套具有实际指导意义的能效对标信息管理模式。

2. 知识产权和获奖情况

（1）获得授权专利1项：《加热炉能效监测方法及装置》。

（2）获得软件著作权2项：《节能节水管理系统V1.0》和《能效对标管理系统V1.0》。

（3）完成企业标准1项：Q/SY 1841—2015《节能节水管理系统数据及填报规范》。

（4）获奖情况：2016年获得集团公司科技进步奖三等奖，2017年获得甘肃省科技进步奖二等奖。

第三节 节能节水管理系统实施与应用

E7系统取代了集团公司能效管理系统、炼化节能节水管理及分析评价系统和地区公司部分自建系统，建成了集团公司范围内统一、完善、权威的对外数据发布平台。通过系统建设和推广应用，满足了总部机关、专业公司和地区公司三级用户的节能节水业务管理需求，对试点单位重点耗能设备进行了能耗实时监控，增强了数据挖掘功能和数据分析能力，建立了标准的数据管理规范，形成了规范的工作流程，为各层级管理者提供决策支持。

E7系统的成功研发，使集团公司拥有了具有自主知识产权，涵盖石油石化行业各生产环节上游、中游、下游全业务流程的统一节能节水管理平台。在集团公司能效管理系统基础上，新增了节能队伍、重点能耗设备管理等模块，同时加强了系统模块内部之间数据共享和其他外部信息系统的数据共享，实现了集团公司节能管理工作系统化运行，节约了管理成本。

一、系统主要功能

E7系统门户为登录系统提供统一入口，主要用于宣传贯彻国家有关节能节水政策法规、标准，展示集团公司内部和行业节能节水相关新闻动态，发布通知公告、展示系统应用情况，并提供系统内部的资料及相关表格下载，方便用户查看集团公司内部节能组织机构和节能人员信息，同时也为用户访问其他相关系统提供便捷入口。E7系统门户划分为新闻动态、通知公告、政策法规、节能标准、应用动态、项目进展、用户登录、通用模板下载、技术支持及友情链接等区域，页面展示内容由运维组统一维护，用户可在未登录状态下查看所有页面展示内容，对于页面提供的下载内容，需认证后下载。用户登录系统后，可根据分配权限登录相关模块进行系统操作。

1. 节能统计

集团公司、专业公司以及企业通过节能统计管理模块，可以了解和掌握有关用能用水情况，并对节能节水数据进行统计、审核、汇总和分析，最终将统计分析结果输出。

节能统计模块下设统计数据分析、能耗趋势跟踪、统计配置管理和统计数据报表4项子功能。节能节水统计模块创建了集团公司自下而上的能源数据采集、汇总、报表和KPI指标分析展示的能源数据应用体系，实现了从基层单位到集团公司各个用能单元能源数据的统一规范、统一管理、统一应用。企业的二级单位、三级单位或基层单位可通过本模块上报节能节水数据，各企业可自动进行逐级汇总，审核后上报，或者直接通过本模块填报数据。经节能技术机构审批合格后，汇总生成集团公司节能节水统计报表。

2. 能源审计

节能审计模块的主要目的是为集团公司、专业公司、企业用户在开展能源审计工作过程中规范审计工作流程，根据集团公司节能审计的业务流程和业务开展情况，记录集团公司发布的审计计划，开展由节能技术机构或节能监测机构组织专家对报告进行审核工作，同时记录审核过程的相关信息、专家组提出的整改意见，为企业修改审计报告提供重要依据，实现审核信息的可追溯性，最终达到审计报告顺利上报地方政府的目的。

节能审计模块下设审计计划管理、审计合同管理、审计活动管理、审计报告、项目整改管理和综合查询6项子功能模块。通过本模块，企业可查看集团公司每年下达的审计计划，下载能源审计报告模板，根据要求完成并提交本企业的能源审计报告；由节能技术机构或节能监测机构组织专家，通过系统实现初级审核，并记录发布专家意见作为企业修改的依据；企业查看一个或多个专家意见进行报告修改，再次提交报告并保存，直至报告修改完毕。集团公司可查阅企业的能源审计报告，查看审核阶段的专家意见。

3. 节能考核

随着国家对节能减排工作的日益重视，国资委对中央企业的节能考核工作逐步细化，对中央企业负责人提出了明确的节能减排目标，并在任期结束后进行考核。集团公司也建立了层层考核管理体制，并在每年度开展节能考核工作。因此，本模块设置的目的是通过对企业生产能耗、专业公司总体能耗进行预测，为企业能源供给规划、管理计划的制订、节能节水考核指标的制定提供决策参考，并建立相应节能指标的制定与考核，以及节能节水型企业的创建和评价，先进基层、先进个人申报及审核等信息系统，为提升集团公司节能考核管理工作水平打下坚实的基础。

节能节水考核管理模块下设指标库管理、指标考核管理、节能节水型企业考核、先进基层单位管理、先进个人管理、企业内部考核、考核过程管理、考核汇总查询等8项子功能，该模块与统计模块数据相关联，自动获取考核数据，实现了集团公司年度节能考核工作上线运行。

4. 节能项目

"十一五"以来，集团公司设立专项资金用于支持企业节能技术改造，节能项目管理是集团公司对专项投资项目、企业对自筹资金项目和EMC合同能源管理项目的动态管理，便于各管理部门及时掌握项目的进展情况和实施效果，便于总部机关、专业公司和企业对节能节水项目的实施进展情况及实施效果进行分析评价。

节能项目管理模块对节能节水相关项目进行项目基本信息维护和项目过程管理，下设项目需求管理、专项资金项目管理、自筹资金项目管理、EMC项目管理、项目评分管理和项目查询汇总等子模块，实现项目的过程监控、信息统计、分类查询和效果评价等功能，为主管部门决策提供支持。

5. 节能评估

节能评估模块的主要目的是实现总部机关、专业公司、企业各级用户开展节能评估工作的信息化管理，规范工作流程，记录项目评估、实施、验收及整改跟踪阶段的节能相关信息，掌握用能系统状况的价值评定，帮助用户做出准确及时的判断和提出对策，为企业能评提供政策依据。

节能评估模块下设能评项目信息管理、节能节水篇（章）管理和能评项目工作指南3项子功能模块，实现对集团公司新改扩建固定资产投资项目节能评估报告和可行性研究报告节能篇（章）评审资料进行存档管理。

6. 节能监测

节能监测模块的主要目的是使总部机关、专业公司、节能监测机构、企业用户能够了解每年的监测计划，查看具体实施方案和监测报告，掌握每年的重要监测数据，实现节能监测工作的信息化管理，为总部机关、专业公司对新建产能或节能改造项目评价提供参考数据。

集团公司节能节水监测管理模块实现了节能节水监测的全过程管理，下设监测计划管理、监测方案管理、监测数据管理、整改跟踪管理、监测资质管理以及监测配置管理等子模块。通过本模块可查询总部机关、专业公司全年监测工作计划以及节能监测机构工作方案，为企业自主开展的监测工作搭建系统平台。由节能监测机构填报主要耗能设备、装置、系统监测数据，实现重点监测指标汇总。由总部机关根据监测结果，向企业下达整改意见，企业依据具体要求开展整改。

7. 能效对标

能效对标模块可以为集团公司各级用户提供相关能效对标指标的查询、对比和分析，为企业提供潜在标杆企业、能效指标目标值和最佳节能实践信息，逐步壮大并完善中国石油能效指标数据库和最佳节能实践库。

能效对标模块下设对标体系维护、对标数据录入、标杆查询、指标对比和档案管理功能等5项子功能模块。通过制订能效对标方案，建立各业务领域对标的指标体系，规范企业对标管理，提高企业整体用能水平。该模块依托集团公司"能效对标体系研究"项目的研究成果，实现了科研与信息的有效融合。

8. 节能技术

节能技术模块的主要目的是为集团公司各级用户提供节能技术搜集、整理、筛选、应用、跟踪、入库等流程的统一录入模板，提供国内外先进节能技术、维护国家公布的最新淘汰产品目录，同时为总部机关及各企业用户提供自助式信息查询功能，实现对节能技术管理的实际指导借鉴作用。

节能技术管理模块下设节能技术库、节水技术库、节能节水技术案例库、节能技术推广目录、高耗能设备淘汰目录和节能产品准入证管理等6项子功能模块，实现节能技术的统一汇总、管理与交流，便于共享和推广。

9. 节能队伍

节能队伍模块的主要目的是使系统各级用户更加有效便利地管理好节能队伍，减少由于集团公司下属企事业组织层级众多、节能节水管理部门并不归相同部门管理、节能节水管理人员更替频繁等管理现状对节能节水管理工作带来的影响，方便节能相关机构和人员的信息维护和查询、统计，完善节能管理体系的建设。

节能队伍模块下设节能部门管理、节能机构管理、节能人员管理、节能专家管理和培训资料管理等5项子功能模块，实现了组织机构、人员和培训资料的采集和共享。

10. 重点能耗设备

重点能耗设备模块按照集团公司发布的低效高耗设备淘汰目录，及时更新完善系统的重点耗能设备目录，形成庞大的重点耗能设备基础数据，对于企业及总部机关全面掌控能耗水平、挖掘节能潜力等具有重要意义。

重点能耗设备管理下设设备目录管理、设备台账管理和配电变压器能效提升计划等子功能，动态掌握重点能耗设备运行和能耗情况，跟踪低效高耗设备淘汰进展情况，并根据国家和集团公司相关要求不断扩展系统功能模块。

二、试点实施和全面推广

1. 试点实施

2013年6—7月，项目组分3个实施团队顺利开展新疆油田、冀东油田、兰州石化、克拉玛依石化、西部管道等5家单位的试点实施工作。通过在节能节水管理系统生产环境进行试点单位的组织机构构建、用户及权限设置、历史数据迁移、当期值录入操作、综合信息补充录入等系列实施和培训工作，使得试点单位逐步熟悉系统各功能模块的业务流程和使用方法。通过试点单位对系统模块的使用和验证，证实系统符合《中国石油节能节水管理系统需求分析报告》和《中国石油节能节水管理系统详细设计》的总体要求，业务模型符合试点单位节能节水业务的需求，"按专业填报""KPI指标分析"的设计减少了业务人员的工作量，同时方便了业务处理和业务监督管理，建设思路先进，应用全面，试点实施运行效果良好。

2. 全面推广

试点单位实施完成后，E7系统进入全面推广阶段。按照项目计划，推广分5个阶段进行，即系统完善、数据准备、集中培训、现场实施、全面上线运行。2013年8月中旬起，项目组按照集中培训和现场实施两种方式展开推广实施。推广实施共进行了3次集中培训，32家企业进行现场实施。2013年8月12—16日，组织了油气田企业和炼化企业的集中培训；9月9—18日，组织了管道、销售、工程技术、工程建设、装备制造、科研及其他单位以及监测中心的集中培训。为了保证高效且高质量完成推广计划，根据地域及业务不同，项目组分5个小组分别组织了32家企业的现场实施工作。

三、系统上线和运维

2014年4月1日，系统正式上线并投入全面应用，成为集团公司"十二五"信息化建设首个按时完成并投入运营的项目。各企事业单位在系统上线以来，积极使用系统，已完成2013—2015年度的集团公司节能节水统计年报送审、节能节水型企业考核、节能先进个人评选、节能先进基层单位评选、集团公司节能节水项目等业务的一系列工作。运行维护期间，其他工作陆续展开并逐步落实，主要完成以下重点工作：

（1）在不影响业务正常运行的前提下，组织完成同城灾备环境的搬迁和联调、应急演练工作。

（2）完成总部ERP、矿区服务系统、信息化应用考核平台的应用集成工作。

（3）随着系统的不断完善变化，进行了有针对性的系列培训，先后完成能效对标模块培训、系统和管理员权限下放培训以及地区公司内部培训等多项工作。

（4）建立了E7系统应用回访机制。通过实地走访、集中座谈、电话回访等方式积极展开用户系统应用的情况摸底，先后赴大庆油田等9家企业进行现场访谈交流工作，推动了系统的认知和完善改进工作的开展，及时解决了用户使用系统过程中的问题。

运行维护过程中，项目组内部密切配合，及时与用户沟通，保证了系统稳定运行，用户使用情况良好，数据采集和汇总及时率、正确率、完整性等得到了显著提高。

四、系统运行情况

E7系统的建设运行有效提升了集团公司节能节水管理水平，取得了显著的经济效益和社会效益。E7系统于2014年4月1日正式投入单轨运行，2014年6月顺利通过集团公司上线验收会。

自E7系统上线运行以来，已顺利完成集团公司向国资委、地区公司向地方政府上报2013年至2015年年度节能报表，集团公司2013年至2015年年度节能指标考核、节能先进基层单位和节能先进个人评定等工作；实现了将集团公司自2000年以来1098个节能专项项目、79个自筹资金节能项目、6个EMC项目和74000多台（套）重点耗能设备的集中有效管理；实现了"十二五"万家企业年度任务完成情况跟踪管理；整合关闭了原能效管理系统、炼化节能节水管理及评价分析系统和地区公司自建节能节水相关管理系统，实现了集团公司范围内统一的节能节水管理权威数据发布平台；增强了数据挖掘功能和数据分析能力，建立了标准的数据管理规范，形成了规范的工作流程；将集团公司科技管理部立项的"能效对标体系研究"、勘探与生产分公司多年能效对标实践成果等及时转化为具有生产指导意义的实用系统功能，提升了业务管理效率。通过信息化手段满足了总部机关、专业公司和地区公司及其下属基层单位多级用户的节能节水业务管理需求，推进了集团公司节能节水管理水平的整体升级，实现了信息与业务，科技与管理，总部、专业公司与地区公司的紧密结合。

第四节 展 望

E7系统正在进行系统2.0升级研究工作，结合"十三五"期间国家和集团公司节能管理工作需求，E7系统升级主要工作要从满足总部机关和专业公司管理需求，逐渐向满足地区公司及其二级、三级单位需求过渡，重点做好以下工作：

（1）能源管控功能开发。工业和信息化部2015年1月印发了《关于印发钢铁、石油和化工、建材、有色金属、轻工行业企业能源管理中心建设实施方案的通知》（工信部节〔2015〕13号），该通知要求石油化工行业在2020年之前建设和改造完善200个企业能源管理中心。预计"十三五"期间，集团公司勘探与生产、炼油与化工、工程技术等企业将建立60余个能源管控试点单元，E7系统升级应新增能源管控模块，为集团公司能源管控后续工作开展提供支持和借鉴。

（2）能耗在线监测功能开发。系统升级应根据国家对能源在线监测相关要求，开发能源在线监测功能，实现进出企业界区的能源在线监测，通过信息化平台进行能源管理；考虑纳入移动办公应用、大数据分析等新兴信息技术的应用，提升数据采集的时效性，深化数据的加工、分析、预测与应用；关注数据源和数据质量的把控，加强E7系统中各个模块之间的数据交互，加强E7系统与集团公司现有统建系统之间的数据交互，从根本上减轻基层人员的工作量，并确保采集源数据的权威性、唯一性。

（3）加强技术经济指标分析。在加强数据集成保密的基础上，把企业能耗数据与财务数据相关联，量化节能降耗的经济效益分析评价，以为节能工作提供更好的指导。进一步深化面向地区公司及其下属单位的管理需求，为其内部考核管理、能效对标等工作开展提供支持。

（4）能效对标体系扩展。能效对标模块仅包含勘探与生产、炼油与化工业务板块，销售、管道、工程技术、工程建设、装备制造等业务对标指标体系尚未建立。"十三五"期间，随着节能工作持续推进，应在持续深入开展油气田、炼油与化工能效对标工作的基础上，开展其他业务能效对标的研究工作，建立相应对标指标体系和系统功能模块，以满足企业日益增加的需求。

参 考 文 献

[1] 王鼎, 桂其林, 蔡震纲. 宝钢能源管理体系的持续改进[J]. 冶金管理, 2013（8）: 41-46.
[2] 郑东梁, 汪志勇, 邹涛. 中国大型石化企业能源管理综述[J]. 自动化仪表, 2016, 37（4）: 1-7.
[3] 陈衍飞, 刘博, 陈由旺. 中国石油能效管理系统的开发[J]. 石油规划设计, 2013, 24（4）: 13-16.

第二十章　中国石油节能技术发展展望

"十二五"以来，中国石油在生产规模持续扩大、经营业绩稳步发展的同时，能源消耗总量增长得到有效控制。主要能耗和用水单耗指标总体保持下降趋势，资源综合利用水平有了新的提高。顺利完成了国家和中国石油的"十二五"节能考核指标。节能降耗对主营业务的发展起到了重要的支撑作用。

"十三五"期间，党的十九大胜利召开，标志着中国特色社会主义进入了新时代。经济已由高速增长阶段转向高质量发展阶段，我国正处于转变发展方式、优化经济结构、转换增长动力的攻关期。为了满足人民日益增长的优美生态环境需要，必须坚持节约优先、保护优先、自然恢复为主的方针，形成节约资源和保护环境的空间格局、产业结构、生产方式、生活方式，还自然以宁静、和谐、美丽。

中国石油既是能源生产大户，也是能源消耗大户，节能降耗的压力大、潜力也大。为适应主营业务的高质量发展，要突出绿色低碳，加快建设资源节约型、环境友好型企业。要结合主营业务生产过程的集成优化以及重点节能方向，集中力量开展节能降耗攻关，大力推动资源全面节约和循环利用。要强化能源管控，落实消耗总量和强度双控政策，推广梯级利用、集成互补等节能技术和先进用能模式，完善合同能源管理机制，提高利用效率。要大力推进资源节约示范工程和技术改造工程，加快淘汰高耗能、低效益产品和装置，积极开展节能节水关键技术和产品的研发应用，不断提升节能节水技术水平。

一是研究探索和应用油气田开发地上地下一体化优化技术。地上地下一体化优化技术应研究建立地面注水、注水井井身、油藏、生产井井身和地面油气水处理集输5个系统的模型，通过目标函数将各个系统联系起来，实现整体优化。当前，油气田地上地下一体化技术在国内外还处于探索阶段，是未来油气田生产和节能工作的趋势和方向。

二是持续开展管道余压利用技术攻关和应用。压力能主要存在于长输管道和气田，目前压力能没有得到很好利用。未来应积极开展针对高压力等级、大输气量的长输管道或气田天然气净化厂出口的天然气余压利用科技攻关，对天然气管道压差发电技术的适用范围、经济性、安全性和可行性进行深入研究，为气田和长输管道的生产和运行寻找新的节能途径，进一步提高能源利用率。

三是持续开展智能化炼化能量系统优化技术攻关和应用。受生产约束以及信息系统和控制手段不完善等限制，已开展的能量系统优化方案多数是在基于某工况下提出的，实施后难以根据生产工况的变化实时调整，优化方案实施效果持续性有待提高。随着信息系统全面发展，企业自动化水平显著提高，先进控制系统持续应用，将能量系统优化的模型建立、方案制订、方案实施从离线升级到在线，从手动升级到自动，从开环升级到闭环是必然的趋势。围绕在线模型校正、基于优化算法的优化方案制订和优化方案闭环实施等开展研究，研究开发智能化炼油、乙烯、公用工程系统优化技术，是持续提升炼化企业系统能效水平的主要技术方向。

四是研究探索和应用低成本低温热升级利用技术。由于夏季伴热、采暖等热阱较冬季大幅减少，北方炼厂夏季低温热利用率一般仅为冬季的三分之一，冬季、夏季回收利用不平衡是当前炼厂能效提升的主要制约点。从低温热回收利用技术评估分析来看，同级利用是最佳手段，升温、制冷、发电等升级利用技术由于效率低等问题导致经济性差。而高效低温热升级利用方式是提高夏季低温热回收利用率的必然选择。挖掘良好循环介质，研发先进换热设备，开展低成本低温热升级利用技术研究是提升全年低温热回收利用效率的主要技术方向。

五是研究探索和应用低成本闭式循环冷却水系统技术。随着国家对用水总量控制的加强，用水总量将成为制约炼化企业发展的"瓶颈"。在"跑、冒、滴、漏"等现象基本消除、工艺用水量满足生产要求的情况下，降低耗水大户循环水系统的新水补充量将是炼化企业节约新鲜水、在控制用水总量的条件下谋求高质量发展的重要途径。闭式循环水系统相比开式循环水系统可节水90%以上，而且还具有节电、减少腐蚀、降低排污、改善操作环境等优点。以空气冷却器为降温手段的闭式循环水系统已在电厂、冶金等行业应用，但投资大，在水价不高的区域的项目投资回收期较长。针对循环水系统，研究低温位高效换热器的类型与材质，降低闭式循环水系统投资是炼化企业节水的主要技术方向。